ERGEBNISSE DER EXAKTEN NATURWISSENSCHAFTEN

HERAUSGEGEBEN VON DER

SCHRIFTLEITUNG DER „NATURWISSENSCHAFTEN"

NEUNTER BAND

MIT 160 ABBILDUNGEN

Springer-Verlag Berlin Heidelberg GmbH

ISBN 978-3-662-37481-8   ISBN 978-3-662-38246-2 (eBook)
DOI 10.1007/978-3-662-38246-2

Inhaltsverzeichnis.

	Seite
Becker, Dr. Fr., Potsdam.	
Über interstellare Massen und die Absorption des Sternlichtes im Weltraum	1
Bartels, Professor Dr. J., Berlin-Eberswalde.	
Geophysikalischer Nachweis von Veränderungen der Sonnenstrahlung	38
Rupp, Dr. E., Berlin.	
Experimentelle Untersuchungen zur Elektronenbeugung	79
Houtermans, Dr. F. G., Berlin-Charlottenburg.	
Neuere Arbeiten über Quantentheorie des Atomkerns	123
Simon, Professor Dr. F., Berlin.	
Fünfundzwanzig Jahre Nernstscher Wärmesatz	222
Kohl, Privatdozent Dr. K., Erlangen.	
Über ungedämpfte elektrische Ultrakurzwellen	275
Inhalt der Bände 1—9	
I. Namenverzeichnis	342
II. Sachverzeichnis	345

Über interstellare Massen und die Absorption des Sternlichtes im Weltraum.

Von **FR. BECKER**, Potsdam.

Mit 7 Abbildungen.

Inhaltsverzeichnis.

Seite

Einleitung 1
  I. Sternleeren und kosmische Wolken 3
 II. Interstellares Calcium und TRÜMPLERS galaktische Absorptionszone 15
III. Visuelle Beobachtungen. HERSCHELS Nebelfelder und HAGENS kos-
     mische Wolken 25
Schluß 36

Einleitung.

Die Erörterungen über die Existenz interstellarer Massen und die damit zusammenhängende Frage der Absorption des Sternlichtes im Weltraum sind heute wieder stärker in den Vordergrund getreten. Während es eine Zeitlang den Anschein hatte, als ob interstellare Massen nur in sporadischer Verteilung als helle und dunkle Nebel vorkämen, im übrigen aber mit einer nennenswerten Abschwächung des Sternlichtes nicht zu rechnen sei, ist in den letzten Jahren eine Reihe von Tatsachen bekannt geworden, die ein anderes Bild ergeben und verschiedene Astronomen bereits zu einem Stellungswechsel veranlaßt haben.

Die Menge und Vielfältigkeit des beigebrachten Materials regt zu einem zusammenfassenden Bericht über den Stand der Frage an, obwohl über mehrere der Arbeiten, die sich mittel- oder unmittelbar mit der Sache beschäftigen, das letzte Wort noch nicht gesprochen ist. Hinsichtlich der Geschichte des Problems und der älteren, zumeist negativ ausgefallenen Versuche, eine interstellare Absorption nachzuweisen, sei dabei auf die Darstellung KIENLES im Jahrbuch für Radioaktivität und Elektronik[1] verwiesen, wo auch ausführliche Literaturangaben zu finden sind.

Die Bedeutung unseres Problems, soweit es sich um interstellare Massen an sich handelt, liegt auf dynamischem und kosmogonischem Gebiet; es gilt, den Einfluß solcher Massen auf die Bewegungen der Gestirne zu studieren und sie in den stellaren Entwicklungsprozeß einzuordnen. Beide Aufgaben müssen und können zukünftiger Forschung

---

[1] **20**, H. 1 (1923).

überlassen bleiben. Gegenwärtig beschäftigt uns mehr die Frage, ob und in welchem Grade durch etwa vorhandene freie Materie im Weltraum eine Absorption des Sternlichtes stattfindet, und dieser Gesichtspunkt wird auch in unserem Referat in den Vordergrund treten.

Die Frage ist deshalb so wichtig, weil unsere Vorstellungen über die Gestalt und Ausdehnung des Sternsystems wesentlich auf der Voraussetzung beruhen, daß keine Absorption vorhanden ist. Die Distanzmessungen an kugelförmigen Sternhaufen und fernen Milchstraßensternen, die das Gerüst unserer Konzeption des galaktischen Systems bilden, kommen ja so zustande, daß man sich auf irgendeine Weise, etwa aus dem Spektraltypus, oder bei Veränderlichen aus den Lichtwechselelementen, die absolute, d. h. die auf eine Einheitsentfernung bezogene Helligkeit M jener Sterne verschafft und sie mit der scheinbaren Helligkeit m vergleicht. Alsdann liefert eine einfache Beziehung $m - M = 5 \log r - 5$ unmittelbar die Entfernung r. Wird aber das Sternlicht unterwegs durch Absorption geschwächt, so vermindert sich die scheinbare Helligkeit, und die Entfernung kommt zu groß heraus. Eine Absorption von zwei Größenklassen z. B. würde die Distanzen um das zweieinhalbfache verfälschen.

Die Gefahr eines Fehlergebnisses wird allerdings verringert, wenn es sich um ein interstellares Medium handelt, das ähnlich der Erdatmosphäre neben der allgemeinen, das ganze Spektralgebiet schwächenden, noch eine selektive Absorption der kurzwelligen Strahlen ausübt. In diesem Falle würde sich das Medium durch die Rötung des Sternlichtes bald verraten. Die Entdeckung an kurzwelligen Strahlen reicher Sterne in entlegenen Milchstraßengegenden und in den noch weiter entfernten Kugelsternhaufen beweist aber, daß selektive Absorption, wenn überhaupt, so jedenfalls nur in örtlicher Begrenzung auftritt. Dieser Befund war bisher eine der Hauptstützen für die Ansicht, daß auch eine allgemeine Absorption in nennenswertem Umfange nicht vorhanden sei.

Aber dieses Argument ist nicht sehr beweiskräftig. Es muß im Gegenteil mit der Existenz interstellarer Massen gerechnet werden, die das Sternlicht nur abblenden, ohne seine Farbe zu verändern. Ansammlungen meteoritischen „Staubes", wobei unter Staub nicht etwa mikroskopisch kleine Partikel, sondern Splitter und Blöcke von beträchtlichen Dimensionen zu verstehen sind, wirken höchstwahrscheinlich in diesem Sinne. Daß wir in den zahlreichen Dunkelnebeln der Milchstraße wenigstens teilweise solche „Staubwolken" vor uns haben, ist mit guten Gründen anzunehmen.

Zwar hat SHAPLEY[1] an den scheinbaren Durchmessern und Helligkeiten extragalaktischer Nebel gezeigt, daß jenseits der Grenzen unseres Sternsystems der Raum bis in Distanzen von mindestens 30 Millionen

---

[1] Harvard Bull. 1929, Nr. 864.

Parsek[1] praktisch durchsichtig ist. Aber solange die Möglichkeit besteht, daß eine Absorption schon in unserer nächsten Umgebung stattfindet, in der Sternwolke, der die Sonne angehört, können wir uns damit nicht beruhigen. Tatsächlich spielt sich alles, was wir über eine Absorption des Sternlichtes wissen, im Bereich des „lokalen" Sternsystems ab.

Eine schon längst bekannte Form des Vorkommens interstellarer Materie sind die diffusen Milchstraßennebel. Sie sind, wie wir heute wissen[2], nur die von Sternen beleuchteten oder zum Leuchten angeregten Teile sehr viel ausgedehnterer dunkler Massen, durch deren absorbierende Wirkung die Sternleeren in der Milchstraße entstehen. Mit ihnen werden wir uns im ersten Abschnitt dieses Berichtes beschäftigen.

Handelt es sich hierbei mehr um isolierte Wolken im Weltraum, so wird der zweite Abschnitt die Frage eines zusammenhängenden interstellaren Mediums von gleichmäßiger Verbreitung erörtern, dessen Existenz aus den sogenannten ruhenden Calciumlinien und neuerdings auch von TRÜMPLER auf indirektem Wege gefolgert worden ist.

Der dritte Abschnitt knüpft dann wieder an den ersten an und behandelt vor allem die HAGENschen Veröffentlichungen, nach denen die kosmischen Wolken auch unmittelbar am Fernrohr beobachtet werden können und ein weit allgemeineres Phänomen sind, als aus den Sternzählungen bisher hervorging.

I. Sternleeren und kosmische Wolken.

1. Die ersten Anzeichen der Existenz interstellarer Massen waren, abgesehen von den spärlich verteilten, diffusen, galaktischen Nebeln und den nachher zu besprechenden HERSCHELschen Nebelfeldern, die Sternleeren in der Milchstraße, mehr oder weniger ausgedehnte Gebiete minimaler Sterndichte, die hauptsächlich durch ihren Kontrast gegen die sternreiche Umgebung zum Vorschein kommen. Einzelne von ihnen, z. B. der „Kohlensack" im Kreuz des Südens und sein Gegenstück am Nordhimmel im Sternbild des Schwans sind schon für das bloße Auge auffällige Erscheinungen und haben bereits lange, bevor man an eine Erklärung für solche plötzliche Unterbrechungen in der Sternfülle der Milchstraße dachte, die Aufmerksamkeit der Beobachter auf sich gezogen. Als erster hat anscheinend SECCHI sich klar dafür ausgesprochen, daß man es hier mit dunklen interstellaren Wolken zu tun habe, die das Licht der hinter ihnen befindlichen Sterne abblenden[3].

Wie zahlreich und mannigfaltig die galaktischen Sternleeren sind, zeigten erst die Ergebnisse der Himmelsphotographie, besonders die Aufnahmen WOLFs und BARNARDs, die die Struktur der Milchstraße in allen

---

[1] 1 Parsek = 3,26 Lichtjahre, die Entfernung, die einer Parallaxe von einer Bogensekunde entspricht.

[2] Vgl. Erg. exakt. Naturwiss. 7 (1928).

[3] Vgl. HAGEN: Misc. Astron. Specola Vaticana. Parte IV, S. 18 f. (1929).

Einzelheiten enthüllen. Als besonders geeignet für das Studium dieser Objekte haben sich Aufnahmen mit sogenannten Porträtlinsen erwiesen, kurzbrennweitigen lichtstarken Objektiven mit großem Bildfeld, die auf *einer* Platte einen viele Quadratgrade umfassenden Bereich der Milchstraße bis zu sehr schwachen Sternen hin abbilden und die Leeren deutlich hervortreten lassen. Vor allem widmete sich Barnard mit seinem photographischen Spezialinstrument von 10 Zoll Öffnung und fünffacher Brennweite der Erforschung der galaktischen Sternleeren, von denen er eine große Anzahl entdeckte. Seine beiden Verzeichnisse von „dark markings", so benannte er die sternarmen Gebiete, enthalten nicht weniger als 349 Nummern, teils kleine isolierte Fleckchen, teils große zusammenhängende Felder. Barnard, dem die oben erwähnte Äußerung Secchis kaum bekannt war, ist erst im Lauf seiner Beschäftigung mit dem Gegenstande zu der heute allgemein angenommenen Überzeugung gekommen, daß es sich hier in den weitaus meisten Fällen nicht um wirkliche Sternleeren handelt, sondern um interstellare Massen, die das Sternlicht absorbieren. In einzelnen Fällen ist es Barnard sogar gelungen, in vier- bis sechsstündiger Belichtungszeit ein allerdings sehr schwachleuchtendes Bild der interstellaren Wolken selbst auf die Platte zu bringen. Zuweilen geht die dunkle Wolke allmählich in einen hellen diffusen Milchstraßennebel über, wobei der Nebel als der durch Sternlicht beleuchtete oder zum Leuchten angeregte Teil der ganzen Wolke aufzufassen ist[1].

Von den „dark markings" unterscheidet Barnard ein anderes Phänomen, das ebenfalls auf das Vorhandensein wenn auch sehr dünner und anscheinend lichtdurchlässiger Schleier interstellarer Materie hindeutet. Es ist nach Barnards Beschreibung ein „faintly luminous film", der in einigen Feldern die ganze Platte überzieht. Die Sterne scheinen in diesen leuchtenden Schleier eingebettet, die „dark markings" heben sich dunkel gegen ihn ab.

Barnard hat seine besten Aufnahmen zu einem großen Milchstraßenatlas zusammengestellt, der ein Jahr nach seinem Tode unter den Auspizien des Yerkes Observatoriums von der Carnegie Institution herausgegeben worden ist[2]. Wer die hervorragend schönen Wiedergaben durchblättert, gewinnt ein eindrucksvolles Bild der Verbreitung interstellarer Materie in der Milchstraße (vgl. Abb. 1).

2. In der Regel treten die galaktischen Sternleeren schon beim bloßen Anblick der Photographien deutlich hervor. Man hat sich indessen nicht damit begnügt, sondern in mehreren Fällen durch Abzählen der Sterne die Struktur des Verdunkelungsgebietes schärfer herauszuarbeiten ge-

---

[1] Vgl. Erg. exakt. Naturwiss. 7, 8ff. (1928).
[2] A Photographic Atlas of Selected Regions of the Milky Way. Washington 1927. Daselbst eine vollständige Bibliographie über Barnards Arbeiten auf diesem Gebiete.

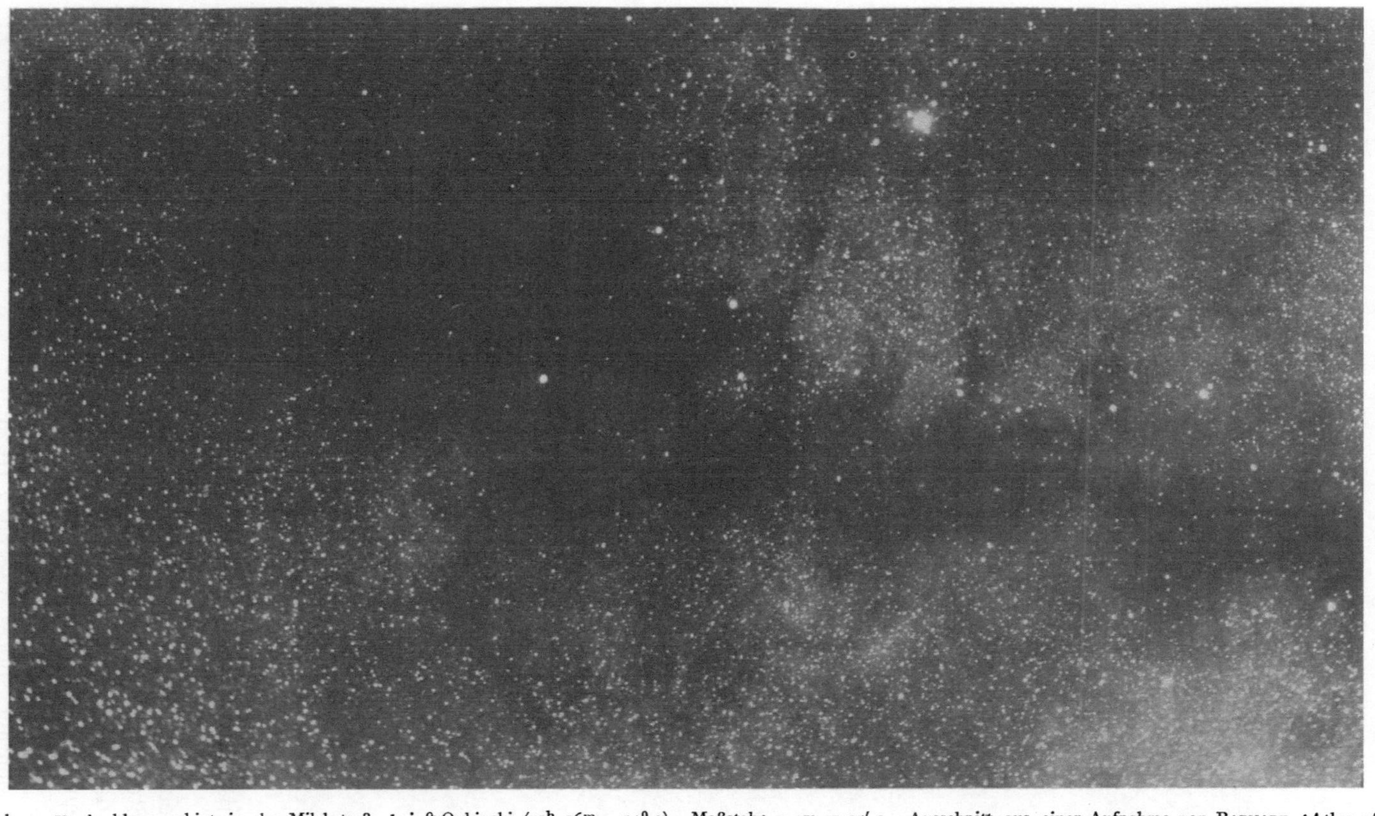

Abb. 1. Verdunklungsgebiet in der Milchstraße bei ϑ Ophiuchi ($17^h\ 16^m, -24^0,9$). Maßstab: $1\ cm = 25',2$. Ausschnitt aus einer Aufnahme von BARNARD (Atlas of Selected Regions usw.). Belichtung $4^h\ 45^m$.

sucht. Solche Zählungen haben z. B. KOPFF[1] in den sternarmen Feldern um den Orion- und den Amerikanebel, DYSON[2] und MELOTTE in der großen Taurus-Perseus-Sternleere (vgl. Abb. 7, S. 32) ausgeführt. Das

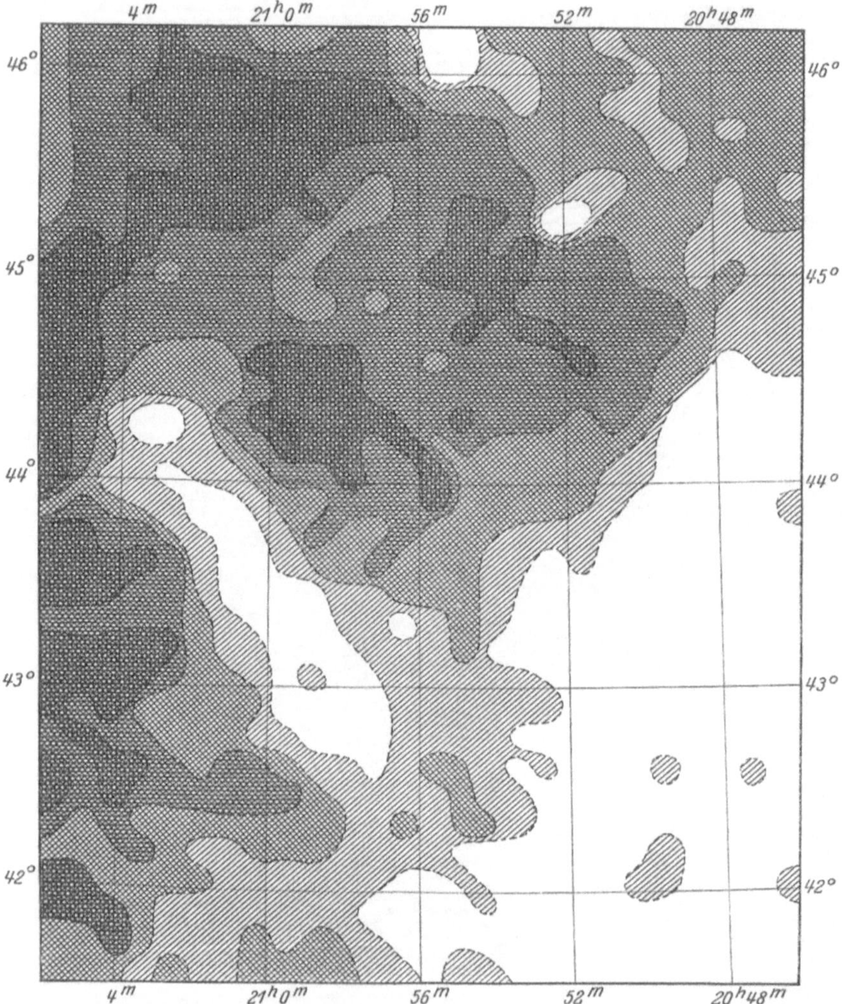

Abb. 2. Sternverteilung um den Amerika-Nebel: Es enthalten: die weißen Flächen weniger als 20 Sterne pro Flächeneinheit, einfache bis vierfache Schraffierung bzw. je 20—39, 40—69, 70—99, 100 und mehr Sterne. (Nach KOPFF, Heidelberger Publ. I.)

Ergebnis der KOPFFschen Zählung in der Umgebung des Amerikanebels im Sternbild des Schwans zeigt Abb. 2, wobei besonders hervorzuheben ist, daß der *helle* Nebel, der in dem Bilde das Mittelfeld einnimmt, anscheinend keine oder nur geringe Absorption ausübt.

---

[1] Publ. Astrophys. Obs. Königstuhl-Heidelberg 1, 177 (1902).
[2] Monthly Notices RAS 80, 3 (1920).

3. Die Sternzählungen lassen sich methodisch vervollkommnen, indem man nach Größenklassen getrennt abzählt. Unter der Voraussetzung, daß mit abnehmender Helligkeit die mittlere Entfernung der Sterne zunimmt, kann auf diese Weise sogar die Distanz der absorbierenden Dunkelwolke abgeschätzt werden. Im Durchschnitt wächst nämlich die Anzahl der Sterne ziemlich regelmäßig mit abnehmender Helligkeit. Tritt aber ein absorbierendes Medium dazwischen, so ändern sich die Verhältnisse. Gesetzt den Fall, die Absorption betrage eine Größenklasse, dann wird man die Zahl der Sterne etwa der 10. Größe im Vergleich mit einem nicht verdunkelten Feld zu klein finden, weil es sich hier in Wirklichkeit ja um Sterne 9. Größe handelt, deren Zahl an sich geringer ist. Allgemein wird die Anzahl der Sterne einer bestimmten Größenklasse um so tiefer unter dem Normalwert liegen, je stärker die Absorption ist.

Sehr instruktiv zeigt dies das abgebildete Diagramm (Abb. 3) einer von WOLF[1] in der Umgebung des Amerikanebels ausgeführten Sternzählung. Als Abszissen sind die Größenklassen, als Ordinaten die Logarithmen der Sternzahlen aufgetragen. Die ausgezogene Kurve gibt die Sternfülle in einem un-

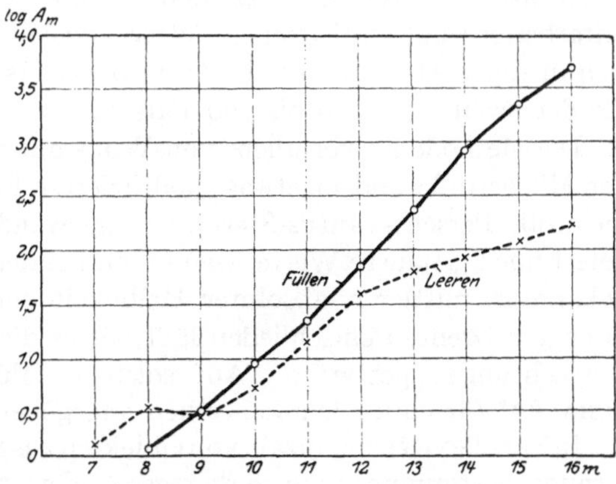

Abb. 3. Sternhäufigkeit in der Umgebung des Amerikanebels.
(Nach WOLF: Astron. Nachr. 223.)

verfinsterten Vergleichsfeld, die gestrichelte die Sternzahlen in den sternarmen Gebieten um den Nebel.

Bis zur 8. Größe liegt die Sternzahl in den „Leeren" noch über dem normalen Wert. Dann aber setzt plötzlich ein Knick ein, und von der 9. Größe an verläuft die gestrichelte Kurve unterhalb der anderen und parallel zu ihr. Bei der 12. Größe bekommt sie einen zweiten Knick und divergiert auch bei der 16. noch gegen die erste Kurve. Dieser Befund führt zu folgender Vorstellung. In der mittleren Entfernung der Sterne 8. bis 9. Größe liegt eine einzelne absorbierende Dunkelwolke. Die Sterne, die sich in der Wolke selbst befinden, werden um so stärker geschwächt, je größer der Lichtweg innerhalb der Wolke ist. Da die Sterne 9. Größe im Durchschnitt weiter von uns entfernt sind als die der 8., werden sie von der Absorption stärker betroffen, und die Häufigkeitskurve zeigt zwischen der 8. und 9. Größe die Tendenz, der Abszissenachse parallel zu werden. Die Sterne 10. Größe und alle folgenden liegen

---

[1] Astronom. Nachr. **223**, 89 (1925).

bereits hinter der Wolke, sie werden alle um den gleichen Betrag geschwächt, daher verläuft die Leerenkurve zwar unterhalb der normalen Kurve, aber ihr parallel. Der Betrag der Abschwächung läßt sich aus der Verlagerung der beiden Kurven längs der Abszissenachse entnehmen, er beläuft sich auf etwa 0,5 Größenklassen. In der mittleren Entfernung der Sterne 12. Größe beginnt dann eine zweite Wolke, die sehr viel ausgedehnter ist; denn bei der 16. Größe divergieren die Kurven noch immer. Sie scheinen nach Zahlen, die nicht mehr in das Diagramm eingetragen wurden, bei der 17. wieder parallel zu werden. Die Absorption durch diese Wolke steigt bis auf 3,5 Größenklassen.

Die Entfernungen der beiden absorbierenden Wolken können hieraus bestimmt werden, sobald die mittleren Entfernungen der Sterne 8,5. und 12. Größe bekannt sind. Setzt man hierfür die von Kapteyn und seinen Mitarbeitern auf statistischem Wege abgeleiteten Werte ein[1], so ergibt sich in roher Abschätzung die Distanz der ersten Wolke zu 100 bis 200, die der zweiten zu 600 bis 700 Parsek.

Die Methode ist vor allem von Wolf auf verschiedene Dunkelfelder der Milchstraße und in etwas modifizierter Form von Pannekoek auf die große Perseus-Taurus-Sternleere angewandt worden. Das Verfahren liefert noch genauere Werte, wenn man bei den Abzählungen Sterne mit bekannter, mittlerer, absoluter Helligkeit benutzt, deren Distanz sich in engere Grenzen einschließen läßt, als es die allgemeinen statistischen Betrachtungen gestatten. Auf solchen Zählungen beruhen die von Schalén[2] für einige Dunkelwolken angegebenen Entfernungen.

In Tabelle 1 ist eine Anzahl von Objekten zusammengestellt, für die Entfernungsbestimmungen nach dem geschilderten Verfahren vorliegen. Die acht Spalten geben der Reihe nach das betreffende Sternbild, die äquatorialen Koordinaten, die galaktische Breite, den Betrag des absorbierten Lichtes in Größenklassen, die scheinbare Helligkeit der Sterne, bei denen die Absorption merkbar wird, die entsprechende Entfernung in Parsek und die Autorität. Kursiv gedruckte Zahlen in Spalte 7 sind vom Verfasser eingefügt, weil die betreffende Angabe in der Originalarbeit fehlt.

Bemerkenswert ist die verhältnismäßig geringe Entfernung der Wolken; keine ist über 800 Parsek, sechs von den zwölf Objekten sind weniger als 200 Parsek von uns entfernt. Sie gehören also sämtlich dem Raum des lokalen Sternsystems, zum Teil sogar der näheren Umgebung der Sonne an. Die Tiefenausdehnungen sind beträchtlich und messen bei einigen Wolken nach Hunderten von Parsek.

4. Das besprochene Verfahren setzt natürlich voraus, daß die benutzten Vergleichsgebiete wirklich die normale Sternfülle geben und nicht etwa auch verfinstert sind. Diese Fehlerquelle vermeidet eine kürzlich

---

[1] Publ. Groningen Nr. 29, 1918.
[2] Kungl. Svenska Vetenskapsakadem. Handl. III. Ser., 6, Nr. 6. Stockholm 1928.

von E. von der Pahlen angegebene Methode[1], die ohne Verwendung besonderer Vergleichsgebiete, lediglich mit Hilfe der allgemeinen Daten über die mittlere Sterndichte in verschiedenen galaktischen Zonen zum Ziele führt, und die gleichzeitig das ganze Verfahren auf eine mathematisch strengere Grundlage stellt.

Es seien N Sterne gegeben, die auf ein aus n gleichgroßen Feldern bestehendes Netz verteilt sind. von der Pahlen nennt nun eine „Verteilung" dieser Sterne jedes mit den Zahlen N und n verträgliche System von Werten t_p, welches die Anzahlen der Felder angibt, die bzw. $p = 0$, $1, 2 \ldots$ Sterne enthalten und stellt sich die Aufgabe, die wahrscheinlichste Verteilung zu ermitteln, also ein Gesetz, das uns angibt, wie oft bei gegebenem N und n bei zufälliger Sternverteilung Felder mit einer bestimmten Anzahl von Sternen theoretisch zu erwarten sind. Die Rechnung führt auf einen Ausdruck, aus dem hervorgeht, daß bei der wahrscheinlichsten Verteilung diejenige Feldsorte am häufigsten vorkommt, welche die mittlere Dichte N/n der Sterne in dem vorgegebenen Netze enthält.

Die praktische Anwendung der Methode sei im Anschluß an die Arbeit von der Pahlens am Beispiel des Kohlensackes kurz erläutert. Als Gesamtnetz wird die Zone zwischen ± 20 Grad galaktischer Breite angenommen, die mit einem Flächeninhalt von 14108 Quadratgraden rund 1576 Felder von der Größe des Zählbereiches im Kohlensack umfaßt, so daß $n = 1576$. Als N gilt jeweils die den Kapteynschen Untersuchungen entnommene Anzahl der Sterne zwischen den Helligkeits-

Tabelle 1.

Taurus	$3^{\rm h}20^{\rm m}$ $+30^0$	-22^0					
Taurus	4 30 $+26$	-14			}	140	Pannekoek[2]
Taurus	5 20 $+25$	-6					
Auriga	4 45 $+36$	-5	$1^{\rm M}{,}8$		126	Schalén[3]	
Monoceros	6 40 $+10$	$+3$	2,0	$11^{\rm M}$	500	Wolf[4]	
Crux (Kohlensack)	12 0 -60	$+3$	1,0	6,5	150	Unsöld[5]	
Scutum	18 45 -5	-2	3,5	9	200—300	Wolf[6]	
Cygnus	20 25 $+35$	-3	2,0		800	Schalén[3]	
Cygnus (NGC 6960)	20 42 $+30$	-8	1,0	11	450	Wolf[7]	
Cygnus (Amerika-nebel)	21 1 $+44$	-3	0,5	8,5	100—200	Wolf[8]	
			3,5	12	600—700	Wolf[8]	
Cepheus	21 45 $+57$	$+2$	1,5		800	Schalén[3]	
Cepheus	21 50 $+58$	$+2$	0,9		370	Schalén[3]	

[1] Astron. Nachr. **238**, 271 (1930).
[2] Amsterdam Proc. **23**, Nr. 5 (1920).
[3] Kungl. Svenska Vetenskapsakadem. Handl. III. Ser., **6**, Nr. 6. Stockholm 1928.
[4] Seeliger-Festschrift, S. 312 (1924).
[5] Harvard Bull. Nr. 870 (1929).
[6] Astron. Nachr. **229**, 1 (1927).
[7] Astron. Nachr. **219**, 109 (1923).
[8] Vgl. Anm. 1, S. 7.

Tabelle 2.

Kohlensack		W_1		W_2	
$6^m{,}0$— $7^m{,}0$	1	$5^m{,}0$— $6^m{,}0$	0— **0**— 6 ($t_0 = 609$; $t_1 = 579$)	$5^m{,}25$— $6^m{,}25$	0— **1**— 7 ($t_1 = 561$)
$7{,}0$— $8{,}0$	5	$6{,}0$— $7{,}0$	0— **3**— 11 ($t_3 = 353$; $t_5 = 167$)	$6{,}25$— $7{,}25$	0— **4**— 13 ($t_4 = 307$; $t_5 = 252$)
$8{,}0$— $9{,}0$	12	$7{,}0$— $8{,}0$	1— **9**— 22 ($t_9 = 202$; $t_{12} = 141$)	$7{,}25$— $8{,}25$	1— **10**— 23 ($t_{10} = 196$; $t_{12} = 157$)
$9{,}0$—$10{,}0$	32	$8{,}0$— $9{,}0$	14— **30**— 50 ($t_{30} = 114$; $t_{32} = 106$)	$8{,}25$— $9{,}25$	25— **40**— 63 ($t_{40} = 99$; $t_{32} = 45$)
$10{,}0$—$11{,}0$	85	$9{,}0$—$10{,}0$	65— **93**—125 ($t_{93} = 65$, $t_{85} = 47$)	$9{,}25$—$10{,}25$	90— **123**—159 ($t_{123} = 57$; $t_{85} = 0{,}1$)
$11{,}0$—$12{,}0$	311	$10{,}0$—$11{,}0$	230—**279**—330 ($t_{279} = 37$; $t_{311} = 1$)	$10{,}25$—$11{,}25$	310— **366**—420 ($t_{366} = 33$; $t_{311} = 11$)
$12{,}0$—$13{,}0$	1036	$11{,}0$—$12{,}0$	725—**815**—900 ($t_{815} = 21$; $t_{1036} = 10^{-11}$)	$11{,}25$—$12{,}25$	970—**1066**—1160 ($t_{1066} = 18$; $t_{1036} = 14$)

grenzen m und $m + 1$ in der eben definierten Zone. Das Ergebnis der Rechnung zeigt Tabelle 2.

Die erste Spalte enthält die von Unsöld[1] in den einzelnen Größenklassenintervallen gezählten Sterne. Spalte 2 gibt als fettgedruckte Reihe die mittleren Dichten N/n für jedes Helligkeits-intervall, also die Zahlen, welche angeben, wie-viele Sterne bei der wahrscheinlichsten Anord-nung die am häufigsten vertretene Feldsorte enthält. Die Zahlen beiderseits davon schließen den Bereich der bei zufälliger Verteilung über-haupt statthaften Feldsorten ein. Man sieht sofort, daß es nur durch Verschieben der theoretischen Skala gegen die empirische um etwa —$1^m{,}0$ gelingt, die beiden Reihen in Ein-klang zu bringen. Verfährt man so, dann liegen fast bis zum Schluß der Größenfolge die beob-achteten Sternanzahlen nicht nur glatt im Be-reich der zulässigen Feldsorten, sondern sogar nahe dem Wert der mittleren Dichte; d. h. die Annahme einer Absorption von einer Größen-klasse bringt die tatsächlich beobachteten Sternzahlen mit den theoretisch zu erwartenden in gute Übereinstimmung. Dies zeigen auch die in Klammern beigefügten t-Werte, von denen der erste angibt, wie oft Felder mit der mittleren Dichte, der zweite, wie oft solche mit der beobachteten Sternanzahl vorkommen müssen. Die beiden Werte sind hier von der-selben Größenordnung.

Nur gegen den Schluß der Größenfolge, vor allem im letzten Intervall $12^m{,}0$—$13^m{,}0$ treten Abweichungen auf. Die beobachtete Zahl 1036 fällt ganz außerhalb des zulässigen Bereiches, und die zu erwartende Anzahl der Felder mit 1036 Sternen ist nur von der Größenordnung 10^{-11}. Es ist möglich, daß Unsöld bei den schwächsten Größen zuviel Sterne gezählt hat, man kann aber auch, wie Spalte 3 der Tabelle zeigt, eine befriedigende Darstellung dadurch erreichen, daß man die Absorption durch den Nebel zu $0^m{,}75$ anstatt $1^m{,}0$ Größenklassen an-

[1] Vgl. Anm. 5, S. 9.

setzt. Dann wird die Übereinstimmung für die beiden letzten Intervalle entschieden besser und für die übrigen nicht schlechter. Da indessen nunmehr von 8,25 an die mittleren Dichten systematisch über den beobachteten Sternanzahlen liegen, scheint die Abweichung schon etwas überkompensiert zu sein, so daß die Absorption in Wirklichkeit auf etwa 0,8 bis 0,9 Größenklassen anzusetzen wäre.

Auf dieselbe Art behandelt VON DER PAHLEN die drei von UNSÖLD bei seinen Zählungen benutzten Vergleichsfelder. Dabei ergibt sich, daß in zweien dieser Gebiete die Sterne von den hellsten bis zu denen 9. Größe wirklich unverfinstert sind, von da an aber alle um etwa 0^m5 geschwächt erscheinen. Möglicherweise befinden sich hier in der mittleren Entfernung der Sterne 9. Größe absorbierende Nebelmassen, deren Existenz aber nur durch weiteres Beobachtungsmaterial sichergestellt werden kann.

Das dritte Vergleichsfeld bietet keinerlei Anzeichen einer Verfinsterung, dafür ist eine andere Erscheinung schwach angedeutet, die darin besteht, daß die hellen, vermutlich näheren Sterne in einer zu großen Anzahl, die schwächeren aber in der von der Wahrscheinlichkeitstheorie verlangten richtigen Anzahl auftreten. Obwohl dieses Phänomen, wie auch VON DER PAHLEN ausdrücklich bemerkt, aus dem vorhandenen Material keineswegs als reell verbürgt werden kann, verdient es doch sorgfältige Beachtung und weitere Prüfung; denn wenn diese Erscheinung ,,an einer Reihe von Stellen des Himmels mit größerer Deutlichkeit konstatiert worden wäre, dann würde man wohl eine gewisse Berechtigung haben, sich auf den zunächst sehr radikal erscheinenden Standpunkt zu stellen, daß das Licht der Gesamtheit der Sterne durch absorbierende Nebel geschwächt wird und daß die Stellen abnormen Verhaltens gerade diejenigen Stellen sind, in denen diese Nebelhülle Löcher aufweist''.

5. Der hier ausgesprochene Gedanke ist nicht neu. Schon im Jahre 1924 hatte OEPIK[1], ebenfalls von Wahrscheinlichkeitsüberlegungen ausgehend, aus Sternzählungen auf den Pariser Himmelskarten der Deklinationszone $+24^0$ gefolgert, daß lichtabsorbierende Nebelwolken über den ganzen Himmel verbreitet seien. Er fand nämlich auf über $75^0/_0$ der Karten mehr oder weniger starke Abweichungen von einer zufälligen Verteilung der Sterne in Gestalt von Feldern besonders großer oder auffallend geringer Sterndichte und zählte in der ganzen Zone 217 Felder der ersten und 197 Felder der zweiten Art. Nimmt man diese Erscheinung als reell an, so bieten sich zwei Möglichkeiten; entweder weicht die Anordnung der Sterne tatsächlich von einer Zufallsverteilung ab, oder es handelt sich um Absorption durch unregelmäßig verteilte kos-

---

[1] Stellar Distribution and the Law of Chance. Publ. de l'Observatoire astronomique de l'Université de Tartu (Dorpat) **26**, Nr. 2 (1924).

mische Wolken. OEPIK entschied sich für die letzte Annahme, weil er um so stärkere Abweichungen von einer zufälligen Verteilung fand, je geringer die mittlere Sterndichte der betreffenden Karte im Vergleich zu der sie enthaltenden galaktischen Zone war, d. h. derselbe Faktor, der die Anzahl der Sterne überhaupt reduziert, verursacht auch größere Unregelmäßigkeit ihrer Verteilung.

Danach würde der größte Teil des Himmels von einem absorbierenden Wolkenschleier bedeckt sein, der an den Stellen minimaler Sterndichte besonders undurchlässig sein müßte, während die sternreichen Felder als Lücken in der absorbierenden Schicht aufzufassen wären, die uns einen Durchblick auf die wirkliche Sternverteilung gestatten. Denkt man sich diesen Schleier fort, so würde nach OEPIK die Anzahl der Sterne bis hinab zur 14,5. Größe in der Milchstraße etwa 5mal, am galaktischen Pol 1,4mal größer ausfallen, als unsere jetzigen Zählungen ergeben. Der Lichtverlust soll im Durchschnitt etwa eine Größenklasse betragen.

Die OEPIKschen Zählungen reichen aber allein doch nicht aus, um so weitgehende Schlüsse zu rechtfertigen. Zunächst hat SHAPLEY[1] in einigen der von OEPIK angegebenen Felder minimaler Sterndichte Zählungen auf Platten durchgeführt, die eine oder mehrere Größenklassen weiterreichen, und gefunden, daß die Häufigkeitsminima in der Verteilung der schwächeren und wahrscheinlich weiter entfernten Sterne nicht mehr vorhanden sind. Ein Beispiel dafür gibt Tabelle 3, in der die linke Hälfte eine Abzählung nach OEPIK, die rechte eine Zählung in demselben Gebiet, aber bis zu schwächeren Sternen nach SHAPLEY darstellt. Die Ziffern geben die Anzahlen der Sterne in kleinen quadratischen Feldern von je 10′ Seitenlänge; fettgedruckte Ziffern bedeuten nach OEPIK Absorptionsfelder. Der Effekt verschwindet in der Tat, und

Tabelle 3.

OEPIK					SHAPLEY				
8	7	**5**	10	11	40	41	**36**	41	39
8	**4**	**4**	11	7	36	**38**	**40**	37	44
10	6	**3**	**4**	10	39	55	**36**	**38**	45
8	6	10	8	8	45	36	46	35	29

es hat den Anschein, als ob es sich wenigstens bei einem Teil der OEPIKschen Maximum- und Minimumfelder nicht um Absorptionswirkungen, sondern um wirkliche Unregelmäßigkeiten in der Verteilung der helleren Sterne handle.

Außerdem ist die Frage berechtigt, ob nicht in manchen Fällen die beobachteten Unregelmäßigkeiten doch noch mit einer zufälligen Verteilung der Sterne vereinbar sind. OEPIK hat den zulässigen Bereich sehr eng gezogen, während nach VON DER PAHLEN (vgl. Tabelle 2) die

---

[1] Harvard Circular **281** (1925).

Wahrscheinlichkeitstheorie einen ziemlich weiten Spielraum gestattet. Greift man aus OEPIKS Verzeichnis die Felder heraus, die auch bei strengerer Kritik als Absorptionsgebiete gelten können[1], so liegen über 80% von ihnen zwischen $\pm 20°$ galaktischer Breite, also innerhalb des Gürtels, der auch die überwiegende Mehrzahl der schon durch die Milchstraßenaufnahmen bekannt gewordenen kosmischen Wolken enthält.

Trotz dieser Einwände bleibt die OEPIKsche Arbeit ein interessanter Versuch, durch exakte Methoden die Verbreitung interstellarer absorbierender Wolken zu studieren.

In dieselbe Richtung zielt eine mit einfacheren Mitteln ausgeführte Untersuchung von LUNDMARK und MELOTTE, die mit bloßem Auge oder einer Lupe auf der FRANKLIN-ADAMS-Sternkarte alle Stellen herausgesucht haben, wo die Sterndichte fünf- bis sechsmal geringer ist als in dem umgebenden Gebiet, und die möglicherweise als Absorptionsfelder zu betrachten sind. Die Untersuchung erstreckt sich über den ganzen Himmel und wurde zu dem Zweck unternommen, festzustellen, ob die Verteilung der außergalaktischen Nebel, die gewisse Gegenden des Himmels, insbesondere die niederen galaktischen Breiten zu meiden scheinen, auf Abschirmung des Lichtes dieser weit entfernten Objekte zurückgeführt werden kann. In der Tat zeigte sich, daß die mutmaßlichen Absorptionsgebiete sich an den Stellen des Himmels häufen, wo die erwähnten Nebel selten sind und umgekehrt. Neue Gesichtspunkte zu der hier behandelten Frage hat auch diese Arbeit nicht gebracht, denn die Absorptionsfelder, falls es sich um solche handelt, konzentrieren sich wiederum auf den engeren Milchstraßengürtel. Vereinzelte Schleier finden sich allerdings auch in hohen galaktischen Breiten[2].

Aufschlußreicher in dieser Hinsicht ist eine Mitteilung von WOLF[3], der ein 2 Quadratgrade umfassendes Gebiet am galaktischen Pol in ähnlicher Weise wie die Sternleeren der Milchstraße nach Größenklassen abgezählt hat. Es ergab sich dabei zunächst, daß die Sterndichte am Pol immer noch bedeutend geringer ist als in den tiefsten Leeren der Milchstraße. Die Vorbedingungen für die Entdeckung vereinzelter absorbierender Nebelwolken (Kontrast gegen sternreiche Umgebung) sind also nur mangelhaft erfüllt. Ferner verläuft die Häufigkeitskurve der Sterngrößen von der 9. bis zur 16,5. Größe durchaus normal, ohne den aus Abb. 3 bekannten Knick, der das Dazwischentreten einer absorbierenden Nebelwolke anzeigt. Allerdings können solche Wolken doch vorhanden sein, wenn man annimmt, daß sie sich, wie ja zum Teil auch die der Milchstraße, in verhältnismäßig geringer Entfernung befinden und in ihrer Tiefenausdehnung so bemessen sind, daß mindestens schon von

---

[1] Es wurden die Felder gewählt, für die nach OEPIKS Bezeichnungsweise das „Gewicht" der Abweichungen $p > 10000$ ist.

[2] Studies of Anagalactic Nebulae. Upsala 1927.

[3] Astron. Nachr. **229**, 3 (1927).

der 9. Größe an alle Sterne hinter der absorbierenden Schicht liegen. Da aber gerade die helleren Sterne, auf die man zur Klärung des Sachverhaltes die Abzählungen ausdehnen müßte, in den hohen galaktischen Breiten sehr spärlich verteilt sind, wird es nicht leicht sein, endgültige Feststellungen zu treffen [1].

Um kurz zusammenzufassen, was Sternzählungen und verwandte Untersuchungen bisher zur Frage eines interstellaren Mediums ergeben haben, so ist sicher erwiesen die Existenz zahlreicher lokaler absorbierender Wolken in einer Zone von etwa 20° beiderseits der galaktischen Zentralebene. Ob solche Wolken in größeren Mengen auch über den Rest des Himmels verbreitet sind, so daß man von einer allgemeinen Absorption des Sternlichtes sprechen darf, läßt sich aus den vorliegenden Ergebnissen weder unbedingt verneinen, noch sind sichere Anhaltspunkte dafür vorhanden.

6. Es bleibt noch die wichtige Frage nach der Konstitution der lichtabfangenden Wolken zu erörtern. Pannekoek hatte im Anschluß an seine Abzählungen in der Perseus-Taurus-Sternleere gezeigt, daß die Annahme einer Gaswolke zu so großer Masse führe, daß Gravitationswirkungen nachweisbar sein müßten. Setzt man jedoch eine Zusammensetzung des Mediums aus diskreten festen Partikeln, also meteoritische Beschaffenheit, voraus, so genügt nach einem Hinweis de Sitters eine wesentlich geringere Masse.

Die Frage, ob Gas- oder Staubwolke, kann vielleicht durch eine Untersuchung der Farben von Sternen in- und außerhalb der Leeren entschieden werden. Handelt es sich um Gaswolken, so ist Rayleigh-Streuung zu erwarten, die sich durch Violettabsorption und damit durch Rötung des Sternlichtes bemerkbar machen müßte. Dagegen würden Wolken meteoritischen Staubes wohl nur eine allgemeine Schwächung des Lichtes ohne selektive Absorption verursachen [2].

---

[1] Daß man zum mindesten formal die Verteilung der Sterne nach galaktischer Breite durch eine mit wachsender Breite zunehmende allgemeine Absorption des Sternlichtes darstellen kann, hat Kopff gezeigt. Vgl. Z. Physik **17**, 279 (1923) u. **23**, 411 (1924).

[2] Nach Eddington (Proc. Roy. Soc. **111**, 424 [1926]) würde ein interstellares Gas notwendigerweise ionisiert sein. Man könnte dann außer Rayleigh-Streuung noch Elektronenstreuung einführen, die alle optischen Wellenlängen gleichmäßig und so stark schwächen würde, daß die von Pannekoek aufgezeigte Massenschwierigkeit wenigstens teilweise verschwinden würde. Aber die Annahme eines ionisierten Gases kommt in diesem Falle kaum in Betracht, zumal Eddington selbst die Temperatur in den Dunkelnebeln für so niedrig hält, daß sich die Atome durchweg in neutralem Zustand befinden müssen. — Beachtung verdienen in diesem Zusammenhang wohl auch die Erscheinungen in den Spektren der Veränderlichen vom R-Coronaetypus, deren Lichtwechsel nach den Untersuchungen Ludendorffs sehr wahrscheinlich auf Dunkelnebel zurückzuführen ist, welche diese Sterne zeitweilig verfinstern. Vgl. hierzu Handbuch der Astrophysik **6**, Teil 2, 71 (1928).

Bestimmungen von Sternfarben, die WOLF[1] unter Verwendung von Gelbfiltern und orthochromatischen Platten im Gebiete des Dunkelnebels NGC 6960 und seiner Umgebung ausgeführt hat, haben nun das Ergebnis gebracht, daß nicht die geringste Andeutung einer Rötung der verfinsterten Sterne gegenüber denen in normalen Feldern in der Nachbarschaft der Wolke besteht. Man wird also zu dem Schluß gedrängt, daß hier, und wahrscheinlich auch in den übrigen in diesem Abschnitt besprochenen Fällen, die absorbierenden Wolken aus meteoritischen Massen bestehen.

Auch EDDINGTON kommt in einer theoretischen Erörterung der Frage zu dieser Auffassung. Nur aus einem gewissen Widerstreben, meteoritische Massen dieser Art im interstellaren Raume zuzulassen, läßt er noch eine zweite Möglichkeit offen, nämlich Molekularabsorption. Die Temperatur in den dunklen Nebeln ist wahrscheinlich so niedrig, daß die weitaus meisten Atome unioniert sind und der Bildung von Molekülen nichts im Wege steht. Die hellen Nebel, die man ja als bestrahlte Teile der dunklen Wolken auffaßt, würden dann aus dem Grunde lichtdurchlässiger sein als die dunklen, weil die Strahlung der heißen Sterne die Moleküle dissoziiert.

Sehen wir von den theoretischen Schwierigkeiten ab, die EDDINGTON selbst in einer solchen Annahme erblickt, so kann vielleicht eine systematische Nachforschung nach Molekularbanden in den Spektren der teilweise verfinsterten Sterne zur Entscheidung der Frage beitragen.

II. Interstellares Calcium und TRÜMPLERs galaktische Absorptionszone.

1. Das Problem der „ruhenden" Calciumlinien geht zurück auf das Jahr 1904. Damals entdeckte HARTMANN[2] bei der Untersuchung des spektroskopischen Doppelsternes δ Orionis, daß die Calciumlinien H und K nicht an den durch die Bahnbewegung verursachten periodischen Verschiebungen der Spektrallinien teilnehmen, sondern eine konstante Geschwindigkeit ergeben, die etwas geringer ist als die Raumgeschwindigkeit des Systems δ Orionis. Auch durch ihr Aussehen unterscheiden sich H und K von den übrigen Linien des Spektrums, sie sind schmal und scharf, während die Linien von Wasserstoff, Helium usw. breit und verwaschen erscheinen. Zur Erklärung des Phänomens stellte bereits HARTMANN die Hypothese auf, daß die beiden Calciumlinien gar nicht dem Spektrum des Sternes angehören, vielmehr durch Absorption in einer interstellaren Calciumwolke entstehen, die sich irgendwo im Raume zwischen dem Stern und dem irdischen Beobachter befindet.

Der Fall δ Orionis blieb indessen nicht vereinzelt, sondern es fanden

[1] Astron. Nachr. **219**, 109 (1923).
[2] Astrophys. J. **29**, 268 (1904).

sich nach und nach noch andere spektroskopische Doppelsterne, die denselben Effekt zeigen. Im Jahre 1920 unterzog R. H. YOUNG[1] das gesamte Material einer zusammenfassenden Diskussion. Aus den bis dahin bekannten Fällen schien hervorzugehen, daß der Effekt auf spektroskopische Doppelsterne besonders hoher Temperatur, etwa vom Spektraltypus $B\,3$ an aufwärts, beschränkt war. Außerdem glaubte YOUNG feststellen zu können, daß die Radialgeschwindigkeit aus den Calciumlinien jeweils mit der Raumgeschwindigkeit des betreffenden Sternes übereinstimmte, und in einzelnen Fällen schienen die beiden Linien, wenn auch in geringerer Amplitude als die übrigen, die periodischen Verschiebungen doch mitzumachen. Alles dieses veranlaßte YOUNG, die HARTMANNsche Erklärung durch eine andere zu ersetzen, nach der die Calciumabsorption nicht in einer interstellaren Wolke, sondern in einer den Stern umschließenden Calciumhülle entsteht.

2. Diese Hypothese erwies sich jedoch bald als unhaltbar. Eine systematische Vermehrung des Beobachtungsmaterials durch J. S. PLASKETT[2] ergab zunächst, daß die ruhenden Calciumlinien keineswegs nur bei spektroskopischen Doppelsternen auftreten, sondern in den Spektren aller Sterne der Klassen $B\,3$ bis $B\,0, O$ mit und ohne Emissionsbanden und selbst einzelner planetarischer Nebel (NGC 2392) zu finden sind, also bei den Sternen mit einer Temperatur von etwa 15000° und darüber. Außerdem aber wurde festgestellt, daß die Calciumlinien in den meisten Fällen wesentlich andere Radialgeschwindigkeiten ergeben als die Linien des Sternspektrums. Die Unterschiede betragen bis zu 40 km/sec und mehr, so daß von einer Zusammengehörigkeit von Stern und Calciumwolke nicht die Rede sein kann. Bringt man bei den gemessenen Geschwindigkeiten die Sonnenbewegung in Abzug, so reduziert sich die Calciumgeschwindigkeit durchweg auf Null; die mutmaßlichen Calciumwolken befinden sich also relativ zum Sternsystem in Ruhe, während die betreffenden Sterngeschwindigkeiten über einen weiten Bereich streuen und keine Beziehung zur Sonnenbewegung verraten.

Dieser Umstand und das gleichmäßige Auftreten der beiden Linien in den Spektren so verschiedenartiger Himmelskörper läßt sich schwerlich anders erklären als durch einen gemeinsamen interstellaren Ursprung der Calciumabsorption; die ursprüngliche Idee diffuser, im Raume verteilter Calciumwolken wird also den Beobachtungstatsachen doch besser gerecht. Daß in einzelnen Fällen H und K an den periodischen Linienverschiebungen teilnehmen, ist wohl auf eine Überlagerung der „interstellaren" durch die der Sternatmosphäre selbst angehörenden Calciumlinien zurückzuführen (vgl. auch Nr. 4).

---

[1] Publ. Dom. Astrophys. Obs. Victoria **1**, 219 (1920). Daselbst eine Zusammenstellung der älteren Literatur.

[2] Monthly Notices RAS **84**, 80 (1924).

Zwei Schwierigkeiten haften aber auch dieser Vorstellung noch an. Weshalb beobachten wir die ruhenden Calciumlinien nur in Sternspektren vom Typus $B\,3$ und früher, und wie kommt die für die Absorption von H und K notwendige Ionisation der im freien Raume isoliert gelagerten Wolke zustande?

PLASKETT suchte beide Schwierigkeiten zu beseitigen, indem er annahm, daß die Sterne in die Calciumwolken eingebettet sind, und daß durch die Strahlung der besonders heißen Sterne in deren Umgebung das Calcium ionisiert wird. Die Spektralstufe $B\,3$ würde dann die untere Grenze der hierzu erforderlichen Temperatur fixieren. Lassen wir diese Annahmen zunächst gelten, so bleibt als weitere Frage noch die Zusammensetzung der Wolken zu klären.

Denselben Effekt, wie ihn die Calciumlinien H und K zeigen, kennt man, zuerst aus einer Arbeit von Miß HEGER[1], auch bei den Natriumlinien $D_1 D_2$, die zwar wegen ihrer photographisch ungünstigen Lage im Spektrum weniger untersucht worden sind, sich aber anscheinend ähnlich verhalten wie H und K. Wahrscheinlich sind noch andere Elemente vorhanden, aber nicht durch genügend intensive Linien in dem gewöhnlich untersuchten Gebiet der Sternspektren vertreten. Betrachtet man z. B. die Gruppe der Alkali- und Erdalkalimetalle, denen Natrium und Calcium angehören, so kommen nach PLASKETT als beobachtbare Linien der Hauptserien außer H und K und $D_1 D_2$ nur noch $4077,7$ und $4215,5\,Sr$, $4554,0$ und $4934,1\,Ba$ und $4682,2\,Ra$ in Betracht. Nimmt man dasselbe Mischungsverhältnis an wie in der Erdkruste, so würden sich die Mengen von Na, Ca, Ba und Sr verhalten wie $1:0,7:0,005:0,003$, während Ra so gut wie verschwindet. Daß nur Na und $Ca\,II$ gefunden werden, erscheint also, soweit die Leichtmetalle in Frage kommen, nicht unplausibel.

3. Dies war der Stand der Frage, als EDDINGTON[2] eine Arbeit über interstellare Materie veröffentlichte, die den ersten größeren, freilich noch sehr problematischen Versuch darstellt, den Gegenstand theoretisch zu fassen, und die auch die Erörterungen über die Calciumwolken auf eine andere Grundlage stellt. Ohne bei Einzelheiten zu verweilen, stellen wir die Hauptgedanken dieser Untersuchung, soweit sie unsere Frage berühren, kurz heraus.

EDDINGTON nimmt von vornherein ein gleichmäßig im interstellaren Raume verteiltes diffuses Medium an, dessen Dichte er im Durchschnitt zu 10^{-24} g/cm³ berechnet. Um die Temperatur dieses Mediums zu bestimmen, geht EDDINGTON von der mittleren Strahlungsdichte im Welt-

---

[1] Lick Obs. Bull. **10**, 59 u. 147 (1918—23).

[2] Proc. Roy. Soc. **111**, 424 (1926). Vgl. auch die Untersuchung von GERASIMOVIC u. STRUVE (Astrophys. J. **69**, 7 [1929]), die, gestützt auf neueres Beobachtungsmaterial, im wesentlichen dieselben Anschauungen vertreten wie EDDINGTON.

raum aus, die er gleich der Gesamtstrahlung von 2000 Sternen 1. Größe ansetzt. Von den möglichen Arten der Übertragung von Strahlungsenergie auf das interstellare Medium kommen aber nur zwei Prozesse in Betracht, nämlich die Ionisation und die kontinuierliche Absorption bei Zusammenstößen von Elektronen mit Atomen. Indem die Elektronen die bei der Ionisation angenommenen hohen Geschwindigkeiten durch Zusammenstoß mit Atomen auf diese übertragen, entsteht ein Energievorrat, der nicht durch entsprechende Verluste abgetragen wird. Auf dieser Basis führt die Rechnung zu einer Temperatur des Mediums von 10 bis 12000° absolut.

Unter solchen Bedingungen würde das vorhandene Calcium zum größten Teil doppelt, das Natrium beinahe restlos einfach ionisiert sein, aber weder *Ca III* noch *Na II* sind durch Hauptlinien im beobachtbaren Teil des Spektrums vertreten. Dagegen käme 1 Teil *Ca II* auf 3000 Teile *Ca III* und 1 Teil *Na* auf 2 Millionen Teile *Na II*. Damit unter diesen Bedingungen *H* und *K* im Spektrum erscheinen, wäre nach Eddingtons Rechnung eine Schicht des absorbierenden Mediums von 100 Parsek Dicke erforderlich. Die *D*-Linien müßten dann allerdings wesentlich schwächer sein als *H* und *K*; daß sie trotzdem in nahe derselben Intensität auftreten, bleibt ein zunächst ungeklärter Widerspruch.

Ca II und *Na* sind nach Eddington von den im interstellaren Raum wirklich vorhandenen die einzigen nachweisbaren. Bei den übrigen ist, wie schon Plaskett vermutet hatte, entweder die relative Häufigkeit des Vorkommens, angenommen nach dem Mischungsverhältnis in der Erdrinde, zu gering, oder von der am stärksten vertretenen Ionisationsstufe fehlen Hauptlinien im zugänglichen Teil des Spektrums.

Die frühere Auffassung, die verschiedene Wolken annahm, in denen die heißen Sterne um sich herum eine Schicht ionisierten Calciums erzeugen, hält nach Eddington theoretischer Durchdringung nicht stand und scheint auch von Plaskett selbst wieder aufgegeben zu sein. An ihre Stelle tritt die Annahme eines gleichmäßig im Weltraum verbreiteten diffusen Mediums, in dem das Calcium schon überall ionisiert ist, so daß die monochromatische Absorption längs des ganzen Lichtweges vom Stern bis zur Erde stattfindet.

4. Eddingtons Hypothese bietet zwei Prüfungsmöglichkeiten, deren Durchführung dem Beobachter zufällt. Erstens müßten die interstellaren Linien in den Spektren *aller* Sterne vorhanden sein, und zweitens sollte die Intensität der Linien mit wachsender Entfernung der Sterne zunehmen.

Was den ersten Punkt betrifft, so ist es, abgesehen von einigen *B* 5-Sternen, nicht gelungen, die bis dahin beim Spektraltypus *B* 3 liegende Grenze für das Auftreten der interstellaren Calciumlinien zu verrücken und die Linien auch in den Spektren der übrigen Klassen nachzuweisen.

Jedoch ist dies noch kein Beweis dafür, daß die Linien wirklich fehlen. Denn bei der Spektralklasse $B\,5$ wird bereits die Calciumabsorption der Sternatmosphäre selber deutlich, und die stellaren $Ca\,II$-Linien wachsen mit fortschreitendem Spektraltypus rasch an Breite und Intensität. Damit die interstellaren Linien neben den stellaren erkannt werden, müssen sie erstens sehr intensiv sein, was aber nach EDDINGTONs Hypothese nur bei weit entfernten, daher lichtschwachen und spektroskopisch schwierig zu beobachtenden Sternen der Fall ist, zweitens muß es sich um Sterne mit großer Radialgeschwindigkeit, 100 km/sek und mehr, bzw. um spektroskopische Doppelsterne mit beträchtlicher Geschwindigkeitsamplitude handeln, so daß die stellaren und interstellaren Linien auch bei der für schwache Sterne notwendigen, geringen Dispersion deutlich getrennt werden können. Solche Sterne sind aber verhältnismäßig selten, die Aussichten, interstellare Calciumlinien bei anderen als sehr heißen Spektralklassen nachzuweisen, also nicht eben günstig.

Aus diesem Grunde läßt sich auch ohne anderweitige Beobachtungen über die Verteilung des interstellaren Materials in bezug auf die galaktische Ebene kein klares Bild gewinnen. Zwar treten die beiden $Ca\,II$-Linien vorwiegend in der Zone zwischen $\pm\,20°$ galaktischer Breite auf, aber dies kann ein reiner Auswahleffekt sein, weil die O- und B-Sterne, die für den Nachweis der interstellaren Linien die günstigsten Bedingungen bieten, hauptsächlich in dieser Zone vorkommen. Daß der absorbierende Schleier mindestens an einzelnen Stellen bis in hohe galaktische Breiten reicht, beweisen Sterne wie ϱ Leonis, der im Spektrum sehr intensive interstellare Linien zeigt und dabei in galaktischer Breite $+\,53°$ liegt.

Günstiger steht es um den zweiten Punkt, zu dessen Klärung besonders die Untersuchungen von O. STRUVE[1] beigetragen haben. STRUVE stützt sich auf das zwar nicht ganz erstklassige und homogene, dafür aber außerordentlich umfangreiche Material an Objektivprismenspektren der Harvard-Sternwarte; Zweck der Arbeit war vor allem, über die Intensitätsverhältnisse der interstellaren $Ca\,II$-Linien Klarheit zu gewinnen. Bei der großen Zahl der untersuchten Sterne — STRUVE hat die interstellaren Linien in mehr als 1700 Spektren der Klassen O bis $B\,3$ beobachtet — mußte allerdings auf exakte Messungen verzichtet werden. Anstatt dessen bediente sich STRUVE eines Schätzungsverfahrens, bei dem die Linienintensität in Einheiten einer Gedächtnisskala ausgedrückt wird. Die Skala selbst wurde durch Anschluß an eine Standardlinie geeicht.

Das Ergebnis der Untersuchung, soweit es die Prüfung der EDDINGTONschen Hypothese betrifft, zeigt das Diagramm Abb. 4, in dem die scheinbaren Helligkeiten der Sterne als Abszissen, die Mittelwerte der

---

[1] Astrophys. J. **65**, 163 (1927); **67**, 353 (1928).

Intensitäten der K-Linie als Ordinaten aufgetragen sind. In der Tat zeigt sich ein enger funktionaler Zusammenhang im Sinne Eddingtons, die interstellare Absorption ist um so intensiver, je geringer die scheinbare Helligkeit, d. h. im Durchschnitt, je größer die Entfernung der Sterne. Nach Struves Untersuchungen, die zwar wegen ihres summarischen Charakters trotz der Menge der verarbeiteten Daten noch keine endgültige Entscheidung bringen, verdient also immerhin die Konzeption eines gleichmäßig im Raume verteilten Mediums gegenüber der Annahme isolierter Wolken den Vorzug, wobei vorläufig dahingestellt sei, ob dieses Medium die von Eddington auf theoretischem Wege abgeleiteten Eigenschaften besitzt.

Zu einem ähnlichen Schluß sind kürzlich J. S. Plaskett und J. A. Pearce gelangt[1], indem sie für über 200 Sterne mit interstellaren $Ca\,II$-Linien aus den beobachteten Radialgeschwindigkeiten die Entfernungen

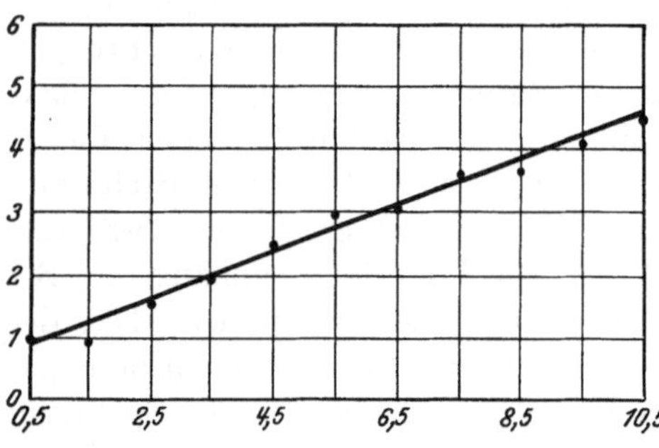

Abb. 4. Intensität der K-Linie und scheinbare Helligkeit. (Nach Struve, Ap. J. 67.)

sowohl der Sterne wie auch des Gravitationszentrums der interstellaren Massen berechneten. Sie faßten dann die Sterne nach der Entfernung in verschiedene Gruppen zusammen, deren mittlere Distanzen von 600 bis 1600 Parsek variieren, und fanden, daß für jede Gruppe die Entfernung des absorbierenden Mediums im Mittel genau halb so groß herauskommt als die Entfernung der Sterne, in deren Spektren die Absorptionslinien des Mediums erscheinen. Mit anderen Worten, das Wirkungszentrum der Absorption liegt für Sterne ganz verschiedener Entfernungen stets auf halbem Wege zwischen der Erde und den betreffenden Sternen, was in der Tat auf eine gleichmäßige und weite Verbreitung des interstellaren Materials hindeutet.

Allerdings ist in dieser Untersuchung die Bestimmung der Entfernungen mit der Annahme einer Rotation des galaktischen Systems verknüpft, die selbst noch den Charakter einer umstrittenen Hypothese trägt. Wir können jedoch im Rahmen dieses Berichtes nicht weiter darauf eingehen und verweisen deshalb auf die Originalabhandlung und die dort angegebenen Quellen.

5. Es bleibt noch die Frage, ob das interstellare Medium außer der monochromatischen auch allgemeine und selektive Absorption ausübt. Diesen Punkt hat ganz kürzlich eine nachher zu besprechende Arbeit

---

[1] Monthly Notices RAS **90**, 243 (1930).

von R. Trümpler stark in den Vordergrund gerückt. Auch vorher schon hatte man nach derartigen Effekten gesucht, doch ohne positives Ergebnis. So ist seit einiger Zeit bekannt, daß spektralphotometrische Messungen für eine Reihe der als sehr heiß angenommenen O- und frühen B-Sterne unerwartet niedrige Temperaturen liefern. Greaves, Davidson und Martin[1] haben nun darauf hingewiesen, daß diese relativ „kühlen" B-Sterne auch ungewöhnlich starke interstellare $Ca\ II$-Linien zeigen, so daß der Gedanke naheliegt, die abnormen Temperaturergebnisse auf eine Rötung des Sternlichtes beim Durchgang durch das Calcium absorbierende Medium zurückzuführen.

Demgegenüber fand Gerasimovic[2] in einer größeren Untersuchung über die spektrophotometrischen Temperaturen von B- und O-Sternen, daß von einer gesicherten ursächlichen Beziehung zwischen der Rötung der Sterne und der Intensität der kosmischen K-Linie kaum die Rede sein könne. Zwar zeigen alle „geröteten" B-Sterne intensive $Ca\ II$-Linien, aber keineswegs alle Sterne mit starker $Ca\ II$-Absorption anomale Färbung. Gerasimovic neigt deshalb eher dazu, die Ursache der letzteren in den Sternatmosphären selbst zu suchen.

Struve[3] hat besonders auf eine Gegend im Cepheus hingewiesen, wo helle und absorbierende dunkle Nebel, sowie Sterne mit besonders intensiven interstellaren Linien und auffallender Rötung vereinigt sind, so daß man einen inneren Zusammenhang aller dieser Erscheinungen vermuten konnte. Struves eigene spätere Untersuchungen sind aber einer solchen Vermutung nicht günstig, wenigstens nicht, soweit an eine Beziehung zwischen interstellarem Calcium und Dunkelnebeln gedacht war. Ein Vergleich der beiden Phänomene ergibt nämlich folgendes Bild:

Dunkelnebel	Intensität der K-Linie	Zahl der Sterne
Sterndichte normal	5,1	19
Sterne verfinstert	4,8	11
Sterne stark verfinstert	4,0	8

also sicher keinen Parallelismus, eher ein entgegengesetztes Verhalten, indem die Intensität der $Ca\ II$-Absorption mit zunehmender allgemeiner Verfinsterung abzunehmen scheint.

Es sei noch bemerkt, daß Oehman[4] die Frage aufgeworfen hat, ob nicht das interstellare Substrat dicht genug ist, um im Spektrum des Nachthimmels in Emission zu erscheinen. Nach seinen Überlegungen sind jedoch H und K nicht zu erwarten, vielleicht aber das verbotene Dublett $1\sigma—1\delta$ (λ 7293,43 und λ 7325,91). Die Schwierigkeit, das rote

[1] Monthly Notices RAS **89**, 125 (1929).
[2] Harvard Obs. Circular **339** (1929); Harvard Bull. **864** (1929).
[3] Astron. Nachr. **227**, 377 (1927).
[4] Nature, August 3. 1929.

Gebiet des an sich schon sehr schwachen Nachthimmelspektrums zu photographieren, läßt allerdings ein Suchen nach diesen Linien ziemlich aussichtslos erscheinen.

6. Von einem ganz anderen Gebiete, nämlich einer Studie über das System der offenen Sternhaufen ausgehend, ist neuerdings Trümpler[1] einer gleichmäßig verbreiteten interstellaren Absorption auf die Spur gekommen, die vielleicht mit der monochromatischen Calciumabsorption ein und desselben Ursprungs ist.

Trümpler hatte für eine große Anzahl offener Sternhaufen die scheinbaren Helligkeiten m und durch Klassifizieren der Spektren auch die absoluten Helligkeiten M von Haufensternen bestimmt und dann mittels der Beziehung $m - M = 5 \log r - 5$ die Entfernungen r der Sternhaufen berechnet. Diese ergaben dann in Verbindung mit den scheinbaren Durchmessern unmittelbar die linearen Durchmesser der Haufen. Die weitere Diskussion geht nun von der zwar willkürlichen, aber nicht ganz unplausiblen Annahme aus, daß ähnlich gebaute Sternhaufen auch ungefähr dieselben Durchmesser haben. Als Merkmale der Konstitution führt Trümpler die Zahl der Sterne und den Grad der zentralen Verdichtung eines Haufens ein, beides in dreifacher Abstufung. Faßt man die Sternhaufen nach diesen Kriterien in Gruppen zusammen, so zeigt sich in der Tat, daß innerhalb jeder Gruppe die Durchmesser der Haufen ziemlich gut durch ihren Mittelwert repräsentiert werden.

Bildet man nun für jeden Sternhaufen die Differenz v' zwischen seinem Durchmesser und dem mittleren Durchmesser der Gruppe, welcher der Haufen angehört, und ordnet die Sternhaufen nach der Entfernung, so ergibt sich ein merkwürdiger Gang der Werte v' mit der Entfernung in dem Sinne, daß die Durchmesser der nahen Haufen kleiner, die der entfernteren größer herauskommen als die jeweiligen Gruppendurchmesser. (Vgl. Tabelle 4, in der Spalte 1 den Entfernungsbereich in Parsek, Spalte 2 die mittlere Entfernung der in den einzelnen Bereichen zusammengefaßten Haufen, Spalte 3 die mittleren Reste v' in logarithmischer Form und Spalte 4 deren Gewichte enthält.)

Tabelle 4.

Bereich	Mittlere Entfernung	v'	Gewicht	Korrigierte Entfernung	v''
< 500	294	$-0{,}09$	20	266	$-0{,}01$
$500 - 1000$	730	$-0{,}05$	26,5	594	$-0{,}02$
$1000 - 1500$	1200	$+0{,}01$	13,5	870	$+0{,}01$
$1500 - 2000$	1620	$+0{,}08$	6	1050	$+0{,}05$
$2000 - 3000$	2460	$+0{,}06$	13,5	1500	$-0{,}03$
> 3000	3850	$+0{,}19$	8,5	1890	$+0{,}04$

Gerade dieses Bild würde man erwarten, wenn eine proportional der Entfernung wirkende interstellare Absorption des Sternlichtes vor-

---

[1] Lick Obs. Bull. **14**, 154 (1930).

handen ist. Denn ein solcher Effekt schwächt die scheinbaren Helligkeiten der Sterne, so daß die Entfernungen, die ja auf Grund der Differenz zwischen scheinbarer und absoluter Helligkeit beechnet sind, und damit auch die linearen Durchmesser der entfernteren Haufen systematisch zu groß gefunden werden. Die Rechnung ergibt als Absorptionskoeffizienten den erheblichen Betrag von 0,67 Größenklassen pro 1000 Parsek im photographischen Gebiet. Bestimmt man unter Einführung dieser Konstanten die Entfernungen und Durchmesser von neuem, so bleiben die in der letzten Spalte gegebenen durchschnittlichen Reste v'', die in der Tat keinen systematischen Gang mehr erkennen lassen. Wie stark die Annahme einer so beträchtlichen Absorption die Dimensionen des Sternsystems modifiziert, zeigen die für Absorption korrigierten Entfernungen in Spalte 5 der Tabelle.

7. Außer der allgemeinen glaubt TRÜMPLER auch eine selektive Absorption nachweisen zu können. Es sind nämlich in sieben offenen Sternhaufen für eine Anzahl von Sternen, deren Spektra TRÜMPLER klassifiziert hat, auch die Farbenindizes bekannt, so daß sich nachprüfen läßt, ob die Sterne im Durchschnitt die ihrer Spektralklasse entsprechenden Farbenindizes haben. Bezeichnen wir als Farbenexzeß die Abweichung des Farbenindex eines Sternes von dem mittleren Farbenindex seiner Spektralklasse, positiv gerechnet, wenn der Stern relativ röter erscheint, so ergibt sich für alle sieben Sternhaufen im Durchschnitt ein positiver Farbenexzeß, also eine stärkere Absorption der kurzwelligen Strahlen. Der zu erwartende Gang des Exzesses mit der Entfernung ist allerdings nicht sehr gut ausgeprägt; immerhin haben drei Haufen, die über 1000 Parsek entfernt sind, im Mittel einen viermal so großen Exzeß als die vier näheren. Eine lineare Interpolation gibt als Koeffizienten der selektiven Absorption $0^{m}\!,32$ für je 1000 Parsek, d. h. um diesen Betrag ist die Absorption im photographischen Gebiet stärker als im visuellen. Da die erstere zu $0^{m}\!,67$ gefunden wurde, ergibt sich letztere zu $0^{m}\!,35$, also nur halb so groß. Dies würde ungefähr der Wirkungsweise der Erdatmosphäre entsprechen, wo das Verhältnis der photographischen zur visuellen Extinktion etwa 2,5 beträgt.

Bei einer so starken selektiven Absorption dürften in Entfernungen über 1000 Parsek kaum noch negative Farbenindizes, also Sterne mit größerer photographischer als visueller Helligkeit beobachtet werden. Dennoch treten nach SHAPLEYs Untersuchungen solche Fälle gerade in den sehr weit entfernten kugelförmigen Sternhaufen auf. Um diesen Widerspruch zu beseitigen, greift TRÜMPLER zu der Annahme, daß das absorbierende Medium, wie ja auch die offenen Sternhaufen, nur in einer Schicht beiderseits der galaktischen Zentralebene von nur wenigen hundert Parsek Dicke auftritt, analog den Absorptionsgürteln mancher Spiralnebel (Abb. 5). Vom Sonnensystem aus gesehen, das sich selber innerhalb dieser Zone befindet, wirkt dann die Absorption nur bei Sternen nahe der galaktischen Ebene mit ihrem vollen Betrage, während mit wachsender galaktischer Breite der Lichtweg innerhalb des Mediums immer kürzer, die Absorption also geringer wird. Nun liegen aber die Kugelsternhaufen zum großen Teil in höheren galaktischen Breiten und fehlen ganz in der Mittelzone, wo die Absorption ihren Höchstbetrag erreichen soll, so daß ihre Wirkung nicht notwendig entdeckt zu werden brauchte.

Im Einklang mit einer solchen Anordnung der absorbierenden Schicht steht die Tatsache, daß auch von den offenen Sternhaufen diejenigen, die weiter von der galaktischen Ebene entfernt liegen, einen merklich geringeren Absorptionseffekt zeigen.

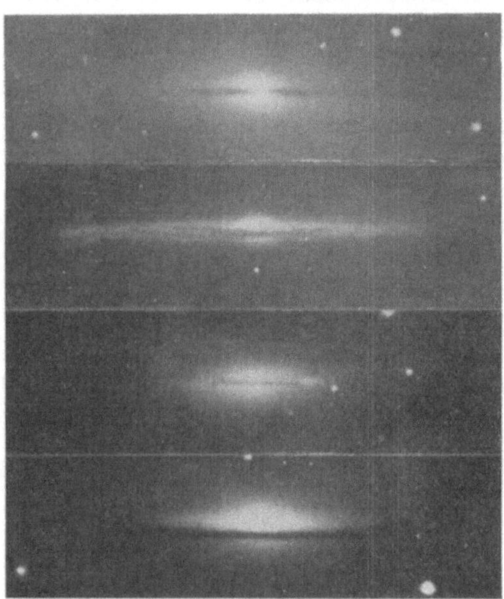

Abb. 5. Die Spiralnebel, ferne Sternsysteme, die im Aufbau vielleicht mit unserem eigenen System verwandt sind, zeigen häufig eine verfinsterte Mittelzone. Beispiele nach Aufnahmen von H. D. CURTIS. (Lick Obs. Publ. 13, pt. II. 1918.)

8. Wir haben es also hier, wie vermutlich auch beim interstellaren Calcium, im Gegensatz zu den im ersten Abschnitt behandelten einzelnen Wolken mit einer zusammenhängenden, ziemlich gleichmäßig verteilten Schicht zu tun, die nach TRÜMPLERS Auffassung das ganze Sternsystem, wenn auch nur in einer schmalen Zone, durchsetzen soll.

Äußerungen zu der TRÜMPLERSchen Arbeit sind bisher nicht bekannt geworden, doch enthält sie verschiedene Punkte, wo eine Kritik ansetzen könnte. Vor allem bedarf wohl die fundamentale Voraussetzung, daß Sternhaufen derselben Konstitution auch gleiche Durchmesser haben, noch einer festeren Begründung, wobei zu untersuchen wäre, ob die von TRÜMPLER eingeführten Konstitutionsmerkmale wirklich von der Entfernung unabhängig sind, und ob sie auf dem eingeschlagenen Wege sicher genug bestimmt werden können. Ziemlich problematisch, weil noch auf zu spärlichem Material beruhend, erscheint uns vorläufig die selektive Absorption; gerade sie sollte an entfernten Milchstraßensternen nicht allzu schwer nachzuprüfen sein. Vielleicht werden künftige Arbeiten die

Trümplerschen Ergebnisse modifizieren, bis dahin aber gehen sie mindestens als bedenklicher Unsicherheitsfaktor in alle Entfernungsbestimmungen aus der Beziehung $m—M = 5\log r— 5$ ein, soweit es sich um Objekte der galaktischen Mittelzone handelt.

Eine später zu klärende Frage ist die, ob das Trümplersche Medium, falls seine Existenz sich endgültig bestätigen sollte, in Zusammenhang mit dem interstellaren Calcium steht. Wenn ja, so erwächst der Theorie die Aufgabe, die Eigenschaften eines interstellaren Substrats zu untersuchen, das allgemeine, selektive und monochromatische Absorption ausübt.

III. Visuelle Beobachtungen.
Herschels Nebelfelder und Hagens kosmische Wolken.

1. Im Jahre 1811 veröffentlichte Wilhelm Herschel in einer größeren Abhandlung, betitelt „Astronomical Observations relating to the Construction of the Heavens" einen Bericht über 52 auf den ganzen Nordhimmel verteilte Felder, die er stets von einem schwachleuchtenden nebeligen Schimmer („diffused milky nebulosity") erfüllt sah und für ausgedehnte interstellare Stoffansammlungen hielt. Die Größe der Felder schwankt nach Herschel zwischen 1 und 9 Quadratgrad. Die Liste dieser Felder, die Herschel übrigens ausdrücklich von den gewöhnlichen diffusen Milchstraßennebeln unterscheidet, war nicht das Ergebnis systematischer Nachforschungen, sondern sie enthält nur die Objekte, auf die Herschel gelegentlich bei seinen Beobachtungen aufmerksam wurde; 20jährige Arbeit am Fernrohr führte ihn zu der Überzeugung, „that the abundance of nebulous matter . . . must exceed all imagination"[1].

Nach Herschels Tode gerieten diese merkwürdigen Beobachtungen in Vergessenheit, der sie auch gelegentliche Hinweise durch Auwers und Barnard nicht entreißen konnten. Erst im Jahre 1903, als Roberts über seine vergeblichen Versuche berichtete, die Felder zu photographieren, wurde man erneut auf sie aufmerksam. Es war Roberts bei 49 von den 52 Feldern mit 90 Minuten Belichtungszeit nicht gelungen, auch nur eine Spur der „diffused milky nebulosity" auf die Platte zu bringen, und nur drei Felder zeigten wirklich schwachleuchtende Nebelschleier. Wolf gelang es dann, in sechsstündiger Exposition noch drei weitere Felder photographisch nachzuweisen, während ein anderes, bereits früher durch eine Aufnahme W. H. Pickerings bekannt geworden war. Die übrigen Felder scheinen auch bei mehrstündiger Belichtungszeit photographisch unwirksam zu sein, jedenfalls sind bisher keine weiteren Aufnahmen veröffentlicht worden.

---

[1] Zur Literatur über die Herschel-Felder vgl. Hagen in Misc. Astron. Specola Vaticana, Parte III, Art. 64 (1924); ferner Isaac Roberts' Atlas of 52 Regions usw. by Mrs. Isaac Roberts. 1928.

Damit ergab sich die unbefriedigende Situation, daß man Objekte, die einer der erfahrensten astronomischen Beobachter gesehen und ausführlich beschrieben hatte, anscheinend nicht photographieren konnte, unbefriedigend um so mehr, als die Kamera gerade auf dem Gebiet der Nebelforschung sich der visuellen Beobachtung überlegen gezeigt und manches Objekt zum Vorschein gebracht hatte, das auch dem besten Auge unzugänglich ist. Man beruhigte sich indessen mit dem Gedanken, daß die angewandten Belichtungszeiten wohl doch noch nicht lang genug gewesen seien, um diese anscheinend besondere Art von Nebeln abzubilden.

2. Die Frage erschien in neuem Lichte, als HAGEN im Jahre 1920 seine ersten ausführlichen Berichte über die von ihm beobachtete verschiedenartige Schattierung des nächtlichen Himmels veröffentlichte. HAGEN hatte schon früher, bei der Herstellung der Karten für seinen Atlas Stellarum Variabilium bemerkt, daß der Himmel in gewissen Gebieten stets etwas trüb und milchig erschien, in anderen dagegen klar und schwarz. Die Revision des DREYERschen Nebelkataloges, die HAGEN an der Vatikanischen Sternwarte in Rom durchführte, bot ihm Gelegenheit, diese Erscheinung eingehender zu studieren, und dabei zeigte sich, daß der Himmel auf weite Strecken hin in wechselnder Stärke von einem grau schimmernden Substrat bedeckt schien. Und zwar entsprachen die Beobachtungen genau der Beschreibung, die HERSCHEL von seinen 52 Nebelfeldern gibt. HAGEN sprach daher die, wie wir nachher sehen werden, durchaus begründete Ansicht aus, es handle sich in beiden Fällen um dieselbe Sache. Und in Übereinstimmung mit HERSCHEL setzte er sich dafür ein, daß man es hier mit sehr schwach leuchtenden kosmischen Wolken zu tun habe, die somit, wie HERSCHEL bereits vermutet hatte, eine sehr verbreitete Erscheinung sein würden[1].

Es hat nicht an Stimmen gefehlt, die sich gegen diese Auffassung wandten; sie haben aber in letzter Zeit unzweifelhaft an Gewicht verloren, wie die Erörterung der Methoden und Ergebnisse der HAGENschen Beobachtungen zeigen wird.

HAGEN benutzt für seine Beobachtungen, an denen sich Verfasser in Rom mehrfach beteiligt hat, eine sechsstufige Schätzungsskala, in der Stufe 0 einen vollkommen klaren, d. h. schwarzen, die Stufen 1 bis 5 einen in wachsendem Maße getrübten Himmelsgrund bedeuten. Um die Unterschiede zwischen den einzelnen Schattierungen deutlich wahrzunehmen, empfiehlt HAGEN, nicht bei ruhendem Fernrohr zu beobachten, sondern das Instrument zu schwenken, so daß man den Himmelsgrund durch das Gesichtsfeld gleiten sieht. Der Anblick läßt sich am ehesten mit dem Aussehen teilweise bewölkten Himmels in ganz dunkler Nacht

---

[1] Eine bis Anfang 1928 vollständige Übersicht der Literatur über die HAGENschen Beobachtungen findet man in des Verfassers „General Catalogue" (Pubblicazioni della Specola Astronomica Vaticana 6B. [1928)].

vergleichen, wo man die schwarzen Wolkenlücken mit 0 oder 1, die niedrig hängenden, mehr grau erscheinenden Wolken mit 3, 4 usw. bezeichnen würde.

Um ein möglichst vollständiges Bild der Erscheinung zu geben, hat HAGEN vor mehreren Jahren eine Durchmusterung des Himmels zwischen dem Nordpol und —20° Deklination begonnen[1], die zurzeit kurz vor dem Abschluß steht. Nach diesem Plane wird die Sphäre in Deklinationszonen von je 10° eingeteilt und jede dieser Zonen in folgender Weise bearbeitet. Das Fernrohr wird auf einen bestimmten Stundenkreis eingestellt, bei laufendem Uhrwerk festgeklemmt und dann in Deklination stetig bewegt, so daß ein Stundenstreifen von der Breite des Gesichtsfeldes am Auge des Beobachters vorbeizieht. Dabei wird von Grad zu Grad die Intensität der kosmischen Wolken, d. h. die Schattierung des Himmelsgrundes in der oben beschriebenen Skala geschätzt und notiert. Ist der Stundenstreifen von 10° Länge durchgeschätzt, wird das Fernrohr um 1° im Stundenwinkel verstellt, und es beginnt die Beobachtung des nächsten Streifens.

Als Beispiel diene nachstehende Tafel, die einen kleinen Ausschnitt aus der Durchmusterung darstellt (vgl. auch Abb. 6).

Tabelle 5.

17^h	0^m	4	8	12	16	20	24	28	32	36	40	44	48	52	56^m
−20°	2	2	3	2-3	3	3	4	4	3-4	3-4	3-4	3-4	2-3	3	3
19	2	1-2	2-3	2-3	3-4	3-4	4	4	3	3-4	3-4	3-4	2-3	3	3
18	2	1-2	1-2	1-2	2	3	3-4	3-4	2-3	2-3	3-4	3	2-3	0-3	2-3
17	2-3	2	2-3	2	1-2	2-3	3	2-3	2-3	2-3	2-3	2-3	2-3	2-3	2-3
16	2-3	2-3	2-3	2	1-2	2	1-2	2-3	2-3	2-3	2-3	2	2-3	3	2-3
15	3	3	3	2	2-3	2-3	2-3	2-3	2-3	2	2-3	2-3	3	2-3	2
14	3-4	3-4	3	3	2-3	3	3-4	3-4	2-3	1-2	2	2-3	2-3	3-4	2-3
13	4	4	3-4	3-4	3	4	4	4	3	2	2	2-3	3	4	3
12	4	4	3-4	4	3-4	3-4	4	4-5	4	3	3-4	3-4	4	4	4
11	3-4	4	4-5	4	4	4	4	4-5	3-4	3-4	4-5	4-5	4-5	4-5	4-5
10	3	4	4	4-5	4-5	4-5	4-5	5	4	4-5	5	5	5	5	4-5
9	3	4	4-5	4-5	5	5	5	5	4	5	5	5	5	5	5
8	4	4	4	4	4-5	5	5	5	4-5	5	4-5	5	5	5	5
7	4-5	4	4	4-5	5	5	5	5	4-5	5	5	4-5	5	5	5
6	4	4-5	4-5	5	5	4-5	4-5	4-5	4-5	5	5	5	5	5	4-5
5	3-4	3-4	4-5	4-5	5	5	5	5	5	5	5	5	5	5	5
4	4	4	4-5	4-5	5	5	4-5	4-5	5	4-5	4	5	5	5	5
3	4	4	4-5	5	5	5	5	4-5	4-5	4	4	4-5	4-5	5	5
2	3-4	4	4-5	5	4-5	5	4-5	4	3	4	3	4	4	4-5	5
−1	3-4	4	4	4	4	4	4	3	3-4	3	3	3	3-4	3-4	4

Auf Grund seiner Beobachtungen hat HAGEN alsbald darauf aufmerksam gemacht, daß das Phänomen in bemerkenswertem Zusammenhang mit der Verteilung der Sterne steht. Die Trübung des Himmels-

---

[1] Misc. Astron. Specola Vaticana, Parte III, Art. 57 (1924).

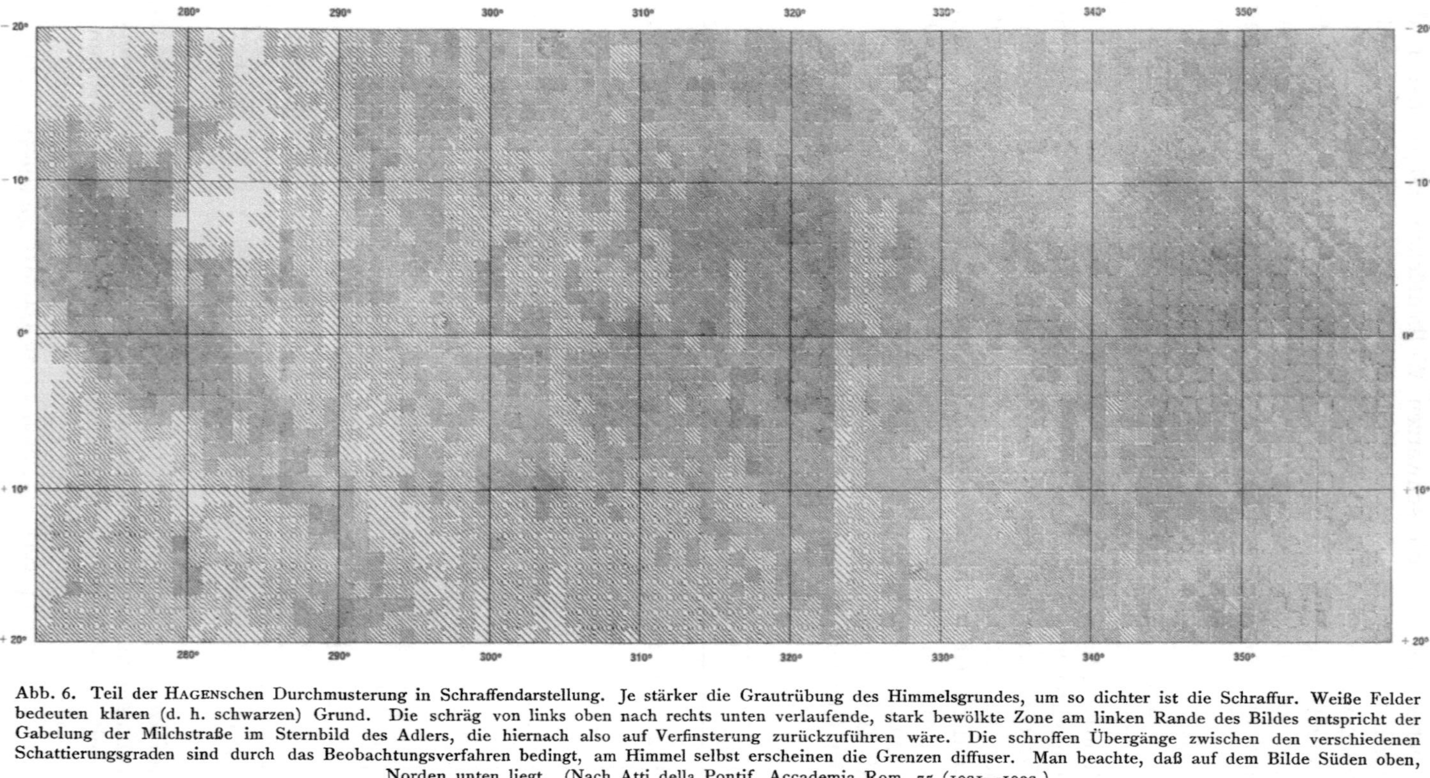

Abb. 6. Teil der Hagenschen Durchmusterung in Schraffendarstellung. Je stärker die Grautrübung des Himmelsgrundes, um so dichter ist die Schraffur. Weiße Felder bedeuten klaren (d. h. schwarzen) Grund. Die schräg von links oben nach rechts unten verlaufende, stark bewölkte Zone am linken Rande des Bildes entspricht der Gabelung der Milchstraße im Sternbild des Adlers, die hiernach also auf Verfinsterung zurückzuführen wäre. Die schroffen Übergänge zwischen den verschiedenen Schattierungsgraden sind durch das Beobachtungsverfahren bedingt, am Himmel selbst erscheinen die Grenzen diffuser. Man beachte, daß auf dem Bilde Süden oben, Norden unten liegt. (Nach Atti della Pontif. Accademia Rom. 75 (1921—1922.)

grundes ist nämlich im allgemeinen um so intensiver, oder, wenn wir an der Vorstellung kosmischer Wolken festhalten, die „Dichte" der Wolken um so größer, je sternarmer die betreffende Himmelsgegend ist. Da die Sternfülle im Durchschnitt mit wachsender galaktischer Breite abnimmt, bedeutet dies vor allem eine Orientierung der ganzen Erscheinung gegen die Hauptsymmetrieebene des Sternsystems, die Ebene der Milchstraße. Auf HAGENs Beobachtungen fußend hat WIRTZ diesen Zusammenhang numerisch klar herausgearbeitet[1]. Er schreibt zunächst HAGENs sechsstufige Skala durch Halbieren der Stufen in eine zehnstufige um, indem er setzt

$$\text{HAGEN} \quad 0 \quad 1 \quad 1\text{—}2 \quad 2 \quad 2\text{—}3 \quad 3 \quad 3\text{—}4 \quad 4 \quad 4\text{—}5 \quad 5$$
$$\text{WIRTZ} \quad 0 \quad 1 \quad 2\phantom{\text{—}} \quad 3 \quad 4\phantom{\text{—}} \quad 5 \quad 6\phantom{\text{—}} \quad 7 \quad 8\phantom{\text{—}} \quad 9$$

Dann ergeben sich aus dem bisher vorliegenden Teil der Durchmusterung für verschiedene galaktische Breiten folgende Durchschnittswerte der HAGENschen Schätzungen:

Breite	HAGEN	Breite	HAGEN
0^0	$4^{N}{,}0$	45	7,4
15	4,1	55	7,5
25	4,4	65	8,1
35	6,3	75	8,4

also ein deutlicher Gang mit der galaktischen Breite in dem genannten Sinne. Auch die ebenfalls schon von HAGEN erwähnte Erscheinung, daß die Nebelwolken in höheren galaktischen Breiten durchweg in zusammenhängenden, über weite Flächen ausgedehnten Bereichen auftreten, in der Milchstraße dagegen in getrennten Fetzen, findet in der WIRTZschen Untersuchung ihren numerischen Ausdruck. „In der Milchstraße ist die Unruhe im Mosaik des Himmelsgrundes mindestens $2\frac{1}{2}$mal so groß als am Pol."

3. Das sind in großen Zügen die Ergebnisse der HAGENschen Beobachtungen. Es ist begreiflich, daß manche Astronomen so weitgehende Schlußfolgerungen, wie sie aus diesen Beobachtungen zu entnehmen sind, gern auf eine breitere Basis gestellt sähen und deshalb bedauerlich, daß wir noch keine systematische Wiederholung der HAGENschen Wahrnehmungen durch einen anderen Beobachter und mit einem anderen Instrument besitzen. Einer der Gründe für diesen Mangel ist wohl darin zu suchen, daß die ersten Mitteilungen über die Beobachtungen nicht genügende Klarheit darüber brachten, worum es sich handle. Insbesondere hat der anfangs gebrauchte Ausdruck „dunkle" kosmische Wolken zu dem Mißverständnis geführt, daß man am Himmel nach be-

---

[1] Astron. Nachr. **223**, 123 (1925).

sonders dunklen Stellen Ausschau halten müsse, während in Wirklichkeit gerade die Stellen am schwärzesten erscheinen, die nach HAGENs Definition von Nebelwolken frei sind. Dies geht z. B. aus einer späteren Bemerkung HAGENs hervor, wonach „das Zodiakallicht auf das unbewaffnete Auge denselben Eindruck macht wie die kosmischen Wolken im Fernrohr, sowohl in der grauen Tönung wie in den verwaschenen Umrissen"[1].

Dazu kommt noch eine weitere Schwierigkeit. Die Schattierung des Himmelsgrundes ist gerade in höheren galaktischen Breiten, wo nach HAGEN die Hauptmasse der kosmischen Wolken sich befindet, auf weite Strecken hin so eintönig und kontrastarm, daß nur ein Beobachter sie bemerkt, der eine genaue Vorstellung aller einzelnen Stufen der Schätzungsskala im Gedächtnis hat. Der Verfasser hat sich hiervon während seiner zeitweiligen Mitwirkung an den römischen Beobachtungen selbst überzeugen können.

Bei dieser Lage der Dinge bedeutet es jedenfalls eine wichtige Stütze der HAGENschen Beobachtungen, daß sie aller Wahrscheinlichkeit nach von derselben Art sind wie HERSCHELs Nebelfelder. HAGEN hat an Hand von Negativkopien der ROBERTschen Aufnahmen alle 52 Felder nach seiner Methode durchgeschätzt und gefunden, daß sie bis auf eine einzige Ausnahme durch die Stufen 4 und 5 seiner Skala charakterisiert sind, d. h. dort wo HERSCHEL die „diffused milky nebulosity" sah, notiert auch HAGEN besonders starke Trübung des Himmels[2]. Es kann danach kaum einem Zweifel unterliegen, daß die beiden Beobachter dasselbe gesehen haben und sich somit gegenseitig stützen. Auf HAGENs Anregung hat dann noch ein anderer Beobachter, W. S. FRANKS, die HERSCHEL-Felder durchgearbeitet und die meisten von ihnen in seinem sechszölligen Fernrohr wahrnehmen können[3].

4. Hier muß nun auf die photographische Schwierigkeit hingewiesen werden. HAGENs kosmische Wolken lassen sich ebensowenig photographieren wie die Mehrzahl der HERSCHEL-Felder; jedenfalls sind alle bisher unternommenen Versuche fehlgeschlagen. Dieser Umstand hat manchmal als Argument gegen die Realität sowohl der HAGENschen wie der HERSCHELschen Beobachtungen gedient. Die neueste Entwicklung des Problems zeigt aber, daß gar kein anderes Ergebnis zu erwarten war, und daß wenigstens in diesem Falle die Photographie gegenüber der visuellen Beobachtung im Nachteil ist.

HAGEN hat nämlich eine Art experimentum crucis durchgeführt, indem er systematisch solche Stellen des Himmels nach seiner Methode beobachtete, an denen sich nachweislich kosmische Staubwolken befinden,

[1] Misc. Astron. Specola Vaticana, Parte III, Art. 63 (1924).
[2] Misc. Astron. Specola Vaticana, Parte IV, Art. 67 (1929).
[3] Pop. Astron. **36**, 464 (1928).

also die durch Absorption verursachten Sternleeren in der Milchstraße (vgl. den ersten Abschnitt). Das Ergebnis ist für die Beurteilung der ganzen Frage von größter Wichtigkeit.

Schon 1921 hatte HAGEN die große Sternleere im Perseus und Taurus durchgeschätzt[1] und die beobachtete Schattierung des Himmelsgrundes in eine Karte eingezeichnet, in die zugleich an zahlreichen Stellen die Sterndichte nach Greenwicher Abzählungen auf der FRANKLIN-ADAMS-Karte eingetragen war (vgl. Abb. 7, in der wieder die dichtesten Wolken durch die dunkelste Tönung dargestellt sind). Dabei zeigte sich eine überraschend enge Korrelation zwischen kosmischen Wolken und Sterndichte, die man auf der Karte bis in die Einzelheiten verfolgen kann. Die im großen schon in der galaktischen Orientierung des Phänomens hervorgetretene Gesetzmäßigkeit, daß die Wolken um so dichter sind, je geringer die Zahl der Sterne in dem betreffenden Gebiet ist, bestätigt sich hier in noch markanterer Weise in den Strukturdetails. Man vergleiche z. B. die beiden auffallenden, durch Umrahmung gekennzeichneten Sternleeren bei $5^h 20^m$, $+ 25^o$ und bei $3^h 30^m$, $+ 32^o$; beide sind von dichten Wolken erfüllt, während die große Sternfülle bei $5^h 20^m$, $+ 32^o$ fast klaren Grund zeigt.

Als dann im Jahre 1927 BARNARDs Atlas ausgewählter Milchstraßengegenden erschien (vgl. S. 4), bot sich eine Gelegenheit, die zahlreichen, von BARNARD photographisch entdeckten Absorptionsgebiete systematisch durchzuschätzen. Ein bequemes Hilfsmittel für die Beobachtung am Fernrohr lieferten die den Photographien beigegebenen Schlüsselkarten, in die die helleren Sterne und die Umrisse der einzelnen Sternleeren eingetragen sind.

Das Ergebnis entsprach den Erwartungen. Sämtliche BARNARDschen Felder erwiesen sich in HAGENs Terminologie als dichte kosmische Wolken der Intensitätsstufen 4 und 5 seiner Skala[2]. Das experimentum crucis war positiv ausgefallen, und HAGEN sah sich zu dem Schluß berechtigt: „Now that all the fifty-two HERSCHEL fields and all of BARNARDs objects which are within the reach of this observatory have been studied and compared by an observer of more than forty years' practice and have been found to be entirely similar, the one who asserts that they are not things of the same nature, takes the proof of the assertion upon himself."

Zugleich aber wird klar, daß die Versuche, die kosmischen Wolken zu photographieren, mit den bisherigen Methoden nicht zum Ziele führen konnten. Denn die BARNARDschen Felder sind ja gerade die lichtleeren Stellen auf den Photographien; sie erscheinen als schwarze, im besten Falle grau getönte Flecken, die nur durch den Kontrast gegen die sternreiche Umgebung erkennbar werden.

---

[1] Misc. Astron. Parte III, Art. 56 (1924).
[2] Misc. Astron. Parte IV, Art. 68 (1929).

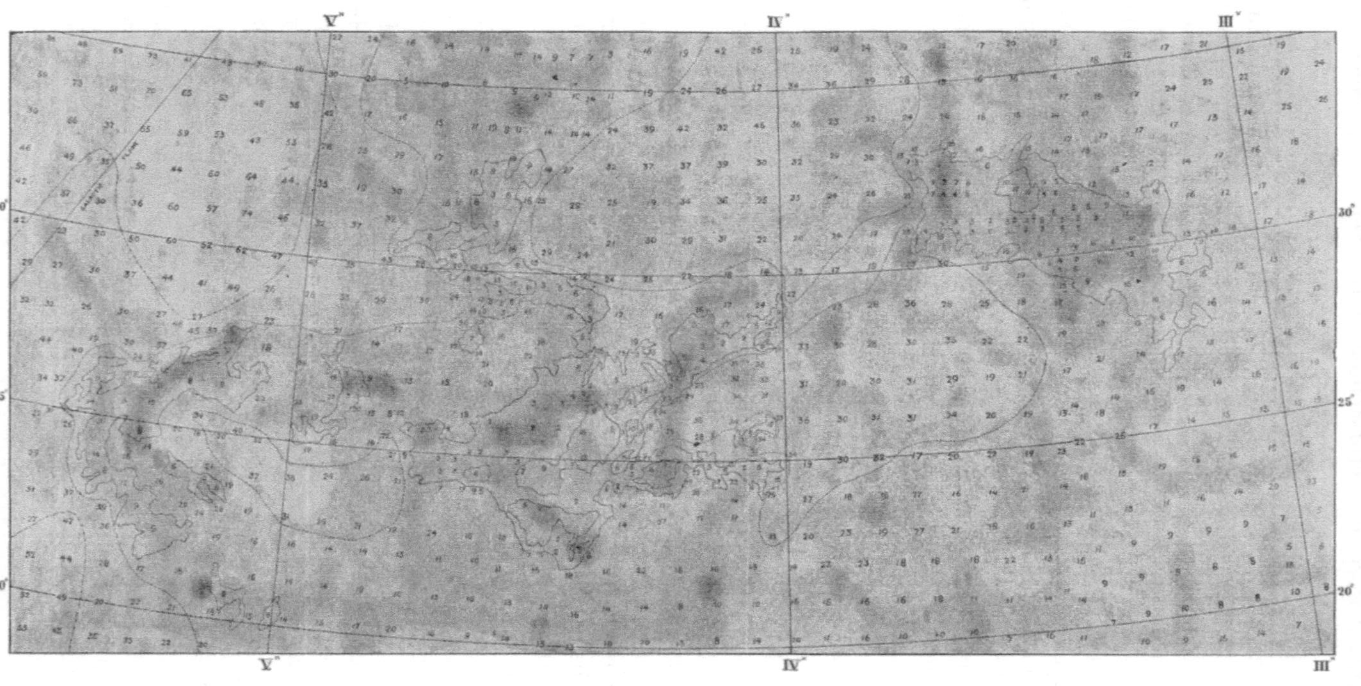

Abb. 7. Sternhäufigkeit und kosmische Wolken. Die Zahlen geben die Sterndichte pro 100 Quadratminuten bis hinab zur 15,8. photographischen Größe nach DYSON und MELOTTE; die Schattierung (am rechten und unteren Rande des Bildes nicht mehr vollständig eingetragen) zeigt die Verteilung der kosmischen Wolken nach HAGEN. (Nach Astron. Nachr. Jubiläumsnummer 1921.)

Dabei ist HAGEN nicht der einzige, der die BARNARDschen Felder visuell beobachtet hat. BARNARD selber berichtet, daß er gelegentlich einige von ihnen am 40zölligen YERKES-Refraktor aufgesucht hat, „and in each case it was shown that a real object of an obscuring nature was present"[1]. So heißt es z. B. von dem Objekt Nr. 133 der BARNARDschen Liste, das auf den Photographien einen kleinen schwarzen Fleck inmitten der galaktischen Sternfülle darstellt, nach einer Prüfung am Refraktor[2]: „It was clearly evident that there is a faint hazy object at this place. It is dull and feebly luminous compared with the adjacent sky." Ganz kürzlich hat dann auch FRANKS mit einem Fernrohr von nur 6 Zoll Öffnung eine große Zahl der BARNARDschen Felder nach HAGENs Methode beobachtet und verifiziert[3].

5. Scheint man schon hiernach für Beobachtungen von der Art, wie HAGEN und HERSCHEL sie mitteilen, von der Photographie nicht viel erwarten zu dürfen, so wird die Situation auf die Spitze getrieben durch den Fall des Nebels NGC 7088. Dieser Nebel wurde 1881 von BAXENDELL wahrscheinlich mit einem fünfzölligen Fernrohr entdeckt und später von DREYER bestätigt, der ihn „ohne Schwierigkeit" in einem zehnzölligen Refraktor erkannte und als sehr großen, diffusen Nebelfleck bezeichnet. Danach schien das Objekt zur Klasse der gewöhnlichen diffusen Nebel zu gehören und wurde als solches in den DREYERschen Katalog aufgenommen. Da der Nebel in der Nachbarschaft des oft photographierten hellen Kugelsternhaufens M 2 steht, war nicht einzusehen, weshalb es keine Aufnahme von ihm gab. Das wurde jedoch verständlich, als das Objekt sich im Laufe der römischen Beobachtungen als kosmische Wolke von der Dichte 3 bis 4 in der sechsstufigen Skala erwies. Daraufhin ist der Nebel auch auf anderen Sternwarten nachgesehen und unter anderem in Heidelberg und Potsdam sicher erkannt worden, so daß an seiner Existenz nicht gezweifelt werden kann. Alle Versuche, ihn zu photographieren, blieben aber weiterhin erfolglos, obwohl Belichtungszeiten bis zu 12 Stunden angewandt wurden. Da WOLF in seiner Notiz über die visuelle Beobachtung des Nebels in Heidelberg auf dessen bräunliche Tönung aufmerksam gemacht hatte, versuchte BAADE in Bergedorf noch Aufnahmen mit rotempfindlichen und panchromatischen Platten unter Benutzung von Gelbfiltern bei Expositionen von 90 Minuten bis 4 Stunden, desgleichen ohne Erfolg.

Dieser Fall, von dem HAGEN jüngst eine zusammenfassende Darstellung gegeben hat[4], ist von grundsätzlicher Bedeutung. Man wird zwar immer noch daran festhalten, daß es schließlich doch gelingen muß, derartige Objekte zu photographieren, aber das Fehlen einer photogra-

---

[1] Atlas, Introd. Part I, S. 10a.
[2] Astrophys. J. **49**, 7 (1919).
[3] Monthly Notices RAS **90**, 326 (1930).
[4] Monthly Notices RAS **90**, 331 (1930).

phischen Bestätigung kann nicht mehr, wie es bisweilen geschehen ist, als Argument gegen die Beobachtungen Hagens und Herschels benutzt werden.

6. Folgt man den kürzlich von Hopmann[1] mitgeteilten Überlegungen, so erscheint allerdings dieses Mißverhältnis zwischen Photographie und visueller Beobachtung nicht weiter verwunderlich. Hopmann berechnet, anknüpfend an eine Notiz von Seares über den photographischen Schwellenwert des 60zölligen Mt. Wilson-Reflektors, daß für ein photographisches Instrument vom Öffnungsverhältnis $1:5$ bei einstündiger Belichtung der photographische Schwellenwert eines 1 Quadratgrad großen Objektes gleich $4^m_{,}2$ ist, d. h. die Gesamthelligkeit einer Fläche von dieser Ausdehnung muß der Helligkeit eines Sternes 4,2 Größe entsprechen, damit die leuchtende Fläche bei einstündiger Belichtung gerade auf der photographischen Platte wahrnehmbar wird. Hingegen ergibt sich für die visuelle Beobachtung im Refraktor, wenn man Schwellenwertmessungen von Löhle und Hassenstein zugrunde legt, daß schon eine Intensität pro Quadratgrad entsprechend der eines Sternes 9. Größe genügt, um den Nebel über die Sichtbarkeitsgrenze zu heben. „Das Auge reicht also in der Wahrnehmung derart ausgedehnter Objekte volle fünf Größenklassen weiter als die Platte, und damit ist das vergebliche photographische Suchen der Hagenschen Wolken erklärt.‘‘

Man hätte also unter Umständen mit Belichtungszeiten von 100 Stunden und darüber zu rechnen, um eine Spur der kosmischen Wolken auf die Platte zu bringen. Dann fragt sich aber doch, wieso manche der gewöhnlichen diffusen Milchstraßennebel, die im Fernrohr ebenso wie die Hagenschen Wolken „ausgedehnte Objekte nahe der Sichtbarkeitsgrenze‘‘ darstellen, dennoch nach viel kürzeren Belichtungszeiten schon zum Vorschein kommen. Die Plejadennebel z. B., die nicht einmal, wie andere Objekte, überwiegend photographisch wirksames Licht aussenden, sind bei einem Öffnungsverhältnis $1:5$ schon nach 20 Minuten Belichtung deutlich auf der Platte zu erkennen, Baxendells Nebel dagegen noch nicht nach vielen Stunden. Beide Objekte werden im Dreyerschen Generalkatalog als *eF* (extremely faint) für visuelle Beobachtung bezeichnet. Wenn also nach Hopmann ein Vergleich der Empfindlichkeiten von Auge und Platte den photographischen Mißerfolg bei den Hagenschen Wolken erklärt, so ist andererseits nicht einzusehen, wie die Plejadennebel und ähnliche Objekte dann überhaupt photographiert werden konnten. Restlos beseitigt ist also die Schwierigkeit noch nicht, dennoch war der Hinweis sehr am Platze, daß die Empfindlichkeit der photographischen Platte im Vergleich zum menschlichen Auge nicht überschätzt werden darf.

Nach allem scheint festzustehen, daß die Zusatzannahme eines

---

[1] Astron. Nachr. **238**, 285 (1930).

Unterschiedes zwischen dem Leuchten der kosmischen Wolken und der gewöhnlichen Nebel nicht zu vermeiden ist. Vielleicht spielt dabei die von einzelnen Beobachtern erwähnte bräunliche Färbung der Wolken eine Rolle, obwohl HAGEN und seine Mitarbeiter in der Regel ebenso wie HERSCHEL nur von einer grauen oder weißlichen Tönung sprechen[1].

Nicht zu vergessen ist auch die besondere Empfindlichkeit des Auges für Kontraste, die bei dem Schwenken des Fernrohres, wobei Felder von verschiedener Schattierung durch das Gesichtsfeld ziehen, den Beobachter in der Auffassung jener schwachen Lichteindrücke wesentlich unterstützt. Auf der photographischen Platte dagegen, die unbeweglich auf dieselbe Stelle des Himmels gerichtet ist, mag sich das Phänomen mit der gewöhnlichen Erhellung des Nachthimmels vermischen, die ja nach kürzerer oder längerer Belichtungszeit die Platte stets verschleiert.

7. Diese Aufhellung des nächtlichen Himmels durch verschiedene Ursachen, wie Zodiakallicht, Nordlicht, diffuses Sternlicht usw. ist übrigens hin und wieder auch als Erklärung für die HAGENschen Beobachtungen herangezogen worden. Mit Ausnahme des Sternlichtes scheiden diese Lichtquellen aber von vornherein aus, weil sie nicht die galaktische Orientierung der Beobachtungen erklären können. Nur das diffuse Sternlicht, also die Erhellung des Himmels durch das Licht der Sterne, könnte möglicherweise von Einfluß sein, weil es ebenfalls eine Funktion der galaktischen Breite ist. In der Tat hat WIRTZ nachzuweisen versucht, daß die römischen Beobachtungen einfach die „durch die Sterndichtigkeit bedingte Himmelshelligkeit" wiedergeben[2]. Dieser Auffassung liegt aber das bereits erwähnte Mißverständnis zugrunde, als ob die sechsstufige Schätzungsskala eine Skala wachsender Dunkelheit sei, während sie doch umgekehrt eine Skala zunehmender Trübung bedeutet. Das Gesamtsternlicht ist am größten in der Milchstraße, dagegen häufen sich die dichtesten Wolken, die noch am ehesten den Eindruck eines gewissen Leuchtens hervorrufen, gegen den galaktischen Pol zu, wo die Erhellung des Himmelsgrundes durch das Sternlicht ihren

---

[1] Anmerkung bei der Korrektur: Das Objekt Barnard 86 wird allerdings auch von HAGEN gelegentlich als gelblichbraun bezeichnet, und kürzlich hat OSTHOFF (Astron. Nach. **238**, 233 [1930]) darauf hingewiesen, daß SEE schon im Jahre 1899 über eine von ihm beobachtete bräunliche Färbung vieler, besonders der sternarmen, Gebiete des Südhimmels berichtet hat. HARTMANN knüpft in Astron. Nachr. **239**, 61 (1930) an diese Farbenangaben an, um die HAGENschen Wolken mit dem durch die ruhenden D-Linien nachgewiesenen interstellaren Natrium in Zusammenhang zu bringen und glaubt, daß die HAGENschen Wolken solche Natriumwolken sind, die im Lichte der D-Linien schwach leuchten. Photographische Aufnahmen der Wolken würden dann die Benutzung sensibilisierter Platten erfordern. Die wenigen in dieser Richtung bisher unternommenen Versuche sind zwar fehlgeschlagen, aber noch keineswegs entscheidend.

[2] Astron. Nachr. **223**, 123 (1925).

kleinsten Wert erreicht. Außerdem sind natürlich Fälle wie NGC 7088 auf diese Weise überhaupt nicht erklärbar.

8. Aus den Beobachtungen der BARNARDschen Felder muß nach dem vorhergehenden als erwiesen gelten, daß überall dort, wo sich interstellare Wolken durch ihre Absorption des Sternlichtes auf der photographischen Platte bemerkbar machen, ihre Existenz unabhängig davon auch durch die visuellen Beobachtungen nachgewiesen wird. Die hiernach begründete Schlußfolgerung, daß der visuellen Beobachtung kosmischer Wolken auch an den übrigen Stellen des Himmels wirklich solche Objekte entsprechen, findet jedoch bei manchen Astronomen noch Widerstand, obwohl eine befriedigende Erklärung der HAGENschen Beobachtungen auf andere Weise bisher nicht gegeben wurde.

Begründet wurde bisher diese Zurückhaltung, abgesehen von weniger stichhaltigen Argumenten, vor allem damit, daß es weder gelungen sei, ein positives Bild der Wolken auf die Platte zu bringen, noch negative Anzeichen ihrer Existenz in Gestalt von Sternleeren an anderen Stellen des Himmels als in oder nahe der Milchstraße mit einiger Sicherheit nachzuweisen. Aber der erste Einwand hat gemäß den Darlegungen unter Nr. 4, 5 und 6 heute keine Geltung mehr, und was den zweiten Punkt betrifft, so ist erneut darauf hinzuweisen, daß nur die Milchstraße die geeigneten Vorbedingungen bietet, um solche Sternleeren deutlich erkennbar zu machen. Ohne den Kontrast gegen die sternreiche Umgebung würden die meisten der BARNARDschen Felder gar nicht hervortreten. Um so mehr gilt dies am galaktischen Pol, wo nach WOLFs Abzählungen die Sterndichte noch geringer ist als in den Leeren der Milchstraße[1].

Außerdem scheint mir auch der von HOPMANN in seiner oben zitierten Arbeit ausgesprochene Gedanke sehr beachtenswert, daß bei den HAGENschen Beobachtungen „unter der gleichen visuellen Erscheinung Verschiedenartiges sich darstellen kann". In der Tat sind ja einzelne der HERSCHEL- und BARNARD-Felder photographiert worden, obwohl sie dem Auge nicht anders erscheinen als die übrigen, nicht photographierbaren. Wenn also die absorbierende Kraft der Wolken in manchen Sternleeren der Milchstraße mehrere Größenklassen beträgt, so kann sie darum doch, ohne daß dies in den visuellen Beobachtungen zum Ausdruck kommen muß, an anderen Stellen viel geringer und bisher der Entdeckung entgangen sein. Eine endgültige Klärung der Frage bringt vielleicht einmal die Durchführung der im ersten Abschnitt unter Nr. 4 besprochenen Methode VON DER PAHLENS.

Schluß.

Fassen wir zusammen, so ergibt sich folgendes Bild. Interstellare Massen in Form von einzelnen Wolken, die das Sternlicht mehr oder

---

[1] Vgl. Anm. 3, S. 13.

weniger stark abblenden, ohne anscheinend seine Farbe zu ändern, lassen sich durch Sternzählungen an zahlreichen Stellen des Himmels zwischen ± 30° galaktischer Breite nachweisen. Nach HAGENs Methoden können diese Wolken visuell unmittelbar beobachtet werden und scheinen dann keineswegs auf die Milchstraßenzone beschränkt, sondern über den ganzen Himmel bis zu den galaktischen Polen verbreitet zu sein. Da aber ihr Nachweis durch Abzählungen der Sterne in den höheren galaktischen Breiten auf Schwierigkeiten stößt, so bleibt vorläufig unentschieden, ob die absorbierende Kraft der Wolken überall so stark ist wie in der Milchstraße, wo sie das Sternlicht um eine bis drei Größenklassen abschwächen. Für Entfernungsbestimmungen auf Grund der Differenz zwischen absoluter und scheinbarer Helligkeit würde eine weite Verbreitung solcher Wolken, die sich nicht durch Rötung des Sternlichtes verraten, besonders bedenklich sein.

Diese Wolken, die vermutlich aus meteoritischen Brocken bestehen, scheinen in ein gleichmäßig und sehr fein verteiltes diffuses Medium eingebettet, etwa wie irdische Wolken in die Atmosphäre. Auf die Existenz eines solchen Mediums deutet vor allem die monochromatische Calciumabsorption, während die viel weitergehende TRÜMPLERsche Feststellung einer der Entfernung proportionalen allgemeinen und selektiven Absorption des Sternlichtes durch ein gasförmiges Medium wohl noch stärkerer Fundierung bedarf. Anscheinend reicht dieses interstellare Substrat in Richtung der galaktischen Ebene wesentlich weiter als senkrecht dazu. Da aber das Sonnensystem der galaktischen Zentralebene sehr nahe steht, befinden wir uns jedenfalls innerhalb der absorbierenden Schicht und haben mit ihren Wirkungen, wenn auch in höheren galaktischen Breiten in abgeschwächtem Maße, am ganzen Himmel zu rechnen.

Hinsichtlich der physikalischen Bedingungen in den interstellaren Massen und ihrer Zusammensetzung sind wir bisher über Vermutungen nicht wesentlich hinausgekommen; die Theorie dieser Gebilde steht demnach noch in den ersten Anfängen.

Im ganzen ist die Situation wenig befriedigend. Was bisher an mehr oder weniger verbürgten Tatsachen über eine interstellare Absorption des Sternlichtes bekannt geworden ist, reicht zwar noch nicht hin, um eine Revision unserer Anschauungen über den Aufbau des Milchstraßensystems zu erzwingen, ist aber doch genug, um vor großem Optimismus zu warnen. Mit Recht weist VON DER PAHLEN auf die dadurch entstandene Unruhe hin, die hie und da schon beginnt, „das Vertrauen in die auf stellarstatistischem Wege gewonnenen Resultate über die räumliche Ausdehnung und die Gestalt der Sternwolke, zu der unsere Sonne gehört, zu erschüttern". Angesichts der fundamentalen Bedeutung der Frage ist sehr zu wünschen, daß diese Unsicherheit bald durch eine Entscheidung im einen oder anderen Sinne beseitigt werde.

Geophysikalischer Nachweis von Veränderungen der Sonnenstrahlung.

Von J. BARTELS, Berlin-Eberswalde.

Mit 15 Abbildungen.

Inhaltsverzeichnis.

		Seite
I.	Einleitung	38
II.	Astrophysikalisches	38
III.	Meteorologische Zusammenhänge	41
IV.	Zur Deutung meteorologischer Zusammenhänge	47
V.	Beobachtete erdmagnetische Zusammenhänge	50
VI.	Solare Korpuskularstrahlung	58
VII.	Kurzwellige Strahlung	67
VIII.	Drahtlose Wellen	74
Literaturverzeichnis		75

I. Einleitung.

Die Vorgänge an der Sonnenoberfläche, die den Gegenstand astrophysikalischer Beobachtungen und Theorien bilden, müssen mehr oder weniger deutliche geophysikalische Erscheinungen veranlassen. Bei meteorologischen Vorgängen scheint allerdings der Zusammenhang nur schwach zu sein; jedenfalls sind in den zahlreichen Arbeiten über diese Frage nur vereinzelt stichhaltige Ergebnisse erzielt. Besser nachweisbar sind Veränderungen in demjenigen Teil der Sonnenstrahlung, der den Erdboden nicht erreicht, also im kurzwelligen Ultraviolett (unter $0,29\,\mu$ Wellenlänge) und in der solaren Korpuskularstrahlung. Diese werden uns überhaupt nur auf dem Umweg über Vorgänge in den äußersten Atmosphärenschichten [2] bekannt, deren Wirkungen am Boden im Erdmagnetismus und Polarlicht beobachtet werden. In diesem Bericht sollen einige neuere Arbeiten besprochen werden, die die astrophysikalischen Beobachtungen von der geophysikalischen Seite her ergänzen; ältere Ergebnisse werden dabei nur kurz erwähnt werden.

II. Astrophysikalisches.

Unter Hinweis auf den ausführlichen Bericht von W. E. BERNHEIMER u. G. ABETTI [1] sollen zunächst die Ergebnisse unmittelbarer astrophysikalischer Beobachtungen über Strahlung und Temperatur der Sonne kurz mitgeteilt werden, soweit sie hier in Betracht kommen.

a) In erreichbaren Höhen ist das Sonnenspektrum auf der Erde beobachtbar in einem Bereich, der am kurzwelligen Ende (etwa $0,29\,\mu$)

durch die starke Absorption des atmosphärischen Ozons [2], am langwelligen Ende (bei 12 μ) durch die Absorption des atmosphärischen Wasserdampfes begrenzt wird.

b) Für die Solarkonstante, d. h. die Dichte des Energiestroms im mittleren Abstand der Erde von der Sonne, ergeben Beobachtungen der Smithsonian Institution den langjährigen Durchschnittswert von 1,94 cal/cm²min.

Im allgemeinen wird die Sicherheit dieses Wertes auf 1°/₀ geschätzt. Dabei wird vorausgesetzt, daß in den nicht beobachtbaren Teilen des Sonnenspektrums keine Besonderheiten auftreten. Bolometrisch wird nur bis 0,346 μ gemessen; für die Energie der kürzeren Wellen gab ABBOT früher als Zuschlag eine Ultraviolettkorrektion von 1,58°/₀ der Solarkonstante, neuerdings von 3,44°/₀. Ein schwarzer Körper von 6000° abs. strahlt unterhalb 0,346 μ noch 8,6°/₀ seiner Gesamtenergie,

unter 0,29 μ noch 3,5°/₀; ob die Sonne in diesem Bereich mehr strahlt oder — wie ABBOT annimmt — weniger als die Hälfte, ist nicht zu entscheiden. — Für ultrarote Wellen werden neuerdings rund 2°/₀ der Solarkonstante zugeschlagen; beide Korrektionen sind in dem oben genannten Wert enthalten [3].

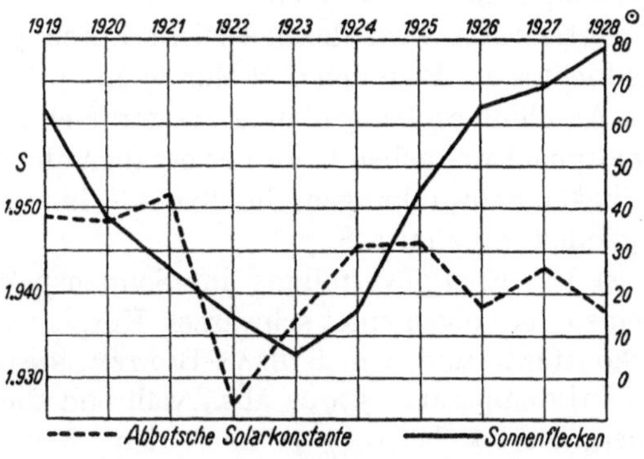

Abb. 1. ABBOTsche Solarkonstante und Sonnenflecken. (Nach FR. BAUR; aus Meteorol. Z. *47*, 47, 1930.)

c) Schwankungen im Wert der Solarkonstante sind noch umstritten. Die Elimination des Einflusses der Erdatmosphäre ist zwar verbessert, aber die Fehler scheinen noch immer größer zu sein als etwa vorhandene Schwankungen, soweit es sich um Veränderungen von Tag zu Tag oder von Monat zu Monat handelt. Die Abweichungen der einzelnen Tageswerte vom langjährigen Durchschnitt betragen 1922—1924 in der Hälfte der Fälle weniger, in der anderen Hälfte mehr als 0,41°/₀ des Durchschnittswertes 1,94. Veränderungen von Jahr zu Jahr sollten deutlicher hervortreten; auf Grund einer neuen Reduktion sämtlicher Beobachtungen von 1910—1920 glaubte ABBOT [3] noch 1927 die Ansicht vertreten zu können, daß zur Zeit des Sonnenfleckenmaximums die Strahlung 2,5°/₀ höher sei als im Minimum.

Diese Behauptung läßt sich aber nach den neuesten Ergebnissen nicht mehr halten. FR. BAUR [4] konnte die Beobachtungen der Smithsonian Institution bis März 1929 verwerten; Abb. 1 zeigt, daß der starke Anstieg der Fleckenzahlen seit 1923 sich nicht in den Werten der Solarkonstante wiederfindet. Die 129 Monatsmittel Juli 1918 bis März 1929 ergeben für den Korrelationsfaktor (vgl. S. 45) zwischen Sonnenflecken-Relativzahlen und Solarkonstante den sehr kleinen Wert $+$ 0,19 $\pm$ 0,08. Die vielfach, u. a. von W. E. Bernheimer [5], geäußerten Zweifel an der Realität der engen Beziehung zwischen Sonnentätigkeit und Gesamtstrahlung sind dadurch gerechtfertigt.

d) Nach E. Pettit sind Schwankungen der Sonnenstrahlung am deutlichsten im Violett und Ultraviolett. Da aber die Durchlässigkeit der Atmosphäre ebenfalls im kurzwelligen wesentlich stärker schwankt, auch wenn man von dem wechselnden Ozongehalt in der Höhe absieht, so erscheinen diese Messungen nicht beweiskräftig. Bernheimer [5] lehnt die Pettitschen Messungen vor allem deshalb ab, weil diese sogenannten extraterrestrischen Ultraviolettwerte eine starke jährliche Periode enthalten, also auf keinen Fall frei von irdischen Trübungserscheinungen sein können.

Unterstützt wird diese Ansicht durch photoelektrische Messungen des Lichtes der Planeten und Monde im Spektralbereich 0,35—0,55 μ [1]. Der Anschluß an benachbarte Fixsterne eliminiert den Einfluß der Erdatmosphäre weitgehend. Bisher ergaben alle derartigen Meßreihen keine Helligkeitsschwankungen, die über 1°/₀ hinausgingen (vgl. dazu und zum folgenden Abschnitt S. 73).

e) Die Energieverteilung im Sonnenspektrum entspricht im allgemeinen derjenigen eines schwarzen Körpers von 6000° abs. Aus der Solarkonstante und dem Stefan-Boltzmannschen Gesetz ergibt sich die Effektivtemperatur 5770° abs., während die Lage des Maximums der Energiekurve (bei 0,47 μ) nach dem Wienschen Verschiebungsgesetz auf 6080° abs. führt. Der Unterschied zwischen diesen beiden Zahlen wurde früher dahin gedeutet, daß die Sonnenstrahlung nach den Abbotschen und anderen Bolometermessungen anscheinend von derjenigen eines schwarzen Strahlers abweicht.

Die Ursache dafür ist aber nicht etwa eine verschiedene *allgemeine* Absorption der Photosphärenstrahlung in darüberliegenden kälteren Schichten; nach E. A. Milne [6] ist der allgemeine Absorptionskoeffizient fast unabhängig von der Wellenlänge. Die Bolometermessungen Abbots enthalten aber den Einfluß der Fraunhoferschen Absorptionslinien; diese sind z. B. im Violett aber so dicht gedrängt, daß sich in den Abbotschen Zahlen im Bereich 0,39—0,5 μ eine Depression gegenüber der schwarzen Strahlung ergibt. Messungen *zwischen* den Absorptionslinien zeigen, daß die Photosphärenstrahlung sehr genau einer Planckschen Strahlungskurve folgt [6]. Die Differenz der oben erwähnten Temperaturen konnte Milne aus der „Randverdunkelung" erklären. Aus der Temperaturzunahme nach dem Innern der Photosphäre einerseits, der Unabhängigkeit der Absorption von der Wellenlänge andererseits schließt er, daß blaue Strahlen relativ stärker sein müssen als rote, verglichen mit der Energieverteilung eines schwarzen Strahlers. Theoretisch entspricht, unter den Verhältnissen auf der Sonne, die Wellenlänge maximaler Ausstrahlung einer Temperatur, die mindestens 4°/₀ höher ist als diejenige, die sich aus der Gesamtstrahlung berechnet; die Beobachtung bestätigt diese Voraussage.

Aus der relativen Intensität von Spektrallinien im Spektrum der Sonnenflecken und der fleckenfreien Oberfläche läßt sich mit Hilfe der Ionisationstheorie die Temperatur der Sonnenflecken auf 4000—4500⁰ abs. schätzen, diejenige der Fackeln auf 7500⁰.

III. Meteorologische Zusammenhänge.

Eine 11 jährige Periode in der Lufttemperatur hat zuerst W. Köppen [7] einwandfrei nachgewiesen. Er vermutete mit Recht, daß die Fleckenperiode nicht schon an einzelnen Stationen klar ausgeprägt sein würde und faßte deshalb große Gruppen von Stationen zusammen, die jeweils einen nennenswerten Bruchteil der Erdoberfläche repräsentierten.

Am deutlichsten ist der Zusammenhang in den Tropen (Abb. 2, 3). Im Durchschnitt der Jahre 1813—1910 [8] ist hier die Lufttemperatur zur Zeit des Fleckenminimums um 0,6⁰ höher als zur Zeit des Fleckenmaximums. In den einzelnen Jahren ist allerdings auch in den Tropen der Zusammenhang mitunter gestört.

Die Kurve der Jahresmittel für Samoa (Abb. 3) verläuft in demselben Sinne wie für die übrigen Tropenstationen, die meist auf dem Festland liegen (Angenheister [9]). Auch über dem tropischen Ozean scheint also die Lufttemperatur eine Fleckenperiode in gleichem Sinne zu enthalten.

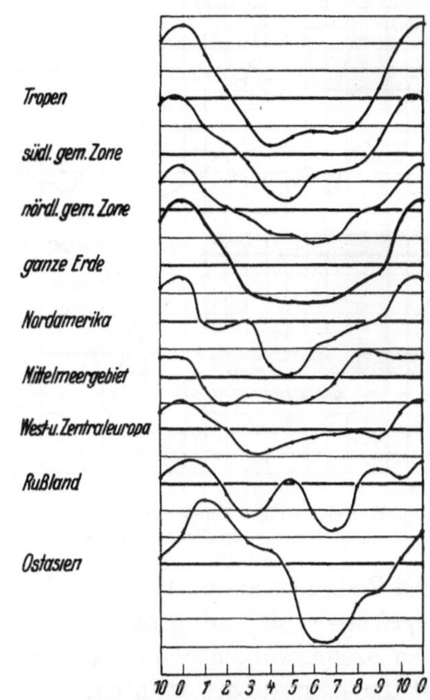

Abb. 2. Gang der Lufttemperatur im Durchschnitt über mehrere (mindestens 7) Sonnenfleckenperioden vor 1910, nach W. Köppen. Das Jahr 0 ist das Fleckenminimum; das Maximum fällt im Durchschnitt in das Jahr 5. Die Zahlen jeder Gruppe sind über je 3 Jahre ausgeglichen entsprechend $b' = (a + 2b + c)/4$. Ordinaten-Einheit 0,1⁰ C.

Für außertropische Gebiete wird die 11 jährige Periode mit wachsender Entfernung vom Äquator immer undeutlicher. Köppens Mittelwerte über mehrere Fleckenperioden (Abb. 2) lassen allerdings erkennen, daß bei Zusammenfassung großer Gebiete der Sinn der Temperaturänderung — je mehr Flecken, desto kühler — überall erhalten bleibt. Im Mittel über die ganze Erde wird die Gesamtamplitude 0,4°.

In den Tropen zeigen schon die einzelnen Fleckenperioden den Effekt in demselben Sinne wie die Mittelwerte. Die wechselnde Größe der Temperaturschwankung steht aber mit der verschiedenen Ausbildung der Fleckenperiode in keinem nachweisbaren Zusammenhang (Köppen). In einem Koordinatennetz, in dem die Sonnenfleckenrelativzahl als Abszisse, die ausgeglichene Temperatur in den Tropen als Ordinate aufgetragen wird, ist jedes Jahr durch einen Punkt dargestellt; die starke Streuung in Abb. 4 zeigt, daß von einer einfachen linearen Abhängigkeit

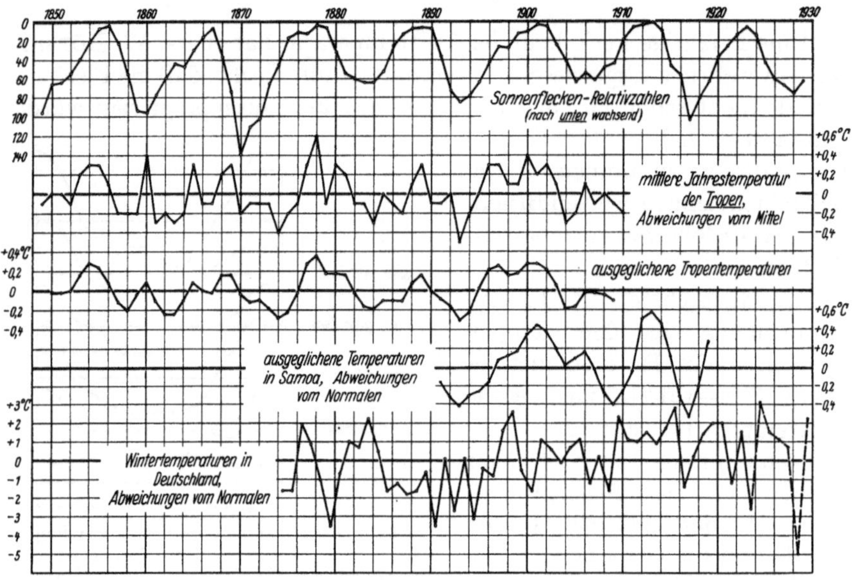

Abb. 3. Vergleich einiger Temperatur-Reihen mit den Sonnenflecken. Die dritte Kurve ist die nach $b' = (a + 2b + c)/4$ ausgeglichene zweite. Der Maßstab für die letzte Kurve ist $^1/_5$ der anderen.

keine Rede sein kann. Einzelne der Störungen des normalen Zusammenhanges lassen sich mit großen Vulkanausbrüchen in Verbindung bringen, deren Aschenwolken sich monatelang in der höheren Atmosphäre hielten und die Atmosphäre trübten.

Die Temperaturschwankungen von Jahr zu Jahr sind in den gemäßigten Zonen wesentlich größer als in den Tropen. Die durchschnittliche Abweichung eines Jahresmittels vom langjährigen Mittelwert z. B. ist in Batavia 0,19°, in Wien dagegen 0,72° C [10]. Selbst wenn also die systematische Wirkung der Sonnenflecken auf die Temperatur in Wien von derselben Größenordnung wäre wie in Batavia, würde doch erst eine mindestens $(72/19)^2 = 14$fach größere Zahl von Fleckenperioden im Durchschnitt den Effekt ebenso rein zeigen wie für die Tropen. Da aber im Höchstfalle für fünf Fleckenperioden brauchbares Material von einer größeren Zahl von Temperaturstationen vorliegt, ist die Periodensuche z. B. für Mitteleuropa bisher ziemlich aussichtslos. Es nützt auch nichts, recht viele Stationen zusammenzufassen, weil diese dann so nahe beieinander liegen, daß die Störungen an mehreren Stationen im gleichen Sinn auftreten und sich deshalb im Durchschnitt nicht gegenseitig, auch nicht teilweise, aufheben.

Für Deutschland hat Fr. Baur [11] aus Beobachtungen an zehn gutverteilten Stationen eine „MitteltemperaturDeutschlands" für jedes der letzten 50 Jahre und für die einzelnen Jahreszeiten berechnet und harmonisch analysiert. Er findet in der Temperatur Deutschlands eine 11 jährige Sinuswelle, deren Amplitude (= Differenz zwischen wärmstem und kältestem Jahr) 0,22° C beträgt; das wärmste Jahr tritt aber — im Gegensatz zu Köppens Zonenmittelwerten — 0,8 Jahre vor dem Flecken*maximum* ein. Im Vergleich zur Tropenstation Batavia, wo die Sinuswelle in der Temperatur nur 0,16° Amplitude hat (in Samoa allerdings 0,56°), erscheint die 11 jährige Temperaturperiode in Deutschland fast noch größer. Aus dem oben erwähnten Grunde (größere Veränderlichkeit der Jahresmittel) ist diese Periode aber natürlich höchst unsicher, und wenn man

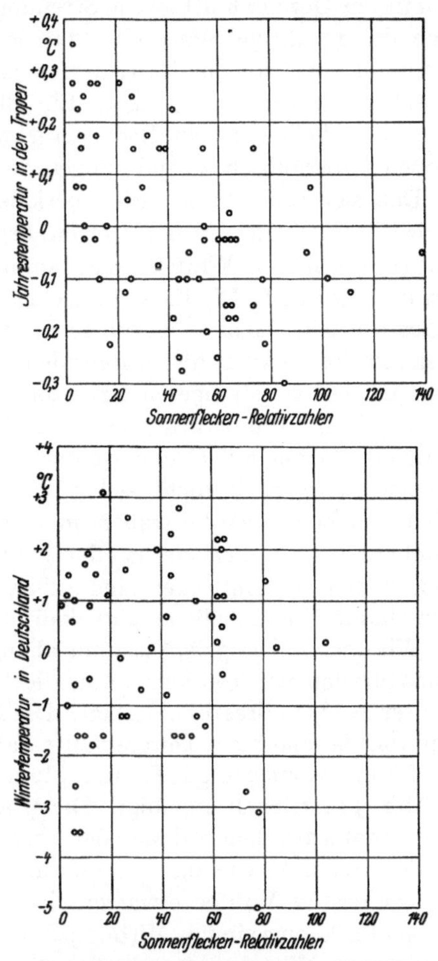

Abb. 4. Ausgeglichene Jahrestemperaturen in den Tropen 1850—1909 (oben) und Wintertemperaturen in Deutschland 1874—1929 (unten) als Funktionen der gleichzeitigen Sonnenflecken-Relativzahlen. Ordinatenmaßstab im unteren Bild $^1/_{10}$ des oberen.

für Deutschland das *ganze* Spektrum der Sinuswellen in der Reihe der Jahrestemperatur bildet, so fällt tatsächlich die 11 jährige Sinuswelle durchaus nicht unter den — nicht mehr oder weniger „reellen" — Perioden anderer Länge durch besondere Größe auf.

Am kräftigsten kommt die scheinbare Periode in den deutschen Temperaturen heraus, wenn man nur die Wintertemperatur (Mittel aus

Dezember, Januar, Februar) betrachtet [12]. Im Durchschnitt 1876 bis 1919 ergibt sich eine 11jährige Sinuswelle von 0,288° C Amplitude, mit dem wärmsten Winter $^2/_3$ Jahre nach dem Sonnenfleckenmaximum. Die (quadratisch gebildete) mittlere Abweichung der Wintertemperatur von ihrem Durchschnitt — die Streuung — beträgt 1,63° C. Subtrahiert man die 11jährige Sinuswelle von den beobachteten Wintertemperaturen, so verbleibt ein Rest, dessen mittlere Abweichung immer noch zwischen 1,62° und 1,63° liegt. Ein Blick auf Abb. 3 zeigt denn auch, wie diese Welle nur ein Rechenergebnis darstellt, das gegenüber den großen unperiodischen Änderungen der Temperatur verschwindet.

Daß sich scheinbare Fleckenperioden deutlicher in den Winter- als in den Sommertemperaturen zeigen, liegt einfach an der größeren Streuung (Deutschland: Winter 1,63°, Sommer 0,78° nach F. Baur), ist also formal begründet. Die Existenz mehrjähriger Perioden in der Witterung außertropischer Gebiete ist oft behauptet worden; die Reihen sind aber ausnahmslos zu kurz, die Amplituden zu klein, die Phasen zu veränderlich, als daß sie strengeren Kriterien auf Realität standhielten. Sogar die 11jährige Temperaturperiode in den Tropen würde sich für eine *einzelne* Station auf Grund wahrscheinlichkeits-theoretischer Betrachtungen *allein* noch nicht sicher von den übrigen, scheinbaren Perioden abheben; das Vertrauen in ihre Realität stammt erst aus der Ähnlichkeit der Periode in der ganzen Tropenzone, ferner daraus, daß in den Sonnenflecken eine außerirdische Periode derselben Länge und damit eine mögliche physikalische Ursache vorhanden ist.

Wie unzuverlässig der Zusammenhang der Wintertemperatur Deutschlands mit den gleichzeitigen Sonnenfleckenzahlen ist, hat der sehr strenge Winter 1928/29 drastisch gezeigt. Die Baursche Reihe der Abweichungen vom langjährigen Durchschnitt habe ich mit Hilfe der Mittelwerte für Berlin, Königsberg i. Pr. und München provisorisch fortgesetzt und in Abb. 3 gestrichelt angefügt. Die große Abweichung 1928/29 fällt mit — 5,0° ganz aus dem Rahmen der letzten milden Winter heraus. Gerade an der Stelle, wo die aus den Jahren 1876—1919 abgeleitete Sinuswelle den mildesten Winter erwarten ließ — nämlich $^2/_3$ Jahre nach dem Sonnenfleckenmaximum Mitte 1928 —, trat einer der kältesten Winter der ganzen Witterungsgeschichte überhaupt ein. — Auch sonst war, nebenbei bemerkt, dieser strenge Winter insofern bemerkenswert, als er zeigte, daß an eine einseitige Änderung der klimatischen Verhältnisse bei uns nicht zu denken ist. Noch kurz zuvor war nämlich von verschiedenen Seiten darauf aufmerksam gemacht worden, daß in Mitteleuropa die letzten Jahrzehnte durch besondere Häufigkeit milder Winter ausgezeichnet waren, im Gegensatz zu den strengen Wintern gegen Ende des vorigen Jahrhunderts (Abb. 3).

Im Anschluß an die Eastonsche Sammlung von Tatsachen hat W. Köppen [12a] ein Gesetz in der Wiederkehr strenger Winter in

Westeuropa gesucht; $44^{1}/_{2}$ jährige Perioden scheinen sich darin anzudeuten.

Ähnlich unbefriedigend wie bei der Temperatur außertropischer Gebiete verläuft die Suche nach 11jährigen Perioden in anderen klimatischen Elementen. G. T. WALKER und E. W. BLISS [13] berechneten die *Korrelationsfaktoren zwischen den Sonnenfleckenzahlen und gleichzeitigen Jahreszeitenmitteln meteorologischer Elemente* (Druck, Temperatur, Niederschlag) an verschiedenen Orten; die wichtigsten sind in folgender Tabelle mitgeteilt, wobei die mittleren Fehler $1/\sqrt{n-1}$ in der letzten Spalte unter der Annahme berechnet sind, daß der Korrelationsfaktor $=0$ wäre (AD. SCHMIDT [14]).

	Zahl der Jahre n	Dez. Jan. Febr.	März April Mai	Juni Juli Aug.	Sept. Okt. Nov.	Mittl. Fehler $1/\sqrt{n-1}$
Luftdruck Samoa	36	$+0{,}14$	$+0{,}34$	$+0{,}36$	$+0{,}20$	$\pm 0{,}17$
Temperatur Batavia. . . .	56	$-0{,}46$	$-0{,}46$	$-0{,}22$	$-0{,}34$	$\pm 0{,}13$
„ Samoa	36	$-0{,}44$	$-0{,}40$	$-0{,}36$	$-0{,}38$	$\pm 0{,}17$
„ St. Helena. . .	33	$-0{,}24$	$-0{,}10$	$-0{,}12$	$-0{,}12$	$\pm 0{,}17$
„ Mauritius . . .	32	$-0{,}24$	$-0{,}16$	$-0{,}08$	$-0{,}06$	$\pm 0{,}18$
„ Nordamerika .	53	$-0{,}22$	$+0{,}16$	$-0{,}14$	$-0{,}16$	$\pm 0{,}14$
Niederschlag Vorderindien .	51	—	—	$+0{,}18$	—	$\pm 0{,}14$
„ Java	47	$+0{,}18$	—	—	$+0{,}14$	$\pm 0{,}15$
Nilhochwasser.	57	—	—	$+0{,}28$	—	$\pm 0{,}13$

Einigermaßen groß, und zwar natürlich negativ, erscheinen nur wieder die Korrelationen mit tropischen Temperaturen; daß die Koeffizienten nicht größer sein können, war schon aus Abb. 4 zu erkennen. Von anderen Elementen ist der Luftdruck in Samoa beachtenswert. Die meisten anderen, hier nicht mitgeteilten Koeffizienten sind klein und schwankend im Vorzeichen.

Der Korrelationskoeffizient r ist bekanntlich ein Maß für das Bestehen einer linearen Beziehung zwischen zwei Reihen einander zugeordneter Werte x und y [14]. Jede Reihe sei in Abweichungen von ihrem Durchschnitt gegeben und normiert, d. h. in Vielfachen der mittleren Abweichung ausgedrückt. Dann sind

$$y = rx + u; \quad x = ry + v,$$

die im Sinne der Methode der kleinsten Quadrate besten linearen Beziehungen zwischen x und y, d. h. $\Sigma u^2 =$ Min., $\Sigma v^2 =$ Min. Jede Variable ist also in zwei Anteile zerlegt, von denen der eine Teil proportional der anderen Variabeln ist, während der andere Teil ihr „fremd" ist; die mittleren Abweichungen der beiden Anteile sind r und $\sqrt{1-r^2}$. Bei $r=0{,}10$ verhalten sie sich also wie $9:91$; bei $r=0{,}20$ wie $17:83$; bei $r=0{,}30$ wie $24:76$; bei $r=0{,}50$ wie $37:63$; und erst bei $r=0{,}71$ wie $50:50$. Demnach verhält sich auch bei den größten Faktoren der Tabelle die proportionale Wirkung der Sonnenflecken zu der Wirkung anderer Einflüsse höchstens wie 1 : 2. — Zu unterscheiden von der *Größe* des Korrelationskoeffizienten ist seine *Sicherheit*, die an dem Verhältnis von *r* zu seinem mittleren Fehler abgeschätzt werden kann. Dieses Verhältnis ist z. B. bei den größten Koeffizienten für Batavia gleich 3,5; die Wahrscheinlichkeit, daß keine Beziehung besteht und der große Wert von *r* sich rein zufällig ergeben hat, berechnet sich daraus zu ungefähr 1 : 2200.

Während nach dieser Tabelle, auch nach Abb. 2, Nordamerikas Temperatur parallel geht mit den Tropentemperaturen, hat die 11jährige Periode in Deutschland ($= {}^1/_{1000}$ der Erdoberfläche) nach F. Baur [11] entgegengesetzte Phase; erst bei Zusammenfassung von West- und Mitteleuropa erhielt Köppen (Abbild. 2) eine schwache Periode im Sinne der Tropentemperaturen. L. Mecking u. B. Droste [15] haben diesem Gegensatz der Ost- und Westseite des Atlantischen Ozeans den Namen ,,Atlantische Wärmeschaukel'' gegeben; ob die Erscheinung in dem Sinne reell ist, daß sie mit einiger Wahrscheinlichkeit auch in den nächsten Fleckenperioden zu erwarten ist, ist zweifelhaft.

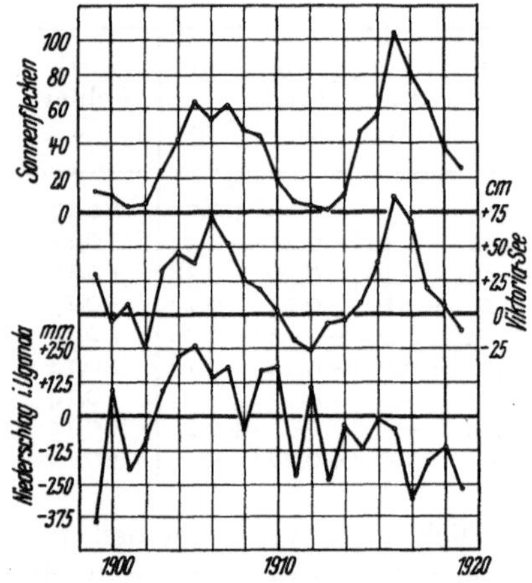

Abb. 5. Sonnenflecken-Relativzahlen. Wasserstand des Viktoriasees (willkürlicher Nullpunkt) und Niederschlag in Uganda (in Abweichungen der Jahressummen vom langjährigen Durchschnitt). (Nach C. E. P. Brooks.)

Der *Viktoriasee*, mit einer Oberfläche von 68000 qkm die zweitgrößte Süßwasserfläche der Erde, ändert seinen Wasserstand anscheinend sehr regelmäßig mit den Sonnenflecken, wie C. E. P. Brooks [16] zeigen konnte. In den beiden Fleckenperioden seit Beginn regelmäßiger Pegelablesungen im Jahre 1899 stand das Wasser zur Zeit des Sonnenfleckenmaximums etwa 1 m höher als zur Zeit des Minimums (Abb. 5). Die Vermutung, daß diese Schwankung des Seespiegels allein im Wechsel des Niederschlages begründet ist, schien sich nicht zu bestätigen; die einzelnen Jahressummen des Niederschlages, aus zehn Stationen in Uganda berechnet, schwanken ziemlich unregelmäßig um den Mittelwert von rund 1300 mm. Die Korrelationskoeffizienten für die Jahreswerte 1902—1921 sind: zwischen Seespiegel und Sonnenflecken $+0,87$; Seespiegel und Niederschlag $+0,39$; Niederschlag und Sonnenflecken $+0,12$; mittlerer Fehler $1/\sqrt{n-1} = \pm 0,23$. Wenig wahrscheinlich ist Brooks' Erklärungsversuch, wonach die höhere Temperatur im Fleckenminimum die Verdunstung so steigert, daß der Seespiegel stärker sinkt, als der schwachen gleichzeitigen Abnahme des Niederschlages entspricht. P. PHILIPPS [17] fand denn auch, daß die Korrelation zwischen Niederschlag und der Schwankung des Seespiegels von Jahr zu Jahr auf + 0,9 anwächst, wenn man den Niederschlag für das *ganze* Seeplateau zusammenfaßt.

Wenn man bedenkt, daß der Viktoriasee den oberen Nil speist, so spricht es für die Realität der Beziehung, daß die 57 jährige Reihe der sommerlichen Nilhochwässer mit den gleichzeitigen Sonnenflecken nach WALKER die schwache positive Korrelation + 0,28 hat. Auch die anderen positiven Korrelationen der Flecken mit dem Niederschlag über großen tropischen Gebieten (vgl. Tabelle auf S. 25) seien hier erwähnt.

Die Zahl der *behaupteten* meteorologischen und luftelektrischen Zusammenhänge ist wesentlich größer als hier erwähnt werden kann; es sei auf die Referate von C. E. P. BROOKS [17] und K. KNOCH [18] verwiesen, wegen der älteren Literatur auf das Lehrbuch der Meteorologie von HANN-SÜRING [10]. H. CLAYTON und andere haben sogar versucht, die Wetteränderungen von Tag zu Tag mit dem Wechsel der Sonnentätigkeit oder der Solarkonstante in Verbindung zu bringen und daraufhin Wetterprognosen zu stellen. Auch Ernteerträge sind auf Sonnenfleckeneinflüsse untersucht. Als einigermaßen zuverlässig hat sich aber aus der umfangreichen Literatur bisher nur die 11 jährige Temperaturperiode in den Tropen erwiesen. Bei dem langsamen Zuwachs an Beobachtungsmaterial ist nicht zu erwarten, daß sich andere meteorologische Zusammenhänge in absehbarer Zeit klarer herausschälen werden.

IV. Zur Deutung meteorologischer Zusammenhänge.

Um die physikalische Natur eines Zusammenhangs zwischen den Schwankungen der Sonnenstrahlung und der 11 jährigen Temperaturperiode zu beurteilen, könnte man von vereinfachenden Annahmen ausgehen. Wenn die Erde im Laufe eines Jahres ebensoviel Wärme ausstrahlen würde, wie sie von der Sonne erhält, und wenn diese ausgestrahlte Wärmemenge W bei der Lufttemperatur T am Boden, dem STEFAN-BOLTZMANNschen Gesetz entsprechend, proportional T^4 wäre, so müßte sein

$$\Delta W / W = 4 \Delta T / T;$$

einer Amplitude der 11 jährigen Temperaturperiode $\Delta T = 0{,}5^0$ würde, bei $T = 287^0$ abs., eine Strahlungsschwankung von $0{,}7 \%$ entsprechen.

Der Wärmehaushalt der Erdatmosphäre ist aber wesentlich verwickelter. Schon folgende bekannte Tatsache deutet darauf hin, wie stark die wirklichen Verhältnisse von dieser einfachen Vorstellung abweichen: Wegen der elliptischen Form der Erdbahn verhalten sich die Entfernungen der Erde von der Sonne am 31. Dezember (Sonnennähe) und am 2. Juli (Sonnenferne) wie 59 : 61. Die Sonnenstrahlung auf eine der

Sonne zugewandte Fläche im Abstand der Erde ist umgekehrt proportional dem Quadrat dieses Abstandes, im Dezember also um $^1/_{30}$ höher, im Juli um $^1/_{30}$ geringer als der Mittelwert, d. h. rund 2,00 und 1,88 cal/qcm/min. Unter den angeführten einfachen Annahmen wäre zu erwarten, daß die mittlere Lufttemperatur auf der Erde entsprechend im Dezember 4,8° höher wäre als im Juli. Genau das Gegenteil ist aber nach den Beobachtungen der Fall: W. MEINARDUS [19], ([10], S. 848) fand folgende mittlere Lufttemperaturen:

	Januar	Juli	Jahr
Nördliche Halbkugel	8°,1	22°,4	15°,2
Südliche Halbkugel.	17,0	9,7	13,3
Ganze Erde	12,5	16,1	14,2

Die nördliche Halbkugel, auf der die stärkere Landbedeckung die jährliche Temperaturamplitude erhöht, vermag also das Vorzeichen ihrer

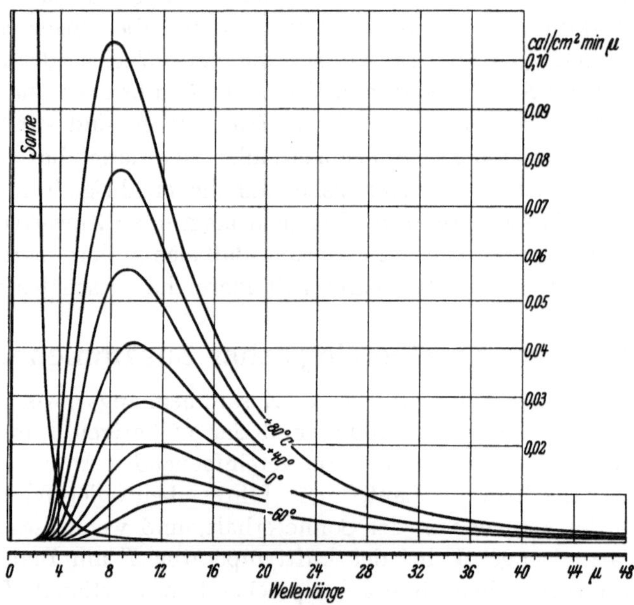

Abb. 6. Ausstrahlung von schwarzen Oberflächen bei meteorologisch vorkommenden Temperaturen. Im Wellenlängenbereich λ bis $(\lambda + d\lambda)$ wird die Energie $E(\lambda, T)\, d\lambda$ cal/cm²min ausgestrahlt. Die Wellenlänge ist in $\mu = 0{,}001$ mm angegeben.

jahreszeitlichen Temperaturschwankung auch der Mitteltemperatur für die ganze Erde mitzuteilen, wodurch eine etwa vorhandene Wirkung der verschiedenen Sonnenentfernung völlig verdeckt wird.

Wenn $^1/_{80}$ der Sonnenoberfläche sich von 6000° auf 4000° abkühlte, würde die Gesamtstrahlung der Sonne um $^1/_{100}$ abnehmen. Das Areal der Flecke bedeckt aber im Durchschnitt zur Zeit der Fleckenmaxima selten mehr als $^1/_{500}$ der Sonne.

Bekanntlich ist der Strahlungshaushalt der Erdatmosphäre wesentlich durch ihren Gehalt an Wasserdampf und Kohlensäure bedingt, die beide die langwellige Ausstrahlung stark absorbieren. In Abb. 6 ist die spektrale Energieverteilung der Temperaturstrahlung eines schwarzen Körpers dargestellt, und zwar für die auf der Erde vorkommenden Temperaturen; im Vergleich dazu ist die Strahlung eines Körpers von 6000^0 abs. (Sonne) wiedergegeben, wobei die Gesamtausstrahlung, die nach dem STEFAN-BOLTZMANNschen Gesetz 108000 cal/cm² min beträgt, auf 1,94 dieser Einheiten herabgesetzt ist, um auf den Wert der Solarkonstante zu reduzieren. Die scharfe Trennung zwischen kurzwelliger Einstrahlung und langwelliger Ausstrahlung ist die Grundlage für die Theorie der Strahlungsverhältnisse auf der Erde; über die darauf bezüglichen Rechnungen von R. MÜGGE [20] und G. C. SIMPSON [21] ist bereits mehrfach berichtet worden [22].

SIMPSON berechnet, daß ein Anwachsen der Solarkonstante um $^1/_{100}$ schon dadurch kompensiert werden könnte, daß die mittlere Bewölkung der Erde um $^1/_{100}$ zunimmt, ohne daß sich die Mitteltemperaturen der Atmosphäre zu ändern brauchten. Die starke Wirkung einer so schwachen Bewölkungszunahme ist damit zu erklären, daß sich zwar die Ausstrahlung etwas vermindert, daß aber gleichzeitig mehr Sonnenstrahlung an der Wolkenoberfläche reflektiert wird, was den Ausschlag gibt. SIMPSON hält es sogar für möglich, daß die Eiszeit in unseren Breiten bei *erhöhter* Sonnenstrahlung eingetreten sei, indem sich die Zirkulation der Atmosphäre verstärkte und Bewölkung und Niederschläge zunahmen; stärkerer Schneefall im Winter ernährte die Gletscher um mehr, als in den kühlen, trüben Sommern abschmelzen konnte. Im ganzen ist also kein sicherer Rückschluß von der 11 jährigen Temperaturperiode auf das Ausmaß einer entsprechenden Schwankung der Sonnenstrahlung möglich, ebensowenig von den Perioden des Niederschlages, die vermutlich nur sekundär durch die Temperaturperiode (verstärkte Zirkulation) mit den Sonnenflecken zusammenhängen.

In einer Diskussion über geologische Klimate hat SIMPSON seine Ansicht folgendermaßen präzisiert [22a]: Wenn die Sonnenstrahlung stärker wird, so steigt die Temperatur in Bodennähe in allen Zonen der Erde, aber am Äquator stärker als an den Polen. Die Temperaturdifferenz zwischen den Klimazonen wird also verstärkt; das bedingt lebhaftere allgemeine Zirkulation, mithin auch mehr Wolken und Niederschläge.

Daß die meteorologischen Beziehungen hier so ausführlich besprochen wurden, rechtfertigt sich nur durch ihre mögliche praktische Bedeutung und durch die Fülle von Untersuchungen über diesen Gegenstand.

V. Beobachtete erdmagnetische Zusammenhänge.

Mit Hilfe der Gaussschen Entwicklung des Potentials nach Kugelfunktionen ist es grundsätzlich möglich, das erdmagnetische Feld in zwei Anteile zu zerlegen, die von inneren und von äußeren Ursachen bewirkt werden; die Existenz eines potentiallosen Anteils derselben Größenordnung steht noch nicht fest. Der größte Teil der Gesamtfeldstärke von etwa 0,5 Gauß geht auf innere Ursachen zurück. Der äußere Anteil beträgt nur etwa $^{1}/_{100}$ des Feldes; trotzdem ist er von besonderer Bedeutung, denn, vielleicht mit Ausnahme des langsamen Vorganges der Säkularvariation, gehen alle zeitlichen Änderungen des erdmagnetischen Feldes primär vom äußeren Feldanteil aus. Allerdings sind die Ströme, die durch die Änderungen des äußeren Feldes im Erdinnern induziert werden, so stark, daß ihre sekundären magnetischen Felder an der Erdoberfläche von derselben Größenordnung sind wie die primären, was die Deutung erschwert [23].

Alle Variationen des äußeren Feldes — und damit die elektrischen Ströme in der höheren Atmosphäre, die sie bewirken — hängen mehr oder weniger von solarer Wellen- oder Korpuskularstrahlung ab. Die überzeugendsten Beweise dafür mögen kurz zusammengestellt werden.

a) Die Amplituden der mittleren regelmäßigen tagesperiodischen Variationen nehmen mit den Fleckenzahlen zu, bei ungefähr gleichbleibenden Phasen. Ad. Schmidt [24] hat für mehrere Stationen die magnetischen täglichen Variationen in zwei Bestandteile zerlegt, von denen der eine von der Fleckenzahl unabhängig, der andere ihr proportional ist; für Potsdam, im Jahresmittel der drei Komponenten, verhalten sich die Amplituden der täglichen Variationen bei der Fleckenzahl 100 zu denen bei der Fleckenzahl 0 wie 5 : 3.

Wenn man im Sinne der ursprünglichen Theorie von A. Schuster das äußere elektrische Stromsystem berechnet, das im Sommer die tagesperiodischen magnetischen Variationen hervorruft, so ergibt sich für das Fleckenminimaljahr 1902 die Gesamtstromstärke des vormittäglichen Hauptwirbels zu 89000 Amp., für das Fleckenmaximaljahr 1905 etwa ein Drittel mehr.

b) Die Häufigkeit und Stärke der unperiodischen Variationen, der Störungen, schwankt ebenfalls mit der 11jährigen Fleckenperiode. Die Jahresmittel der verschiedenen Maßzahlen für die erdmagnetische Unruhe zeigen die Erscheinung gleich deutlich; in Abb. 7 ist die mittlere Differenz aufeinanderfolgender Tagesmittel der Horizontalintensität verwendet [25].

Zum Vergleich mit den viel schwächeren Zusammenhängen in Abschnitt III, S. 45: Korrelationskoeffizient zwischen erdmagnetischer Aktivität und Sonnenfleckenzahlen, Jahresmittel 1872—1923,

$$r = +0{,}88; \quad r : \sqrt{1 - r^2} = 65 : 35.$$

c) Die Häufigkeit von Nord- und Südlichtern ist im Fleckenmaximum wesentlich größer als im Minimum.

d) Die „internationalen erdmagnetischen Charakterzahlen" kennzeichnen seit 1906 den erdmagnetischen Störungszustand für jeden Tag, durch Greenwicher Mitternacht begrenzt. Sie werden abgeleitet als Mittelwerte aus den Angaben von etwa 40 Observatorien, von denen jedes, nach dem Anblick der Registrierkurven, den Tag als ruhig (o), mäßig gestört (1) oder stark gestört (2) bezeichnet.

J. M. Stagg [26] betrachtete alle Tage mit der internationalen Charakterzahl $\geqq$ 1,5; in den Jahren 1906—1925 finden sich 366 solcher Tage, davon 250 in den 11 Jahren mit hoher, 116 in den 9 Jahren mit geringer Sonnentätigkeit. Als Maß für die gleichzeitige Sonnentätigkeit benutzt Stagg die in Greenwich gemessenen Flächen der Sonnenflecken, in Millionsteln der Sonnenscheibe ausgedrückt; um den zentralen Teil der Sonne stärker zu berücksichtigen, wurde dabei nicht wegen der perspektivischen Verkürzung am Sonnenrande korrigiert. Für jeden der 366 Tage, sowie für die sechs unmittelbar vorangehenden und den folgenden Tag wurden diese Fleckenarealzahlen ausgeschrieben. Die Durchschnittswerte (Abb. 8) zeigen deutlich Maxima etwa 2,5—3 Tage vor dem erdmagnetisch gestörten Tage, und zwar in den fleckenreichen Jahren in geringerem Abstand als in den fleckenarmen.

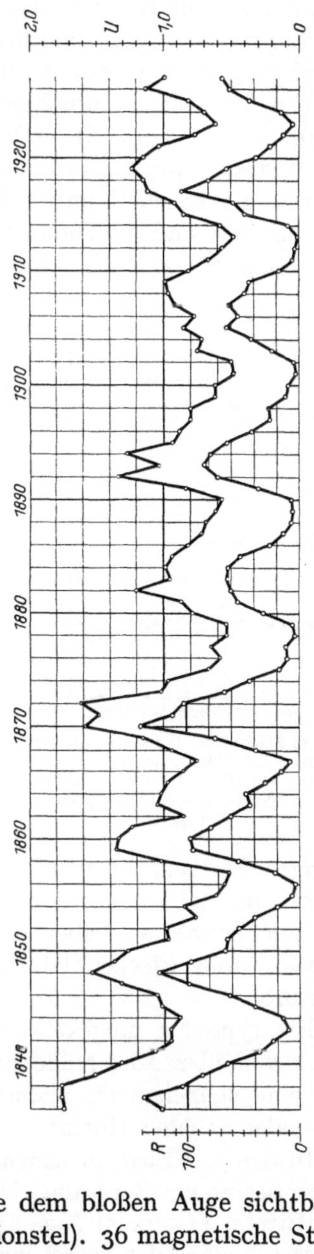

e) Greaves u. Newton (27) verglichen aus den Jahren 1874—1927 sämtliche magnetischen Störungen (Anzahl 60), bei denen der Störungsvektor in Greenwich $^1/_{50}$ des permanenten Feldes überschritt, mit den Fleckengruppen (Anzahl 455), die dem bloßen Auge sichtbar waren (mittleres Fleckenareal $\geqq$ 500 Millionstel). 36 magnetische Störungen begannen in dem Intervall zwischen 4 Tagen vor und 4 Tagen nach dem Durchgang einer dieser Fleckengruppen durch den Zentral-

Abb. 7. Erdmagnetische Unruhe u (obere Kurve) und Sonnenflecken-Relativzahlen R (untere Kurve). Jahresmittel 1836—1927.

4*

meridian der Sonne. Wenn kein Zusammenhang bestünde, so hätten in den 26 einzelnen Jahren, in die überhaupt einer der 60 Stürme fiel, höchstens 17 Stürme vom Durchgang eines Fleckes begleitet sein dürfen. Wählt man nur die 17 stärksten Stürme aus, bei denen der magnetische Störungsvektor $^1/_{30}$ des normalen überschritt, so sind sogar 15 mit dem Durchgang eines Fleckes in diesem Sinne verbunden.

Von den beiden Ausnahmen ist besonders auffällig der magnetische Sturm vom 13.—14. November 1894 (Amplitude der Deklination 50', der Vertikalkomponente 0,005 Gauß), der unzweifelhaft zu einer Zeit eintrat, als keinerlei ungewöhnliche Tätigkeit auf der Sonnenscheibe sichtbar war und die Sonnentätigkeit überhaupt wesentlich unter dem Durchschnitt lag. Es ist allerdings nicht ausgeschlossen, daß die Anlage zu einem Fleck vorhanden war, denn zwischen dem 9. und 10. Dezember entstand ein großer Fleck (Fläche 700 Millionstel), der am 10. Dezember, eine Sonnenrotation nach dem magnetischen Sturm, durch den Meridian ging.

Auch die verhältnismäßig starke Störung vom 29. Januar 1924 [28] gehört nach Ad. Schmidt hierher. Wenn ihre Amplitude (Summe der drei Komponentenamplituden in Potsdam 0,006 Gauß) auch nicht groß genug war, um die Aufnahme des Sturms in den Greavesschen Katalog zu rechtfertigen, so war sie doch von Bedeutung als erste Störung nach dem Fleckenminimum und wegen des Auftretens von Nordlicht in Deutschland. Die Wolfersche Tabelle der vorläufigen Fleckenzahlen [29] gibt vom 6. Januar bis zum 24. Februar überall die Zahl 0, soweit die Sonne sichtbar war. Der Aktivitätsherd auf der Sonne war aber eine Rotationsperiode vor und nach dem Sturm durch Fleckenbildung und schwache magnetische Störungen erkennbar.

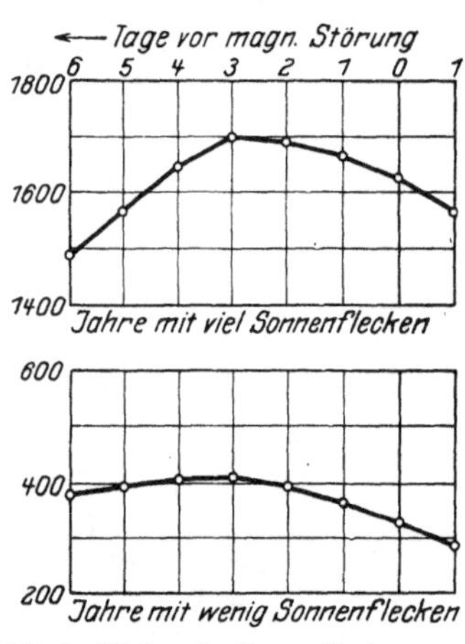

Abb. 8. Flächen der Sonnenflecken, ausgedrückt in Millionsteln der Sonnenscheibe, im Mittel für 6 Tage vor und 1 Tag nach einem magnetisch gestörten Tage.

Ein typischer umgekehrter Fall trat am 16. Juni 1905 ein, als ein Fleck von über 1800 Millionstel Areal durch den Meridian ging, ohne daß eine nennenswerte magnetische Störung innerhalb mehrerer Tage vor- oder nachher eintrat.

In den 30 Fällen, in denen nur *ein* Fleck innerhalb 8 Tagen um den Sturmbeginn den Zentralmeridian der Sonne passierte, begann der Sturm im Mittel 0,9 ($\pm$ 0,35) Tage nach dem Meridiandurchgang dieses Flecks. Diese Abnahme der Zwischenzeit auf rund einen Tag wird verständlich, wenn man bedenkt, daß die von Greaves und Newton untersuchten

Störungen wesentlich stärker sind, als der Durchschnitt der von STAGG betrachteten, und daß dieser auch schon gefunden hatte, daß die Zeit zwischen Fleckendurchgang und Sturmausbruch mit zunehmender Sturmstärke (in fleckenreichen Jahren) abnimmt.

f) Im astrophysikalischen Observatorium Meudon wurde am 15. Oktober 1926 eine ungewöhnlich starke Wasserstofferuption in einer Sonnenfleckengruppe beobachtet, die gerade den Zentralmeridian passierte. Nach 31 Stunden begann eine starke erdmagnetische Störung [*30*]. Ähnliche Einzelbeobachtungen einer Aufeinanderfolge solarer Eruptionen und magnetischer Stürme in weniger als 2 Tagen Abstand sind von G. HALE [*31*] und T. ROYDS [*32*] beschrieben; diese spektroheliographischen Beobachtungen werden, zusammen mit anderen, diskutiert von G. ABETTI (*33*).

Tägliche Charakterzahlen für die Intensität solarer Vorgänge werden neuerdings auch aus spektroheliographischen Aufnahmen abgeleitet, und zwar getrennt für helle und dunkle Wasserstoff-Flocculi (H_α) und für Calcium-Flocculi (K_2); o bedeutet wenige, 5 sehr viele und intensive Flocculi. Die Zahlen werden sowohl für die ganze Sonnenscheibe wie für einen zentralen Kreis vom halben Sonnendurchmesser geschätzt. Am Mount Wilson-Observatorium werden außerdem erdmagnetische Charakterzahlen abgeleitet, die allerdings nur auf dortige Registrierungen gestützt sind. Diese werden zusammen mit den solaren Charakterzahlen seit November 1929 veröffentlicht [*33a*]; die ersten Tabellen verstärken den Eindruck, daß der Zusammenhang der solaren und erdmagnetischen Aktivität an *einzelnen* Tagen wesentlich loser ist, als man vielleicht erwartet hat. Es besteht eben nur eine *Wahrscheinlichkeit*, daß gewisse solare Vorgänge erdmagnetische Störungen auslösen; aus statistischen Gründen erscheint deshalb der Zusammen‚ hang um so enger, je längere Zeitabschnitte zusammengefaßt werden‚ wie z. B. im Jahresmittel (Abb. 7).

g) Tage, die in erdmagnetischer Beziehung besonders ruhig oder gestört sind, zeigen eine ausgeprägte Tendenz zu 27 tägigen Wiederholungen. Tabellen der internationalen erdmagnetischen Charakterzahlen, die nach 27 tägigen Sonnenrotationen geordnet sind [*34*], lassen erkennen, daß die aktiven Störungszentren und die besonders ruhigen Gebiete der Sonne vorzugsweise in Meridianzweiecken angeordnet sein müssen, die wenige Siebenundzwanzigstel des Sonnenumfangs einnehmen und sich mehrere Monate lang halten.

Diese Tendenz zu 27 tägigen Wiederholungen ist so ausgeprägt, daß man daran denken könnte, aus erdmagnetischen Beobachtungen die Rotationsperiode der Störungszentren statistisch zu bestimmen; es erschien möglich, die Änderung der Sonnenrotation mit der heliographischen Breite abzuleiten, indem man die Tatsache ausnutzte, daß die mittlere Lage der Flecken vom Beginn eines Fleckenmaximums bis zu

seinem Ende allmählich von etwa 30⁰ heliographischer Breite bis zum
Sonnenäquator hinabrückt. J. M. STAGG [35] charakterisierte den erdmagnetischen Störungszustand für stündliche Abschnitte und versuchte
dadurch die Wiederholungsperiode auf Bruchteile von Tagen festzu-

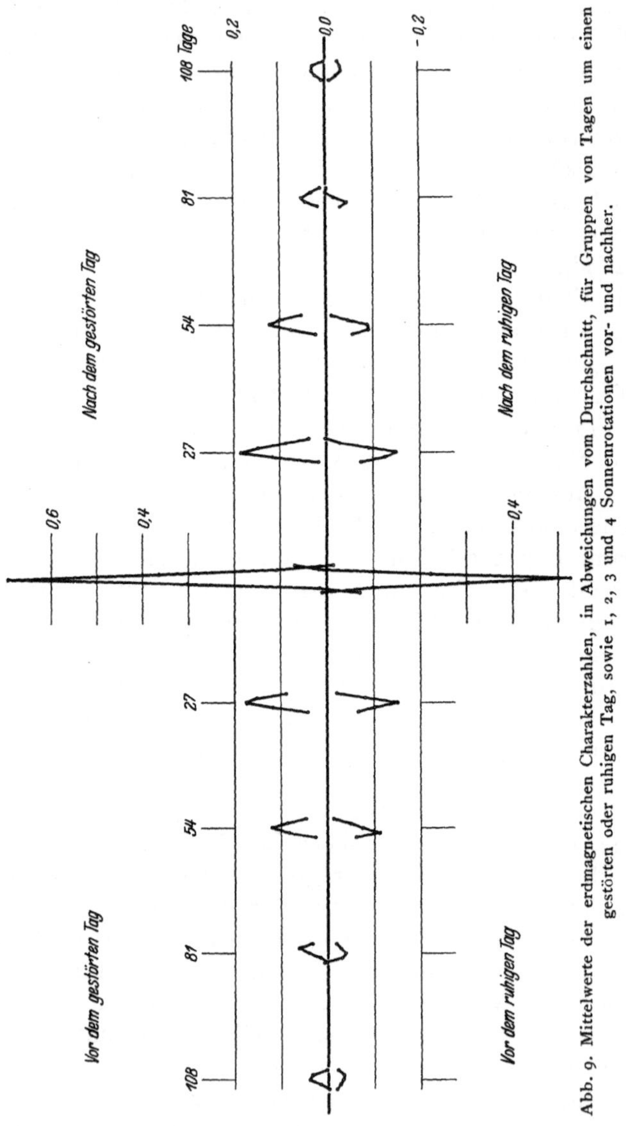

Abb. 9. Mittelwerte der erdmagnetischen Charakterzahlen, in Abweichungen vom Durchschnitt, für Gruppen von Tagen um einen gestörten oder ruhigen Tag, sowie 1, 2, 3 und 4 Sonnenrotationen vor- und nachher.

legen; die stündlichen Charakterzahlen haben aber einen so ausgeprägten
tagesperiodischen Gang, daß die umfangreichen Rechnungen nicht zum
Erfolg führten.

C. CHREE [36] versuchte die Periodenlänge dadurch genauer zu bestimmen, daß er mehrfache Wiederholungen betrachtete. Er ging aus von den sogenannten internationalen „ruhigen" und „gestörten" Tagen, deren Daten vom Niederländischen Meteorologischen Institut an Hand der Charakterzahlen festgesetzt werden, je fünf für jeden Monat. Aus der ganzen Reihe der Charakterzahlen 1906—1924 wurden sämtliche gestörten Tage ausgeschrieben, ferner die Charakterzahlen der Daten 27, 54, 81 und 108 Tage vor- und nachher, jeweils mit 5—7 Tagen Umgebung; aus sämtlichen 1140 Reihen wurden Mittelwerte gebildet. Das Ergebnis, zusammen mit dem für die ruhigen Tage, ist in Abb. 9 dargestellt; die Mittellinie entspricht der durchschnittlichen Charakterzahl 0,62 sämtlicher Tage der 19 Jahre. Die besonders ruhigen oder gestörten Stellen sind im Durchschnitt über acht Sonnenrotationen nachweisbar; aber auch hierbei ließen sich systematische Abweichungen von 27 Tagen nicht erkennen, auch dann nicht, wenn man Gruppen von Jahren mit vielen und wenigen Sonnenflecken bildete, oder wenn man in zwei Gruppen nach dem mittleren Abstand der Flecken vom Sonnenäquator trennte. Bei der letzteren Gruppenbildung hätte die MAUNDERSsche Formel für die Zunahme der Rotationsdauer mit

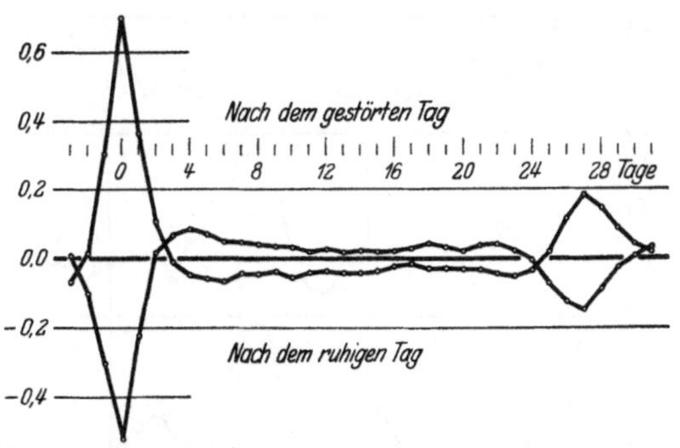

Abb. 10. Mittelwerte der erdmagnetischen Charakterzahlen in Abweichungen vom Durchschnitt für die Zeit von 4 Tagen vor bis 31 Tage nach einem gestörten oder ruhigen Tage.

der heliographischen Breite schon einen Unterschied von 0,26 Tagen auf 27 Tage erwarten lassen.

H. DESLANDRES [37] glaubte in den Wiederholungen der magnetischen Störungen außer der *ganzen* Periode P der Sonnenrotation auch Unterperioden der Länge $P/6$, $P/12$ und $P/24$ gefunden zu haben; er schloß daraus, daß die Sonnenflecken symmetrisch um die Rotationsachse verteilt seien. C. CHREE [38] hat nie solche Unterperioden gefunden, und die Verteilung der durchschnittlichen Charakterzahlen über die 27 Tage, die einem gestörten oder ruhigen Tage folgen, gibt ihm recht (Abb. 10).

Es ist leicht zu verstehen, warum die Zeit zwischen dem gestörten Tag und seiner Wiederholung etwas ruhiger ist als normal. Bei der entsprechenden Kurve für die ruhigen Tage fällt es auf, daß die erste Zeit nach dem ruhigen Tag, namentlich der 4. Tag, stärker gestört ist als die anderen Tage. Diese Erscheinung bestätigt sich bei einer anderen Auszählung: Von den Daten, die 4, 5 oder 6 Tage auf einen ruhigen Tag folgen, gehören doppelt soviele zu den gestörten als zu den ruhigen

Tagen. Darin spricht sich eine Neigung der Störungen aus, 4—6 Tage nach Zeiten besonderer Ruhe aufzutreten.

h) Greaves u. Newton [*39*] stellten für die Zeit 1874—1927 einen Katalog sämtlicher magnetischer Stürme zusammen, die in Greenwich in einer Kraftkomponente die Amplitude 0,0015 Gauß überschritten. Diese Stürme, 403 an Zahl, wurden nach abnehmender Störungsintensität in fünf Gruppen etwa gleichgroßen Umfanges eingeteilt. Einzelne Stürme erstrecken sich über mehrere Tage; für den Zweck der Untersuchung wurde „Sturmtag" jedes Kalenderdatum genannt, an dem irgendeiner der Stürme des Katalogs ganz oder teilweise herrschte. Jede

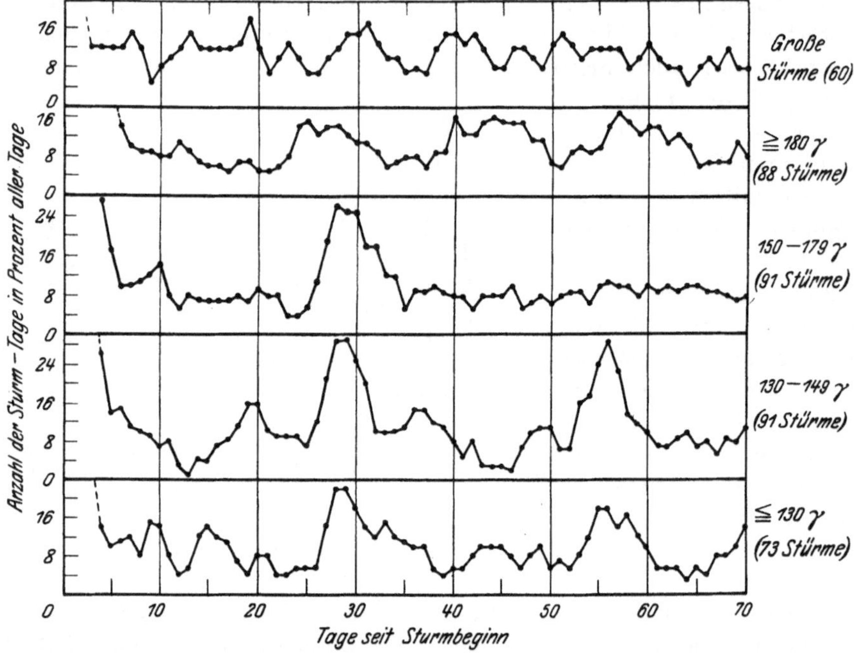

Abb. 11. Häufigkeit erdmagnetischer Stürme an den ersten 70 Tagen nach dem Ausbruch eines Sturmes, getrennt in fünf Gruppen nach der Intensität dieses ersten Sturmes. (Nach Greaves und Newton.)

der fünf Gruppen wurde folgendermaßen analysiert: Für jeden Sturm wurde das Kalenderdatum seines Ausbruchs als Tag $n = 0$ bezeichnet, das nächste als Tag $n = 1$ usw., bis $n = 95$. Für jede Gruppe wurde ermittelt, in wieviel Prozent aller Fälle der Tag n ein Sturmtag war. Das Ergebnis (Abb. 11) entsprach bemerkenswerterweise nicht den Erwartungen: Die beiden Gruppen der größten Störungsintensität (insgesamt 180 Stürme) zeigten überhaupt keine Tendenz zu Wiederholungen nach 27 Tagen; diese ist nur in den schwächeren Stürmen ausgeprägt, deren Amplitude, im Durchschnitt über die drei Komponenten, 180 γ nicht überschritt. Die Wiederholungstendenz ist also vorwiegend eine Eigenschaft der kleineren Störungen; deshalb erscheint sie auch bei den internationalen gestörten Tagen so ausgeprägt, weil diese rund ein Sechstel aller Tage umfassen und deshalb einen verhältnismäßig schwachen Störungsgrad darstellen. Die größten solaren Störungen, die auch die stärksten magnetischen Störungen veranlassen, scheinen dagegen nur selten eine Sonnenrotation zu überleben, da sie nach 27 Tagen nicht einmal eine schwache Störung bedingen.

i) AD. SCHMIDT [40] hat eine 30-, genauer 29,97 tägige Sonnenperiode wahrscheinlich gemacht. Diese findet sich bei den zwölf größten Störungen, deren Amplitudensumme in den drei Kraftkomponenten 0,01 Gauß überschritt. Es lassen sich drei Gruppen unterscheiden; in jeder Gruppe ist der zeitliche Abstand des Ausbruchs der Störungen ein ganzzahliges Vielfaches von 29,97. Wählt man den Mittag des 16. November 1858 (julianische Zahl 2 400 000) zum Ausgangspunkt einer fortlaufenden Tageszählung, so sind die Augenblicke des Störungsausbruches gegeben durch $29,97\,n + r$, wobei n eine ganze Zahl und r in den drei Gruppen gleich 4,8, 23,7, 16,8 ist. (Potsdamer Registrierungen seit 1890).

Nachdem G. ANGENHEISTER [41] ebenfalls eine etwa 30 tägige Periode, und zwar in den Tagen mit der internationalen Charakterzahl 1,8—2,0 gefunden hatte, hat L. W. POLLAK [42] das Periodogramm, also das Spektrum der internationalen erdmagnetischen Charakterzahlen 1906 bis 1926 mit Hilfe des Lochkartenverfahrens berechnet. Dabei ergab sich für die 27 tägige Welle nur eine kleine Amplitude — wie nicht anders zu erwarten, da ja diese Periode nicht ununterbrochen 21 Jahre hindurch läuft, sondern nach einigen Schwingungen abklingt und mit anderer Phase wieder einsetzt. Bei 29,9 und 30,1 Tagen ergeben sich die größten Amplituden des ganzen Spektrums; Wellen dieser Länge müssen also ohne Phasenverschiebung einen großen Teil der Beobachtungszeit hindurch bestanden haben.

AD. SCHMIDT vermutet in der 30 tägigen Periode ein Anzeichen einer tieferen Schicht der Sonne, die langsamer rotiert als die Oberfläche. Hier sollen sich Ausbruchsherde jahrzehntelang halten, jedoch nur selten nach außen wirken.

j) E. GEHLINSCH [42a] hat den Zusammenhang zwischen Sonnenflecken und magnetischen Störungen dadurch schärfer erfassen wollen, daß er solche Zeiten aussuchte, in denen nur *ein* Fleck sichtbar war. Dieser Grundgedanke ist natürlich richtig; das von ihm untersuchte Material wurde dadurch aber so stark an Umfang eingeschränkt, daß seine Folgerungen unsicher blieben, insbesondere seine Behauptung, daß nach den Beobachtungen Flecken am Ostrand der Sonne stark, am Westrand schwach wirkten, und daß deshalb die Korpuskularströme die Sonnenoberfläche vielfach tangential verlassen müßten.

VI. Solare Korpuskularstrahlung.

a) Seit den bekannten Experimenten BIRKELANDs und den theoretischen Arbeiten STÖRMERs wird allgemein angenommen, daß die Polarlichter und die damit verbundenen erdmagnetischen Störungen durch Teilchen ausgelöst werden, die von der Sonne herkommen und in die Atmosphäre eindringen [*43*]. Diese Anschauung wird bekanntlich gestützt durch folgende Tatsachen und Überlegungen:

α) Etwa ein Drittel aller magnetischen Störungen, die länger als 5 Stunden dauern, beginnen aus der Ruhe heraus mit einem plötzlichen Anstieg der Horizontalintensität. Innerhalb der bisherigen Zeitgenauigkeit der Registrierungen — ungefähr 1 Minute — ist der Störungsausbruch auf der ganzen Erde *gleichzeitig*.

β) Die Kathodenstrahlexperimente BIRKELANDs und die Theorie von STÖRMER erklären viele charakteristische Eigenschaften des Polarlichtes: seine strahlige Struktur; das Zusammenfallen der Strahlen mit den erdmagnetischen Kraftlinien; das Entstehen von schmalen Bändern, die nahezu senkrecht zum magnetischen Meridian verlaufen; den raschen Wechsel der Intensität innerhalb von Minuten; die relativ scharfe untere Begrenzung; die Anordnung ringförmiger Zonen größter Häufigkeit um die beiden Pole der magnetischen Achse.

γ) Der tägliche Gang der erdmagnetischen Unruhe läßt sich ebenfalls aus der Annahme erklären, daß die solaren Teilchen vom permanenten Magnetfeld der Erde abgelenkt werden und vorzugsweise an der Abend- und Nachtseite in die Atmosphäre eindringen; im langjährigen Durchschnitt ist in Potsdam der Prozentsatz der Stunden, die als erdmagnetisch gestört bezeichnet werden, um 8 Uhr Ortszeit gleich 13, um 21 Uhr gleich 27.

δ) Neuerdings hat C. STÖRMER [*44*] Kurzwellenechos (31,4 m Wellenlänge), die bis zu 30 Sekunden nach dem Hauptsignal eintreffen, mit seiner Theorie des Polarlichtes in Verbindung gebracht; danach sind die solaren Korpuskularströme unter gewissen Bedingungen nach der Erde zu durch torusartige Flächen begrenzt (Abb. 12). Ob die Wellen an diesen Flächen reflektiert werden, oder ob sie längs der Innenfläche in weitem Bogen von Pol zu Pol geführt werden, wird nicht entschieden. Sollte sich diese Hypothese bewähren, so würden diese Echos ein wichtiges Mittel zur Untersuchung der Korpuskularströme bilden (vgl. Abschnitt VI, *g*, S. 63).

b) Gegenüber den großen Erfolgen der Korpuskulartheorie in qualitativer Hinsicht, sind aber mehrere Schwierigkeiten zu erwähnen.

STÖRMERs Bahnberechnungen gelten für einzelne Teilchen; über die relative Häufigkeit der Bahnen, aus der man auf tägliche und jährliche Perioden schließen könnte, liegen wenige Anhaltspunkte vor. Ferner ist die gegenseitige elektrische und magnetische Beeinflussung der Teilchen im allgemeinen vernachlässigt; nur um den großen Abstand der Polarlichtzone vom Pol zu erklären, wurde das magnetische Feld derjenigen Elektronen, die im magnetischen Äquator zum „Ringstrom" abgelenkt werden, in seiner Wirkung auf diejenigen Teilchen berücksichtigt, die in Polnähe eindringen. Zunächst wurde daran gedacht, daß der Strom im wesentlichen aus geladenen Teilchen *desselben* Vorzeichens bestände; noch in den letzten Arbeiten spricht STÖRMER zur Vereinfachung der Ausdrucksweise von „Elektronenströmen". Diese Vorstellung ist aber wohl unhaltbar geworden seit der Kritik von A. SCHUSTER. Dieser zeigte, daß eine Wolke von Teilchen gleichen Vorzeichens, auch wenn sie überhaupt die Sonne verlassen könnte, unmöglich bis zur Erde käme, weil die gegenseitige elektrostatische Abstoßung sie binnen weniger Sekunden völlig auflösen würde.

Nach mehreren Versuchen, diese Schwierigkeit zu umgehen [45], nimmt CHAPMAN [46, 47] an, daß Korpuskulartheorien magnetischer Stürme und des Polarlichts von Strömen oder Wolken ausgehen müssen, die bei Annäherung an die Erde elektrisch fast ganz neutral sind. Dabei werden Geschwindigkeiten von über ein Drittel der Lichtge-

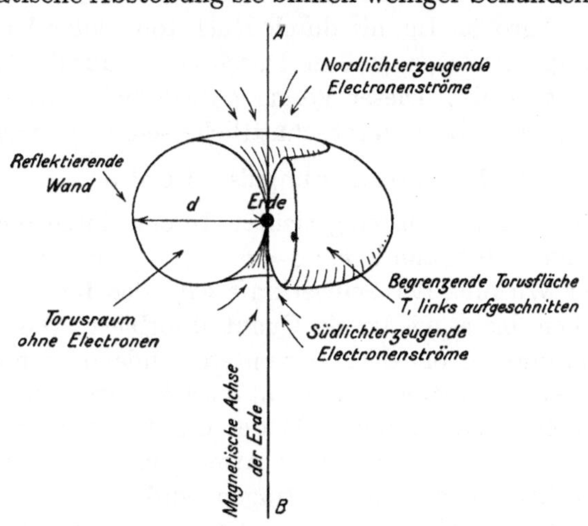

Abb. 12. Schema zur STÖRMERschen Erklärung der Kurzwellenechos.

schwindigkeit, wie sie BIRKELAND annahm, als ausgeschlossen betrachtet, vor allem, weil radioaktive Vorgänge größeren Umfangs in der Sonnenatmosphäre als unwahrscheinlich angesehen werden, und weil keine anderen Vorgänge bekannt sind, die so hohe Geschwindigkeiten erzeugen.

c) E. A. MILNE [48] hat einen Vorgang angegeben, wie Atome mit großer Geschwindigkeit durch den Strahlungsdruck von der Sonne weggetrieben werden können. Die einfach positiv geladenen Kalziumionen an der äußeren Grenze der Chromosphäre werden in folgender Weise vom Druck der von unten kommenden Strahlung getragen: Die starke Absorption der Ca^+-Ionen äußert sich in den violetten FRAUNHOFERschen Linien H ($0,3969\,\mu$) und K ($0,3934\,\mu$) des Sonnenspektrums. Diese Linien sind so eng beieinander, daß es für die folgende Betrachtung erlaubt ist, sie als eine einzige Linie der Frequenz ν anzusehen. Alle Ca^+-Ionen befinden sich also in einem von zwei Zuständen, dem normalen und dem angeregten. In der äußeren Chromosphäre sind nach Milne die mittleren Verweilzeiten eines Ca$^+$-Ions im normalen Zustande $\tau_1 = 4,5 \cdot 10^{-4}$ sec, im angeregten Zustande $\tau_2 = 1,8 \cdot 10^{-8}$ sec. Wenn ein Ion durch die von unten kommende Sonnenstrahlung angeregt wird, so erhält es einen nach außen gerichteten Impuls $h\nu/c$, der ihm einen nach außen gerichteten Geschwindigkeitszuwachs $h\nu/cm$ erteilt. Mit den Werten $\nu = c / 0,395 \cdot 10^{-4}$, Ionenmasse $m = 66 \cdot 10^{-24}$ g ergibt sich dieser Geschwindigkeitszuwachs zu 2,5 cm/sec; da die Einzelimpulse nicht alle senkrecht von unten kommen, sondern aus allen Richtungen des unteren Halbraums stammen, ist dieser Wert zu halbieren, wenn die durchschnittliche Komponente nach außen berechnet werden soll. Bei der Rückkehr in den normalen Zustand erfährt das Ion einen gleichgroßen Impuls durch Rückstoß; dabei ist jedoch keine Richtung ausgezeichnet, so daß im Durchschnitt nur der Impuls bei der Anregung übrig bleibt. Dieser Vorgang wiederholt sich pro Sekunde $1/(\tau_1 + \tau_2)$ $= 2200$ mal; die durchschnittliche, senkrecht nach außen gerichtete Komponente des Anregungsimpulses ist also $\frac{1}{2} \cdot 2,5 \cdot 2200\, m = 2700\, m$ g/cm sec. Der nach unten gerichtete Impuls durch die Schwerkraft ist auf der Sonne pro Sekunde $m \cdot g = m \cdot 2700$ g/cm sec, also ebenso groß. Unter der Wirkung der Schwerkraft wird das Ion während der Zeiten τ_1 frei fallen, bis es wieder ein Quant absorbiert. Die Dichte ist so gering, daß Zusammenstöße der Ionen untereinander oder mit anderen Molekülen sehr selten vorkommen und nicht berücksichtigt zu werden brauchen; gerade dieser Umstand unterscheidet die nur vom Strahlungsdruck getragene Chromosphäre von einer Atmosphäre, die durch den gewöhnlichen mechanischen Druck getragen wird.

Der Gleichgewichtszustand zwischen Strahlungsdruck und Schwerkraft hängt von τ_1, also wesentlich von der Stärke der Strahlung, ab. In der äußeren Schicht ist die Intensität der Anregungsfrequenz ν bereits geschwächt durch die Absorption der darunter befindlichen Ca$^+$-Ionen; in der Mitte der Absorptionslinie ist die Intensität auf ein Neuntel herabgesetzt. Wenn aber Ionen aus irgendwelchen Gründen bereits hohe Geschwindigkeiten nach außen angenommen haben, so werden sie wegen des Doppler-Effektes kürzere Wellenlängen aus dem Sonnenlicht absorbieren; einer Geschwindigkeit von 7,6 km entspricht schon eine Verschiebung um 0,1 Angström-Einheiten nach Violett. Diese Wellenlängen sind nicht so stark geschwächt wie die Mitte der Absorptionslinie; für das aufwärtsfliegende Ion wird also die Verweilzeit im Normalzustand kleiner werden, es wird insgesamt mehr Impuls von unten bekommen als die anderen, wird dadurch immer mehr nach außen beschleunigt, noch weiter „aus der Absorptionslinie herausklettern", bis es schließlich sich ganz von der Absorptionslinie befreit und dann dem vollen Sonnenlicht ausgesetzt ist. Nach Milne wird dabei die Endgeschwindigkeit

1600 km/sec erreicht; CHAPMAN findet, daß die Geschwindigkeit schon im Abstand von zehn Sonnenradien sich bis auf 6 v. H. dem Endwert angenähert hat.

d) CHAPMAN hat daraufhin das Verhalten entsprechender solarer Korpuskularströme untersucht. Allerdings wäre zu erwarten, daß der von MILNE beschriebene Vorgang ständig Teilchen von der *ganzen* Sonnenoberfläche wegtreibt. Erst eine Zusatzhypothese kann die Existenz von Strömen mit scharfer seitlicher Begrenzung erklären, wie sie für die in Abschnitt V beschriebenen Erscheinungen notwendig sind. Als mögliche Zusatzannahme bietet sich diejenige lokaler Temperatursteigerungen in der umkehrenden Schicht oder in der Photosphäre. Die Aussendung, und folglich der Temperaturüberschuß, müßten von langer Dauer sein, um die 27 tägigen Wiederholungen zu erklären. Man weiß vorläufig nicht, wie derartig anhaltende Vorgänge zustande kommen könnten.

Die unmittelbare Zuordnung besonders heller Stellen auf der Sonne zu einzelnen geophysikalischen Erscheinungen ist bisher selten versucht. Meist sind als Maß der Sonnentätigkeit die Sonnenflecken verwendet worden, aber aus den oben (Abschnitt V *e*, S. 52) genannten Fällen folgt, daß Sonnenflecken keine unbedingt notwendige Begleiterscheinung magnetischer Störungen sind, wenn auch im allgemeinen ein ziemlich enger Zusammenhang besteht. Die astrophysikalische Beobachtung [*46*], daß Sonnenflecken Materie aus der Chromosphäre in sich hineinziehen, läßt vermuten, daß tatsächlich nicht die Flecken selbst, sondern die Fackeln in ihrer Umgebung den Ausgangspunkt der Ströme bilden, und daß die scheinbar enge Verbindung zwischen Flecken und magnetischen Störungen nur darauf beruht, daß helle Stellen fast immer in der Nachbarschaft dunkler Flecken auftreten. Genauere Zuordnung wird erst auf Grund langer Reihen solarer Charakterzahlen (vgl. Abschnitt V f, S. 53) möglich sein.

e) Um die *Geometrie der Bahn* zu untersuchen, nimmt CHAPMAN zunächst an, daß von einem begrenzten Gebiet des Sonnenäquators Teilchen mit konstanter Geschwindigkeit austreten. Die Umfangsgeschwindigkeit eines Äquatorpunktes ist nur 2 km/sec; die tangentiale Geschwindigkeit der Teilchen wird vermutlich 100 km/sec nicht übersteigen, während die radiale größer als 1000 km/sec angenommen wird.

Wenn das Teilchen die Sonne verlassen hat, wirken höchstens noch radiale Kräfte; die Bahn wird also in jedem Falle, entsprechend dem Flächensatz, nahezu geradlinig sein. Wegen der Sonnenrotation werden alle Teilchen, die von demselben Punkt während mehrerer Tage emittiert sind, auf einer Spirale liegen. Zur Veranschaulichung ist in Abb. 13 links der Fall einer geringen Radialgeschwindigkeit (200 km/sec) dargestellt; Laufzeit bis zur Erdbahn 8,7 Tage. Die geraden Linien sind die Wege einzelner Teilchen, die in Abständen von 24 Stunden die Sonne verlassen. Wenn man sich vorstellt, wie die Teilchen auf ihren geraden Bahnen weiter fliegen, so wird die Drehung der Spirale mit der Periode der Sonnenrotation anschaulich.

Wenn sich die Erde im Punkte A ihrer Bahn befindet, passiert der Ausgangspunkt des Strahles gerade den Mittelmeridian der Sonnenscheibe; die Lage der Spirale in diesem Augenblick ist gestrichelt gezeichnet. Die Spirale überholt die Erde in ihrer Bahn im Punkte B, 9,3 Tage später. Rechts sind die Spiralen für 1000 km/sec, Laufzeit 1,7 Tage, gezeichnet. Wegen der Eigenbewegung der Erde ist die Zeit zwischen dem Durchgang des Fleckes durch den Zentralmeridian und dem Eintreffen auf der Erde stets länger als die Laufzeit; die Differenz entspricht dem Wege $A—B$, im ersten Falle 16, im zweiten 3 Stunden.

Die Spirale würde, von der Abendseite her kommend, die Erdkugel in etwa $\frac{1}{2}$ Minute ganz überstreichen. Die bisherigen Grenzen der Zeit-

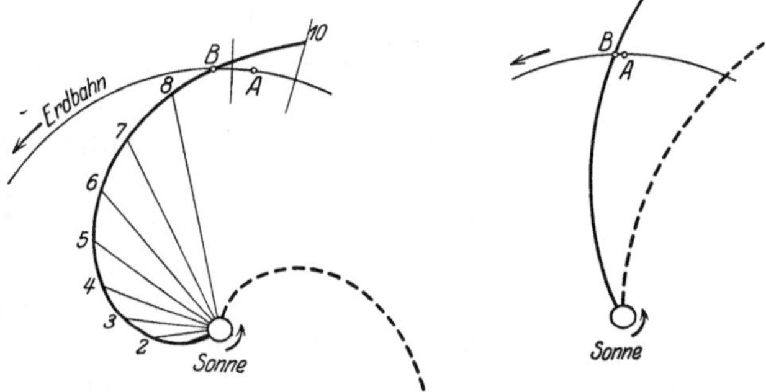

Abb. 13. Ströme von Teilchen, die kontinuierlich von einem Punkte des Sonnenäquators radial ausgesandt werden. Radialgeschwindigkeit links 200, rechts 1000 km/sec. Die Durchmesser von Sonne und Erde sind im Verhältnis zu ihrer Entfernung zehnfach vergrößert dargestellt.

genauigkeit erdmagnetischer Registrierungen lassen keine systematischen Zeitdifferenzen dieser Größenordnung in den Anfangszeiten erdmagnetischer Stürme erkennen, auch nicht bei solchen, die scharf aus der Ruhe heraus einsetzen. Man muß dazu bedenken, daß die Spirale nach der STÖRMERSchen Theorie im Bereich des permanenten Magnetfeldes der Erde erheblich deformiert wird.

f) Thermische Expansion des Stromes auf seinem Wege bis zur Erdbahn führt auf eine minimale Breite von 25 Erddurchmessern; ein so schmaler Strom würde in 14 Minuten über die Erde hinwegfegen. Magnetische Stürme dauern gewöhnlich länger, mitunter bis zu 3 Tagen. Der Strom müßte in diesem Falle, von der Sonne aus gesehen, einen Winkel von 40° umfassen. Das emittierende Gebiet auf der Sonne muß dann ähnlich ausgedehnt sein, oder die Aussendung muß aus anderen Gründen genügend divergent sein.

Wenn ein Strom die Erde erreichen soll, muß er angenähert in der Ebene der Erdbahn verlaufen. Ein Strom, der von einem Punkte abseits vom Sonnenäquator ausgeht, beschreibt eine Spirale auf einem Kegelmantel. Wenn die Ausgangspunkte der Ströme ähnlich wie die Flecken verteilt sind, so müßten sie in 10—15° Abstand vom Äquator am häufigsten sein, aber auch noch bis ± 30° Breite vorkommen.

g) Die *Dichte* der Ströme solarer Teilchen kann nur sehr roh geschätzt werden. In der umkehrenden Schicht der Sonne nimmt die Zahl der Atome von 10^{14} auf $10^6/cm^3$ ab. Wahrscheinlich liegt die Dichte der Ströme bei der Emission ebenfalls zwischen diesen weiten Grenzen. Da sich der Querschnitt des Stroms schon aus geometrischen Gründen bis zur Erde im Verhältnis (Erdabstand: Sonnenradius)$^2 = 216^2 : 1 = 46000 : 1$ ausdehnen muß, wird die Zahl der Atome in Erdnähe zwischen den Grenzen $2 \cdot 10^9$ und $20/cm^3$ liegen.

Die STÖRMERsche Hypothese für die Kurzwellenechos (S. 58) würde eine ziemlich hohe Ionendichte verlangen, wenn die Kurzwellen schon imstande sein sollten, die höhere Atmosphäre mit ihren 10^5—10^6 Elektronen pro Kubikzentimeter zweimal ohne großen Energieverlust zu durchqueren.

CHAPMAN weist auf die Möglichkeit hin, die Dichte und Geschwindigkeit des Stroms durch Vergleich des Sonnenspektrums in magnetisch ruhigen und gestörten Zeiten zu bestimmen. Denn während der Störung ist die Erde wahrscheinlich viele Stunden lang in den Strom eingehüllt, und die ganze Sonnenscheibe wird durch eine mehr oder weniger lange Strecke des Stroms betrachtet. Bei der MILNEschen Ge-

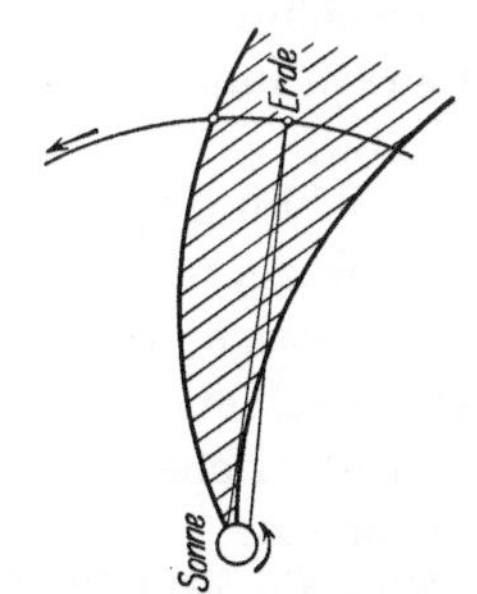

Abb. 14. Zum spektroskopischen Nachweis eines solaren Korpuskularstroms in magnetisch gestörten Zeiten.

schwindigkeit von 1600 km/sec würde z. B. die K-Absorptionslinie des Ca$^+$ um etwa 20 ANGSTRÖM-Einheiten nach Violett verschoben werden. Nach EDDINGTON könnte eine einigermaßen dunkle K-Linie durch eine Säule erzeugt werden, die über 1 cm^2 Querschnitt $15 \cdot 10^{12}$ Ca$^+$-Ionen enthält. Die Linie wäre danach schon zu beobachten, wenn in Erdnähe durchschnittlich ein Ca$^+$-Ion in 20 cm^3 enthalten wäre. Für die Beobachtungen wird vorgeschlagen, nicht die gestörte Stelle der Sonne selbst durch den Strom hindurch zu betrachten, sondern eine ungestörte (Abb. 14), damit anomale Vorgänge auf der Sonne nicht die Wirkung des Stroms verdecken können.

h) Ca$^+$-Ionen der genannten Geschwindigkeit hätten nach MILNE in Luft von 760 mm Druck eine Reichweite von 0,15 cm. Die äquivalenten Luftwege für Teilchen, die von außen senkrecht in die Erdatmosphäre bis 100 km und bis 80 km Höhe eindringen, betragen aber mindestens 1,5 und 10 cm, auch wenn man von der Anwesenheit von Helium oder Wasserstoff absieht. Die schnellsten α-Teilchen haben aber nur 7 cm Reichweite. Seitdem man damit rechnen muß, daß in der höheren Atmosphäre oberhalb 40 km Temperaturen von etwa $+$ 30° C herrschen, muß man sich die Atmosphäre wesentlich stärker aufgelockert vorstellen. Damit ist die Schwierigkeit der Erklärung, wie solare Teilchen bis zur unteren Nordlichtgrenze von 80 km hinabdringen können, gegenüber den früheren Annahmen über den Aufbau der höchsten Atmosphäre eher noch verschärft.

Zwei ziemlich verzweifelte Auswege werden von CHAPMAN angedeutet: Wenn die untere Grenze des Nordlichtes nicht die Eindringungstiefe der solaren Teilchen bezeichnet, so würde das bedeuten, daß der untere Teil des Nordlichtes nicht unmittelbar von der Sonne her, sondern erst durch elektrische Entladungen in höheren Schichten der Erdatmosphäre angeregt ist; das wäre mit der ziemlich bestimmten Form der Polarlichter schwer zu vereinigen. Eine andere Möglichkeit besteht darin, daß die Teilchen bei den extremen Verdünnungen in der oberen Atmosphäre weiter durchdringen, als man nach den Erfahrungen im Laboratorium mit Hilfe des Gesetzes der äquivalenten Massen extrapoliert.

i) Wenn die Teilchenwolke wirklich durch Strahlungsdruck von der Sonne weggetrieben wird, so wäre zu erwarten, daß die Wolke zunächst überschüssige positive Ladung enthielte, weil die Elektronen weniger stark beschleunigt werden. Die positiven Ladungen werden aber durch elektrostatische Anziehung Elektronen aus der Sonnenatmosphäre nach sich ziehen.

Wie die anfängliche Ladung auch verteilt sei: Durch Verschiebung der Elektronen wird sie sich in Bruchteilen einer Sekunde zur Oberfläche bewegen, während das Innere praktisch neutral wird; und wenn die Wolke zur Erdbahn gelangt, wird inzwischen auch die Oberflächenladung zerstreut sein. Die Theorie des Polarlichtes muß also mit Strömen oder Wolken rechnen, die weitgehend neutral sind. Wie das magnetische Erdfeld auf solche Ströme wirkt, will CHAPMAN, zur notwendigen Ergänzung der STÖRMERschen Berechnungen für einzelne Teilchen, später behandeln. (Vgl. den Nachtrag, S. 75.)

Das allgemeine Magnetfeld an der Oberfläche der Sonne, das HALE entdeckt hat, müßte in Sonnennähe den Korpuskularstrom in ähnlicher Weise ablenken, wie es in Erdnähe durch das Erdfeld unzweifelhaft geschieht. Eine Ablenkung in Sonnennähe wäre natürlich für die Stromrichtung ausschlaggebend; bei der verhältnismäßig scharfen zeitlichen Beziehung zwischen Fleckendurchgang und Sturmausbruch läßt sich aber vermuten, daß die Ablenkung nicht groß sein kann. Dazu sei erwähnt, daß auch die Koronastrahlen nicht, wie es mehrfach behauptet wurde, auf ein äußeres Magnetfeld der Sonne hindeuten [*1*, S. 200 und 349]. Auch theoretische Gründe [*49*] sprechen dafür, daß das allgemeine Magnetfeld der Sonne nach außen begrenzt ist, wobei Erscheinungen wie „Diamagnetismus" und „Driftstrom" (vgl. S. 70) eine Rolle spielen.

HULBURT [50] ist der Meinung, daß die Abschirmung nur im Fleckenmaximum wirksam ist, daß aber im Fleckenminimum ein Magnetfeld in der Nähe der Sonnenpole auch nach außen reicht und die Koronaform beeinflußt.

j) Die Erdbahn ist um 7,3° gegen den Sonnenäquator geneigt; sie schneidet ihn am 5. Juni und 5. Dezember, nahe den Sonnenwenden, und erreicht ihre größte heliographische Breite am 5. März (südlich) und am 5. September (nördlich), nahe den Tag- und Nachtgleichen. Ströme aus ± 12° heliographischer Breite müssen also im ganzen mehr als 24° geöffnet sein, wenn sie die Erde im Juni oder Dezember treffen sollen. Im September dagegen braucht ein Strom aus 12° nördlicher Breite nur 10° zu divergieren. Es ist also wahrscheinlich, daß erdmagnetische Störungen im September häufiger von nördlichen Emissionsgebieten herrühren, im März von südlichen.

Diese Folgerung könnte an den Beobachtungen geprüft werden. GREAVES u. NEWTON haben in ihrem Katalog der 60 größten Stürme in Greenwich auch die Lage der größten gleichzeitigen Sonnenflecken angegeben, wo eine eindeutige Zuordnung möglich erschien. Die zwölf Stürme in den Monaten August, September, Oktober geben als mittlere zugehörige heliographische Fleckenbreite 7° S (± 4,0°), die elf Stürme im Februar, März, April die Breite 4° S (± 5,0°); das Ergebnis dieser Stichprobe gestattet also noch keine Entscheidung.

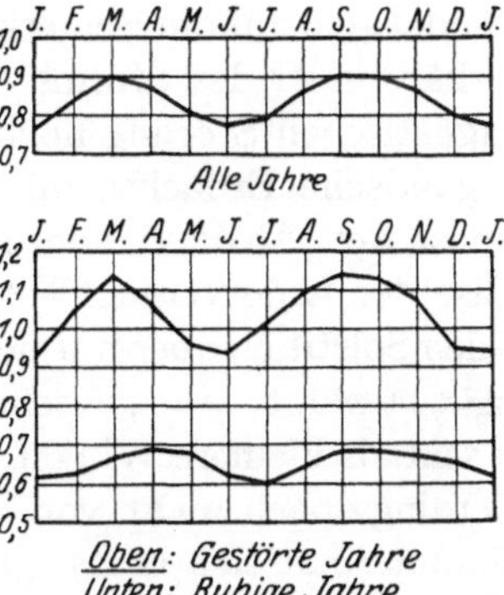

Abb. 15. Jährliche Periode der erdmagnetischen Aktivität nach Beobachtungen in den Jahren 1872—1920.

k) Bekanntlich hat die Häufigkeit und Stärke der magnetischen Störungen und Nordlichter eine ausgeprägte *jährliche Periode.* Abb. 15 zeigt die jährliche Kurve der erdmagnetischen Aktivität, ebenso gemessen wie in Abb. 7. Es treten zwei Maxima zur Zeit der Äquinoktien ein; die beiden Minima fallen auf die Solstitien. Harmonische Analyse der Kurve für „alle Jahre" ergibt eine Sinuswelle von 6 Monaten Periode, deren Gesamtamplitude ein Fünftel des Jahresdurchschnittes der Aktivität erreicht, und deren Maxima auf den 29. März und den 28. September fallen. Die Kurven für Stationen auf Nord- und Südhalbkugel sind nicht systematisch verschieden.

CHAPMAN [46] bringt diese jährliche Periode der erdmagnetischen Unruhe mit dem im Abschnitt *j)* erwähnten Winkel zwischen Erdbahn und Sonnenäquator in Verbindung. Im Anschluß an CORTIE vermutet er, daß maximale magnetische Störungshäufigkeit dann eintritt, wenn der Radius von der Sonne zur Erde sich der nördlichen oder südlichen Fleckenzone auf der Sonne nähert; Anfang Juni und Anfang Dezember sind die Störungen weniger häufig, weil dieser Radius dann die fleckenarme Zone am Sonnenäquator trifft. Man müßte dazu noch weiter annehmen, daß schmale Ströme von 10^0 Winkelöffnung häufiger sind als breite von 25^0 Öffnung, weil der Effekt sonst zu sehr verwaschen würde.

Wenn man die Jahre in zwei Gruppen mit hohem und niedrigem Abstand der Flecken vom Sonnenäquator teilt, so findet sich in den Beobachtungen kein systematischer Unterschied in dem Sinne, daß etwa die Äquinoktialmaxima der erdmagnetischen Unruhe in der einen Gruppe stärker hervorträten als in der anderen. Auf diese Weise läßt sich also die Hypothese, daß die verschiedene Richtung der solaren Ströme den Ausschlag geben soll, nicht stützen.

l) Eine andere Erklärung [*23*] für den jährlichen Gang der Aktivität gründet sich auf die Bemerkung, daß, bei gleichbleibenden geometrischen Verhältnissen des Stroms, die Wahrscheinlichkeit der Auslösung einer magnetischen Störung noch von dem Winkel β abhängen muß, den die magnetische Erdachse mit der Stromrichtung bildet. Wenn man zunächst den Abstand von $11{,}5^0$ zwischen magnetischer und Rotationsachse der Erde vernachlässigt, so ist zur Zeit der Äquinoktien $\beta = 90^0$, in den Solstitien aber nur $66{,}5°$, wenn man aus Symmetriegründen immer $\beta \leqq 90^0$ wählt. $\beta = 90^0$ scheint günstiger für das Einfangen des Stroms zu sein als kleinere Winkel; genauere theoretische Abschätzungen liegen allerdings noch nicht vor. Aber eine andere Folgerung aus dieser Anschauung hat sich bestätigt: Wegen der Schiefe der magnetischen Erdachse schwankt β schon im Laufe eines Tages, und zwar in den Äquinoktien zwischen $78{,}5^0$ und 90^0, in den Solstitien sogar zwischen 55^0 und 78^0, wobei die Eintrittszeiten des größten und kleinsten Winkels im Nord- und Südsolstitium nach Weltzeit genau entgegengesetzt sind. Eine solche Periode, die nach Weltzeit verläuft und ihre Phase vom Sommer zum Winter wechselt, hat sich tatsächlich aus den sonstigen Schwankungen der erdmagnetischen Aktivität (z.B. der in Abschn. VI, *a, γ*, S. 58 erwähnten *ortszeitlichen* Periode) herausschälen lassen [*51*]. Am einfachsten wäre es, an eine verschiedene „Ernährung des Ringstroms" im Laufe des Tages zu denken; allerdings wird der Störungsgrad wegen der verschiedenen Leitfähigkeit der Atmosphäre über den Tag- und Nachtseiten der Erde auch davon abhängen, welcher Magnetpol von der Sonne beschienen wird. Es ist auch wahrscheinlich, daß *große* solare Ströme die Erde unabhängig von der Tageszeit erreichen, weshalb sich die täglichen Verschiedenheiten der Aktivität nur in den geringeren Graden zeigen müßten. N. A. F. Moos [*52*] fand für Bombay, daß sowohl die Stürme mit plötzlichem Ausbruch wie die großen Stürme mit unscharfem Beginn keine bestimmte Tageszeit beim Ausbruch bevorzugten, während die kleineren Stürme deutlich häufiger mittags (nach Ortszeit) ausbrachen.

C. Störmer [44] ist der Ansicht, daß sich „reflektierende Elektronenflächen" ebenfalls am besten dann ausbilden, wenn die Sonne in den Endpunkten der magnetischen Erdachse auf- oder untergeht, d. h. wenn $\beta = 90°$ ist. Weil β zwischen Ende Oktober und Mitte Februar kleiner als 90° bleibt, sagte er voraus, daß in dieser Zeit keine Kurzwellenechos gehört werden würden. Tatsächlich blieben diese vom 24. Oktober 1928 bis zum 14. Februar 1929 aus.

VII. Kurzwellige Strahlung.

a) Die Korpuskulartheorie des Polarlichtes und der magnetischen Stürme ist neuerdings von E. O. Hulburt [53] und H. B. Maris [54] abgelehnt worden. Obwohl ihre neue Theorie der Kritik von S. Chapman (*55, 56*) nicht standhält, ist sie doch interessant genug, daß man von der Diskussion der Hypothesen, die ihr zugrunde liegen, eine Klärung der Ideen erhoffen kann.

Hulburt bleibt nicht bei der verbreiteten Auffassung stehen, daß kurzwellige Sonnenstrahlung die Ionisation der höheren Atmosphäre auf der Tagseite bewirkt, sondern will darüber hinaus zeigen, daß sie auch zur Erklärung derjenigen Erscheinungen ausreicht, die man sonst auf solare Korpuskularstrahlung zurückführt. Zunächst nahm er an, daß vom Sonnenlicht gebildete Ionenpaare in den äußersten Schichten der Atmosphäre auf Spiralbahnen längs der erdmagnetischen Kraftlinien nach den Polen geleitet würden und dort Polarlicht hervorriefen. Die Ionenpaare sollten auch die stärkere Ionisation über den Polarzonen erklären, da ja dort im Winter kein Sonnenlicht einfällt. Chapman [55] lehnte diese ursprüngliche Auffassung ab, weil diejenigen Kraftlinien, die die Erdoberfläche in polaren Breiten treffen, über dem Äquator 40000 km hoch liegen, wo die Gasdichte unmerklich sei. (Über hochfliegende Atome und Zerstreuung in den Weltenraum vgl. [2].)

Dieser Einwand veranlaßte Maris u. Hulburt, ihre Hypothese weiter auszugestalten. Sie stellen sich jetzt den Zustand der höchsten Atmosphäre folgendermaßen vor: Oberhalb 450 km Höhe befinden sich noch 10^{16} Moleküle in jeder vertikalen Säule von 1 cm² Querschnitt. Diese erleiden praktisch keine Zusammenstöße, außer wenn sie, unter der Wirkung der Schwerkraft, auf die dichtere Atmosphäre unterhalb dieses Niveaus treffen. Aber auch wenn man die Temperatur zu 1000° annimmt und mit Wasserstoffatomen, also den leichtesten Teilchen, rechnet, können die thermischen Geschwindigkeiten nur verschwindend wenige Moleküle über 3000 km Höhe heben. Um die Geschwindigkeit von 10 km/sec zu erklären, die zum Erreichen von 40000 km Höhe notwendig ist, nehmen Maris u. Hulburt an, daß einige *neutrale* Moleküle so große Geschwindigkeiten erreichen durch Zusammenstöße zweiter Art mit solchen Atomen, die durch ultraviolette Strahlung angeregt sind. Solange die Moleküle neutral sind, werden sie vom magnetischen

Feld der Erde nicht beeinflußt. Im Verlauf der 3 Stunden, die der Flug nach oben etwa dauert, werden die Moleküle durch sehr kurzwellige Sonnenstrahlung ionisiert. Die dadurch gebildeten Ionenpaare werden dann in Spiralen um die Kraftlinien der nördlichen oder südlichen Polarzone zugeführt.

Auf diese Weise werden *terrestrische, nicht solare Korpuskeln* für das Polarlicht verantwortlich gemacht. Im allgemeinen soll der Vorgang zu selten sein, um sichtbares Polarlicht zu erzeugen. Polarlicht entsteht erst, wenn auf der Sonne kleine Stellen sehr hoher Temperatur entstehen. Wenn $\frac{1}{10000}$ der Sonnenoberfläche auf 30 000° käme, würde die gesamte Energie in den ultravioletten Wellenlängen 0,5—1,0 μ auf das 10^5fache des normalen vermehrt, während sich die Solarkonstante um nur 1°/$_0$ erhöhen würde. Dadurch würde die Erzeugung schnellbewegter Moleküle und hoch fliegender Ionenpaare vermehrt, was Nordlicht und magnetische Stürme auslösen würde. Da die aufwärts fliegenden Moleküle dann schon eher, noch unterhalb 40 000 km, ionisiert würden, kämen sie schon in niedrigen Breiten bis zu Nordlichthöhen herunter. Das würde zu der Beobachtung stimmen, daß bei besonders starken magnetischen Störungen das Polarlicht näher zum Äquator rückt (Südlicht bis 20° über dem Horizont in Samoa, 13,8° südlicher Breite, am 15. Mai 1921 *57*]; sonst erklärt mit der zusätzlichen Ablenkung durch die magnetischen Felder der störenden elektrischen Ströme in der Höhe).

Der Haupteinwand Chapmans [*56*] gegen diese Anschauung ist sehr einfach: Solare und terrestrische Teilchen mögen sonst gleiche Erscheinungen veranlassen können; sie unterscheiden sich aber völlig in der Geschwindigkeit, die für die solaren Teilchen über 1000 km/sec, für die terrestrischen 10 km/sec beträgt. So langsame Teilchen könnten aber nur bis 200 km Höhe in die Atmosphäre eindringen. Es läßt sich auch zeigen, daß der Anspruch der Hypothese, die magnetischen Stürme zu erklären, schon qualitativ nicht zu Recht besteht, ganz abgesehen von den astronomischen Einwänden gegen die angenommenen extrem heißen Sonnenstellen, oder von den unsicheren Unterlagen über die Zahl der Ionenpaare, die auf diese Weise erzeugt werden können.

Hulburt hat seine „Ultraviolett-Theorie" der magnetischen Stürme und des Polarlichtes neuerdings auf die Erklärung des *Zodiakallichtes* und des Gegenscheins angewendet [*56a*]. In alten Beobachtungen des Zodiakallichtes von Jones glaubt er Anzeichen dafür zu finden, daß Schwankungen in der Lichtstärke und andere abnorme Erscheinungen vorzugsweise zur Zeit erdmagnetischer Stürme eintreten; er sieht darin eine Stütze seiner Hypothese, daß es sich um eine Fluoreszenzerscheinung der hochfliegenden terrestrischen Korpuskeln handeln müsse. Im Zusammenhang damit sei auf den Bericht von Ruedy [*56b*] verwiesen; während des Tiefstandes der Sonnentätigkeit

1923/24 waren Zodiakallicht und Licht des Nachthimmels merklich schwächer.

b) Die Theorie der sonnen- und mondentägigen erdmagnetischen Variationen hat es zuerst ermöglicht, die gesamte elektrische Leitfähigkeit der Atmosphäre abzuschätzen, genauer gesagt, das Integral der spezifischen Leitfähigkeit, erstreckt über die ganze Höhe der Atmosphäre [2]. Da sich dabei die Leitfähigkeit auf der Tagseite wesentlich größer ergab als auf der Nachtseite, wurde die Ionisation der Wirkung kurzwelligen Sonnenlichtes zugeschrieben. Und weil die magnetischen täglichen Variationen mit dem erdmagnetischen Störungszustand, also auch mit der Sonnentätigkeit, deutlich wechseln, lag der Gedanke nahe, daraus auf entsprechende Veränderungen der Sonnenstrahlung zu schließen.

Aus verschiedenen Gründen würde sich dazu die tägliche erdmagnetische Schwankung an besonders ruhigen Tagen eignen. Ehe darauf eingegangen wird, sollen kurz die theoretischen Anschauungen über die Ursachen der tagesperiodischen magnetischen Variationen dargestellt werden, weil darin in letzter Zeit eine überraschende Wandlung insofern eingetreten ist, als zu der lange anerkannten „Dynamotheorie" zwei andere Theorien getreten sind, die mit den Worten „Diamagnetismus" und „Driftstrom" gekennzeichnet sind.

c) Dynamotheorie [2, 23]. Durch Temperaturschwankungen und Gezeitenkräfte werden tagesperiodische Bewegungen der Luft hervorgerufen. In der Höhe, wo die Atmosphäre etwa 10^{13}mal besser leitet als am Boden, werden dabei durch das permanente Magnetfeld der Erde elektrische Ströme induziert, deren magnetisches Feld am Boden als tägliche magnetische Variation beobachtet wird. Praktisch wurde natürlich erst aus den magnetischen Variationen auf die Notwendigkeit geschlossen, in der Höhe so starke Leitfähigkeit (wie $^1/_{100}$-Normal NaCl-Lösung bei Zimmertemperatur) anzunehmen.

Die spezifische Leitfähigkeit σ in der Höhe wird bewirkt durch Elektronen (Index e) und Ionen (Index i). Mit $n = $ Anzahl, $m = $ Masse, $e = $ Ladung (elektromagnetisch gemessen), $v = $ Zahl der Zusammenstöße in der Sekunde ist genähert

$$\sigma = e^2 \cdot n_e \,/\, m_e \, v_e + e^2 \cdot n_i \,/\, m_i \, v_i \,,$$

solange kein äußeres Magnetfeld wirkt. Die Leitfähigkeit ist also um so größer, je größer die Zahl der freien Ladungen, je geringer ihre Masse und je seltener Zusammenstöße erfolgen.

Unter der Wirkung eines Magnetfeldes H beschreiben freie Ladungen zwischen je zwei Zusammenstößen Stücke von Spiralen um die Kraftlinien. Die Winkelgeschwindigkeit dieser Spiralbewegung berechnet sich aus der Gleichheit von Zentrifugalkraft und magnetischer Ablenkung zu

$$\omega = e\,H \,/\, m.$$

Durch diese Bewegungen wird die Leitfähigkeit in Richtung von H nicht beeinflußt; dagegen verringert sich die Leitfähigkeit $\sigma_\perp$ senkrecht zum magnetischen Feld im Verhältnis

$$K = \nu^2 / (\nu^2 + \omega^2),$$

verschwindet also für genügend große freie Weglängen (vgl. S. 71). Der Gesamtwiderstand längs einer Stromlinie ist vor allem durch $\sigma_\perp$ bestimmt, weil die Ströme auf weite Strecken quer zum Magnetfeld verlaufen. Diese Bemerkung Pedersens [58] schränkt die Höhenlage der Schicht, in der die tagesperiodischen Ströme verlaufen, zwischen 100 und 170 km über dem Erdboden ein. Nach Chapman [60] ist die Leitfähigkeit σ parallel zum Magnetfeld der Erde fast ganz durch die Elektronen bedingt; sie wächst bis mindestens 150 km Höhe noch an. Die Leitfähigkeit $\sigma_\perp$ quer zum Magnetfeld dagegen wird fast ganz durch Bewegungen der Ionen bewirkt; sie erreicht ihr Maximum bei etwa 135 km und erstreckt sich nicht viel über 150 km. Im Durchschnitt über die ganze Höhe der Atmosphäre ist etwa

$$\sigma_\perp = \tfrac{1}{5}\,\sigma.$$

d) Diamagnetismus. R. Gunn [59] wies darauf hin, daß dort, wo ν/ω klein ist, die freie Ladung ungestört viele Umdrehungen auf ihrer Spiralbahn um die erdmagnetischen Kraftlinien ausführen kann. Diese Spiralbewegung macht die Ladung äquivalent einem kleinen Magnet, dessen Moment dem Felde entgegengesetzt ist; mit anderen Worten, das ionisierte Gas ist diamagnetisch. Das magnetische Moment pro Volumeinheit ist gleich nkT/H, wo $k=$ Boltzmannsche Konstante, $T=$ abs. Temperatur; die Zusammenstöße vermindern das Moment auf den Bruchteil $(1-K)$. Von 90 km ab ist ν, und damit auch K, nahezu 0 für Elektronen, so daß sie voll zum Diamagnetismus beitragen, während die Ionen erst ab 150 km Höhe im gleichen Sinne wirken. Mit der Änderung des diamagnetischen Moments, wie sie durch die tagesperiodische Zu- und Abnahme der Zahl n der freien Ladungen bewirkt wird, erklärt Gunn die tägliche Variation des Erdmagnetismus.

Tatsächlich gibt diese Theorie die täglichen Schwankungen qualitativ recht gut wieder, wie auch Chapman [61] durch harmonische Analyse bestätigen konnte. Trotzdem ist die Theorie abzulehnen, und zwar vor allem deswegen, weil sie 1000fach höhere Ionenzahlen verlangt, als die Dynamotheorie oder auch die Erklärung der Fortpflanzung drahtloser Wellen. Mit anderen Worten: Wenn die Ionisation so hoch ist, wie die diamagnetische Theorie verlangt, müßte der Dynamoeffekt 1000mal größere Variationen erzeugen als beobachtet.

T. G. Cowling [59a] hat die Gunnsche Hypothese neuerdings aus iefer liegenden Gründen abgelehnt, indem er auf die Ähnlichkeit mit Schrödingers Theorie für den Diamagnetismus der Metalle hinwies.

In beiden Fällen verhindern Randbedingungen, daß sich der diamagnetische Effekt ausbildet, wenigstens nicht im stationären Zustand.

e) Driftstrom (CHAPMAN [60]). Die Bewegung einer freien Ladung e der gleichzeitigen Einwirkung eines Magnetfeldes $\mathfrak{H}$ und einer konstanten Kraft $\mathfrak{F}$ (elektrostatisches oder Gravitationsfeld) veranlaßt „Driftströme". Qualitativ ist leicht einzusehen, wie diese entstehen: Sehen wir zunächst von der Schwerkraft ab und betrachten ein einfach ionisiertes Stickstoff- oder Sauerstoffmolekül, das über dem Erdäquator mit einer Winkelgeschwindigkeit $\omega = eH/m = 95\ \mathrm{sec}^{-1}$, also etwa 15 Rotationen pro Sekunde, um die erdmagnetischen Kraftlinien rotiert. Bei einer Temperatur von etwa 30^0 C ist die mittlere Ionengeschwindigkeit $4{,}7 \cdot 10^4$ cm/sec, der mittlere Radius der Kreisbahn also 500 cm. Das Ion beschreibt seine Bahn in der Vertikalebene senkrecht zum magnetischen Meridian, und zwar bewegt es sich auf der westlichen Hälfte des Kreises abwärts, auf der östlichen aufwärts. Unter der Wirkung der Schwerkraft wird die Bewegung nun so abgeändert, daß das Ion bei der Abwärtsbewegung größere Geschwindigkeiten gewinnt und deshalb auf der unteren Hälfte der Bahn, bei der Bewegung nach Osten, eine flacher gekrümmte Spirale beschreibt als auf der oberen. Deshalb bleibt im Mittel eine Bewegung nach Osten übrig.

Die genauere Rechnung [60] ist einfach, solange man Zusammenstöße nicht berücksichtigt: Die z-Achse sei parallel zum homogen angenommenen Magnetfeld $\mathfrak{H}$ (Stärke H); die x-Achse liege in der Ebene der konstanten Kraft $\mathfrak{F}$ und des Magnetfeldes $\mathfrak{H}$, und zwar so, daß die x-Komponente X von $\mathfrak{F}$ positiv ist; die y-Achse wird so gewählt, daß x—y—z ein Rechtssystem bilden. Die Komponenten von $\mathfrak{F}$ in diesem System sind X (positiv), o, Z. Das Teilchen mit der Ladung e, Masse m, Geschwindigkeit $\mathfrak{u} = (\dot{x}, \dot{y}, \dot{z})$ steht unter der Wirkung von $\mathfrak{F}$ und der ablenkenden elektromotorischen Kraft $(\mathfrak{u}\,\mathfrak{H})$. Die Bewegungsgleichungen des Teilchens sind also (mit $\dot{x} = dx/dt$ usw.):

$$\left\{ \begin{aligned} m\,\ddot{x} &= X + eH\dot{y}, \\ m\,\ddot{y} &= \quad\ -eH\dot{x}, \\ m\,\ddot{z} &= Z. \end{aligned} \right.$$

Die Integration ergibt, mit $\omega = eH/m$ und der Anfangsgeschwindigkeit $(\dot{x}_0, \dot{y}_0, \dot{z}_0)$:

$$\left\{ \begin{aligned} \dot{x} &= \dot{x}_0 \cos \omega t + \dot{y}_0 \sin \omega t - (X/eH) \sin \omega t, \\ \dot{y} &= -\dot{x}_0 \sin \omega t + \dot{y}_0 \cos \omega t - (X/eH)(1 - \cos \omega t), \\ \dot{z} &= \dot{z}_0 + (Z/m)\,t. \end{aligned} \right.$$

Die Bewegung längs des Magnetfeldes ist also von $\mathfrak{H}$ unabhängig. Aber der mittlere Wert von $\dot{x}$ ist Null, trotz der Kraft X; damit ist ausgedrückt, daß die Querleitfähigkeit $\sigma_\perp$ mit ν gegen o strebt. Dagegen erzeugt die Kraftkomponente X eine mittlere Transversalgeschwindigkeit $\dot{y}$, die *Driftgeschwindigkeit*

$$V = -(X/eH),$$

die sich der Spiralbewegung überlagert. V ist von der Masse unabhängig, für Ionen und Elektronen gleich groß. Bei v Zusammenstößen pro Sekunde wird, mit $K = v^2 / (v^2 + \omega^2)$,

$$V = - (1 - K)\, X / e H .$$

Da $\sigma_\perp$ proportional K ist (S. 70), wird also der Anteil der freien Ladungen zum Driftstrom um so größer, je weniger sie zur Querleitfähigkeit beitragen; er wächst mit der Höhe.

In der Erdatmosphäre setzt sich $\mathfrak{F}$ zusammen aus der Schwerkraft und einem elektrischen Felde, das dadurch entsteht, daß in einer ionisierten Atmosphäre die leichten Elektronen im Durchschnitt etwas höher fliegen als die schweren Ionen, was ein Potentialgefälle nach oben hervorruft. $\mathfrak{F}$ ergibt sich nach unten gerichtet, sowohl für positive und negative Ionen wie für Elektronen. V ist am Äquator am größten, zwischen 5 und 15 cm/sec; der Strom ist über dem Äquator ostwärts gerichtet. Wenn man berücksichtigt, daß die Zahl der freien Ladungen am Tage größer ist als nachts, kann auch das veränderliche magnetische Feld dieses Driftstromes qualitativ die sonnentägigen erdmagnetischen Variationen erklären; es werden nur viermal soviel freie Ladungen verlangt als für die Dynamotheorie, ein Unterschied, der bei der Unsicherheit der zugrundeliegenden Daten kein Grund zur Ablehnung ist.

Auch Chapmans Driftstromhypothese hat Cowling [59a] in seine Kritik der bisherigen Theorien der radialen Begrenzung des Magnetfeldes der Sonne einbezogen (denn dort hatten Chapman u. Gunn ihre Hypothesen zuerst angewendet). Cowling findet, daß die elementare Theorie wesentlicher Abänderungen bedarf. Wegen des Bestehens eines vertikalen Druckgradienten ist es nämlich nicht zulässig, eine Geschwindigkeit in der einen Richtung in einem Niveau im Mittel zusammenzufassen mit der entgegengesetzten Geschwindigkeit in einem anderen Niveau; deshalb ist der Mittelwert von $\dot{x}_0$ und $\dot{y}_0$ nicht gleich 0, wie Chapman annahm. Nach Cowling treten Driftströme im stationären Zustand nicht auf; er hält aber ihre Existenz bei den schwankenden Zuständen der Erdatmosphäre für nicht ausgeschlossen.

Chapmans eingehende Diskussion [60] gestattet heute auch vom erdmagnetischen Standpunkt aus noch keine Entscheidung, ob Dynamoeffekt oder Driftstrom oder beide anzunehmen sind; der diamagnetische Effekt scheidet dagegen aus. Für die mondentägigen Variationen bleibt aber wie bisher nur die Dynamotheorie möglich.

f) Gemeinsam ist diesen Theorien, daß die magnetischen Variationen abhängen sollen von der Gesamtzahl der freien Ladungen (zwischen $4 \cdot 10^{12}$ und $2 \cdot 10^{14}$ in einer vertikalen Säule von 1 cm² Querschnitt) und von ihrer vertikalen Verteilung; nur bei der Dynamotheorie wirkt außerdem noch die konvektive Bewegung der Atmosphäre gleichberechtigt.

Die Entscheidung, ob Driftstrom oder Dynamoeffekt die Hauptursachen der sonnentägigen Variationen S des Erdmagnetismus sind, wird aus folgendem Grunde von Bedeutung sein. S wächst vom Sonnenfleckenminimum zum Maximum im Verhältnis $1 : q$. Die entsprechende Vergrößerung der Intensität I der ionisierten Sonnenstrahlung wäre, wenn sie *allein* das Anwachsen von S erklären sollte, gleich $1 : q^2$. Wenn aber die Dynamotheorie richtig ist, so könnte I außerdem schon über die konvektive Bewegung der Atmosphäre auf S einwirken, so daß (wie CHAPMAN [*62*] zeigte) I nur im Verhältnis $1 : q^{\frac{2}{3}}$ zu schwanken brauchte. Da q zwischen 1,5 und 2 liegt, wäre der Unterschied beträchtlich.

Wenn die Strahlung der Sonne genau der PLANCKschen Energiekurve folgen würde, so wäre folgendes zu erwarten: Wenn in der Nähe von 6000° abs. die Temperatur um 100° zunimmt, so würde die Gesamtstrahlung um 7, die Strahlung $\leqq$ 0,29 μ um 16°/$_0$ erhöht. Ferner: Wenn 0,62 der Sonnenoberfläche bei 5000°, 0,38 bei 7000° abs. strahlten, so wäre die Gesamtstrahlung genau so groß, als wenn die ganze Sonnenoberfläche bei 6000° strahlte, aber die Strahlung $\leqq$ 0,29 μ wäre um 56°/$_0$ größer. Beide Beispiele zeigen die stärkere Veränderlichkeit der Ultraviolettstrahlung mit der Temperatur, eine Tatsache, die MARIS u. HULBURT für ihre Theorie ausnützen wollten (S. 67). Man darf diesen schematischen Rechnungen aber keinen großen Wert beilegen, weil ja die Sonnenstrahlung, wegen der Absorption in der Sonnenatmosphäre (MILNE [*6*], S. 150ff.), nicht der Strahlungskurve eines schwarzen Körpers entspricht. A. UNSÖLD [*63*] hat im Anschluß an MILNE gezeigt, daß die Sonnenstrahlung im kurzwelligen Ultraviolett (LYMAN-Gebiet, unter 0,12 μ) rascher anwächst, als man für einen schwarzen Körper derselben Gesamtstrahlung berechnet.

g) Bei diesem Stande der Theorie haben CHAPMAN u. STAGG [*64*] versucht, von der Seite der Beobachtungen her einen Anhalt dafür zu gewinnen, ob die tagesperiodischen magnetischen Variationen an besonders ruhigen Tagen (internationale erdmagnetische Charakterzahlen 0,0 und 0,1) immer dieselben bleiben, oder ob Unterschiede festzustellen sind. Die Untersuchung, die sich zunächst auf die Amplituden der täglichen Gänge an den beiden Observatorien Eskdalemuir (Schottland) und Greenwich beschränkte, ergab durchschnittliche Abweichungen der einzelnen Tagesamplituden von 20—30°/$_0$ ihres Normalwertes; dabei ist als Normalwert diejenige Amplitude bezeichnet, die dem Tage nach seiner Lage im Jahr und im Sonnenfleckenzyklus zuzuschreiben wäre. Die Abweichungen sind ähnlich an beiden Orten und in den verschiedenen Kraftkomponenten; außerdem ergeben sich einige deutliche und unerwartete Beziehungen dieser Abweichungen zum fortschreitenden Gange (Mitternachtsdifferenzen) und zur Abweichung des Tagesmittels vom Monatsdurchschnitt der Komponenten. Es wäre möglich, daß weitere Untersuchungen dieser Art Schwankungen der erdmagnetischen Variationen aufdecken werden, die auf der ganzen Erde gleichmäßig sind und deshalb vielleicht solaren Änderungen zuzuschreiben wären. Material liegt in den Beobachtungen der erdmagnetischen Observatorien genug vor. Eine Reihe vorbereitender harmonischer Analysen täglicher Gänge an einzelnen ruhigen Tagen für Batavia, Potsdam und Sitka zeigen ebenfalls große Schwankungen, bis zu 100°/₀ der normalen Amplitude. Zusammenhänge zwischen den gleichzeitigen Werten an den drei Orten scheinen sich aber hinter lokalen Unregelmäßigkeiten zu verbergen, so daß viele Analysen notwendig sein werden, um die universellen Anteile herauszuschälen.

VIII. Drahtlose Wellen.

Obwohl die Ionisation der höheren Atmosphäre auch die wesentliche Ursache der Fortpflanzung drahtloser Wellen ist, kann man nicht von vornherein erwarten, daß die Erscheinungen der drahtlosen Telegraphie ebenso stark auf Änderungen der Sonnenstrahlung ansprechen wie erdmagnetische Vorgänge, weil die Wellen nicht weit in die ionisierte Schicht eindringen. In der Tat ergeben die Beobachtungen über den Zusammenhang zwischen erdmagnetischem Störungszustand (als Ersatz für unmittelbare Sonnenbeobachtungen) und dem Empfang drahtloser Wellen noch kein eindeutiges Bild. Nach jahrelangen Beobachtungen in Alaska [65], nahe der Zone maximaler Nordlichthäufigkeit, scheinen weder Nordlicht noch erdmagnetischer Störungszustand systematisch mit der Güte des Empfangs von Rundfunk und langen Wellen zusammenzuhängen, während Kabelempfang, wegen der induzierten Erdströme, sich bei Nordlicht wesentlich verschlechtert.

E. V. APPLETON [66] weist auf einen bemerkenswerten Gegensatz zwischen langen und Rundfunkwellen hin. Nach AUSTIN und WYMORE werden die Signale von Nauen während des Sonnenfleckenmaximums in Washington etwa 1,8mal stärker empfangen als im Minimum; daraus schließt APPLETON, daß die Leitfähigkeit der Schicht im Verhältnis 1:1,6 angewachsen sein muß, was zu den Folgerungen CHAPMANS aus erdmagnetischen Beobachtungen der Größenordnung nach stimmt. Rundfunkwellen verhalten sich nach G. W. PICKARD dagegen umgekehrt. Auch einzelne magnetische Stürme sind, wenn auch mit Ausnahmen, von einer Verstärkung der langen und einer Abschwächung der Rundfunkwellen begleitet. Nach APPLETON hängt das vermutlich damit zusammen, daß lange Wellen schon an der Unterseite der ionisierten Schicht reflektiert werden, während kurze Wellen in die Schicht eindringen und dort bei erhöhter Ionisation stärker absorbiert werden.

AUSTIN hat kürzlich [67 a] ein Diagramm für die Monatsmittel 1924—1929 veröffentlicht, in dem er vergleicht Sonnenflecken, erdmagnetische Aktivität und die Feldstärke der drahtlosen Signale von Bordeaux (auf 18900 m) und Nauen (auf 12800 m), wie sie tagsüber in Washington empfangen werden. Die Kurven verlaufen durchaus nicht überall gleichsinnig, vermitteln aber doch im ganzen den Eindruck, daß die Empfangsstärke für diese langen Wellen mit der erdmagnetischen Aktivität systematisch zu- und abnimmt.

Atmosphärische Störungen scheinen im Fleckenminimum stärker zu sein als im Maximum (AUSTIN [67]). F. SCHINDELHAUER [68] hat sehr charakteristische tägliche Gänge in der mittleren Richtung der Störungen nachgewiesen und versucht, sie mit dem täglichen Gang des erdmagnetischen Feldes in Verbindung zu bringen. Die endgültige Entscheidung, ob die atmosphärischen Störungen ganz oder teilweise von Vorgängen in den höchsten Schichten stammen, wird zugleich die Frage nach ihrem Zusammenhang mit solaren Vorgängen beantworten. Bemerkenswert ist, daß einzelne magnetische Störungen zu Zeiten eintraten, die auffallend arm an atmosphärischen Störungen waren.

Wie aus diesem Bericht hervorgeht, bewirken Veränderungen der Sonnenstrahlung auf der Erde naturgemäß am deutlichsten solche Vorgänge, die sich in den höchsten Atmosphärenschichten abspielen. An der Erdoberfläche beobachten wir gewissermaßen in verschiedenen Erscheinungen das Ergebnis von Experimenten, die die Sonne ständig mit der hohen Erdatmosphäre vornimmt. Systematische Beobachtung dieser Erscheinungen und ihre Deutung wird weiteren Aufschluß geben, sowohl über die solaren Vorgänge selbst, als auch über die Art und Weise, wie die Erdatmosphäre auf diese reagiert.

Nachtrag bei der Korrektur.

S. CHAPMAN und V. C. A. FERRARO veröffentlichen eine vorläufige Mitteilung über eine neue Theorie der magnetischen Stürme (Nature 126, 129—130, 1930, Nr. 3169). Sie untersuchen die Vorgänge bei der Annäherung eines neutralen ionisierten Stroms solarer Teilchen an die Erde. Erst wenige Erdradien von der Erde entfernt beginnt der ablenkende Einfluß des magnetischen Erdfeldes zu wirken. Größe und Dauer der ersten Phase magnetischer Stürme soll fast ganz von der kinetischen Energie des Stroms pro Volumeneinheit abhängen; mit 1000 km/sec Geschwindigkeit ist die notwendige Dichte des Stroms 10^{-22} gr/cm^3, etwa 1,5 Ca$^+$-Ionen oder 60 H$^+$-Ionen pro cm^3.

Literaturverzeichnis.

1. Handb. d. Astrophysik **4**. Berlin: Julius Springer 1929.

2. BARTELS, J.: Die höchsten Atmosphärenschichten. Erg. exakt. Naturwiss. **7**, 114—157. Berlin: Julius Springer 1928.

3. ABBOT, C. G.: Smithsonian solar radiation researches. Gerlands Beitr. Geophysik **16**, 344—383 (1927).

4. BAUR, FR.: Meteorol. Z. **47**, 47 (1930).

5. BERNHEIMER, W. E.: Ebenda **47**, 190—191 (1930).

6. MILNE, E. A.: Handb. d. Astrophysik **3**, 1. Hälfte, 155. Berlin: Julius Springer 1930.

7. KÖPPEN, W.: Z. österr. Ges. Meteorol. **1873**, 241 ff.; Meteorol. Z. **31**, 305—328 (1914).

8. MIELKE, J.: Arch. dtsch. Seewarte **36**, Nr 3 (1913).

9. ANGENHEISTER, G.: Meteorol. Z. **39**, 46—49 (1922).

10. HANN-SÜRING: Lehrb. d. Meteorol., 4. Aufl., 110. Leipzig 1926.

11. BAUR, FR.: Meteorol. Z. **39**, 289—293 (1922).

12. — Grundlagen einer Vierteljahrstemperaturvorhersage für Deutschland. Braunschweig: Fr. Vieweg u. Sohn 1926.

12a. KÖPPEN, W.: Das Gesetz in der Wiederkehr strenger Winter in Westeuropa. Meteorol. Z. **47**, 205—215 (1930).

13. WALKER, G. T. u. BLISS, E. W.: Mem. roy. meteorol. Soc. London **2**, Nr 17 (1928).

14. SCHMIDT, AD.: Zur Kritik des Korrelationsfaktors. Meteorol. Z. **43**, 329—334 (1926).

15. DROSTE, B.: Ebenda **41**, 261—268 (1924).

16. BROOKS, C. E. P.: Meteorol. Office, Geophysic. Mem. Nr 20. London 1923.

17. — The relations of solar and meteorological phenomena: a summary of the literature from 1914 to 1924 inclusive. Internat. Research Council, First Report on solar and terrestrial relationships 66—100). Paris: Etienne Chiron 1926.

18. KNOCH, K.: Geogr. Jb. **41** (1926); **42** (1927); **44** (1929). Gotha: J. Perthes.

19. MEINARDUS, W.: Nachr. Ges. Wiss. Göttingen, Math.-physik. Kl. **1925**, 23.

20. MÜGGE, R.: Z. Geophysik **2**, 63—69 (1926); **5**, 194—227 (1929). Meteorol. Z. **46**, 514—520 (1929). Naturwiss. **17**, 952—958 (1929).

21. SIMPSON, G. C.: Mem. roy. meteorol. Soc. London **2**, Nr 16 (1928); **3**, Nr 21 (1928); **3**, Nr 23 (1928). Quart. J. roy. meteorol. Soc. London **55**, 73—79 (1929).

22. BARTELS, J.: Naturwiss. **17**, 584—586 (1929). Z. Forst- u. Jagdwesen **62**, Festheft z. Hundertjahrfeier d. Forstl. Hochschule Eberswalde, 153—179. Berlin: Julius Springer 1930.

22a. Discussion on geological climates, opened by G. C. SIMPSON. Proc. roy. soc. London (B) **106**, 299—317 (1930).

23. ANGENHEISTER, G. u. BARTELS, J.: Das Magnetfeld der Erde. Handb. d. Experimentalphysik **25**, 1. Teil. Leipzig: Akad. Verlagsges. 1928. — Ausführliche Literaturangaben in BARTELS, J.: Fortschritte unserer Kenntnis vom Erdmagnetismus. Geogr. Jb. **40**, 316—373 (1926); **44**, 3—36 (1930). Gotha: J. Perthes.

24. SCHMIDT, AD.: Arch. Erdmagn. H. 1—4. Potsdam 1903—1926.

25. BARTELS, J.: Die erdmagnetische Aktivität. Abh. preuß. meteorol. Inst. **8**, Nr 2 (= Arch. Erdmagn. H. 5). Berlin: Julius Springer 1925.

26. STAGG, J. M.: Meteorol. Office, Geophysic. Mem. Nr 42. London 1928.

27. GREAVES, W. M. H. u. NEWTON, H. W.: Monthly Not. roy astron. Soc. 88, 556. London 1928.

28. BARTELS, J.: Naturwiss. 12, 194 (1924). — SCHMIDT, AD.: Meteorol. Z. 42, 239 (1925).

29. WOLFER, A.: Meteorol. Z. 41, 151 (1924).

30. D'AZAMBUJA, L. et GRENAT, H.: C. r. Acad. Sci. Paris 183, 701—703 (1926).

31. HALE, G.: Proc. nat. Acad. Sci. U. S. A. 12, 286—295 (1926).

32. ROYDS, T.: Monthly Not. roy. astron. Soc. London 86, 380 (1926).

33. ABETTI, G.: Internat. Research Council, Second Report on solar and terrestrial relationships 9—13. Paris: Étienne Chiron 1929.

33a. NICHOLSON, S. B.: Terrestrial Magnetism 35, 47—49, 92 (1930).

34. Naturwiss. 18, 93 (1930). (Tabelle der erdmagn. Charakterzahlen der ruhigen und gestörten Tage 1922—1923, nach 27tägigen Perioden geordnet.)

35. STAGG, J. M.: Meteorol. Office, Geophysic. Mem. Nr 40. London 1927.

36. CHREE, C. a. STAGG, J. M.: Recurrence phenomena in terrestrial magnetism. Philosophic. Transact. London (A) 227, 21—62 (1927).

37. DESLANDRES, H.: C. r. Acad. Sci. Paris 182, 269, 669, 733, 1301 (1926); 183, 153, 1313—1317 (1926). Nature 118, 621. London 1926.

38. CHREE, C.: Nature 118, 769 (1926).

39. GREAVES, W. M. H. a. NEWTON, H. W.: Monthly Not. roy. astron. Soc. London 89, 641—646 (1929).

40. SCHMIDT, AD.: Meteorol. Z. 26, 511 (1909); 37, 166 (1920); 42, 240 (1925). Astron. Nachr. 214, 409—414 (1921).

41. ANGENHEISTER, G.: Terrestrial Magnetism 27, 57—79 (1922).

42. POLLAK, L. W.: Naturwiss. 18, 345 (1930).

42a. GEHLINSCH, E.: Acta Univ. Latviensis 20 (1928); Mitteilungen Inst. f. theoret. Astron. Riga Nr. 3; 77—185 (1928). Z. Geophysik 6, 279—280 (1930).

43. VEGARD, L.: Das Nordlicht. Handb. d. Experimentalphysik 25, 1. Teil, 385—476. Leipzig: Akad. Verlagsges. 1928.

44. STÖRMER, C.: Naturwiss. 17, 643—651 (1929).

45. CHAPMAN, S.: Proc. Cambridge philos. Soc. 21, 577—594 (1923).

46. — Solar streams of corpuscles. Monthly Not. roy. astron. Soc. London 89, 456—470 (1929).

47. — a. FERRARO, V. C. A.: The electrical state of solar streams of corpuscles. Ebenda 470—479.

48. MILNE, E. A.: On the possibility of the emission of high-speed atoms from the sun and stars. Ebenda 86, 459, 578 (1926). Handb. d. Astrophysik 3, 1. Hälfte, 173—183, 316. Berlin: Julius Springer 1930.

49. Vgl. Naturwiss. 17, 243—244 (1929).

50. HULBURT, E. O.: Terrestrial Magnetism 34, 322 (1929).

51. BARTELS, J.: Meteorol. Z. 42, 147—152 (1925).

52. MOOS, N. A. F.: Colaba Magnetic Data 1846 to 1905, Part 2, 455ff. Government Observat. Bombay 1910.

53. HULBURT, E. O.: Physic. Rev. (2) 31, 1028 (1928). Terrestrial Magnetism 33, 11—13 (1928).

54. MARIS, H. B. a. HULBURT, E. O.: Nature 122, 807—808 (1928). Terrestrial Magnetism 33, 229—231 (1928). Physic. Rev. (2) 33, 412—431 (1929).

55. CHAPMAN, S.: Physic. Rev. (2) 32, 993—995 (1928).

56. — Monthly Not. roy. astron. Soc. London, Geophysic. Suppl. 2, 296 bis 300 (1930).

56a. Hulburt, E. O.: Physic. Rev. (2) 35, 1098—1118 (1930).

56b. Ruedy, R.: Das Licht des Nachthimmels und die grüne Linie 5577, 3 A. Naturwiss. 18, 401—411 (1930).

57. Angenheister, G. u. Westland, C. F.: Meteorol. Z. 39, 19—23 (1922).

58. Pedersen, P. O.: The propagation of radio waves. Kopenhagen 1927.

59. Ross Gunn: Physic. Rev. (2) 31, 1120 (1928); 32, 133—141 (1928).

59a. Cowling, T. G.: Montly Not. roy. astron. Soc. London 90, 140—154 (1929).

60. Chapman, S.: Proc. roy. Soc. London (A) 122, 369—386 (1929).

61. — Terrestrial Magnetism 34, 1—16 (1929).

62. — Some problems of terrestrial magnetism. J. London math. Soc. 2, Part 2, 121—144 (1927).

63. Unsöld, A.: Z. Astrophysik 1, 1—12 (1930).

64. Chapman, S. a. Stagg, J. M.: Proc. roy. Soc. London (A) 123, 27—53 (1929).

65. Ulrich, F. P.: Terrestrial Magnetism 33, 162—164 (1928).

66. Appleton, E. V.: Internat. Research Council, Second Report on solar and terrestrial relationships 16—17. Paris: Étienne Chiron 1929.

67. Austin, L. W.: Ebenda 18—32.

67a. — Terrestrial Magnetism 35, 49—50 (1930).

68. Schindelhauer, F.: Elektrische Nachrichten-Technik 5, 442—449 (1928); 6, 231—236 (1929).

Experimentelle Untersuchungen zur Elektronenbeugung.

Von **E. RUPP**, Berlin.

(Aus dem Forschungs-Institut der AEG.)

Mit 35 Abbildungen.

Inhaltsverzeichnis.

Seite

I. Vorbemerkungen. 80
II. Zeitlicher Überblick zur Elektronenbeugung. 81
III. Elektronenbeugung am geritzten Gitter 83
   1. Versuchsverfahren. 83
   2. Bedingungen, um Elektronenbeugung zu erhalten. 84
   3. Versuchsausführung 84
   4. Versuchsergebnisse. 85
   5. Zur Bewertung der Versuche 85
IV. Elektronenbeugung an Kristallen. 86
A. Versuche mit schnellen Elektronen. 86
   1. Versuchsverfahren 86
   2. Versuchsröhre 87
   3. Versuchsergebnisse an Metallfolien. 87
   4. Zur Sicherstellung der Messungen 89
   5. Elektronenbeugung an Glimmer 90
   6. Elektronenbeugung an Pulvern 91
B. Der Atomformfaktor für Elektronen 91
   1. Versuchsverfahren 92
   2. Auswertung der Intensitätsmessungen 92
   3. Zur Bewertung der Intensitätsmessungen 93
   4. Das Auflösungsvermögen des Kristallgitters für Elektronen . 94
C. Elektronenbeugung mit mittelschnellen Elektronen 94
   1. Versuche in Analogie zum LAUE-Verfahren 95
   2. Versuche in Analogie zum BRAGG-Verfahren 99
   3. Versuche in Analogie zum DEBYE-SCHERRER-Verfahren . . . 103
D. Über den Brechungsindex der Elektronen 105
E. Über das innere Potential. 108
F. Über eine anomale Dispersion an Nickel. 112
G. Über das Auftreten besonderer Beugungsmaxima (abweichend
   von Röntgenstrahlen) 113
V. Die Geschwindigkeitsverteilung der gebeugten Elektronen. . . 115
VI. Flächengitterinterferenzen mit mittelschnellen Elektronen . . . 116
VII. Temperaturabhängigkeit der Interferenzen 116
   1. Temperaturvorbehandlung. 116
   2. Messung bei hoher Temperatur 117
VIII. Elektronenreflexion an Gasen 117
IX. Anwendung der Elektronenbeugung auf Oberflächenstrukturen 118
   1. Gasadsorption 118
   2. Chemische Oberflächenreaktionen 119
   3. Passivität der Metalle. 120
X. Demonstration der Elektronenbeugung 120
Literaturverzeichnis 121

I. Vorbemerkungen.

1. Trifft ein Elektronenstrahl einheitlicher Geschwindigkeit im Hochvakuum auf ein Medium auf, so werden die Elektronen an der Eintrittseite diffus reflektiert in den dem Strahl zugekehrten Halbraum. Die reflektierten Elektronen erleiden gleichzeitig mit der Zerstreuung Geschwindigkeitsverluste. Ein Teil der Elektronen dringt in das Medium ein und wird dort um so stärker gestreut, je größer die Dichte des Mediums ist. Infolgedessen und infolge der Geschwindigkeitsverluste ist die Eindringtiefe auf eine bestimmte Grenzdicke beschränkt. In dem besonderen Fall, daß die Dicke des Mediums kleiner ist als die Grenzdicke, können die Elektronen durch das Medium hindurchtreten. Auf der Austrittseite eines durch dünne Folien hindurchgegangenen Elektronenstrahls beobachtet man wieder Streuung mit Geschwindigkeitsverlusten.

2. Zu dieser altbekannten *Streuung* der Elektronen bei der Reflexion und beim Durchgang wurden in den letzten Jahren neue Wechselwirkungen zwischen Elektronen und Materie gefunden, die in einer *Reflexion in selektiven Winkelbereichen* bestehen. Soweit wir heute wissen, kann man die diskrete Winkelverteilung der Elektronen als Interferenzphänomen einer „Elektronenwelle" an den Bausteinen des streuenden Mediums beschreiben. In diesem Sinne befaßt sich der vorliegende Bericht mit der Beugung der Elektronen an Materie.

3. Die Versuche zur Elektronenbeugung gehen zurück auf die theoretischen Spekulationen von L. DE BROGLIE aus dem Jahre 1924. Hiernach ist die Elektronenbeugung nur ein Spezialfall einer allgemeinen Eigenschaft aller bewegten Materie. Nach DE BROGLIE läßt sich der Geschwindigkeit v eines jeden Körpers ein Wellenvorgang zuordnen, dadurch, daß man den allgemeinen Ausdruck für die kinetische Energie $m c^2$ gleich setzt einem Energiequant $h v$ des Wellenvorganges. Aus dieser Beziehung findet man die wichtige Gleichung zwischen der Geschwindigkeit v und der Wellenlänge λ des Körpers:

$$\lambda = \frac{h}{m v}.\tag{1}$$

Die Ableitung dieser Gleichung und ihre so fruchtbare Anwendung auf die Probleme der Atom- und Molekularphysik haben THIRRING und HALPERN in Bd. 7 und 8 dieser Sammlung besprochen.

4. Für die Anwendung der Gleichung auf Elektronen sei an Stelle der Lineargeschwindigkeit v die Voltgeschwindigkeit U eingeführt und für die auftretenden Konstanten e, m und h seien die Zahlenwerte eingesetzt. Dann erhält man

$$\lambda = \sqrt{\frac{150}{U}} \cdot 10^{-8} \text{ cm},\tag{2}$$

wenn U in Volt gemessen wird.

Den mit den bekannten Hilfsmitteln herstellbaren Elektronengeschwindigkeiten entsprechen also Wellenlängen, die in der Größenordnung der Röntgenstrahlen liegen. Die experimentelle Forschung hat sich diese Analogie zunutze gemacht und die für Röntgenstrahlen ausgebildeten Beugungsverfahren auf Elektronen übertragen, mit entsprechenden Abänderungen, wie sie besonders durch die elektrische Natur der Elektronen bedingt sind. In Anlehnung an diese Analogie sollen in dem vorliegenden Bericht behandelt werden:

A. Absolutbestimmung der Elektronenwellenlänge durch Reflexion an einem geritzten Gitter.

B. Reflexion der Elektronen an Kristallen. Bestimmung des Atomformfaktors, des Brechungsindex und des inneren Potentials.

Unter den Begriff der Reflexion fällt auch der Elektronendurchgang durch Materie, denn Durchgang kann als Reflexion in der Halbebene in Richtung des Strahles aufgefaßt werden.

C. Reflexion der Elektronen an Gasen.

D. Anwendung der Elektronenbeugung auf Probleme der Gaseinwirkung auf Metalle.

E. Demonstration der Elektronenbeugung.

Zuvor sei im folgenden Abschnitt ein Überblick über die zeitliche Entwicklung gegeben.

II. Zeitlicher Überblick zur Elektronenbeugung.

Es sollen hier die Veröffentlichungen unter Angabe der Erscheinungszeiten zusammengestellt werden, die prinzipiell Wichtiges zur Erkenntnis beigebracht haben.

L. DE BROGLIE hat seine Gedankengänge im Jahre 1924 in seinen Thèses niedergelegt. Schon ein Jahr zuvor, 1923, hatten DAVISSON u. KUNSMAN (2)[1] an Platinoberflächen Elektronenreflexion in diskreten Winkelbereichen gefunden.

1925 hat W. ELSASSER (53) darauf hingewiesen, daß in den Versuchen von DAVISSON u. KUNSMAN Interferenzerscheinungen der Elektronen im Sinne DE BROGLIES vorliegen könnten. (Eingegangen 14. 8. 1925.)

Am 16. 4. 1927 erscheint die erste Notiz von DAVISSON u. GERMER (3) über Elektronenreflexion an einem Nickeleinkristall, die den Nachweis erbringt, daß die DE BROGLIEsche Gleichung zur Erklärung der diskreten Winkelverteilung angewendet werden kann. Die Versuchsmethode entspricht dem LAUE-Verfahren der Röntgenstrahlen. (Eingegangen 3. 3. 1927.)

Zwei Monate später, am 18. 6. 1927, veröffentlichen G. P. THOMSON u. A. REID (38) ein Beugungsbild beim Durchgang schneller Elektronen

---

[1] Siehe Literaturverzeichnis S. 121.

durch Zelluloid. Die DE BROGLIEsche Beziehung läßt sich hieran noch nicht prüfen. Die Versuchsmethode entspricht dem DEBYE-SCHERRER-Verfahren der Röntgenstrahlen. (Eingegangen 24. 5. 1927.) In einer weiteren Mitteilung von THOMSON (*39*) vom 3. 12. 1927 über Elektronendurchgang durch Platinfolien wird ein Bild mit deutlichen Beugungsringen mitgeteilt.

Inzwischen erscheint (Dezember 1927) die ausführliche Veröffentlichung von DAVISSON u. GERMER (*4*) über Elektronenreflexion an einem Nickeleinkristall. Die Gleichung von DE BROGLIE wird richtig gefunden. Gleichzeitig werden auch systematische Abweichungen festgestellt, die durch das Auftreten eines Brechungsindex kleiner als 1 gedeutet werden. (Eingegangen 27. 8. 1927.)

Ende 1927 veröffentlicht G. P. THOMSON (*40*) die ausführliche Untersuchung über den Durchgang schneller Elektronen durch dünne Folien. Die DE BROGLIEsche Beziehung wird auf $\pm 5\%$ gültig gefunden. (Eingegangen 4. 11. 1927.)

Das dem DEBYE-SCHERRERschen entsprechende Verfahren wird anfangs 1928 von E. RUPP (*24*) auf den Durchgang mittelschneller Elektronen durch dünne Folien angewendet. Die DE BROGLIEsche Beziehung wird gültig gefunden, wenn man einen Brechungsindex größer als 1 für die Elektronenwelle einführt. Der Brechungsindex wird im Anschluß an theoretische Bemerkungen von H. BETHE (*49*) auf ein inneres Potential der untersuchten Metalle umgerechnet [1]. (Eingegangen 19. 3. 1928.)

Im Laufe des Jahres 1928 wird das dem BRAGGschen analoge Verfahren der Elektronenreflexion von DAVISSON u. GERMER (*5, 6*) an einem Nickeleinkristall zur Anwendung gebracht. Das Verfahren der Reflexion unter konstantem Einfallswinkel und Variation der Strahlgeschwindigkeit wird später von RUPP (*29*) an anderen Metallen durchgeführt.

Ebenfalls im Laufe des Jahres 1928 weist S. KIKUCHI (*14*) das Auftreten von Punktinterferenzen beim Durchgang schneller Elektronen durch Glimmer nach. (Eingegangen 20. 11. 1928.)

Im Sommer 1928 führt RUPP (*25, 27*) Versuche über Elektronenbeugung an einem geritzten Gitter aus. Die DE BROGLIEsche Beziehung wird aus reinen Längenmessungen geprüft und auf $\pm 3\%$ bestätigt gefunden. (Eingegangen 26. 7. 1928.)

Anfang 1929 werden die ersten Anwendungen der Elektronenbeugung auf Probleme der Gasadsorption an Metallen von GERMER (*11*) (Flächengitterinterferenzen; eingegangen 4. 2. 1929) und von RUPP (*30*) (Raumgitterinterferenzen. Vortrag 11. 5. 1929) in Angriff genommen.

---

[1] Vorgetragen am 4. 2. 1928 im Gauverein Niedersachsen der Phys. Ges. Etwa gleichzeitig mit RUPP hat BETHE die Beugungszacken von DAVISSON u. GERMER durch einen Brechungsindex größer als 1 zu erklären gesucht. (Eingegangen 20. 3. 28.)

Mitte 1929 bestimmt Thomson (*42*) den Atomformfaktor der Elektronen für Gold. (Eingegangen 26. 6. 1929.) Mark u. Wierl (*17*) weisen gegen Ende 1929 nach, daß der Atomformfaktor für schnelle Elektronen sich ganz analog zu den Intensitätsgleichungen der Röntgenstrahlen berechnen läßt. (Eingegangen 8. 1. 1930.)

Anfang 1930 gelingen Mark u. Wierl (*16*) Beugungsbilder schneller Elektronen an Gasen. (Eingegangen 18. 1. 1930.)

Die Interferenztheorie der Elektronenbeugung wird von Laue u. Rupp (*15*) an nichtleitenden Einkristallen bestätigt gefunden. (Eingegangen 4. 3. 1930.)

III. Elektronenbeugung am geritzten Gitter (*27*).

Einen unmittelbaren, von hypothetischen Annahmen freien Nachweis der Interferenzerscheinungen an Elektronen erbringen die Reflexionsversuche am geritzten Gitter. Gleichzeitig kann hier die DE Brogliesche Gleichung aus reinen Längenmessungen heraus geprüft werden.

1. Versuchsverfahren. Die Methode schließt sich an die von A. Compton für die Beugung der Röntgenstrahlen durchgeführte Me-

Abb. 1. Reflexion bei streifendem Einfall des Elektronenstrahls.

thode des streifenden Einfalls an. Ein Elektronenstrahl falle unter dem streifenden Winkel θ (Abb. 1) auf das Gitter auf, wo er unter demselben Winkel reflektiert werde. Tritt Beugung am Gitter ein, so sei α der Beugungswinkel, der gemessen werden kann aus den Entfernungen $l =$ Gittermitte—Auffangefläche und $a = RB$. In diesem Fall des streifenden Einfalls gilt die Beziehung

$$n\,\lambda = \frac{d}{2}\,\alpha\,(\alpha + 2\,\theta),\tag{3}$$

wenn d die Gitterkonstante des geritzten Gitters ist, die aus optischen Methoden gemessen werden kann, und n die Ordnung des Beugungsbildes.

Bei Anwendung dieser Gleichung sind d und α bekannt, λ und θ gesucht. Die Messung der Wellenlänge λ kann nach einer Relativmethode wie nach einer Absolutmethode geschehen.

a) Relativmethode. Für λ wird Gültigkeit der Gleichung (1) vorausgesetzt und bei ein und demselben Winkel θ der Beugungswinkel α für verschiedene Strahlgeschwindigkeiten bestimmt. Ist die DE Brogliesche Gleichung gültig, so muß die Auswertung ein und denselben Wert für θ ergeben.

6*

b) Absolutmethode. Ist außer dem Beugungswinkel erster Ordnung auch noch der zweiter Ordnung oder gar dritter Ordnung bekannt, so können λ und θ aus den Messungen von d und α unmittelbar bestimmt werden. Die Messung der Wellenlänge λ wird also auf reine Längenmessungen zurückgeführt.

In der Untersuchung von RUPP wurden beide Methoden verwendet.

2. Bedingungen, um Elektronenbeugung zu erhalten. Zur erfolgreichen Durchführung der Versuche erwiesen sich drei Bedingungen als ausschlaggebend:

α) Ein auf Metall geritztes Gitter, um Oberflächenaufladungen zu vermeiden.

β) Abbildung des Elektronenstrahls mit longitudinalem Magnetfeld nach dem Verfahren von H. BUSCH, um den Strahl zusammenzuhalten.

γ) Beschießen des Gitters mit schnellen Elektronen in den Zwischenpausen einer Aufnahme, um das Gittermetall von oberflächlich anhaftendem Gas zu befreien.

3. Versuchsausführung. Diese Bedingungen konnten mit der in Abb. 2 wiedergegebenen Röhre erfüllt werden. Der Elektronenstrahl

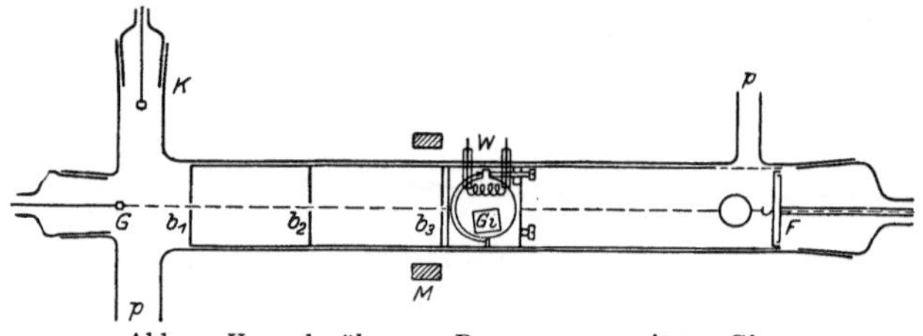

Abb. 2. Versuchsröhre zur Beugung am geritzten Gitter.

geht durch die Blenden bb und wird am Gitter Gi reflektiert. Bei F befindet sich der photographische Film in einer im Vakuum öffenbaren Kassette. Der Glühdraht W dient zur Beschießung des Gitters mit

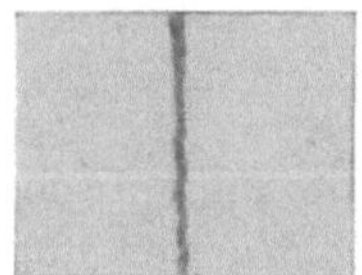

Abb. 3. Elektronenstrahl ohne Gitter. Einstellaufnahme.

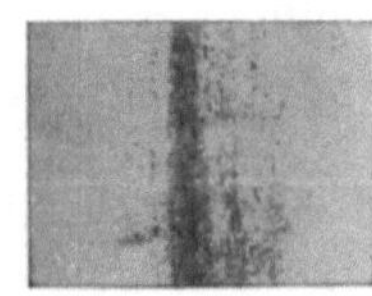

Abb. 4a. Elektronenreflexion am Gitter 70 V.

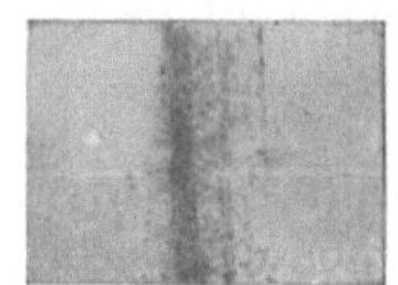

Abb. 4b. Elektronenreflexion am Gitter 150 V.

Elektronen von 1500 V. Die Justierung des Gitters erfolgte durch einen Lichtstrahl, der vom Glühdraht G ausgeht. Mit dem Magnetfeld der flachen Spule M wurde zunächst ohne Gitter der Elektronenstrahl scharf abgebildet. Abb. 3 zeigt eine Einstellaufnahme für Elektronen von 150 V. Dann wurde das Gitter streifend in den Weg des Elektronenstrahles gebracht. Die mit dem Gitter (1300 Teile/cm) erhaltenen Aufnahmen zeigen in den meisten Fällen neben dem reflektierten Strahl Beugungsbilder erster und zweiter Ordnung bei 70, 150 und 310 V Strahlgeschwindigkeit. Zwei derartige Aufnahmen sind in Abb. 4 wiedergegeben. In sechs Aufnahmen wurden für 150 V sogar drei Beugungsordnungen erhalten.

Im ganzen konnten 45 Aufnahmen vermessen werden. Die Auswertung erfolgte meist nach der Relativmethode, in den genannten sechs Fällen nach der Absolutmethode. Es wurden drei verschiedene streifende Einfallswinkel verwendet: $\theta = 1{,}10$; $2{,}22$ und $3{,}01 \cdot 10^{-3}$.

4. Versuchsergebnisse. Die Auswertung der Aufnahmen ergab eine volle Bestätigung der DE BROGLIEschen Gleichung. Die mittleren Fehler waren für den letztgenannten Winkel und für 150 $V \pm 3^{\circ}/_{\circ}$, für $70 \pm 4^{\circ}/_{\circ}$; für 310 V waren die Messungen am ungenauesten mit $\pm 10^{\circ}/_{\circ}$ Fehler, wenn die Auswertung nach der Relativmethode erfolgte. Die Messungen nach der Absolutmethode ergaben bis auf $\pm 3^{\circ}/_{\circ}$ Übereinstimmung mit der DE BROGLIEschen Gleichung.

5. Zur Bewertung der Versuche. Die Genauigkeit der Messungen ist hauptsächlich durch folgende Fehlerquellen beschränkt:

α) Kontaktpotentiale zwischen den verschiedenen Metallteilen der Röhre, die nicht berücksichtigt werden konnten.

β) Die Verlagerung des Elektronenstrahls durch das abbildende Magnetfeld gegenüber dem optischen Schatten der Blenden bb. Da das Magnetfeld nicht auf der ganzen Länge (0,8 cm) der Schlitzblenden b winkeltreu abbildete, sind die Entfernungen zwischen reflektierten und gebeugten Strahlen längs des Bildes etwas verschieden. Zur Auswertung wurde der Abstand in der Bildmitte verwendet.

Der Versuch setzt das Auftreten regulärer Reflexion für Elektronen voraus. Inwieweit diese Voraussetzung erfüllt ist, wurde von RUPP[1] erst nachträglich geprüft. Es ergab sich, daß reguläre Reflexion um so ausgeprägter auftritt, je größer der Einfallswinkel und je größer die Dichte des spiegelnden Metalles ist. Für streifenden Einfallswinkel liegen ähnliche Verhältnisse vor wie bei der regulären Reflexion des Lichtes an spiegelnden Flächen.

Es läßt sich nicht feststellen, wie weit die Beschießung mit schnellen Elektronen die Oberfläche entgast hat. Die Elektroneninterferenzen werden bei gut entgaster Oberfläche durch die mechanischen Perioden zwischen Gitterrillen und Gitterbalken entstehen, wobei die Gitterrillen mit Vorteil in der Tiefe spitzwinklig auslaufen sollen. Bei schlecht entgasten Oberflächen besteht die Möglichkeit, daß die Gitterrillen durch die auftreffenden Elektronen eine Potentialdifferenz gegenüber den Gitterbalken erhalten. In diesem Fall werden die Interferenzen durch die Perioden der Oberflächenladung zwischen Gitterrillen und Balken bestimmt.

---

[1] RUPP, E.: Physik. Z. **30**, 935 (1929).

Es kann nicht entschieden werden, welcher Fall in den Versuchen von RUPP die Hauptrolle gespielt hat. Für die gefundene Interferenzerscheinung ist es auch weniger wichtig, in welcher Weise die Gitterperioden zustande kamen, wesentlich ist, daß mit *künstlich* geschaffenen Perioden Elektroneninterferenzen erhalten werden konnten.

Versuche über Elektronenbeugung an einem geritzten Gitter hat auch B. L. WORSNOP (*48*) mitgeteilt. Doch ist ihm nicht gelungen, den reflektierten Strahl vom gebeugten deutlich zu trennen und eine eindeutige Prüfung der Gleichung (1) durchzuführen.

Eine Wiederholung der Versuche zur Erreichung größerer Genauigkeit wird vor allen Dingen mit besterreichbarem Hochvakuum arbeiten müssen. Die mögliche Bildverzerrung mit der Magnetspule muß eingehend geprüft werden. Die Blenden bb sind möglichst eng zu wählen. Verschiedene Gitter mit verschiedener Ritzung müssen durchprobiert werden. Auch auf die Spannungsmessung des Elektronenstrahles ist ein besonderes Augenmerk zu richten.

IV. Elektronenbeugung an Kristallen.

Die Versuche an Kristallen unterscheiden sich in den Versuchsverfahren und in den Ergebnissen, je nachdem ob man schnelle Elektronen (über 10 000 V) oder mittelschnelle Elektronen (unter 1000 V) verwendet. Die Versuchsverfahren schließen sich an die Methoden der Röntgenstrahlbeugung an. Mit schnellen Elektronen ergeben sich einfachere Verhältnisse. Hier ist die Analogie zu den Röntgenstrahlen weitgehend gewahrt.

A. Versuche mit schnellen Elektronen.

Die Verfahren mit schnellen Elektronen verwenden Elektronendurchgang durch dünne Folien oder Elektronenreflexion an sehr feinkörnigem Pulver. Die Versuchskristalle sind meist mikrokristallin. Nur Glimmer und Kalkspat sind bisher als Einkristalle untersucht worden (*19*).

1. **Versuchsverfahren.** Das Versuchsverfahren ist in Abb. 5 dargestellt. Ein durch enge Blenden B herausgeblendeter Elektronenstrahl trifft auf eine dünne Folie F oder auf das auf einer Fläche ausgebreitete, mikrokristalline Pulver auf. Auf einer photographischen Platte P hinter der Folie F erhält man neben

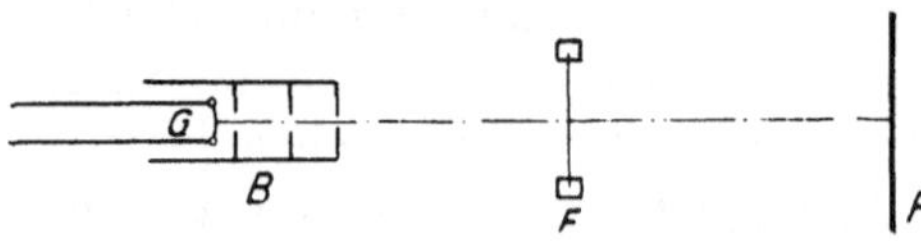

Abb. 5. Versuchsschema für schnelle Elektronen.

dem diffusen Durchstoßungspunkt des Strahles Beugungsringe, die DEBYE-SCHERRER-Ringen entsprechen. Die dünnen Metallfolien werden nach besonderem Verfahren hergestellt, wie sie RUPP (*24*) (Aufdampfen auf Steinsalz) und THOMSON (*40, 42*) (Kathodenzerstäubung auf Zelluloseacetat) beschrieben haben. Ihre Dicke liegt in der Größenordnung von 10^{-6} bis 10^{-7} cm. Sind die Folien zu dick, so erhält man nur die altbekannte Streuung der Elektronen.

2. Versuchsröhre. Die von Thomson verwendete Versuchsröhre ist in Abb. 6 dargestellt. Als Elektronenquelle dient eine Entladungsröhre A. Natürlich kann auch eine Glühkathode Verwendung finden. Die Blende B hat bei Thomson 0,23 mm Durchmesser und 60 mm Länge. Durch Herabsetzung der Blendenöffnung auf 0,2 bis 0,1 mm und Verlängerung der Blendenröhre auf 100 mm haben Mark u. Wierl (*17*), ebenso O. Eisenhut u. E. Kaupp[1] eine wesentliche Verschärfung der Beugungsringe erhalten. Die dünne Folie befindet sich bei C. Der Abstand der photographischen Platte D von der Folie ist bei Kikuchi 15 cm, bei

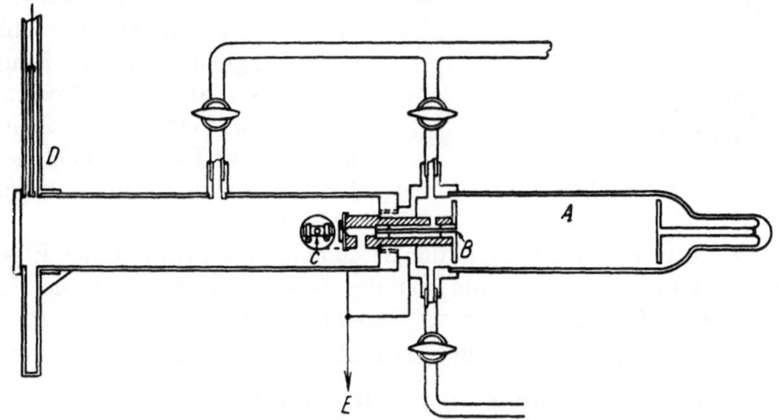

Abb. 6. Versuchsröhre für schnelle Elektronen nach G. P. Thomson.

Mark u. Wierl 25 cm, bei Thomson 32,5 cm. Die Belichtungsdauer konnte von Mark u. Wierl auf Bruchteile einer Sekunde herabgesetzt werden.

3. Versuchsergebnisse an Metallfolien (*40, 41, 42*) und an Zelluloid. Das Verfahren entspricht hier stets dem Debye-Scherrer-Verfahren mit Röntgenstrahlen. Abb. 7 zeigt ein besonders schönes Beugungsbild beim Durchgang von 58 kV Elektronen durch Gold. Die Auswertung der Aufnahme erfolgt in der Weise, daß man in die Interferenzgleichung nach Debye-Scherrer

$$n\,\lambda = 2\,d\,\sin \varphi/2 \tag{4}$$

für die Wellenlänge λ die Voltgeschwindigkeit U der Elektronen aus der de Broglieschen Beziehung (2) einsetzt. φ ist der Ablenkungswinkel, der aus Längenmessungen bestimmt wird, während d ein passend ge-

---

[1] Noch nicht veröffentlicht. Herr O. Eisenhut hat mir in liebenswürdiger Weise die Ergebnisse seiner im Physikalischen Laboratorium der I. G. Oppau durchgeführten Versuche zur Verfügung gestellt, wofür ich hier meinen besten Dank sage.

wählter Netzebenenabstand des Kristalles ist, wie er aus der Röntgenstrahlanalyse bekannt ist. Es wird also von der Hypothese Gebrauch gemacht, daß die Netzebenenabstände für Röntgenstrahlen wie für Elektronen einander gleich sind.

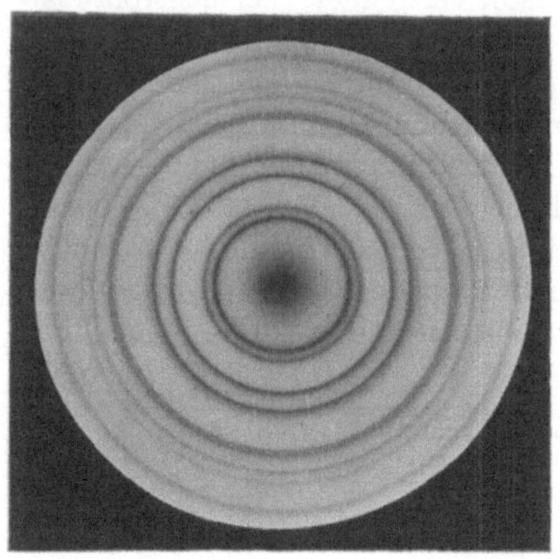
Abb. 7. Beugung an Gold 58 kV nach EISENHUT und KAUPP.

Die Prüfung der DE BROGLIEschen Beziehung kann in zweierlei Weise erfolgen:

a) Man mißt die Verschiebung ein und desselben Beugungsringes bei Variation der Strahlgeschwindigkeit. Mit zunehmender Strahlgeschwindigkeit nimmt der Ringdurchmesser ab. Eine Prüfung nach diesem Verfahren an Zelluloid ist in der Tabelle 1 nach den Messungen von THOMSON (40) wiedergegeben.

In der Tabelle bezeichnet U die Beschleunigungspannung der Elektronen in Volt, D den Durchmesser des Beugungsringes. Ist die Geschwindigkeitsabhängigkeit der DE BROGLIEschen Beziehung erfüllt, so muß $D \cdot \sqrt{U}$ konstant sein. Man erkennt aus der Tabelle, daß die DE

Tabelle 1. Abhängigkeit des Ringdurchmesser D bei Elektronenbeugung an Zelluloid von der Spannung U.

U Volt	D cm	$D\sqrt{U}$
50 000	0,85	195
42 500	0,90	189
36 000	1,00	193
30 500	1,05	186
23 200	1,25	193
21 000	1,30	190
16 800	1,47	191
16 100	1,48	189
11 500	1,62	175
9 800	1,86	185
		189 Mittel.

BROGLIEsche Beziehung die Spannungsabhängigkeit des Ringdurchmessers vorzüglich wiedergibt. Die hauptsächlichste Fehlerquelle derartiger Messungen dürfte bisher in der ungenauen Spannungsmessung bestehen.

b) Man führt für Elektronen einheitlicher Geschwindigkeit die vollständige Indizierung der Beugungsringe durch und berechnet unter Zugrundelegung der aus Röntgenstrahluntersuchungen bekannten Netzebenenabstände die Wellenlänge der Elektronen. Die Indizierung der Beugungsringe für eine Goldaufnahme von THOMSON (40) zeigt Tabelle 2.

Die erste Spalte gibt die Indizes der Fläche an. In der zweiten Spalte sind die relativen Durchmesser der Ringe berechnet, während die dritte Spalte die gemessenen Durchmesser enthält. Der Wert für (211) ist in beiden Fällen gleich $\sqrt{3}$ gesetzt.

Eine derartige Berechnung an der in Abb. 7 wiedergegebenen Goldaufnahme ergab Übereinstimmung der gefundenen Wellenlänge mit der aus der DE BROGLIEschen Gleichung berechneten auf $\pm 1^\circ/_0$. Die Gültigkeit der Gleichung (1) zur Beschreibung der Interferenzen schneller Elektronen kann danach als vollständig gesichert gelten im Geschwindigkeitsbereich von 10 bis 80 kV.

Es fehlen bisher noch Messungen an schnellen β-Strahlen, bei denen die Massenabhängigkeit des Elektrons eine Rolle spielt.

Mit dem Verfahren wurden bisher folgende Metalle untersucht: *Cu (13), Ag (13), Au, Al, Pt, Pb, Ni, Sn (13), Be*. Ferner Zelluloid (22).

Tabelle 2. Ausmessung der Beugungsringe an Gold.

$h\,k\,l$	$\sqrt{h^2 + k^2 + l^2}$	Beobachtet
(211)	$\sqrt{3}$	$\sqrt{3}$
(200)	2,00	2,05
(220)	2,83	2,81
(113)	3,32 ⎫ 3,40	3,40
(222)	3,47 ⎭	
(400)	4,00	fehlt
(331)	4,36 ⎫ 4,41	4,44
(420)	4,47 ⎭	

Für Nickelfolien hat THOMSON (44) in einem Falle hexagonale Struktur gefunden abweichend von der gewöhnlich auftretenden regulären. An einer *Al*-Folie mit passend liegendem Einkristalleinschluß konnte THOMSON (40) LAUE-Punkte feststellen; MARK u. WIERL (17) haben öfters Walzstruktur an *Ag*- und *Au*-Folien beobachtet.

4. Zur Sicherstellung der Messungen. THOMSON (40) und REID (22) haben durch elektrische und magnetische Ablenkung der Beugungsringe nachgewiesen, daß die Erscheinung wirklich von Elektronen hervorgebracht wird und nicht etwa von einer Wellenstrahlung. THOMSON (42) hat ferner geprüft, ob die Beugungsringe von solchen Elektronen verursacht werden, die durch die lochfreie Folie gegangen sind oder ob die Beugung auf Elektronenreflexion an feinen Löchern zurückzuführen ist. An lochfreien Folien hat er für die verschiedenen Metalle Beugungsringe bis zu etwa 15 kV herab erhalten, wobei die Folien nach dem Zelluloseazetatverfahren hergestellt waren. Für Folien, die auf Steinsalz durch Kathodenzerstäubung niedergeschlagen wurden, lag die Voltgeschwindigkeit, bis zu der noch Ringe erhalten wurden, tiefer, so für eine Bleifolie bei 5800 V. Das Verfahren von RUPP, Aufdampfen im Hochvakuum auf Steinsalz und nachträgliches Glühen der Folie in Wasserstoff und im Vakuum, hat THOMSON nicht angewendet.

5. Elektronenbeugung an Glimmer. Die Japaner NISHIKAWA u. KIKUCHI (*19, 20*) haben das Verfahren von THOMSON auf Kalkspat und Glimmer ausgedehnt. Dabei fand KIKUCHI (*14*) an Glimmerfolien von 10^{-6} bis 10^{-7} cm Dicke außer den zu erwartenden LAUEschen Interferenzen noch zwei neue Erscheinungen, flächengitterähnliche Interferenzen und Systeme von schwarzen und weißen geraden Linien. Die flächengitterähnlichen Interferenzen zeigt besonders schön die in Abb. 8

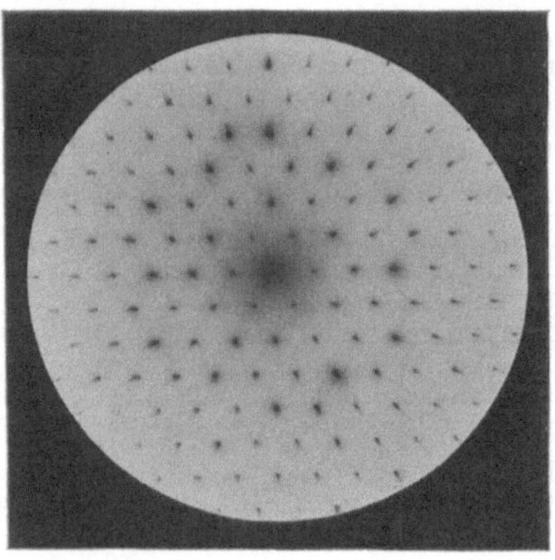

Abb. 8. Beugung an dünnen Glimmerfolien 43 kV nach EISENHUT und KAUPP.

wiedergegebene Aufnahme von O. EISENHUT u. E. KAUPP bei 43 kV.

Zur Erklärung dieser Interferenzen sind die folgenden Tatsachen wichtig:

Zunächst ist merkwürdig, daß Blättchen von 10^{-7} cm Dicke, die etwa 100 Molekülschichten enthalten, keine Rauminterferenzen ergeben. RUPP (*31*) hat nun nachweisen können, daß man an ein und derselben Folie bei geringen auftreffenden Elektronenmengen Raumgitterinterferenzen und lediglich durch Steigerung der Elektronenmenge von 10^{-8} auf 10^{-3} A flächengitterähnliche Interferenzen erhalten kann. Flächengitterähnliche Interferenzen sind aber nur möglich, wenn die Netzebenenfolgen in Richtung des Strahls sehr stark gestört sind. Als Störungsursache ist bei diesen Versuchen thermische Verwerfung der Basisebene des Glimmers durch die große auftreffende Elektronenmenge anzusehen.

Gewöhnlich sind die dünnen Glimmerfolien bereits mechanisch recht stark verbogen. Die Elektronenstrahlen fallen auf eine große Anzahl dünner, verschiedene kleine Winkel miteinander bildender Blättchen mit ungeordneter Orientierung der Blättchennormalen. Infolgedessen werden die Raumgitterinterferenzen ausgelöscht, die der Gittertranslation in Richtung des Strahles entsprechen. Diese Interferenzen sind sehr empfindlich gegen eine Drehung des Kristalls im Gegensatz zu den Interferenzen an dem zweidimensionalen Gitter senkrecht zum Strahl[1].

Die Versuche über flächengitterähnliche Interferenzen an Glimmer haben zur Folge gehabt, daß auch mit Röntgenstrahlen derartige Inter-

---

[1] BRAGG, W. L.: Nature **124**, 125 (1929).

ferenzen an Glimmer, Steinsalz, Gips und Kalkspat gefunden wurden. LINNIK[1], der diese Versuche ausführte, konnte die oben gegebene Erklärung der Interferenzen an einer Glimmerplatte von 0,15 mm im Röntgenstrahlbündel prüfen. Die Glimmerplatte wurde um die Vertikalachse gedreht und gleichzeitig schnellen Schwingungen um die Horizontalachse ausgesetzt. Statt der bei ruhender Glimmerplatte auftretenden LAUE-Interferenzen wurden jetzt dieselben flächengitterähnlichen Interferenzen wie mit Elektronen erhalten.

Die schwarzen und weißen geraden Linien an dickeren Glimmerfolien hat KIKUCHI in Analogie zu den Versuchen über γ-Strahlbeugung von RUTHERFORD u. ANDRADE[2] als Vielfachstreuung und selektive Reflexion eines breiten Elektronenbündels an den Netzebenen des Kristalles erklären können. Hier soll darauf nicht näher eingegangen werden.

6. Elektronenbeugung an Pulvern. Die bisher beschriebenen Verfahren sind auf solche Stoffe beschränkt, die sich in Form dünner Folien herstellen lassen, also auf Metalle und auf sehr gut spaltende Kristalle. Von PONTE (*21*) ist zuerst ein Verfahren angegeben worden, feinkörnige Pulver zu verwenden. Auf ein sehr feines Metallnetz oder auf Spinnwebfäden (*18*) oder auch an den Wänden einer Lochblende wird das zu untersuchende Pulver aufgestäubt, wobei es auf außerordentliche Feinheit des Korns ankommt. Das Präparat wird an Stelle der Folie in die oben beschriebene Versuchsröhre gebracht. In dieser Weise sind ZnO, MgO, CdO und Graphit untersucht worden bei Elektronengeschwindigkeiten von 8 bis 18 kV. Die Ergebnisse sind in Übereinstimmung mit der Gleichung (1), wenn man die Netzebenenabstände der Röntgenstrahlanalyse entnimmt. So hat PONTE an ZnO die DE BROGLIEsche Beziehung auf $\pm 0{,}3\%$ bestätigen können.

Als Pulverträger könnte man auch dünne Zelluloid- oder Glimmerfolien verwenden, womit man gleichzeitig Eichmarken auf die Aufnahmen erhielte.

B. Der Atomformfaktor für Elektronen.

Bisher haben wir unser Augenmerk lediglich auf die geometrische Lage der Elektroneninterferenzen gerichtet. Für schnelle Elektronen werden diese Interferenzen durch die Gleichungen der Wellenoptik zusammen mit der DE BROGLIEschen Beziehung erschöpfend beschrieben. Fragen wir nach der Intensität der Beugungserscheinungen, so können wir versuchen, uns auch hier an die für Röntgenstrahlen entwickelten Theorien anzuschließen. Tatsächlich finden sich diese Theorien für schnelle Elektronen und für schwere Atome bestätigt, wenn man zu der

---

[1] LINNIK, W.: Z. Physik **57**, 667 (1929).
[2] RUTHERFORD u. ANDRADE: Philosophic. Mag. **28**, 263 (1914).

Streuung durch die Atomelektronen, die für die Röntgenstrahlen die Hauptrolle spielt, noch die Streuung der Atomkerne hinzunimmt.

1. **Versuchsverfahren.** Das Versuchsverfahren deckt sich mit dem vorher beschriebenen. Die Beugungsringe beim Durchgang durch Metallfolien werden ausphotometriert und die Schwärzungen auf Elektronenintensitäten umgerechnet. Zu dieser Umrechnung werden in einem besonderen Versuch die Elektronenmengen zuerst mit einem Vakuumkäfig gemessen und dann photographisch festgehalten. Bisher sind Gold (*42, 17*), Silber (*17*) und Aluminium (*17*) ausgewertet worden. Die unwesentlichen Unterschiede der Messungen an Gold von Thomson (*42*) einerseits, und von Mark u. Wierl (*17*) anderseits, sind wohl durch die verschiedene Ringschärfe, die bei Mark u. Wierl besser ist, bedingt.

2. **Auswertung der Intensitätsmessungen** (*17*). Für Röntgenstrahlen ist die Intensität der Beugungsringe gegeben durch die Gleichung:

$$I = k \cdot F^2 \frac{p \cos \vartheta}{2 \sin^2 \vartheta}.$$ (5)

Hierin bedeuten $I =$ Intensität der Beugungsringe, gemessen an einem Punkt des Ringes, $p =$ Flächenhäufigkeitszahl, $F^2 =$ Atomformfaktor, $\vartheta =$ Beugungswinkel. Für Elektronen sind die Winkel klein, man kann daher die Gleichung umformen in

$$F^2 = k' \frac{I \sin^2 \vartheta}{p}.$$ (6)

Mit Hilfe der Gleichung (6) läßt sich der Atomformfaktor für Elektronen aus den experimentellen Daten ermitteln.

Anderseits kann der Atomformfaktor für Elektronen berechnet werden. Hierbei muß ein wichtiger Unterschied zwischen Elektronenbeugung und Röntgenstrahlbeugung berücksichtigt werden. Die Streuung der Röntgenstrahlen geschieht praktisch allein durch die Atomelektronen; hingegen überwiegt bei Elektronen die Streuung am Atomkern.

Nach der von Bethe (*50*) entwickelten dynamischen Theorie der Elektronenbeugung folgt als Zusammenhang zwischen den Fourier-Koeffizienten des Potentials V für die Ebene (hkl) und der Ladungsdichte des Atomkerns ϱ_K und der der Atomelektronen ϱ_E der Ausdruck

$$V_{hkl} = \frac{e}{\pi \sin^2 \vartheta} (\varrho_K - \varrho_E).$$ (7)

In dieser Gleichung ist für punktförmige Kerne $\varrho_K =$ const und im einfachsten Fall gleich der Ordnungszahl Z. Die Werte für ϱ_E können nach der für Röntgenstrahlen entwickelten Thomasschen[1] Gleichung berechnet werden. Für Al liegen zudem noch experimentelle Bestimmungen durch James, Brindley u. Wood[2] vor.

---

[1] S. hierzu Bragg, W. L. u. S. West: Z. Kristallogr. **69**, 136 (1928).

[2] James, R. W., Brindley, G. W. u. R. G. Wood: Proc. roy. Soc. **125**, 401 (1929).

Setzt man die gestreuten Elektronenintensitäten I dem Quadrat des Potentials V proportional und für ϱ_E den Atomformfaktor F^2 aus Röntgenstrahluntersuchungen ein, so erhält man

$$I = k'' \frac{(Z - F)^2}{\sin^4 \vartheta} . \tag{8}$$

Diese Gleichung geht für größere Ablenkungswinkel in die RUTHERFORDsche Formel für die Streuung der α-Strahlen an schweren Atomkernen über (58).

Die experimentellen Werte der Elektronenintensitäten in den Beugungsringen sind in Abb. 9 zusammen mit den theoretisch zu erwartenden Kurven eingetragen. Alle Meßpunkte sind auf die (220)-Ebene bezogen. Man sieht, daß die gemessenen Punkte für Al, Ag und Au gut auf die theoretischen Kurven fallen. Der durch die dynamische Theorie gegebene Zusammenhang zwischen Elektronenbeugung und Röntgenstrahlbeugung wird also von der Erfahrung bestätigt.

An Stelle die THOMAS-FERMIsche Statistik zu benutzen, wie es BETHE tut, kann man eine entsprechende Streuformel auch in der Weise ableiten, daß man zur RUTHERFORDschen Formel die wellenmechanische Korrektion

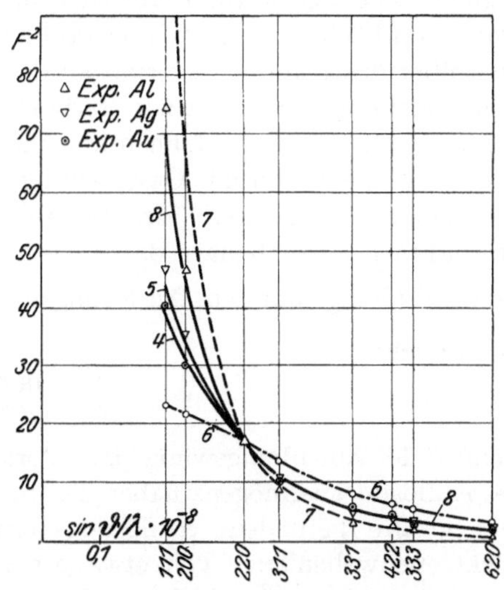

Abb. 9. Theoretische Streuverteilung für Au (4), Ag (5), und Al(8), Rutherfordverteilung (7), Röntgenatomformfaktor für Al (6). Alle Meßpunkte bezogen auf (220) nach MARK und WIERL.

von WENTZEL, BORN u. ELSASSER hinzufügt (55). Man erhält dann

$$F^2 \sim \frac{I}{[\sin^2 \vartheta + \alpha^2]^2} , \tag{9}$$

worin $\alpha = \dfrac{\lambda}{2\pi r}$ ist, wenn r der mittlere Radius der Elektronenhülle und λ die DE BROGLIEsche Wellenlänge bedeuten.

3. Zur Bewertung der Intensitätsmessungen. Es ist klar, daß die hier benutzte Analogie zwischen Röntgenstrahlen und Elektronen nur für schnelle Elektronen erfüllt sein kann und auch hier nur in Näherung. So sind bei der Berechnung die Kerne als punktförmig angenommen und von der Auslöschung der DE BROGLIESchen Wellen am Gitter wird abgesehen. Ein Brechungsindex für die Elektronenwellen ist nicht berücksichtigt, ebenso nicht die Wärmebewegung des Gitters. Auch besteht eine gewisse Willkür in der Wahl des Bezugspunkts. So weichen die experimentellen Werte von den berechneten sehr viel stärker ab, wenn man die (111)-Ebene als Bezugspunkt wählt, an Stelle der in Abb. 9 benutzten (220)-Ebene. Für Elektronen unterhalb 1000 V sind jedenfalls sehr verwickelte Intensitätsverhältnisse zu erwarten, zu deren Berechnung bisher kein theoretischer Anhalt vorliegt.

4. Das Auflösungsvermögen des Kristallgitters für Elektronen. Betrachtet man die Glimmeraufnahme in Abb. 8, so erkennt man eine Verlängerung des einzelnen Beugungsfleckes in Richtung zum Durchstoßungspunkt des Elektronenstrahles. Diese Verlängerung rührt von der Geschwindigkeitstreuung der Elektronen her. Mit den uns zur Verfügung stehenden Mitteln läßt sich die Geschwindigkeit schneller Elektronen auf höchstens $\pm\,1°/_0$ konstant halten. Will man zu Aussagen kommen über das Auflösungsvermögen des Kristallgitters, so muß man die Beugungsflecke senkrecht zur Verbindungslinie Fleck—Durchstoßungspunkt photometrieren, denn nur in dieser Richtung ist das Beugungsbild unabhängig von der Geschwindigkeitsverteilung des Strahles. Die Abhängigkeit der Breite des Beugungsflecks von den geometrischen Strahldimensionen bedarf dabei systematischer Untersuchungen. Die Breite $\varDelta\vartheta$ hängt mit dem Auflösungsvermögen $\dfrac{\lambda}{\varDelta\lambda}$ durch die Beziehung zusammen

$$\frac{\lambda}{\varDelta\lambda} \sim \frac{\mathrm{tg}\,\vartheta}{\varDelta\vartheta},$$

wenn ϑ der Ablenkungswinkel ist. Vorläufige Versuche zur Bestimmung des Auflösungsvermögens haben Thomson (*41*) und Rupp (*33*) mitgeteilt. Das größte gefundene Auflösungsvermögen beträgt 50—60 für eine Elektronenwellenlänge von etwa 0,1 Å, ein Wert, der gegen das Auflösungsvermögen für Licht (10^7) um sechs Zehnerpotenzen zurücksteht. Doch bedarf die Frage noch eingehender experimenteller Prüfung, besonders auch unter Variation der geometrischen Verhältnisse des Elektronenstrahles. Bei Reflexion an gewachsenen Kristallen muß auch das Mitwirken von Vizinalflächen an der Verbreiterung der Beugungszacken besonders berücksichtigt werden.

Für das Auflösungsvermögen bei Versuchen mit mittelschnellen Elektronen wird von Davisson u. Germer (*4*), sowie von Rupp (*24*) 10 bis 20 angegeben, was jedoch auch als vorläufiger Wert anzusehen ist.

C. Elektronenbeugung mit mittelschnellen Elektronen.

Unter mittelschnell seien in diesem Zusammenhang Elektronen von 1000 V abwärts bis zu etwa 10 V verstanden. Die Untersuchungen mit diesen Elektronen unterscheiden sich sowohl in den Versuchsverfahren wie in den Ergebnissen erheblich von denen mit schnellen Elektronen. Die Analogie zu den Röntgenstrahlen tritt zurück. Die Eigenschaft der Elektronen, elektrisch geladen zu sein, bedingt neue Wechselwirkungen zwischen ihnen und den elektrischen Gitterfeldern. Die DE BROGLIESche Gleichung ist in diesem Bereich um so weniger erfüllt, je langsamer die Elektronen werden. Die Abweichungen kann man, soweit sie systematischer Natur sind, durch das optische Analogon einer Brechung der Elektronenwellen erklären. Die Brechung wieder läßt sich auf ein inneres Potential des Kristalls oder auf eine Oberflächenaufladung zurückführen. Nehmen die Abweichungen unregelmäßigen Verlauf an, so steht zur Erklärung das Wellenanalogon der anomalen Dispersion zur Verfügung.

Wir betrachten zunächst die Versuchsverfahren mit ihren unmittelbaren Ergebnissen und wenden uns dann der kritischen Sichtung der Ergebnisse zu.

1. **Versuche in Analogie zum Laue-Verfahren.** Der Elektronenstrahl trifft senkrecht auf die zu unters chende Kristallfläche auf. Variiert wird die Strahlgeschwindigkeit und gleichzeitig wird ein Auffängerkäfig mit kleinem Öffnungswinkel in Azimut und Höhe um die spiegelnde Kristallfläche herumbewegt. Das Versuchsschema ist aus Abb. 10 zu ersehen am Beispiel der (111)-Fläche des Nickels. Der Elektronenstrahl fällt senkrecht auf die Fläche auf. Der Auffänger wird im Höhenwinkel θ bewegt. Das Azimut in Abb. 10A entspricht (111),

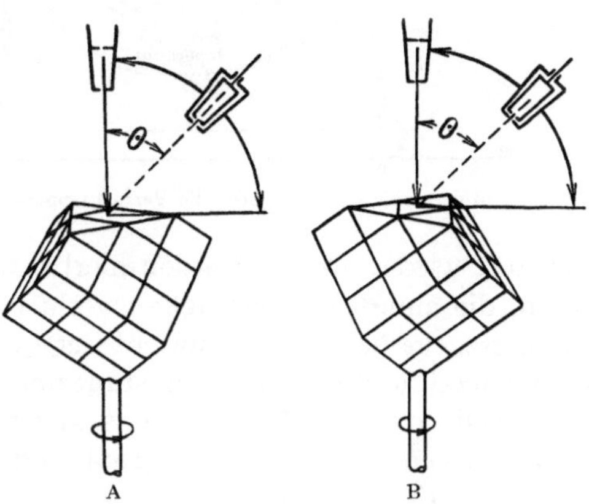

Abb. 10 A u. B. Elektronenreflexion an der (111)-Fläche. A im (111)-Azimut. B im (100)-Azimut.

in Abb. 10B (100), wie man aus der Stellung der reflektierenden Fläche erkennt.

a) Versuchsröhre. Die von DAVISSON u. GERMER (*4*) benutzte Versuchsröhre zeigt Abb. 11. In dem sehr komplizierten Aufbau erkennt man bei G die „Elektronenkanone", den Glühdraht F mit dem Blendensystem, bei T den Kristallträger, der durch eine Schraubspindel gedreht werden kann zur Einstellung des Azimutwinkels, bei C den Auffängerkäfig. Die Einstellung des Auffängers erfolgt durch Kippen der Röhre im Schwerefeld, wobei die Apparatur relativ zu der Masse P bewegt wird. Die gesamte Apparatur muß im Hochvakuum gut entgast werden.

b) Versuchsergebnisse. Zur Festlegung eines Maximums müssen zwei Variable geändert werden, die Strahlgeschwindigkeit und der Höhenwinkel, wenn das Azimut bekannt ist. Die Versuche werden daher sehr umständlich und erfordern sehr viele Einzelmessungen.

Bisher liegen nur zweierlei Meßreihen nach diesem Verfahren vor. Davisson u. Germer (4) haben an der (111)-Fläche von Nickel gemessen. Farnsworth (10) hat die (100)-Fläche von Kupfer benutzt. Aus der Abb. 12 ist zu ersehen, wie bei festgehaltenem und schon richtig eingestelltem Höhenwinkel θ von 50⁰ die Beugungszacke im (111)-Azimut des *Ni*-Kristalls mit wachsender Voltgeschwindigkeit allmählich herauskommt bis zu einem Größtwert bei 54 V. Danach nimmt ihre

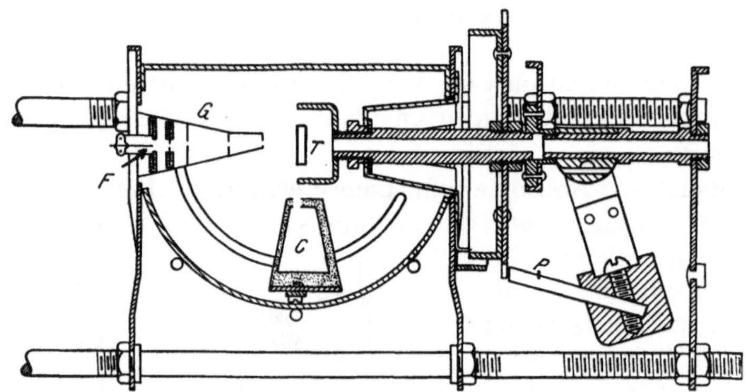

Abb. 11. Querschnitt durch die Versuchsapparatur von Davisson u. Germer.

Intensität wieder ab. Es werden hierbei nur diejenigen Elektronen gemessen, die ohne Geschwindigkeitsverlust reflektiert worden sind. Die Beugungszacke bei 54 V entspricht der (311)-Reflexion. Läßt man den Höhenwinkel für diese Zacke konstant und variiert das Azimut, so erhält man jeweils nach 120⁰ wieder das gleiche Maximum (Abb. 13). Dazwischen liegen neue Maxima im (100)- und (110)-Azimut. Die Beugungs-

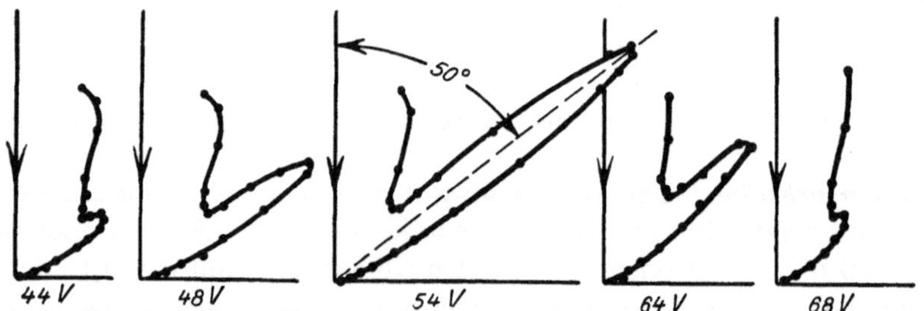

Abb. 12. Entstehung des Maximums (311) bei Änderung der Voltgeschwindigkeit an gut entgaster Oberfläche. *Ni* (111). (Davisson u. Germer.)

zacken erheben sich aus einem gleichmäßigen Untergrund gestreuter Elektronen; selbst bei den gut ausgebildeten Zacken der Abb. 13 beträgt dieser Untergrund noch etwa 50°/₀ der gesamten reflektierten Menge.

c) *Auswertung der Ergebnisse.* Zur Auswertung wurde bisher stets ein halbgraphisches Verfahren benutzt. Aus den Laueschen Gleichungen für Raumgitterinterferenzen lassen sich unter Benutzung der de Broglieschen Beziehung für die durch Röntgenstrahlen bekannten Netzebenenabstände die Lagen der Beugungszacken vorausberechnen. So gelten für das (111)-Azimut des Kupfers (*10*) die zwei Gleichungen

$$n_1 \lambda = 2{,}55 \sin \theta$$
$$n_2 \lambda = 1{,}802 + 2{,}21 \cos (\theta + 35° 15{,}6'),$$

wenn die (100)-Ebene spiegelt.

Man zeichnet für jedes Azimut des Kristalls einmal eine Kurven-schar zwischen der Elektronenwellenlänge und dem Sinus der Höhe θ, indem man n_1 ganze Zahlen annehmen läßt. Zum anderen zeichnet man in das gleiche Koordinatensystem die Kurvenschar der zweiten Gleichung; wo sich beide Kurvenscharen schneiden, sind Beugungszacken zu erwarten. In Abb. 14 sind diese Kurvenscharen für das (111)-Azimut von *Cu* eingezeichnet. Die Lage der gemesse-

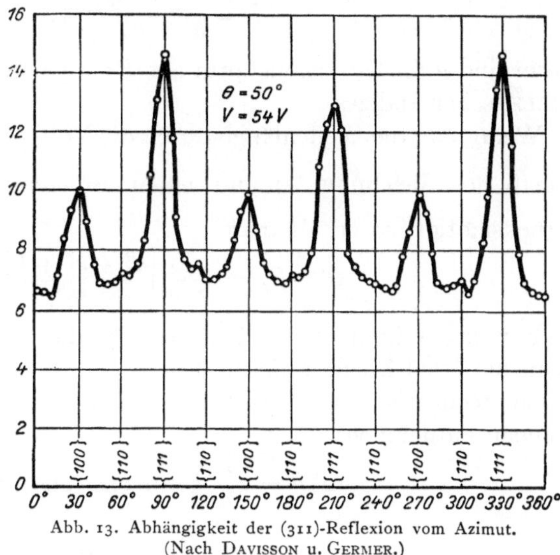

Abb. 13. Abhängigkeit der (311)-Reflexion vom Azimut.
(Nach DAVISSON u. GERMER.)

nen Beugungszacken wird in dieses Diagramm eingetragen und ist in Abb. 14 durch + bezeichnet. Zur Deutung der Versuche hat es sich in diesem Fall als notwendig erwiesen, neben ganzzahligen Werten von n_1 und n_2 auch halbzahlige zu berücksichtigen. Die theoretischen Kurven-

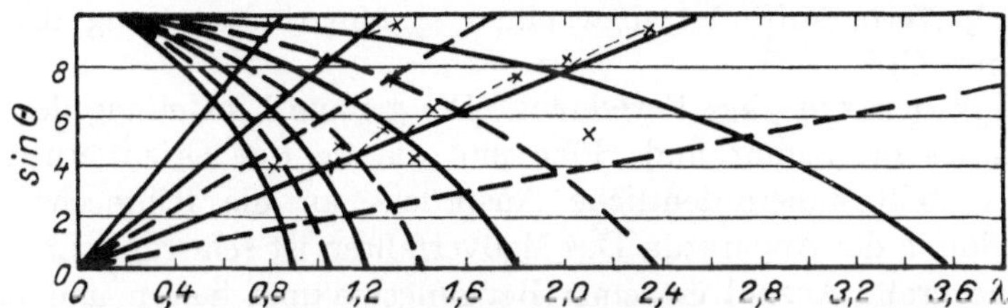

Abb. 14. Graphische Auswertung der Maxima für das (111)-Azimut bei Reflexion an (100)-*Cu*.
(Nach FARNSWORTH.)

scharen mit halbzahligen n-Werten sind gestrichelt eingezeichnet. Man erkennt, daß die gemessenen Punkte nicht mit den theoretisch zu erwartenden zusammenfallen. Die Abweichungen haben ihre Ursache zum kleineren Teil in Versuchsfehlern, vielmehr liegen systematische Abweichungen gegenüber der DE BROGLIEschen Gleichung vor, die sich durch einen Brechungsindex charakterisieren lassen. Über diesen

Brechungsindex und über das ihm zugrunde liegende innere Potential handeln die Abschnitte C 4 und 5.

Man kann die Auswertung aber auch rein rechnerisch durchführen, was gegenüber dem graphischen Verfahren den Vorzug größerer Genauigkeit hat. An (100) *Cu* sei dieser Fall erläutert. Aus den Laueschen Gleichungen folgt für Reflexion an (100)

$$\lambda = \frac{2\,a\,h_3}{h_1^2 + h_2^2 + h_3^2},$$

hierin sind a die Gitterkonstante aus Röntgenstrahlen und $(h_1\,h_2\,h_3)$ die Millerschen Indizes.

Wenn man die Wellenlänge durch die Voltgeschwindigkeit U ersetzt, gemäß der Gleichung (2) und einen Brechungsindex[1] $\mu = \sqrt{\dfrac{U + E_o}{U}}$ berücksichtigt, so erhält man

$$U + E_o = \frac{150}{(2a)^2}\left[\frac{h_1^2 + h_2^2 + h_3^2}{h_3}\right]^2. \qquad (10)$$

Für das Azimut (100) ist $h_2 = 0$, für das Azimut (111) ist $h_1 = h_2$, wenn die (100)-Ebene reflektiert.

Zur rechnerischen Auswertung muß man h_1 aus den folgenden Gleichungen entnehmen:

$$U \sin^2 \theta = h_1^2\,\frac{150}{a^2}\ \text{für das (100)-Azimut} \qquad (11\,\mathrm{a})$$

$$U \sin^2 \theta = 2\,h_1^2\,\frac{150}{a^2}\ \text{für das (111)-Azimut.} \qquad (11\,\mathrm{b})$$

Man berechnet die Werte von h_1^2 für alle Interferenzpunkte und wählt unter diesen passend erscheinende Quadratzahlen aus. Auch für h_3 muß man die verschiedenen ganzen Zahlen durchprobieren. Die Indizierung der Beugungszacken kann als richtig betrachtet werden, wenn man konstante E_o-Werte auffindet (bzw. einen systematischen Gang der E_o-Werte mit U).

d) Zur Bewertung des Verfahrens. Die genaue Einstellung des Auffängerkäfigs in Azimut und Höhe und die richtige Orientierung des Kristalls stellt außerordentliche Ansprüche an die feinmechanische Durchbildung der Apparatur. Das Meßverfahren ist sehr mühsam, kann aber eine große Anzahl einzelner Beugungsmaxima liefern und damit reichliches Material zur Auswertung des Brechungsindex. Die Indizierung der Maxima kann leicht zu Irrtümern Anlaß geben, besonders wenn die Oberfläche irgendwie verunreinigt ist. Bei den hohen Ansprüchen auf Oberflächenreinheit läßt sich häufig erst durch den Versuch selbst entscheiden, ob die Oberfläche den erforderlichen Sauberkeitsgrad gehabt hat.

---

[1] S. Abschnitt D und E.

Es scheint, daß die hier angeführten Bedingungen in den Messungen von DAVISSON u. GERMER wesentlich besser erfüllt sind als bei FARNSWORTH. Wie ein Blick auf Abb. 14 lehrt, liegen die an Cu gemessenen Punkte recht unregelmäßig zu den berechneten[1].

2. Versuche in Analogie zum Bragg-Verfahren. Das LAUE-Verfahren geht an Einkristallen in das BRAGG-Verfahren über, wenn der Elektronenstrahl unter einem von der Senkrechten abweichenden Winkel auf die Kristallfläche auftrifft. Man kann dann die Beugungsmaxima in zweierlei Weise aufsuchen:

α) Man verwendet einen Auffänger mit kleinem Öffnungswinkel und mißt die reflektierte Elektronenmenge in verschiedenen Reflexionswinkeln. Das Schema dieses Verfahrens, wie es DAVISSON u. GERMER (5) benutzt haben, zeigt Abb. 15. Der Elektronenstrahl fällt unter dem Winkel θ_1 ein und wird unter dem Winkel θ_2 reflektiert. Eine anschauliche Darstellung der so gewonnenen Versuchsergebnisse gibt Abb. 16 für drei verschiedene Einfallswinkel. Ist

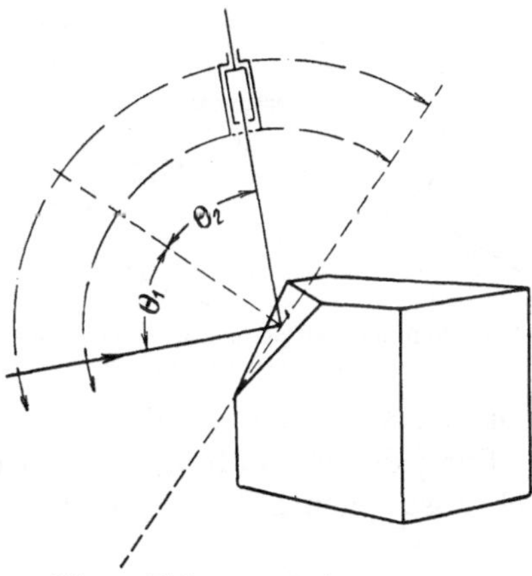

Abb. 15. Elektronenreflexion analog zum BRAGG-Verfahren.

die BRAGGsche Reflexionsbedingung erfüllt, wie in Abb. 16a für $\theta_1 = 10^0$ und 133 V und in Abb. 16c für $\theta_1 = 35^0$ und 83 V, so erscheint eine Beugungszacke.

β) Man wählt den Reflexionswinkel θ_2 gleich dem Einfallswinkel θ_1

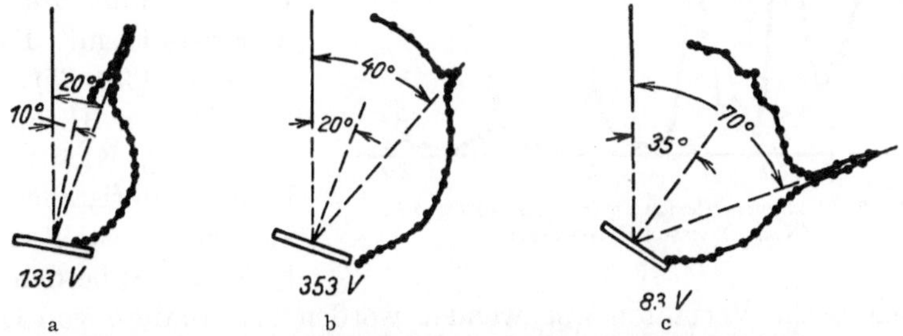

Abb. 16. Beugungsmaxima analog zum BRAGG-Verfahren an (111)-Ni.
(Nach DAVISSON u. GERMER.)

und mißt die Wanderung der Beugungsmaxima bei Variation der Strahlgeschwindigkeit. Dieses Verfahren hat RUPP (29) viel benutzt. In Abb. 17 ist eine Darstellung der Versuchsanordnung gegeben. Von dem nega-

---

[1] Hier sei ein Rechenfehler von FARNSWORTH berichtigt. Für das (100)-Azimut muß statt 1,80 die Gitterkonstante 3,603 stehen. Dann verschwinden viele der halbzahligen Maxima.

tiven Glühdraht G durchlaufen die Elektronen drei Blenden B (erste Blende 0,5, die beiden anderen 0,3 mm Durchmesser) und treffen unter einem konstanten Einfallswinkel auf den Kristall E auf. Der Einfallswinkel beträgt in der Abbildung 60°. In gleicher Weise wurden Versuchsröhren mit 75°, 30° und 10° ausgeführt. Die unter dem gleichen Winkel reflektierten Elektronen gelangen durch eine Lochblende (0,5 mm Durchmesser) in den Auffänger A (2 mm Durchmesser). Zwischen der Lochblende und A wird ein Gegenfeld angelegt. Ein mit dem Gehäuse verbundenes Netz H verhindert den Einfluß von Aufladungen der Glaswände.

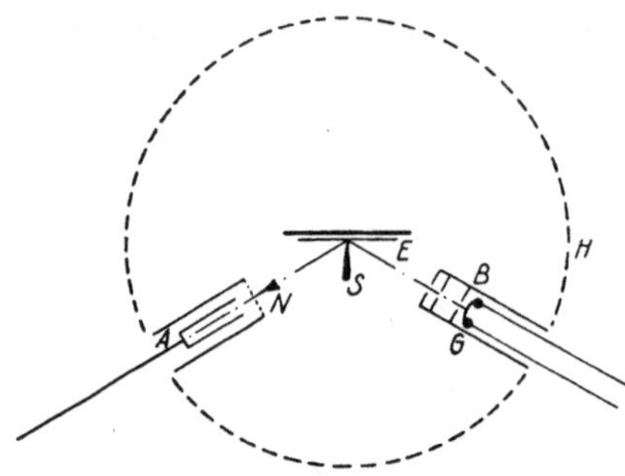
Abb. 17. Reflexion bei konstantem Einfallswinkel (Schneidenmethoden).

In manchen Fällen ist es vorteilhaft, den einfallenden Strahl vom reflektierten durch eine Schneide S zu trennen, die leicht auf der Kristalloberfläche aufliegt.

Für jedes Kristallpräparat wird eine eigene Röhre hergestellt. Die Röhre ist innen mit Ca verspiegelt, die Metallteile werden ausgeheizt und der Kristall mit schnellen Elektronen beschossen.

Mit der BRAGGschen Methode sind untersucht: 1. Einkristalle: Ni (5), Al (23), Bi (37), Cu (35) und Fe (36). 2. Kristalle mit Faserstruktur (29, 35): Ni, Cu, Ag, Au, Al, Pb, Fe, Mo, Zr. 3. Nichtmetallische Einkristalle (15): zusammengestellt in Tabelle 8. Außerdem ist

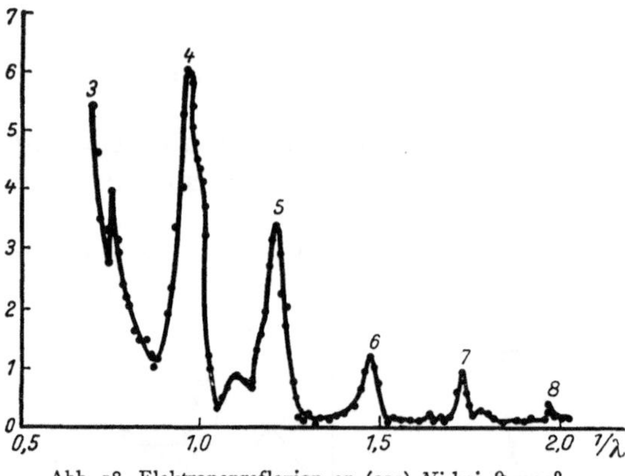
Abb. 18. Elektronenreflexion an (111)-Ni bei $\vartheta = 10°$. (Nach DAVISSON u. GERMER.)

das BRAGGsche Verfahren angewendet worden zur Analyse von Oberflächenstrukturen (s. Abschnitt IX).

a) Versuchsergebnisse. Diese Untersuchungen seien durch einige Versuchskurven belegt. Abb. 18 gibt die Elektronenreflexion an der (111)-Fläche des Ni-Kristalls von DAVISSON u. GERMER für $\vartheta = 10°$. Als Abszisse ist $1/\lambda$ aufgetragen, Ordinate ist die reflektierte Elektronenmenge. An den Beugungszacken sind die Ordnungszahlen der Reflexion angeschrieben. Es sind nur solche Elektronen gemessen, die ohne Geschwindigkeitsverlust reflektiert wurden. Die Reflexion an einer Ni-Fläche mit

Faserstruktur bei 10° Einfallswinkel ist in Abb. 19 nach Rupp wiedergegeben. Auch hier reflektiert die (111)-Fläche, da aber die Oberfläche
nur teilweise orientiert ist, sind die Beugungsmaxima schlechter aus-

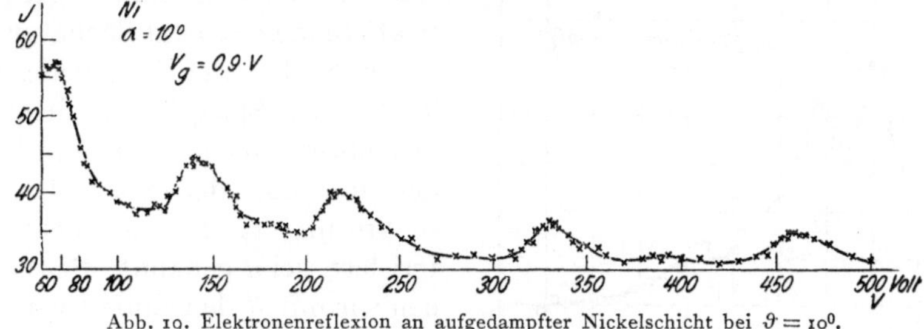

Abb. 19. Elektronenreflexion an aufgedampfter Nickelschicht bei $\vartheta = 10^0$.

gebildet als am Einkristall. Beugungsmaxima an ionenleitenden Kristallen sind in den Abb. 20 bis 22 dargestellt. Die Änderung der Lage

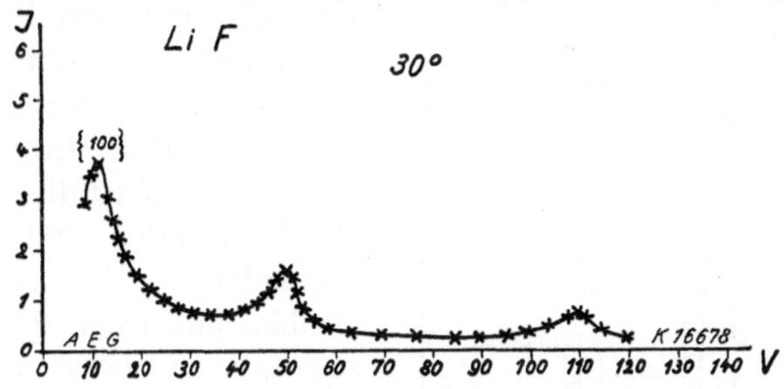

Abb. 20a. Reflexion an Lithiumfluorid bei $\vartheta = 30^0$.

der Maxima mit anderem Einfallswinkel ist aus Abb. 20a u. b zu ersehen
für 30° und 60°. So verschiebt sich das Maximum (100) in Abb. 20a von

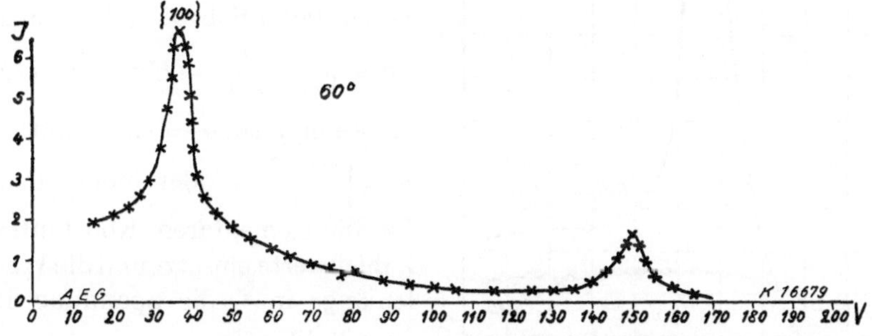

Abb. 20b. Reflexion an Lithiumfluorid bei $\vartheta = 60^0$.

12V in der Abb. 20b nach 37 V. An synthetischem *NaCl* wurde das
Beugungsbild der Abb. 21 erhalten, während *NaCl*, auf ein Wolfram-
blech aufgedampft, nur eine sehr starke Beugungszacke bei 45 V ergab
(Abb. 22). An dem blauen *NaCl* der Abb. 22 traten überhaupt keine
Beugungen auf.

b) Auswertung der Ergebnisse. Hier sei das Rechenschema von Laue u. Rupp (*15*) näher erläutert für den Fall, daß Einfalls- und Reflexions-winkel einander gleich sind. Dann sind von den drei Indizes der reflektierenden Kristallfläche zwei gleich Null, nämlich diejenigen, die in der Spiegelebene liegen. Der übrigbleibende dritte Index, der die auf der Spiegelfläche senkrechte Translation charakterisiert, sei n genannt. Bezeichnen wir mit ϑ den Einfallswinkel des Elektronenstrahls, mit ϑ_i den Winkel, der zwischen dem einfallenden Strahl im Inneren des Kristalls und dem Lot auf der Grenzfläche liegt, mit U die Voltgeschwindigkeit des einfallenden Strahles, mit E_0 das innere Potential des Kristalls, mit μ den Brechungsindex und mit λ die Wellenlänge des Elektronenstrahles außerhalb des Kristalls, so gilt die elementare Interferenzbedingung für das Maximum n

$$n\,\frac{\lambda}{\mu} = 2\,d\,\cos\vartheta_i.$$

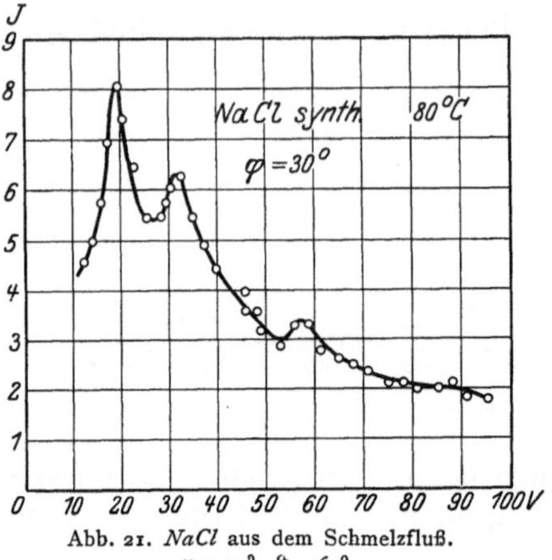

Abb. 21. *NaCl* aus dem Schmelzfluß.
$\varphi = 30^0$, $\vartheta = 60^0$.

Für die Bestimmung des inneren Potentials E_0 erhält man

$$E_0 = \left(\frac{n}{2\,d}\right)^2 \frac{h^2}{2\,e\,m} - U\cos^2\vartheta, \quad (12)$$

wenn $\mu\sin\vartheta_i = \sin\vartheta$ und

$$\mu = \sqrt{\frac{U + E_0}{U}}, \quad \text{oder indem man}$$

für die elementaren Konstanten Zahlenwerte einsetzt und die Wellenlänge in Å, die Spannung in Volt mißt

$$E_0 = n^2\,\frac{150}{(2d)^2} - U\cos^2\vartheta. \quad (13)$$

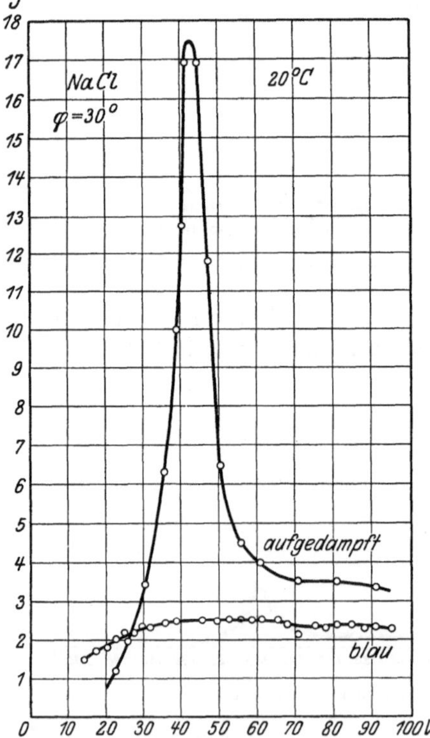

Abb. 22. *NaCl* aufgedampft auf Wolframblech und natürliches blaues Steinsalz. $\vartheta = 60^0$.

c) Zur Bewertung des Verfahrens. Das Verfahren ist in der Ausführung einfacher als das im vorigen Abschnitt behandelte, besonders dann, wenn man feste Einfalls- und Reflexionswinkel wählt. Die Zahl

der Maxima ist im allgemeinen weit geringer als bei dem vorigen Verfahren, da nur die Beugungszacken der reflektierenden Ebene gefunden
werden können. Auch hier muß mit den Mitteln moderner Hochvakuum-
technik gearbeitet werden. Ist die Oberfläche nicht genügend gesäubert,
so tritt eine dauernde Verlagerung der Maxima auf. Kennzeichen guter
Reinheit ist Reproduzierbarkeit der Maxima. Mit der in Abb. 17 dargestellten Apparatur kann die richtige Lage der Winkel zur Kristalloberfläche leicht mit Licht geprüft werden. Wichtig ist die Verwendung
enger Strahlenbündel und kleiner Öffnungswinkel, um in der Feststellung
der Breite der Maxima von geometrischen Bedingungen möglichst unabhängig zu sein.

In den Untersuchungen von ROSE (*23*) und SZCZENIOWSKI (*37*) wurden Fettschliffe verwendet. Die Oberfläche kann daher nicht die erforderliche Reinheit gehabt haben, so ist bei ROSE die Lage der Maxima
auch nicht konstant. Bei DAVISSON u. GERMER und bei RUPP wurde
auf möglichst gutes Hochvakuum und Reinigung der Oberfläche durch
Ausheizen und Elektronenbeschießung geachtet.

3. **Versuche in Analogie zum DEBYE-SCHERRER-Verfahren.**
Hierüber liegen Versuche von RUPP (*24*) vor mit photographischem
Nachweis und Versuche von RUPP (*28*) und TARTAKOWSKY (*45*) mit elek-
trischem Nachweis der Elektronen.

a) Versuchsverfahren. Das Untersuchungsverfahren benutzt den
Durchgang mittelschneller Elektronen durch dünne Folien. Das Ver-
suchschema ist daher das gleiche wie für schnelle Elektronen (Abb. 5).
Ein herausgeblendeter Elektronenstrahl trifft auf die Folie auf, hinter
der sich eine photographische Platte oder ein elektrischer Auffänger befindet. Äußerste Sorgfalt ist auf die Herstellung der dünnen Folien zu
verwenden. Die Folien wurden durch Aufdampfen des Metalls im Hochvakuum auf einer polierten Steinsalzplatte hergestellt und in Wasser ab-
gelöst. Besonders wichtig erwies sich die Reinigung der Folien vor dem
Versuch durch Erhitzen in Wasserstoff und darauf im Hochvakuum.
Trotzdem war der Ausfall an unbrauchbaren Folien noch etwa $80°/_0$.

Bei dem photographischen Verfahren von RUPP wird der Elektronenstrahl durch ein Magnetfeld homogenisiert mit einer Versuchsanordnung
ähnlich der von RAMSAUER in die Versuchstechnik eingeführten. Der
photographische Film wurde mit Öl für langsame Elektronen sensibi-
lisiert.

Das Verfahren ist recht umständlich und gibt nur in besonderen
Fällen gute Beugungsbilder. Die beste der erhaltenen Aufnahmen ist
in Abb. 23 wiedergegeben (*Ag* bei 186 V). Man erkennt in der Mitte
den diffusen Durchstoßungspunkt des Elektronenstrahls, dann folgen
Beugungsringe, die genau den DEBYE-SCHERRER-Ringen entsprechen.
So gehört der innere Ring der Ebene (111) an, der nächste der Ebene
(200). Untersucht wurden *Ag* bei 150, 185, 220, 280 und 320 V; *Al* bei

180 V; Cu bei 280 V; Au bei 290 V; Pb bei 280 V; Ni bei 220 V; Cr bei 290 V; Sn bei 280 V; Zn bei 280 V. Unterhalb 150 V wurden keine Beugungsbilder erhalten. Die Aufnahme an Ag bei 150 V gelang nur an einer Folie, an der auch die Aufnahme Abb. 23 erhalten wurde.

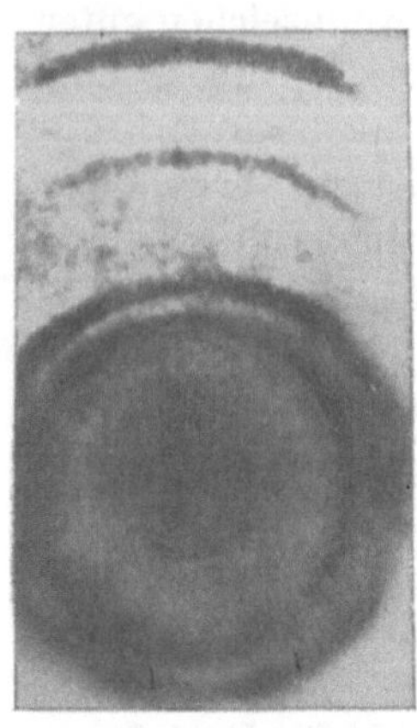

Abb. 23. Elektronenbeugung an Silber 186 V.

Wesentlich leichter zum Erfolg führt das elektrische Verfahren. Zum elektrischen Nachweis der Beugungsringe ist es in zweierlei Weise verwendet worden.

α) Man führt einen Auffängerkäfig mit kleinem Öffnungswinkel um die Metallfolie herum und mißt die Aufladung in begrenzten Winkelbereichen. Die Methode ist dann ähnlich der von DAVISSON u. GERMER, nur daß an Stelle der Reflexion am Einkristall der Elektronendurchgang durch die mikrokristalline Folie untersucht wird. Auf Reflexion, d. h. auf Untersuchung der Elektronen in der dem Strahl zugekehrten Halbebene, ist das Verfahren noch nicht mit Erfolg angewendet worden.

β) Man verwendet einen Ringauffänger mit konstantem Öffnungswinkel und läßt unter Variation der Elektronengeschwindigkeit die Beugungsringe durch den Öffnungswinkel wandern. Die Versuchsröhre nach diesem Schema ist in Abb. 24 dargestellt. Die Blenden bb blenden einen vom Glühdraht G ausgehenden Elektronen-

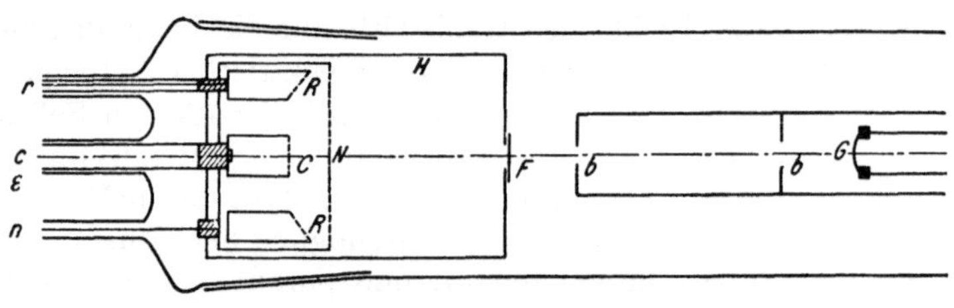

Abb. 24. Versuchsröhre mit Ringauffänger.

strahl aus. Die Folie befindet sich bei F. Der Zentralauffänger C erlaubt die Messung der Elektronenmenge im Durchstoßungspunkt des Strahles. Der Ringauffänger R umgibt C konzentrisch. Zwischen R und dem Netz N kann eine Gegenspannung angelegt werden. Durch Variation des Gegenfeldes kann die Geschwindigkeitsverteilung im Beugungsring gemessen und mit der im Zentralauffänger verglichen werden.

Mit dem elektrischen Verfahren sind von RUPP Al, Ag, Ni und Cr untersucht worden bei Variation der Strahlgeschwindigkeit von 50 auf 550 V. Die Ergebnisse stimmen überein mit denen von TARTAKOWSKY (*46*).

b) Auswertung der Meßergebnisse. Zur Auswertung hat Rupp die Interferenzgleichung (4) nach Debye-Scherrer benutzt und die Abweichungen zwischen dem experimentellen Wert der Wellenlänge λ_{Me} und dem theoretischen λ durch einen Brechungsindex $\mu = \dfrac{\lambda}{\lambda_{Me}}$ zu berechnen gesucht. Die Ergebnisse über den Brechungsindex sind in Abschnitt IV D zusammengefaßt[1]. Über die mit dem gleichen Verfahren durchgeführten Messungen der Geschwindigkeitsverteilung der gebeugten Elektronen s. Abschnitt V.

c) Zur Bewertung des Verfahrens. Das Verfahren verlangt sehr viel Vorarbeit in der Herstellung geeigneter dünner Folien. In der Ausführung mit photographischem Nachweis ist es besonders umständlich. Viel einfacher gelingt der elektrische Nachweis. Für beweglichen Auffänger gelten die gleichen Gesichtspunkte wie für die anderen Verfahren. Die Methode mit Ringauffänger verlangt möglichst kleinen Öffnungswinkel des Ringkäfigs, um die Maxima einigermaßen scharf zu bekommen. Bei den bisherigen Ausführungsformen war dieser Öffnungswinkel reichlich groß, hauptsächlich deswegen, um noch genügende Strahlintensität hinter den Folien zu bekommen.

Es ist wahrscheinlich, daß die mittelschnellen Elektronen an feinen Kanälen der Folie gebeugt werden. So haben Versuche, die Kanäle dadurch zu vermeiden, daß man zwei Folien hintereinanderschaltet, stets die Beugungsringe verschwinden lassen. Bewegt man die Folie senkrecht zum Elektronenstrahl, so kann man oft dicht neben einer Folienstelle, die gute Beugungsbilder gibt, eine ganz unwirksame Stelle erhalten. Entweder sind die wirksamen Stellen geeignete feine Löcher oder äußerst dünne Keile, wie sie sich an Löcher anschließen.

D. Über den Brechungsindex der Elektronen.

a) Wie bereits erwähnt und wie im besonderen aus den Kurven Abb. 14 zu ersehen, weist die Lage der experimentell gefundenen Beugungsmaxima für mittelschnelle Elektronen Abweichungen auf, gegenüber der aus der de Broglieschen Gleichung zu erwartenden Lage. Für diese Abweichungen gibt es von vornherein zwei Erklärungsmöglichkeiten: Entweder tritt eine Veränderung der Kristalldimensionen (*59*) für Elektronen auf, oder aber die Wellenlänge der einfallenden Elektronen erfährt eine Änderung (*52*), für die ein optisches Analogon im Auftreten eines Brechungsindex unmittelbar nahe liegt.

---

[1] Dort wird auch auf einen Einwand von G. P. Thomson gegen das benutzte Rechenverfahren hingewiesen. Der Schluß von Rupp auf einen Brechungsindex größer als 1 wird durch den Thomson'schen Einwand nicht beeinflußt; lediglich die bei der Breite der Ringe ungenauen Werte des inneren Potentials würden kleiner werden (s. Abschnitt E).

Davisson u. Germer (*3*) haben zunächst die erste Erklärung herangezogen und aus ihren Versuchen berechnet, daß die Abstände der zur Oberfläche parallelen Netzebenen auf 70 bis 95°/₀ ihres Wertes aus Röntgenstrahlmessungen kontrahiert seien[1]. Da aber der Versuch ergab, daß mit wachsender Strahlgeschwindigkeit die Übereinstimmung zwischen der theoretischen und der experimentell gefundenen Lage der Maxima immer besser wird, mußten sie die weitere, sehr unwahrscheinliche Annahme machen, daß die Kontraktion mit wachsender Strahlgeschwindigkeit verschwindet.

Die andere Annahme (*52*), daß dem Kristall ein Brechungsindex

$$\mu = \frac{\lambda}{\lambda_{Me}} \tag{14}$$

zukommt, wenn λ die Wellenlänge der Elektronen außerhalb, λ_{Me} innerhalb des Kristalls bedeutet, schien insofern auch theoretisch besser begründet als ein Brechungsindex aus der Wellenmechanik unmittelbar gefolgert werden konnte (*49*). Unsicherheit bestand zunächst im Vorzeichen des Brechungsindex, da von vornherein eine eindeutige Zuordnung zwischen gemessenen und theoretischen Beugungsmaxima bei dem Verfahren von Davisson u. Germer nicht bestand. Ordnet man die gemessenen Werte in Abb. 14 größeren theoretischen Wellenlängen zu, so wird der Brechungsindex $\mu < 1$. Das hatten Davisson u. Germer zunächst getan. Ordnet man aber kleinere Wellenlängen zu, wie in Abb. 14 durch Striche angedeutet, so wird $\mu > 1$. Eine experimentelle Entscheidung über die Zuordnung haben zuerst die Aufnahmen von Rupp (*24*) an dünnen Folien gebracht. Da hier mehrere Beugungsringe ausgemessen werden und die richtige Indizierung der Ringe genau geprüft werden konnte, ließ sich eindeutig feststellen, daß der Brechungsindex für Metalle $\mu > 1$ ist. μ ist bisher für alle Metalle und für elektronenleitende Metallverbindungen größer als 1 gefunden worden (*29*). Für nichtleitende Kristalle wird im allgemeinen ein Brechungsindex $\mu < 1$ beobachtet (*15*), der mit höherer Kristalltemperatur gegen Null geht. (Siehe hierzu den folgenden Abschnitt.)

Der Gang des Brechungsindex mit der Strahlgeschwindigkeit an Ni (III), wie er von Davisson u. Germer (*6*) ausgemessen wurde, ist aus Abb. 25 zu ersehen. Abszisse ist $1/\lambda$. Sieht man fürs erste von dem unregelmäßigen Gang unterhalb 1 Å⁻¹ ab, so nähert sich der Brechungsindex mit zunehmender Strahlgeschwindigkeit stetig dem Wert 1. Die Unregelmäßigkeiten unterhalb 1 Å⁻¹ werden von Davisson u. Germer mit einer anomalen Dispersion der Elektronen in Verbindung gebracht. (Hierzu s. IV F.)

b) Die Brechung der Elektronenwellen. Liegt ein Brechungsindex im

---

[1] S. hierzu die Bemerkungen von M. v. Laue (*56*).

optischen Sinne auch für Elektronen vor, so wird er nicht nur beim Vorgang der Beugung eine Rolle spielen, sondern bereits auch beim Eintritt des Strahls aus dem Vakuum in den Kristall. Diese Brechung der Elektronenwelle ist in der Gleichung (12) für den BRAGGschen Fall auch berücksichtigt und wird von der Erfahrung bestätigt, wie insbesondere in der Untersuchung von LAUE u. RUPP (*15*) gezeigt wird. Bei dünnen mikrokristallinen Folien hat RUPP (*29*) vergeblich nach dem Mitwirken einer Brechung am Zustandekommen der Beugungsringe gesucht, dadurch daß er die Folie zum einfallenden Strahl drehte und die Beugungsringe ausmaß. Hierbei sollte die Brechung nach einer Berechnung von THOMSON (*43*) eine merkliche Verlagerung der Beugungsringe hervorrufen. RUPP konnte jedoch nur eine Verbreiterung der Ringe finden, die durch eine größere wirksame Dicke der schiefgestellten Folie erklärt werden kann. Leider ist es nicht möglich gewesen, den Winkel zwischen Strahl und Folie so groß zu machen, wie es für eine stärkere

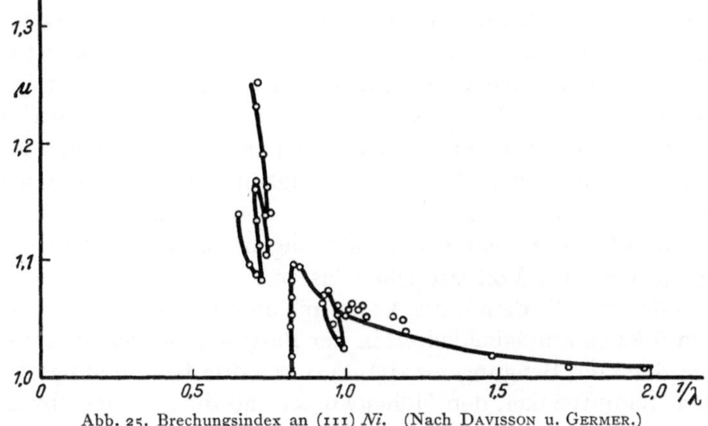

Abb. 25. Brechungsindex an (111) *Ni*. (Nach DAVISSON u. GERMER.)

Lagenänderung der Ringe, um 10 bis 20%, erforderlich wäre. Infolge der Zunahme der vom Elektronenstrahl zu durchquerenden Foliendicke bei der Drehung verschwinden die Beugungserscheinungen schon vorher. Die Einzelheiten des Beugungsvorgangs an dünnen Folien sind daher noch nicht restlos aufgeklärt.

c) Bestimmung des Brechungsindex mit schnellen Elektronen. EMSLIE (*8*) hat einen Weg angegeben, mit schnellen Elektronen den Brechungsindex zu bestimmen, indem man Reflexionen hoher Ordnung ausmißt, unter Verwendung der Gleichung (13). Eine praktische Ausführung der Methode liegt aber noch nicht vor. Bei den von EMSLIE gefundenen Reflexionen an Kalkspat, Bleiglanz und Antimon ist die Indizierung der Beugungsflecke keineswegs gesichert.

E. Über das innere Potential.

Die wellenmechanische Deutung der Beugungsmaxima hat gezeigt, daß der Brechungsindex μ der Elektronen zurückgeführt werden kann auf ein inneres Potential E_o des Kristalls gemäß der Beziehung

$$\mu = \sqrt{\frac{U + E_o}{U}}, \tag{15}$$

worin U die Strahlgeschwindigkeit der Elektronen im Vakuum ist. Diese Beziehung ist bereits in Gleichung (10) und (12) verwendet.

Damit ist eine neue Meßgröße erschlossen und es gilt Daten zu sammeln über die Werte, die E_o für die verschiedenen Stoffe und für verschiedene Versuchsbedingungen annehmen kann.

Die einfachsten Verhältnisse scheinen an Metallkristallen vorzuliegen. Eine theoretische Behandlung des inneren Potentials wird daher hier einzusetzen haben. Es sollen im folgenden zunächst die Werte an Metallen behandelt werden.

Allgemein läßt sich über die Messung der E_o-Werte aussagen, daß die Meßgenauigkeit noch nicht so groß ist, wie es wünschenswert wäre. Bei der Auswertung nach Gleichung (13) gehen alle Meßfehler in den E_o-Wert ein. Da die Beugungsmaxima meistens eine Breite über 5—10 Volt haben, ist U nicht genau genug zu bestimmen. Kleine Fehler in der Feststellung des Geschwindigkeitsmaximums können oft große Schwankungen von E_o hervorrufen. Jedoch hat sich für die in letzter Zeit (35) durchgeführten Messungen in vielen Fällen eine Genauigkeit von $\pm$ 1 Volt erreichen lassen.

Verwendet man die dem Laue-Verfahren analoge Reflexionsmethode, so werden die Fehlermöglichkeiten in der Bestimmung von E_o sehr viel größer, da dann das Beugungsmaximum durch drei Bestimmungsstücke, durch den Azimutwinkel, den Höhenwinkel und die Strahlgeschwindigkeit bestimmt ist.

Die bisherige Erfahrung scheint dafür zu sprechen, daß E_o eine von der Strahlgeschwindigkeit unabhängige Kristallkonstante ist, wobei allerdings die Schwankungen der E_o-Werte beträchtlich sind. Diese Schwankungen sind meistens auf Versuchsfehler zurückzuführen, so vielleicht auch in der Untersuchung von Farnsworth (10) an Cu. Bisher ist nur eine reelle Schwankung bekannt geworden, die anomale Dispersion (6) an Ni. Ob für langsame Elektronen unterhalb 10 Volt E_o sich ändert, ist noch nicht untersucht.

a) *Messungen an Metallen.* Die ausführlichsten Meßreihen über E_o liegen an Nickel vor. Hier haben Davisson u. Germer über einen weiten Geschwindigkeitsbereich Messungen durchgeführt. In Tabelle 3 sind diese Messungen unter Ausschluß des Gebietes der anomalen Dispersion zusammengestellt, während Tabelle 4 die von Rupp gefundenen Zahlenwerte gibt.

Tabelle 3. E_0 an Ni (III) (DAVISSON und GERMER [4]).

V	54	65	106	126	160	174	181	190	230	248	248	258	292
E_0	13	16,5	11,5	11	14	13	13	23	10	19	28	15	15

V	310	312	Mittel
E_0	16	15	15

Tabelle 4. E_0 an Ni (III) (RUPP [29, 35]).

V	41	55	67	78	96	120	132	170	218	220	Mittel
E_0	17	14	17	20	17	14	16	16	14	(20 ± 5)	16

Der nach der photographischen Methode gefundene Wert bei 220 V ist sehr ungenau, da die Beugungsringe an Ni sehr verwaschen waren.

Die Werte von DAVISSON u. GERMER und von RUPP stimmen untereinander gut überein und sind innerhalb der Versuchsfehler unabhängig von der Strahlgeschwindigkeit V. Die gleiche Unabhängigkeit von der Strahlgeschwindigkeit ergaben die Messungen von RUPP (35) an Cu, Ag, Au, Al, Pb, Fe, Mo und Zr.

Hingegen fand FARNSWORTH (10) bei Messungen an Cu einen deutlichen Gang mit der Strahlgeschwindigkeit. Die Werte sind in Tabelle 5 zusammengestellt, wobei die von ihm gewählte Indizierung als richtig übernommen ist.

Tabelle 5. E_0 an Cu (100) (FARNSWORTH [10]).

V	11	27,5	39	45,5	57,2	62,5	70,0	82,5	85	87,5	96	107,5	110
E	7,1	5,9	13,5	13,0	15,1	15,1	14,0	14,3	20,1	0	19	26,1	19

V	128	132,5	135,5	176,5	186,5	196,5	206,5
E	25,5	30,2	20,3	21,5	25,7	21,5	27,5

Diese unregelmäßigen Schwankungen der E_0-Werte weisen die von RUPP an der gleichen Fläche mit dem BRAGGschen Verfahren gemessenen nicht auf, wie die Tabelle 6 ersehen läßt.

Tabelle 6. E_0 an Cu (100) (RUPP [35])

V	21	55	65	92	125	134	185	208	280	Mittel
E_0	13	12,5	14	12,8	15	13	12,5	13	(17 ± 4)	13,5.

Der eingeklammerte Wert nach der photographischen Methode ist unsicher.

Es ist möglich, läßt sich aber nicht entscheiden, daß bei den schwierigen Messungen von FARNSWORTH kleine Fehler in der Winkelmessung vorgekommen sind. Auch scheinen manche der Beugungsmaxima, so die „zusätzlichen" Beugungszacken mit halben Ordnungszahlen von 85 V aufwärts nicht dem Cu, sondern Cu-Verbindungen zuzugehören. Im Bereich von 39 bis 85 V läßt sich ein Mittelwert von 14 V für E_0 angeben, der mit dem von RUPP übereinstimmt. Von 96 bis 206 V kann man einen zweiten Mittelwert von 23 V berechnen mit recht beträchtlichen Schwankungen der einzelnen Messungen. Das Maximum bei 11 V fällt zusammen mit dem von RUPP[1] gefundenen selektiven Reflexionsmaximum an *Cu*. Es erscheint daher fraglich, ob es als Beugungsmaximum anzusprechen ist.

Die Mittelwerte aller bisherigen Messungen an Metallen sind in der Tabelle 7 zusammengestellt.

Tabelle 7. E_0 an Metallen.

Metall	Ni	Cu	Ag	Au	Al	Pb	Fe	Mo	Zr	K^2	Bi (37)
E_0	16	13,5	14	14	17	11	14	13,5	10,2	7,3	4

Der Fehler der Messungen von RUPP beträgt ± 1 V.

Der Wert von ROSE (23) $E_0 = 0$ für *Al* ist nicht berücksichtigt[3].

b) Messungen an nichtmetallischen Kristallen. Hierüber liegen ausführliche Meßreihen (15) an Halbleitern und Isolatoren vor. Die E_0-Werte an Isolatoren sind negativ und gehen mit steigender Kristalltemperatur gegen Null. Wahrscheinlich geben sie nicht das wahre innere Potential des Gitters an, sondern eine Oberflächenladung, die in unübersichtlicher Weise mit dem inneren Potential, mit der Leitfähigkeit des Kristalls und mit der Oberflächenbeschaffenheit zusammenhängen mag. Sie sind aber ein Maß für die Oberflächenisolation des Kristalls, die bisher nicht gemessen werden konnte[4]. So erklärt sich das negative Vorzeichen der E_0-Werte aus dem Steckenbleiben der Elektronen in der Oberfläche und so auch der Gang von E_0 mit steigender Temperatur. Mit steigender Temperatur nimmt die Isolationsfähigkeit des Kristalls ab, der Kristall wird zu einem immer besseren Leiter. Das wahre innere Potential dieser ionenleitenden Kristalle kann sehr wohl positiv sein. Die Elektronen bleiben hier nur in dem Maße stecken, bis es durch ihre negative Ladung auf Null herabgesetzt ist. Die wahren Potentiale wären danach für Ionenleiter noch unbekannt. Die E_0-Werte an Halbleitern, wie Pyrit und Bleiglanz, dürften jedoch wahre Werte sein.

Tabelle 8 gibt die Zusammenstellung der bisherigen Messungen.

Die E_0-Werte sind innerhalb der Fehlergrenze der Versuche unabhängig von der Strahlgeschwindigkeit und bei den bisher untersuchten meist kubischen Kristallen auch unabhängig von der Kristallfläche gefunden worden. Ob für nichtreguläre Kristalle E_0 sich mit der spiegelnden Fläche ändert (57), bedarf noch der Prüfung.

c) Vergleich von E_0 mit der Austrittsarbeit A (60). Nach der SOMMERFELDschen Theorie der Metalleitung ist die kinetische Energie der Leitungselektronen W_i mit dem inneren Potential E_0 und der glühelektrisch

---

[1] RUPP, E., Z. Physik **58**, 145 (1929).

[2] Nach Messungen von W. KLUGE u. E. RUPP (noch nicht veröffentlicht).

[3] ROSE hat mit Fettschliffen gearbeitet.

[4] In diesem Zusammenhang sei hervorgehoben, daß die Beugungsmessungen erst nach Beschießen der Oberfläche mit schnellen Elektronen (10—20 kV) durchgeführt wurden.

Tabelle 8. E_0 an nichtmetallischen Kristallen.

Temperatur in Celsiusgraden	20^0	80^0	200^0	270^0	370^0
	Ionenleiter				
$NaCl$ Steinsalz	$-4,5$	$-3,5$	$-3,2$	0	0
„ synthetisch	$-3,3$	—	—	—	—
KCl „	$-3,6$	—	$-3,1$	$+0,1$	0,0
KBr „	—	—	$-2,7$	—	—
PbJ_2 aufgedampft	$-2,0$	—	—	—	—
$PbCl_2$ „	$-1,4$	—	—	—	—
$TlCl$ „	$-0,5$	—	—	—	—
„ synthetisch	—	0,0	—	—	—
LiF „	—	0,0	—	—	—
CaF_2 Flußspat, tiefblau	—	$+4,6$	—	—	—
„ „ fast farblos	$-4,5$	$-3,2$	$+0,1$	—	—
ZnS Zinkblende	$-5,8$	—	—	—	—
CuJ^1 aufgedampft	$+2,8$	—	—	—	—
	Elektronenleiter				
FeS_2 Pyrit	$+6,5$	—	—	—	—
PbS Bleiglanz	$+2,6$	—	—	—	—

Auch hier ist als Fehlergrenze $\pm 1\ V$ anzusehen.

bzw. lichtelektrisch gemessenen Austrittsarbeit A verbunden durch die einfache Beziehung

$$E_0 - W_i = A\ . \tag{16}$$

Hierin kann W berechnet werden aus

$$W_i = 26\, n_i{}^{2/3} a^{-\frac{2}{3}} \tag{17}$$

wenn n_i die Anzahl der Leitungs- (Valenz-) Elektronen des Atoms und a das Atomvolumen bedeuten.

Diese Gleichung verbindet zwei Gebiete der Experimentalphysik miteinander, die mit ganz verschiedenen Methoden arbeiten. Daß sie qualitativ mit der Erfahrung übereinstimmt, zeigt die Tabelle 9.

Tabelle 9. Inneres Potential E_0 und Austrittsarbeit A.

Metall	E_0	n_i	W_i	A
Ni	16	2 (3)	11,7 (15,3)	4,3 (0,7)
Cu	13,5	2	11,2	2,3
Ag	14	2	8,8	5,2
Au	14	2	8,9	5,1
Al	17	3	11,6	5,4
Pb	11	3 4	7,8 9,5	3,2 1,5
Fe	14	2	11,0	3,0
Mo	13	2 (3)	8,2 (10,8)	5,3 (2,7)
Zr	10	2 (3)	6,3 (8,3)	3,9 (1,9)
K	7,3	1	2,1	5,2

[1] Gemischter Leiter.

In Anbetracht der Versuchsfehler in E_0 und der nur näherungsweisen Gültigkeit der Gleichung (17), die zur Berechnung von W_i dient, kann die Gleichung (16) nur die richtige Größenordnung der Austrittsarbeit A liefern. Bemerkenswert ist das kleinere innere Potential des Kaliums gegenüber den Werten an den anderen Metallen, die alle von nahe gleicher Größe sind. Die Austrittsarbeit des Kaliums kommt jedoch viel zu groß heraus. Bi ist in der Tabelle nicht berücksichtigt.

Einen mittelbaren Zusammenhang zwischen E_0 und der Elektronenbeweglichkeit im Kristall hat RUPP (*34*) durch folgende Versuche an $NaCl$ nachweisen können. Reines Steinsalz ist ein Ionenleiter, an dem bei der Temperatur von 80° C ein negativer E_0-Wert gemessen wird als Folge der Oberflächenaufladung (s. Tabelle 8). $NaCl$ läßt sich durch Röntgenstrahlen oder Elektronen gelb verfärben und ist in diesem „atomar" verfärbten Zustand lichtelektrisch wirksam. Die Träger der lichtelektrischen Leitfähigkeit sind Elektronen. Es besteht also die Möglichkeit, an $NaCl$ durch die Stärke der Verfärbung die Konzentration an Elektronen im Kristall willkürlich zu verändern. Diese Konzentrationsänderung gibt sich nun in einer gesetzmäßigen Verlagerung der Beugungsmaxima kund. Mit rückgehender Verfärbung rückt ein bestimmtes Maximum zu größeren Elektronengeschwindigkeiten. Aus dieser Verschiebung läßt sich der Gang des inneren Potentials mit der Verfärbung bestimmen. Dem stark verfärbten, mit Licht elektronenleitenden Kristall gehört ein größerer E_0-Wert zu als dem unverfärbten. Damit ist eine enge Verwandtschaft zwischen E_0 und der Elektronenkonzentration im Kristall erwiesen.

Auf einen Zusammenhang zwischen E_0 und der diamagnetischen Suszeptibilität der Metalle hat L. ROSENFELD (*61*) hingewiesen.

F. Über eine anomale Dispersion an Nickel.

DAVISSON u. GERMER (*6*) haben bei ihren Messungen an Ni (111) im Gebiet zwischen 80 und 100 V eigentümliche Änderungen des Brechungsindex gefunden. Wenn man den allgemeinen Kurvenverlauf ins Auge faßt (Abb. 25), steigt der Brechungsindex mit zunehmender Spannung plötzlich sehr hoch an bis zum Verschwinden der Beugungserscheinungen um 90 V herum. Nach 90 V erscheinen Beugungszacken mit einem sehr kleinen Brechungsindex, der aber rasch weiter steigt, bis er bei 105 V den normalen Verlauf, wie er durch Gleichung (15) definiert werden kann, erreicht hat. In letzter Zeit haben DAVISSON u. GERMER (*7*) diese der optischen anomalen Dispersion analoge Erscheinung an einer bestimmten Beugungszacke genau verfolgen können durch neue Messungen von LAUE-Interferenzen. In diesem Fall liegt nur ein Strahl in der Nähe der anomalen Dispersion. Man findet diesen Strahl zuerst bei 80 V, er nimmt an Intensität zu bis 85 V. Dann wird er sehr schwach im anomalen Gebiet. Schließlich wird er wieder stark und erreicht sein

Maximum bei 106 V. Von da an nimmt er in normaler Weise ab und verschwindet bei 130 V. Sein Verhalten oberhalb 100 V gleicht dem der anderen LAUE-Interferenzen.

Die Feststellung einer anomalen Dispersion bei dem Verfahren von LAUE u. RUPP ist sehr schwierig. Man wird Maxima, aus denen E_0-Werte folgen, die nicht in die Reihe der anderen spannungsunabhängigen E_0-Werte passen, lieber als nicht identifizierbar aufführen statt eine anomale Dispersion zu ihrer Erklärung zu Hilfe zu nehmen.

G. Über das Auftreten besonderer Beugungsmaxima (abweichend von Röntgenstrahlen).

Mit Elektronen sind Beugungsmaxima gefunden worden, die nach den Interferenzgesetzen für Röntgenstrahlen ausgelöscht sind; ferner Maxima, die durch halbe Ordnungszahlen erklärt werden können, und schließlich Maxima der Ordnungszahl 0.

a) Maxima, die für Röntgenstrahlen ausgelöscht sind. Für schnelle Elektronen gelten die gleichen Auslöschungsgesetze wie für Röntgenstrahlen. Abweichungen hiervon scheinen erst für Elektronen unterhalb 1000 V merklich zu werden. Mit mittelschnellen Elektronen hat TARTAKOWSKY (*45*) an *Al* Maxima gefunden, die einer Reflexion an (100) und (110) in erster Ordnung entsprechen. Die gleichen Reflexionen sind auch von RUPP (*28*) beobachtet worden an *Ni*, *Ag* und *Al*. Doch ist in einigen Fällen nicht sicher, ob sie nicht Verunreinigungen der Folie zugehören.

An den Ionenleitern (*15*) *NaCl*, *KCl* und *KBr* treten ebenfalls Maxima auf, die für Röntgenstrahlen ausgelöscht sind, nämlich solche mit ungeraden Ordnungszahlen[1].

Für das abweichende Verhalten der Elektroneninterferenzen findet sich leicht eine Erklärung in der geringen Eindringtiefe der Elektronen gegenüber Röntgenstrahlen. Die Auslöschung einer bestimmten Ebene kommt ja zustande durch die Mitwirkung der Reflexionen hoher Ordnungen zu den Reflexionen der niedrigen Ordnung. Für Elektronen fehlen die Reflexionen hoher Ordnungszahl, da die Strahlen nicht zu den tiefer liegenden Netzebenen vordringen. So bleiben die Interferenzen an sonst ausgelöschten Ebenen erhalten.

b) Halbzahlige Maxima. Sehr auffallend, aber durch die Untersuchung von LAUE u. RUPP (*15*) gut gesichert, sind die an nichtmetallischen Kristallen vorkommenden Beugungszacken mit halben Ordnungszahlen. So gehört das scharfe Maximum an aufgedampftem *NaCl* (Abb. 22) der Zahl $n = 2{,}5$ zu. Auch an Metallen treten sie auf, doch hat sich nachweisen lassen, daß sie in diesem Fall an die Anwesenheit

---

[1] Die Maxima können nicht durch KIKUCHI-Linien erklärt werden (G. P. THOMSON, Nature **126**, 55, 1930), da sich ihre Lage nicht ändert, wenn man den Elektronenstrahl parallel oder unter 45° zur Würfelkante auffallen läßt (s. [15] S. 1103).

von Gasen gebunden sind. Rupp (*35*) hat zu den ganzzahligen Maxima an *Ni, Fe, Mo, Zr* und *Cu* stets halbzahlige hinzugefunden, wenn Wasserstoff auf diese Metalle einwirkt. Ebenso berichten Davisson u. Germer (*4*) über halbzahlige Maxima bei Einbau eines unbekannten Gases. Auch für die halbzahligen Maxima in der Untersuchung von Farnsworth (*10*) hat Rupp (*35*) Gaseinwirkungen nachweisen können durch folgende Versuche an *Cu* (100)[1].

Elektronenreflexion an einem Einkristall, der in Wasserstoff geglüht wurde, wie bei Farnsworth, gibt ganz- und halbzahlige Maxima. Dampft man aber auf die Einkristallfläche vakuumgeschmolzenes Kupfer im Hochvakuum auf, so verschwinden die halbzahligen Maxima und nur die ganzzahligen bleiben erhalten. Läßt man jetzt auf die aufgedampfte Fläche Wasserstoff hinzutreten, so kommen die halben Ordnungen wieder heraus.

Die halbzahligen Maxima bieten der Deutung die größten Schwierigkeiten. Bisher liegen drei Erklärungsversuche vor:

α) Die halbzahligen Maxima sind auf eine regelmäßige Einlagerung von Gasatomen in den Kristall zurückzuführen. Nach der Gleichung (12) entspricht einer halben Ordnungszahl ein doppelter Netzebenenabstand d, so daß die Gasatome stets im doppelten Gitterabstand eingebaut wären. In dieser Folgerung liegt die hauptsächlichste Schwierigkeit dieses Erklärungsversuches. Denn es ist unwahrscheinlich, daß für all die verschiedenen Kristalle das gleiche Einbaugesetz für Gasatome gelten soll.

β) Eine zweite Erklärungsmöglichkeit liegt in der Analogie, daß in den optischen Interferenzerscheinungen an planparallelen Platten infolge des Phasensprunges π an der einen Begrenzungsfläche der Platte ausschließlich halbe Ordnungen vorkommen. Danach entspricht einem Maximum im gespiegelten Licht ein Minimum im durchgehenden. Leider versteht man aber nicht, wie das ungestörte Gitter die Eigenschaft einer solchen planparallelen Platte haben soll. Zwar gibt es stets eine vorderste Schicht, aber es fehlt das Analogon zu der Rückfläche.

γ) Die dritte Erklärungsmöglichkeit schließt sich an die zweite an. Die natürlichen Kristalle sind alle Mosaikkristalle. Der Mosaikkristall baut sich aus Kristallblöcken auf, diese wieder aus den Elementarkristallen. Jeder Kristallblock des Mosaiks läßt sich als planparallele Platte mit Vorder- und Rückseite auffassen. Die Dicke des Blocks kann so gewählt werden, daß gerade die beobachteten Ordnungen mit größter Intensität auftreten. Der experimentell gefundene Gaseinfluß auf die halbzahligen Maxima könnte dann bedeuten, daß durch das in Gitterlücken eindringende Gas einzelne Blöcke abgehoben werden und so zu der Vorderseite eine Rückseite neu geschaffen wird. Für diese Erklärung sprechen auch die häufig gefundenen Unregelmäßigkeiten in

---

[1] Anm. bei der Korrektur: Farnsworth ist inzwischen zu dem gleichen Ergebnis gekommen (Phys. Rev. **35**, 1131. 1930).

der Intensität der einzelnen Beugungsmaxima an verschiedenen Stellen des gleichen Kristalls. Ist die Erklärung richtig, so ergäbe sich daraus eine Methode, die Dicke der Kristallblöcke des Mosaiks zu bestimmen.

c) Maxima der Ordnungszahl Null. An $NaCl$ und an (111) KCl haben v. LAUE u. RUPP Maxima der Ordnungszahl 0 gefunden, die sehr ausgeprägt waren. In diesem Fall wird $\cos \vartheta_i = 0$ [Gleichung (12)]. Der Strahl verläßt also den Kristall parallel zur spiegelnden Fläche. Zur Erklärung dieser Maxima sei auf die Originalabhandlung verwiesen.

V. Die Geschwindigkeitsverteilung der gebeugten Elektronen.

Bereits DAVISSON u. GERMER (*4*) haben festgestellt, daß in den Beugungszacken im wesentlichen Elektronen ohne Geschwindigkeitsverluste auftreten. RUPP (*28*) hat darüber eingehende Untersuchungen mit der in Abb. 24 beschriebenen Apparatur durchgeführt, indem er die Geschwindigkeitsverteilung der Elektronen in einem Beugungsring verglichen hat, einmal mit der Geschwindigkeitsverteilung in der Umgebung des Ringes und zum anderen mit der Verteilung im Durchstoßungspunkt des Strahles. Ein Beispiel dieser Messungen ist in Abb. 26 wiedergegeben. Die Geschwindigkeitsverteilung R im Beugungsring (111) einer Silberfolie wird

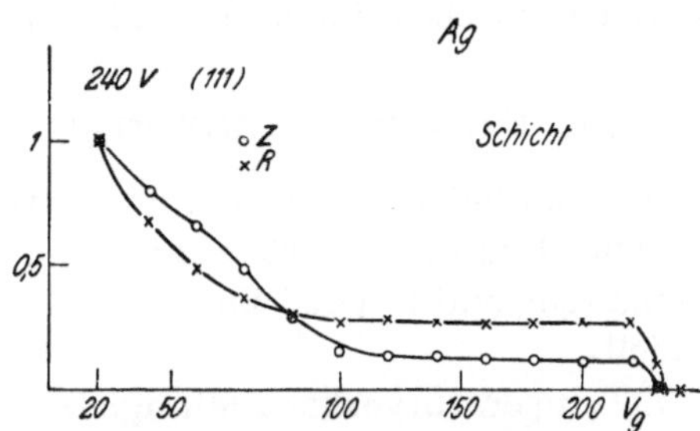

Abb. 26. Geschwindigkeitsverteilung der Elektronen im Beugungsring (111) R und im Durchstoßungspunkt des Strahles Z an Silber.

verglichen mit der Geschwindigkeitsverteilung Z im Zentralauffänger, indem für beide die Elektronenmenge für 20 V Gegenfeld gleich 1 gesetzt wurde. Man erkennt, daß im Beugungsring Elektronen ohne Geschwindigkeitsverlust sehr viel zahlreicher vertreten sind als im Zentralauffänger.

Man kann dieses Ergebnis auch so formulieren: Als *gebeugte* Elektronen zählen solche, die in einen selektiven Winkelbereich hinein ohne merkliche Geschwindigkeitsverluste abgelenkt wurden. Alle Elektronen mit Geschwindigkeitsverlusten sind als *gestreute* zu betrachten. Versucht man, die für Korpuskel wichtige Frage nach einem Elementarakt anzuschneiden, so kann man sagen: Gebeugte Elektronen haben bei der Reflexion nur eine einzige Wechselwirkung an einem Netzebenenpaar erlitten. Hingegen zählen alle Elektronen, die wiederholt reflektiert wurden, als gestreute. Wenn eine mechanische Analogie erlaubt ist, so kann man die gebeugten Elektronen mit elastisch reflektierten, die gestreuten mit unelastisch reflektierten Korpuskeln vergleichen.

Das Ergebnis von Rupp ist von Tartakowsky bestätigt worden. Auch G. P. Thomson (*41*) und O. Eisenhut haben es für schnelle Elektronen sehr ausgeprägt auffinden können.

In den Verteilungskurven an Isolatoren (*32*) ist der Anteil der Primärgeschwindigkeit nicht so deutlich.

VI. Flächengitterinterferenzen mit mittelschnellen Elektronen.

Davisson u. Germer (*4*) haben bei ihren Untersuchungen nach dem Laue-Verfahren einige unter einem flachen Winkel zur Kristalloberfläche verlaufenden Beugungszacken gefunden, die sie als Interferenzen am Flächengitter der Nickelatome haben deuten können. Für diese Interferenzen ist die de Brogliesche Gleichung erfüllt, ohne daß man einen Brechungsindex einführen muß. Die Untersuchung von Farnsworth nach dem gleichen Verfahren an *Cu* hat derartige Interferenzen nicht ergeben. Spezielle Methoden zur Flächengitteruntersuchung an Kristalloberflächen sind noch nicht ausgearbeitet.

VII. Temperaturabhängigkeit der Interferenzen.

Der Einfluß der Temperatur ist verschieden, je nachdem es sich um eine Temperaturvorbehandlung und darauffolgende Messung bei Zimmertemperatur oder um eine Messung bei hohen Temperaturen handelt.

1. **Temperaturvorbehandlung.** In diesem Fall dient die Temperaturerhöhung zur Oberflächenreinigung des Kristalles. Nach der Vorbehand-

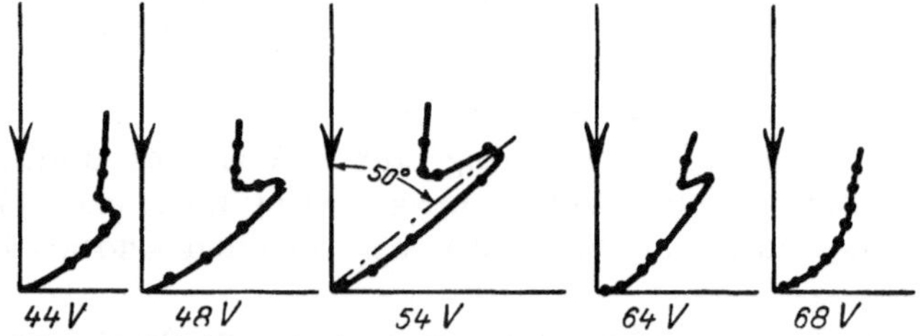

Abb. 27. Entstehung des Maximums (311) an schlecht entgaster Oberfläche (vgl. damit Abbildung 12). (Davisson u. Germer.)

lung werden die Beugungsmaxima schärfer, besonders wenn man wie Davisson u. Germer zu hohen Temperaturen, bis 800°, übergeht. An *Cu* zeigen die halbzahligen Maxima die gleiche Temperaturabhängigkeit wie die ganzzahligen (*10*), wenn man bis Rotglut erhitzt; an *Ni* hingegen verschwinden die halbzahligen Maxima bei heller Rotglut (*11*). Den Einfluß der Temperaturbehandlung läßt Abb. 27 zusammen mit der bereits besprochenen Abb. 12 gut erkennen. In Abb. 27 ist die Entstehung der (311) Reflexion an einer schlecht gereinigten Oberfläche dargestellt. Die gleiche Oberfläche durch Temperaturvorbehandlung gereinigt, ergibt die Beugungszacken der Abb. 12.

2. Messung bei hoher Temperatur. Wie die Röntgenstrahlinterferenzen, so verbreitern sich auch die Elektroneninterferenzen mit steigender Temperatur. Untersuchungen liegen vor an Metallen von DAVISSON u. GERMER (*4*) und von RUPP (*35*); an Nichtmetallen von LAUE u. RUPP (*15*). Der Temperaturfaktor dieser Verbreiterung ist noch nicht bestimmt.

Messungen an *KCl* bei 270⁰ und 370⁰ C in den Abb. 28 u. 29 lassen deutlich die Verbreiterung der Interferenzen ersehen. Bei tiefen Temperaturen sind noch keine Messungen durchgeführt worden.

An Ionenleitern verschieben

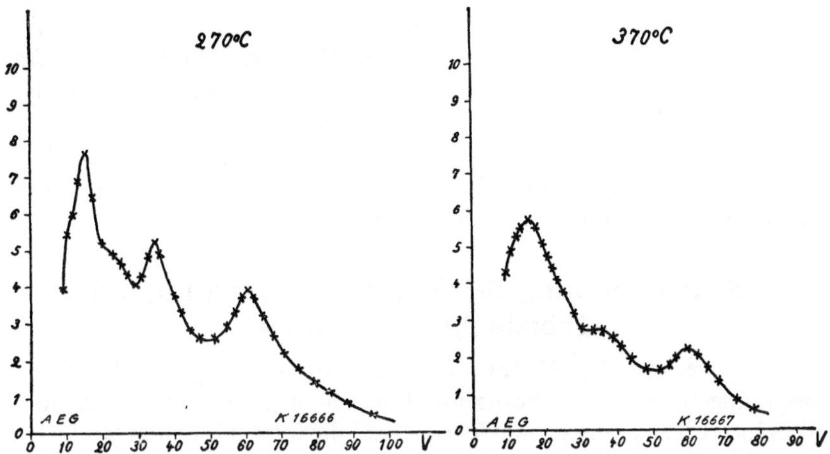

Abb. 28. Reflexion an *KCl* (100) bei $\vartheta = 60^0$ und bei 270⁰ C.

Abb. 29. Reflexion an *KCl* (100) bei $\vartheta = 60^0$ und bei 370⁰ C.

sich die Maxima mit steigender Temperatur zu kleineren Voltlagen infolge der Zunahme des inneren Potentials (siehe Abschnitt IV E). An Metallen ist die Lage der Maxima unabhängig von der Temperatur, so weit man bisher die Frage geprüft hat.

VIII. Elektronenreflexion an Gasen.

In Analogie zu der Methode von DEBYE, EHRHARDT u. BEWILOGUA[1] haben MARK u. WIERL (*16*) schnelle Elektronen durch einen Gasstrahl hindurchgeschossen. Bei einer Belichtungszeit von 1—3 Sekunden erhielten sie an dem gleichen Gas, das auch DEBYE und seine Mitarbeiter untersucht haben, an Tetrachlorkohlenstoff, zwei deutliche Beugungsringe

---

[1] DEBYE, EHRHARDT u. BEWILOGUA: Physik. Z. **30**, 84 (1929).

und einen dritten Ring angedeutet. Die Versuchsdaten bei der in Abb. 30 wiedergegebenen Aufnahme waren: Röhrenspannung 36 kV, Abstand Dampfstrahl-Film 350 mm, Düsenöffnung des Strahles 0,2 mm. Die gemessenen Ringdurchmesser $d_1 = 18$ mm und $d_2 = 32,5$ mm er-

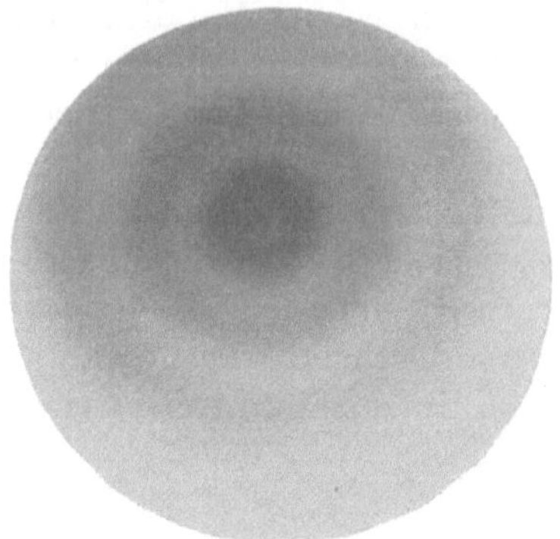
Abb. 30. Elektroneninterferenzen an Tetrachlorkohlenstoff, 36 kV. (Nach MARK u. WIERL.)

geben nach den für das erste und zweite Maximum gültigen Winkelbeziehungen der DEBYEschen Theorie aus

$$\sin \frac{\vartheta_1}{2} = \frac{5}{8}\frac{\lambda}{a} \quad \text{und} \quad \sin \frac{\vartheta_2}{2} = \frac{9}{8}\frac{\lambda}{a}$$

für den Abstand a der Cl-Atome in CCl_4 den Wert 3,14 Å. Interferenzen wurden weiterhin erhalten an: $CHCl_3$; CS_2; $SiCl_4$; cis und trans $C_2H_2Cl_2$; 1,1 und 1,2 $C_2H_4Cl_2$; C_6H_6; C_6H_{12} und C_6H_{14}. An Wasserdampf wurde nur diffuse Streuung gefunden.

Die neue Methode vermag neben anderem Auskunft zu geben über das Problem der Drehbarkeit der Kohlenstoffatome in organischen Molekülen (*62*).

IX. Anwendung der Elektronenbeugung auf Oberflächenstrukturen.

Die Tatsachen der Elektroneninterferenzen versprechen wichtige Anwendungen zur Strukturanalyse kristalliner Stoffe. Hauptsächlich sind es hier Erscheinungen an Oberflächen, die jetzt mit neuen Methoden der Untersuchung zugängig sind. Aber in besonderen Fällen können auch Röntgenstrahlanalysen durch Elektronen ergänzt werden, so in der Strukturbestimmung dünner Folien (*44*). Die bisherigen Anwendungen der Elektronenbeugung seien hier nur kurz zusammengestellt. Sie betreffen:

1. Gasadsorption. DAVISSON u. GERMER (*11*) haben die Oberflächeninterferenzen unter der Einwirkung eines unbekannten Gases auf Ni untersucht. Hierbei treten halbzahlige Maxima zu den Ni-Maxima hinzu. Von RUPP (*30*) rühren Messungen über die Einwirkung von Wasserstoff her auf Ni, Fe, Cu, Mo und Zr (*35*). An allen diesen Metallen konnte die Wasserstoffeinwirkung durch das Auftreten halbzahliger Ordnungen im Raumgitter festgestellt werden. An Ni und Fe wurde eine Verbreiterung und Erniedrigung der ganzzahligen Maxima gefunden, wenn Wasserstoff längere Zeit einwirkte oder wenn die Temperatur des Kristalls bei kurzer Einwirkungszeit erhöht wurde. Diese Auflockerung des Metallgitters durch Wasserstoff scheint eine wichtige

Rolle bei chemischen Reaktionen und bei Vorgängen der Oberflächenkatalyse zu spielen. In Abb. 31 sind zunächst die Beugungen an (111) von reinem Ni wiedergegeben. Nach der Einwirkung von Wasserstoff auf Ni erhält man die Maxima der Abb. 32. Man erkennt neue Maxima zwischen den Ni-Interferenzen, die halben Ordnungen entsprechen.

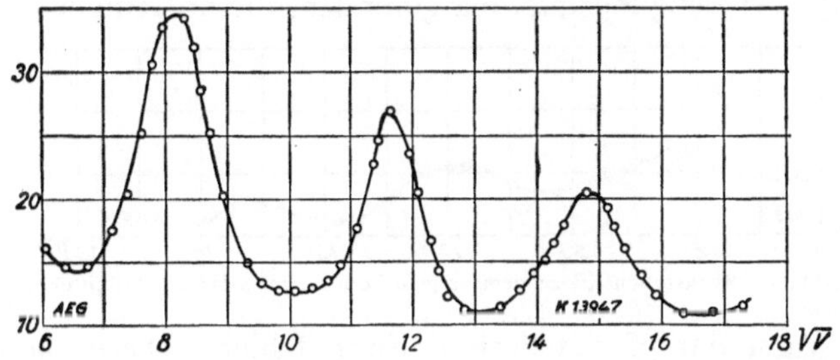

Abb. 31. Elektronenreflexion an Nickel (111). ($\vartheta = 10^0$). Gut gereinigte Oberfläche.

Nach längerer Einwirkung des Wasserstoffes bleiben die neuen Maxima in gleicher Größe erhalten (Abb. 33), die Nickelmaxima hingegen werden flacher und niedriger. Das Nickelgitter wird aufgelockert.

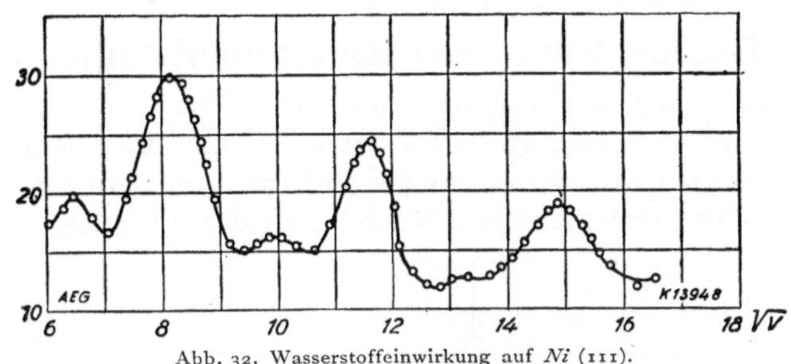

Abb. 32. Wasserstoffeinwirkung auf Ni (111).

2. Chemische Oberflächenreaktionen. An Nickel und Eisen hat Rupp (*35*) die Bedingungen zur Reaktion zwischen Stickstoff und Wasserstoff feststellen können. Eine Reaktion tritt erst ein, wenn das

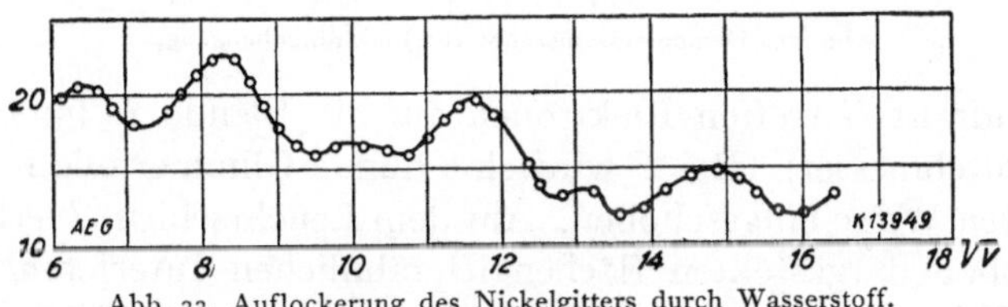

Abb. 33. Auflockerung des Nickelgitters durch Wasserstoff.

Gitter aufgelockert ist. Dazu muß Wasserstoff bei Zimmertemperatur einige Zeit auf die Oberfläche eingewirkt haben oder der Wasserstoffzutritt muß bei höheren Temperaturen, bei 200—300^0 C, erfolgen. Die Auflockerung geht an Fe wesentlich leichter vor sich als an Ni in Übereinstimmung mit seiner größeren katalytischen Wirksamkeit. Läßt man auf die durch Abb. 33 gekennzeichnete aufgelockerte Ni-Oberfläche

Stickstoff hinzutreten, so verschwinden die halbzahligen Maxima, während die *Ni*-Maxima nur noch verschwommen erhalten bleiben (Abb. 34). Offenbar bedeckt das Reaktionsprodukt die Oberfläche und stört die Ausbildung der Elektroneninterferenzen.

3. Passivität der Metalle. An passivem Eisen haben RUPP u. SCHMID (*36*) fünf Beugungsmaxima gefunden, die an reinem Eisen und

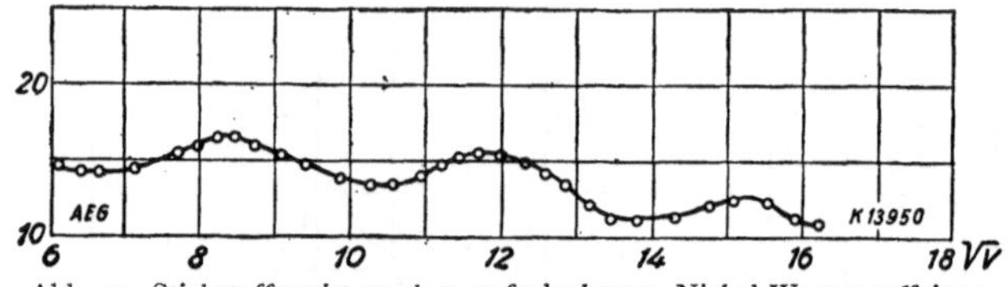

Abb. 34. Stickstoffzutritt zu dem aufgelockerten Nickel-Wasserstoffgitter.

an durch Wasserdampf oxydiertem Eisen fehlen. Diese Maxima gehören alle zu ein und demselben Gitterabstand, der sich unter Zugrundelegung des inneren Potentials des Eisens zu 3,4 Å berechnen läßt. Es ist wahrscheinlich, daß dieser Abstand die Entfernung einer Sauerstoffschicht von den Eisenatomen angibt.

X. Demonstration der Elektronenbeugung.

Die Erscheinung der Elektronenbeugung läßt sich für schnelle Elektronen und genügend große Elektronenströme auf einem Leuchtschirm sichtbar machen. RUPP hat seit Mai 1929 eine derartige Demonstrationsröhre in Betrieb, die in Abb. 35 schematisch wiedergegeben ist.

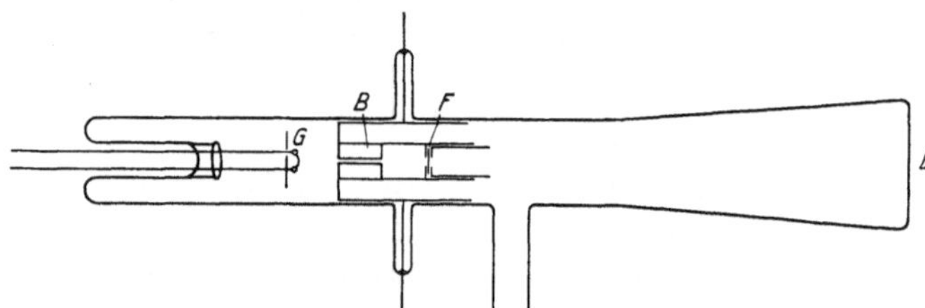

Abb. 35. Demonstrationsröhre zur Elektronenbeugung.

Vom Glühdraht G treffen Elektronen auf die Blende B (50 mm lang, 0,3 mm Durchmesser). Bei F wird eine dünne Glimmerfolie in der eingezeichneten Weise eingeschoben. Auf dem Leuchtschirm L erhält man die in Abb. 8 dargestellten flächengitterähnlichen Interferenzen. Der Abstand FL beträgt 350 mm, die Röhrenspannung 40—60 kV, der Röhrenstrom einige Milliampere. Der Leuchtschirm ist in die Röhre eingebrannt. Er besteht aus Zink-Silikat mit *Mn*-Zusatz.

Inzwischen hat auch DAUVILLIER (*1*) ein Demonstrationsverfahren beschrieben, das sich an die Methode von PONTE anschließt. Die Beugungsringe nach THOMSON haben MARK u. WIERL ebenso EISENHUT demonstrieren können.

Literaturverzeichnis.

L. DE BROGLIE, Thèses, Paris 1924.

Experimentaluntersuchungen[1].

1. DAUVILLIER, A.: Nature (Lond.) **125**, 50 (1930).
2. DAVISSON, C. J. u. C. H. KUNSMAN: Science (N. Y.) **64**, 522 (1921); Physical. Rev. **22**, 243 (1923).
3. — u. L. H. GERMER: Nature (Lond.) **119**, 558 (1927).
4. — — Physical. Rev. **30**, 705 (1927).
5. — — Proc. nat. Acad. Sci. U.S.A. **14**, 317 (1928).
6. — — Ebenda **14**, 619 (1928).
7. — — Physical. Rev. **33**, 292 (1929).
8. EMSLIE, A. G.: Nature (Lond.) **123**, 977 (1929).
9. FARNSWORTH, H. E.: Ebenda **123**, 941 (1929).
10. — Physical. Rev. **34**, 678 (1929).
11. GERMER, L. H.: Z. Physik **54**, 408 (1929).
12. HILSCH, R. u. R. W. POHL: Göttinger Nachrichten, Dez. 1928.
13. IRONSIDE, R.: Proc. roy. Soc. **119**, 668 (1929).
14. KIKUCHI, SEISHI: Jap. J. Phys. **5**, 83 (1928).
15. LAUE, M. v. u. E. RUPP: Ann. Physik **4**, 1097 (1930).
16. MARK, H. u. R. WIERL: Naturwiss. **18**, 205 (1930).
17. — — Z. Physik **60**, 741 (1930).
18. MUTO, TOSHINOSUKE u. TASABURO YAMAGUTI: Proc. imp. Acad. Tokyo **5**, 122 (1929).
19. NISHIKAWA, S. u. S. KIKUCHI: Nature (Lond.) **121**, 726 (1928).
20. — — Ebenda **121**, 1019 (1928).
21. PONTE, M.: C. r. Acad. Sci. Paris **188**, 244 u. 909 (1929). Ann. Physique **13**, 395 (1930).
22. REID, A.: Proc. roy. Soc. **119**, 663 (1929).
23. ROSE, D. C.: Philosophic. Mag. **6**, 712 (1928).
24. RUPP, E.: Ann. Physik **85**, 981 (1928).
25. — Naturwiss. **16**, 656 (1928).
26. — Physik. Z. **29**, 837 (1928).
27. — Z. Physik **52**, 8 (1928).
28. — Ann. Physik **1**, 773 (1929).
29. — Ebenda **1**, 801 (1929).
30. — Z. Elektrochem. **35**, 537 (1929).
31. — Z. Physik **58**, 766 (1929).
32. — Ann. Physik **3**, 497 (1929).
33. — Naturwiss. **17**, 875 (1929).
34. — Z. Physik **61**, 587 (1930).
35. — Ann. Physik **5**, 453 (1930).
36. — u. E. SCHMID: Naturwiss. **18**, 459 (1930).
37. SZCZENIOWSKI, S.: C. r. Soc. Pol. phys. **3**, 405 (1929).
38. THOMSON, G. P. u. A. REID: Nature (Lond.) **119**, 890 (1927).
39. THOMSON, G. P.: Ebenda **120**, 802 (1927).
40. — Proc. roy. Soc. **117**, 600 (1928).
41. — Ebenda **119**, 651 (1929).

---

[1] Nicht berücksichtigt sind kurze Sitzungsberichte, wenn die ausführliche Veröffentlichung bereits erschienen ist, und Parallelveröffentlichungen, so z. B. von DAVISSON u. GERMER in Bell System Technical Journal, und Journal of Chem. Educat.

42. THOMSON, G. P.: Ebenda **125**, 352 (1929).
43. — Philosophic. Mag. **6**, 939 (1928).
44. — Nature (Lond.) **123**, 912 (1929).
45. TARTAKOWSKY, P.: C. r. Acad. Sc. Leningrad 1928, S. 14.
46. — Z. Physik **56**, 416 (1929).
47. WHITE, P.: Philosophic. Mag. **9**, 641 (1930).
48. WORNOP, B. L.: Nature (Lond.) **123**, 164 (1929).

Theoretische Untersuchungen im Anschluß an Experimentaluntersuchungen.

49. BETHE, H.: Naturwiss. **15**, 786 (1927); **16**, 333 (1928).
50. — Ann. Physik **87**, 55 (1928).
51. — Z. Physik **54**, 703 (1929).
52. ECKART, C.: Proc. Nat. Acad. Sci. **13**, 460 (1927).
53. ELSASSER, W.: Naturwiss. **13**, 711 (1925).
54. HENDRICKS, S. B.: Physical. Rev. **34**, 1287 (1929).
55. KIRCHNER, F.: Naturwiss. **18**, 84 (1930).
56. LAUE, M. v.: Ann. Physik **4**, 1121 (1930).
57. — Berl. Sitzgsber. 1930, S. 26.
58. MOTT, N. F.: Nature (Lond.) **124**, 986 (1929).
59. PATTERSON, A. L.: Ebenda **120**, 46 (1927).
60. ROSENFELD, L. u. E. E. WITMER: Z. Physik **49**, 534 (1928).
61. ROSENFELD, L.: Naturwiss. **123**, 164 (1929).
62. WIERL, R.: Physik. Z. **31**, 366 (1930).

Einige Referate zur Elektronenbeugung.

1. ELSASSER, W.: Naturwiss. **16**, 720 (1928).
2. DAVISSON, C. J.: J. Frankl. Inst. **208**, 595 (1929).
3. — Bell System Techn. J. **8**, 217 (1929).
4. — Sci. Monthly **28**, 41 (1929).
5. BROGLIE, M. DE: Rev. gén. Sc. pur. appl. **40**, 69 (1929).
6. RUPP, E.: Z. V.D.I. **73**, 1109 (1929).
7. — AEG-Mitteilungen 1929, S. 535.
8. — Metallwirtschaft 1930, S. 33.
9. — Naturwiss. **17**, 174 (1929).

Neuere Arbeiten über Quantentheorie des Atomkerns.

Von **F. G. HOUTERMANS**, Berlin-Charlottenburg.

Mit 16 Abbildungen.

Inhaltsverzeichnis.

Seite

I. Kernphysik und Physik der Elektronenhülle 124
II. Die Bausteine des Atomkerns. Ladung und Masse 125
III. Die im Atomkern wirksamen Kräfte 127
IV. Der radioaktive Zerfall. Die Geiger-Nuttall-Beziehung 129
V. Quantenmechanische Übergangswahrscheinlichkeit zwischen zwei
   getrennten Potentialgebieten 133
VI. Quantenmechanische Deutung der α-Aktivität und der Geiger-
   Nuttall-Beziehung. 137
VII. Quantitative Beziehung zwischen Energie und Zerfallskonstante
   der α-Strahler 138
   1. Eindimensionale Doppelschwelle, Stationäres Problem . . . 138
   2. Instationäres Problem 140
   3. Komplexe Eigenwerte 141
   4. Zentralsymmetrische rechteckige Schwelle 142
   5. v. LAUEsche Deutung 147
   6. Zentralsymmetrische Schwelle mit schematisiertem COULOMB-
   Potential. 148
VIII. Vergleich mit der Erfahrung 151
   1. Kernradius und Zerfallskonstante 151
   2. Berechnung von λ mit konstant gehaltenem Kernradius . . . 152
   3. Berechnung der Kernradien von α-Strahlern 158
   4. Vergleich mit Kernradien leichter Elemente aus Streuversuchen 162
IX. α-Teilchen mit übernormaler Reichweite und Feinstruktur der
   α-Teilchenenergien 164
   1. Übernormale Reichweiten. 164
   2. Feinstruktur der α-Energie 166
   3. Homogenität der α-Strahlen 167
X. Eindringung von positiven Teilchen in Atomkerne. Zertrümmerung
   und Aufbau von Elementen 168
   1. Eindringungswahrscheinlichkeit 168
   2. Kernzertrümmerung und Kernaufbau 172
   3. Resonanzeindringung 173
   4. Astrophysikalische Möglichkeiten des Kernaufbaues 175
XI. β- und γ-Strahlen 178
   1. Diskrete β-Strahlung der Elektronenhülle 178
   2. Kern-β-Strahlung, Energieunbestimmtheit 179
   3. Theoretische Schwierigkeiten 181
   4. Zentrifugalschwelle und KUDARsche Formeln 181
   5. γ-Strahlen 184

Seite

XII. Atommasse und Kernkonstitution 185
    1. Massendefekte 185
    2. Becksches Schema der freien Kernelektronen 192
    3. Schwere inaktive Kerne als endotherme Gebilde. Mehrfachzerfall 195
    4. Energiekurven der radioaktiven Reihen 199
    5. Theoretisches Verständnis der Massendefektkurven. „Tröpf-
       chen“-Modell von Gamow. 203
    6. Rolle der α-Teilchen beim Kernaufbau 207
    7. Isotope 2. Ordnung. 209
  Nachtrag bei der Korrektur 211
  Tabellen zu XII. 215
  Literaturverzeichnis 219

I. Kernphysik und Physik der Elektronenhülle.

Seit den für unsere modernen Anschauungen vom Atombau grund-
legenden Arbeiten von E. Rutherford wissen wir, daß das Atom aus
einem positiv geladenen Kern, der praktisch Träger der gesamten Atommasse ist, und einer negativen Elektronenhülle von nur äußerst geringer
Masse besteht. Aber während die Entwicklung der Atomtheorie seit jener
Zeit, insbesondere die Anwendung der Quantentheorie auf Fragen des
Atombaus durch Bohr, und in den letzten Jahren die Quantenmechanik
uns eine recht genaue Kenntnis der Gesetzmäßigkeiten und des Aufbaus
der Elektronenhülle vermittelt haben, blieb unsere Kenntnis der Gesetzmäßigkeiten des Atomkerns nur sehr mangelhaft. Wir haben gelernt, daß
für atomare Gebilde ganz andere Gesetze gelten, als die aus der makroskopischen Naturbetrachtung abgeleiteten Gesetze der sogenannten
„klassischen Mechanik“. Aber wir wissen bis heute noch nicht einmal,
ob diese neue Physik, eben die Quantenmechanik, auch imstande ist,
die Vorgänge im Atomkern und dessen Struktur zu erklären, oder ob
hierfür wieder eine neue Physik, gewissermaßen eine Art „Überquanten-
mechanik“ nötig sein wird. Diese Tatsache hat ihren guten Grund. Denn
es hat sich herausgestellt, daß fast alle der Beobachtung gut zugänglichen Eigenschaften des Atoms durch die Struktur der Elektronenhülle
bedingt, also eigentlich ziemlich „periphere“ Eigenschaften des Atoms
sind. Die Struktur der optischen Spektren, die chemischen Eigenschaften, das physikalisch-chemische Verhalten der Atome hängen sogar
nur von den alleräußersten Elektronen des Atoms ab, erst das Studium
der Röntgenspektren führt uns weiter ins Innere des Atoms, aber zeigt
uns auch nur Erscheinungen der Elektronenhülle. Nur wenige Erscheinungen und Eigenschaften gibt es, die uns unmittelbare Kenntnis vom
Atomkern geben. Es sind dies: 1. die Ladung und Masse des Atomkerns;
vor allem Atomgewicht, das wie die Kernladung eine Kerneigenschaft
ist, 2. die Erscheinungen der Radioaktivität, die, wie wir wissen, unmittelbar auf Eigenschaften des Atomkerns beruhen, 3. einige nur mit
äußerst feinen experimentellen Hilfsmitteln zugängliche Erscheinungen
an Linien- und Bandenspektren, wie die Hyperfeinstruktur und be-

stimmte Intensitätserscheinungen an Bandenspektren, die durch den sogen. „Kernspin", d. h. das Vorhandensein eines mechanischen und magnetischen Kernmoments bedingt sind. Es mag gleich von vornherein bemerkt werden, daß ein genaueres Eingehen auf diese zuletzt genannten Erscheinungen und deren Deutung im Rahmen dieses Berichts leider nicht möglich ist, und vielleicht in einem anderen Bericht die ganzen hiermit zusammenhängenden Fragen von zuständigerer Seite behandelt werden könnten. Einiges hierüber findet sich in dem vorjährigen Bericht von F. HUND (7) der Ergebnisse der exakten Naturwissenschaften, und dem Kapitel über Hyperfeinstruktur des Buches von S. GOUDSMIT u. L. PAULING (3).

II. Die Bausteine des Atomkerns. Ladung und Masse.

Die chemische Anordnung der Elemente im periodischen System und die bekannten MOSELEYschen Untersuchungen über die Abhängigkeit der Röntgenspektren von der chemischen Natur der Elemente liefern uns eine exakte Antwort auf die Frage nach der Ladung der Atomkerne. Die Kernladung beträgt bekanntlich gerade so viele Elementarquanten, wie die sogenannte „Ordnungszahl" des Elements im periodischen System der Elemente, die daher auch als Kernladungszahl Z bezeichnet wird, beträgt. Diese ist wiederum identisch mit der Zahl der Elektronen in der Hülle des betreffenden neutralen Atoms. Andererseits wissen wir auch, daß, mit ganz wenigen Ausnahmen, Elemente mit jeder ganzzahligen Kernladungszahl zwischen 1 und 92, wenn auch mit sehr verschiedener Häufigkeit, wirklich in der Natur nachgewiesen sind. Es ist sehr charakteristisch, daß der Chemie durch die Forschungen MENDELEJEWS und seiner Nachfolger das periodische System und die Ordnungszahlen auf Grund der Einordnung der Elemente nach ihren Atomgewichten längst bekannt waren, bevor man die anschauliche physikalische Bedeutung der Ordnungszahl als Kernladung kannte. Gerade hieraus geht deutlich der enge Zusammenhang zwischen Atomgewicht und Ordnungszahl hervor. Bei den leichtesten Elementen ist das Atomgewicht, bezogen auf $O = 16$, fast genau doppelt so groß wie die Kernladungszahl, bei den schwereren Elementen jedoch steigt das Atomgewicht viel stärker an und erreicht bei dem schwersten Element, dem Uran, schließlich den Wert von 238, der erheblich höher liegt als die doppelte Ordnungszahl 92 dieses Elements.

Einen bedeutenden Fortschritt in der Erkenntnis der Atomkerne bedeutete die Entdeckung der Isotopie, der Erscheinung, daß es häufig mehrere Elemente gleicher Kernladungszahl und daher gleicher chemischer Eigenschaften, aber verschiedenen Atomgewichts gibt. Zuerst wurden solche Isotope durch das chemische Studium der radioaktiven Elemente bekannt, aber F. W. ASTON, A. J. DEMPSTER und mehrere andere Forscher zeigten, daß die Isotopie eine ganz allgemeine Er-

scheinung auch der nicht radioaktiven Elemente ist (*1*). Sie bestimmten
die spezifische Ladung e/m für bewegte, geladene Atome und fanden,
daß alle Isotope, deren Atommasse (auf $O = 16$ bezogen) von einer
ganzen Zahl stark abweicht, Gemische mehrerer, bis zu 11 Isotopen
mit sehr genau ganzzahligen Atomgewichten sind. Damit war gleichzeitig der Beweis für die komplexe Struktur aller Atomkerne erbracht,
da ja aus dem natürlichen radioaktiven Zerfall der schwersten Kerne
hervorging, daß jedenfalls diese aus einfacheren Gebilden zusammengesetzt sein müssen. Da die Masse des leichtesten Atomkerns, des
Wasserstoffkerns, in den oben genannten Einheiten fast genau 1 beträgt, können wir es somit als bewiesen ansehen, daß der Wasserstoff-
kern mit der Masse 1 und der Ladung eines Elementarquantums, das
sogenannte Proton, und das Elektron, dessen Masse bekanntlich $^1/_{1840}$
der Protonenmasse beträgt, die Urbausteine sämtlicher Atomkerne
darstellen. Auf die Abweichungen von der genauen Ganzzahligkeit
der Atomgewichte, die sogenannten „Massendefekte" und ihre physikalische Bedeutung, werden wir in einem späteren Abschnitt ausführlich zurückkommen. Das Auftreten doppelt positiv geladener Heliumkerne der
Ladung 2 und der Masse 4, der sogenannten α-Teilchen, beim radioaktiven Zerfall zeigt, daß es außer diesen beiden Urbausteinen auch noch
mindestens einen weiteren wichtigen Baustein gibt. Daß die α-Teilchen,
die, wie aus ihrer Ladung und Masse hervorgeht, aus 4 Protonen und 2 Elektronen bestehen, auch beim Aufbau der leichteren Kerne eine bedeutende
Rolle spielen, scheint auch aus der großen Häufigkeit der Elemente bzw.
der Isotope hervorzugehen, deren Atomgewicht durch vier teilbar ist. In
der Tat bilden diese Elemente nach W. D. HARKINS u. a. (*12*) ungefähr
91 °/₀ aller bekannten Materie. Freilich wäre es ein Fehlschluß, wollte
man aus der Häufigkeit der Isotope unmittelbare Schlüsse auf ihre Stabilität ziehen. Auch steht es von vornherein keineswegs fest, daß außer
α-Teilchen, Protonen und Elektronen keine weiteren Bausteine des Kerns
existieren. Wir wissen auch nicht, wie viele der im Kern vorhandenen
Protonen und Elektronen innerhalb des Kerns zu α-Teilchen oder anderen enger zusammengefaßten Konfigurationen zusammengeschlossen
sind, ja, wir können nicht einmal aus der Tatsache, daß α-Teilchen als
fertige Gebilde den Kern verlassen, schließen, daß diese auch innerhalb
des Kerns als solche vorgebildet vorhanden sind. Doch kann man auf
Grund des chemischen Befundes ohne weiteres immer angeben, aus wieviel Urbausteinen jeder Kern zusammengesetzt ist. Die Protonenzahl
oder „Massenzahl" N_H eines Isotops ist identisch mit der ganzen Zahl,
die mit dem Atomgewicht sehr nahe übereinstimmt[1] und die Zahl der

---

[1] Da die Einheit des Atomgewichts auf einer willkürlichen Konvention
beruht, ist diese Festlegung der Protonenzahl zunächst natürlich ebenfalls
durchaus willkürlich. Die genaue Bestätigung der so gewählten Massenzahl kann erst durch den einheitlichen Gang der Massendefekte (Abb. 9)

im Kernverband vorhandenen Elektronen ist gleich der Differenz zwischen Massenzahl und Kernladung Z:

$$N_e = N_H - Z. \tag{1}$$

Wir möchten, ohne schon hier auf die Diskussion der Massendefekte einzugehen, vorwegnehmen, daß die Astonschen Messungen einen Beweis dafür liefern, daß das α-Teilchen als ein ganz besonders stabiles Konglomerat von Protonen und Elektronen anzusehen ist, was mit der Hypothese von der hervorragenden Rolle desselben als Baustein der Atomkerne gut in Einklang steht.

III. Die im Atomkern wirksamen Kräfte.

Die besondere Bedeutung der Radioaktivität für die Erforschung des Atomkerns besteht nicht nur darin, daß sie uns durch die Zerfallsprozesse wichtige Aufschlüsse über die Struktur der zerfallenden Kerne selbst gibt, sondern sie liefert uns in den von den radioaktiven Elementen emittierten Teilchen Sonden, mit denen es gelingt, die Felder von leichteren Atomkernen gewissermaßen abzutasten. Denn um die sehr hohen elektrostatischen Felder in großer Nähe des Atomkerns überwinden zu können, sind sehr hohe Energien nötig, wie wir sie mit künstlichen Mitteln einem einzelnen Atom noch nicht mitgeben können. Die Beobachtung der Streuung von α-Teilchen durch Materie gibt daher Aufschluß über die Kernfelder. Die klassische Formel für die Streuung der α-Teilchen ist von E. Rutherford unter der Annahme abgeleitet (*13*, vgl. *5*, S. 562), daß der Kern eine positive Punktladung vom Betrage $Z \cdot e$ sei. Die Anziehungskräfte der Elektronenhülle können, wie klassisch und quantenmechanisch gezeigt wurde, für die unter großen Winkeln abgelenkten Teilchen, — und nur diese interessieren uns hier, denn nur diese kommen dem Kern genügend nahe —, vollkommen vernachlässigt werden. Auch die moderne Quantenmechanik liefert die Rutherfordsche Formel, wie Born, Wentzel, Gordon (*14*, *15*, *16*, s. a. *11a* S. 226) gezeigt haben. Geiger u. Marsden haben die Gültigkeit der Formel, wenigstens was die Streuung an schweren Elementen anlangt, vollkommen bestätigen können (*17*), und sein Schüler J. Chadwick (*18*) konnte dabei zeigen, daß die Ordnungszahl tatsächlich, wie das Bohr-Rutherfordsche Modell es verlangt, mit der so empirisch gefundenen Kernladungszahl identisch ist. Anders war der Befund bei der Streuung an den leichten Elementen, also den Atomen niedriger Kernladung. Hier fanden Rutherford u. Chadwick (*19*), Bieler (*20*) und andere systematische Abweichungen von der Rutherfordschen Formel bei den stark

---

gefunden werden. Bei jeder anderen Festlegung von N_H würde eine durchaus unstetige Kurve der Atomgewichte in Abhängigkeit von N_H herauskommen, so daß die allgemein übliche und zunächst auf diesem unexakten Wege eingeführte Wahl von N_H hierdurch nachträglich gerechtfertigt wird.

abgelenkten Teilchen, die sich nur durch Annahme einer Abweichung
vom Coulombschen Gesetz bei sehr kleinen Entfernungen vom Kernmittelpunkt deuten lassen. Welchen Charakter haben nun diese nicht
Coulombschen Kräfte? Aus den Messungen selbst war nur zu schließen,
daß es sich um Anziehungskräfte handelt, die erst bei sehr kleiner Entfernung vom Kernmittelpunkt neben der Coulombschen Abstoßung
merklich werden. Im allgemeinen wird diese Zusatzkraft durch ein Zusatzglied ausgedrückt, das einer hohen negativen Potenz des Kernabstan-
des proportional ist. Das Potential des Atomkerns gegenüber einem
α-Teilchen kann dann näherungsweise geschrieben werden:

$$U = \frac{4Ze^2}{r} - \frac{c}{r^n}, \tag{2}$$

wobei $n > 2$ angenommen wird. Die meisten Rechnungen zur Deutung
der Abweichung der Streuung von der Rutherfordschen Formel sind
unter der Annahme $n=3$ oder $n=4$ gemacht worden. Auch bei der
Streuung der α-Teilchen in Helium selbst fanden Rutherford u.
Chadwick (21) erhebliche Abweichungen vom Coulomb-Gesetz, die sie
dadurch zu beschreiben suchen, daß sie das α-Teilchen nicht als Punktladung ansehen, sondern annehmen, daß es die Form eines Rotations-
ellipsoids hat, wobei die kürzere Achse von $2 \cdot 10^{-13}$ cm in der Flugrichtung
liegt, die längere Achse $7 \cdot 10^{-13}$ cm ist. Diese Versuche sind von großer
Bedeutung, da sie unmittelbar das Studium der zwischen α-Teilchen
untereinander wirksamen Kräfte gestatten, doch dürfte die Deutung
durch ein Ellipsoidmodell noch keineswegs eindeutig sein. Leider ist das
experimentelle Material hierüber nicht sehr reichhaltig, doch ist zu
hoffen, daß auf diesem Wege weiter wichtige Schlüsse über den Potentialverlauf des Kerns gewonnen werden können[1]. Eine wichtige Frage ist
die nach dem physikalisch-modellmäßigen Charakter des Zusatzgliedes
in (2) und damit nach dem Anziehungsexponenten n. Die Wechselwirkung zwischen einem elektrischen Moment des einen und der elektrischen
Ladung des anderen Stoßpartners ergäbe $n = 2$, die Wechselwirkung
zwischen zwei magnetischen oder zwei elektrischen Momenten $n = 3$,
die Anziehung durch elektrische Polarisation, die von H. Pettersson
und W. Hardmeier (23, 24) zur Erklärung herangezogen wurde, würde
ein Zusatzpotential mit $n = 4$ zur Folge haben. Die beiden erst erwähnten Annahmen können heute auf Grund unserer quantenmechanischen Anschauungen als eindeutig widerlegt gelten, denn wie W. Heisenberg (25a) gezeigt hat, ist die Annahme eines mechanischen Moments
für das α-Teilchen, und ohne ein solches wäre ein elektrisches oder
magnetisches Moment undenkbar, mit dem spektroskopischen Befund
bei der Analyse des He-Bandenspektrums unvereinbar. Ein Kernmo-

---

[1] Anm. bei der Korrektur: Über die anomale Streuung von α-Teilchen
an He erschien inzwischen eine neue Arbeit von J. Chadwick (22).

ment würde sich nämlich, worauf hier nicht näher eingegangen werden kann, wie beim Wasserstoff oder Stickstoff durch einen Intensitätswechsel im Bandenspektrum bemerkbar machen, der im He-Bandenspektrum nicht beobachtet wurde. Der Ausfall jeden zweiten Rotationsterms im Molekülspektrum, wie er beim He-Bandenspektrum beobachtet wird, beweist die vollkommene Symmetrie des He-Kerns und somit das Fehlen eines Moments. (Hierüber vgl. [7, § 4].) Damit fallen gleichzeitig die von einer Reihe von Autoren angegebenen Kernmodelle, die auf der Hypothese eines magnetischen Moments des He-Kerns von der Größe eines BOHRschen Magnetons beruhen; so verliert vor allem die von A. ENSKOG (26) ziemlich weit entwickelte Theorie ihre quantitative Grundlage, die allerdings unter Annahme mehrerer ziemlich ad hoc eingeführter Quantenzahlen, Energie und sogar Zerfallsgeschwindigkeit der α-Strahler auf Grund eines quantentheoretischen Ansatzes — ungefähr analog der Art des Ansatzes, den BOHR zur Herleitung der BALMER-Formel benutzte — berechnet. Dennoch kommt den magnetischen Kräften zweifellos eine große Bedeutung für die Konstitution des Kerns zu, wenn auch nicht bei der Bindung der α-Teilchen untereinander. — Denn beide Urbausteine der Materie, sowohl das Elektron als auch das Proton haben, wie heute unzweifelhaft feststeht, ein magnetisches Moment. Das magnetische Moment des Elektrons beträgt $0{,}917 \cdot 10^{-20}$ erg/Gauß, das des Protons $5{,}0 \cdot 10^{-24}$ erg/Gauß. Alle bisher bekannten magnetischen Momente von Atomkernen sind von der Größenordnung des magnetischen Protonenmoments. Hierurch wird auch, wenn auch vorerst nur rein qualitativ, verständlich, welche Kräfte es sind, die das besonders stabile Gefüge des α-Teilchens selbst zusammenhalten.

IV. Der radioaktive Zerfall. Die GEIGER-NUTTALL-Beziehung.

In den radioaktiven Vorgängen haben wir es bekanntlich mit einer natürlichen Umwandlung von Elementen zu tun, die auf einem spontanen Zerfall der offenbar instabilen schweren Kerne unter Emission von α-Teilchen oder Elektronen hoher Energie beruht, die bei vielen Elementen auch mit der Emission einer kurzwelligen elektromagnetischen Strahlung, der γ-Strahlung, verbunden ist. Sämtliche radioaktiven Elemente gliedern sich in drei radioaktive Zerfallsreihen ein, an deren Anfang die Elemente Uran, Thorium und Protactinium, an deren Ende drei stabile Bleiisotope stehen. Dabei ist es wahrscheinlich, daß auch die Actinium- und Thoriumreihe ein Uranisotop zum Ausgangspunkt haben. Die chemische Natur der Elemente ändert sich gemäß den von FAJANS und SODDY gefundenen Verschiebungsregeln: Die Emission eines Kernelektrons bewirkt das Anwachsen der Kernladung um eine Einheit ohne Änderung der Massenzahl, bei Emission eines α-Teilchens sinkt die Kernladung um zwei, die Massenzahl um vier Einheiten. Der Zerfallsprozeß selbst geht vollkommen spontan und durch äußere Mittel unbeeinflußbar (*14*) vor sich, in der Weise, daß die in der Zeiteinheit zerfallende Menge eines Elements immer einen ganz bestimmten, konstanten Bruchteil der noch vorhandenen Menge desselben Elements beträgt. Daraus resultiert bekanntlich der exponentielle Charakter des radioaktiven Zerfallsvorganges, der sich durch die grundlegende Gleichung

$$M_t = M_0 \cdot e^{-\lambda t} \tag{3}$$

beschreiben läßt, wobei M_0 die zur Zeit $t = 0$ vorhandene, M_t die zur Zeit t vorhandene Menge und λ

$$\lambda = \frac{1}{\tau}, \tag{3a}$$

eine Konstante, die sogenannte Zerfallskonstante des Elements bedeutet, die gleich der reziproken mittleren Lebensdauer τ ist. An Stelle der mittleren Lebensdauer τ wird auch häufig der 0,693 ($= \ln 2$)-fache Wert, die sogenannte Halbwertszeit T angegeben. Die beim α-Zerfall frei werdende Energie wird zum größten Teil vom α-Teilchen selbst als kinetische Energie mitgenommen, nur einen ziemlich kleinen Teil davon nimmt wegen seiner großen Masse das Restatom als Rückstoßenergie mit, doch läßt sich, da das Massenverhältnis genau bekannt ist, auch diese Korrektur aus dem Impulssatz genau berechnen. Die Geschwindigkeiten der α-Strahlen können durch magnetische Ablenkung direkt gemessen oder indirekt aus der Reichweite bestimmt werden, die nach Geiger der dritten Potenz der Geschwindigkeit proportional ist. Die wichtigste quantitative Gesetzmäßigkeit des α-Zerfalls stellt die von Geiger u. Nuttall im Jahre 1912 gefundene Beziehung zwischen Reichweite (oder Geschwindigkeit) der α-Strahlen und der Zerfallskonstante der diese Strahlen aussendenden radioaktiven Elemente dar.

Diese Autoren fanden nämlich, daß der Logarithmus der Zerfallskonstante eine lineare Funktion des Logarithmus der α-Strahlengeschwindigkeit v ist. Dabei ergibt sich, wenn man die Beziehung in der Form

$$\log \lambda = A' + B' \cdot \log v = A + B \cdot \log R \tag{4}$$

schreibt, daß die Konstante B bzw. B' für alle drei radioaktiven Zerfallsreihen denselben, während die Konstante A für jede der drei Reihen einen etwas anderen Wert hat, so daß sich in der graphischen Darstellung drei parallele Gerade ergeben (vgl. Abb. 1). Freilich zeigen sich an manchen Stellen auch Abweichungen von dieser einfachen Beziehung, so fand J. C. Jacobsen für Ra C', dessen Zerfallskonstante zu groß ist, als daß sie noch mit den üblichen Methoden gemessen werden kann, einen etwa 60 mal kleineren Wert für die Zerfallskonstante, als die Geiger-Nuttall-Beziehung berechnen läßt; für Uran scheint der theoretische

Wert etwas zu hoch zu sein, auch Thorium liegt ziemlich weit unterhalb der Geraden der Th-Reihe, und in der Actiniumreihe ist sogar an einer Stelle eine Zacke in der experimentell gefundenen Kurve, da das Ra Ac trotz höherer Zerfallsenergie eine kleinere Zerfallskonstante hat als das vorangehende Ac X. Dennoch kann die GEIGER-NUTTALL-Beziehung als eine der zuverlässigsten Gesetzmäßigkeiten der ganzen Physik gelten, wenn man bedenkt, daß die Lebensdauern der α-Strahler zwischen den Grenzen von 10^{-5} sec und 10^6 Jahren liegen. Merkwürdig ist, daß dabei die Geschwindigkeiten der langsamsten und schnellsten α-Strahlen kaum in den Grenzen $1 : \sqrt{2}$ variieren. Daraus erklärt sich auch, daß die Formel fast ebenso gilt, wenn man an Stelle des log v den Wert von v selbst setzt, indem man, wie S. SWINNE (28) es tut, die Formel in der Form

$$\log \lambda = a + b \cdot v \quad (4\,\mathrm{a})$$

schreibt. Auch noch andere Formen der Formel wurden mit größerem oder geringerem Erfolg versucht, doch ließ sich niemals eine durchgehende Verbesserung der Übereinstimmung dadurch erzielen, im Gegenteil zeigte eine eingehende ausdrücklich mit diesem Ziel unternommene Untersuchung von H. GEIGER (29), daß die zuerst angeführte Form sogar ein wenig besser paßt als die später vorgeschlagenen. Die Ursache dieser verschiedenartigen Schreibweise ist, daß, da v nur in so geringen Grenzen variiert, sich sowohl der Logarithmus als auch die anderen eingeführten Funktionen in dem interessierenden Bereich mit hinreichend guter Näherung als Gerade darstellen lassen, zumal zu einer genauen Nachprüfung die Meßgenauigkeit der Reichweite im allgemeinen wegen der großen Empfindlichkeit von λ gegen v nicht ausreicht. Auch scheint ja, wie B. GUDDEN (30) bemerkte, wenn man die beiden äußersten Elemente Ra C' und

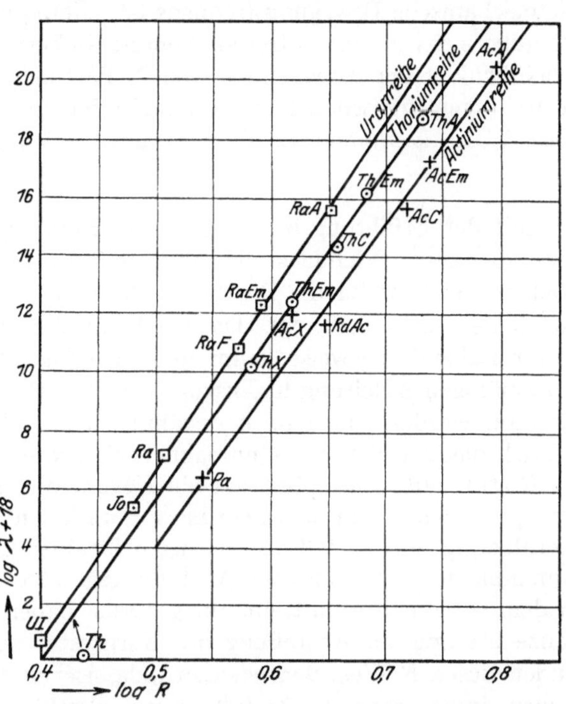

Abb. 1. GEIGER-NUTTALLsche Beziehung zwischen Reichweite R und Zerfallskonstante der α-Strahler (nach ST. MEYER und E. SCHWEIDLER). (Aus K. W. KOHLRAUSCH, Radioaktivität, Hdbuch. d. exper. Physik XV.)

U I einbezieht, die Kurve tatsächlich leicht gekrümmt zu sein, auch wenn man log v als Abszisse aufträgt.

Zur theoretischen Deutung dieses interessanten und wichtigen Gesetzes wurden schon frühzeitig Versuche unternommen. Relativ die besten quantitativen Erfolge hatte die halbempirische Theorie von F. A. LINDEMANN (*31*). Dieser versuchte den Zerfall als eine Kernexplosion zu deuten, die nur durch einen Vielfachstoß zahlreicher unabhängig voneinander beweglicher Teilchen zustande kommen kann. Nur wenn zahlreiche Teilchen, deren Energie er gleich $h \cdot v$ setzt, wobei v die mechanische Bewegungsfrequenz ist, zufällig innerhalb eines kleinen Raumbereichs zusammentreffen, kommt ein Zerfall zustande. Die Wahrscheinlichkeit der Anwesenheit von N Partikeln in der für den Zerfall notwendigen kritischen Lage innerhalb der Zeit δ ist dann $(v\,\delta)^N$. Auf diese Weise kommt er zu einer exponentiellen Formel von der Form

$$\lambda = (v\,\delta)^N, \tag{5}$$

die mit der Erfahrung in relativ guten Einklang zu bringen ist, wenn man die zum „Vielfachstoß" nötigen Teilchenzahlen N in den drei Reihen gleich 91 für die Ra-Reihe, 86 für die Th-Reihe und 83 für die Ac-Reihe setzt (*10*, S. 53). Doch scheint die theoretische Bedeutung dieser Behandlungsweise kaum über den Charakter einer rein dimensionsmäßigen Ableitung hinauszugehen. Die theoretischen Ansätze von ENSKOG wurden schon oben erwähnt, doch fällt ihre Grundlage fort, da sich das α-Teilchen als unmagnetisch erwiesen hat.

RUTHERFORD (*32*) selbst hat ein Kernmodell angegeben, um ein von ihm gefundenes sehr merkwürdiges Paradoxon zu erklären. Da man Kernladung und Zerfallsenergie der α-Strahler kennt, kann man unter Annahme des COULOMBschen Abstoßungsgesetzes den Abstand angeben, in dem es vom Kernmittelpunkt gesessen haben müßte, wenn es seine ganze Energie der Abstoßung des Kernrestes verdanken würde. Man findet diesen Radius, den wir den „klassischen Kernradius" r_2 nennen wollen, indem man die Zerfallsenergie gleich der potentiellen Energie zwischen „Kernrest" und α-Teilchen an der Stelle $r = r_2$ setzt. Sei Z^* die Kernladung des Zerfallsprodukts, E die Zerfallsenergie, so ist

$$\frac{2\,Z^*e^2}{r_2} = E. \tag{6}$$

Man hat diesen Radius auf Grund der klassischen Vorstellungen immer als einen *maximalen* Grenzradius des Kerns angesehen, da, wenn das COULOMB-Gesetz noch bis zu kleineren Abständen gilt, das α-Teilchen nicht genügend Energie hätte, um das nach (2) vorhandene Potentialmaximum (vgl. Abb. 5, ausgezogene Kurve) zu überwinden. Man mußte also notwendig annehmen, daß der Radius, bei dem die hypothetischen Anziehungskräfte gleich der COULOMBschen Abstoßung sind, der Radius r_m des Potentialmaximums also, kleiner sein müßte als r_2. Für Uran ergibt sich aus (6) r_2 zu $6{,}7 \cdot 10^{-12}$ cm. RUTHERFORD und CHADWICK haben nun Streuversuche an Uran mit Hilfe sehr schneller α-Strahlen unternommen, und fanden vollkommene Übereinstimmung mit der RUTHREFORDschen Streuformel, also strenge Gültigkeit des COULOMBschen Gesetzes bis zu Kernabständen von $4 \cdot 10^{-12}$ cm herab, bis zu Radien also, die weit unter dem klassisch berechneten scheinbar „maximalen" Kernradius liegen. RUTHERFORD suchte einen Ausweg aus dieser Diskrepanz zu finden, indem er annahm, daß die α-Teilchen innerhalb des Kerns durch Elektronen neutralisiert seien, und in diesem Zustande sich in Quantenbahnen um einen weiter innen gelegenen Kernrumpf bewegen. Vor der α-Emission sollten die neutralisierenden Elektronen in den Kernrest fallen, und die α-Teilchen in geladenem Zustand vom Kern ausgeschleudert werden. Einen großen Fortschritt für die theoretische Behandlung des Atomkerns bedeutete es nun, als der russische Physiker G. GAMOW (*33*) und fast gleichzeitig mit ihm W. GURNEY u. E. CONDON (*34*) einen quantenmechanischen Mechanismus anzugeben vermochten, der nicht nur die eben besprochene Diskrepanz vollkommen löst und die dadurch notwendig gewordene ziemlich künstliche Annahme von RUTHERFORD überflüssig macht, sondern auch mit Erfolg zu einer quantitativen Theorie der GEIGER-NUTTALL-Beziehung führte.

Da es sich hierbei jedoch um einen, übrigens schon früher bekannten, spezifisch quantenmechanischen Effekt handelt, der in der klassischen Mechanik oder der älteren Quantentheorie keinerlei direkte Analogie besitzt, sei es gestattet, zu seiner Erklärung ein wenig weiter auszuholen und die wellenmechanische Behandlungsweise eines derartigen Problems kurz zu erläutern (vgl. *4* § 46).

V. Quantenmechanische Übergangswahrscheinlichkeit zwischen zwei getrennten Potentialgebieten.

Bekanntlich ordnet die Wellenmechanik jedem Teilchen eine Welle zu. Für den Fall, daß es sich um ein Problem zeitlich konstanter Energie handelt, genügt die für das Teilchen charakteristische Wellenfunktion ψ der SCHRÖDINGERschen Differentialgleichung:

$$\Delta \psi + \frac{8\pi^2 m}{h^2}(E - U)\psi = 0, \tag{7}$$

worin Δ den bekannten LAPLACEschen Operator $\left(\dfrac{\partial^2}{\partial x^2} + \dfrac{\partial^2}{\partial y^2} + \dfrac{\partial^2}{\partial z^2}\right)$,

E die Gesamtenergie des Teilchens und U die potentielle Energie bedeutet. Die Wellenmechanik interessiert sich nun nur für ganz bestimmte Lösungen der SCHRÖDINGERschen Gleichung, nämlich solche, die der Randbedingung genügen, im Unendlichen zu verschwinden. Dadurch ist im allgemeinen der für E zulässige Wertebereich eingeschränkt; die zulässigen E-Werte heißen Eigenwerte der Differentialgleichung, die zugehörigen Wellenfunktionen ψ sind Eigenfunktionen des Problems. Die Lösung ψ ist im allgemeinen eine komplexe Funktion; multipliziert man sie mit dem zu ihr konjugiert komplexen Wert $\overline{\psi}$, so hat dieses Produkt zufolge der statistischen Deutung der Wellenmechanik eine ganz konkrete und anschauliche Bedeutung. Die Funktion $\psi\overline{\psi}\,(x, y, z).\,dV$ ist nämlich nichts anderes als die Wahrscheinlichkeit, daß sich das Teilchen in dem Volumelement dV befindet. Da es sich um geladene Teilchen handelt, kann, wenn ε die Ladung des Teilchens ist, die Größe $\varepsilon \cdot \psi\overline{\psi}$ als Ladungsdichte des Teilchens angesehen werden. Andererseits hat ψ die Bedeutung des räumlichen Amplitudenfaktors der zeitabhängigen Wellenfunktion Ψ des Teilchens, die sich im stationären Falle darstellt als

$$\Psi = \psi \cdot e^{\frac{2\pi i}{h} E t}. \tag{8}$$

Wir wollen hier den quantenmechanischen Mechanismus des Übergangs zwischen zwei durch eine Potentialschwelle getrennten Gebieten zunächst an dem allereinfachsten Falle des nur eindimensional beweglichen Teilchens bei stückweise konstantem Potential betrachten[1]. Der Potentialverlauf, den wir zu diesem Zweck annehmen wollen, bestehe aus einer einfachen Schwelle, wie sie in Abb. 2 dargestellt ist, also:

$$U = 0 \text{ in den Gebieten I und III für } x < 0 \text{ und } x > d$$
$$U = U_0 \text{ im Gebiet II für } 0 < x < d.$$

Wir wollen uns hier nur für die Fälle interessieren, in denen die Energie E des Teilchens, die in I und III nur aus kinetischer Energie

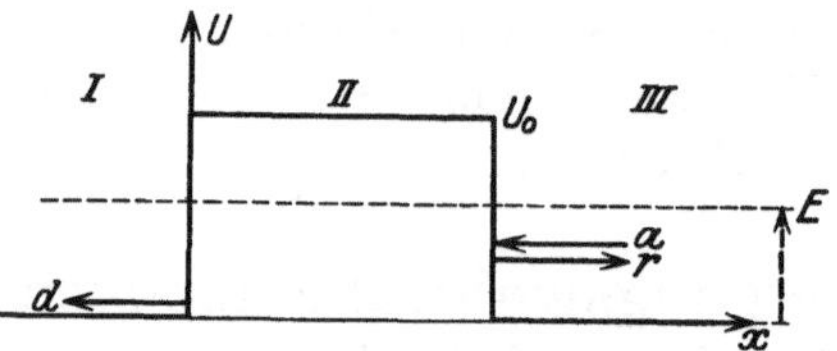

Abb. 2. Eindimensionale Einfachschwelle. Die Höhe der Pfeile kennzeichnet schematisch die Intensität der ankommenden (a), der reflektierten (r) und der durchgegangenen (d) Welle.

besteht, kleiner als U_0 sei. Dann gibt es nach der klassischen Mechanik zwei Möglichkeiten: entweder befindet sich das Teilchen in I, dann kann es niemals nach III gelangen, oder umgekehrt; in das Gebiet II aber kann es überhaupt niemals eindringen, da dort seine kinetische Energie $(E - U)$ negativ wäre, es wird, wenn es von I oder III kommend, sich auf die Schwelle zu bewegt, an der Wand bei $x = 0$ oder $x = d$ reflektiert.

Ganz anders verhält sich das Teilchen nach den Gesetzen der Wellenmechanik. Es ist ohne weiteres anschaulich verständlich, daß eine Welle, die z. B. von III her gegen das Hindernis II läuft, nicht vollständig reflektiert werden muß, sondern in Analogie zu den Vorgängen bei der Totalreflektion an einer dünnen Schicht ein, wenn auch nur ein sehr kleiner Teil der Welle durch die Schwelle hindurchzudringen vermag, und in I als fortlaufende Welle sehr kleiner Amplitude auftreten kann.

---

[1] Die Darstellung dieses Beispiels folgt der von v. Laue gegebenen (35).

Mathematisch stellt sich dieser Sachverhalt äußerst einfach folgendermaßen dar: Die SCHRÖDINGER-Gleichung reduziert sich nämlich in diesem Falle in den Gebieten I und III auf die einfache Schwingungsgleichung

$$\frac{d^2\,\psi}{d\,x^2} + \frac{8\pi^2\,m}{h^2}\,E\psi = 0 \tag{9}$$

und wir erhalten daher als Lösung in diesen beiden Gebieten Sinus- und Cosinusfunktionen, oder wenn wir uns, was hier der Trennung in ankommende und fortlaufende Wellen wegen, bequemer ist, der komplexen Schreibweise bedienen, wird, wenn wir als Lösung in I eine einfache fortlaufende Welle x betrachten:

$$\psi_I = A \cdot e^{i\,\alpha\,x}, \tag{10}$$

die Lösung in III

$$\psi_{III} = C_+ \cdot e^{+i\,\alpha\,x} + C_- \cdot e^{-i\,\alpha\,x} \tag{10a}$$

und in II wird ψ eine Exponentialfunktion

$$\psi_{II} = B_+ e^{+\beta\,x} + B_- e^{-\beta\,x}, \tag{10b}$$

wobei wir die Abkürzungen

$$\alpha = \frac{2\,\pi}{h}\sqrt{2\,m\,E} \quad \text{und} \quad \beta = \frac{2\,\pi}{h}\sqrt{2\,m\,(U_0 - E)} \tag{11}$$

einführen wollen. Die Konstanten B_+ und B_-, C_+ und C_- ergeben sich aus der Forderung der Stetigkeit von ψ an den Übergangsstellen des Potentials bei $x = 0$ und $x = d$:

$$\left.\begin{array}{cc} \psi_I(0) = \psi_{II}(0); & \psi_{II}(l) = \psi_{III}(l) \\[2mm] \left(\dfrac{d\,\psi_I}{d\,x}\right)_{x=0} = \left(\dfrac{d\,\psi_{II}}{d\,x}\right)_{x=0}; & \left(\dfrac{d\,\psi_{II}}{d\,x}\right)_{x=d} = \left(\dfrac{d\,\psi_{III}}{d\,x}\right)_{x=d} \end{array}\right\} \tag{12}$$

Der Erhaltung der Gesamtwahrscheinlichkeit des Teilchens oder, statistisch gesprochen, der Erhaltung der Teilchenzahl ist durch die Bedingung

$$|\,C_+\,|^2 - |\,C_-\,|^2 = |\,A\,|^2 \tag{13}$$

genügt. Es ergibt sich somit folgendes Bild: Ein Teil der von rechts her auf die Potentialschwelle II auftreffenden Welle der Intensität $|\,C_+\,|^2$ wird reflektiert, ein anderer Teil $|\,A\,|^2$ hindurchgelassen. Die Durchlässigkeit der Schwelle ist durch die Ausdrücke $|\,A\,|^2/|\,C_+\,|^2$, das Reflexionsvermögen durch $|\,C_-\,|^2/|\,C_+\,|^2$ gegeben. Wird U_0 unendlich groß, so verschwindet die Durchlässigkeit vollständig, das Reflexionsvermögen wird 1 und es bilden sich stehende Wellen aus. An einer unendlich hohen und daher vollkommen spiegelnden Potentialschwelle ist also die Grenzbedingung $\psi = 0$. Ohne auf die Rechnung im einzelnen näher einzugehen, möchten wir doch die Formel für die Durchlässigkeit einer solchen rechteckigen Potentialschwelle angeben. Sie ergibt nach v. LAUE (35)

$$G = \frac{1}{\mathfrak{Cof}^2\,\beta\,d + D^2\,\mathfrak{Sin}^2\,\alpha\,d}, \tag{14}$$

wobei

$$D = \frac{1}{2}\left(\frac{\alpha}{\beta} - \frac{\beta}{\alpha}\right) \tag{14a}$$

bedeutet. Wird die Schwelle für die fragliche Welle sehr breit und hoch, d. h. $e^{\beta d} \gg e^{\alpha d}$ und $e^{\beta d} \gg 1$, so wird die Größenordnung von G durch $\mathfrak{Cof}^2\,\beta l$ im Nenner von (14) bestimmt, da dann

$$\mathfrak{Cof}^2\,\beta\,d \gg D^2\,\mathfrak{Sin}^2\,\alpha\,d$$

wird.

Da ferner dann

$$\mathfrak{Cof}\,\beta l \approx e^{+\beta l}$$

wird, ist G im wesentlichen durch den Exponentialfaktor

$$G \approx e^{-2\beta d} = e^{-\frac{4\pi d}{h}\sqrt{2\,m\,(U_\circ - E)}} \tag{15}$$

gegeben.

Ein ganz analoger Faktor, der von der Höhe der Schwelle relativ zur Teilchenenergie und der Schwellenbreite exponentiell abhängt, wird uns auch später in den Formeln für die Zerfallskonstante begegnen.

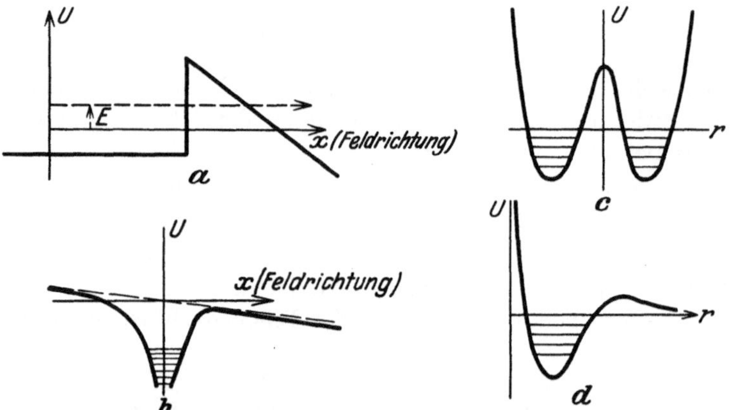

Abb. 3. Verschiedene Formen von Potentialschwellen. *a* Elektronenaustritt aus kalten Metallen; *b* spontane Ionisierung von Atomen im elektrischen Felde (*37, 38*); *c* Potentialkurve beim Zweizentrenproblem (*36, 7*); *d* Energiekurve bei der Prädissoziation.

Das hier eben behandelte Übergangsphänomen wurde in der Quantenmechanik zur Erklärung einer ganzen Reihe verschiedener Erscheinungen herangezogen. Zuerst verwendeten es F. Hund (*36, 7*) und R. Oppenheimer (*37*) zur Deutung gewisser Erscheinungen in den Molekelspektren und Oppenheimer zur Berechnung des Elektronenaustritts aus kalten Metallen. Auch die spontane Ionisierung in einem elektrischen Felde, die von Henry entdeckte Erscheinung der Prädissoziation in Molekülspektren gehören hierher, wobei es sich mitunter um ganz andere Arten von Potentialschwellen handelt. Abb. 3 gibt einige Formen solcher Potentialschwellen wieder, wie sie bei den angeführten Erscheinungen auftreten. Wie man sieht, treten sowohl Übergänge zwischen zwei abgeschlossenen Gebieten auf, wobei wir es mit diskreten Energieniveaus zu tun haben, als auch solche zwischen zwei unabgeschlossenen Gebieten mit kontinuierlichem Energiespektrum, wie in dem oben von uns behandelten Falle, und schließlich solche, wo wir es auf einer Seite mit diskreten, auf der anderen mit kontinuierlichen Eigenwerten zu tun haben würden, wenn die Kopplung zwischen den beiden Gebieten durch Erhöhung der Potentialschwelle aufgehoben würde.

VI. Quantenmechanische Deutung der α-Aktivität und der GEIGER-NUTTALL-Beziehung.

Kehren wir nun zum α-strahlenden Kern zurück, und betrachten wir den Potentialverlauf des Kernrests gegenüber einem α-Teilchen, wie er sich uns nach dem gegenwärtigen Stande unserer Kenntnis darstellt. In Abb. 5 S. 148 zeigt die ausgezogene Kurve einen COULOMBschen Anstieg des Potentials mit $1/r$, dem eine bei kleinem r stark anwachsende Anziehung überlagert ist, über deren Natur die Theorie jedoch keinerlei Voraussetzungen zu machen braucht. Die eingezeichnete Gerade bedeutet die Energie, mit der das α-Teilchen den Kern verläßt. Wäre die Potentialschwelle unendlich hoch, oder hätte die klassische Mechanik Gültigkeit, so würde das Teilchen, das sich innerhalb des „Potentialkraters" mit einer Energie E befände, den Kern niemals verlassen können. Infolge der von der Quantenmechanik geforderten Durchlässigkeit der Schwelle jedoch besteht für das Teilchen eine endliche Wahrscheinlichkeit, den Kern zu verlassen, gleichsam, wie GURNEY und CONDON sagen — entgegen der Explosionshypothese — „aus ihm herauszuschlüpfen" („slip out"). Und da, wie wir oben sahen, die Durchlässigkeit um so geringer wird, je höher und breiter die zu überwindende Potentialschwelle im Vergleich zur Teilchenenergie ist, wird auch die von der GEIGER-NUTTALL-Beziehung geforderte Abhängigkeit der Zerfallskonstanten von der Energie sofort qualitativ verständlich: Der Zerfall ist um so häufiger, je höher die Energie, je näher sie also dem Potentialmaximum ist, und je kleiner somit die noch zu überwindende Potentialschwelle ist. Auch das von RUTHERFORD gefundene Paradoxon, daß das COULOMBsche Abstoßungsgesetz seine Gültigkeit noch bis zu kleineren Radien als bis zu dem „klassischen" Radius r_2 behält, wird dadurch mit einem Male auf zwanglose Weise erklärt, wie der Anblick der Abb. 5 sofort anschaulich zeigt. Durch die quantenmechanische Durchlässigkeit ist gewissermaßen eine Art Tunnel durch den Potentialberg für das α-Teilchen gebohrt, dessen Austrittsstelle bei r_2 liegt, wobei der Berg jedoch noch innerhalb von r_2 zu höheren Werten als $U(r_2)$ ansteigt.

VII. Quantitative Beziehung zwischen Energie und Zerfallskonstante der α-Strahler[1].

1. Eindimensionale Doppelschwelle, stationäres Problem. Die quantitative Theorie, die im folgenden kurz skizziert werden soll und uns zu einer Formel für die Zerfallskonstante führen wird, ist nichts weiter als die exakte Durchführung des oben geschilderten Gedankens. Der Einfachheit halber beschränken wir uns auch hier zunächst auf den Fall einer rechteckigen Potentialschwelle und auf eine Dimension. In diesem Falle müssen wir jedoch, um den tatsächlichen Verhältnissen möglichst gerecht zu werden, eine Doppelschwelle annehmen, da das Teilchen im Kerninnern vollkommen eingeschlossen ist. Der dermaßen idealisierte Potentialverlauf ist in Abb. 4 wiedergegeben,

$$\left.\begin{array}{l} \text{für} \quad |x| < s \ldots \ldots \\ \text{und} \quad |x| > s + d \ldots \ldots \end{array}\right\} U = 0$$

$$\text{für} \quad s < |x| < s + d \ldots U = U_o$$

Wäre die Schwelle nun unendlich hoch, so hätten wir im Innern vollkommen diskrete Energieniveaus. Die Schrödinger-Gleichung (9) wäre nur lösbar für die Energiewerte

$$E = \frac{\left(n - \frac{1}{2}\right)^2 h^2}{8 m s^2}, \qquad (16)$$

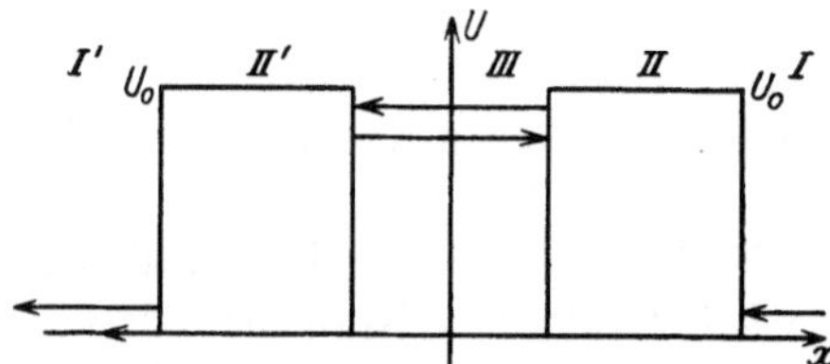

Abb. 4. Eindimensionale Doppelschwelle. Die Höhe der Pfeile kennzeichnet schematisch die Amplitudenquadrate der durchlaufenden und der nahezu stehenden Wellen im Innern im Resonanzfall.

was identisch ist mit der Forderung eines Knotens der Eigenfunktion an den Innenwänden des „Potentialtopfs". Die Eigenfunktionen im Innern stellen dann ein System rein stehender Wellen dar, und sind wegen der Symmetrie der Doppelschwelle gegeben durch

$$\psi = \cos \frac{2\pi x}{\varLambda}, \qquad (16\,\text{a})$$

wo

$$\varLambda = \frac{h}{m v} \qquad (16\,\text{b})$$

die de Broglie-Wellenlänge des Teilchens bedeutet.

---

[1] Da die Literatur über die quantitative Behandlung des Problems ziemlich groß und unübersichtlich ist, schien es nötig, hier deren Ergebnisse und den Gang der Rechnung von einem einheitlichen Standpunkt aus zusammenzufassen. Hierbei war es nötig, die einfachsten Grundbegriffe der Quantenmechanik als bekannt vorauszusetzen (vgl. hierüber auch *4,11b*). Der an der rechnerischen Seite des Problems nicht speziell interessierte Leser möge daher den Abschnitt VII ruhig überschlagen, da in den folgenden Abschnitten fast nur auf die darin abgeleiteten Endformeln zurückgegriffen wird.

Die stationären Lösungen des Problems mit einer Potentialschwelle endlicher Höhe haben SCHRÖDINGER (39), ferner FOWLER u. WILSON (40) und ATKINSON (41) behandelt. Hier haben wir es im Gegensatz zu dem vorhergehenden Falle unendlich hoher Wände mit einem kontinuierlichen Eigenwertsspektrum zu tun. Die, sagen wir, von rechts kommende Welle wird zum Teil reflektiert, zum Teil hindurchgelassen. Im Innern ist die Amplitude der Welle, wenn wir die Amplitude der ankommenden Welle zu 1 normieren, und wenn wir mit einem ziemlich geringen Durchlässigkeitsfaktor rechnen, im allgemeinen sehr klein, nämlich von der Größenordnung

$$|A_{III}| \sim e^{-\beta d}.$$

Nur bei ganz bestimmten Energiewerten tritt eine Art Resonanzerscheinung ein. In diesem Falle, der durch die Pfeile in Abb. 4 charakterisiert ist, geht die Reflexion an der ersten Schwelle auf O zurück, die Amplitude im Innern ist sehr groß, und zwar von der Größenordnung

$$|A_{III}| \sim e^{+\beta d}$$

und die durchgegangene Welle ist gleichstark wie die ankommende im Gebiet I. Wir haben es also in diesem Falle mit einem quasi-diskreten oder, wie SCHRÖDINGER es nennt, „verwaschenen" Eigenwertspektrum zu tun.

Die Maxima von A_{III} in Abhängigkeit von der Energie werden um so höher und schärfer, je geringer der Durchlässigkeitsfaktor der Schwelle, je größer also das Produkt βd wird. Den Grenzfall bildet der Fall unendlich hoher und — wenn man von der Möglichkeit der Ausstrahlung absieht — unendlich scharfer Maxima.

Unser Problem besitzt eine sehr aufschlußreiche von R. D'E. ATKINSON bemerkte mechanische Analogie in dem Problem einer Saite, die zwischen zwei ein wenig beweglichen Enden ausgespannt ist. Durch eine erzwungene Schwingung (ankommende Welle) wird der Saite dauernd Energie zugeführt, die infolge der Beweglichkeit des anderen Endes wieder abfließt. Dabei wird bei bestimmten Frequenzen, die den Eigenfrequenzen der fest eingespannten Saite nahe benachbart sind, die Amplitude der Saitenschwingung sehr groß. Für das Verhältnis der Amplitude der Saitenschwingung zur Amplitude der abfließenden Welle ist die Beweglichkeit der Enden maßgebend, der in unserem Problem die Durchlässigkeit der Schwelle entspricht. Würde die Zufuhr plötzlich aufhören, so würde die Saitenschwingung hoher Amplitude im Innern zeitlich gedämpft, wobei im ersten Moment des Aufhörens der Zufuhr der Abfluß sich nicht wesentlich ändern würde. Das Amplitudenverhältnis läßt also einen Rückschluß auch auf die zeitliche Dämpfung im nicht stationären Falle zu[1]. Wollen wir unser stationäres Problem als

---

[1] Diese Tatsache liegt auch der von v. LAUE (l. c.) gegebenen Rechnungsmethode zugrunde. R. D'E. ATKINSON (im Druck, Zeitschr. f. Physik) benutzt

radioaktives Problem auffassen, so haben wir es mit dem Falle zu tun, daß der Kern eines α-Zerfallsprodukts mit seinen eigenen α-Strahlen (z. B. Ra G mit Po-α-Strahlen) so stark beschossen wird, daß die pro Sekunde zerfallende Po-Menge durch eindringende α-Strahlen dauernd regeneriert wird, ein Fall, der sich natürlich nicht praktisch verwirklichen läßt, da es nicht möglich ist, ein genügend intensives Bombardement von Ra G-Kernen mit α-Strahlen, noch dazu *genau* der Geschwindigkeit, mit der die Po-α-Strahlen den Kern verlassen, durchzuführen.

2. Instationäres Problem. Bei der natürlichen α-Aktivität haben wir es vielmehr mit dem nicht stationären Fall des Abfließens zu tun, der daher auch nicht ohne weiteres mit Hilfe der zeitunabhängigen SCHRÖDINGER-Gleichung behandelt werden kann. Die konsequenteste und folgerichtigste Methode zur Behandlung der nicht stationären Vorgänge, die mit der Überschreitung einer Potentialschwelle verbunden sind, folgt der von OPPENHEIMER[1] in seiner Arbeit über Quantenmechanik aperiodischer Systeme angegebenen, doch ist diese exakteste und mathematisch einwandfreieste Methode auf das Problem der Radioaktivität bis heute noch nicht angewandt worden, obwohl eine Menge Arbeiten über dieses Thema existieren, wobei verschiedene mehr oder minder direkte Näherungsmethoden angewandt wurden, die aber alle praktisch zu dem gleichen Resultat führen und auch bei dem Genauigkeitsgrad, mit dem die Voraussagen der Theorie nachgeprüft werden können, vollkommen ausreichend sind. Es ist nicht Aufgabe dieses Berichts, diese Methode, die auch bei v. LAUE (l. c.) angedeutet ist, in ihrer Anwendung auf das Problem der α-Aktivität explizite mathematisch streng durchzuführen, doch soll der dabei zu beschreitende Weg kurz skizziert und sodann die anschaulichere und bequemere, wenn auch vom streng mathematisch-quantenmechanischen Standpunkt vielleicht anfechtbare GAMOWsche Ableitung der Formel für die Zerfallskonstante dargestellt werden.

Hiernach wird das zeitabhängige Problem folgendermaßen gelöst: Die zeitunabhängige SCHRÖDINGER-Gleichung liefert zunächst die stationäre Lösung des Problems unter den üblichen Randbedingungen, daß ψ im Unendlichen verschwindet. Man stellt nun, was bekanntlich allgemein

---

sowohl das Amplitudenverhältnis, als auch die energetische Breite der Amplitudenmaxima zur Ableitung einer Formel für die Zerfallskonstante, wobei sich gute Übereinstimmung untereinander und mit anderwärts benutzten Methoden ergibt. Hingegen ist die durch die Durchlässigkeit der Wand gegebene Frequenzverstimmung der Resonanzstelle nicht zur Herleitung der Zerfallskonstante ausreichend, da die Lage des Eigenwerts bei endlicher Schwellendurchlässigkeit außer vom Radius s nur von der Höhe, nicht aber von der Breite der Schwelle abhängt [vgl. Bedingung (27)].

[1] R. OPPENHEIMER, l. c. Den Hinweis auf diese Methode verdanke ich Herrn Dr. F. LONDON.

möglich ist, durch ein lineares Aggregat von derartigen Eigenfunktionen des *stationären* Problems einen Anfangszustand her, der die Eigenschaft hat, daß das ψ außerhalb der — nun nicht mehr eindimensional, sondern zentralsymmetrisch zu gestaltenden — Potentialschwelle vollkommen verschwindet; dieser Ansatz bedeutet in der Sprache der Quantenmechanik, daß das Teilchen sich *nur* innerhalb des Kerns befindet, kennzeichnet also den Zustand vor dem Zerfall. Es ist anschaulich ohne weiteres klar, daß eine solche Lösung instabil ist, da infolge der Durchlässigkeit der Wand die Wellenfunktion Ψ des Teilchens innerhalb der Schwelle, da kein Zufluß vorhanden ist, allmählich abklingt, oder, statistisch gesprochen, ein Teilchenstrom in Form einer nach außen fortlaufenden Welle entsteht.

Mit Hilfe der zeitabhängigen SCHRÖDINGER-Gleichung, auf die hier nicht näher eingegangen werden kann, gelingt es, die zeitliche Abklingungskonstante durch Entwicklung des exponentiellen Abfalls nach sin- und cos-Funktionen exakt zu berechnen.

3. Komplexe Eigenwerte.

GAMOW (l. c.) umgeht die Schwierigkeiten der zeitabhängigen Behandlung dadurch, daß er von vornherein einen Ansatz benutzt, der die exponentielle Abklingung bereits ausdrückt, indem er sie in den Zeitfaktor der SCHRÖDINGERschen Funktion in (8) hineinzieht. Er bedient sich dabei der bei Behandlung von Schwingungsproblemen z. B. in der Metalloptik allgemein üblichen Schreibweise gedämpfter Schwingungen durch komplexe Frequenzen.

Zu diesem Zweck benutzt er für den Eigenwert E in (8) den komplexen Ansatz

$$E = E_0 + i\,\frac{h\,\lambda}{4\,\pi}, \tag{17}$$

wobei λ die Zerfallskonstante und der Realteil E_0 die Zerfallsenergie bedeutet. Dann wird nach (8) die Funktion Ψ durch

$$\Psi = \psi\,(x, y, z) \cdot e^{\frac{2\,\pi\,i\,E_0}{h}\,t} \cdot e^{-\frac{\lambda}{2}\,t} \tag{18}$$

gegeben. Diese „Methode der komplexen Eigenwerte" die von GAMOW zuerst angegeben, von J. KUDAR (*42*) auf die zeitabhängige SCHRÖDINGER-Gleichung zurückgeführt und in mehreren Arbeiten näher ausgeführt wurde, bedeutet nun keineswegs eine prinzipiell neue Erweiterung der ursprünglichen Quantenmechanik, die definitionsgemäß nur reelle Eigenwerte kennt, sondern stellt nur eine für Abklingungsprobleme geeignete vereinfachte Schreibweise dar, da ja, wie oben skizziert, auch die üblichen Ansätze mit reellen Eigenwerten zum Erfolg führen, und auch der die Zerfallskonstante bestimmende Imaginärteil des Eigenwertes (17) von seinem Realteil E_0 nicht unabhängig ist.

Zum quantenmechanischen Verständnis der α-Strahlung ist die Tatsache von *ganz* außerordentlicher Wichtigkeit, daß, wie sich empirisch erweist, das zeitliche Dämpfungsverhältnis der die α-Teilchen darstellenden Ψ-Wellen im Kern ganz außerordentlich klein ist. Diese Tatsache drückt sich darin aus, daß der Imaginärteil von E sehr klein ist im Vergleich zu E_0. In der Tat ist auch bei dem kurzlebigsten α-Strahler die Zerfallskonstante nur von der Größenordnung $10^{+6}\,\mathrm{sec}^{-1}$, E_0 von der Größenordnung 10^{-5} erg, so daß der Imaginärteil von E etwa 10^{16}mal kleiner ist als sein Realteil; verglichen mit den bei akustischen und anderen Schwingungsproblemen vorkommenden Dämpfungsverhältnissen — wir erinnern hier an den genannten Vergleich mit der Saite zwischen zwei wenig beweglichen Enden — kann man also die ψ-Schwingung innerhalb des Kerns, solange es nur auf die Berechnung der *Gestalt* der Schwingung ankommt, als praktisch ungedämpft betrachten.

4. Zentralsymmetrische rechteckige Schwelle. Auf diese Tatsache stützt sich nun Gamow bei der Berechnung von λ. Er verwendet hierzu, da ja die zeitliche Abklingung schon in den Zeitfaktor gezogen ist, die zeitfreie Schrödinger-Gleichung, wobei er als Randbedingung nicht die übliche des Verschwindens von ψ im Unendlichen, sondern eine dem speziellen Problem angepaßte Randbedingung stellt, nämlich die, daß die Lösung in sehr großer Entfernung vom Kern genähert — entsprechend dem dauernden Teilchenstrom — eine zu 1 normierte fortlaufende Kugelwelle darstellt.

Nehmen wir das Potential U nunmehr als zentralsymmetrisch an, so läßt sich die Lösung in Polarkoordinaten darstellen als Produkt eines nur von ψ und ϑ und eines nur von r abhängigen Bestandteiles, den wir vorübergehend mit $\psi^*(r)$ bezeichnen wollen,

$$\psi(r, \vartheta, \varphi) = u_l(\vartheta, \varphi) \cdot \psi^*(r),$$

wobei sich für $u_l(\vartheta, \psi)$ Kugelfunktionen ergeben und ψ^* der Differentialgleichung

$$\frac{\partial^2 \psi^*}{\partial r^2} + \frac{2}{r}\frac{\partial \psi^*}{\partial r} + \frac{8\pi^2 m}{h^2}(E - U)\psi^* = \frac{l(l+1)}{r^2}\psi^* = 0 \qquad (18a)$$

genügen muß und l eine ganze Zahl (die Ordnung der Kugelfunktion) ist. Durch Einführung einer neuen Funktion

$$\chi = r \cdot \psi^*$$

ergibt sich als Differentialgleichung für χ

$$\frac{d^2 \chi}{dr^2} + \frac{8\pi^2 m}{h^2}(E - U)\chi - \frac{l(l+1)}{r^2}\chi = 0, \qquad (19)$$

worin l die der Rotation entsprechende Azimutalquantenzahl ist. Wir wollen nun vorläufig die völlig willkürliche Annahme machen, daß für alle von uns betrachteten α-Teilchen die Azimutalquantenzahl l verschwindet. In diesem Falle wird, da $u_0(\vartheta, \psi) = 1$ ist

$$\chi = r \cdot \psi. \qquad (20)$$

Das Glied mit $l(l+1)/r^2$ in (19) verschwindet und (19) erhält die gleiche Form (7) wie im eindimensionalen Falle:

$$\frac{d^2 \chi}{dr^2} + \frac{8\pi^2 m}{h^2}(E - U)\chi = 0. \qquad (21)$$

Nehmen wir zuerst wieder eine rechteckige Potentialschwelle an, also:

$$U = 0 \quad \text{für } r < r_1 \text{ und } r > r_2$$
$$U = U_0 \quad \text{für } r_1 < r < r_2 \text{ und } r_2 - r_1 = d,$$

so ergibt sich gemäß der geforderten Randbedingung, daß die Lösung im Außenraum eine auslaufende normierte Kugelwelle darstellen soll, für das Gebiet I

$$\chi_I = e^{-i a r}. \tag{22}$$

Innerhalb der Schwelle ist die Lösung χ_{III}

$$\chi_{III} = C_+ \cdot e^{+i a r} - C_- \cdot e^{-i a r}, \tag{22a}$$

wobei wegen der Forderung, daß im Nullpunkt ψ nicht unendlich werden soll, nach (20)

$$\chi_{III}(0) = 0 \tag{22b}$$

werden muß. Hieraus folgt

$$C_+ = C_- = \frac{C}{2} \tag{23}$$

und für I

$$\chi_{III} = \frac{1}{2} C \left(e^{+i a r} - e^{-i a r} \right) = C \sin a r. \tag{23a}$$

Im Gebiet II wird

$$\chi_{II} = B_+ \cdot e^{+\beta r} + B_- \cdot e^{-\beta r}. \tag{23b}$$

wobei die Konstanten α und β, um (21) zu erfüllen, wieder den durch (11) gegebenen Wert haben, worin aber E und somit auch α, β und sin komplex zu lesen sind.

Dies hat zur Folge, daß die genaue Grenzbedingung, daß χ_I eine auslaufende Welle räumlich konstanter Amplitude ergeben soll, *nicht* zu erfüllen ist. Setzen wir wegen der erwähnten Kleinheit von $h\lambda$ gegen E_0

$$\alpha = \frac{2\pi}{h} \sqrt{2 m E_0 \left(1 + i\frac{h\lambda}{4\pi E_0}\right)} = \alpha_0 \cdot \left(1 + \frac{i h \lambda}{8\pi E_0}\right)$$

und

$$\beta = \frac{2\pi}{h} \sqrt{2 m (U_0 - E_0)\left(1 + \frac{i h \lambda}{4\pi (U_0 - E_0)}\right)} = \beta_0 \left(1 + \frac{i h \lambda}{8\pi (U_0 - E_0)}\right),$$

wo

$$\alpha_0 = \frac{2\pi}{h} \sqrt{2 m E_0}, \quad \beta_0 = \frac{2\pi}{h} \sqrt{2 m (U_0 - E_0)} \tag{24}$$

bedeuten, so folgt, da $E_0 = \frac{m}{2} v^2$ ist, für die genaue Lösung außerhalb der Schwelle nach (18)

$$\psi_I = \frac{1}{r} \cdot e^{-i\alpha_0 r} \cdot e^{+\frac{\lambda r}{2v}}, \tag{25}$$

wo v die Geschwindigkeit des α-Teilchens ist.

Wir haben also eine fortlaufende Kugelwelle mit „negativer" räumlicher Dämpfung vor uns, d. h. der Faktor $e^{+\frac{\lambda r}{2v}}$, bewirkt, daß die Lösung mit wachsendem r divergiert. Dieses Divergieren ist zwar exponentiell, doch so langsam, daß bei den in der α-Aktivität gegebenen numerischen Verhältnissen der Faktor erst in makroskopischen Entfernungen vom Kern merklich von 1 abweicht, so daß wir ihn für die Berechnung der Lösung in Kernnähe völlig außer acht lassen können. Dennoch bewirkt dieser exponentielle Anstieg der Lösung eine gewisse prinzipielle Schwierigkeit, denn die quantenmechanische Vorschrift verlangt Lösungen, die im Unendlichen verschwinden. Dies ist die Ursache, weswegen das Verfahren der komplexen Eigenwerte vom streng mathematischen Standpunkt angefochten wird. Doch hat gerade dieses Verhalten eine physikalisch reelle Bedeutung. Wie schon Gamow in seiner ersten Arbeit (l. c.) bemerkte, bedeutet die exponentielle Zunahme von λ mit r nichts weiter, als daß die zu früheren Zeitpunkten ausgegangenen Wellenteile größere Amplitude besaßen, oder, statistisch ausgedrückt, daß die vor langer Zeit vorhandene Menge radioaktiver Substanz, d. h. die Menge solcher Kerne, die noch α-Teilchen enthalten, also die Menge der radioaktiven Muttersubstanz, größer, vor unendlich langer Zeit sogar unendlich groß gewesen sein muß. In der Tat kennt ja auch die klassische Theorie der Radioaktivität diese Schwierigkeit, die sich immer bietet, wenn — und nur dies kommt quantenmechanisch in der genannten Weise zum Ausdruck — keine Annahme über einen ursprünglichen Entstehungsmechanismus der radioaktiven Kerne in die Theorie hineingesteckt wird. Bekanntlich beruhen die radioaktiven Altersbestimmungen von Mineralien und die Abschätzung einer oberen Grenze für das Alter der Erde auf dieser Einseitigkeit der radioaktiven Vorgänge. Wir wollen daher diese abnorme Randbedingung als dem besonderen Charakter des Zerfallproblems angepaßt ansehen und die Methode der komplexen Eigenwerte trotz der hierdurch entstehenden formalen Schwierigkeiten benutzen[1].

Zur vollständigen Bestimmung der Lösung mit räumlich divergierender Kugelwelle (25) als äußerer Randbedingung sind nun noch die Konstanten B_+, B_- und C zu bestimmen, was durch Erfüllung der Stetigkeitsbedingungen bei $r = r_1$ und $r = r_2$

$$\chi_I(r_2) = \chi_{II}(r_2) \qquad\qquad \chi_{III}(r_1) = \chi_{II}(r_1)$$
$$\chi_I'(r_2) = \chi_{II}'(r_2) \qquad\qquad \chi_{III}'(r_1) = \chi_{II}'(r_2) \tag{26}$$

möglich ist, wobei wir mit χ' die erste Ableitung von χ nach r bezeichnen. Wie man leicht sieht, ist nun aber die Lösung ψ durch die doppelte Randbedingung (25) und (22b) derart festgelegt, daß die Differentialgleichung (21) nur für ganz bestimmte *diskrete* Werte von E und somit auch von E_0 und λ erfüllt werden kann. Dadurch ist es, wie Gamow (*43*) in einer

---

[1] Hierüber vgl. insbesondere Gamow, G.: Zeitschr. f. Physik **51**, 209. — Kudar, J.: Ebenda **53**, 137. — Atkinson, R. D'E. u. F. G. Houtermans: Ebenda **58**, 480.

kurzen Bemerkung zu seiner ersten Arbeit, die diesbezüglich einen Fehler enthielt, und ausführlicher in einer Reihe Arbeiten KUDAR (42) gezeigt haben, möglich, *allein* auf Grund der Randbedingungen (25) und (22b) und der Stetigkeitsbedingungen (26) die komplexen Eigenwerte des Problems zu berechnen und somit auch den Zusammenhang zwischen E_o und λ zu erhalten. Dabei ergibt sich, abgesehen von einer, wegen der kleinen Dämpfung sehr kleinen, Verstimmung der Energieeigenwert E_o als einem Eigenwert des ungedämpften Modells mit unendlich hohen Wänden benachbart, und ist somit hauptsächlich von r_1 abhängig. n bedeutet dabei eine Quantenzahl, auf die wir später noch zu sprechen kommen. Bei unendlich hoher Wand lautet die Eigenwertbedingung im dreidimensionalen Falle

$$E = E_o = \frac{n^2 h^2}{8\,m\,s^2}.\qquad (27\,\text{a})$$

Die genaue Eigenwertbedingung des Realteils E_o lautet nach KUDAR und FOWLER u. WILSON (*42e, 40*) im dreidimensionalen Falle bei endlicher Schwellenhöhe:

$$\text{tg}\, n\,\alpha\,r_{\text{I}} = -\sqrt{\frac{E}{U_o - E}},\qquad (27)$$

was für $E/U_o \to 0$ in die Bedingung (27a) übergeht[1].

Die Zerfallskonstante λ hingegen hängt von der Durchlässigkeit der Schwelle für Teilchen der Energie E_o ab[2]. Kommt es nur auf die Berechnung der Zerfallskonstante an, so führt die Anwendung des Erhaltungsgesetzes der Quantenmechanik zum Ziel. Dieser Satz besagt, daß die zeitliche Abnahme des Raumintegrals der zeitabhängigen SCHRÖDINGER-Funktion $\Psi\overline{\Psi}$ über eine Kugel gleich dem Oberflächenintegral über die Divergenz der Stromdichte an dieser Kugel ist. Der quantenmechanische Ausdruck für den Strom I lautet:

$$I = \psi\,\text{grad}\,\overline{\psi} - \overline{\psi}\,\text{grad}\,\psi.$$

Wählen wir eine Kugel mit dem Radius $R \gg r_2$ aber nur so groß,

---

[1] Wie KUDAR gezeigt hat, sind die Lösungen im analogen Falle der eindimensionalen Doppelschwelle wegen der dort zu verlangenden Symmetrie der Eigenfunktionen Cosinusfunktionen, da dort ja auch die Bedingung des Verschwindens von χ, die bei der dreidimensionalen Rechnung durch Einführung von χ statt ψ nötig wurde, fortfällt. Die eindimensionale Quantenbedingung für E_o lautet dann

$$\cos^2 \alpha\,r_{\text{I}} = E_o/U_o.\qquad (27\,\text{c})$$

Wird innerhalb der Schwelle ein Brechungsindex μ eingeführt, so tritt an Stelle von $\alpha\,r$ in (27) und (*27a*) die Größe $\mu\,\alpha\,r$.

[2] KUDAR (l. c.) bewies, daß der Erhaltungssatz für die Lösung, die man durch die aus (27) folgende transzendente Gleichung für E_o und λ erhält, von selbst erfüllt ist. Der Erhaltungssatz hat also nicht den Charakter einer neuen, der Lösung aufzuerlegenden Bedingung, aber er kann zu einer einfachen Herleitung des Zusammenhangs zwischen E_o und λ dienen.

daß der Amplitudenfaktor von ψ noch mit genügender Näherung gleich 1 und somit in (22) α_0 statt α gesetzt werden kann:

$$e^{+\frac{\lambda}{2v}R} \approx 1, \tag{27b}$$

so lautet der Erhaltungssatz in der Integralform

$$\frac{\partial}{\partial t}\int \Psi\overline{\Psi}\,dV = \frac{h}{4\pi i m}\int\left[\psi\frac{\partial\bar\psi}{\partial r} - \overline{\psi}\frac{\partial\sigma}{\partial r}\right]d, \tag{28}$$

wobei das Volumintegral links über das Volumen, das Oberflächenintegral rechts über die Oberfläche der Kugel mit dem Radius R zu erstrecken ist; wegen der Ansätze (18) folgt daher

$$\lambda\cdot e^{-\lambda t}\int_0^R \chi\overline{\chi}\,dr = \frac{h}{4\pi i m}\left[\dot\chi\overline{\chi}' - \overline{\chi}\,\chi'\right]_{r=R}\cdot e^{-\lambda t}$$

und wegen der äußeren Randbedingung (22)

$$\lambda\cdot\int_0^R \chi\overline{\chi}\,dr \approx \frac{h}{2\pi m}\alpha_0,$$

so daß allgemein folgt:

$$\lambda = \frac{h\,\alpha_0}{2\pi m}\cdot\frac{1}{\displaystyle\int_0^R \chi\overline{\chi}\,dr}, \tag{29}$$

denn die Zerfallskonstante ist ja definitionsgemäß gleich dem Verhältnis des Gesamtstromes zu der im Innern noch vorhandenen Menge des $\psi\overline{\psi}$. Das Problem reduziert sich also im wesentlichen auf die Berechnung des Integrals im Nenner von (29). Machen wir nun von der Kleinheit der Dämpfung Gebrauch, so ergibt sich, daß es für den speziellen Zweck der Berechnung des $\int_0^R\chi\overline{\chi}\,dr$ eine vollkommen ausreichende Näherung darstellt, in der durch (22), (23) und (23b) gegebenen Darstellung der Lösung χ die Größen α und β rein reell aufzufassen. Aus (23) folgt dann

$$\chi_{III}\overline{\chi}_{III} \approx |C|^2\sin^2\alpha_0 r. \tag{30}$$

Da ferner, wie wir hier auf Grund der Analogie mit dem oben behandelten eindimensionalen stationären Falle vorwegnehmen wollen, das Amplitudenquadrat der fast stehenden Welle im Innern des Kerns bei geringer Durchlässigkeit der Schwelle sehr groß gegen 1 wird, genügt es für die Berechnung des Integrals vollkommen, die Integration von $\chi\chi$ nicht bis R zu erstrecken, sondern nur bis zu dem ein wenig außerhalb von r_1 gelegenen Knoten der in das Gebiet II fortgesetzten Funktion $C^2\cdot\sin^2\alpha_0 r$, also wenn wir uns vorläufig auf die Quantenzahl $n=1$ $n\,l$ beschränken, bis zu dem Werte $r=\pi/\alpha_0$. In Wirklichkeit geht ja die Funktion $\chi_{III}\chi_{III}$ an der Grenze von III und II in die Funktion $\chi_{II}\overline{\chi}_{II}$ stetig über, und hat an der Grenze einen Wendepunkt, so daß die in II verlängerte Funktion $\sin^2\alpha_0 r$ ständig unterhalb des wahren $\chi\overline{\chi}$ bleibt, sich aber erst bei so kleinen Werten von dieser merklich entfernt, daß für die Integration diese Näherung, wie eine numerische Durchrechnung zeigte (47), mit sehr großer Genauigkeit berechtigt ist. Wir setzen also in (29):

$$\int\limits_0^R \chi\,\overline{\chi}\,d\,r \approx \int\limits_0^{\frac{\pi}{\alpha_0}} |\,C\,|^2 \cdot \sin^2 \alpha_0 r\, d r, \tag{31}$$

so daß sich das ganze Problem auf die Berechnung des Amplitudenfaktors C reduziert, wozu wir die Stetigkeitsbedingungen benutzen und worin wir auch wieder, wegen der Kleinheit von $\dfrac{h\lambda}{E_0}$ an Stelle von α und β die Größen α_0 und β_0 setzen können.

Aus (22), (23b) und (26) folgt dann:

$$|\,C\,|^2 \approx \frac{e + 2\,\beta_0\,d}{\sin^2 \alpha_0 \cdot r}, \tag{32}$$

und somit als Zerfallskonstante für unser idealisiertes Kernmodell mit rechteckiger Doppelschwelle, wenn wir für β_0 seinen Wert einsetzen:

$$\lambda = \frac{8\,E_0}{h}\,\sin^2 \alpha_0 r_1 \cdot e^{-\frac{4\pi d}{h}\sqrt{2\,m\,(U_0-E_0)}} \tag{33}$$

Wie man leicht sieht, ist der maßgebende Faktor in λ auch hier der Exponentialfaktor $e^{-2\beta_0 d}$, der in unserem Falle sehr geringer Durchlässigkeit sehr kleine Werte annimmt.

5. v. LAUEsche Deutung. Eine sehr anschauliche Deutung hat v. LAUE (l. c.) den Konstanten der GEIGER-NUTTALL-Beziehung gegeben. Er benutzt ein Kernmodell ähnlich dem unseren, bringt aber, um die Schwierigkeit der Grenzbedingung im Unendlichen zu vermeiden, eine die auslaufende Kugelwelle reflektierende Wand an, indem er für $r > R$, wobei $R \gg r_2$ ist, das Potential U positiv unendlich setzt, d. h. dort eine vollkommen spiegelnde Wand anbringt. Er findet dann für die Zerfallskonstante einen Ausdruck

$$\lambda = \frac{G}{\tau}, \tag{34}$$

wobei G die Durchlässigkeit der Schwelle im Sinne von (14) und τ die Zeit bedeutet, die das Teilchen zum Durchlaufen des inneren Kerndurchmessers $2r_1$ benötigt. $1/\tau$ ist also nichts anderes als die Häufigkeit, mit der das Teilchen bei seiner radialen Kernbewegung an die innere Wand der Potentialschwelle stößt,

$$\tau = \frac{2r_1}{v}. \tag{34a}$$

Stoßzahl mal Durchlässigkeit ist dann gleich der Zerfallskonstante. Leider gilt diese Formel jedoch exakt nur für den von v. LAUE betrachteten Fall, daß der innere Kernradius r_2 groß gegen die eigene DE BROGLIE-Wellenlänge des Teilchens im Kerninnern ist. Dies ist jedoch, wie die experimentellen Daten zeigen, keineswegs der Fall, der Kernradius, der sich aus den Zerfallskonstanten der α-Strahler berechnen läßt, ist vielmehr durchaus von der Größenordnung der Eigenwellenlänge der Teilchen, ja wir werden sehen, daß wir sogar, um dem Resonanzcharakter der Erscheinung gerecht zu werden, genötigt sind, den Kerndurchmesser gleich der DE BROGLIE-Wellenlänge der Teilchens zu setzen. Daß dieser Resonanzcharakter der Erscheinung bei der v. LAUEschen Ableitung verlorengeht, liegt nur an der für die praktische Rechnung nicht gerechtfergiten Annahme $2r_1 \gg \Lambda$.

Ist diese nicht erfüllt, so läßt sich dennoch die Auffassung der Zerfallskonstante aufrecht erhalten, doch tritt dann noch ein Zahlenfaktor von der Größenordnung 1 hinzu. Für größenordnungsmäßige Abschätzungen und zur Veranschaulichung ist dennoch die v. LAUEsche Auffassung äußerst nützlich. Schreibt man etwa die GEIGER-NUTTALL-Beziehung in der Form: $\log \lambda = a + bE$, so ist $a = \log \tau$ und $bE = \log G$.

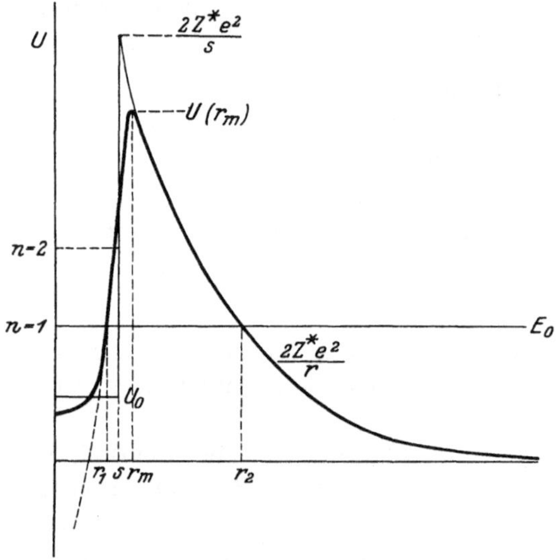

Abb. 5. Potentialverlauf des Kerns gegen α-Teilchen. —— wirklich, —— schematisiert, - - - Verlauf nach (2). Bei r_1 und r_2 schneidet die Gerade der Zerfallenergie E_0 die Potentialkurve (r_2 = „klassischer Kernradius"); s = „Abschneidungsradius" der Schematisierung; r_m = Radius des Potentialmaximums.

6. Zentralsymmetrische Schwelle mit schematisiertem COULOMB-Potential. Bei der Berechnung der Zerfallskonstanten der α-Strahlung ist nun freilich die bisher benutzte Rechnung mit einer rechteckigen Potentialschwelle nicht ausreichend. Wir haben es dort vielmehr mit einer Schwelle zu tun, die durch den COULOMBschen Anstieg und einen sehr steilen Abfall des Potentials gekennzeichnet ist. Da die Theorie keine neuen Voraussetzungen über den Potentialverlauf im Kerninnern machen will, begnügen wir uns also mit einer Schematisierung der folgenden Form:

$$\text{für} \qquad \begin{cases} r > s \text{ sei } U = \dfrac{2Z^*e^2}{r} \\[2mm] r < s \text{ sei } U = \text{const} = U_0 \end{cases} \qquad (35)$$

wobei Z^* die Ladung des Kernrests, e die Elementarladung bedeuten. Wir nehmen also Gültigkeit des COULOMBschen Abstoßungsgesetzes bis zu $r = s$ herab an, und ersetzen den sehr steilen Abfall des Potentials nach innen zu durch einen senkrechten Abfall zu einem endlichen Wert U_0 (vgl. Abb. 5).

Die SCHRÖDINGER-Gleichung hat dann innerhalb von s genau wie im behandelten Falle der rechteckigen Schwelle die Form (21). Auch die Lösung χ_i hat die gleiche Form (23) wie χ_{III}.

Für $r > s$ heißt die SCHRÖDINGER-Gleichung für χ dann:

$$\frac{d^2 \chi_a}{dr^2} + \frac{8\pi^2 m}{h^2} \left(E - \frac{2Z^* e^2}{r} \right) \chi_a = 0. \tag{36}$$

Die Behandlung ist ganz die gleiche wie bei der rechteckigen Schwelle. Entweder benutzt man nach GAMOW und KUDAR die Randbedingungen (22b) im Nullpunkt und (22) im Unendlichen, sowie die Stetigkeitsbedingungen der Lösung bei $r = s$, die die Lösung und den komplexen Eigenwert, also Energie E_0 und Zerfallskonstante λ als Funktion von U_0 und s festlegen, oder sofern wir uns nur für die Zerfallskonstante interessieren, den Erhaltungssatz, den wir genau in der Form (28) anwenden.

Durch das U_0 im Kerninnern wird dort ein Brechungsindex bestimmt:

$$\mu = \sqrt{\frac{E_0 - U_0}{E_0}}, \tag{37}$$

auf dessen Notwendigkeit wir noch näher zu sprechen kommen werden; und die Lösung lautet im Innern

$$\chi_i = C \sin \mu \alpha r, \tag{38}$$

wobei wir wieder der geringen Durchlässigkeit der Schwelle wegen zur Berechnung des $\int_0^R \chi_i \overline{\chi_i} \, dr$ in den Grenzbedingungen (22) und (22b), und in den Stetigkeitsbedingungen statt E und α die rein reellen Werte E_0 und α_0 setzen können. Wir suchen nun eine solche Lösung der Differentialgleichung (36), die für große r in die eine fortlaufende Welle darstellende Lösung (22) übergeht. Sei χ_a eine solche Lösung und R wie oben ein so großer Radius, daß dort schon (22) aber auch noch mit genügender Näherung (27b) gilt, d. h. der räumliche Amplitudenfaktor noch zu vernachlässigen ist, so wird nach dem Erhaltungssatz (28)

$$\lambda = \frac{h \alpha_0}{2\pi m} \int_0^R C^2 \sin^2 \mu \alpha_0 r \, dr \tag{39}$$

oder, wenn wir das Integral wieder nur bis zu der fiktiven Knotenstelle bei $\mu \alpha_0 r = n \pi$ erstrecken:

$$C^2 \int_0^R \sin^2 \mu \alpha_0 r \, dr \approx \int_0^{\frac{n\pi}{\mu \alpha_0}} \sin^2 \mu \alpha_0 r \, dr = \frac{n\pi C^2}{2\mu}.$$

Dann wird wegen den Grenzbedingungen bei $r = s$, durch die wir χ_i und χ_a stetig verknüpfen:

$$C = \frac{\chi_a(s)}{\sin \mu \alpha_0 s}$$

und

$$\lambda = \frac{8 E_0}{n h} \cdot \mu \sin^2 \mu \alpha_0 r \cdot \frac{1}{\chi_a^2(s)}. \tag{40}$$

Für $\chi_a^2(s)$ hat V. Fock eine asymptotische Darstellung gegeben, deren Ableitung auch T. Sexl (*44b*) angibt. Diese lautet

$$\chi_a^2(r) = \operatorname{cotg} \frac{\vartheta}{2} \cdot e^{2\,k\,(\vartheta - \sin\vartheta)}, \tag{41}$$

wobei

$$1 + \cos\vartheta = \frac{\alpha_0\,r}{k}, \qquad k = \frac{4\,\pi\,Z^*\,e^2}{h\,v} \tag{41a}$$

ist.

Doch ist es, wie Gamow zeigte, auch möglich, die gleiche Darstellung, abgesehen von dem Faktor $\operatorname{cotg}\frac{\vartheta}{2}$, der bei $r = s$ nur etwa von der Größenordnung 2 ist, direkt aus (33) zu erhalten, wenn wir die Funktion $(E - U)$ in der Differentialgleichung (36) als langsam veränderlich ansehen, und in den Formeln (32) und (33) an Stelle von βd das Integral

$$\beta d \sim \frac{2\,\pi}{h}\,\sqrt{2\,m}\int_s^{r_2}\sqrt{U - E}\,dr \tag{42}$$

setzen. Wie G. Wentzel und G. Brillouin (*45, 46*) gezeigt haben, stellt ja diese Anwendung der sogen. Jeffreyschen Methode eine Näherung dar, die unter Benutzung des Sommerfeldschen Impulsintegrals — denn nichts anderes ist ja das Integral in (42) — aufs engste mit der Quantenvorschrift der älteren Quantentheorie zusammenhängt. [Näheres vgl. *11b* (S. 258)]. Setzen wir für U das Coulomb-Potential (35), so erhalten wir leicht

$$\frac{2\,\pi}{h}\,\sqrt{2\,m}\int_s^{r_2}\sqrt{\frac{2\,Z^*\,e^2}{r} - E}\,dr = k\,(\varphi - \sin\varphi), \tag{42a}$$

wobei

$$1 + \cos\varphi = \frac{\alpha_0\,s}{k}, \qquad \varphi = \vartheta\,(s) \tag{42b}$$

ist, also bis auf einen unwesentlichen Faktor die Focksche Darstellung (41). Setzen wir diese in (40) ein, so folgt als Endformel für die Zerfallskonstante

$$\lambda = \frac{8\,E_0}{n\,h}\,\mu\,\sin^2\mu\,\alpha_0 s \cdot \operatorname{tg}\frac{\varphi}{2}\,e^{-2\,k\,(\varphi - \sin\varphi)}, \tag{43}$$

wo wieder n die Quantenzahl ist.

Doch haben die numerische Behandlung sowie quantenstatistische Erwägungen, auf die wir noch zurückkommen werden, gezeigt, daß es wenigstens, solange wir uns der Schematisierung (35) für den Potentialverlauf bedienen, keinen Sinn hat, eine von 1 verschiedene, im übrigen aber unbekannte Quantenzahl einzuführen. Bevor wir genauer auf die experimentelle Prüfung der Theorie eingehen, sei es gestattet, auf einige weitere Arbeiten ganz kurz hinzuweisen, die sich mit unserem Gegenstand befassen, in der mathematischen Behandlungsweise aber von der hier gebrauchten abweichen. Alle angegebenen Formeln unterscheiden sich nur durch den Faktor vor der Exponentialfunktion, und da dieser für die numerische Behandlung der experimentellen Resultate ganz unwesentlich ist, geben praktisch alle Formeln das gleiche Resultat, da dem überall wiederkehrenden Exponentialfaktor gegenüber die Abhängigkeit des „Vorfaktors" vollkommen zu vernachlässigen ist. Die oben gegebene Behandlung schließt sich an die von GAMOW angegebene Methode der komplexen Eigenwerte an. Auf diese Arbeiten (*33a, b, 43*), sowie die von v. LAUE (*35*) und FOWLER u. WILSON (*40*) wurde schon oben näher eingegangen. Die Formel (43) ist der Arbeit von ATKINSON u. HOUTERMANS (*47*) entnommen. GURNEY und CONDON (*34b*) benutzen eine der von v. LAUEschen ähnliche halbempirische Methode, wobei sie den Exponentialfaktor nach der WENTZEL-BRILLOUINschen Methode durch graphische Integration bestimmen. T. SEXL (*44*) rechnet eindimensional unter Anwendung der v. LAUEschen Näherungsformel, jedoch mit einer Einfachschwelle, so daß bei ihm der diskrete Eigenwertcharakter der α-Teilchenenergien verloren geht, der in mancher Beziehung durchaus charakteristisch ist. A. MØLLER (*54*) bestätigt die auf Grund der SCHRÖDINGERschen Gleichung erhaltene Theorie durch Anwendung der DIRACschen Gleichungen.

Einen ganz anderen Weg geht BORN (*48*), der das Problem, wie hier leider nicht näher angeführt werden kann, mit Hilfe der quantenmechanischen Störungsrechnung löst. Er erhält dabei eine den anderen ganz analog gebaute Formel. Gerade dieses mit einer grundsätzlich anderen Methode erhaltene Ergebnis kann als eine gute nachträgliche Bestätigung der komplexen Behandlungsweise angesehen werden.

VIII. Vergleich mit der Erfahrung.

1. Kernradius und Zerfallskonstante. Die Hauptschwierigkeit beim Vergleich der Theorie mit den Experimenten bildet die Tatsache, daß in die Formel für die Zerfallskonstante der Kernradius s des schematisierten Kerns eingeht, über den wir nichts wissen, als daß er beim Uran kleiner als etwa $4 \cdot 10^{-12}$ cm ist. Um die Gültigkeit der Formel zu prüfen, ist es nun nötig, wenigstens für ein Element den Radius s aus Zerfallskonstante und Energie rückwärts zu berechnen und zu sehen, ob der Radius die erwartete Größenordnung hat. Dies haben sowohl GAMOW u. HOUTERMANS (*33b*), als auch GURNEY und CONDON (*34b*) getan und fanden dabei den Radius s zu etwa $1 \cdot 10^{-12}$ cm, also durchaus von der richtigen Größenordnung, in Übereinstimmung mit RUTHERFORDS Befund. Wie wir sehen, ist es unbedingt nötig, über den Radius s zu verfügen, und darin liegt die Ursache, weshalb wir bei der Ableitung der Formel für die Zerfallskonstante den Brechungsindex μ bzw. eine von Null verschiedene Höhe des Potentials im Innern des Kerns U_0 eingeführt haben. Würden wir nämlich an der willkürlichen Annahme, daß im Innern unseres schematisierten Kernmodells $U_0 = 0$ sei, festgehalten haben, so wäre damit, abgesehen von der Wahl der Quantenzahl n, durch den diskreten Energiewert auch schon nach (27) der Radius s des Modells vorgegeben, ein Radius der natürlich keineswegs mit dem s übereinzustimmen braucht, und auch faktisch nicht übereinstimmt, der sich aus der Zerfallskonstante berechnen läßt. Im Gegenteil liefert die Berechnung des Radius aus Energie und Zerfallskonstante im allgemeinen einen Wert von s, der zu der vorgegebenen Energie nicht „paßt", so daß wir gezwungen sind, einen Brechungsindex einzuführen. Dieser hat also nicht den Charakter eines zweiten willkürlich wählbaren Parameters bei der Berechnung von λ aus E_0, sondern folgt zwangsweise aus E_0 und λ[1].

Ist der Radius eines radioaktiven Elements einmal bestimmt, so läßt sich die Theorie dadurch prüfen, daß über den Verlauf der Radien in der Zerfallsreihe der α-Strahler eine einfache Annahme gemacht wird, und dann mit Hilfe dieser Radien unter Zugrundelegung der experimentell gefundenen Zerfallsenergien die Zerfallskonstante berechnet wird.

2. Berechnung von λ mit konstant gehaltenem Kernradius. Die einfachste Annahme über die Radien, die sich machen läßt, ist, die Kernradien s für alle Elemente einer Zerfallsreihe konstant zu setzen. Gamow und Houtermans haben eine Durchrechnung auf Grund dieser Voraussetzung unternommen, deren Ergebnisse wir im folgenden kurz wiedergeben wollen.

Diese Rechnungen sind mit einer Formel gemacht, deren „Vorfaktor" etwas verfälscht ist, dadurch, daß der konstantgehaltene Kernradius dort eine etwas andere Bedeutung hat als unser s[2]. Dies hat zur Folge,

---

[1] Eine in diesem Punkte irrige Auffassung, daß man ohne Einschränkung der Allgemeinheit das $U_0 = 0$ setzen könne, vertritt Th. Sexl in einer Bemerkung (44d) zu der Arbeit von Atkinson u. Houtermans. Doch ist dies nur durch sein Rechenverfahren bedingt, da er eine Einfachschwelle benutzt und die v. Lauesche Formel (34) anwendet, wobei der Resonanzcharakter des Problems nicht zum Ausdruck kommt. Rechnet man mit einem Modell, wobei die α-Teilchen im Kern allseitig von einer Potentialschwelle eingeschlossen sind, so wird s nach (27) durch E_0 festgelegt und ist nicht identisch mit dem s, das man aus dem experimentellen Werte von E_0 und durch die Normierung, d. h. die Abschneidung des CoulombPotentials erhält, um die experimentelle Zerfallskonstante λ richtig zu erhalten. Auch die von Kudar aufgestellte Stabilitätsbedingung radioaktiver Kerne (42c, f) geht von der Voraussetzung eines vorgegebenen endlichen Bodenpotentials aus. Er sagt dort, daß ein α- oder H-Teilchen gegebener positiver Energie in einen Kastenradius, der kleiner ist als die de Broglie-Wellenlänge des Teilchens niemals untergebracht werden könne. Doch läßt sich durch Annahme eines genügend tiefen negativen Potentialbodens U_0 das $\varLambda$ des Teilchens immer so weit herabdrücken, daß die Unterbringung desselben auch bei beliebig kleinem Radius möglich ist.

[2] Der Kernradius wurde dort ähnlich wie bei Sexl so definiert, daß die Beziehung zwischen Kernradius und de Broglie-Wellenlänge des Teil-

daß die dort berechneten *Absolutwerte* des Kernradius nur der Größenordnung nach mit den aus der richtigen Formel folgenden s-Werten übereinstimmen; auf die Berechnung der Zerfallskonstanten und die Frage der Übereinstimmung von Theorie und Experiment hat jedoch diese Tatsache infolge des geringen Einflusses des „Vorfaktors" in (43) im Vergleich zur exponentiellen Abhängigkeit des λ-Wertes von v und Z keinen Einfluß, wie auch eine genaue Nachprüfung der Rechnungen für die U-Ra-Reihe mit Hilfe der richtigen Formel bestätigt hat.

Als Kernrestladung Z wird die gesamte Ladung des Kerns, vermindert um die Ladung des α-Teilchens angesehen, also wenn Z die Kernladung des α-Strahlers bedeutet, durchweg

$$Z^* = Z - 2 \tag{44}$$

gesetzt. Diese Annahme geht von der Voraussetzung aus, daß die Ladung aller im Kern vorhandenen α-Teilchen, Protonen und Elektronen im Kernmittelpunkt vereinigt gedacht werden kann, eine Annahme, die nicht ohne weiteres richtig sein muß. Die genaue Theorie des Kerns müßte die durch die Funktion $\psi\bar{\psi}$ des Kernrestes gegebene Ladungsverteilung desselben berücksichtigen, doch stellt sich unsere Annahme, solange wir über die genaue Ladungsverteilung im Kern noch gar nichts wissen, als die einfachste und zwangloseste dar. Ferner ist es notwendig, die uns durch Geschwindigkeitsmessungen bzw. Reichweitebestimmungen der α-Strahlen bekannten Energien der α-Teilchen zu korrigieren, indem man die Rückstoßenergie der α-Teilchen und die Bremsung durch die Elektronenschale des eigenen Atoms berücksichtigt.

Die erste Korrektur kann man leicht aus dem Impulssatz berechnen, für die zweite läßt sich eine von ENSKOG (*26b*) gegebene Abschätzung benutzen. Beide zusammen machen kaum 1 v. H. der Zerfallsenergie aus, so daß sie für die ersten ungefähren Rechnungen vernachlässigt werden können. Unter der Geschwindigkeit v, die in den Gleichungen vorkommt, ist also immer diese korrigierte Geschwindigkeit

$$\frac{m}{2}v^2 = E_0$$

zu verstehen, wo E_0 nicht allein die kinetische Energie des α-Teilchens, sondern die gesamte bei der Emission des α-Teilchens frei werdende Energie freilich unter Ausschluß etwa vorhandener γ-Energie, bedeutet.

Die Zerfallskonstante hängt nach (43) außer von v auch von der Kernrestladung Z^* ab. Man erhält also theoretisch für jedes Z eine eigene Kurve der $(v, \log \lambda)$-Abhängigkeit.

Die $(v, \log \lambda)$-Kurve der tatsächlich vorkommenden Elemente, die der

---

chens nicht zum Ausdruck kommt. Außerdem bewirkte ein Rechenfehler eine Änderung des Absolutwerts der Radien, vgl. hierüber in (*47*), Fußnote S. 493.

Geiger-Nuttall-Beziehung entspricht, stellt sich also im allgemeinen als ein gebrochener Kurvenzug dar, den man erhält, wenn man die den verschiedenen α-Strahlern einer Reihe entsprechenden, auf den verschiedenen $(v, \log \lambda)$-Kurven liegenden Punkte in der Reihenfolge ihrer Zerfallsenergien verbindet (vgl. Abb. 6a). Der für jede Zerfallsreihe konstant gehaltene Kernradius s wurde rückwärts aus Energie und Zerfallskon-

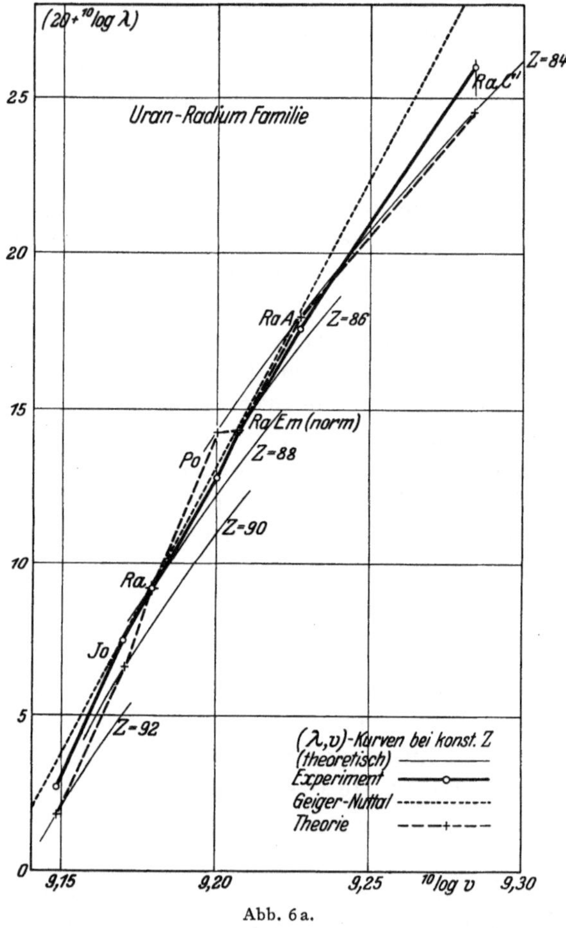

Abb. 6a.

stante der Emanationen der drei Reihen berechnet und dann in die Formel der Zerfallskonstante der anderen Elemente eingesetzt. Dabei erwies sich, daß der aus der Ra-Em berechnete Radius s der *U-Ra*-Reihe auch für die Th-Reihe gut paßt, so daß also für die Berechnung der Zerfallskonstanten dieser beiden Zerfallsreihen nur *ein* einziger Parameter nötig ist. Die Ac-Reihe erfordert die Zugrundelegung einesRadius, der aus der Ac-Em berechnet wurde, und etwas kleiner ist als der für die U-Ra-Reihe und Th-Reihe ermittelte Wert.

Die Ergebnisse der Berechnung mit konstantem Radius zeigen die Abb. 6a, b und c. Die einzelnen fein ausgezogenen Kurven der Abb. 6a sind die zu den verschiedenen Isotopen gehörigen (log λ, log v)-Kurven[1], die experimentell gefundenen Werte sind durch eine stark ausgezogene Kurve, die theoretischen Werte durch eine gestrichelte Kurve verbunden.

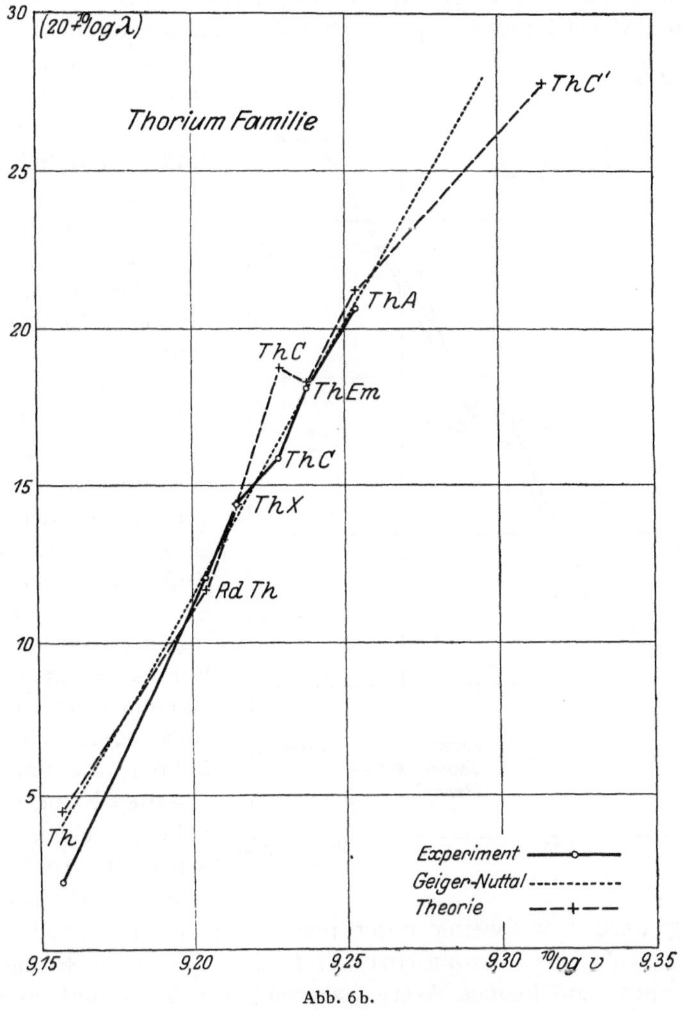

Abb. 6b.

Für U I wurde die Reichweitemessung von G. C. LAURENCE (49), für Ra C′, die Bestimmung der Zerfallskonstante von J. C. JACOBSEN (50) und für Protactinium die Angabe von A. V. GROSSE (51) benutzt.

---

[1] Nur aus Gründen der besseren Ermöglichung des Vergleichs mit den üblichen Darstellungen der GEIGER-NUTTALL-Beziehung wurde in der Abb. 6 statt v selbst der log v als Abszisse aufgetragen.

Alle übrigen Werte von λ und v entstammen der Zusammenstellung von
ST. MEYER (*10, 5*). Für U II und Th C' liegt keine Bestimmung der
Zerfallskonstanten vor, für Ra C, Ac C fehlen Reichweitebestimmungen,
so daß diese Elemente in den Kurven fehlen. Wie man sieht ist die
Übereinstimmung im allgemeinen recht gut, wenn man bedenkt, über
einen wie großen Wertebereich die Zerfallskonstanten der α-Strahler
variieren. Abweichungen zeigen sich jedoch an mehreren Stellen, so

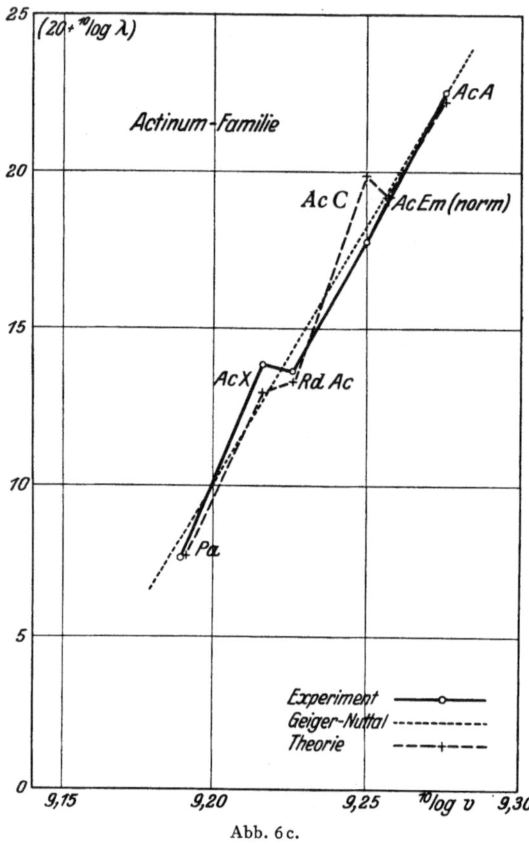

Abb. 6c.

vor allem bei den Elementen U I, Th und Po, die am Anfang und am Ende der Zerfallsreihen stehen. Diese Abweichung ist zweifellos auf die nicht ganz zutreffende Voraussetzung der absoluten Konstanz des Radius zurückzuführen, die zweifellos willkürlich ist, und liegt in dem zu erwartenden Sinne, daß für die Elemente am Anfang der Reihe ein größerer, für die am Ende der Zerfallsreihe ein kleinerer Radius s eingesetzt werden müßte. Für das Element Ra C' gibt die neue Theorie λ etwa 22 mal zu klein, während die empirische GEIGER-NUTTALL-Beziehung einen etwa 60 mal zu großen Wert liefert. Auf diese Abweichung werden wir weiter unten noch zu sprechen kommen. Beim
Th gibt sowohl die GEIGER-NUTTALL-Beziehung wie auch die neue
Theorie einen zu kleinen Wert, während für Th C und Ac C die
GEIGER-NUTTALL-Beziehung ungefähr den richtigen, die neue Theorie
jedoch einen viel zu großen Wert von λ gibt. Dies findet seinen Ausdruck in der eigentümlichen Zacke des theoretischen Kurvenzuges bei
diesem Element; gerade diese Tatsache ist sehr interessant und scheint
mit der Stellung des Th C und Ac C an einer Verzweigungsstelle der Zerfallsreihe zusammenzuhängen, die hiernach auf einen starken Abfall des
Radius s an den Verzweigungsstellen der Reihen hindeutet. Von diesem

Standpunkt wäre eine experimentelle Bestimmung der Reichweiten von Ra C und Ac C′ ganz außerordentlich wichtig, zumal ja nach den neuen Untersuchungen von S. ROSENBLUM (*52*) dem Th C auch insofern eine Sonderrolle zuzukommen scheint, als es nicht α-Strahlen einer einheitlichen Geschwindigkeit aussendet.

Die experimentelle Kurve zeigt bekanntlich beim Ac X eine deutliche Zacke, die der GEIGER-NUTTALLschen Gesetzmäßigkeit widerspricht. Es ist interessant, daß der theoretische Kurvenzug an dieser Stelle zwar nicht den experimentellen Verlauf genau wiedergibt, aber doch an dieser Stelle auch einen deutlichen Knickpunkt zeigt; diese Stelle ist die einzige, an der das Eingehen der Kernladung, wie es die Theorie voraussagt — im Gegensatz zur GEIGER-NUTTALL-Beziehung —, deutlich zum Ausdruck kommt.

Allgemein läßt sich als Ergebnis der überschlagsmäßigen Rechnung sagen, daß die neue GAMOW-CONDON-GURNEYsche Theorie den Verlauf der Zerfallskonstanten in ihrer Abhängigkeit von der Zerfallsenergie auch soweit quantitativ richtig wiederzugeben vermag, wie auf Grund der willkürlichen Hilfsannahme von der Konstanz der Radien zu erwarten ist. Es kann sogar als stärkste Stütze der Theorie betrachtet werden, daß die größenordnungsmäßigen Unterschiede der Zerfallskonstanten theoretisch als im wesentlichen nur durch die ziemlich geringen Energieunterschiede der α-Strahler bedingt erscheinen.

Zu dem gleichen Ergebnis kommen GURNEY und CONDON (*34b*) auf Grund ihrer überschlagsmäßigen Rechnung. Eine neuerliche Berechnung der Zerfallskonstanten bei festgehaltenem Kernradius von T. SEXL (*44b*), der eine etwas genauere asymptotische Darstellung der Lösung als (41) benutzt, führt zu dem gleichen Resultat[1]. Wenn nun aber auch die neue theoretische Beziehung zwischen Energie und Zerfallskonstante die empirische GEIGER-NUTTALL-Beziehung im wesentlichen ersetzt und in manchen Punkten sogar übertrifft, so scheint es doch vom Standpunkt der Theorie äußerst überraschend, daß die empirische Formel in Fällen wie beim Po und beim Th C und Ac C so genau das richtige trifft. Mit anderen Worten: daß die komplizierten Kurvenzüge, die durch gleichzeitige Änderung des Radius, der Kernladung und der Energie bewirkt werden, sich mit so guter Näherung durch drei parallele Gerade darstellen lassen, ist vom theoretischen Standpunkt keineswegs zu erwarten. Die tiefere Ursache dieser merkwürdigen Erscheinung liegt in dem vorläufig noch ganz unbekannten Zusammenhang der Zerfallsenergien mit der besonderen

---

[1] Angesichts des überragenden Einflusses des Exponentialfaktors und der Grobheit der angenommenen Schematisierung des Kernpotentials (vgl. Fußnote S. 152) scheint jedoch eine allzu genaue asymptotische Darstellung nutzlos. Selbst der Faktor $\cot g \dfrac{\vartheta}{2}$ in (41) hat praktisch gar keinen Einfluß.

Kernstruktur der einzelnen α-Strahler, über die erst eine vollständige Theorie des Kernaufbaus wird Aufschluß geben können.

3. Berechnung der Kernradien von α-Strahlern. Nach der genäherten Bestätigung der Rechnungen mit festgehaltenem Kernradius, durch die wir die Berechtigung der quantentheoretischen Ansätze als bewiesen ansehen können, kann man nun versuchen, aus der genaueren Anwendung der Theorie nähere Daten über den Potentialverlauf und insbesondere über den Verlauf der Kernradien bei den radioaktiven Elementen zu erhalten. Freilich stehen die Aussichten dafür nicht allzu günstig, denn gerade die Tatsache, daß die quantenmechanische Behandlung gar keiner speziellen Voraussetzung über den Potentialverlauf im Kerninnern bedurfte, erweist sich als ein Hindernis, aus dem Vergleich zwischen Theorie und Experiment den Potentialverlauf zu erschließen. Günstiger steht es mit dem Kernradius, denn wie bei der von uns angenommenen Schematisierung — wie übrigens auch bei jeder anderen, die dem steilen Potentialverlauf im Kerninnern einigermaßen gerecht wird — ist die Durchlässigkeit der Schwelle und somit die Zerfallskonstante äußerst empfindlich gegen kleine Änderungen des Kernradius s. Es bedeutet also sowohl eine genauere Prüfung der Theorie, als auch eine Erweiterung unserer Kenntnisse vom Atomkern, die Kernradien s aus der Zerfallsenergie und der Zerfallskonstante für die einzelnen Elemente rückwärts zu berechnen. Eine derartige Rechnung wurde auf graphischem Wege von GURNEY und CONDON für einige Elemente der U-Ra-Reihe und überschlagsmäßig von GAMOW und HOUTERMANS unternommen, wobei sich gute qualitative Übereinstimmung ergab (vgl. Fußnote 2 auf S. 152). Eine genauere Berechnung sowohl der genauen s-Werte als auch der Werte des Potentials im Kerninnern, der U_0 unseres schematisierten Modells (Abb. 5) haben ATKINSON u. HOUTERMANS (47) durchgeführt. Dabei taucht nun die Frage der Quantenzahl n auf, d. h. als zum wievielten Eigenwert des Kernmodells gehörig die gegebene Energie des Teilchens angesehen werden soll. Diese Quantenzahl ist also ein neuer willkürlich wählbarer Parameter. Glücklicherweise stellt sich heraus, daß bei den im Kern herrschenden quantitativen Verhältnissen die Wahl der Quantenzahl nur sehr geringen Einfluß auf den Wert der Zerfallskonstante bzw. des Kernradius s hat, solange man sie als von der Größenordnung 1 (etwa bis 10) annimmt. Anders ist es freilich mit dem Wert von U_0, der bei $n = 1$ positiv herauskommt; bei $n = 3$ ergibt sich U_0 nahezu gleich Null, und bei noch größeren Quantenzahlen nimmt U_0 wachsende negative Werte an. Aus dem Verlauf der U_0 selbst eindeutige Rückschlüsse auf die zu wählende Quantenzahl zu ziehen, ist nicht möglich. Wir wollen darum hier nur die mit der Quantenzahl $n = 1$ berechneten Werte angeben. Denn quantenstatistische Erwägungen sprechen dafür, daß sich alle α-Teilchen im Kern auf dem tiefsten Quantenzustand befinden, der mög-

lich ist. Die Quantenstatistik erfordert nämlich nach E. WIGNER (53)
aus Gründen, auf die näher einzugehen nicht möglich ist, für α-Teilchen,
da sie aus einer ganzzahligen Anzahl von Protonen und Elektronen bestehen, Gültigkeit der BOSEschen Statistik, der zufolge im Gegensatz
zu der für Elektronen oder Protonen gültigen FERMI-Statistik, folgt, daß
beliebig viele Teilchen sich in einem Quantenzustand befinden können.
Wir sind daher sicherlich berechtigt, mit der niedrigsten Quantenzahl
$n = 1$ zu rechnen. [Vgl. auch W. HEISENBERG (25 b).]

Allerdings ist es nicht ohne weiteres notwendig, daß der Zustand, in
dem sich alle Teilchen auf dem tiefsten Quantenzustand befinden, auch

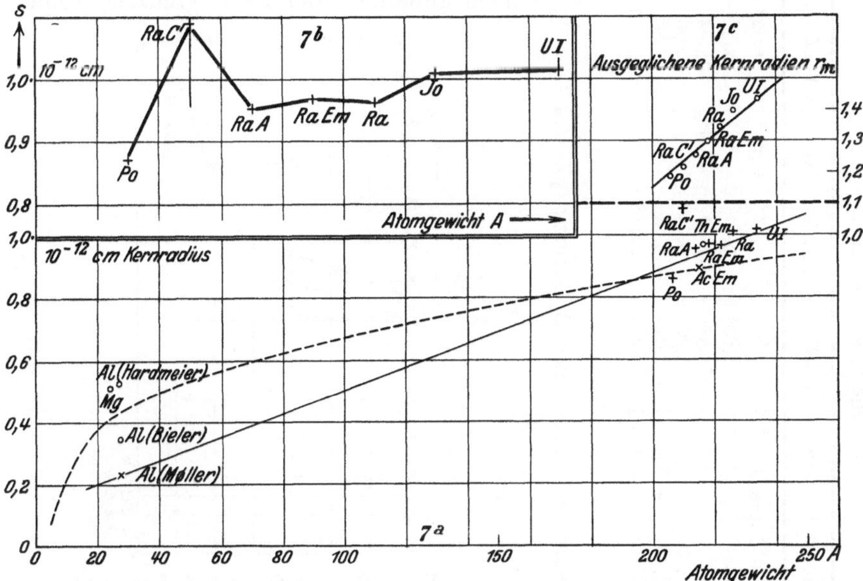

Abb. 7. Kernradien. 7 a Radien s einiger radioaktiven Kerne und aus Streuungsmessungen erhaltene
Kernradien leichter Elemente; 7 b Kernradien s der U-Ra-Reihe nach (47) in vergrößertem Maßstab;
7 c ausgeglichene Radien r_m der U-Ra-Reihe nach (47).

der energetisch tiefste Zustand des Gesamtsystems ist, doch hat es keinen
Sinn, der Quantenzahl unseres grobschematischen Modells große Bedeutung beizumessen, da die Verteilung der Quantenzustände von dem
Potentialverlauf im Kerninnern im einzelnen abhängt, den wir noch gar
nicht kennen.

Der Verlauf der Kernradien s und der U_0 der U-Ra-Reihe für $n = 1$
ist in der Abb. 7a, 7b und Tabelle 1 gegeben. In Abb. 8 ist neben den
U_0 auch die Zerfallsenergie E_0 und der Brechungsindex μ gegeben, man
sieht, daß die ersteren beiden Kurven ziemlich ähnlich sind, was sich in
einer ziemlich ausgeprägten Konstanz des Brechungsindex μ ausdrückt.
In der Kurve der Radien bemerkt man zwei deutliche Abweichungen von
einem glatten Verlauf, eine bei Ra und eine viel erheblichere beim Ra C',

Tabelle 1. α-Strahler.

	U I	U II	Jo	Ra	Ra Em	Ra A	Ra C	Ra C'	Po	Th Em	Ac Em
v_α (10^9 cm/sec)	$1,40^7$	$1,49^{62}$	$1,48^2$	$1,51^2$	$1,61^4$	$1,68^9$	?	$1,92^2$	$1,58^8$	$1,72^8$	$1,80^7$
E (10^6 erg	$6,70^1$	$7,47?$	$7,43^3$	$7,73^4$	$8,80^8$	$9,63^5$	?	$12,46^8$	$8,53^0$	$10,08^5$	$11,03^5$
$20 + \log \lambda$	$2,68$	?	$7,46$	$9,14$	$14,32$	$17,58$	$13,4^1$	$25,92$	$12,77$	$18,10$	$19,25$
s (10^{13} cm) } $n = 1$	$10,13$	—	$10,10$	$9,63$	$9,70$	$9,55$	—	$10,90$	$8,69$	$9,69$	$8,92$
U_0 (10^6 erg)	$+ 5,98$	—	$+ 6,71$	$+ 6,94$	$+ 8,03$	$+ 8,84$	—	$+ 11,86$	$+ 7,54$	$+ 9,31$	$+ 10,12$
μ	$0,328$	—	$0,312$	$0,320$	$0,297$	$0,288$	—	$0,222$	$0,336$	$0,277$	$0,288$

[1] Zerfallskonstante des α-Zerfalls.
[2] Nach G. C. LAURENCE (49), nach H. GEIGER (29), $1,46^3$, nach B. GUDDEN (30): $1:43^7$.

für Ra ist der Radius s zu klein, für Ra C' kommt er viel zu groß heraus, um sich in eine glatte Kurve mit den anderen einzufügen. Die Fehlergrenze in s, die im wesentlichen durch die Ungenauigkeit in E_0 gegeben ist (der Beobachtungsfehler in λ spielt nur beim Jo, Uran und Ra C' eine Rolle), ist durch die Höhe der Kreuze in Abb. 7b gegeben. Wie man sieht, liegen die oben genannten Unregelmäßigkeiten doch außerhalb der Fehlergrenzen, wenn

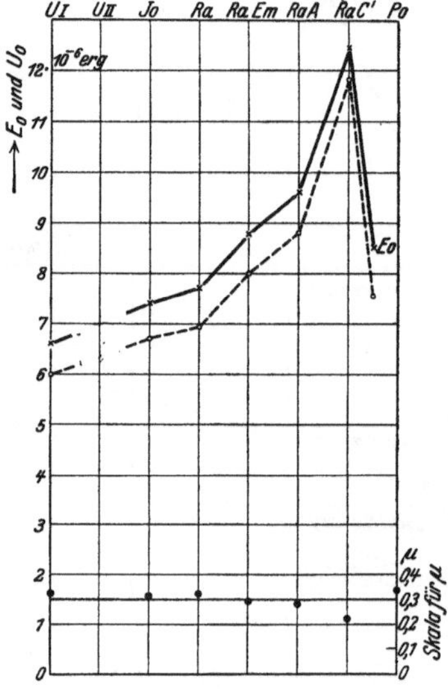

Abb. 8. U_0, E_0, μ für die U-Ra-Reihe.

auch die Messung der Zerfallskonstante des Ra C' von JACOBSEN, die der Berechnung zugrunde liegt, nur eine obere Grenze angibt; die Zerfallskonstante dieses Elements könnte nach ihm noch bis etwa zehnmal kleiner sein. Dies würde zwar ausreichen, um in der vorhergehenden Berechnung mit konstant gehaltenem s Übereinstimmung zu erzielen, aber nicht, um den Ra C'-Punkt auf eine Kurve, die einen glatten s-Verlauf wiedergeben würde, herunterzubringen, da zum Po das s stark abfällt.

Obwohl es nicht ausgeschlossen ist, ·daß bei den Elementen Jo, Ra und RaC' tatsächlich Unregelmäßigkeiten im Verlauf des Radius auftreten, die mit der bei diesen Elementen vorhandenen γ-Strahlung zusammenhängen könnten, ist es doch notwendig, auf einen Mangel der Schematisierung hinzuweisen, der nach ATKINSON u. HOUTERMANS sehr wohl die Abweichungen vortäuschen könnte.

Wir müssen uns zu diesem Zweck die Frage vorlegen, welchem Radius des wahren Potentialverlaufs (Abb. 5) unser schematischer Kernradius s am ehesten entspricht. Sei U_I der wahre Potentialverlauf in dem uns interessierenden Gebiet, also etwa durch die Formel (2) mit $n = 4$ gegeben, so wird, da wie wir sahen, für die Zerfallskonstante im wesentlichen das im Exponenten stehende Integral

$$\int_{r_1}^{r_2} \sqrt{U - E_0}\, dr$$

maßgebend ist, der Radius des schematisierten Modells ungefähr durch Gleichsetzung der Schwellendurchlässigkeiten der beiden Potentialkurven, also durch die Beziehung

$$\int_{r_1}^{r_2} \sqrt{U_I - E}\, dr = \int_{s}^{r_2} \sqrt{U_{Coul.} - E}\, dr \tag{45}$$

gegeben sein. Da der Abfall von U_I nach innen zu sehr steil ist, kann man schon anschaulich sehen, daß das s des schematisierten Modells zwischen r_1 und r_m liegen wird, wenn wir mit r_m den Radius bezeichnen, bei dem die Anziehungskraft gleich der COULOMBschen Abstoßung wird. Es besteht also ein enger Zusammenhang zwischen dem Radius r_1 des wahren und dem s des schematisierten Verlaufs. Da nun aber, wie aus Abb. 5 hervorgeht, das r_1 infolge der Schrägheit des inneren Anstiegs um so größer ist, je größer die Eigenwertenergie des Modells ist, sollte auch das s der Schematisierung noch von der Energie abhängen, und bei solchen Elementen, wie dem Ra C', deren Zerfallsenergien im Vergleich zu anderen Elementen groß sind, sollte ein zu großes s herauskommen, also gerade das, was wir bei der Durchrechnung wirklich beobachten. ATKINSON u. HOUTERMANS haben versucht, auf einem halbempirischen Wege diesen Zusammenhang, der bei einer Schematisierung mit senkrechtem Anstieg natürlich nicht zum Ausdruck kommt, nachträglich zu berücksichtigen, und unter der speziellen Annahme, daß das Kraftgesetz der Anziehung durch Polarisierbarkeit des Kerns gegeben ist, einen vollkommen glatten Verlauf der so berechneten Radien r_m, die ja für das Kernpotential maßgebend sind, erhalten. Dasselbe ließe sich natürlich auch erreichen, indem irgendein anderes Kraftgesetz angenommen wird, oder indem man von vornherein für $r < s$ eine andere Schematisierung wie

$$\text{für} \quad r < s : U = a \cdot r^2$$

oder

$$U = a \cdot r$$

der Rechnung zugrunde legt, wobei aber ein neuer Parameter a in die Rechnung einginge. Nur zu dem speziellen Zweck der Berücksichtigung des Zusammenhanges zwischen v und s wurde die Annahme gemacht, daß das Kernpotential bei r_2 mit hinreichender Genauigkeit durch

$$U_1 = \frac{2Z^*e^2}{r} - \frac{4e^2 p}{r^4} \tag{46}$$

wiedergegeben werden kann. Der so erhaltene r_m-Verlauf ist in Abb. 7c in der rechten oberen Ecke im gleichen Maßstab wie die anderen Radien wiedergegeben, und zeigt keinerlei Zacken oder Unregelmäßigkeiten. Doch liegt in der Art der Berechnung sicherlich eine große Willkür, so daß diese Kurve im Absolutwert und auch in ihrer Neigung sicher nicht genau die Radien r_m wiedergibt. Sie soll nur als Beweis dienen, daß aus dem an mehreren Stellen unregelmäßigen Verlauf der s *nicht* unbedingt auf eine reelle Unstetigkeit in der Veränderung der r_m von Element zu Element geschlossen werden kann.

Prinzipiell bietet die Gleichung (45) eine gewisse, wenn auch aus den genannten Gründen beschränkte Möglichkeit, unter Zuhilfenahme der berechneten s-Werte genauere Schlüsse über das Potential des Kerns und dessen Änderung beim Zerfall zu erhalten, doch ist dafür zur Zeit sowohl das experimentelle Material als auch unsere theoretische Kenntnis besonders von der Rolle der Kernelektronen beim Aufbau des Kerns zu gering.

4. Vergleich mit Kernradien leichter Elemente aus Streuversuchen. Dennoch verlohnt es sich vielleicht, die aus der quantenmechanischen Behandlung der α-Aktivität gewonnenen Daten über Kernradien mit den Daten zu vergleichen, die aus der anomalen Streuung von α-Teilchen an den Kernen leichter Elemente gewonnen werden. Die beste Vergleichsmöglichkeit bieten die kürzlich erschienenen Rechnungen von CHR. MØLLER (*54*), die auf Grund der quantenmechanischen BORNschen Methode zur Berechnung der Stoßvorgänge gemacht sind. Diese Methode, auf die leider hier nicht näher eingegangen werden kann, liefert, wie schon oben erwähnt, in erster Näherung bei Annahme eines rein COULOMBschen Feldes exakt die RUTHERFORDsche Streuformel. MØLLER benutzt nun die gleiche Schematisierung des Kernpotentials (Abb. 5), wie sie den radioaktiven Berechnungen zugrunde gelegt wurden, so daß seine Zahlen für s und U_o direkt mit unseren für die radioaktiven Kerne erhaltenen verglichen werden können. Er kann die von RUTHERFORD und CHADWICK (*19*) einerseits, von BIELER (*20*) andererseits gefundenen Abweichungen der Streuung von der RUTHERFORDschen Formel am Al und Mg qualitativ, bis zu Streuwinkeln von 40° sogar quantitativ, erklären, während für Streuwinkel von mehr als 40° die Schematisierung zu grob ist, um die experimentellen Resultate richtig wiederzugeben. Abb. 7 zeigt die Radien s der Schematisierung für die Elemente in Abhängigkeit von der Zahl der im Kern vorhandenen Protonen, also dem Atomgewicht, wobei außer den radioaktiven Elementen der von Møller erhaltene Wert für Al eingetragen ist. Durch diese Punkte läßt sich eine Gerade legen, doch ist dies wohl mehr oder weniger Zufall[1]. Gamow (55) kommt, indem er die Rechnungen von Bieler für Al unter der Annahme eines Anziehungsexponenten $n = 3$ in Ansatz (2) und die falschen Absolutwerte von Gamow und Houtermans für s zugrunde legt, zu dem Schlusse, daß das Kernvolumen dem Atomgewicht proportional ist, die Radien also der dritten Wurzel des Atomgewichts proportional sind. Bieler, Hardmeier u. a. haben klassisch die Abweichungen von der Rutherfordschen Streuformel in Übereinstimmung mit den Experimenten berechnet, wobei die Abweichung vom Coulomb-Gesetz als durch (2) gegeben angenommen wurde, und als Exponent $n = 3$ oder 4 angenommen wurde. Die von ihnen berechneten Werte von r_m sind ebenfalls in das Diagramm (Abb. 7a) eingetragen, ferner auch noch eine Kurve, die der von Gamow vermuteten Gesetzmäßigkeit $r^3 = $ const. A entspricht und für s von Ac Em normiert ist. Th. Sexl hat dieselben Rechnungen quantenmechanisch nach der Bornschen Methode vorgenommen, und findet für $n = 3$ und $n = 4$ qualitative Übereinstimmung mit der Erfahrung, doch kommt, wenn er wie Hardmeier $n = 4$ setzt, der Polarisationskoeffizient, d. h. die Konstante γ in (46), die bis auf dem Faktor $Z^*/4$ gleich $r_m{}^3$ ist, um mehrere Zehnerpotenzen zu klein heraus, woraus er schließt, daß der Ansatz (46) nicht vollständig zur Wiedergabe der Resultate bei der anomalen Streuung genügt[2]. In der Tat wird man ja kaum annehmen dürfen, daß der Ansatz (46) bis zu den kleinsten Kernabständen r herab gelten kann, daß also das Potential im Kernmittelpunkt selbst negativ unendlich wird, da ja diesem wohl kaum eine ausgezeichnete Rolle innerhalb der Ladungswolke des Kerns zukommen dürfte. Es ist viel wahrscheinlicher, daß in unmittelbarer Nähe des Kernmittelpunktes ein analoger Ansatz gilt, wie er dem alten Thomsonschen Atommodell zugrunde liegt. Jedenfalls ist es zunächst zweifellos das Naheliegendste, anzunehmen, daß wegen der Kugelsymmetrie des Kerns die Kraft im Kernmittelpunkt verschwindet, die Potentialkurve also mit horizontaler Tangente zu einem endlichen U_0-Wert in die U-Achse einläuft, wie dies Abb. 5 andeutet. Auch von diesem Standpunkt aus mag die gewählte Schematisierung (35) gerechtfertigt erscheinen. Allgemein macht sich beim Vergleich der aus Streuungsmessungen gewonnenen Radien mit den s-Radien der Schematisierung bei radioaktiven Elementen immer die oben erwähnte Unsicherheit bemerkbar, welcher Stelle des Potentialverlaufs

---

[1] Ebenso wird man der von Møller berichteten Tatsache, daß der Wert von U_0/U_{coul} (s), den er ebenfalls berechnet, sich dem Verlauf dieser Größe bei den Elementen der U-Ra-Reihe recht gut anfügt, keine allzugroße Bedeutung zumessen dürfen.

[2] Anm. b. d. Korr. Über eine Berechnung der anomalen Streuung von G. Beck vgl. Nachtrag [vgl. auch A. C. Banerji (56)].

der Abschneidungsradius s entspricht, so daß unmittelbar nur die mit der gleichen Schematisierung wie z. B. bei Møller gerechneten Radien mit den radioaktiven s-Werten vergleichbar sind. Abschließend läßt sich also noch keine Gesetzmäßigkeit angeben, die den Anstieg des Kernradius mit dem Atomgewicht beherrscht, doch sind die nach zwei ganz verschiedenen Methoden erhaltenen Radien größenordnungsmäßig miteinander im Einklang.

Während die bisherigen Abschnitte über die Gamow-Condon-Gurneysche Theorie einige konkrete, mehr oder weniger gesicherte Ergebnisse der quantentheoretischen Kernforschung berichten konnten, befinden sich die Gebiete der Kernphysik, über die in den folgenden Abschnitten berichtet werden soll, noch so sehr im Zustande der Entwicklung, daß hier nur ein gewisser Überblick über die Richtung, in der sich die Forschung auf diesem Gebiete bewegt, gegeben werden kann.

IX. α-Teilchen mit übernormaler Reichweite und Feinstruktur der α-Teilchenenergie.

1. Übernormale Reichweiten. Neben den „normalen" α-Teilchen, die, wie wir sahen, sich überraschend gut in den quantenmechanisch zu erwartenden Zusammenhang zwischen Energie und Zerfallskonstante einfügen, gibt es bekanntlich bei mehreren α-Strahlern, insbesondere den C-Produkten, noch sogenannte „langreichweitige" Teilchen (5, S. 538), deren Energie die der normalen ganz wesentlich übertrifft, deren Zahl jedoch außerordentlich klein ist, etwa von der Größenordnung 10—200 pro Million normaler Teilchen beträgt. Welchem der C-Körper diese angehören, ist noch unbekannt, doch ist es ziemlich sicher, daß sie dem C- oder C'-Produkt und nicht dem C''-Produkt angehören[1].

Es liegt auf der Hand, daß das Auftreten dieser Teilchen sowohl der quantenmechanischen Gesetzmäßigkeit, als auch der Geiger-Nuttall-Beziehung strikte widerspricht. Denn würde es sich um einen Zerfall der gewöhnlichen multiplen Elemente handeln, derart, daß diese verschiedene α-Teilchen auszusenden vermögen, so müßten, sowohl der Geiger-Nuttall-Beziehung als auch der quantenmechanischen Gesetzmäßigkeit nach, die schnellen Teilchen sehr viel wahrscheinlicher sein und somit sehr viel schneller abklingen als die langsameren, während in Wirklichkeit die ersteren nur einen ganz minimalen und *konstanten* Bruchteil der normalen ausmachen. In der Arbeit von Gamow und Houtermans war die Vermutung ausgesprochen worden, daß es sich bei den langreichweitigen Teilchen um solche handeln könnte, für die die bisher gemachte Annahme, daß die Azimutalquantenzahl l ver-

---

[1] Anm. b. d. Korrektur: Durch E. Stahel (74) ist dieses Ergebnis für die Th-Reihe sichergestellt. Er macht wahrscheinlich, daß das Th C' Träger der übernormalen Reichweiten ist.

schwindet, nicht zutrifft, für diese gilt ja die SCHRÖDINGER-Gleichung in der Form (18a), was sich so auffassen läßt, als ob zu der potentiellen Energie noch eine zusätzliche, scheinbare potentielle Energie V vom Betrage

$$V = \frac{h^2}{8\pi^2 m} \cdot \frac{l(l+1)}{r^2} \cdot \tag{47}$$

hinzukäme; die Schwelle erschiene also für solche Teilchen scheinbar vergrößert, so daß sie trotz größerer Energie E_0 dennoch seltener emittiert werden könnten als die normalen Teilchen. Diese zusätzliche scheinbare Potentialschwelle hat anschaulich einfach die Bedeutung einer zentrifugalen Abstoßungskraft, die zu der durch das Potential bewirkten Abstoßungskraft noch hinzukommt, und bewirkt, daß ein Teil der (kinetischen) Energie zur Aufrechterhaltung des gequantelten Drehimpulses verwendet wird, und für die Energie der inneren Wandstöße, die zur gelegentlichen Durchdringung der Schwelle führen können, nicht zur Geltung kommt. Nun hat es sich aber herausgestellt, daß diese Hypothese zwar qualitativ zutreffend, quantitativ aber, wenigstens in dieser Form, auch nicht entfernt ausreichend ist, um die Seltenheit der langreichweitigen Teilchen zu erklären. In den Abständen vom Kernmittelpunkt, bei denen das Potential, steil und zwar sicherlich schneller als mit $1/r^2$ abfällt, macht sich die durch die Zentrifugalkraft bewirkte Abstoßung noch kaum bemerkbar, wenn man eine Azimutalquantenzahl von der Größenordnung $j < 10$ annimmt. Man sieht leicht, daß bei unseren Abschneideradien s — größenordnungsmäßig kleiner kann der Radius auch bei Berücksichtigung des quadratischen Gliedes nicht werden — der Einfluß des durch die Rotation bewirkten Korrekturgliedes kaum $1\,^0/_0$ der Höhe der COULOMBschen Schwelle ausmacht, wofern man nicht Azimutalquantenzahlen von der Größenordnung 10 und mehr annehmen will, was aber äußerst willkürlich erscheint. Einen etwas anderen Weg der Erklärung hat J. KUDAR (*42 d*) vorgeschlagen. Da, wie wir sahen, im Kern mehrere diskrete positive Energieniveaus (bewirkt durch höhere Hauptquantenzahlen n) vorhanden sein können, wäre es möglich, daß der Kern, der durch das Hinausfliegen des vorangehenden Teilchens eine innere Umlagerung erleidet, sich zunächst in einem Zustand befindet, in dem nicht alle α-Teilchen auf dem tiefsten Niveau sitzen. Nun besteht für diese α-Teilchen, die sich also auf einer „angeregten" Bahn befinden sollen, die Möglichkeit entweder direkt zu entweichen, was zum Auftreten langreichweitiger Teilchen führen würde, oder aber die Teilchen können unter Ausstrahlung der Energiedifferenz auf ein tieferes Niveau herunterfallen und sodann als normale Teilchen emittiert werden. Der Prozentsatz der übernormalen und der gewöhnlichen Teilchen wäre dann nur durch das Verhältnis der Ausstrahlungswahrscheinlichkeiten zur Ausschleuderungswahrscheinlichkeit in den oberen Niveaus gegeben. Von ähnlichen Annahmen geht N. FEATHER (*57*) aus. Doch sind vorläufig alle derartigen

Versuche, γ-Linien bestimmten Termdifferenzen von α-Energien zuzuordnen, wegen des Linienreichtums der γ-Spektren äußerst willkürlich
und unsicher. Die KUDAR-FEATHERsche Auffassung der übernormalen
Reichweiten hätte zwei experimentell prüfbare Folgen: einmal müßte
dann der Energieunterschied zwischen den α-Energien der langreichweitigen Teilchen und der normalen Teilchen, und der übernormalen
Teilchen untereinander als γ-Frequenz oder Summe von γ-Frequenzen
auftreten. Zweitens müßten dann aber für jedes heruntergefallene
α-Teilchen ein oder, wenn der Sprung etappenweise erfolgt, mehrere
γ-Quanten der entsprechenden Größe emittiert werden, jedenfalls aber
müßte die ganze Energiedifferenz als γ-Energie ausgestrahlt werden,
und somit in der Energiebilanz auftreten, was allen bisherigen experimentellen Ergebnissen durchaus widerspricht.

Die Zahl der γ-Quanten ist viel zu gering, auch stimmt die Energiebilanz keineswegs, denn die z. B. von Ra C + C' emittierte gesamte
γ-Energie ist viel kleiner als der auf Grund dieser Hypothese zu erwartende Wert. Die einzige Erklärungsmöglichkeit der langreichweitigen Teilchen scheint also die zu sein, daß nicht in *allen* Atomen,
welche übernormale α-Teilchen emittieren, bei der Umlagerung durch
die vorangehende Emission solche Anregungszustände entstehen. Das
bedeutet aber, daß im allgemeinen die Anregungsenergie der auf höheren
ren Zuständen befindlichen Teilchen — eventuell sogar in einem Elementarakt mit der vorangehenden Emission — durch eine Art Stoß
zweiter Art im Kerninnern dissipiert wird und so dem Kern erhalten
bleibt[1]. Nur in seltenen Fällen könnten dann die auf den höheren
Niveaus befindlichen α-Teilchen von dort direkt als übernormale α-
Strahlen emittiert werden, oder u. U. sogar auch durch γ-Strahlen auf
das Normalniveau heruntersinken.

2. Feinstruktur der α-Energie. Eine weitere Schwierigkeit für die
Theorie tritt bei den α-Teilchen auf, für die neuerdings von S. ROSEN-
BLUM (*52*) durchgeführte magnetische Ablenkungsmessungen eine Feinstruktur der α-Energien ergaben. ROSENBLUM fand nämlich bei α-Strah-
len des Th C, daß diese aus Teilchen mit fünf etwas verschiedenen
diskreten Geschwindigkeitswerten, die er mit α, α_1 bis α_4 bezeichnet, bestehen. Die Energien der vier Zerfallsarten des Th C sind nach ROSEN-
BLUM, wenn man als Energie der normalen Th C-Teilchen $9,505 \cdot 10^{-6}$ erg
(als α bezeichnet) setzt:

	Th C (norm.)	α_1	α_2	α_3	(α_4)
E. 10^6 erg	9,505	9,569	9,051	8,804	(8,833)
Intens.	1	0,3	0,03	0,02	(0,005)

---

[1] Hinsichtlich der Auffassung eines solchen Vorgangs als ROSSELAND-
AUGER-Effekt im weiteren Sinne vgl. Fußnote 1 S. 174.

wobei die Zahlen der zweiten Zeile die — ungefähren — Intensitäten bedeuten. Die wichtigste Frage, die hier zunächst vom Standpunkt der Theorie zu stellen wäre, ist, ob zu den verschiedenen α-Energien auch verschiedene Zerfallskonstanten gehören, denn sowohl nach der GEIGER-NUTTALL-Beziehung, als auch nach der quantenmechanischen Theorie müßten die Unterschiede in den Zerfallskonstanten durchaus erheblich sein. So müßte die Lebensdauer der langsamsten Komponente mindestens etwa 200 mal größer sein als die der schnellsten, so daß die Intensitätsverteilung der Komponenten eine sehr starke Abhängigkeit vom Alter des Präparats zeigen müßte. Wenn die Intensitätsangaben von ROSENBLUM also Mittelwerte aus mehreren Aufnahmen und einigermaßen unabhängig vom Alter des Präparates sind[1], so ist die Frage schon im Sinne einer einheitlichen Zerfallskonstante entschieden. Diese Feinstruktur, die übrigens nur am Th C, nicht aber an den daraufhin eigens untersuchten α-Strahlern Po, Ra A, Ra C' und Th C' gefunden wurde, und vielleicht mit der Sonderstellung dieses Elements an der Gabelstelle einer Zerfallsreihe zusammenhängen mag, ist also der Theorie vorläufig noch gänzlich unzugänglich. Vielleicht steht im Zusammenhang damit auch, daß bei der Rechnung mit konstantem Radius das Th C die stärkste Abweichung zwischen Theorie und Experiment von allen gerechneten Elementen zeigt, daß es also einen sehr viel kleineren Radius als die anderen α-Strahler der U-Ra-Reihe und der Th-Reihe zeigt.

Die theoretische Schwierigkeit besteht vor allem außer in der wahrscheinlichen Einheitlichkeit der Zerfallskonstanten darin, daß der relativ langlebige Th C-Kern α-Teilchen in verschiedenen Quantenzuständen enthält, deren Aufspaltung auf eine zweite Quantenzahl, eventuell auf die erwähnte Azimutalquantenzahl, zurückgeführt werden muß. Dieses Verhalten widerspricht aber der BOSE-Statistik, die für den Grundzustand fordert, daß alle α-Teilchen sich im tiefsten Niveau befinden.

3. Homogenität der α-Strahlen. Bei dieser Gelegenheit mögen auch noch einige Worte über die Frage der „Linienbreite" oder vielmehr der Zustandsbreite der α-Strahler gesagt sein. Bekanntlich haben bisher Experimente gezeigt, daß, von der eben erwähnten Feinstruktur abgesehen, die α-Strahlen durchaus als innerhalb der experimentellen Meßgenauigkeit — die freilich, soweit es sich um Reichweitemessungen handelt, sehr gering ist — als vollkommen homogen anzusehen sind. Auch zeigen die ROSENBLUMschen Messungen eine Homogenität von mindestens $\Delta E/E \sim 10^{-4}$ für die einzelnen Linien. Die Theorie ist in der Lage, hierüber ebenfalls Auskunft zu geben. Die energetische Breite eines Quantenzustandes ist ja nach der bekannten HEISENBERGschen Ungenauigkeitsrelation derart, daß wenn τ die Lebensdauer des Quanten-

---

[1] Anm. b. d. Korr.: Aus einer Bemerkung seiner Arbeit (*52c*) scheint dies in der Tat hervorzugehen.

zustandes ist, das Produkt aus Lebensdauer und energetischer Zustandsbreite, also etwa der energetischen Halbwertbreite ΔE von der Größenordnung $h/2\pi$ und somit

$$\tau \cdot \Delta E \approx \frac{h}{2\pi} \qquad (48)$$

ist. Hieraus folgt, daß, wenn man Lebensdauer der Quantenzustände des α-Teilchens im radioaktiven Kern als nur durch die Möglichkeit des Teilchens, herauszufliegen, also durch den radioaktiven Zerfall des Atoms begrenzt ansieht, die energetische Breite des Zustandes und somit die „Halbwertbreite" der α-Teilchenenergie durch die Beziehung

$$\Delta E = h\lambda \qquad (48a)$$

gegeben ist. In der Tat sind ja die „normalen" α-Teilchen auf dem tiefst möglichen Niveau, sodaß, wenn keine zusätzliche verbreiternde Ursache, etwa aus elektrodynamischen Gründen, hinzukommt, die Gültigkeit für die α-Strahlen-Niveaus radioaktiver Elemente die Gültigkeit von (48a) angenommen werden dürfte[1].

Da nun aber $h\lambda/E$, wie oben erwähnt, sehr klein ist, wären, wenn nur die mechanische Verbreiterung (48a) maßgebend ist, die α-Teilchen in ihrer Primärenergie nach der Voraussage der Theorie von einer Homogenität, wie sie sonst bei keiner physikalischen Erscheinung jemals beobachtet wurde und die „Linienbreite" läge um Größenordnungen unter der möglichen Meßgrenze, so wäre z. B. beim Ra C' das $\Delta E/E_0 \approx 10^{-16}$, bei langlebigeren Elementen sogar noch kleiner. Diese geringe Breite der nach Schrödinger „quasidiskreten" Eigenwerte hängt natürlich aufs engste mit der oben besprochenen äußerst geringen Dämpfung der stehenden Wellen im Kerninnern zusammen, analog wie die Strahlungsdämpfung der optischen Wellen mit der Lebensdauer der Anregungszustände. Anders könnten die Dinge unter Umständen bei den Anregungszuständen des Kerns liegen, für die somit eine Begrenzung der Lebensdauer im obigen Sinne durch Stöße zweiter Art oder durch die Möglichkeit einer γ-Ausstrahlung in Frage käme, die sich dann auch in einer größeren Halbwertsbreite bemerkbar machen würde.

X. Eindringung von positiven Teilchen in Atomkerne. Zertrümmerung und Aufbau von Elementen.

1. Eindringungswahrscheinlichkeit. Als erster hat v. Laue (35) darauf hingewiesen, daß der quantenmechanische Übergangseffekt, der zur Erklärung des α-Zerfalls der radioaktiven Atome führt, prinzipiell auch in umgekehrter Richtung denkbar sei und dadurch auch ein der Radioaktivität entgegengesetzter Prozeß theoretisch verständlich wird, wie ihn Nernst schon früher vermutet hatte. Gamow (55) hat dann diesen Gedanken auf das Problem der sogen. „Atomzertrümmerung" angewandt.

---

[1] Anm. b. d. Korr. In der Tat existiert nach G. Beck (101) eine solche Verbreiterung, sodaß (48a) nicht bestimmend für ΔE ist. (Vgl. Nachtrag 1.)

Hierbei geht er von dem Gedanken aus, daß die Wahrscheinlichkeit W einer Atomzertrümmerung durch Eindringung eines Teilchens bei einem Kernstoß in den Kern sich auffassen läßt als Produkt einer reinen „Eindringungswahrscheinlichkeit" W_1 und einer Wahrscheinlichkeit W_2, daß das eingedrungene Teilchen tatsächlich dort eine dauernde Veränderung hervorruft, z. B. indem es dort ein Proton ausschleudert:

$$W = W_1 \cdot W_2. \tag{49}$$

Die Wahrscheinlichkeit W_1 läßt sich nun berechnen, wobei prinzipiell zwei Fälle zu unterscheiden sind.

Ist die Energie E_0 des ankommenden Teilchens größer als das Maximum der Potentialschwelle des gestoßenen Kerns, so läßt sich die „Eindringungswahrscheinlichkeit" W_1 als 1 betrachten und die Zahl der Zertrümmerungsvorgänge pro Einheit der stoßenden Teilchen ist dann lediglich gegeben durch das Produkt w aus der Wahrscheinlichkeit S, daß überhaupt ein Kern getroffen wird, und der Größe W_2, genau wie im Falle klassischer Berechnung. In dem zweiten Falle, wenn $E_0 < U_{\max}$, wäre klassisch überhaupt keine Eindringung denkbar, während quantenmechanisch durch den oben beschriebenen Mechanismus Eindringung und somit Zertrümmerung möglich wird. Die Wahrscheinlichkeit w einer „Zertrümmerung" ergibt sich dann zu

$$w = S \cdot W = S \cdot W_1 \cdot W_2. \tag{50}$$

Über W_2 läßt sich natürlich, solange wir kein bestimmtes Kernmodell haben, gar nichts aussagen, so daß die quantenmechanische Rechnung nur eine obere Grenze von W liefern kann. Eine genaue mathematische Behandlung müßte natürlich ganz analog dem Zerfallsproblem durchgeführt werden. Als Randbedingung ist nur beim Eindringungsproblem eine auf den Kern zulaufende Kugelwelle zu wählen, wobei zur Lösung des Problems wieder die OPPENHEIMERsche Methode dienen kann. Man bildet zu diesem Zweck ein Aggregat von Eigenfunktionen des Problems derart, daß für den Zeitpunkt $t=0$ die Lösung· *innerhalb* des Kerns vollkommen verschwindet, untersucht dann die Zeitabhängigkeit von $\Psi\bar{\Psi}$ innerhalb des Kerns, und findet so die der Zerfallskonstanten analoge „Eindringungskonstante" λ' des Kerns, d. h. die reziproke mittlere Lebensdauer des Atomkerns bis zu einem Eindringungsstoß.

Ebenso würde natürlich auch hier die Methode der komplexen Eigenwerte zum Ziel führen, wobei der komplexe Eigenwert E sich zu

$$E = E_0 - i\frac{h\lambda}{4\pi}$$

ergibt [vgl. J. KUDAR (*42h*)]. Beide Methoden liefern also direkt die Eindringungskonstante, die sich also wie beim Zerfallsproblem zufolge der VON LAUEschen Deutung als ein Produkt aus Stoßhäufigkeit und einem Exponentialfaktor darstellt, der der Durchlässigkeit der Potentialwand entspricht. Für eine nur größenordnungsmäßige Berechnung der Eindringungswahrscheinlichkeit, die infolge der Unkenntnis von W_2 allein nötig ist, konnte Gamow daher direkt die v. Lauesche Methode unter Beschränkung auf den eindimensionalen Fall benutzen. Dann wird also wieder

$$\lambda' = \frac{G}{\tau}, \tag{51}$$

wo τ die Zeit zwischen zwei Stößen ist, die der Kern *von außen* erleidet. Die Stoßzahl $\frac{1}{\tau}$ und damit die Wahrscheinlichkeit eines Kerns, in 1 Sek. getroffen zu werden, ist dabei durch den Wirkungsquerschnitt $r^2\pi$ der Kerne gegeben, die als Scheibchen mit dem für den betreffenden Kern wahrscheinlichen Kernradius angenommen werden, und kann nach den Prinzipien der kinetischen Gastheorie berechnet werden. Der Durchlässigkeitsfaktor G ist dann wie beim Zerfallsvorgang ungefähr durch

$$W_1 = G \approx e^{-\frac{4\pi}{h}\int\limits_{r_1}^{r_2}\sqrt{2m\,(U-E_0)}\,dr} \tag{52}$$

gegeben. Gamow berechnete unter der Annahme, daß W_2 seiner Größenordnung nach bei ein und demselben Element, also etwa bei der Beschießung von Al-Kernen mit α-Teilchen nicht mehr von der Geschwindigkeit der α-Teilchen abhängt, die Abhängigkeit der Zertrümmerbarkeit der Kerne von der Energie der stoßenden Teilchen. Er erhält dabei nach (52) eine Abhängigkeit von der Geschwindigkeit ganz ähnlich, wie sie der Geiger-Nuttall-Beziehung, wenn man von der dort eine Rolle spielenden Variation der Kernladung absieht, zugrunde liegt. In beiden Fällen spielt ja der Exponentialfaktor von (52) die Hauptrolle, wobei das Potential in beiden Fällen ungefähr durch (2) gegeben ist. Freilich ist hierbei für die Eindringung von α-Teilchen nicht die Schematisierung (35) durch senkrechte Abschneidung des Coulomb-Potentials zulässig, da es sich hier um Teilchen handelt, deren Energie sehr nahe der Energie des Potentialmaximums sein kann. Theoretisch ist also unter diesen Voraussetzungen ein sehr starkes Ansteigen der Zertrümmerungswahrscheinlichkeit mit der Energie solange zu erwarten, wie die Energie E_0 kleiner ist als die Höhe der Potentialschwelle $U_{\max}$; für noch größere Geschwindigkeiten kann die Theorie vorläufig keine Aussagen machen, solange kein einigermaßen gesichertes Kernmodell vorliegt. Da aber in diesem Falle jedenfalls der Eindringungsfaktor W_1 gleich 1 wird, ist zu erwarten, daß von dieser kritischen Energie an die Zertrümmerungswahrscheinlichkeit durch nur W_2 bedingt ist und nicht mehr so stark mit der Teilchenenergie anwächst, sodaß der Verlauf von w oberhalb der kritischen Energie wesentlich flacher wird, vielleicht sogar wieder abfällt. Der Unterschied zur klassischen Theorie ist dabei, daß klassisch eine Eindringung und daher auch Zertrümmerung unterhalb der „kritischen" Energie überhaupt unmöglich ist. In der Tat deutet das bisher noch recht spärliche experimentelle Material darauf hin, daß experimentell die Abhängigkeit der Zertrümmerungswahrscheinlichkeit wirklich dem oben beschriebenen theoretisch zu erwartenden Verlauf zeigt, und daß eine Verflachung der Kurve bei hohen Geschwindigkeiten vorhanden ist. Ferner ist es theoretisch möglich, die Abhängigkeit der Eindringungswahrscheinlichkeiten W_1 von der Kernladungszahl der Elemente anzugeben, sobald man einen rohen Ansatz über die Abhängigkeit des Kernradius vom Atomgewicht macht, wozu die in Abb. 7 gegebenen Kernradien als Anhaltspunkte dienen können. Daß der von GAMOW benutzte Zusammenhang experimentell durchaus ungesichert ist, geht aus Abb. 7 und dem oben Gesagten hervor, so daß die von ihm gemachten quantitativen Angaben, die zum Teil in guter Übereinstimmung mit den experimentellen Resultaten der Cambridger Forscher sind, durchaus einer Revision bedürfen, ohne daß die neuen Grundlagen prinzipiell den von ihm erhaltenen Gang zu ändern vermögen. Theoretisch erhält man für Teilchen einer bestimmten Geschwindigkeit ein sehr schnelles Sinken des Eindringungsvermögens und damit der oberen Grenze der Zertrümmerbarkeit mit der Ordnungszahl Z. Dem widersprechen freilich die Ergebnisse der Wiener Forscher, die auch für Eisen und andere schwere Elemente Zertrümmerbarkeit feststellen konnten. Bekanntlich besteht ja immer noch eine starke Diskrepanz in den experimentellen Ergebnissen der Wiener Forscher, insbesondere G. KIRSCH, H. PETTERSON, STETTER (8, 6, S. 146) u. a. einerseits, und der Cambridger Forscher E. RUTHERFORD, C. CHADWICK (2) und auch anderen Arbeiten, wie denen von W. BOTHE u. H. FRÄNZ (58), H. POSE (59) andererseits bezüglich der Frage der Zertrümmerbarkeit einer ganzen Reihe von Atomkernen bzw. über die dabei zu erzielenden Ausbeuten an künstlichen H-Strahlen. [Weiteres experimentelles Material (2, 5. S. 797).] Gerade das positive Ergebnis der Wiener am Eisen ist theoretisch sehr schwer zu verstehen, doch muß die experimentelle Diskrepanz erst aufgeklärt werden, bevor weitere theoretische Schlüsse gezogen werden können. Wenn so schwere Elemente wie Eisen sich wirklich als zertrümmerbar erweisen, so wäre jedenfalls der Beweis dafür erbracht, daß der hier betrachtete Eindringungsmechanismus nicht zur Erklärung ausreicht. Diese Tatsache ließe sich dann theoretisch höchstens als durch den nachher zu besprechenden Mechanismus der „Resonanzeindringung" verstehen.

Selbstverständlich kann die GAMOWsche Theorie nichts darüber aussagen, ob ein Element überhaupt zertrümmerbar ist, da das von dem gänzlich unbekannten Faktor W_2 abhängt, der sehr wohl verschwinden kann, wie dies wohl sicher bei den Elementen der Fall ist, deren Atomgewicht durch 4 teilbar ist. Theoretisch berechnen läßt sich ja nur die Eindringungswahrscheinlichkeit W_2. Allerdings scheint die Tatsache, daß die von GAMOW berechneten Absolutwerte für W_1 bei den Elementen, die überhaupt zertrümmerbar sind, der Größenordnung nach mit den tatsächlich beobachteten Zertrümmerungswahrscheinlichkeiten übereinstimmen, dafür zu sprechen, daß bei diesen Elementen W_2 nicht sehr klein, sondern von der Größenordnung 0,1—1 ist. Allerdings ist dieser Schluß stark von der Annahme des richtigen Kernradius abhängig, da wir die Höhe der Potentialschwelle nicht genau kennen, so daß in Wirklichkeit die Größe W_2 vielleicht noch etwa zwei bis drei Zehnerpotenzen kleiner sein kann.

2. Kernzertrümmerung und Kernaufbau. Auch die Frage, ob das α-Teilchen im Kern verbleibt, und wir es somit mit einem Aufbau zu tun haben, oder ob es den Kern wieder verläßt, ist noch nicht endgültig entschieden. Für den Fall der Stickstoffzertrümmerung konnte dies P. BLACKETT (*60*) aus WILSON-Aufnahmen wahrscheinlich machen, da er durch Ausmessen der Bahnspuren des Rückstoßteilchens fand, daß dieses ein Kern mit der Masse 17 sei und auch keine Bahnspur eines wiederherausfliegenden α-Teilchens bemerkbar ist. In anderen Fällen, wie beim Bor und beim Aluminium, ist die Frage aber durchaus ungeklärt.

Theoretisch stellt sich das Problem, wenn das α-Teilchen im Kern verbleibt, als ein Dissipationsproblem dar: Das in den Kern eindringende Teilchen würde den Kern sehr schnell wieder verlassen, wenn es nicht durch einen Elementarprozeß, durch den es seine überschüssige Energie verliert, im Kern verankert wird, d. h. zu einem Eigenwert negativer Energie herunterspringt. Denn da die Stoßzahl von innen entsprechend der v. LAUEschen Deutung sehr viel größer ist als die Zahl der Kerntreffer von außen, müßte das α-Teilchen sofort wieder herausfliegen, da bei einer einigermaßen großen Durchlässigkeit die Zerfallskonstante des zunächst entstehenden „radioaktiven Elements" sehr groß ist, wenn die α-Energie nicht irgendwie abgeführt wird. Dies kann durch eine allgemeine Umlagerung im Kern geschehen, bei der ein Proton zu einem positiven Energiewert befördert werden kann, so daß dieses ausgeschleudert werden kann. Bei einem Aufbauprozeß, bei dem das eindringende Teilchen steckenbleibt und kein Teilchen ausgeschleudert wird, muß die Überschußenergie als γ-Strahlung ausgestrahlt werden, da sonst Energie und Impulssatz nicht allgemein erfüllt sind. Das ankommende Teilchen, dessen Energie — infolge verschiedenartiger Bremsung — natürlich ungequantelt ist, muß, um einen der Quantenzustände des neuen Atoms zu erreichen, seinen Energieüberschuß irgendwie abführen, denn der Anteil, den der neugebildete Kern an kinetischer Energie mitnimmt, ist schon durch den Impulssatz festgelegt. Wir haben es hier mit der gleichen Schwierigkeit zu tun, auf die FRANCK u. BORN (*61*) gelegentlich des Problems der Wiedervereinigung von Wasserstoffatomen zu H_2-Molekülen hingewiesen haben. Im Falle der Ausschleuderung eines Protons kann natürlich das Proton den Energieüberschuß als kinetische

Energie mitnehmen, der, wie die Experimente zeigen, natürlich auch größer als die ursprüngliche Energie des α-Teilchens sein kann.

W. Kuhn (*62*) hat in einer Reihe von Arbeiten einige interessante korrespondenzmäßige Überlegungen angestellt, durch die er die Polarisierbarkeit des Kerns, die Intensität wahrer Absorption und die Linienbreite von γ-Strahlen mit der Stabilität der Kerne in Zusammenhang bringt.

Er weist insbesondere darauf hin, daß bei Kernstößen von α-Teilchen möglicherweise nur ein relativ geringer Bruchteil der α-Energie auf die inneren Freiheitsgrade des Kerns übertragen wird. Er schließt dann weiter aus der Tatsache der Zertrümmerbarkeit auf eine geringe Stabilität der leichteren zertrümmerbaren Elemente und knüpft daran einige Konsequenzen über die Möglichkeit von Kernreaktionen im Innern der Sterne, die zur Erklärung des bekannten Defizits in der Energiebilanz dieser Sterne dienen könnten. Doch stehen diese Überlegungen zum Teil im Widerspruch zu den neueren quantenmechanischen Ergebnissen, nach denen ein Zerfall auch instabiler Kerne nicht ohne weiteres möglich ist.

In engem Zusammenhange mit dieser Frage der Quantelung der Energiestufen im Kern steht die Frage, ob die ausgeschleuderten H-Teilchen überhaupt diskrete Energiewerte haben oder ob diese Energie, wie es bei den β-Teilchen der Fall ist, innerhalb gewisser Grenzen kontinuierlich verteilt ist[1]. E. Rutherford u. C. Chadwick (*63, 2*) kommen auf Grund ihrer Experimente zu der letzteren Ansicht, während die Ergebnisse von W. Bothe u. F. Fränz (*58*) und H. Pose (*59*) für das Auftreten bestimmter mehr oder weniger einheitlicher Strahlgruppen sprechen.

Die Frage, wie lange ein eingedrungenes Teilchen im Kern verweilt, ist theoretisch nicht ohne weiteres zu beantworten, da ja die bisherige eindimensionale Behandlung, wie sie von Fowler u. Wilson (*40*) durchgeführt wurde, hierüber keine sicheren Schlüsse erlaubt. Der ganze Grundgedanke der Zerlegung der Zertrümmerungswahrscheinlichkeit in W_1 und W_2 ist ja im Grunde nur eine Näherung und eine exakte Behandlung wird die Wahrscheinlichkeit des Gesamtprozesses ins Auge zu fassen haben. Jedenfalls wird man kaum fehlgehen, wenn man die Verweilzeit eines eingedrungenen Teilchens mindestens, der Größenordnung nach, der Zeit gleichsetzt, die das Teilchen braucht, um den Kern zu durchlaufen, wenn es auch fraglich bleibt, wieweit bei Teilchen, deren Energie nicht zu einem Eigenwert des Kerns paßt, von einer Verweilzeit im Kern überhaupt gesprochen werden kann.

3. Resonanzeindringung. Das Problem des Aufbaus hat wie das des Zerfalls ebenfalls jenen quasidiskreten Eigenwertcharakter, der oben näher besprochen wurde, und zwar sind hierbei die konjugiert komplexen Eigenwerte maßgebend, bei denen die Funktion $\psi\bar{\psi}$ im Innern

---

[1] Notwendig ist dieser Schluß allerdings nur, wenn die Unbestimmtheit der H-Strahlenergie sich auch auf exotherme Vorgänge erstreckt.

der Potentialwand von innen nach außen zu ansteigt. Für diese Teilchen ganz bestimmter diskreter Energie besteht, wie Gurney (64), Fowler u. Wilson (40) sowie R. d'E. Atkinson (41) gezeigt haben, die Eindringungswahrscheinlichkeit 1 und ist praktisch unabhängig von der Schwellenhöhe und Breite. Ein ähnliches Phänomen zeigt ja auch das oben berechnete eindimensionale Modell (Abb. 2). Teilchen, deren Energie mit der eines Quantenzustandes des durch Aufnahme eines Teilchens entstehenden Kerns genau übereinstimmt, können also sehr leicht eindringen. Dieser Zustand kann natürlich auch ein unbesetzter Anregungszustand dieses Kerns sein, und es wäre möglich, daß auch diese „Resonanzeindringung" bei den beobachteten Zertrümmerungs- bzw. Aufbauprozessen von Elementen eine Rolle spielt. Ob das der Fall ist und ob das Phänomen experimentell beobachtbar ist, hängt wesentlich von der „Linienbreite" der Resonanzstellen ab. Im allgemeinen wird diese zufolge des oben angeführten Zusammenhanges mit der Lebensdauer des Zustandes, wenigstens dann, wenn der Zustand sich nicht unmittelbar unterhalb des Potentialmaximums befindet, sehr klein werden, wie im Falle der Radioaktivität, und entzieht sich *jedenfalls* bei radioaktiven Kernen, wo es sich zweifellos um den Grundzustand der α-Teilchen handelt, der Beobachtung. Doch ist es nicht unwahrscheinlich, daß auch die durch „Strahlungsdämpfung", d. h. durch spontane γ-Emissionswahrscheinlichkeit oder Stoß zweiter Art bedingte Begrenzung der Lebensdauer verbreiternd auf die Resonanzstellen der Eindringung wirkt[1] und dadurch die Resonanzeindringung in besonderen Fällen der Beobachtung zugänglich macht. Bei den Rechnungen von Gamow (55) und Atkinson un Houtermans (65) über die Eindringung wurde jedenfalls die Eindringungswahrscheinlichkeit unter Außerachtlassung der Resonanzmöglichkeit berechnet, so daß der dort betrachtete Mechanismus nicht der einzige ist, der eine Eindringung erklärt[2].

---

[1] Sind λ_1, λ_2, λ_3 usw. die reziproken Werte der mittleren Lebensdauern des Zustandes gegenüber verschiedenen „Todesursachen", wie radioaktiver Zerfall, spontane Ausstrahlung, Stoß zweiter Art im Kern, so tritt in (48a) an Stelle von λ die Größe $\Sigma\lambda_i$. Die Prozesse, die hier als „Stöße zweiter Art" in dem als abgeschlossenes Gas betrachteten Kerninnern bezeichnet sind, lassen sich natürlich, da es sich um ein abgeschlossenes System handelt, auch als „Rosseland"- oder „Auger-Sprünge" in dem übertragenen Sinne des Wortes auffassen, wie es bei Behandlung von Prädissoziationsprozessen von Molekülen angewandt wird [vgl. z. B. Born u. Frank (61), K. F. Bonhoefer und L. Farkas (66), R. L. de Kronig (67c)]. Auch die Ausschleuderung eines Protons durch ein eingedrungenes α-Teilchen beim Stickstoff ist im Grunde so ein „Auger"-Effekt. Bei großem W_2 mag daher eine der Prädissoziation analoge Verbreiterung eines etwa vorhandenen Kernzustandes und somit die Möglichkeit der „Resonanzeindringung" ohne weiteres begründet erscheinen.

[2] Ob und inwieweit eine derartige Trennung in zwei Arten des Ein-

4. Astrophysikalische Möglichkeiten des Kernaufbaus. Auf einige astrophysikalische Konsequenzen geht die letztgenannte Arbeit näher ein. Dabei wird als maßgebend für die Energieverteilung die des thermodynamischen Gleichgewichts einer Temperatur von etwa 4.10^7 Grad, wie sie nach EDDINGTON (*68*) im Sterninnern herrscht, angenommen. Es zeigt sich, daß die bei solchen Temperaturen vorherrschenden Energien längst nicht ausreichen, um die Eindringung irgendwelcher positiver Teilchen in schwerere Kerne, geschweige denn eine direkte Umkehrung der radioaktiven Vorgänge zu ermöglichen. Dazu gehören α-Teilchenenergien von der Größenordnung der natürlichen α-Teilchen, deren Häufigkeit bei den erwähnten Temperaturen viel zu gering ist[1]. Auch bei den Kernen niedriger Ordnungszahl ist das Eindringungsvermögen von He-Kernen noch zu gering, um im Energiehaushalt der Sterne eine wesentliche Rolle spielen zu können. Anders steht es mit der Eindringungsmöglichkeit der Protonen. Hierbei wirkt sich nämlich im Vergleich zum α-Teilchen günstig aus, daß im Exponentialfaktor der Eindringungsformel die Ladung und die Wurzel aus der Masse des eindringenden Teilchens im Zähler des Exponenten eingehen, so daß bei gleicher kinetischer Energie und im übrigen gleichen Verhältnissen der (negative) Logarithmus der Eindringungswahrscheinlichkeit für Protonen um einen Faktor 4 kleiner ist als für α-Teilchen, was natürlich sehr viel ausmacht. Da für sehr kleine Teilchenenergien — und das sind die im thermodynamischen Gleichgewicht bei 10^7 Grad, verglichen mit den Kernenergien immer noch — die untere Grenze des Impulsintegrals in (52) sehr klein gegen die obere Grenze wird, so kann man für die Eindringung bei, im Vergleich zur Schwellenhöhe, kleiner Energie den Kernradius überhaupt außer acht lassen, und bis zu $r = 0$ heran integrieren. Man erhält dann eine bei kleinen Energien nur wenig zu kleine Eindringungswahrscheinlichkeit, die aber für eine Abschätzung der unteren Grenze von W_1 dennoch geeignet ist. Für die Stoßzahl muß natürlich ein endlicher Radius eingesetzt werden, der aus dem Diagramm (Abb. 7) abgeschätzt werden kann, der aber nur in den Vorfaktor, nicht in den Exponenten eingeht. Formel (53)[2] gibt die Eindringungswahrscheinlichkeit pro Stoß allgemein für Teilchen der Ladung ε und der Geschwindigkeit v:

$$W_1 = e^{-\frac{4\pi^2\,\varepsilon^2}{h}\frac{Z}{v}}. \tag{53}$$

---

dringungsmechanismus (solche mit und ohne Resonanz) überhaupt möglich ist, wird die exakte Behandlung des Problems als AUGER-Effekt im Sinne der vorigen Fußnote zu entscheiden haben.

[1] Die Eindringungswahrscheinlichkeit eines α-Teilchens in einen radioaktiven Kern ist identisch mit dem in der Formel für die Zerfallskonstante auftretenden Exponentialfaktor.

[2] Für Protoneneindringung von etwa 10^6 Volt aufwärts an den leich-

Etwas anders wird, wie auch G. BREIT (*69*) bemerkt, der Faktor im Exponenten beim Vergleich zwischen H- und α-Teilchen, wenn man nicht auf gleiche Energie, sondern auf gleiche durchlaufene Potentialdifferenz bezieht, was für die Abschätzung von Eindringungswahrscheinlichkeiten bei Hochspannungsentladungen wichtig werden kann. In diesem Falle ist der Logarithmus von W_1 für α-Teilchen nur $2\cdot\sqrt{2}$ mal größer als für Protonen, da $\varepsilon V = \frac{m}{2}\cdot v^2$ ist. Man sieht leicht, daß bei niedrigen Elementen nach dieser einfachen Überschlagsrechnung, bei der die Atomradien gar nicht in den Exponenten eingehen, die Eindringungswahrscheinlichkeiten gar nicht so klein sind. So ist bei einem Proton, das eine Spannung von 1 Million Volt durchlaufen hat, schon *mindestens* jeder zwanzigste Kerntreffer an Li 7 ein Eindringungsstoß. Es liegt nicht außerhalb des Bereichs der Möglichkeiten, derartige Effekte auch experimentell zu finden, und tatsächlich sind solche Versuche auch schon an verschiedenen Stellen in Vorbereitung. Die Hauptschwierigkeit ist hierbei, daß wir über die Wahrscheinlichkeit W_2, daß das eingedrungene Teilchen im Kern wirklich eine Veränderung hervorruft, die vielleicht mit der Ausschleuderung eines Teilchens oder einer γ-Emission verbunden wäre, nichts wissen. Auch wird es schwer sein, eine solche Veränderung tatsächlich nachzuweisen, denn wenn durch Protonen ein Proton ausgeschleudert wird, ist dies prinzipiell von einer anomalen Streuung ununterscheidbar. Man sollte dann erwarten, daß die Anomalie der Protonenstreuung schon bei viel kleineren Energien eintritt als bei α-Teilchen. Doch besteht die Möglichkeit, daß das durch Aufnahme eines Protons entstehende Produkt instabil ist, und dann könnte eine Art induzierter Radioaktivität auftreten, die vielleicht nachweisbar wäre, freilich auch nur dann, wenn die Zerfallskonstante in die richtige Größenordnung fällt. Eine weitere Möglichkeit wäre, daß ein Proton unter Ausstrahlung eines γ-Quants in den Kern fällt.

Beim thermodynamischen Gleichgewicht in Sternen, wo eine MAXWELLsche Geschwindigkeitsverteilung herrscht, liegen die Verhältnisse ein wenig anders. Hier sind die allerschnellsten Teilchen zwar bezüglich der Eindringung viel wirksamer, aber auch viel seltener, so daß Eindringungsstöße einer bestimmten Geschwindigkeit am wahrscheinlichsten sind. Die Größen W_1 unter diesen Bedingungen sind für einige Elemente in der erwähnten Arbeit von ATKINSON und HOUTER-

---

testen Atomen sowie für α-Teilchen kann der W_1 vergrößernde Einfluß durch Vorhandensein eines endlichen Kernradius nicht mehr außer acht gelassen werden. Bei schematisierter Schwelle hat dann der Exponentialfaktor die gleiche Form wie in (43), erst wenn die Energie der Teilchen die Schwellenhöhe nahezu erreicht, wird die Schematisierung unzulässig und an ihre Stelle muß eine genäherte Integration eines angenommenen Potentialverlaufs wie in (52) treten.

MANS berechnet worden. Es ergibt sich, daß bei einer Temperatur von etwa $4 \cdot 10^7$ Grad die „mittlere Eindringungswahrscheinlichkeit" pro Stoß (wobei also die MAXWELLsche Verteilung schon hineingezogen ist), z. B. beim Li etwa 10^{-10} beträgt, aber sehr schnell mit der Kernladungszahl des gestoßenen Kerns abnimmt, so daß sie für Ne 20 nur mehr 10^{-24} beträgt. Setzt man nun eine Wasserstoffdichte von etwa 10^{23} pro Kubikzentimeter an, was nach EDDINGTONs Angaben für das Sterninnere etwa zutreffen mag, so findet man, daß ein Li-Kern beispielsweise alle 40 Min., ein He-Kern sogar alle 3 Sek. einen Eindringungsstoß eines Protons erleidet. Die Autoren knüpfen daran die Hypothese, daß vielleicht auf diese Weise ein instabiles Be 8 gebildet wird, da dieses Element in der Natur nicht vorkommt und auf diese Weise immer wieder He-Kerne rückgebildet werden. Wenn nun auch He-Kerne durch Protoneneindringung zu Li 5 und diese weiter zu Li 6 etc. umgebildet würden, so hätten wir einen Kreislaufprozeß vor uns, durch den dauernd Protonen zu He-Kernen umgewandelt werden[1]. Die dabei frei werdende Energie wäre wohl imstande, den ganzen Energiebedarf des Sternes zu decken, wobei die Bildungswärme des α-Teilchens aus Protonen und Elektronen frei wird.

In der Tat ist ja eines der Hauptprobleme der Astrophysik, zu erklären, woher die von den Sternen ausgestrahlte Energie kommt. Denn die durch Gravitationsschrumpfung frei werdende Energie würde nicht einmal hinreichen, um den Energiebedarf der Sonne für eine Zeitdauer zu decken, die weit geringer ist als das durch radioaktive Bestimmungen gefundene Alter der Erde, so daß die Astrophysiker ja bekanntlich lange annahmen, daß in den Sternen Kernreaktionen stattfinden, deren Energie die Ausstrahlung der Sterne speist. Die beiden hauptsächlich diskutierten Möglichkeiten hierfür wären entweder eine direkte Umwandlung von Materie in Strahlung oder aber eine Kernreaktion, durch die Protonen und Elektronen zu He-Atomen aufgebaut werden. Letzteres wäre aber auf Grund der bisherigen Vorstellungen nur durch einen Sechserstoß möglich, der beliebig unwahrscheinlich ist. So ist es gut möglich, daß die Protonen und Elektronen, die hierzu nötig sind, nacheinander von leichten Kernen eingefangen werden und die hierbei, wahrscheinlich als γ-Strahlung, frei werdende Energie mindestens einen wesentlichen Beitrag zur Energiebilanz der Sterne leistet. Der wesentlichste Einwand, der vom physikalischen Standpunkt gegen die Hypothese erhoben werden kann, ist, daß bei dem sukzessiven Aufbau von Kernen bis zum Be 8 als Durchgangsstadien Isotope, wie z. B. Li 5 oder He 5, auftreten müssen, die wir auf der Erde nicht finden und die daher offenbar sehr instabil sind. Doch besteht ja die Möglich-

---

[1] Hierzu wäre auch die Aufnahme von Kernelektronen nötig, die aber sobald neue Eigenwertplätze in dem neugebildeten Kern frei werden ohne weiteres möglich sein dürfte (vgl. Abschn. 12).

keit, daß diese instabilen Elemente durch den Aufbauprozeß selbst wieder vernichtet werden, und das reichliche Vorhandensein eines Isotops würde dann nur darauf hindeuten, daß die Wahrscheinlichkeit W_2 eines solchen Elements, durch einen Eindringungsstoß weiter aufgebaut zu werden, relativ klein ist, wie dies wohl sicherlich für das α-Teilchen selbst der Fall sein dürfte. Eine Stütze für den α-Zerfall eines hypothetischen Be 8 sieht LORD RAYLEIGH (70) in der von ihm vor Jahren entdeckten und durch neueste Messungen von PANETH u. PETERS (71) bestätigten Tatsache, daß einige Beryllsorten einen relativ hohen He-Gehalt aufweisen, der von einem ausgestorbenen Be 8 herrühren könnte. Allerdings müßte dieses dann zur Zeit der Bildung dieser geologisch nicht zu den ältesten zählenden Mineralien noch vorhanden gewesen sein, und es ist schwer einzusehen, weshalb dann heute nichts mehr davon da ist.

Weiter als bis zum Ne 20 allerdings reicht bei Annahme thermodynamischen Gleichgewichts der Aufbau durch Protoneneindringung innerhalb einer Zeit von der Größenordnung des Alters der Sonne nicht, weil für höhere Elemente die berechneten Eindringungswahrscheinlichkeiten viel zu klein werden. Die einzige Möglichkeit, den weiteren Elementaufbau zu erklären, wäre, daß die durch derartige Kernreaktionen entstehenden sehr schnellen Teilchen den Aufbau in der geschilderten Weise weiterführen könnten. Die Energie solcher Teilchen wäre ja von der Größenordnung radioaktiver Energien, und sofern es sich um Protonen handelt, könnten sie daher auch in schwerere Kerne leicht eindringen. Eine andere Möglichkeit wäre die der schon oben erwähnten Resonanzeindringung, wenn die Teilchenenergie mehr oder minder zufällig mit einem hinreichend breiten Anregungszustand zusammenfällt, wobei dann die Höhe der Potentialschwelle keine Rolle spielt. Doch bleibt auch dann der Aufbau radioaktiver Elemente ein Rätsel. Jedenfalls ist es interessant, daß der Mechanismus der Protoneneindringung die Möglichkeit gibt, das beginnende Auftreten von Kernreaktionen bei relativ geringen Energien zu erklären, und zwar gerade ungefähr bei der von EDDINGTON hierfür angegebenen kritischen Grenze von etwa 40 Millionen Grad.

XI. β- und γ-Strahlen.

1. Diskrete β-Strahlung der Elektronenhülle. Sowohl der Vergleich von Atomgewicht und Ordnungszahl als auch die Emission von β-Strahlen, die mit dem Anwachsen der positiven Kernladung um eine Einheit verknüpft ist, zeigen, daß im Kern auch Elektronen vorhanden sind, die nicht in α-Teilchen eingebaut sind. Geschwindigkeitsmessungen von β-Strahlen sind durch magnetische Ablenkung möglich und ergaben das Resultat, daß man es bei der β-Strahlung mit zwei prinzipiell vollkommen verschiedenen Effekten zu tun hat. Einmal zeigen sich bei vielen β-Strahlern und auch bei einzelnen α-Strahlern, wie z. B. beim Radium, das, wie die FAJANSsche Regel zeigt, ausschließlich unter α-Emission zerfällt, eine Reihe scharfer „Linien" in den β-Strahlspektren. Doch hat sich diese Art von Strahlen, wie L. MEITNER, C. D. ELLIS (6, IIC, 9a, 5 III, 2) und andere gezeigt haben, als nicht direkt dem Kern entstammend erwiesen. Wir haben es bei diesen Teilchen vielmehr mit Photoelektronen zu tun, die durch γ-Strahlung am eigenen Atom ausgelöst werden. Die Energie dieser β-Strahlen stellt sich dann immer als Differenz der Energie eines primär vom Kern ausgesandten γ-Quants und der Abtrennungsarbeit eines K-, L- oder M-Elektrons des radioaktiven Elements dar. Wir haben hierin eine wichtige Methode zur Untersuchung der γ-Strahlspektren, die zum Teil den gewöhnlichen Methoden der Spektralanalyse nicht zugänglich sind. L. MEITNER, C. D. ELLIS u. A. W. WOOSTER und andere (73, 72, 9) konnten sogar zeigen, daß die K-, L-, M-Abtrennungsarbeiten des beim Zerfall entstehenden Elements und nicht die des zerfallenden Elements selbst dabei auftreten, wodurch entschieden werden konnte, daß die γ-Strahlung erst nach und nicht vor der α-Emission, und zwar offenbar als Folge der mit Ausstoßung eines Teilchens verbundenen Umlagerung im Kern auftritt, was heute allgemein als für alle γ-Strahlungen gültig angenommen wird. So interessant und wichtig die zum Teil sehr linienreichen β-Spektren auch sind, mit den primär emittierten Kernelektronen haben sie direkt nichts zu tun.

2. Kern-β-Strahlung, Energieunbestimmtheit. Es war daher naheliegend zu untersuchen, mit welcher Energie die primären, dem Kern entstammenden, Elektronen von solchen β-Strahlern emittiert werden, die durch das Verschiebungsgesetz als solche gekennzeichnet sind. Besonders eignen sich für solche Untersuchungen β-Strahler, bei deren Zerfall keine oder nur sehr wenig γ-Strahlung emittiert wird, so daß also praktisch nur Kern-β-Strahlung auftritt, wie z. B. beim Ra E. Dabei ergab sich, ganz im Gegensatz zu dem Auftreten diskreter wohldefinierter Energien bei der α- und γ-Strahlung, daß die Primärenergie der Kern-β-Strahlung sich über einen im Vergleich zu ihrer Energie selbst relativ großen Energiebereich verteilt. So wurden von zahlreichen Autoren am Ra E β-Teilchen mit Energien zwischen etwa $0{,}2 \cdot 10^6$ Volt und $1 \cdot 10^6$ Volt gefunden, wobei das Häufigkeitsmaximum bei einer Energie von etwa $0{,}3 \cdot 10^6$ Volt liegt. Ähnlich liegen die Verhältnisse, was die relative Breite des Energiespektrums anbelangt, auch bei anderen untersuchten β-Strahlern wie beim UX_1, bei Ra B und anderen. Obwohl auch für β-Strahler ein Analogon zur Geiger-Nuttalschen Beziehung insofern existiert, als sich beim Vergleich verschiedener β-Strahler untereinander zeigt, daß das Element, welches die energiereichere Strahlung besitzt, auch das kurzlebigere ist, hat sich diese Beziehung keineswegs so exakt und quantitativ formulierbar erwiesen, wie im Falle der α-Strahler. Merkwürdigerweise stellte sich heraus, daß trotz der großen Unterschiede in der Primärenergie der β-Strahlen eines einzelnen Elements, die Zerfallskonstante desselben dennoch sehr genau definiert ist und der Zerfall genau einem Exponentialgesetz gehorcht. Die Kerne, die schnelle β-Teilchen aussenden, zeigen keineswegs eine größere Zerfallskonstante als die, welche aus der Messung des Abfalls der gesamten β-Strahlung ermittelt wird. (L. Bastings (75)].

Zunächst dachte man daran, daß vielleicht die Primärenergie, mit der die Kernelektronen emittiert würden, wohl einheitlich sein könnte, und vielleicht gleich der maximalen beobachteten Energie wäre, aber durch einen Sekundäreffekt ein kontinuierlich variabler Bruchteil der β-Energie verlorenginge, der etwa als kontinuierliches γ-Spektrum emittiert würde. Doch war von einer γ-Strahlung der entsprechenden Wellenlänge, nach der ausdrücklich gesucht wurde, nichts zu finden. Auch γ-Strahlung noch höherer Energie wurde nicht gefunden, so daß auch die Kompensation durch ein sehr kurzwelliges γ-Kontinuum, offenbar nicht stattfinden kann. Das wichtigste Ergebnis aber gab die kalorimetrische direkte Messung der beim β-Zerfall frei werdenden Zerfallsenergie. Würde nämlich ein Bruchteil der primären β-Energie durch irgendwelche unbekannten Sekundäreffekte verlorengehen, so müßte doch dieser Anteil bei einer kalorimetrischen Messung der insgesamt frei werdenden Energie mitgemessen werden, und somit die gemessene mittlere kalorische Energie bezogen auf ein Atom gleich der maximalen Energie des β-Spektrums sein. Überraschenderweise stellte sich aber heraus, daß die mittlere kalorische Energie pro Atom nicht gleich der maximalen, sondern innerhalb der Fehlergrenzen gleich der häufigst auftretenden Energie des β-Spektrums ist. Dieses außerordentlich wichtige Ergebnis wurde zuerst von C. D. Ellis und W. A. Wooster (76) gefunden, der für das Häufigkeitsmaximum im β-Spektrum von Ra E etwa 290 000 Volt und als kalorischen Mittelwert 344 000 Volt $\pm$ 10°/$_0$ erhielt. In jüngster Zeit haben L. Meitner u. P. Orthmann (77) die kalorimetrische Messung mit einem sehr genauen Differentialkalorimeter wiederholt und fanden als kalorischen Mittelwert 337 000 $\pm$ 20 000 Volt. Auch das Fehlen einer kompensierenden γ-Strahlung konnten sie feststellen. Dieses Ergebnis ist von äußerster Wichtigkeit. Es bedeutet nämlich nichts anderes, als daß der Energiesatz, der, nachdem seinerzeit Bedenken gegen seine Anwendbarkeit auf atomare Individualprozesse aufgetaucht waren, seit den Messungen von Bothe u. Geiger (78) auch für den einzelnen Elementarakt atomarer Prozesse als gültig angesehen wurde, im Bereich der β-Strahler nur mehr statistische Gültigkeit besitzt, daß somit der Energieinhalt eines Atoms nur als statistischer Mittelwert angesehen werden darf. Ob dies auch für das Anfangs- und das Endprodukt der mehrere β-Emissionen enthaltenden Zerfallsreihe und für nicht radioaktive Kerne gilt oder ob eine gegenseitige Kompensation verschiedener Strahler bis zum Ende der Zerfallsreihe vorliegt, konnte experimentell noch nicht festgestellt werden. Doch scheint eine solche Kompensation, wie sie z. B. C. LOEB (*74*) für je zwei aufeinanderfolgende β-Emissionen vorschlägt, schon deshalb unwahrscheinlich, weil die Größenordnungen der β-Energien zweier aufeinanderfolgender β-Strahler mitunter so verschieden sind, daß z. B. die Energieungenauigkeit (d. h. die Breite des β-Spektrums) von Ra E ein Vielfaches der maximalen β-Energie des Ra D beträgt. Auch dürfte es unwahrscheinlich sein, daß eine so elementare und wichtige Erscheinung wie das Auftreten unbestimmter Atomenergien auf einen Einzelfall beschränkt sein sollte. Daß für künstliche H-Strahlen nach RUTHERFORD und CHADWICK vielleicht dieselbe Schwierigkeit besteht, wurde schon erwähnt, doch ist dieses Ergebnis noch viel weniger experimentell sichergestellt als das an β-Strahlen.

3. **Theoretische Schwierigkeiten.** Eine zweite Schwierigkeit der theoretischen Behandlung liegt darin, daß bekanntlich bis heute eine korrekte relativistische Wellengleichung fehlt. Denn für α-Teilchen liefert die SCHRÖDINGER-Gleichung nur deshalb richtige Resultate, weil für diese wegen ihrer gegen c noch kleinen Geschwindigkeit die Relativitätskorrektur zu vernachlässigen ist. Anders ist es mit β-Teilchen, die mit Geschwindigkeiten bis zu $0{,}99\,c$ den Kern verlassen. Die aus der PAULIschen relativistischen Verallgemeinerung der SCHRÖDINGER-Gleichung abgeleiteten DIRACschen Gleichungen führen aber nun bekanntlich zu Widersprüchen, wenn man sie auf das Problem eines freien Elektrons anwendet, das gegen eine sehr hohe Potentialschwelle anläuft, da für diesen Fall unter Umständen die DIRACschen Gleichungen einen Ladungswechsel des Elektrons voraussagen [O. KLEIN (*79*)].

Daß der gleiche Mechanismus wie beim α-Teilchen zur Erklärung der β-Aktivität angewandt werden kann, scheint zunächst schon deshalb ausgeschlossen, weil keine Ursache einzusehen ist, durch die eine Abstoßungskraft zwischen Kern und Elektron zustande kommt. Denn sowohl COULOMB-Potential als auch durch magnetische oder durch Polarisation bewirkte Kräfte ergeben eine Anziehung, so daß für Teilchen mit der Azimutalquantenzahl $l = 0$ keine Schwelle vorhanden wäre.

4. **Zentrifugalschwelle und KUDARsche Formeln.** Hier zeigt sich allerdings ein Ausweg in der zuerst von GURNEY und CONDON ausgesprochenen Annahme, daß die β-Teilchen eine Azimutalquantenzahl $j > 0$ haben, und daher einer zentrifugalen Abstoßung unterliegen, da das Rotatorglied in der entsprechenden SCHRÖDINGER-Gleichung (19) als zusätzliches Abstoßungspotential (47) aufgefaßt werden kann. Dieser Term wird, da die Masse m im Nenner steht, bei gleichem r für Elektronen etwa 1840mal größer als für α-Teilchen. Bei sehr kleinem Kernradius aber überwiegt wieder die mit abnehmender Entfernung stark

zunehmende Anziehungskraft, die bei Elektronen wegen ihres magnetischen Moments sehr wohl magnetischer Natur sein kann, wenn der Kernrest selbst ein Moment hat. Kudar (*80*) konnte nun zeigen, daß das Diracsche Paradoxon des Vorzeichenwechsels an einer durch Zentrifugalkraft verursachten „scheinbaren" Potentialschwelle nicht besteht. Das „Potential" des Kerns gegen β-Teilchen ist demnach etwa

$$U = -\frac{Ze^2}{r} + \frac{h^2}{8\pi^2 m} \cdot \frac{l(l+1)}{r^2} - \frac{b_n}{r^n}, \tag{54}$$

wo wieder $n > 2$ der Exponent des unbekannten Anziehungspotentials ist. Er schematisiert nun, indem er die Anziehungskraft wie bei der Schematisierung (35) durch einen senkrechten Potentialabfall zu einem konstanten endlichen Wert ersetzt[1], wobei das Coulombsche Glied am Potentialsprung keine Rolle mehr spielt. Er vermag dann ganz analog, wie oben für α-Strahlen geschildert, einen formelmäßigen Zusammenhang zwischen der positiven Energie der β-Teilchen und der Zerfallskonstante herzuleiten, in den außer dem „Abschneideradius" r_0 der Schematisierung noch die Azimutalquantenzahl eingeht. Die Zerfallskonstante λ ist dann nach Kudar

$$\lambda = \frac{1}{l(l+1)\cdot 1^2\cdot 3^2\cdot\ldots(2l-1)^2} \cdot \left(\frac{2\pi}{h}\right)^{2l+2} \cdot \frac{r_0^{\,2l+1}}{m+E_0/c^2}\left(2mE_0 + \frac{E_0^2}{c^2}\right)^{\frac{2l+3}{2}}. \tag{55}$$

Diese Formel entspricht gewissermaßen der Geiger-Nuttall-Beziehung für β-Teilchen. Kudar findet nun durch Vergleich mit der Erfahrung, daß die Formeln zu Radien r_0 von der Größenordnung des klassischen Elektronenradius führen, wenn man die Azimutalquantenzahl $l = 4$ einsetzt. Als Energie E_0 setzt er dabei die des Häufigkeitsmaximums im β-Spektrum ein, das allerdings nur bei wenigen Elementen gut bekannt ist. Die auf diese Weise für einige β-Strahler wie RaE und UX_1 berechneten Radien haben zum Teil wesentlich kleinere Werte als der klassische Elektronenradius $2,85 \cdot 10^{-13}$ cm. Diese Tatsache bringt Kudar nun in Zusammenhang mit der Unbestimmtheit der β-Energie. Er postuliert dabei einen Zusammenhang zwischen Ruhmasse des Elektrons und Elektronenradius, wie er auch klassisch existiert, und verknüpft die Breite des β-Spektrums mit der Zusammendrängung des Elektrons auf einen kleineren Kastenradius. Auf diese Weise erhält er

---

[1] Ebenso wie im Falle der α-Strahlen ist auch hier die Bodenhöhe prinzipiell nicht willkürlich, sondern durch Kastenradius r_0 und E_0 bedingt. Doch ist es hier für eine nur größenordnungsmäßige Betrachtung ohne weiteres zulässig, die Elektronen im Kerninnern als frei zu betrachten und das Potential dort gleich Null zu setzen. Die Berücksichtigung des Eigenwertcharakters hätte die Einführung einer Hauptquantenzahl wie bei den α-Strahlen zur Folge, auf die hier verzichtet worden ist.

einen Zusammenhang zwischen energetischer Breite des β-Spektrums ΔE und dem Kernradius die hypothetische Beziehung

$$r_0' = \frac{e^2}{m c^2 + \Delta E}. \tag{56}$$

Die experimentellen Daten reichen für einen quantitativen Vergleich der aus (55) und (56) gewonnenen Radien nur beim Ra E aus. Hier findet man $r_0 = 1{,}3 \cdot 10^{-13}$ cm und $r_0' = 1{,}1 \cdot 10^{-13}$ cm, wenn man die oben genannten Werte für E_0 und eine Breite von etwa $0{,}8 \cdot 10^6$ Volt als ΔE einsetzt. Da ΔE nur sehr ungenau bestimmt werden kann, weil es sehr von der Meßgenauigkeit der Anordnung abhängt, wäre diese Übereinstimmung von r_0 und r_0' durchaus befriedigend. KUDAR findet aber (*80 d*), daß, wenn man auch für andere β-Strahler, für die man E_0 und ΔE ungefähr abschätzen kann die Rechnung durchführt, sich starke Diskrepanzen zwischen r_0 und r_0' zeigen, so daß auf die Gültigkeit der — sowieso nur postulierten — Beziehung (56) verzichtet werden muß.

Auch für den Wert der Azimutalquantenzahl $l = 4$ findet KUDAR eine Begründung, indem er für die Kernelektronen eine Art BOHR-STONERsches Schema aufzustellen sucht, wie es für Schalenelektronen gültig ist. Dabei benutzt er die Gültigkeit der FERMI-Statistik und somit des PAULI-Prinzips für Elektronen. Er ordnet dabei den verschiedenen Azimutalquantenzahlen die DIRACschen Quantenzahlen j zu und findet tatsächlich ein Schema, wonach im Kern 20 Elektronen mit Azimutalquantenzahlen bis $l = 3$ untergebracht werden können, während das 21.—30. Elektron zu $l = 4$ gehört. Hierfür ist die Annahme nötig, daß nur die Plätze negativer DIRACscher Quantenzahl j besetzt werden können, was gleichbedeutend mit der Annahme ist, daß im Kern Bahnimpuls und Spinrichtung des Elektrons nur gleichgerichtet sein können. Nimmt man an, daß in jedem der radioaktiven Kerne geradesoviel α-Teilchen vorgebildet sind, wie auf Grund des Atomgewichts möglich ist, so findet man bekanntlich, daß das Ra G noch 22, das U I noch 28 „freie", nicht in α-Teilchen gebundene Kernelektronen enthalten muß (vgl. Abb. 8), so daß in der Tat bei allen β-Strahlern den äußersten Kernelektronen die Azimutalquantenzahl $j = 4$ zukäme, was als eine Stütze der aus (55) erhaltenen Resultate erscheinen mag.

Dennoch braucht wohl kaum besonders auf den unsicheren und hypothetischen Charakter aller bisherigen theoretischen Überlegungen über β-Strahlen hingewiesen zu werden, die insbesondere durch das Fehlen einer vollständig gültigen relativistischen Wellengleichung und durch die Unbestimmtheit der β-Strahlenenergien bedingt ist. So kann die Theorie z. B. keineswegs erklären, daß trotz der Energieunbestimmtheit der Kernelektronen die β-Strahler eine auf 1% definierte Zerfallskonstante haben, denn der Schwellenmechanismus würde eine gleiche Inhomogenität der Zerfallskonstante bedingen, wie sie für die Energien festgestellt ist[1].

Ein Versuch von E. Guth und Th. Sexl (*81*), die Unbestimmtheit der β-Strahl-Energien durch Anwendung der Heisenbergschen Ungenauigkeitsrelation zu erklären, beruht auf einer unexakten Anwendung dieser Relation.

5. γ-Strahlen. Die wesentlichsten Eigenschaften der γ-Strahlen wurden schon in den anderen Abschnitten zum Teil behandelt und sollen nur nochmals ganz kurz zusammengefaßt werden. Es handelt sich bei der γ-Strahlung um sehr kurzwellige elektromagnetische Strahlung, die als Folge der durch Emission eines Teilchens bedingten Umlagerung im Kern zustande kommt. Die dabei auftretenden Linien sind ziemlich schmal. So gibt C. D. Ellis (*2*) an, daß die relative Linienbreite sicher kleiner als 10^{-3} ist. Ordnet man, wie es die klassische Theorie tut, der Strahlung einen harmonischen Oszillator gleicher Frequenz zu, so findet man nach W. Kuhn (*62*), daß es sich nicht um ein oszillierendes Elektron handeln kann. Denn die Strahlungsdämpfung eines Elektrons gleicher Frequenz wäre so groß, daß Linien von γ-Frequenzen eine relative Breite von mindestens 0,03—0,04 haben müßten, also 30—40mal inhomogener sein müßten als die von Ellis angegebene obere Grenze der Linienbreite. W. Kuhn schließt daraus, daß es sich bei den virtuellen Ersatzoszillatoren der γ-Strahlen daher um Protonen oder α-Teilchen handeln müsse[2]. Quantentheoretisch wird man die γ-Strahlung unter Anwendung des fundamentalen $h\nu$-Prinzips als den Übergang zwischen zwei Energieniveaus des Kerns ansehen müssen, und W. Kuhn schließt nun korrespondenzmäßig aus dem oben Gesagten, daß es sich um Quantensprünge von α-Teilchen oder Protonen handeln müsse.

Im allgemeinen jedoch wird sich ein Quantensprung schwerlich einem einzelnen Teilchen zuordnen lassen, vielmehr muß man vermuten, daß eine mehr oder minder große Anzahl der im Kern vorhandenen Teilchen bei einem Sprung eine Energieänderung erleiden kann. Die recht zahlreichen, teils direkt nach der Braggschen Methode, teils aus sekundären β-Strahlspektren oder durch Photoeffekt an fremden

---

[1] Eine, wenn auch etwas gezwungene, Erklärungsmöglichkeit hierfür ergäbe sich, wenn man annehmen könnte, daß der Kastenradius für ein Elektron (etwa infolge verschiedener relativistischer Masse) ebenfalls mit der Energie des Elektrons derart variiert, daß durch eine Erhöhung der Schwelle für energiereichere Elektronen die Unbestimmtheit der Energie wieder ausgeglichen wird, so daß eine einheitliche Zerfallskonstante zustande käme.

[2] Diese Überlegungen gehen allerdings alle von der Voraussetzung aus, daß es sich bei der γ-Strahlung um eine Dipolstrahlung handelt. Bei einer Multipolstrahlung metastabiler Zustände wären auch von Elektronenoszillatoren viel schmälere Linien und kleinere Übergangswahrscheinlichkeiten zu erwarten, doch spricht die Energiebreite der β-Strahlen dagegen, die Elektronen als Träger der γ-Strahlung aufzufassen.

Atomen erschlossenen γ-Wellenlängen ordnen sich zu „charakteristischen" γ-Strahlspektren zusammen, deren Strukturen untereinander bestimmte Ähnlichkeiten zeigen. Die Wellenlängen der γ-Strahlen eines Elements zeigen Kombinationsbeziehungen untereinander, wie sie in den optischen Spektren bestehen, was die Möglichkeit einer Einordnung in Kernniveauschemata ergibt. ELLIS (*82*) hat auch in der Tat Niveauschemata für einige γ-Strahler angegeben, die auch untereinander Ähnlichkeiten zeigen, doch ist die Zuordnung keineswegs eindeutig, da die Wellenlängen längst nicht mit der Genauigkeit, wie sie in den optischen Spektren möglich ist, gemessen werden können und die bestehenden Summen- und Differenzbeziehungen meist mehrere mögliche Termanordnungen mit gleicher Anzahl Terme zulassen. Eine Möglichkeit der Entscheidung liegt in Messungen der absoluten und relativen Intensitäten, da die Summe der Wahrscheinlichkeiten verschiedener Verbindungswege zwischen zwei Niveaus niemals größer als 1 sein darf [s. a. ELLIS (2)]. Auf die Möglichkeit eines Zusammenhangs mit den Niveaus langreichweitiger α-Teilchen wurde schon in Abschnitt 9 hingewiesen. Auch S. ROSENBLUM bringt die von ihm gefundene Feinstruktur der α-Strahlen des Th C mit γ-Wellenlängen im Zusammenhang. Doch sind alle diese Anordnungen äußerst unsicher.

Für die Beurteilung der Intensitäten solcher Linien, die nur aus sekundären β-Strahlspektren erschlossen sind, ist auch wichtig, daß die Wahrscheinlichkeit eines Photoeffektes im eigenen Atom mitunter anderen Gesetzen zu folgen scheint als die an Fremdatomen. Diese Tatsache würde als Beweis für die von L. MEITNER (5, II 48, S. 143) vertretene Auffassung gelten, daß auch die Photoemission von „Schalen"-β-Teilchen als ein durch gegenseitige Kopplung zwischen Kern und Schale bedingter Elementarakt angesehen werden muß, und nicht ohne weiteres in zwei getrennte Elementarakte: γ-Emission und Photoeffekt am eigenen Atom zerlegt werden kann. Es handelt sich hier um einen ähnlichen Übergang von Energie des Gesamtsystems Kern—Schale von einem Freiheitsgrad auf einen anderen, wie er von ROSSELAND (*83*) vorausgesagt wurde und als AUGER-Effekt bei Röntgenstrahlen bekannt ist, wo eine ähnliche Kopplungserscheinung zwischen zwei verschiedenen Schalen beobachtet wird.

XII. Atommasse und Kernkonstitution[1].

1. Massendefekte. Die augenfälligste Kerneigenschaft ist, wie schon eingangs erwähnt, die Masse des Atomkerns. Da wir das Massenverhältnis von Proton und Elektron ($m_{el}/m_H = 1847$) und die Anzahl der Elektronen kennen, ist es leicht, die Masse der Atomkerne aus den Atomgewichten der Isotope und so die Zahl der im Kern enthaltenen Pro-

---

[1] Hierzu vgl. die Tabelle der Isotopen (Tab. 2) und der Massendefekte (Tab. 3a—d).

tonen und Elektronen zu bestimmen. Nun zeigte sich aber bald, daß die so experimentell bestimmte Kernmasse keineswegs identisch ist mit der Summe der Massen der im Kern enthaltenen Protonen und Elektronen, sondern daß letztere Zahl durchweg kleiner ist als zu erwarten wäre.

Das Auftreten dieses sogenannten „Massendefektes" wird durch die bekannte relativistische Äquivalenz von Masse und Energie gedeutet. Zufolge dieses Äquivalenzsatzes kommt jeder Energie E eine Masse m zu und umgekehrt repräsentiert jede Ruhmasse m einen Energiebetrag E derart, daß

$$m \cdot c^2 = E. \tag{57}$$

Treten nun irgendwelche Teilchen zu einem neuen Gebilde unter Energieabgabe zusammen, so erleidet das entstehende Gebilde einen Massendefekt, der zufolge der Gleichung (57) der Bindungsenergie entspricht, so daß man auch wieder umgekehrt aus dem Massendefekt direkt die Bindungsenergie bestimmen kann. Durch ASTONS Präzisionsbestimmungen der Kernmassen ist es ihm daher möglich gewesen, für eine große Anzahl von Kernen die Gesamtenergie zu berechnen, die nötig wäre, um den Kern vollständig in seine Bestandteile zu zerlegen. Es ist praktisch und allgemein üblich, diese Energie direkt nach (57) im Atomgewichtsmaß, also in Bruchteilen des Atomgewichts zu messen, wobei, wie ASTON es tut, das Atomgewicht des Sauerstoffisotops O^{16} gleich 16,00000 gesetzt wird [1]. Dann entspricht 1 mg der Atomgewichtseinheit:

---

[1] Mit der Entdeckung der Sauerstoffisotope O 17 und O 18 ist die Frage des Bezugssystems der Atomgewichte wieder akut geworden. Die Chemiker benutzen das Atomgewicht des Isotopengemischs O = 16 als Basis, doch sind Bestrebungen im Gange, wieder Wasserstoff als Einheit zu wählen. Es kann als sehr glücklicher Zufall gelten, daß der Sauerstoff und nicht der Wasserstoff seinerzeit als Basis gewählt worden ist, denn sonst wäre der Zusammenhang zwischen Atomgewicht und der Zahl der im Kern enthaltenen Protonen keineswegs so einfach (sondern nur aus Abb. 9) ersichtlich gewesen, da auf H = 1 bezogen z. B. das Reinelement Th mit 232 Protonen im Kern das Atomgewicht 230,3 hat. Die große Annehmlichkeit, die Protonen- und Kernelektronenzahl eines Isotops sofort aus Atomgewicht und Kernladung bestimmen zu können, das Isotopenverhältnis bei den häufigen Elementen mit nur zwei starken Komponenten auf den ersten Blick erkennen zu können, sowie die Annehmlichkeit, daß die Atomgewichte der Reinelemente und solcher mit einer sehr stark überwiegenden Komponente mit einer für den Chemiker meist hinreichenden Genauigkeit ganze Zahlen sind, würde durch Einführung von H = 1 als Basis verlorengehen. Das hier benutzte Bezugssystem, das statt O = 16 die Festsetzung O^{16} = 16 verwendet, bringt praktisch keine Änderung der bisher üblichen Atomgewichte, die für den Chemiker in Frage kommt und ist theoretisch durchaus einwandfrei. Am rationellsten schiene wohl, einem alten Vorschlag von ST. MEYER (*86a*) zufolge, wegen der besonderen Bedeutung des α-Teilchens beim Kernaufbau die Festsetzung He = 4,00000, wobei die Atomgewichte für fast alle praktischen Zwecke ungeändert blieben und die Bequemlichkeit des bisherigen Systems erhalten wäre.

$$\text{1 mg Atomgewichtseinheit } (O^{16}=16) \sim 0,970 \cdot 10^{+6} \text{ Voltelektron} \sim 1,48 \cdot 10^{-6} \text{erg.} \tag{58}$$

Aston (*84*) selbst gibt nicht die Massendefekte der Atome selbst an, sondern den Gewichtsverlust, den eine Einheit des Atomgewichts im Kernverband erleidet, also den Massendefekt pro At.gew.einh., den wir als Packungsanteil der At.gew.einheit nach Aston part. bezeichnen wollen. Die Kurve der Packungsanteile der einzelnen Atome ist hinlänglich bekannt, weshalb wir hier nicht näher darauf eingehen wollen (*84b*). Eine Darstellung der Massendefekte selbst hat O. Strum (*85*) gegeben. Die neueste Darstellung der Massendefektkurve der Atome gegen H-Atome stammt von St. Meyer (*86*) und ist in Abb. 9 und Tabelle 3 wiedergegeben. Ist N_H die Massenzahl, d. h. die Zahl der im Kern enthaltenen Protonen, und A das wahre Atomgewicht, so ist D_H durch

$$D_H = A - N_H \cdot m_H \tag{59}$$

gegeben. Dabei haben wir die Massendefekte D_H negativ aufgetragen, da es sich der gewöhnlichen Normierung nach um negative Energien handelt (Abb. 9). Die Nebenabbildung 9b zeigt den Anfang der Kurve. In letzterer sind die Fehlergrenzen durch die Höhe der Kreuze charakterisiert[1].

Wir haben nun aber das α-Teilchen als einen weiteren wichtigen Baustein des Atomkerns kennengelernt und wollen nun versuchen, seine Rolle beim Kernaufbau näher zu untersuchen. Es wurde schon sehr frühzeitig die Hypothese gemacht, daß in jedem Kern immer je vier Protonen und zwei Elektronen zu α-Teilchen zusammengeschlossen sind. Hierfür spricht vor allem, daß der Packungsanteil der Protonen im α-Teilchen den größten Wert hat, daß also das α-Teilchen als sehr stabiles Gebilde anzusehen ist. Der Massendefekt des He-Kerns beträgt 28,96 mg. Wäre also nicht die maximal mögliche Menge an α-Teilchen im Kern vorgebildet, so wäre die Bildung eines weiteren α-Teilchens aus seinen Bestandteilen innerhalb des Atomkerns jedenfalls ein exothermer Prozeß und jeder Kern mit weniger als der maximal möglichen Anzahl α-Teilchen gewissermaßen als ein metastabiler Zustand sehr langer Lebensdauer anzusehen. Wir wollen daher die Hypothese der maximal möglichen α-Teilchen vorläufig als Arbeitshypothese unseren weiteren Betrachtungen zugrunde legen und nachträglich alle Argumente, die zugunsten unserer Annahme bzw. dagegen sprechen, zusammenstellen.

Wir erhalten also die Zahl der im Kern enthaltenen α-Teilchen N_α durch Division der Protonenzahl des Kerns durch 4 unter Außeracht-

---

[1] Da Abb. 9 eine Reproduktion der Massendeffekt-Kurve von St. Meier (86) ist, sind die D_H darin in Wasserstoff-Einheiten des Atomgewichts aufgetragen, die 0,78% größer sind als die sonst hier durchweg benutzten Einheiten.

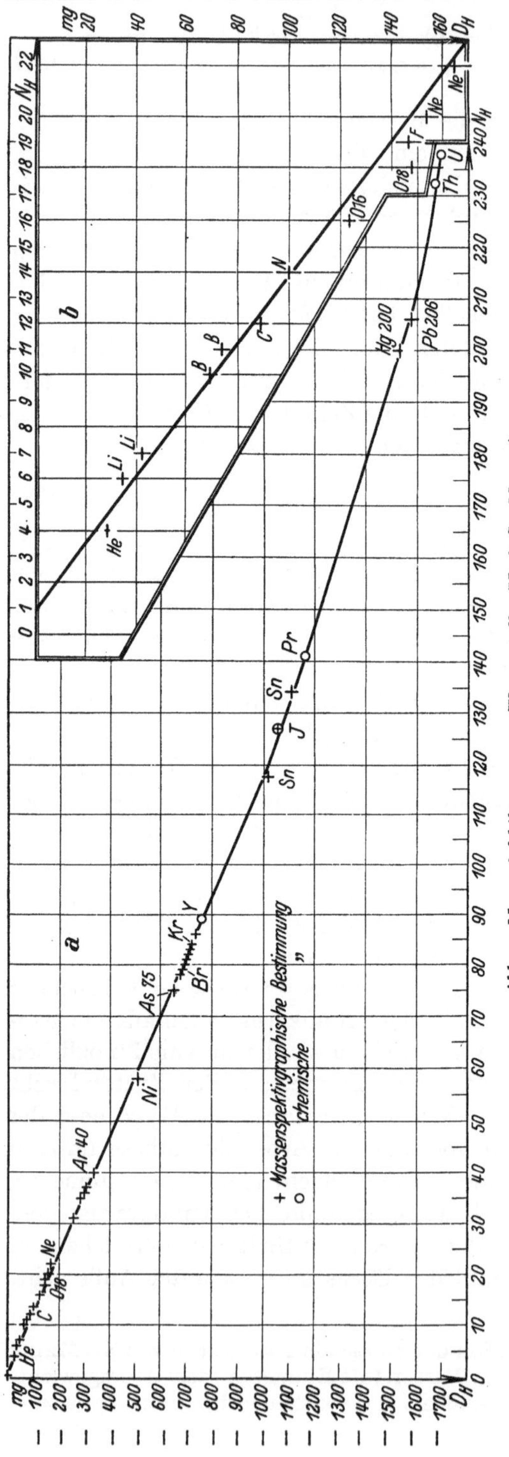

Abb. 9. Massendefektkurve gegen Wasserstoff. (Nach St. Meyer.)

lassung des nicht ganzzahligen Restes. Die Zahl der „freien" Protonen P kann also die Werte 0, 1, 2 und 3 haben und ist dann

$$P = N_H \pmod 4 \quad (60)$$

und die Zahl der insgesamt im Kern vorhandenen Elektronen $N_{EL.}$ ist nach (2) gegeben durch $N_{EL.} = N_H - Z$. Wenn unsere Hypothese richtig sein soll, muß, da jedes δ-Teilchen zwei Elektronen enthält, K immer größer als $2\,N_\alpha$ sein. Das ist auch in der Tat ohne Ausnahme der Fall, da die Kernladung Z niemals größer als das halbe Atomgewicht ist. Die Zahl der nicht in α-Teilchen eingebauten „freien" Kernelektronen F ist also dann

$$F = K - 2\,N_\alpha. \quad (61)$$

Ebenso wie wir die Bildungsenergie eines Kerns aus seinen Urbausteinen — Protonen und Elektronen — aus seinem Massendefekt gegen Protonen berechnen konnten, kann man nun auch die Differenz D_α zwischen dem „Summengewicht" aus α-Teilchen, Protonen und freien Kernelektronen und dem wahren Kerngewicht bilden und erhält damit ein direktes Maß für die Bildungsenergien der Atomkerne aus den nunmehr angenommenen Bestandteilen, wobei die Bildungswärme der α-Teilchen abgezogen erscheint. Ist das „Summengewicht" der Bestandteile des *Kerns* $^{\alpha}M_s$ und m_α, m_{He}, m_P und m_H die aus dem Index ersichtliche Masse eines Teilchens in At.gew.einh., so ist:

$$^{\alpha}M_s = N_\alpha \cdot m_\alpha + P \cdot m_p + F \cdot m_{El} \qquad (62)$$

und das Summen-Atomgewicht $^{\alpha}A_s$

$$^{\alpha}A_s = N_\alpha \cdot m_{He} + P \cdot m_H, \qquad (62a)$$

wenn M_k die wahre Kernmasse, A das wahre Atomgewicht bedeutet, ist in Atomgewichtseinheiten die Bildungsenergie des aus α-Teilchen, Protonen und Elektronen bestehenden Kerngebildes durch den Defekt D_α gegeben[1]:

$$D_\alpha = M_k - {}^{\alpha}M_s = A - {}^{\alpha}A_s \text{ und} \qquad (63)$$

$$D_\alpha = D_H - N_\alpha \cdot D_H \{He\} = D_H - N_\alpha \cdot 28{,}96 \text{ (in mg).} \qquad (63a)$$

Wir wollen nun nach G. BECK (*87*), W. D. HARKINS (*12*) u. a. die vier Typen von Kernen betrachten, solche die nur aus α-Teilchen und Elektronen bestehen und solche, die außerdem noch ein bzw. zwei oder drei freie Protonen enthalten[2]. Die Massendefekte D_α dieser Elemente gegen α-Teilchen, Protonen und Elektronen sind für die vier verschiedenen Typen in den Kurven Abb. 10a—d und den Tabellen 3a—d eingetragen. Leider ist die hierfür erforderliche Genauigkeit der Atomgewichtsbestimmung so groß, daß fast nur die Messungen von F. W. ASTON für die Kurve verwendet werden können. Die Höhe der Kreuze gibt die Fehlergrenzen von D_α an.

Wie man sieht, fügen sich alle gemessenen Elemente innerhalb der Fehlergrenzen recht gut in die Kurven ein. Ausnahmen bilden die — allerdings nicht mit der heute möglichen Genauigkeit — als Reinelemente festgestellten Elemente $Be\,9$ und $Sc\,45$, welche positive D_α zeigen, was freilich ein Gegenbeweis gegen die α-Teilchen-Hypothese wäre. Doch sind bei diesen die Atomgewichte nur chemisch bestimmt und es liegt durchaus die Möglichkeit vor, daß beim Be und beim Sc noch weitere seltene Isotope existieren. Bei Indium, das einen zu großen Massendefekt liefert, wird man dasselbe vermuten dürfen, auch ist hier die Fehlergrenze sehr groß. Von diesen drei Ausnahmen abgesehen zeigt sich jedenfalls ein recht glatter Verlauf der D_α-Kurven. Dabei zeigt sich ein interessanter Zusammenhang. Während die Massendefekte gegen

---

[1] Da es für die Gesamtmasse gleichgültig ist, ob ein Elektron Schalenelektron oder Kernelektron ist, erhält man den Massendefekt am einfachsten, indem man im Summengewicht statt m_α und $m_P \ldots m_{He}$ bzw. m_H und statt des Kerngewichts das Atomgewicht setzt.

[2] Es wäre empfehlenswert, für die vier Kerntypen kurze Namen einzuführen. Man könnte etwa die Bezeichnungen „Alphide", „Monoprotide", „Diprotide" und „Triprotide" zur Diskussion stellen.

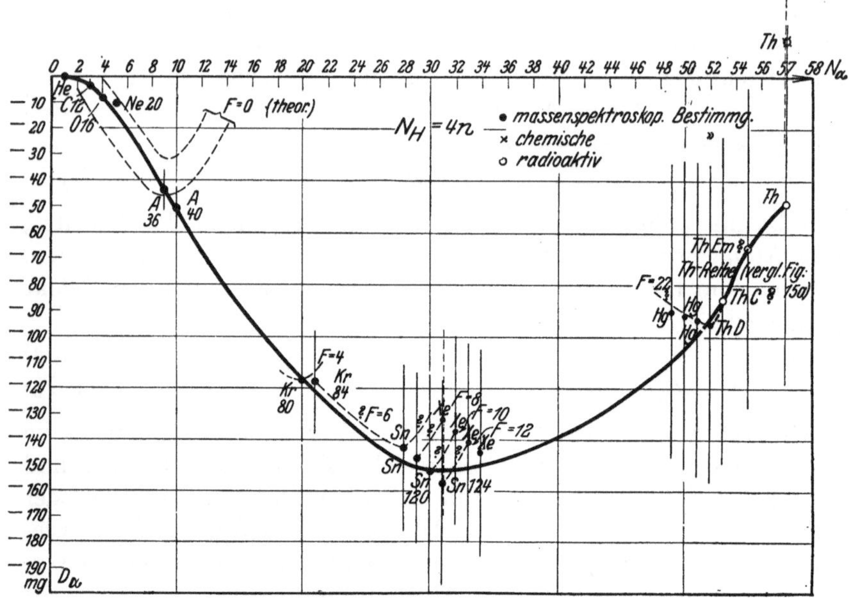

Abb. 10a. Massendefektkurve gegen α-Teilchen. Kerntypus $N_H = 4n$.

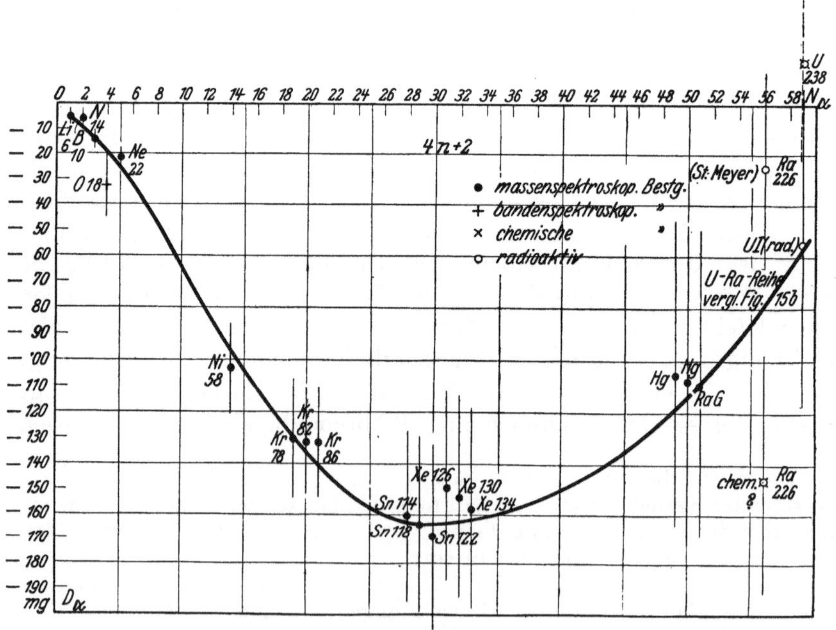

Abb. 10b. Massendefektkurve gegen α-Teilchen. Kerntypus $N_H = 4n + 2$.

Protonen durch das ganze periodische System bis zu den schwersten
Elemtenen hindurch ansteigen, zeigt sich, daß die Bindungsenergien der
aus α-Teilchen zusammengesetzten Kerne bis etwa zum Sn größer und

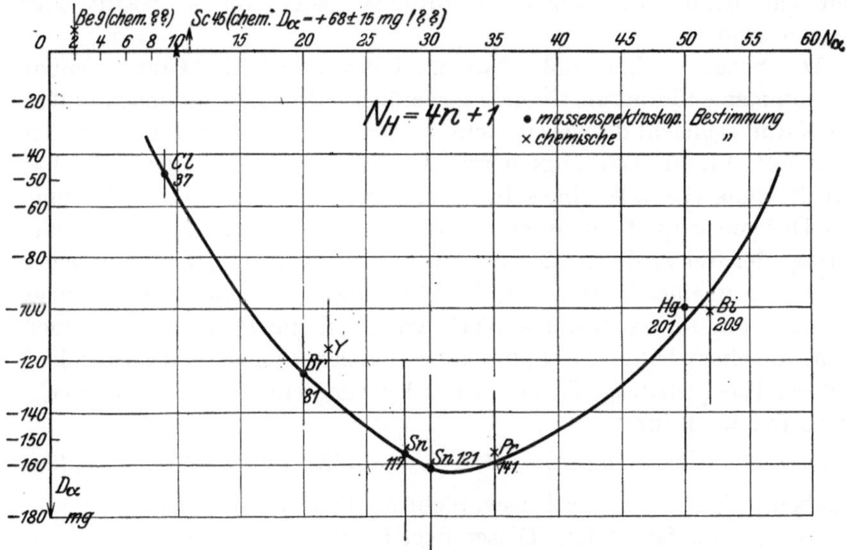

Abb. 10 c. Massendefektkurve gegen α-Teilchen. Kerntypus $N_H = 4n + 1$.

von da an wieder kleiner werden, um bei den radioaktiven Elementen
wieder relativ niedrige Werte zu erreichen. Legt man chemische Mes-

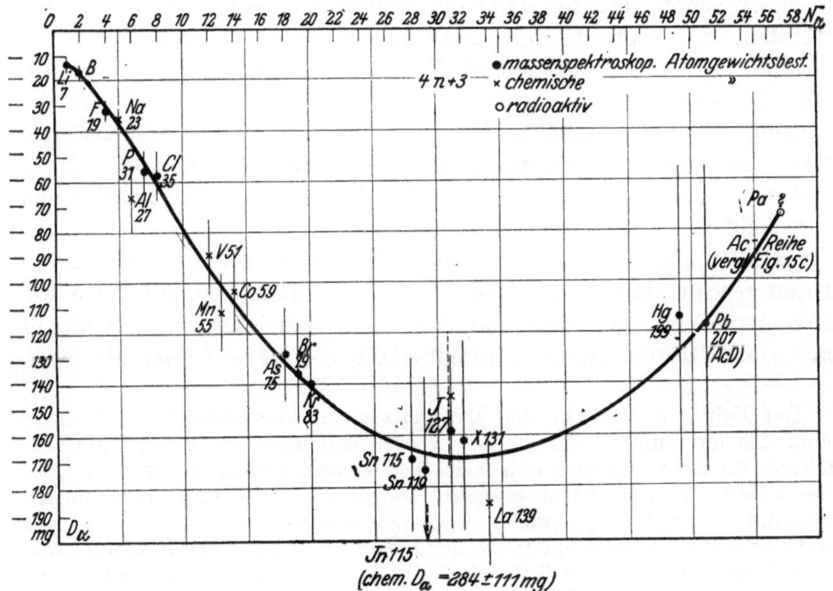

Abb. 10 d. Massendefektkurve gegen α-Teilchen. Kerntypus $N_H = 4n + 3$.

sungen der Atomgewichte von Uran und von Thorium zugrunde, so findet man sogar, daß bei diesen Elementen die so gerechneten Massendefekte D_α schon nur mehr so kleine Beträge erreichen, daß die Genauigkeit gar nicht mehr ausreicht zu entscheiden, ob sie positiv oder negativ sind.

Das bedeutet aber, daß schwerere Elemente als das Uran offenbar vollkommen endotherme Gebilde gegenüber α-Teilchen darstellen und in der Natur vielleicht deswegen nicht vorkommen. Bedeutet die Tiefe der Massendefekte die Bindungsenergie der Kerne gegen α-Teilchen, so hat ihre Neigung ebenfalls eine sehr anschauliche physikalische Bedeutung. Der Differenzenquotient unserer Kurve ist nämlich einfach der Energiebetrag, der frei wird oder der aufgewendet werden muß, wenn ein neues α-Teilchen an einen Kern mit N_α-Teilchen angelagert wird. Da die Kurve natürlich nur für ganzzahlige Werte von N_α definiert ist, hat es keinen Sinn, von einem Differentialquotienten zu reden, und wir schreiben daher, daß der Energiebetrag E_o, der bei Anlagerung eines $(N_\alpha + 1)$ten α-Teilchens frei wird durch

$$E_\text{o} = D_\alpha\{N_\alpha + 1\} - D_\alpha\{N_\alpha\} = \varDelta D_\alpha\{N_\alpha\} = A\{N_\alpha + 1\} - A\{N_\alpha\} - m_\alpha \quad (64)$$

gegeben ist[1], wobei $D_\alpha\{N_\alpha\}$ usw. nicht als Produkt sondern als „Funktion von" aufzufassen ist. Dieser Begriff der Energie des „letzten" α-Teilchens relativ zu seinem Kernrumpf aber kommt auch in unseren früheren theoretischen Betrachtungen vor und ist nichts weiter als die Höhe des Energieniveaus des α-Teilchens in unserem als Einkörperproblem des N_α-ten α-Teilchens dargestellten Kernmodell (vgl. Abb. 5). Wir wissen schon, daß bei den radioaktiven Elementen, die α-Teilchen aussenden, E_o positivit, und zwar gleich der α-Zerfallsenergie der α-Strahler ist und wir können die Werte der Zerfallsenergie benutzen, um die Massendefekte zu ergänzen. Allerdings muß man bei dieser Betrachtung der Massendefektkurven bedenken, daß die verschiedenen darauf eingetragenen Elemente sich nicht allein durch die Anzahl der α-Teilchen, sondern auch durch die Anzahl der freien Kernelektronen unterscheiden.

2. BECKsches Schema der „freien" Kernelektronen. G. BECK (*87*) hat nun gezeigt, daß die Zahl der freien Kernelektronen eine Funktion des Wertes N_α ist und ferner, daß die freien Kernelektronen fast immer paarweise auftreten, eine Gesetzmäßigkeit, die schon früher als HAR-

---

[1] Der Fehler $\delta\varDelta D_\alpha$ in den Differenzen der Massendefekte ist dabei kleiner als die Summe der Fehler in den aufeinanderfolgenden Massendefekten, da dabei nur der Fehler in den wahren Atomgewichten und der in der Masse eines α-Teilchens eingeht. Das gleiche gilt entsprechend für die Massendefekte gegen Wasserstoff. Bei allen energetischen Überlegungen an Hand der Massendefekte spielt die genaueste Beachtung der Fehlergrenzen die wichtigste Rolle, eine Tatsache, die in vielen Arbeiten über diesen Gegenstand außer acht gelassen wurde.

KINSsche Regel bekannt war und sich nicht nur auf das Vorhandensein, sondern auch auf die Häufigkeit der Isotope erstreckt. Bei dem $4n$-Typus

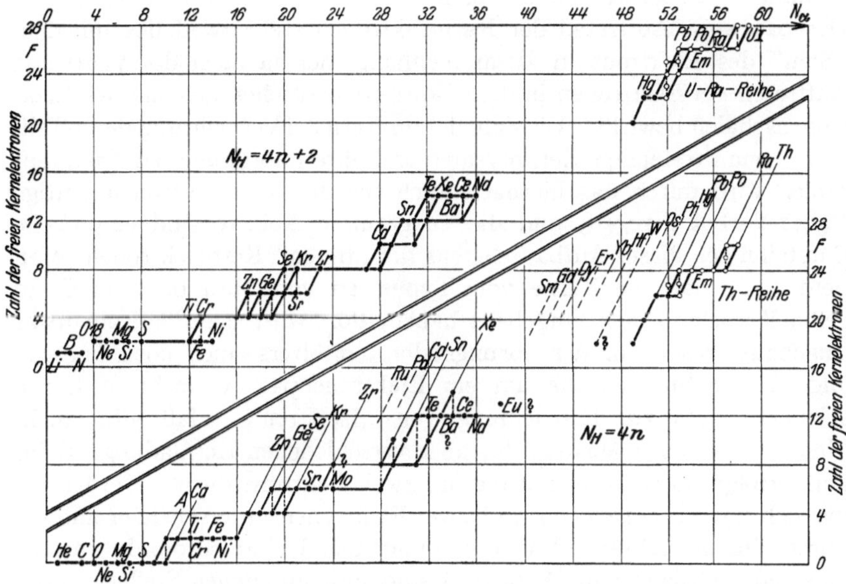

Abb. 11a. BECKsches Schema der „freien" Kernelektronen. Kerntypen $N_H = 4n$ und $N_H = 4n + 2$.

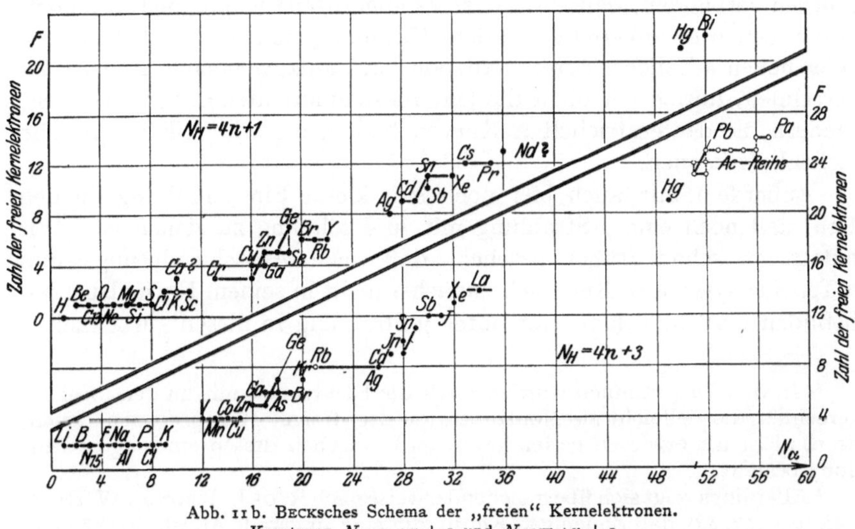

Abb. 11b. BECKsches Schema der „freien" Kernelektronen.
Kerntypen $N_H = 4n + 1$ und $N_H = 4n + 3$.

der Kerne ist bekanntlich bis zum Ne die Zahl der freien Kernelektronen Null, beim Ca 40 wird ein erstes, beim Zn 68 ein zweites Elektronenpaar eingebaut usw. In den Abb. 11a—b (vgl. auch die Tabellen 2 und 3a—d am Schlusse des Berichts) ist als Ordinate die Zahl der freien

Kernelektronen, als Abszisse die Größe N_α für die vier Kerntypen eingetragen. Man sieht den treppenförmigen Anstieg in den Diagrammen[1]. Dabei werden im allgemeinen je zwei Elektronen angelagert. Das paarweise Auftreten der Kernelektronen steht zweifellos mit dem „Spin" des Elektrons in Zusammenhang, der ja auch das paarweise Auftreten der Elektronen in dem BOHR-STONERschen Schema der Elektronenschalen bewirkt[2]. Die Zahl der im Kern bei Vermehrung der α-Teilchen neuauftretenden Kernniveaus und ihre Zuordnung zu Quantenzahlen wird durch das hiernach auch für die Kernelektronen gültige PAULI-Verbot geregelt, und die Diagramme Abb. 10 sind empirische Darstellungen dieses Aufbauschemas der „freien" Kernelektronen. Man sieht z. B., daß die Kerne vom Typus 4n vom He 4 bis zum Ca 40 keine Kernelektronen eingebaut haben, dort wird ein Elektronenpaar eingebaut, wobei an der Sprungstelle und öfters auch noch bei den folgenden Elementen die um ein Elektronenpaar vermehrten Kerne existieren, was zur Erscheinung von „Isobaren" Anlaß gibt, d. h. Elementen gleicher Massenzahl, aber verschiedenen Kernladung. Beim Zink erfolgt ein weiterer Sprung um zwei Elektronen usw. Die Kerne, die sich um ein α-Teilchen und zwei Elektronen unterscheiden und die durch eine der schrägen Linien verbunden sind, sind isotop. In unseren Massendefektdiagramm (Abb. 10a) sind nun an einigen Stellen, soweit dies möglich ist, die Kerne *gleicher* Elektronenzahl durch gestrichelte Kurven verbunden, während die stark angezogene Kurve die tatsächlich vorhandenen Atomkerne verbindet. Um nun genau die bei Anlagerung eines neuen α-Teilchens frei werdende bzw. aufzuwendende Energie zu berechnen, dürfen wir nicht die Differenzenquotienten der empirischen, sondern die der gestrichelten Kurven bilden, die wir freilich nur sehr lückenhaft kennen.

Außerdem gilt auch hier noch eine kleine Einschränkung für den Fall, daß noch eine γ-Strahlung mit in Rechnung zu ziehen ist. Wir hatten ja schon früher gesehen, daß nach Ausschleuderung eines α-Teilchens der neue Kern sich zunächst nicht in seinem Normalzustand befinden muß und dann erst unter γ-Strahlung in diesen zurückkehrt.

---

[1] In den Diagrammen wurden auch die Elektronen mit zu den „freien" gerechnet, die vielleicht zur Neutralisation der „freien" Kernprotonen dienen, da es nicht als erwiesen gelten kann, daß zwischen diesen eine engere Bindung besteht.

[2] Allerdings zeigt sich überraschenderweise nach R. DE L. KRONIG, W. HEITLER u. a. (*67, 89*), daß diejenigen Kerne, die eine ungerade Anzahl Elektronen enthalten, deren magnetisches Moment also unkompensiert sein sollte, sicherlich kein magnetisches Kernmoment von der Größenordnung eines BOHRschen Magnetons haben. Auch ist nach W. HEITLER u. G. HERZBERG für den Stickstoffkern nicht, wie wegen der ungeraden Teilchenzahl zu erwarten wäre, die FERMI-Statistik, sondern die BOSE-Statistik gültig. Hiermit wird die Deutung der Elektronenpaare auf Grund des Elektronenspins recht zweifelhaft.

Da aber in das Massendefektdiagramm die Normalzustände eingetragen sind, ist die durch das Diagramm bestimmte Energie E_0 nur in den Fällen mit der α-Energie, die auch für die Zerfallskonstante bestimmend ist, identisch, in denen die α-Strahlung nicht von γ-Strahlung begleitet ist. Auch auf dem absteigenden Ast der Kurve wäre eine ähnliche Mitwirkung von γ-Strahlen denkbar, etwa in der Weise, daß durch Anlagerung eines α-Teilchens zunächst ein angeregter Kernzustand entsteht, der dann als γ-Strahlung die bei der Anlagerung gewonnene Arbeit oder einen Teil davon ausstrahlt.

3. Schwere inaktive Kerne als endotherme Gebilde, Mehrfachzerfall. Allerdings bringt die eben geschilderte Auffassung eine wesentliche Schwierigkeit mit sich. Wenn die Kurve der Massendefekte irgendwo ihren tiefsten Punkt erreicht und von da an wieder ansteigt, sollte man schon von diesem Punkte an Radioaktivität erwarten, denn wenn der Differenzenquotient positiv ist, bedeutet dies, daß bei der Anlagerung eines neuen α-Teilchens Energie aufgewandt werden muß, und somit das Anlagerungsprodukt instabil sein müßte und daher, zwar nicht momentan, aber immerhin auf radioaktivem Wege durch den GAMOWschen Mechanismus durch α-Zerfall zerfallen müßte. Wir haben es hier mit einem rein experimentellen Faktum zu tun, das nicht nur durch die Hypothese bedingt erscheint, daß im Kern schon N_α α-Teilchen vorgebildet sind. Denn die von ASTON gemessenen Massendefekte zeigen klar, daß z. B. der Prozeß:

$$\mathrm{Hg}_{200} \rightarrow \mathrm{Sn}_{120} + 20\,\mathrm{He} \qquad (65)$$

mit Energieabgabe verbunden sein muß. Nun muß man aber bedenken, daß ein Gebilde mit etwa 10^{13} Jahren Lebensdauer nicht als radioaktiv festgestellt werden könnte, und somit eine kleine positive Neigung der D_α-Kurve durchaus mit dem experimentellen Befund vereinbar wäre. Man kann nun die „Grenzneigung" ungefähr berechnen, die man zulassen könnte, wenn man für die einzelnen Elemente unterhalb von Blei die Kernradien aus Abb. 7 extrapoliert. Man findet so unter Zugrundelegung einer mittleren Lebensdauer von 10^{13} Jahren einen eben noch zulässigen, positiven Differenzenquotienten von etwa 2—3 mg pro α-Teilchen. Vergleicht man diese Neigung mit der experimentellen D_α-Kurve, so findet man, daß die Neigung der letzteren größer zu sein scheint, als hiernach zulässig wäre, wenn dies auch infolge der hohen Fehlergrenzen in diesem Teil der Kurve noch zweifelhaft ist. G. GAMOW (*89*) der diese Überlegungen zuerst durchgeführt hat, hat darauf hingewiesen, daß die Änderung der Elektronenzahl die Ursache dafür sein muß, daß wir dennoch bei den Elementen zwischen Sn und Pb keine α-Aktivität bemerken. Denn die angegebene zulässige Grenzneigung ist natürlich, da es sich um α-Zerfall handelt, nur die Grenzneigung, die von keiner der gestrichelten, zu einer konstanten Elektronenzahl gehörigen Einzelkurve überschritten werden darf. Wir wissen ja, daß auch in den uns bekannten radioaktiven Zerfallsreihen nicht die ganze, der Steigung der D_α-Kurve entsprechende Energie sich als positive Energie der α-Teilchen ausdrückt, sondern daß ein nicht unwesentlicher Teil der gesamten Energie auf positive Energie der β-Teilchen und auf γ-Energie zu rechnen ist, und daher sich in der Zerfallskonstante der α-Strahler nicht bemerkbar macht. Da auch eine sehr geringe β-Aktivität sich der Beobachtung entziehen könnte, würde man schon auskommen, um die Nichtaktivität der Elemente vom Sn bis Pb zu erklären, wenn man nur annimmt, daß das beim Zerfall entstehende Element einen genügend hohen Kernanregungszustand besitzt, so daß ein erheblicher Teil E' der Energiedifferenz zwischen zwei Elementen als γ-Energie ausgestrahlt werden würde, daß dies aber wegen der geringen, für den Zerfall wirksamen Energiedifferenz E_o zwischen

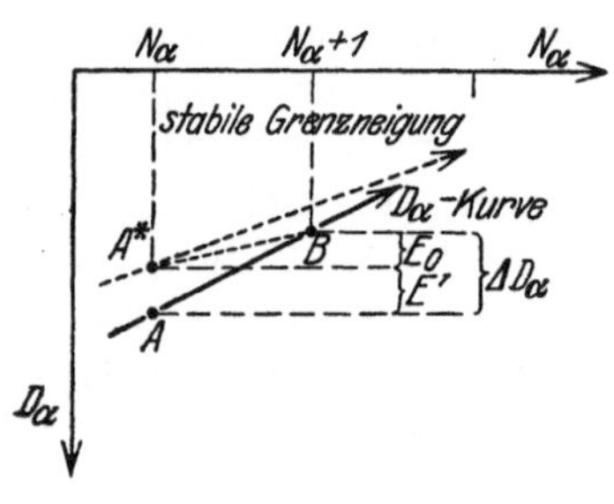

Abb. 12.

Grundzustand des höheren Kerns und Anregungszustand des Zerfallsprodukts viel zu selten vorkäme, um sich als Aktivität bemerkbar zu machen. Abbild. 12 zeigt schematisch eine derartige Möglichkeit der Anordnung innerhalb der Massendefektkurve, die zu einer ziemlich steilen ausgezogenen Gesamtkurve führen könnte, ohne daß merkliche Radioaktivität auftreten würde. Das Element B kann nicht in genügend kurzer Zeit zerfallen, weil für seine Zerfallskonstante nur der Anteil E_o von ΔD_a maßgebend ist. Das gleiche Phänomen kann auch in Verbindung mit β-Strahlung auftreten.

Eine etwas andere sinnreiche Möglichkeit zur Erklärung der Stabilität endothermer Kerne zeigt G. GAMOW (89c), um das Nichtauftreten von α-Aktivität zwischen Sn und Pb zu erklären (Abb. 13). Die gestrichelten Kurven sind wieder D_α-Kurven mit gleicher Anzahl Kernelektronen, während die ausgezogene D_α-Kurve die jeweils stabilsten Elemente auf jede der Einzelkurven verbindet. Fassen wir nun etwa den Kern A ins Auge, so sieht man leicht, daß dieser weder unter α-Emission, noch unter Emission von 2 β-Teilchen zerfallen kann, obwohl die Abgabe eines α- *und* zweier β-Teilchen mit Energieabgabe verbunden wäre. GAMOW zeigt an Hand seines Potentialmodells aber, daß ein solches Verhalten durchaus wahrscheinlich wird, wenn mehrere Teilchen, die sich im Zentralfeld eines Kerns bewegen, sich auch noch gegenseitig anziehen. Dann wird der umgekehrte Fall eintreten, wie in einem gewöhnlichen He-Atom, wo die beiden Elektronen sich gegenseitig abstoßen. Entfernen wir ein Elektron vom He-Atom, so wird das zweite Elektron viel stärker gebunden, die Ionisierungsarbeit von He^+ ist viel größer als beim neutralen He. In unserem Falle, wo gegenseitige Anziehung der Partikel vorhanden ist, tritt der umgekehrte Fall ein: entfernen wir ein Teilchen, so wird das nächste schwächer gebunden sein. Denken wir uns z. B. eine Potentialschwelle, innerhalb deren sich zwei Teilchen befinden, die sich gegenseitig anziehen und deren Energie schwach positiv ist (Abb. 14).

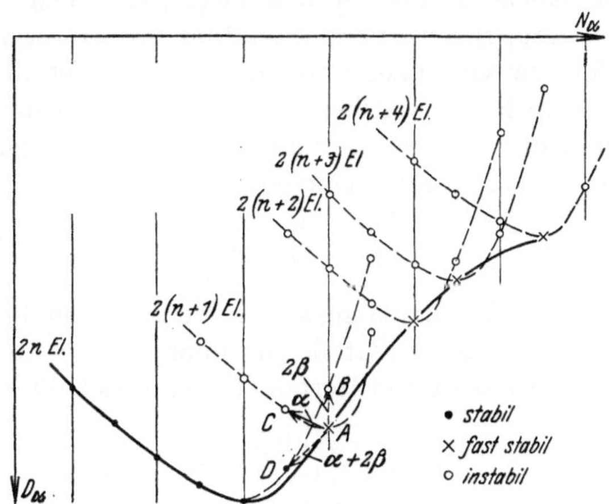

Abb. 13. Schematischer Verlauf der Energiekurven am aufsteigenden Ast der Massendefektkurve (hypothetisch). [Nach Gamow (89 c)].

Sei die gestrichelte Gerade das Energieniveau E'', auf das das Teilchen 2 gehoben würde, nachdem das Teilchen 1 sich entfernt hat, so wäre ein Zerfall unter Emission eines einzelnen Teilchens 1 dennoch nur möglich, wenn das Niveau E mehr als halbmal so hoch ist als E'' (Abb. 14a), denn

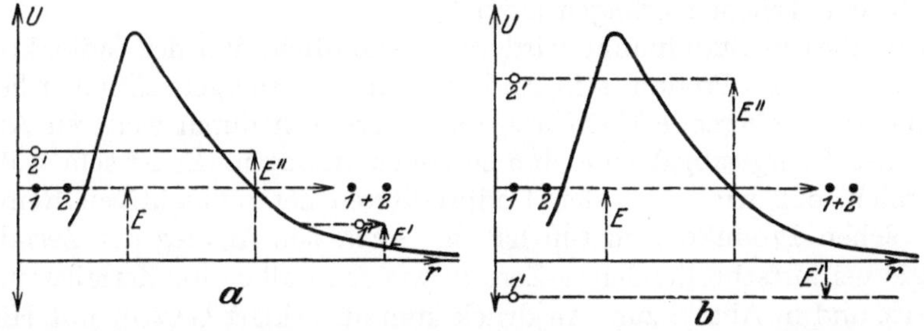

Abb. 14a und b. Schematische Darstellung des Doppelzerfalls als Zweikörper-Problem.

dann müßte das Teilchen 1 beim Entweichen zunächst die Energie aufbringen, um 2 auf das Niveau E'' zu heben, nur der Rest $E-(E''-E)$ $=2E-E''=E'$ steht ihm dann zum Fortfliegen als kinetische Energie zur Verfügung und ist die gleiche Energie E_0, die in die Zerfallskonstante eingeht und in dem als Einkörperproblem aufgefaßten, quantenmechanisch früher behandelten Modell als Höhe des Energieniveaus des Teilchens auftritt. Ist nun aber (Abb. 14b) $2E-E''$ negativ, so kann das Teilchen 1 oder 2 allein nicht mehr entweichen, in der modellmäßigen Darstellung als Einkörperproblem (Abb. 5) tritt eine negative Energie E_0

(in der Abbildung als E' bezeichnet) auf und der Kern ist als stabil anzusehen, wenn nicht beide Teilchen auf einmal entweichen, obwohl beide Teilchen positive Energie haben. Eine derartige Kopplung kann nun auch nach Gamow nicht nur zwischen gleichen Teilchen, sondern auch zwischen einem α-Teilchen und zwei β-Teilchen bestehen und dadurch die in Abb. 13 illustrierte Stabilität von A verursachen.

Gamow zeigt nun rein dimensionsmäßig, daß ein Zerfall unter gleichzeitiger Emission mehrerer Teilchen äußerst unwahrscheinlich ist. Denn die Zerfallskonstante für einen Zerfall ist wenigstens dimensionsmäßig gegeben durch die v. Lauesche Darstellung:

$$\begin{aligned} \lambda_1 &= A_1 \cdot G_1 \\ \lambda_2 &= A_2 \cdot G_2 \end{aligned} \tag{66}$$

wo G_1 und G_2 wieder die Durchlässigkeiten sind und A_1 und A_2 die inneren Stoßfrequenzen, also von der Größenordnung $v/2r_0 \sim 10^{21}\,\mathrm{sec}^{-1}$ sind. Die Zerfallskonstante bei Doppelzerfall aber muß sich dimensional ebenfalls in der Form

$$\lambda_{1,2} = A_{1,2} \cdot G_1 \cdot G_2 \tag{67}$$

darstellen lassen, wo $A_{1,2}$ auch wieder die Dimension sec^{-1} haben muß wie A_1 und A_2. Demnach muß, da die Durchlässigkeiten bei den radioaktiven Elementen sehr klein sind, die Wahrscheinlichkeit eines Doppelzerfalls sehr klein sein, so daß solche Kerne, die nur auf dem Wege des Mehrfachzerfalls abgebaut werden können, praktisch als stabil anzusehen sind. Physikalisch bedeutet dies einfach zufolge der v. Laueschen Deutung, daß ein solcher nur bei einem gleichzeitigen Wandstoß beider Teilchen erfolgen kann.

Von diesem Standpunkt wird es verständlich, daß der radioaktive Zerfall bei einem Produkt sein Ende nimmt, das energetisch höher liegt als andere existierende Elemente, die theoretisch durch weiteren Ausbau unter Energieabgabe aus ihm entstehen könnten. Es ist sehr wahrscheinlich, daß wir es bei den Endprodukten der radioaktiven Reihen mit solchen Produkten zu tun haben. Auch den Anstieg der Zerfallsenergie bei fortschreitendem α-Zerfall, wie er in allen drei Zerfallsreihen auftritt und in Abb. 8 zum Ausdruck kommt, erklärt Gamow mit Hilfe des geschilderten Mechanismus der Teilchenwechselwirkung untereinander (*89a, c*).

Die merkwürdige Aufeinanderfolge von α- und β-Zerfall in den radioaktiven Reihen läßt sich natürlich ebenfalls in der Sprache der Massendefektkurven ausdrücken und würde sich demnach durch die eigenartige Wechselwirkung zwischen Elektronenpaaren und α-Teilchen erklären, die durch eine der rein schematischen Darstellungen von Abb. 12 bzw. 13 ähnliche Verflechtung der einzelnen, zu verschiedenen Elektronenzahlen gehörigen D_α-Kurven bedingt sein dürfte.

Schon früher hat das Auftreten der verschiedenen Zerfallstypen

(α-β-β, β-α-β, β-β-α) L. Meitner (*90*) zu der Auffassung geführt, daß eine engere Kopplung zwischen einzelnen α-Teilchen und je zwei Kernelektronen vorhanden sei. Sie konnte die Struktur der Zerfallsreihen weitgehend erklären, indem sie annahm, daß außer den Protonen und α-Teilchen im Kern eine Anzahl neutralisierter, sogenannter α-Teilchen als eine dritte Art von Elementarbausteinen auftreten. Im Grunde bedeutet die heutige durch Arbeiten von Beck und Gamow entwickelte Auffassung demgegenüber nichts wesentlich Neues, wenn wir auch glauben, daß die für das ganze periodische System so allgemeine Erscheinung des paarweisen Auftretens von Elektronen durch den — damals noch unbekannten — Elektronendrall und das Vorhandensein einer ganz bestimmten, von N_α abhängigen Anzahl von positiven oder negativen Eigenwertplätzen für Kernelektronen durch das Pauli-Verbot bewirkt ist. Ob daneben die speziellere Annahme nötig ist, die Elektronenpaare jeweils *speziellen* α-Teilchen zuzuordnen, scheint zweifelhaft[1].

4. Energiekurven der radioaktiven Reihen. Selbstverständlich sind die gegebenen Diagramme (Abb. 12 und 13) nur Schemata einer möglichen Anordnung und haben mit den Zerfallsreihen selbst nichts zu tun. Wir können nun aber die über die Zerfallsenergien bekannten Daten benutzen, die maßgebenden Stücke der Kernenergiekurven zu konstruieren, wobei sich allerdings herausstellt, daß das Material insbesondere über die bei den einzelnen Elementen in Frage kommenden β- und γ-Energien noch recht lückenhaft ist. Daher haben die Angaben der Kurve, soweit es sich um β- und γ-Strahler handelt, nur größenordnungsmäßige Bedeutung. Allerdings wird in den Zerfallsreihen der Hauptanteil der Energien als α-Strahlung emittiert, die sehr gut energetisch bekannt ist, so daß die ungenaue Kenntnis der β- und γ-Energien relativ wenig in der Massendefektbilanz ausmacht. [Hierüber vgl. insbesondere St. Meyer (*86c*)]. (Die Abb. 15a bis c geben diese Darstellungen, die also in vergrößertem Maßstabe gezeichnete Stücke der Massendefektkurven sind[2]. Dabei gehört die Th-Reihe zu dem Kerntypus mit der Massenzahl $4n$, die U-Ra-Reihe zu dem Kerntypus ($4n+2$). Die Einordnung der Ac-Reihe war lange Zeit unklar, da man nicht wußte, ob sie durch eine seitliche Abzweigung auf die U-Reihe zurückgeht, oder ob sie auf ein eigenes Uranisotop zurückzuführen ist. Im ersteren Falle müßte für das Ac D-Protactinium das Atomgewicht 230, im zweiten Falle 231 betragen. Diese Frage dürfte jedoch durch eine neue Untersuchung von Aston (*84c*) zu-

---

[1] Ein neutrales Gebilde, wie ein α'-Teilchen oder ein aus Proton und Elektron bestehendes sogen. [vgl. z. B. St. Meyer (*86b, d*)] Neutron, könnte nach der Gamow-Condon-Gurneyschen Auffassung nicht mit positiver Energie im Kern verweilen, da es durch keine Coulomb-Schwelle zurückgehalten wird.

[2] Für die Überlassung umfangreichen Zahlenmaterials zu diesen Kurven bin ich Herrn Dr. v. Grosse zu Dank verpflichtet.

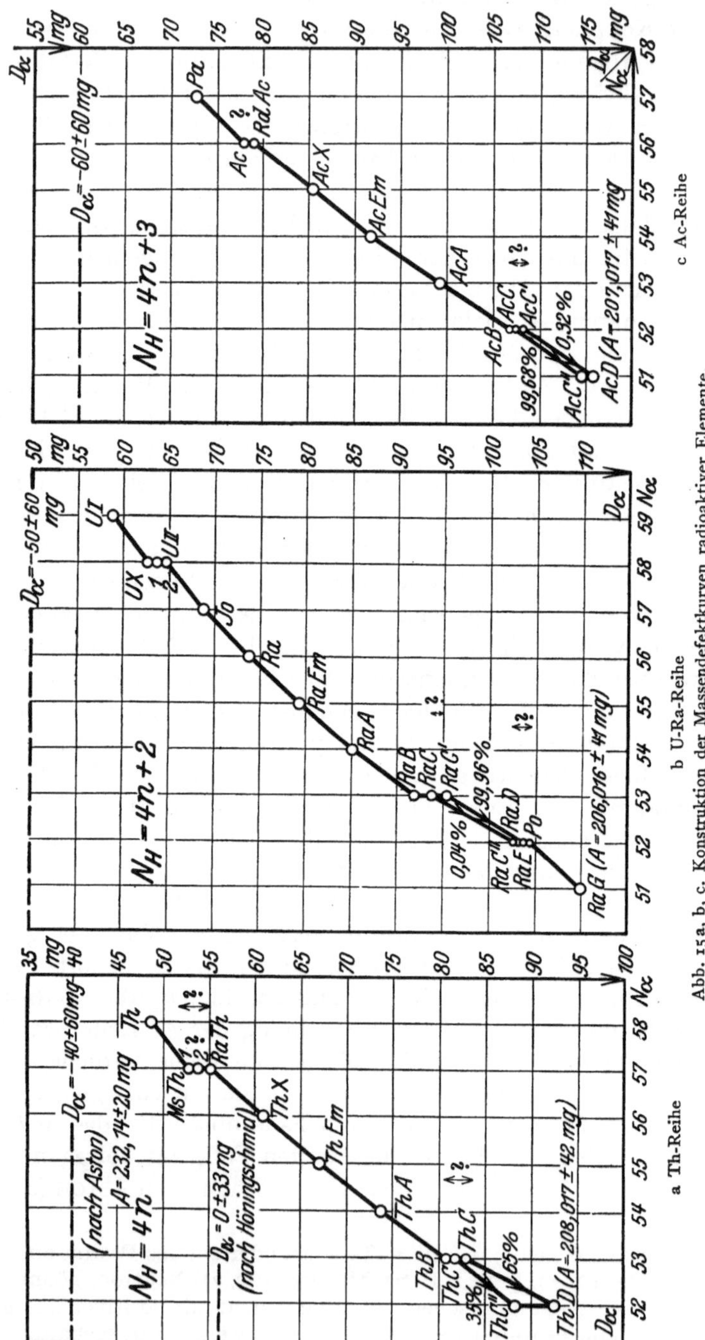

Abb. 15a, b, c. Konstruktion der Massendefektkurven radioaktiver Elemente.

gunsten der letzteren Annahme entschieden sein, der bei der Massen-
analyse von Radiumblei 206 geringe Spuren des Bleiisotops Pb 207 fand,
das nicht von Verunreinigung durch gewöhnliches Blei herrühren konnte,
da sonst das Isotop Pb 208, das im gewöhnlichen Blei zweimal stärker
ist als Pb 207, mit aufgetreten wäre. Aston schließt daraus, es müsse
sich um eine geringe Zumengung von Actiniumblei handeln, da das betreffende Radiummineral Spuren von Elementen der Ac-Reihe enthält,
als deren Endprodukt demnach das Pb 207 anzusehen ist. Demnach
gehören die Elemente der Ac-Reihe zum Kerntypus $(4n+3)$, so daß
nur eine Zerfallsreihe des Typus $(4n+1)$ fehlt, die nach G. Kirsch (82)
wahrscheinlich ausgestorben sein dürfte. Die Energiekurven sind natürlich wegen der auftretenden β-Emissionen auch aus Teilen einzelner
D_α-Kurven zusammengesetzt. Würde man die γ-Niveaus der einzelnen
Elemente genau kennen, so könnte man auch die Anregungszustände
der Kerne in das Energiediagramm einzeichnen, doch sind wir davon
noch sehr weit entfernt. Ebenso schwierig ist es, die absolute Höhe zu
bestimmen, in der die bekannten Kurvenstücke für die radioaktiven
Elemente in die Gesamtdiagramme (Abb. 10) einzureihen sind, denn
eine genügend genaue Atomgewichtsbestimmung, die eine Berechnung
der absoluten Größe von D_α erlaubt, liegt nicht vor. Bei dem hohen Wert
der Atomgewichte ist eine derartige Genauigkeit in der Atomgewichtsbestimmung auch mit Hilfe der Astonschen Methode bis heute noch
unerreichbar. Für die Uran-Radiumreihe liegt zwar eine Aston-Be-
stimmung des Ra G vor (84c), doch sagt er nur, daß er bei den Pb-Isotopen
keinen Unterschied des „Packungsanteils" pro Proton gegenüber dem
Hg feststellen konnte. Berechnet man hieraus unter Zugrundelegung
der gleichen Fehlergrenze, wie sie Aston für den Packungsanteil des
Hg angibt, das Atomgewicht, so erhält man für Ra G den Wert 206,016
in merkwürdig guter Übereinstimmung mit dem aus der chemischen
Ra G-Bestimmung von O. Hönigschmid mit St. Horovitz und andern
($91d$) berechneten Wert 206,017[1]. Doch dürfte diese gute Übereinstimmung eher Zufall sein, da beide Fehlergrenzen viel größer sind
als die Differenz der beiden Werte. Die Astonschen Werte wurde
auch zur Eintragung der Elemente in die Hauptdiagramme (Abb. 10b)
benutzt. Hingegen befindet sich die modernste Bestimmung des
Radiums von O. Hönigschmid ($91b, c$) nicht mit den energetischen
Überlegungen in Einklang, während seine Bestimmung des Atomgewichts von Uran ($91a$) wie St. Meyer zeigt, sich mit den energeti-

---

[1] Das Atomgewicht des Urans wurde wie alle chemischen Bestimmungen,
die auf o = 16 bezogen sind auf $o^{16} = 16$ umgerechnet, wobei zur Umrechnung als Atomgewicht des Isotopengemischs o bezogen auf $o^{16} = 16$ der
Wert o = 16,0016 ± 0,0005 angenommen wurde, der aus dem von Giauque
und Johnston (92) angegebenen Isotopenverhältnis $o^{16}/o^{18} = 1250 \pm 30\%$ folgt,
während das Vorhandensein von o^{17} für das Atomgewicht von o in diesem
Genauigkeitsgrad vernachlässigt werden kann.

schen Überlegungen innerhalb der Fehlergrenzen nicht in Widerspruch befindet. [St. Meyer (86c)]. In den Kurven der radioaktiven Elemente (Abb. 15) wurde die Unsicherheit in der Absoluthöhe der Kurven durch die Angabe der Fehlergrenzen, zwischen denen der Anfangswert der Energieskala liegen müßte, angedeutet. Hierbei zeigt sich eine gewisse Diskrepanz je nachdem man zur Festlegung der Massendefektkurve der Th-Reihe die Astonsche Angabe für ThD oder die Hönigschmidsche Bestimmung für Th zugrundelegt, was zum Teil darin seine Ursache hat, daß, wie St. Meyer hervorhebt, die Massendifferenz zwischen dem Th und dem ThD nicht völlig durch die bekannten Zerfallsenergien gedeckt erscheint. Legt man die Hönigschmidsche Bestimmung[1] zugrunde, so ergibt sich für Th und U sogar, wie oben erwähnt, ein positiver Wert von D_α, doch überschneiden, wie die Abb. 10a und b zeigen, die Fehlergrenzen das Nullniveau. Aus den Figuren geht auch hervor, daß eine gegenseitige Überschneidung der Fehlergrenzen dieser Punkte mit denen der aus den Astonschen Daten der Endprodukte durch Energieberechnung gewonnenen D_α-Werten von Th und U stattfindet. Es liegt sehr nahe, die Tatsache, daß keine schwereren Elemente als das Uran in der Natur vorkommen, darauf zurückzuführen, daß die Energiekurve der Elemente kurz nach $N_\alpha = 59$ das Nullniveau schneidet, so daß schwerere Kerne als das Uran als endotherme Gebilde gegenüber α-Teilchen anzusehen wären[2].

Ebensowenig wie die absolute Höhe der Kurvenstücke radioaktiver Elemente ist die relative Höhe gegeneinander festlegbar, weil hierzu Astons Genauigkeit beim Pb nicht ausreicht. Anders ist es hingegen bei den leichteren Elementen. Dadurch hat man die Möglichkeit, die Energiedifferenz zwischen einem Element eines der drei Typen und des um ein Proton reicheren Elements mit um 1 größerer Massenzahl zu berechnen. Dieser Energiebetrag tritt als Differenzenquotient der von O. Strum und St. Meyer gegebenen Massendefektkurve (Abb. 9) gegen Protonen auf und hat einen ziemlich konstanten, gegen schwerere Elemente all-

---

[1] Bezüglich der Kritik der chemischen Atomgewichtsbestimmungen radioaktiver Elemente, insbesondere des Ra vgl. St. Meyer (86c,). Von diesen Bestimmungen dürfte die des Th als die zuverlässigste gelten, da das Th keine langlebigen Isotope besitzt.

[2] Allerdings ist gerade auf Grund des oben über die mögliche Existenzfähigkeit endothermer Gebilde und die Unwahrscheinlichkeit des Mehrfachzerfalls gesagten nicht unmittelbar verständlich, warum nicht auch im ganzen *gegen α-Teilchen* (nicht nur gegen mehrere Teilchen und einen leichteren Kern) endotherme Gebilde lebensfähig sein sollten. Doch ist es anschaulich, daß ein gegen α-Teilchen sehr instabiler Kern mit hoher positiver Energie, wie er bald nach dem Uran durch Extrapolation der Massendefektkurven zu erwarten wäre, nicht existenzfähig sein dürfte, wenn sich auch vorläufig kein direkter Mechanismus des Auseinanderfliegens angeben läßt. Über eine Begründung der älteren Quantentheorie für das Ende des periodischen Systems vgl. Sommerfeld (11a, S. 465).

mählich abnehmenden, negativen Wert, der jedoch keine deutliche Periodizität mit 4 zeigt, so daß der Energiegewinn bei Anlagerung eines Protons ziemlich unabhängig davon ist, das wievielte Proton in der Reihe 1, 2, 3, 4 angelagert wird. Die α-Hypothese ließe eher erwarten, daß der Energiebetrag besonders groß ist, wenn ein neues α-Teilchen fertig gebaut wird. Daß dies nicht der Fall ist, kann als ein Argument *gegen* die α-Hypothese angesehen werden. Doch reicht die Genauigkeit auch im Anfang der D_H-Kurve nicht aus, das Fehlen einer kleinen Periodizität sicherzustellen (Abb. 9b). Das negative Vorzeichen ist von besonderer Wichtigkeit, denn es bedeutet, daß die Aufnahme eines Protons in den Kernverband immer mit Energieabgabe verbunden ist. Dies ist, wie v. GROSSE (*92*) hervorhebt, die Ursache dafür, daß es keine natürliche H-Aktivität gibt, denn die Eigenwertplätze von Protonen liegen demnach im Gegensatz zu denen der α-Teilchen immer bei negativen Energien, so daß ein Entweichen aus dem Kern wie bei α-Teilchen nicht vorkommt.

Schließlich kann man auch die sehr interessante Frage stellen, ob die Elektronenniveaus im Kern negativ sind, und bei welchen Energien sie liegen. Empirisch ließe sich das durch die Differenz der Massendefekte von isobaren Elementen, d. h. solchen Elementen entscheiden, die sich nur in der Anzahl ihrer Kernelektronen unterscheiden. Leider sind keine genauen Atomgewichtsbestimmungen von zwei Isobaren gemacht worden. Die genaue Kenntnis der Atommasse von Ca 40 würde z. B. durch Vergleich mit der ASTONschen Messung am A 40 eine solche Berechnung erlauben. H. H. WOLFF (*93*) berechnet den Einfluß von 1 Proton und (1 Proton + 1 Elektron) auf den Massendefekt und findet für ersteren einen Mittelwert von etwa — 11 mg, für letztere den etwas kleineren Mittelwert von nur etwa — 7,9 mg und schließt daraus indirekt auf eine positive Elektronenenergie von etwa 3,1 mg. Doch ist diese indirekte Schlußweise, die sich zudem nur auf wenige spezielle Fälle stützt, kaum überzeugend, da die Höhe der Fehlergrenzen, sowie die Verschiedenartigkeit der Fälle, über die gemittelt wurde, nicht erlauben, irgendwelche sicheren Schlüsse aus derartigen Mittelungen zu ziehen. Auch ist hier wohl ein ganz verschiedenes Verhalten zu erwarten, je nachdem ein einzelnes Elektron oder das zweite eines Elektronenpaars dem Kern hinzugefügt wird. Daß auch bei Elementen außerhalb der Zerfallsreihen positive Elektronenenergien vorkommen, wissen wir aus der sichergestellten β-Aktivität des Rb 87 und des K 41.

5. Theoretisches Verständnis der Massendefektkurven. „Tröpfchenmodell" von GAMOW. Wir haben bisher in den Massendefektkurven ein wichtiges empirisches und theoretisches Hilfsmittel der Darstellung der energetischen Verhältnisse der Kerne kennengelernt, das auch manche interessanten Schlüsse zu ziehen erlaubte. Nun wenden wir uns zu der Frage, ob die Theorie es ermöglicht, wenigstens qualitativ den allgemeinen Verlauf dieser Kurven zu verstehen. Den Versuch dazu macht GAMOW (*89b, c*), wobei er sich allerdings zunächst nur auf die Kerne vom Typus $4n$ beschränkt, in der Entwicklung seines sogenannten „Tröpfchenmodells" der Kerne. Dabei ist es nötig, ein Potentialgesetz für die gegenseitige Kraftwirkung zweier α-Teilchen zugrunde zu legen. Leider kennen wir dieses Gesetz bisher nicht, wir können aber doch aus Streuungsmessungen von α-Teilchen in He-Gas schließen, daß der Potentialverlauf eine ähnliche Struktur hat wie das in Abb. 5 abgebildete Potential eines höheren Kernrumpfes gegenüber einem α-Teilchen. In größeren Entfernungen macht sich nur die COULOMBsche Abstoßung bemerkbar, in geringen Entfernungen wird eine Anziehung wirksam, die vielleicht auf Polarisation, vielleicht aber auch wesentlich auf einer HEITLER-LONDONschen Austauschbindung beruht, wie sie bei der homöopolaren chemischen Valenz zwischen Atomen wirksam ist. Letztere Annahme würde zu einem exponentiellen Anziehungsterm führen. Vernachlässigt man, was für aus wenigen α-Teilchen bestehende Kerne gestattet ist, zunächst die COULOMB-Kraft überhaupt, da dort die gegenseitigen Abstände zwischen den α-Teilchen sehr klein sind, so erhält man genau ein „Tröpfchen", bei dem die Kräfte zwischen den einzelnen Teilchen untereinander sehr rasch mit der Entfernung abnehmen und das daher durch die Oberflächenspannung zusammengehalten wird. Die Bindungsenergie und somit der Massendefekt eines solchen Gebildes wird mit zunehmender Teilchenzahl allmählich wachsen. Gleichzeitig wächst aber auch der Radius des Tröpfchens mit einer sehr niedrigen Potenz von N_α, die von den gemachten Annahmen über die Anziehungskräfte abhängt, wobei das Tröpfchenvolumen ungefähr der Teilchenzahl proportional sein wird. Die Bewegung der Teilchen innerhalb des Tröpfchens muß natürlich gequantelt werden, wobei aber wegen der Gültigkeit der BOSEschen Statistik allen Teilchen die gleiche Quantenzahl zuzuschreiben ist.

Bei größerem N_α, wenn also das Tröpfchen eine gewisse Größe erreicht hat, beginnt aber die COULOMBsche Abstoßung eine Rolle zu spielen. Denn ein neu hinzukommendes Teilchen ist bei großem N_α außerhalb der Anziehungssphäre der weiter innen gelegenen Teilchen, und wird nur von den wenigen Teilchen der Oberfläche angezogen, von der Gesamtladung aber abgestoßen, so daß die COULOMBsche Abstoßung mit einer *höheren* Potenz des Tröpfchenradius zunimmt als die Oberflächenspannung, die das Tröpfchen zusammenhält. Das bedeutet aber, daß die negative Energie des Systems bei einer bestimmten Teilchenzahl N_α ein Minimum erreicht und von da an wieder anzusteigen beginnt, bis bei einer noch höheren Teilchenzahl die Gesamtenergie positiv und das „Tüpfchen" instabil werden muß. Vom Energieminimum an muß Arbeit aufgewendet werden, um dem Gebilde noch ein Teilchen hinzuzufügen, der Differenzenquotient der Energiekurve wird also positiv. Damit ist aber schon qualitativ der Verlauf der Energiekurven der Abb. 10 erklärt.

Quantitativ ist die Behandlung etwas schwieriger, um so mehr als es sich in dieser Überlegung nur um die Kurven mit gleichbleibender Elektronenzahl handelt, und wir den Verlauf der D_α-Kurven konstanter Elektronenzahl fast gar nicht kennen. Die quantitative Behandlungsweise, die GAMOW nur zur größenordnungsmäßigen Abschätzung der Energien anwendet, ist äußerst primitiv und sehr anfechtbar, doch zur Wiedergabe der vorstehenden Überlegung zweifellos hinreichend. Zur exakteren Behandlung verweist er auf die HARTREEsche Näherungsmethode (89c, 94), die jedoch vorläufig nicht anwendbar ist, weil sie eine etwas genauere Kenntnis der Kraftwirkungen zwischen zwei α-Teilchen voraussetzt. Er macht große Vereinfachungen, indem er, wie es in der Theorie der Oberflächenspannung üblich ist, die Anziehungskraft des Teilchens auf eine Wirkungssphäre von endlichem Radius beschränkt und den Tröpfchenradius gleich der halben DE BROGLIESchen Wellenlänge des Teilchens im Tröpfcheninnern setzt. Er macht so auf halbempirischem Wege für den Tröpfchenradius r_0 bei großen Werten von N_α einen sehr genäherten Ausdruck

$$r_0 \sim R_0 \cdot N_\alpha^{1/3} \tag{68}$$

plausibel, wo R_0 eine Konstante von der Dimension eines Radius ist, deren Wert GAMOW einerseits aus der Anfangsneigung der D_α-Kurve, andererseits aus der ungefähren Kenntnis der Kernradien von Abb. 7 zu etwa $2 \cdot 10^{-13}$ cm berechnet. Für die Gesamtenergie des Tröpfchens, soweit es sich um Anziehung handelt, setzt er

$$E_a \sim -\frac{h^2}{4m R_0^2} \cdot (N_\alpha)^{1/3}. \tag{69}$$

Die COULOMBsche Abstoßung des geladenen Tröpfchens vom Radius r_0 mit der Ladung $2eN_\alpha$ wird

$$E_c = \frac{(2e N_\alpha)^2}{r_0} \sim \frac{4e^2}{R_0} (N_\alpha)^{5/3}, \tag{70}$$

wächst also mit einer höheren Potenz von N_α als E_α. Die negative Gesamtenergie E

$$E = E_a + E_c \sim -\frac{h^2}{4m R_0^2} \cdot (N_\alpha)^{1/3} + \frac{4e^2}{R_0} (N_\alpha)^{5/3} \tag{71}$$

stellt somit ganz roh den Verlauf der D_α-Kurve der Kerne dar, die nur aus α-Teilchen bestehen, also auch keine Kernelektronen enthalten. Diese Formeln haben nur den Sinn, zu zeigen, daß die Abstoßung mit einer höheren Potenz der Tröpfchengröße zunimmt, ein plausibles Resultat, das auch leicht mit Hilfe anderer analoger Ansätze erreichbar und daher weitgehend unabhängig von dem allzu primitiven Ansatz der Rechnung ist.

Die Kurve, die ungefähr zwischen den mit $F = 0$ bezeichneten punktierten Kurven der Abb. 10a verläuft (genauer läßt sich der Verlauf wegen der groben Vereinfachungen bei der Ableitung von (71) und der ungenauen Kenntnis von R_0 nicht angeben), müßte also den Massendefektverlauf bis zum Ar 40 richtig angeben, was, soweit man bei einer so stark genäherten Rechnung von Übereinstimmung reden kann, auch der Fall ist. Von da ab steigt die Kurve jedoch an und zeigt, daß die nur aus α-Teilchen bestehenden Kerne vom Ar 40 an instabil werden müßten. Das Hinaufbiegen der Kurve schon bei so niedrigen Elementen ist weitgehend unabhängig von der Art der Rechnung. Die Erfahrung zeigt aber auch, daß durch Aufnahme eines Elektronenpaares sich die Kerne stabilisieren und die empirische Kurve von $N_\alpha = 10$ bis zu $N_\alpha = 17$ der zur Elektronenzahl $F = 2$ gehörigen Linie folgt, wo ein weiteres Elektronenpaar aufgenommen wird, wie aus dem F-Diagramm (Abb. 11a) hervorgeht. Schematisch illustriert Abb. 16 diesen Verlauf der Energiekurven. Die Übereinstimmung der Erwartung mit der Erfahrung ist als Stütze des angenommenen „Tröpfchenmodells" anzusehen.

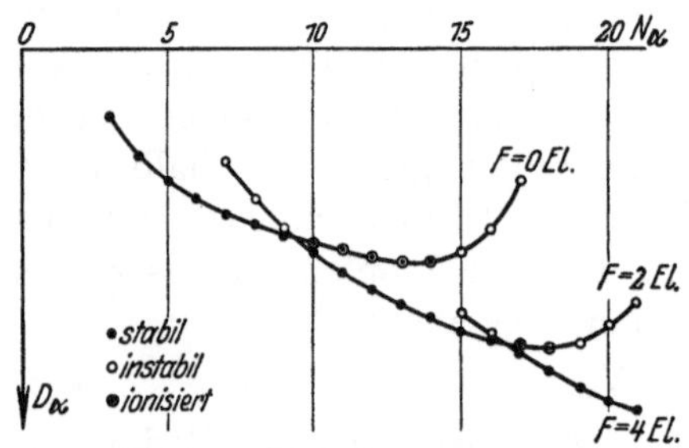

Abb. 16. Halbschematischer Verlauf der Massendefektkurven im Anfang des periodischen Systems. [Nach GAMOW (*89* c)].

Die Erfahrung zeigt, daß die zu höherer Elektronenzahl gehörige Energiekurve tiefer liegen muß als die Anfangskurve mit $F = 0$. Auch diese Verlagerung der Energiekurven durch Aufnahme von Elektronenpaaren läßt sich nach GAMOW qualitativ an Hand des Tröpfchenmodells verstehen. Da das Tröpfchen ziemlich scharf nach außen begrenzt ist, ist für das Elektron ein Kastenmodell, wie es KUDAR annimmt, in erster Näherung gerechtfertigt. Innerhalb des Tröpfchens ist das Elektron ziemlich frei beweglich. Das führt dazu, daß im Kern eine endliche Anzahl negativer Eigenwertplätze für Elektronen frei werden, die mit wachsendem Tröpfchenradius, d. h. mit Verbreiterung des Kastens, zunimmt. Gleichzeitig stabilisiert sich der Kern durch Aufnahme von Elektronen, denn die COULOMBsche Abstoßung, die den Anstieg der Kurve verursacht, wird dadurch abgeschwächt. Daß die Kurve mit größerem F sich auch noch links vom Schnittpunkt zu instabileren Isobaren fortsetzt, hängt wahrscheinlich mit der durch die Zentrifugalkraft bewirkten Überhöhung des Potentials für Elektronen mit höherer Azimutalquantenzahl zusammen und kann mit der β-Aktivität solcher Elemente wie Rb und K 41 zusammenhängen[1]. Überhaupt wäre hier-

---

[1] Allerdings müßten nach KUDAR die Kernelektronen des K 41, falls dieses Kern-β-Strahler ist, die Azimutalquantenzahl $l = 0$ haben, könnten also nicht mit positiver Energie im Kern bleiben, so daß sein Schema wohl einer Revision bedarf etwa derart, daß die Elektronen mit $l = 0$ überhaupt ausfallen, wofür nach KUDAR auch andere Gründe sprechen.

nach anzunehmen, daß von zwei Isobaren eines instabil sein sollte, indem es entweder (links vom Schnittpunkt) das Elektron abgibt oder (rechts vom Schnittpunkt) ein Schalenelektron aufnimmt (ionisierter Kern). Am aufsteigenden Ast der Kurve liegen die Dinge viel komplizierter. Hierüber wurde schon einiges an Hand der Abb. 12 und 13 gesagt.

Daß an der Grundstruktur der Energiekurven nichts geändert wird, wenn man die für Elemente vom Typus $4n$ gemachten Überlegungen auf die anderen Typen überträgt, zeigt die Ähnlichkeit der zu den anderen Kerntypen gehörigen Kurven. Die Zahl der freien Elektronenplätze ist bei diesen Typen freilich etwas anders, so können die Protonen enthaltenden Kerne schon von Anfang an ein Elektron aufnehmen. Für die verschiedentlich gemachte Annahme der Existenz von Neutronen [z. B. (86b)], d. h. die Annahme engerer Bindung zwischen je einem Proton und einem Elektron, gilt das gleiche, was oben über die α'-Teilchen gesagt wurde.

Die D_α-Kurve der Alphide (Kerntypus $4n$) zeigt bei den leichtesten Elementen noch einen Wendepunkt, dessen Vorhandensein die Theorie nicht rechtfertigen kann, doch kann man kaum die an einem Tröpfchen gemachten Überlegungen auf ein Konglomerat von nur zwei oder drei α-Teilchen anwenden. Hiermit könnte die Nichtexistenz oder die hypothetische Radioaktivität des Be 8 zusammenhängen.

6. Rolle der α-Teilchen beim Kernaufbau. Im ganzen scheinen die mitgeteilten Tatsachen die Arbeitshypothese, daß die maximal mögliche Anzahl von Protonen und Elektronen in jedem Kern zu α-Teilchen vereinigt sind, durchaus zu rechtfertigen. *Dafür* sprechen vor allem:

1. Der hohe Massendefekt des α-Teilchens selbst.

2. Die Erfolge des „Tröpfchenmodells" bei der qualitativen Darstellung der D_α-Kurven.

3. Die Tatsache, daß das obere Ende des Systems der Elemente mit dem Verschwinden von D_α zusammenzutreffen scheint, während in der Darstellung Abb. 9, die sich allein auf den Aufbau der Elemente aus Protonen stützt, diese Stelle keine ausgezeichnete Rolle zu spielen scheint.

4. Die schon anfangs erwähnte große Häufigkeit der Elemente vom Typus $4n$. Interessant ist in diesem Zusammenhang die Tatsache, daß der häufigste Kern, das Fe 56, den größten Packungsanteil *pro α-Teilchen* zeigt (D_α/N_α). Doch hat wegen (63) auch der Packungsanteil pro Proton beim Fe 56 seinen größten Wert.

Gegen die Arbeitshypothese sprechen:

1. Die Stetigkeit und das Fehlen einer Periodizität der Massendefektkurve gegen Protonen (Abb. 9).

Man würde eher erwarten, daß der Energiesprung besonders groß ist, wenn ein viertes Proton eingebaut wird, das die Bildung eines neuen

α-Teilchens ermöglicht, während in Wirklichkeit die beim Einbau von vier Protonen nacheinander frei werdende Energie in näherungsweise gleichen Stufen zu erfolgen scheint. Dabei ist allerdings die energetische Rolle der zur Formierung eines neuen α-Teilchens im Kern nötigen beiden Elektronen noch durchaus ungeklärt.

2. Die merkwürdige Tatsache, daß nach Aston die Packungsanteile pro Proton bei verschiedenen Isotopen des gleichen Elements den gleichen Wert zu haben scheinen[1]. Allerdings ist dies bei den leichteren Elementen, wie dem Ne und A, auch nach Aston keineswegs der Fall, während bei den schwereren Elementen die von Aston angegebenen Fehlergrenzen seiner Messungen die Behauptung einer solchen Konstanz keineswegs zu rechtfertigen scheinen. Überhaupt ist vom Standpunkt der modernen Kerntheorie die Massenzahl und nicht die Kernladung die gewissermaßen „primäre" Größe, da die Kernladung nur von der durch die Massenzahl bestimmten Anzahl der Kernelektronen abhängt[2]. Deshalb sollte auch in geochemischen Betrachtungen auf die Feststellung der Häufigkeiten bestimmter Kerntypen und nicht bestimmter Elemente das Hauptaugenmerk gelenkt werden.

3. Die von den Forschern der Wiener Schule gefundene Freimachung von Protonen aus Kernen vom Typus $4n$, wie C, O und andere. Dieses ist eigentlich —abgesehen von der Kleinheit der D_α bei leichten Elementen, die eine Kerndissoziation in α-Teilchen beim Bombardement mit schnellen α-Strahlen erwarten ließe St. Meyer (*86a*) — das Hauptargument gegen die α-Hypothese. Doch wurde schon auf die experimentellen Unstimmigkeiten bezüglich der Realität des Effekts und in den Angaben über die Höhe der Ausbeuten hingewiesen, so daß dieses experimentell durchaus noch nicht gesicherte Resultat kaum ausreichend erscheinen dürfte, die α-Hypothese, die sich theoretisch und praktisch als fruchtbar erwiesen hat, zu widerlegen, um so mehr, als in neuerer Zeit das Vorhandensein sehr geringer Beimengungen anderer Isotope auch bei Elementen, die man früher unbedingt für Reinelemente hielt, gezeigt hat. Hierfür mag vor allem die Entdeckung der Sauerstoff-

---

[1] Der Packungsanteil pro Proton ist etwas anderes als der von Aston aus praktischen Gründen gegebene, aber theoretisch bedeutungslose Packungsanteil pro Atomgewichtseinheit. Es ist:

$$p_{Ast.} = (A - N_H)/N_H \text{ und } p_H = (A - N_H \cdot 1{,}00778)/N_H \tag{72}$$

und daher

$$p_H = p_{Ast.} - 0{,}00778 \text{ [St. Meyer (*86c*)].} \tag{73}$$

[2] Ein Zusammenhang des Kernaufbaus mit den Perioden der Schalenelektronen, der von St. Meyer und anderen (*10*, S. 353, *86c*) vermutet wurde, wäre vom Standpunkt der hier entwickelten Theorie nicht zu verstehen und könnte nur durch eine merkwürdige Parallelität des Beckschen Schemas für Kernelektronen und des Bohr-Stonerschen Schemas der Außenelektronen, die allerdings beide ihren Ursprung im Pauliverbot haben, bewirkt werden.

isotope O 18, O 17 durch Johnston und Giauque, das Vorhandensein der eines C-Isotope C 13 und N 15 als Beispiel dienen, daß die Zahl der Isotopen offenbar viel höher ist, als man ursprünglich dachte. (O 18 und O 17: H. Johnston und W. Giauque (*95*), H. Babcock (*96*), R. Mecke und W. Wurm (*97*); C 13: A. S. King (*98*): N 15: S. M. Naudé (*99*). Es wäre denkbar, daß der größenordnungsmäßige Unterschied in den Ausbeuten bei den strittigen Elementen von der Seltenheit der vielleicht leicht zertrümmerbaren Isotope herrührt.

7. Isotope zweiter Ordnung. Zuletzt seien noch einige Worte der Frage nach der Existenz von „Isotopen zweiter Ordnung" gewidmet. Darunter versteht man Elemente gleicher Kernladungszahl *und* gleicher Massenzahl, Kerne also, die in ihrer Zusammensetzung sich nicht unterscheiden, deren Energieinhalt und somit deren Masse aber verschieden ist. Derartige Isotope müssen immer entstehen, wenn gleiche Elementarprozesse, wie α- oder β-Zerfall, künstliche Umwandlung von Elementen, oder eine Folge von Elementarprozessen, wie sie z. B. beim gegabelten Zerfall der C-Produkte auftritt, mit *verschiedenem* Energieumsatz vor sich gehen kann, ohne daß eine Kompensation der Energieunterschiede durch einen anderen Elementarakt stattfindet. Wir müssen dabei prinzipiell zwischen zwei verschiedenen Arten von Isotopie höherer Ordnung unterscheiden, je nachdem es sich um diskrete Unterschiede des Energieumsatzes, beim gleichen Elementarprozeß in verschiedenen individuellen Fällen oder um solche Unterschiede handelt, die durch die Energieunbestimmtheit beim Energieumsatz bedingt sind. In dem ersteren Falle wird es sich um eine Aufspaltung, im zweiten um eine natürliche Breite der Termenergien des Kerns und somit der · zugeordneten Kernmassen handeln.

Betrachten wir den ersteren Fall als den einfacheren zuerst, so finden wir, daß wenigstens vorübergehend solche Aufspaltungen mit Sicherheit auftreten. So ist ja im Grunde jeder Kernanregungszustand, der zu γ-Strahlung Anlaß gibt, im Prinzip ein allerdings sehr kurzlebiges Isotop zweiter Ordnung. Auch die von Rosenblum gefundene Feinstruktur der α-Energie von Th C, das Vorhandensein von α-Teilchen übernormaler Reichweite bei einigen α-Strahlern und das Auftreten von mehreren diskreten, künstlichen H-Strahlgruppen bei der künstlichen Elementumwandlung durch α-Bombardement führt notwendig zur Annahme von Isotopen zweiter Ordnung als Anfangs- oder Endzustand dieser Prozesse. Die Frage ist dabei nur, ob der „Grundzustand" eines relativ langlebigen Kerns aufgespalten sein kann, d. h. ob metastabile Kernzustände existieren oder ob eine Kompensation etwa durch γ-Strahlung eintritt, wie sie Rosenblum in Zusammenhang mit der α-Feinstruktur des Th C vermutet. Eine Aufspaltung muß vorhanden sein, wenn einem der eben genannten Elementarprozesse nicht eine spontane α-, β- oder γ-Strahlung folgt oder vorangeht, die den Energieunterschied in vollem Umfange wieder ausgleicht, was mindestens in den letzteren der aufgezählten Fälle sehr unwahrscheinlich ist. Daß Rosenblum auf einen möglichen Zusammenhang der α-Feinstruktur mit kompensierender γ-Strahlung hinweist, ist schon erwähnt worden. Rutherford und Chadwick (63) glauben mit Sicherheit nachgewiesen zu haben, daß die beim gegabelten Zerfall in den beiden Zweigen frei werdenden Energien verschieden sind. Ob es sich hier nur um Zustandsbreite oder daneben auch um einen diskreten Energieunterschied handelt, ist unbekannt. Natürlich sind die hierdurch wie auch durch Energieunbestimmtheit bedingten Massenunterschiede wegen ihrer Kleinheit dem Auflösungsvermögen des Massenspektrographen unzugänglich.

Wesentlich schwieriger scheint die Frage nach der durch Energieunbestimmtheit der Elektronen bzw. der Protonen verursachten Zustandsbreite der Kernzustände. Die Frage, wie weit sich die Energieunbestimmtheit der Kernelektronen auch auf die stabilen Kernelektronen bei nicht aktiven Elementen erstreckt, und von welcher Größenordnung sie ist, ist heute noch ganz unentschieden. Natürlich werden dadurch die Betrachtungen über Lage des negativen Elektronenniveaus des Beckschen Schemas (87c) und die Wirkungen der Kernelektronen auf die Energiekurven des Tröpfchenmodells, soweit sie sich auf das quantitative Energieschema der Kerne beziehen, stark in ihrer Sicherheit beeinträchtigt. Daß sich aber die Termbreite, die durch Energieunbestimmtheit der β-Teilchen bewirkt wird, sicherlich nicht zu den leichten Kernen, die Intensitätswechsel im Bandenspektrum zeigen, verschleppt und wenigstens bei diesen sicherlich von scharfen Kernzuständen gesprochen werden kann bemerkt W. Heitler (100). Denn die Tatsache des Intensitätswechsels, die quantenstatistische Ursachen hat, auf die hier nicht eingegangen werden kann, beruht darauf, daß die beiden Kerne des Moleküls „gleich" sind, was sie im Sinne der Quantenstatistik nicht wären, wenn sie verschiedenen Energieinhalt hätten. Energetische Gleichheit zweier Kerne mit kontinuierlich variabler Kernenergie wäre aber beliebig unwahrscheinlich, so daß gar kein Intensitätswechsel zustande kommen könnte. Er schließt weiter aus dem an He, C, O beobachteten Intensitäts-Ausfall jedes zweiten Terms, daß sich diese Kerne immer im gleichen Zustand befinden. Hingegen schließt er aus der Diskrepanz zwischen dem aus der Hyperfeinstruktur des Li-Spektrums erschlossenen Kernmoment und dem geringen Intensitätsverhältnis im Li-Bandenspektrum, das sonst auf ein viel höheres Kernmoment schließen ließe, auf das Vorhandensein verschiedener sehr langlebiger diskreter Zustände des Kerns von Li 7, also auf metastabile Isotope zweiter Ordnung. Dasselbe dürfte nach ihm auch noch für Na und einige andere Kerne gelten, nicht aber für Kerne vom Typus 4n, wenigstens soweit sie Intensitätsausfall zeigen. Doch sei hier daran erinnert, daß die Diracsche Quantenmechanik für negative Elektronenniveaus, die tiefer liegen als $2\,mc^2$ ($\sim$ etwa $1,2\,mg$ Massendefekt), Vorzeichenwechsel der Elektronen voraussagen, also sicherlich nicht anwendbar sind.

Wir sind damit zum Ausgangspunkt unserer Betrachtungen zurückgekehrt, zur Frage nämlich, ob und wieweit die heutige Quantentheorie imstande ist, die Vorgänge im Kern zu verstehen. Wir haben gesehen, daß in einigen wichtigen Einzelfragen der Kernstruktur, wie bei der Theorie des α-Zerfalls, beim Verständnis der Zahl und der Massendefekte der Isotope, der künstlichen Umwandlung von Elementen die Quantentheorie in ihrer jüngsten Form, der Quantenmechanik, gewisse z. T. bedeutende Fortschritte erzielen konnte. Doch ist durch die Entdeckung der Ungültigkeit des Energiesatzes in der gewohnten Form für β-Teilchen ein neues, scheinbar unüberwindliches Hindernis aufgetaucht, das wohl kaum beseitigt werden kann, bevor eine endgültige und widerspruchsfreie Formulierung der quantenmechanischen Theorie selbst vorliegt. Erst dann kann sich entscheiden, ob auch in der Kernphysik die Forderung nach der Universalität der Naturgesetze erfüllbar ist, ohne daß eine ganz neue, eigens den Kernvorgängen angepaßte „Kernmechanik" nötig wäre.

Zum Schlusse möchte ich nicht versäumen, Frl. Prof. L. MEITNER und Herrn Prof. W. BOTHE für wertvolle und fördernde Diskussionen meinen herzlichsten Dank auszusprechen. Dr. L. RIEFENSTAHL danke ich für wertvolle Hilfe bei der Anfertigung des Manuskripts und beim Lesen der Korrekturen.

Nachtrag bei der Korrektur.

Seit Abschluß des Manuskripts sind einige Arbeiten über den Gegenstand dieses Berichts erschienen, über die im folgenden ganz kurz berichtet werden soll.

1. G. BECK: Über die Streuung von Teilchen durch Kraftfelder (*101*). In dieser Arbeit wird das Problem der anomalen Streuung als ein Resonanzeffekt zwischen den einfallenden Teilchen und den virtuellen Quantenzuständen des Potentialverlaufs, an dem die Streuung stattfindet, behandelt. Daraus ergibt sich wenn die Theorie auf die Streuung von Elektronen an atomaren Feldern angewandt wird die HOLTSMARKsche Theorie des Ramsauereffekts. Auf einen GAMOWschen „Potentialtopf" (Abb. 4, 5) angewendet, sind die virtuellen Kernzustände die quasidiskreten Resonanzstellen des kontinuierlichen Eigenwertspektrums der gestreuten Welle, die im Abschnitt VII, 1, S. 139 des Berichts besprochen wurden. Um das Amplitudenquadrat der Streuwelle zu erhalten, verwendet BECK die HOLTSMARKsche Methode und erhält so qualitativ gute Übereinstimmung mit den Resultaten von RUTHERFORD und CHADWICK über die Energieabhängigkeit und von BIELER über die Winkel-

abhängigkeit der Streuung (zum genauen quantitativen Vergleich reicht die Genauigkeit der experimentellen Resultate nicht aus). Wichtig ist auch die Bemerkung von BECK, daß für die Breite der virtuellen Kernniveaus nicht allein die mechanische Breite [S. 168, $(48a)$] maßgebend ist, sondern, daß aus quantenelektrodynamischen Ursachen eine Verbreiterung der Niveaus resultiert, die die rein mechanische Breite nach $(48a)$ bei weitem überwiegt und bewirkt, daß die Geschwindigkeit der α-Strahlen, die den Kern verlassen, nicht viel genauer als auf etwa $0,1°/_0$ definiert sein dürften.

2. J. CHADWICK u. G. GAMOW (102): Künstliche Zertrümmerung von α-Teilchen. In dieser Mitteilung wird auf die Frage eingegangen, ob und in welchen Fällen bei der „Atomzertrümmerung" das auftretende α-Teilchen im Kern verbleibt, oder ob es den Kern wieder verläßt. Die Verfasser kommen zu dem Resultat, daß tatsächlich *beide* Prozesse vorkommen können. Bei dem Prozeß, bei dem das α-Teilchen nicht eingefangen wird, gibt dieses einen Teil seiner Energie ab, um das Proton von seinem negativen Energieniveau $(-E_p^\circ)$ loszureißen und gibt ihm außerdem die positive Energie E_p als Translationsenergie mit, mit der das Proton den Kern verläßt, entweder indem es über das Maximum der Potentialschwelle (die für das Proton wegen der geringeren COULOMB-Abstoßung niedriger ist als für das α-Teilchen) emporgehoben wird, oder indem es unter Durchdringung der Schwelle wie beim α-Zerfall den Kern verläßt. Ist E_α die Energie des α-Teilchens vor dem Stoß und E'_α nach dem Stoß, so gilt für diese Prozesse die Energiegleichung

$$E_\alpha - E'_\alpha = E_p + E_p^\circ . \qquad (72)$$

Da nun E'_α alle Werte zwischen O und E_α annehmen kann, geht hieraus hervor, daß E_p alle Werte zwischen O und $E_\alpha - E_p^\circ$ annehmen kann; es entsteht also für diese Art von Prozessen ein kontinuierliches Geschwindigkeitsspektrum der künstlichen H-Teilchen, das von der Energie O bis zu einer „harten" Grenze vom Betrage $E_\alpha - E_p^\circ$ reicht. Wir haben es also hier mit einer echten Atomzertrümmerung zu tun. In der Tat wurde beim Bombardement von Al mit Po-Strahlen ein kontinuierliches Geschwindigkeitsspektrum bis zu einer maximalen Protonenreichweite von 32 cm beobachtet. [Damit scheint das ältere Resultat von RUTHERFORD u. CHADWICK ($2, 63$), die unter $90°$ kontinuierlich variable Protonenenergien bis zum $1,1$fachen Energiebetrag der primären α-Teilchen beobachtet zu haben glaubten und damit die beunruhigende Annahme der Unbestimmtheit der Protonenenergien widerlegt.]

Das von BOTHE (58), G. POSE (59) und neuerdings auch von CHADWICK und seinen Mitarbeitern selbst beobachtete Auftreten diskreter Geschwindigkeitsgruppen von Protonen bringen nun die Verfasser mit dem Einfangungsprozeß der α-Teilchen in Zusammenhang, wobei wir es also, wie beim Stickstoff beobachtet, mit einem Aufbauprozeß zu tun haben. In diesem Falle setzt sich das eingefangene Teilchen auf ein negatives Energieniveau $(-E_\alpha^\circ)$. Die Energiebilanz ist dann wieder

$$E_\alpha + E_\alpha^\circ = E_p + E_p^\circ$$

und da E_α° einen diskreten Wert hat, ist auch E_p wohl definiert. Aus dem Auftreten einer diskreten Reichweitengruppe bei $R = 64$ cm berechnen GAMOW und CHADWICK den Wert von $(-E_p^\circ)$ zu $0{,}6 \cdot 10^6$ von $(-E_\alpha^\circ)$ zu $2 . 10^6$ Voltelektron. Sie berechnen ferner die Wahrscheinlichkeit der beiden Prozesse und geben hierfür Formeln an. Für den Aufbauvorgang folgt, wenn v_α und v_p die Geschwindigkeiten des α-Teilchens vor bzw. des Protons nach dem Stoß bedeuten, als Aufbauwahrscheinlichkeit w ungefähr

$$w_1 = \frac{A}{v_\alpha^2} \cdot e^{-\frac{8\pi^2 e^2}{h} \cdot \frac{Z}{v\alpha}} \cdot e^{-\frac{4\pi^2 e^2}{h} \cdot \frac{Z}{vp}} \tag{74}$$

wobei theoretisch die ausgeschleuderten Protonen gleichmäßig auf alle Richtungen verteilt sind.

Für den Zertrümmerungsprozeß folgt, wenn v'_α die Geschwindigkeit des α-Teilchens nach dem Stoß bedeutet:

$$w_2 = B \cdot e^{-\frac{8\pi^2 e^2}{h} \cdot Z \left(\frac{1}{v'_\alpha} - \frac{1}{v\alpha} \right)} \cdot e^{-\frac{4\pi^2 e^2}{h} \cdot \frac{Z}{vp}} \tag{75}$$

wo B eine Funktion des Winkels zwischen der Richtung des Protons und der des primären α-Teilchens ist. Während an den Aufbauprozessen im wesentlichen nur die direkten Kerntreffer beteiligt sind, werden die Zertrümmerungsprozesse hauptsächlich durch solche Teilchen hervorgerufen die nicht in den Kern eindringen, weshalb auch bei diesen Prozessen die Winkelverteilung der H-Teilchen nicht gleichmäßig ist. Genauere experimentelle und theoretische Resultate werden in Aussicht gestellt.

3. H. FRÄNZ (*103*) und W. BOTHE (*104*) haben neue sehr genaue Versuche über die Geschwindigkeits- und Winkelverteilung der künstlichen H-Strahlen an Bor gemacht. Sie finden drei diskrete Geschwindigkeitsgruppen und schließen aus ihren Resultaten über die Winkelverteilung darauf, daß das α-Teilchen beim *Bor nicht* im Kern zu verbleiben scheint.

4. W. BOTHE u. H. BECKER (*105*) berichten über das Auftreten einer Kern-γ-Strahlung an leichten Elementen beim Bombardement mit α-Strahlen des *Po*. Sie konnten eine derartige Strahlung einwandfrei an den Elementen *Li, Be, B, Mg, Al* beobachten. Besonders stark ist die Strahlung beim *Be*. Absorptionsmessungen zeigten, daß es sich um eine ziemlich harte Strahlung handeln müsse. Die Feststellung der Wellenlänge und Homogenität der Strahlung wird einer genaueren Untersuchung dieses gänzlich neuen und interessanten Elementareffekts vorbehalten bleiben. Erst dann wird sich entscheiden lassen, ob man es mit einer einfachen Kernanregung oder einer mit γ-Strahlung ver-

bundenen Aufnahme des α-Teilchens in den Kern zu tun hat (vgl. S. 172).

5. H. POSE (*106*) berichtet über Zertrümmerungsversuche an *Al* mit *Po*-α-Strahlen. Er konnte ebenfalls einwandfrei das Auftreten mehrerer diskreter Reichweitengruppen feststellen. Er findet eine Gruppe mit Reichweiten bis zu etwa 30 cm, eine ziemlich scharf definierte Gruppe mit $R = 47$ cm und eine mit $R = 58$ cm. Er untersucht ferner die Abhängigkeit der Ausbeuten in der zweiten Reichweitengruppe von der Primärenergie der α-Strahlen und findet, daß zu ihrer Erzeugung eine Minimalreichweite der primären α-Strahlen nötig ist, die zwischen 2,23 und 2,60 cm liegt. Aus weiteren Versuchen, in denen er die Dicke der Zertrümmerungsfolie variiert, schließt er, daß auch schnellere Teilchen als die, welche einer Reichweite von 2,6 cm entsprechen, die Gruppe von 47 cm nicht zu erzeugen vermögen und bringt diese Erscheinung in Zusammenhang mit dem von der Theorie vorausgesagten Resonanzeffekt (vgl. Abschnitt X, 3, S. 173). Ob hier tatsächlich ein Fall von Resonanzeindringung vorliegt, wird eine genauere Nachprüfung seiner Versuche, die manchen experimentellen Einwänden ausgesetzt sind, zeigen können.

6. O. K. RICE (*107*) berechnet quantenmechanisch die Wahrscheinlichkeit aperiodischer Übergangseffekte über Potentialschwellen nach einer von dem bisherigen Verfahren etwas abweichenden Methode (vgl. hierzu VII, 2 dieses Berichts). Er kommt dabei zu ähnlichen Formeln, wie sie auf anderem Wege abgeleitet wurden.

Tabellen zu XII.

Tabelle 2. Isotopentabelle.

Radioaktive Isotope sind mit einem Stern versehen. Die Massenzahlen der Isotope (mit Ausnahme der radioaktiven in den Zerfallsreihen) sind in der Reihenfolge der Häufigkeiten geordnet.

Element	Z	Isotope	Element	Z	Isotope
H	1	1	Zr	40	90, 94, 92, 96?
He	2	4	Mo	42	96?
Li	3	7, 6	Ag	47	107, 109
Be	4	9	Cd	48	114, 112, 110, 113, 111, 116
B	5	11, 10			
C	6	12, 13	In	49	115
N	7	14, 15	Sn	50	120, 118, 116, 124, 119, 117, 122, 121, 112, 114, 115
O	8	16, 18, 17			
F	9	19			
Ne	10	20, 22, 21	Sb	51	121, 123
Na	11	23	Te	52	130, 128, 126
Mg	12	24, 25, 26	J	53	127
Al	13	27	Xe	54	129, 132, 131, 134, 136, 130, 128, 126, 124
Si	14	28, 29, 30			
P	15	31	Cs	55	133
S	16	32, 34, 33	Ba	56	138, 136?
Cl	17	35, 37	La	57	139
Ar	18	36, 40	Ce	58	140, 142
K	19	39, 41*	Pr	59	141
Ca	20	40, 44	Nd	60	146, 144, 142, 145?
Sc	21	45	Eu[2]	63	152??
Ti	22	48, 50?	Cp[2]	71	175??
V	23	51	W[2]	74	184??
Cr[1]	24	52, 53, 50, 54	Hg	80	202, 200, 199, 198, 201, 204
Mn	25	55			
Fe	26	56, 54	Tl	81	204, 207*, 208*, 210*
Co	27	59	Pb	82	206, 207, 208, 209? 210*, 211*, 212*, 214*
Ni	28	58, 60			
Cu	29	63, 65	Bi	83	209, 210*, 211*, 212*, 214*
Zn	30	64, 66, 68, 67, 65, 70, 69			
Ga	31	69, 71	Po	84	210*, 211*, 212*, 214*, 215*, 216*, 218*
Ge	32	74, 72, 70, 73, 75, 76, 71, 77			
			Em	86	219*, 220*, 222*
As	33	75	Ra	88	226*, 223*, 224*, 228*
Se	34	80, 78, 76, 82, 77, 74	Ac	89	227*, 228*
Br	35	79, 81	Th	90	232*, 227*, 228*, 230*, 234*
Kr	36	84, 86, 82, 83, 80, 78			
Rb	37	85, 87*	Pa	91	231*, 234*
Sr	38	88, 86	U	92	238*, 234*
Y	39	89			

[1] Herr Prof. Aston hat freundlicherweise gestattet, seine bisher noch unpublizierten neuesten Resultate der massenspektrographischen Analyse von *Cr* (vgl. auch Tab. 3a) hier mitzuteilen, wofür ich ihm auch an dieser Stelle herzlich danken möchte. Die Publikation erfolgt demnächst in der „Nature".

[2] Die Existenz dieser Isotope ist nicht massenspektroskopisch sichergestellt, kann aber wegen der ziemlich genauen Ganzzahligkeit der Atomgewichte als nicht unwahrscheinlich gelten, obwohl sie durch das Mischungsverhältnis der Isotope vorgetäuscht sein kann, und natürlich auch andere Isotope existieren können. [Vgl. G. Beck (*87 a*).]

Tabellen 3.

Atomgewichte und Massendefekte der Elemente.

Die Zahlen, wo keine nähere Bezeichnungen stehen, stützen sich auf massenspektrographische Bestimmungen. Bei den mit einem * versehenen Elementen wurde das chemische Atomgewicht eingesetzt. Das Atomgewicht von o 18 nach Mecke und Wurm [bandenspektroskopische Messung (96)].

Tabelle 3a. Atomgewichte und Massendefekte der Isotope vom Kerntypus $N_H = 4n$.

Ordnungszahl	Element	Massenzahl	Zahl der α-Teilchen	Zahl der freien Kernelektronen	Atomgewicht bezogen auf $O^{16} = 16{,}0000$	Fehler (in mg)	Massendefekt gegen Prot. u. El. (in mg)	Fehler (in mg)	Massendefekt gegen α-Teilchen u. El. (in mg)	Fehler (in mg)
Z		N_H	N_α	F	A	δA	$-D_H$	δD_H	$-D_\alpha$	δD_α
2	He	4	1	0	4,00216	± 0,4	28,96	± 1,0	—	—
6	C	12	3	0	12,0036	± 1,2	89,76	± 3,0	2,88	± 2,4
8	O	16	4	0	16,0000	0,0	124,5	± 2,4	8,6	± 1,6
10	Ne	20	5	0	20,00004	± 2,0	155,2	± 5,0	10,4	± 4,0
18	A	36	9	0	35,976	± 5,4	304	± 11	43,4	± 9,0
18	A	40	10	2	39,971	± 4,0	340	± 10	50,6	± 8,0
24	Cr	52	13	2	51,948	± 15,6	457	± 23	80	± 21
36	Kr	80	20	4	79,926	± 16,0	696	± 28	117	± 24
36	Kr	84	21	6	83,928	± 12,6	726	± 25	117	± 21
50	Sn	112	28	6	111,918	± 22	953	± 39	143	± 34
50	Sn	116	29	8	115,915	± 23	987	± 41	147	± 35
50	Sn	120	30	10	119,912	± 24	1021	± 42	153	± 36
50	Sn	124	31	12	123,909	± 25	1055	± 43	157	± 37
54	Xe	124	31	8	123,934	± 25	1030	± 43	133	± 37
54	Xe	128	32	10	127,932	± 26	1064	± 45	137	± 38
54	Xe	132	33	12	131,930	± 26	1097	± 46	141	± 39
54	Xe	136	34	14	135,928	± 27	1130	± 48	146	± 41
80	Hg	196	49	18	196,016	± 39	1511	± 69	90	± 59
80	Hg	200	50	20	200,016	± 40	1540	± 70	92	± 60
80	Hg	204	51	22	204,016	± 41	1571	± 71	94	± 61
82	Pb(ThD)[1]	208	52	22	208,017	± 41	1602	± 72	96	± 63
90	*Th[2]	232	58	26	232,14	± 15	1665	± 50	−15	± 38
90	Th[3]	232	58	26	232,077	± 44	1728	± 79	48	± 67

[1] Nach Aston (84e) [vgl. folgende Fußnote].

[2] Nach O. Hönigschmid und St. Horovitz (91c).

[3] Aus der Astonschen Angabe für ThD (84c) unter Zugrundelegung des gleichen Packungsanteils wie beim Hg unter Berücksichtigung des Massenäquivalents der Zerfallsenergie in der Th-Reihe.

Tabelle 3b. Atomgewichte und Massendefekte der Isotope vom Kerntypus $N_H = 4n + 2$.

Ordnungszahl	Element	Massenzahl	Zahl der α-Teilchen	Zahl der freien Kernelektronen	Atomgewicht bezogen auf $O^{16} = 16.0000$	Fehler (in mg)	Massendefekt geg. Prot. u. El. (in mg)	Fehler (in mg)	Massendef. geg. α-Tlchen, Prot. u. El. (in mg)	Fehler (in mg)
Z		N_H	N_α	F	A	δA	$-D_H$	δD_H	$-D_\alpha$	δD_α
3	Li	6	1	1	6,012	± 1,8	34,7	± 2,7	5,7	± 2,5
5	B	10	2	1	10,0135	± 1,5	64,3	± 3,0	6,4	± 2,6
7	N	14	3	1	14,008	± 2,8	100,9	± 4,9	14,0	± 4,3
8	+O	18	4	2	17,9910	± 10,0	149	± 13	33	± 12
10	Ne	22	5	2	22,0048	± 3,3	166,4	± 6,6	21,6	± 5,6
28	Ni	58	14	2	57,942	± 11,6	509	± 20	104	± 18
36	Kr	78	19	4	77,926	± 15,6	681	± 27	131	± 24
36	Kr	82	20	6	81,927	± 12,3	711	± 25	132	± 21
36	Kr	86	21	8	85,929	± 12,9	740	± 26	132	± 22
50	Sn	114	28	8	113,917	± 23	970	± 38	160	± 34
50	Sn	118	29	10	117,914	± 24	1004	± 41	164	± 36
50	Sn	122	30	12	121,911	± 24	1039	± 43	170	± 37
54	Xe	126	31	10	125,933	± 25	1047	± 44	149	± 38
54	Xe	130	32	12	129,931	± 26	1080	± 46	154	± 39
54	Xe	134	33	14	133,929	± 27	1114	± 47	158	± 40
80	Hg	198	49	20	198,016	± 40	1525	± 69	106	± 60
80	Hg	202	50	22	202,016	± 40	1555	± 71	107	± 61
82	Pb(RaG)[1]	206	51	22	206,016	± 41	1587	± 72	110	± 62
88	*Ra[2]	226	56	26	225,99	± 15	1768	± 52	147	± 38
88	Ra[3]	226	56	26	226,110	± 15	1648	± 52	27	± 38
92	*U[4]	238	59	28	238,16	± 30	1692	± 66	− 17	± 54
92	U[5]	238	59	28	238,084	± 43	1768	± 79	59	± 67

[1] Nach ASTON (*84c*).

[2] Nach HÖNIGSCHMID (*91b, c*). Wegen der Kritik dieses Wertes s. a. (*86c*).

[3] Nach ST. MEYER aus energetischen Überlegungen (*86c*).

[4] Nach HÖNIGSCHMID und W. SCHILZ (*91a*). Da dies der Wert für „Uran" ist, das sicherlich noch einen Prozentsatz von AcU enthält, stellt dieser Wert eine obere Grenze für das Atomgewicht des U 238 dar. Aus dem „Aktivitätsverhältnis" der Ac-Reihe zur U-Reihe auf den Gehalt an AcU zu schließen ist nach Entdeckung der Unabhängigkeit der Ac-Reihe nicht möglich, da die Zerfallskonstante von AcU nicht bekannt ist,

[5] Theoretisch aus dem Atomgewicht von ASTON für RaG (*84c*) und dem Massenäquivalent der Zerfallsenergie in der U-Ra-Reihe.

Tabelle 3c. Atomgewichte und Massendefekte der Isotope vom Kerntypus $N_H = 4n + 1$.

Ordnungszahl	Element	Massenzahl	Zahl der α-Teilchen	Zahl der freien Kernelektronen	Atomgewicht bezogen auf $O^{16} = 16,000$	Fehler (in mg)	Massendefekt gegen Prot. u. El. (in mg)	Fehler (in mg)	Massendef. geg. α-Tlchen, Prot. u. El. (in mg)	Fehler (in mg)
Z		N_H	N_α	F	A	δA	$-D_N$	δD_H	$-D_\alpha$	δD_α
4	*Be	9	2	1	9,02	± 10,0	50	± 11	− 7,8	± 11,0
17	Cl	37	9	2	36,980	± 5,6	308	± 11	47,2	± 9,3
21	*Sc	45	11	2	45,10	± 10,0	250	± 17	− 69	± 14
35	Br	81	20	6	80,926	± 12,2	704	± 24	125	± 20
39	*Y	89	22	6	88,94	± 10,0	752	± 23	115	± 19
50	Sn	117	29	9	116,9156	± 23	996	± 41	156	± 35
50	Sn	121	30	11	120,911	± 24	1030	± 42	161	± 36
59	*Pr	141	35	12	140,93	± 10	1167	± 31	153	± 24
80	Hg	201	50	21	201,016	± 40	1548	± 70	100	± 60
83	*Bi	209	52	22	209,02	± 15	1606	± 31	100	± 36

Tabelle 3d. Atomgwichte und Massendefekte der Isotope vom Kerntypus $N_H = 4n + 3$.

Ordnungszahl	Element	Massenzahl	Zahl der α-Teilchen	Zahl der freien Kernelektronen	Atomgewicht bezogen auf $O^{16} = 16,000$	Fehler (in mg)	Massendefekt gegen Prot. u. El. (in mg)	Fehler (in mg)	Massendef. geg. α-Tlchen, Prot. u. El. (in mg)	Fehler (in mg)
Z		N_H	N_α	F	A	δA	$-D_H$	δD_H	$-D_\alpha$	δD_α
3	Li	7	1	2	7,012	± 2,1	42,5	± 3,2	13,5	± 2,9
5	B	11	2	2	11,0110	± 1,7	74,6	± 3,3	16,7	± 2,9
9	F	19	4	2	19,000	± 1,9	147,8	± 4,8	32,0	± 4,0
11	*Na	23	5	2	22,999	± 1,0	179,9	± 4,5	35,1	± 3,5
13	*Al	27	6	2	26,97	± 10	240	± 14	66	± 13
15	P	31	7	2	30,9825	± 4,7	258,7	± 9,3	56	± 8
17	Cl	35	8	2	34,983	± 5,3	289	± 11	57,6	± 9
23	*V	51	12	4	50,96	± 10	437	± 18	89	± 15
25	*Mn	55	13	4	54,94	± 10	488	± 18	111	± 16
27	*Co	59	14	4	58,95	± 10	509	± 19	104	± 16
33	As	75	18	6	74,934	± 11,3	650	± 23	128	± 19
35	Br	79	19	6	78,929	± 11,9	686	± 24	135	± 20
36	Kr	83	20	7	82,927	± 12,5	719	± 25	140	± 21
50	Sn	115	28	9	114,916	± 23	980	± 40	169	± 35
49	*In	115	28	10	114,8	± 100	1095	± 117	284	± 112
50	Sn	119	29	11	118,913	± 23	1013	± 42	173	± 36
53	J	127	31	12	126,932	± 25,4	1056	± 45	158	± 38
53	*J	127	31	12	126,945	± 7,0	1043	± 26	145	± 20
54	Xe	131	32	13	130,931	± 26	1089	± 46	162	± 39
57	*La	139	34	14	138,91	± 10	1171	± 31	187	± 24
80	Hg	199	49	21	199,016	± 40	1532	± 40	113	± 60
82	Pb(AcD)[1]	207	51	23	207,017	± 41	1594	± 72	117	± 62
91	Pa[2]	231	57	26	231,072	± 45	1725	± 80	74	± 68

[1] Aus ASTONS Angabe unter Zugrundelegung des gleichen Packungsanteils wie beim Hg (84c).

[2] Dieser Wert folgt theoretisch aus dem Atomgewicht für AcD (vgl. vorige Fußnote) unter Berücksichtigung des Massenäquivalents der Zerfallsenergie in der Ac-Reihe.

Literaturverzeichnis.

A. Bücher und zusammenfassende Darstellungen.

1. ASTON, F. W., Isotope. Hirzel 1923.
2. Discussion on Structure of Atomic Nuclei. Proc. Roy. Soc. (A) **123**, 373 (1929).
3. GOUDSMIT, S. u. L. PAULING: The Structure of Line Spectra. XI. Hyperfinestructure and Nuclear Moment. New York: McGraw-Hill Book Co.
4. HALPERN, O. u. H. THIRRING: Die Grundgedanken der neueren Quantentheorie II. Erg. exakt. Naturwiss. **8**, 367 (1929).
5. KOHLRAUSCH, K. W.: Radioaktivität. In: Handbuch der Experimentalphysik **15**. Akademische Verlagsges., Leipzig 1928.
6. Handbuch der Physik **22**: Kap. 2: Atomkerne, Kap. 3: Radioaktivität **24** (Autoren: K. PHILIPP, O. HAHN, L. MEITNER, G. KIRSCH, H. PETTERSSON, W. BOTHE, ST. MEYER, H. GEIGER). Berlin: Julius Springer 1926.
7. HUND, F.: Molekelbau. Erg. exakt. Naturwiss. **8**, 147 (1929).
8. G. KINSCH, Geologie und Radioaktivität. Berlin: J. Springer 1928.
9a. MEITNER, L.: Zusammenhang zwischen β- und γ-Strahlen. Erg. exakt. Naturwiss. **3**, 160 (1924 (s. a. *6*).
9b. — Anomale Streuung von α-Teilchen. Naturwiss. **14**, 863 (1926).
10. MEYER, ST. u. E. SCHWEIDLER: Radioaktivität. 2. Aufl. Leipzig: B. G. Teubner 1927.
11a. SOMMERFELD, A.: Atombau und Spektrallinien. 4. Aufl. Braunschweig: Vieweg 1927.
11b. — Wellenmechanischer Ergänzungsband. Ebenda 1929.

B. Originalarbeiten.

12. HARKINS, W. D.: Philosophic. Mag. **42**, 305 (1923).
13. RUTHERFORD, E.: Ebenda **21**, 669 (1911).
14. BORN, M.: Göttinger Nachr. 1926, 146.
15. WENTZEL, G.: Z. Physik **40**, 590 (1927).
16. GORDON, W.: Ebenda **48**, 180 (1928).
17. GEIGER, H. u. E. MARSDEN: a) Wien. Ber. **121**, 2361 (1912). b) Philosophic. Mag. **25**, 604 (1913).
18. CHADWICK, J.: Philosophic. Mag. **40**, 734 (1920).
19. RUTHERFORD u. J. CHADWICK: Ebenda **50**, 889 (1925).
20. a) CHADWICK, J. u. E. S. BIELER: Ebenda **42**, 923 (1921). b) BIELER, E.S.: Proc. Cambridge Soc. **21**, 686 (1923). c) Proc. Roy. Soc. **105**, 434 (1923).
21. RUTHERFORD, E. u. J. CHADWICK: Philosophic. Mag. **4**, 605 (1927).
22. CHADWICK, J.: Proc. Roy. Soc. **128**, 114 (1930).
23. PETTERSSON, H.: Wien. Ber. **133**, 510 (1924).
24. HARDMEIER, W.: a) Physik. Z. **27**, 547 1926). b) Ebenda **28**, 181 (1927).
25. HEISENBERG, W.: Z. Physik **41**, 239 (1927).
26. ENSKOG, A.: a) Ebenda **45**, 852 (1927). b) Ebenda **52**, 203 (1929).
27. GEIGER, H. u. I. M. NUTTALL: Philosophic. Mag. a) **22**, 613 (1911). b) **23**, 439 (1912). c) **24**, 647 (1912).
28. SWINNE, R.: Physik. Z. a) **13**, 14 (1912). b) **14**, 142 (1913).
29. GEIGER, H.: Z. Physik **8**, 45 (1921).
30. GUDDEN, B.: Ebenda **26**, 110 (1924).
31. LINDEMANN, F. A.: Philosophic. Mag. **30**, 560 (1915).
32. RUTHERFORD, E.: Ebenda **4**, 580 (1927).

33. a) Gamow, G.: Z. Physik **51**, 204 (1928). b) — u. F. G. Houtermans: Ebenda **52**, 496 (1928).

33a. Gamow, G.: Z. Physik **51**, 204 (1928).

33b. — u. F. G. Houtermans: Ebenda **52**, 496 (1928).

34. Gurney, R. W. u. E. U. Condon: a) Nature **122**, 439 (1928). b) Phys. Rev. **33**, 127 (1929).

35. Laue, M. v.: Z. Physik **52**, 726 (1928).

36. Hund, F.: a) Ebenda **40**, 742 (1927). b) Ebenda **43**, 805 (1927).

37. Oppenheimer, R.: Physic. Rev. **31**, 66 (1928).

38. Kudar, J.: Z. Physik **57**, 705 (1929).

39. Schrödinger, E.: Berl. Ber. **31**, 668 (1929).

40. Fowler, R. H. u. A. H. Wilson: Proc. Roy. Soc. **124**, 493 (1929).

41. Atkinson, R. d'E.: Z. Physik 1930 (im Druck).

42. Kudar, J.: Ebenda. a) **53**, 61. b) **53**, 95. c) **53**, 134. d) **54**, 297. e) **57**, 710. f) **58**, 48. g) **58**, 129. h) **53**, 166 (1929).

43. Gamow, G.: Ebenda **53**, 601 (1929).

44. Sexl, T.: Ebenda. a) **54**, 445. b) **56**, 62. c) **56**, 72. d) **59**, 579 (1929). e) Naturwiss. **18**, 247 (1930).

45. Wentzel, G.: Z. Physik **38**, 518 (1926).

46. Brillouin, G.: C. R. Juli 1926.

47. Atkinson, R. d'E. u. F. G. Houtermans: Z. Physik **58**, 478 (1929).

48. Born, M.: Ebenda **58**, 306 (1929).

49. Lawrence, G. C.: Philosophic. Mag. **5**, 1027 (1928).

50. Jacobsen, J. C.: Ebenda **47**, 23 (1924).

51. Grosse, A. v.:

52. Rosenblum, S.: C. R. a) **188**, 1401. b) **188**, 1549. c) **189**, 1124 (1929). d) Recherches et Inventions **10**, 199 (1929).

53. Wigner, E.: Ungar. Akad. Ber. 1929.

54. Moller, Ch.: Z. Physik. a) **55**, 451 (1929). b) **62**, 54 (1930). c) Nature **125**, Nr. 3151 (1930).

55. Gamow, G.: Z. Physik **52**, 510 (1928).

56. Banerji, A. C.: Philosophic. Mag. **9**, 273 (1930).

57. Feather, N.: Physic. Rev. **34**, 1558 (1929).

58. Bothe, W. u. H. Franz: Z. Physik **49**, 1 (1928).

59. Pose, G.: Ebenda **60**, 156 (1930).

60. Blackett, P. M. S.: Proc. Roy. Soc. **107**, 349 (1925).

61. Born, M. u. J. Franck: Ann. der Physik 1925.

62. Kuhn, W.: Z. Physik. a) **43**, 63. b) **44**, 32 (1927). c) **52**, 151 (1928). d) Naturwiss. **17**, 431 (1929).

63. Rutherford, E. u. J. Chadwick: Proc. Cambridge Phil. Soc. **25**, 186 (1929).

64. Gurney, R. W.: Nature **123**, 565 (1929).

65. Atkinson, R. d'E. u. F. G. Houtermans: Z. Physik **54**, 656 (1929).

66. Bonhoeffer, K. F. u. L. Farkas: Z. physik. Chem. **134**, 337 (1927).

67. Kronig, R. L. de: Naturwiss. a) **16**, 335 (1928). b) **18**, 205 (1930). c) Z. Physik **62**, 300 (1930).

68. Eddington, A. S.: The Internal Constitution of Stars. Cambridge 1926.

69. Breit, G.: Physic. Rev. **34**, 817 (1930).

70. Rayleigh, Lord: Nature **123**, 607 (1929).

71. Paneth, F. u. K. Peters: Z. physik. Chem. (B) **1**, 170 (1928).

72. Ellis, C. D. u. W. A. Wooster, Proc. Cambr. Phil. Soc. **22**, 844, 1925.

73. Meitner, L.: Z. Physik. a) **26**, 169 (1924). b) **34**, 807 (1925).

74. Loeb, C.: **33**, 763, 1929.

75. Bastings, L.: Philosophic. Mag. **48**, 1025 (1924).

76. ELLIS, C. D. u. W. A. WOOSTER: Proc. Roy. Soc. **117**, 109 (1928).

77. MEITNER, L. u. P. ORTHMANN: Z. Physik **60**, 143 (1930).

78. BOTHE, W. u. H. GEIGER: Ebenda **32**, 639 (1925).

79. KLEIN, O.: Ebenda **53**, 157 (1929).

80. KUDAR, J.: Ebenda. a) **57**, 257 (1929). b) **60**, 168. c) **60**, 176. d) **60**, 686 (1930).

81. GUTH, E. u. T. SEXL: Naturwiss. **18**, 183 (1930).

82. ELLIS, C. D. u. W. A. WOOSTER: Proc. Cambridge Phil. Soc. **22**, 849 (1925).

83. ROSSELAND, S.: Z. Physik **14**, 173 (1923).

84. ASTON, F. W.: a) Proc. Roy. Soc. **115**, 487 (1927). b) Nature **120**, 958 (1927). c) Ebenda **123**, 313 (1929).

85. STRUM, L.: Z. Physik **50**, 555 (1928).

86. MEYER, ST.: a) Naturwiss. **15**, 623 (1927). b) Wien. Anz. **66**, 101 (1929). c) Wien. Ber. **137**, 599 (1928). (Mitt. d. Ra. Inst. Nr 226.) d) Wien. Ber. **138**, 431 (1929). (Mitt. d. Ra. Inst. Nr 235.)

87. BECK, G.: Z. Physik. a) **47**, 407 (1928). b) **50**, 548 (1928). c) **61**, 615 (1930).

88. HERZBERG, G. u. W. HEITLER: Naturwiss. **17**, 673 (1930).

89. GAMOW, G.: a) Nature **122**, 653 (1929). b) Physik. Z. **30**, 717 (1929). c) Proc. Roy. Soc. **126**, 632 (1930).

90. MEITNER, L.: a) Naturwiss. **9**, 423 (1921). b) Z. Physik **4**, 146 (1921).

91a. HÖNIGSCHMID, O. u. W. E. SCHILZ: Z. anorg. u. allg. Chem. **170**, 245 (1928).

91b. HÖNIGSCHMID, O.: Wien. Ber. **120**, 1617 (1911). *91c.* — Ebenda **121**, 1973 (1912).

91d. — u. ST. HOROWITZ: Ebenda **123**, 2407, 1914; *e*) Ebenda **125**, 149, 1916.

92. GROSSE, A. v.: Z. Physik **54**, 764 (1929).

93. WOLFF, H. H.: Physik. Z. **30**, 812 (1929).

94. HARTREE, D. R.: Proc. Cambridge Phil. Soc. **24**, a) 89; b) 111 (1927).

95. GIAUQUE, W. F. u. H. L. JOHNSTON: Nature **123**, a) 318; b) 831 (1929).

96. BABCOCK, H. D.: Proc. Nat. Acad. Sc. **35**, 471 (1929).

97. MECKE, R. u. K. WURM: Z. Physik **61**, 37 (1930).

98. KING, A. S. u. R. T. BIRGE: Physic. Rev. **35**, 133 (1930).

99. NAUDÉ, S. M.: Ebenda **34**, 1498 (1929).

100. HEITLER, W.: Naturwiss. **18**, 332 (1930).

101. BECK, G.: Z. Physik **62**, 331 (1930).

102. CHADWICK, J. u. G. GAMOW: Nature **126**, 54 (1930).

103. FRÄNZ, H.: Z. Physik **63**, 270 (1930).

104. BOTHE, W.: Ebenda **63**, 381 (1930).

105. — u. H. BECKER: Naturwiss. **18**, 705 (1930).

106. POSE, H.: Ebenda **18**, 666 (1930).

107. RICE, O. K.: Physic. Rev. **35**, 1538 (1930).

108. STAHEL, E.: Z. f. Phys. **63**, 149 (1930).

Fünfundzwanzig Jahre Nernstscher Wärmesatz.

Von **F. SIMON**, Berlin[1].

Mit 19 Abbildungen.

Inhaltsverzeichnis.

		Seite
I.	Die Aussagen des Nernstschen Wärmesatzes	223
	1. Nernstsche Formulierung	223
	2. Plancksche Formulierung	225
	3. Prinzip von der Unerreichbarkeit des absoluten Nullpunktes	226
	4. Anwendung des NW auf Systeme mit gasförmigen Teilnehmern	227
II.	Statistische Bedeutung des Nernstschen Wärmesatzes	229
III.	Diskussion des experimentellen Materials	232
	1. Direkte Messung der Entropieänderungen bis zu tiefen Temperaturen	233
	2. Bestimmung von bei tiefen Temperaturen nicht direkt meßbaren Entropiedifferenzen	242
	3. Theoretische Berechnung der Entropie der Gase und Vergleich mit dem Experiment. (Gemeinsam mit K. Wohl.)	262
	Schlußbemerkung	271
	Literaturverzeichnis	272

Dem Zweck dieser Sammlung entsprechend soll in dem folgenden Artikel nicht ein Überblick über die gesamte Leistung des Nernstschen Wärmesatzes (NW) in den 25 Jahren seines Bestehens[2] gegeben, sondern vielmehr geschildert werden, wie wir ihn heute nach den Fortschritten der letzten Jahre ansehen. Für diesen Überblick erscheint der gegenwärtige Zeitpunkt — auch abgesehen vom äußeren Anlaß — recht geeignet, da Theorie und Experiment jetzt den Zusammenhang mit den allgemeinen quantentheoretischen Gesetzen klar erkennen lassen.

Als zeitlichen Ausgangspunkt für die neu zu besprechenden Ergebnisse werden wir hier naturgemäß den vor 8 Jahren in dieser Sammlung erschienenen Artikel von Eucken (2) (zit. E.) wählen. Das seitherige Versuchsmaterial werden wir aber nicht mit dem Ziel der Vollständigkeit aufführen, sondern nur soweit es prinzipielles Interesse besitzt. Wir können dies um so eher tun, als wir uns wegen Einzelheiten auf eine Reihe in der Zwischenzeit erschienener Lehrbücher und Handbuchartikel beziehen können: Nernst (N.) (1), Lewis-Randall (LR.) (3),

---

[1] Bei der Ausführung dieses Artikels, insbesondere bei der Sammlung des experimentellen Materials, wurde ich von Herrn cand. phil. N. Kürti auf verständnisvollste Weise unterstützt, wofür ich ihm auch hier meinen besten Dank ausspreche.

[2] Die erste Arbeit von Nernst datiert vom 23. Dezember 1905.

SCHOTTKY (SCH.) (*5*), SIMON (S.) (*6*). Zur Ermöglichung eines abgeschlossenen Bildes soll vor Eintritt in die Diskussion der Experimente ein kurzer
Überblick über die Aussagen des NW in seinen verschiedenen Formulierungen, ferner über seine quantenstatistische Bedeutung gegeben
werden. Im letzteren Punkte werden wir uns besonders an das
Lehrbuch von SCHOTTKY anschließen, dessen Arbeiten ja wesentliche
neue Gesichtspunkte für die hier zu behandelnden Fragen gegeben
haben.

Bei der von uns gewählten Darstellung, welche die Hervorhebung
der prinzipiellen Fragen zum Ziel hat, wird naturgemäß von den praktischen Anwendungen wenig gesprochen werden, was nicht etwa bedeuten soll, daß wir deren Wichtigkeit unterschätzen. Hier sei besonders
daran erinnert, welches große und fruchtbare Feld durch die Anwendung der NERNSTschen Näherungsformel erschlossen wurde. Der für
die praktischen Anwendungen Interessierte sei außer auf die oben erwähnten Bücher von NERNST und SCHOTTKY noch auf die Monographie
von POLLITZER (*4*) und besonders auf die Thermodynamik von LEWIS-
RANDALL verwiesen.

I. Die Aussagen des NERNSTschen Wärmesatzes.

1. NERNSTsche Formulierung. Die NERNSTsche Formulierung des
Wärmesatzes kann man am einfachsten so ausdrücken: Am absoluten
Nullpunkt (a.N.) verlaufen alle Übergänge eines Systems von einem
Zustand in den anderen ohne Entropieänderung:

$$\lim_{T=0} \varDelta S = 0. \tag{1}$$

Will man die Aussage für isotherm verlaufende Prozesse formulieren,
wie es zur praktischen Anwendung meistens benutzt wird, dann lautet
sie für Veränderungen bei konstantem Volumen

$$\lim_{T=0} \left(\frac{\partial A_v}{\partial T} \right)_v = 0$$

(A_v = Änderung der freien Energie)[1].

Für isotherme Veränderung bei konstantem Druck ergibt sich:

$$\lim_{T=0} \left(\frac{\partial A_p}{\partial T} \right)_p = 0$$

(A_p = Änderung des thermodynamischen Potentials).

Die entsprechende Beziehung gilt auch für beliebige andere Veränderungen, bei denen nicht Volumen oder Druck als variable Parameter betrachtet werden, sondern z. B. Oberfläche oder Oberflächenspannung, magnetische Polarisation oder magnetische Feldstärke usw.

---

[1] Wir schließen uns hier der im Handbuch der Physik in den Artikeln
BENNEWITZ, HERZFELD, SIMON durchgeführten Bezeichnungsweise an.

Diese Forderung werden wir für alle möglichen Zustandsveränderungen abkürzend zusammenfassen[1]:

$$\frac{\partial A}{\partial T}_{(o)} = 0. \tag{2}$$

Aus (2) folgt dann unmittelbar durch Anwendung des zweiten Hauptsatzes in der gleichen abkürzenden Weise geschrieben:

$$\frac{\partial U}{\partial T_{(o)}} = 0. \tag{3}$$

Die obigen Aussagen legen jetzt bei Kenntnis der U-Kurve die vom zweiten Hauptsatz noch unbestimmt gelassenen Absolutwerte von A fest. Die U-Kurve selbst ergibt sich ja nach Bestimmung des Absolutwertes des Energieunterschiedes bei einer Temperatur aus der Messung des Temperaturverlaufes der spezifischen Wärmen der beteiligten Substanzen nach der KIRCHHOFFschen Beziehung, und zwar zusammengefaßt: $\frac{\partial U}{\partial T} = \Sigma n\,C$. Hierin bedeutet n die Anzahl der am Umsatz beteiligten Grammatome oder Mole, C die Atom- oder Molwärme, wobei je nach der Art der betrachteten Zustandsveränderung die entsprechende Zustandsvariable konstant zu halten ist; die Summierung ist so vorzunehmen, daß die Wärmekapazitäten vor und nach der Zustandsänderung mit verschiedenen Vorzeichen eingehen.

Durch Differenziation der HELMHOLTZschen Gleichung

$$A - U = T\frac{\partial A}{\partial T}, \tag{4}$$

erhält man

$$- T\,\frac{\partial^2 A}{\partial T^2} = \frac{\partial U}{\partial T} = \Sigma n\,C$$

und nach Integration

$$\frac{\partial A}{\partial T} - \frac{\partial A}{\partial T}_{(o)} = - \int_0^T \frac{\Sigma n\,C}{T}\,dT.$$

Nach der Forderung (2) fällt $\frac{\partial A}{\partial T}_{(o)}$ weg, also

$$\frac{\partial A}{\partial T} = \varDelta S = - \int_0^T \frac{\Sigma n\,C}{T}\,dT \tag{5}$$

oder nach Einsetzen in (4):

$$A - U = - T \int_0^T \frac{\Sigma n\,C}{T}\,dT, \tag{6}$$

wodurch jetzt auch die A-Kurve festliegt (siehe Abb. 1). Es sei betont, daß die erste Aussage $\frac{\partial A}{\partial T}_{(o)} = 0$ notwendig und hinreichend

---

[1] Der eingeklammerte Index soll angeben, bei welcher Temperatur der Vorgang betrachtet wird.

ist, die zweite $\frac{\partial U}{\partial T}_{o)} = 0$ dagegen nur notwendig, aber nicht hinreichend.

Nach der letzteren allein wäre $\frac{\partial A}{\partial T_{(o)}} = \varDelta S_{(o)}$ noch nicht bestimmt und mit dem zweiten Hauptsatz bliebe noch jede andere Kurve, die sich von der mit $\varDelta S_{(o)} = 0$ berechneten um den Summanden $T \cdot \varDelta S_{(o)}$ unterscheidet, vereinbar (z. B. Abb. 1, Kurve A_{1}).

Die Aussage $\frac{\partial U}{\partial T_{(o)}} = 0$ verlangt, daß die Differenz der Wärmekapazitäten des Systems vor und nach dem Umsatz beim a.N. verschwindet, d. h. also, daß die Wärmekapazitäten vor und nach der Reaktion gleich groß sind. Dies wäre schon der Fall, wenn die auf das Grammatom bezogenen Wärmekapazitäten unabhängig von der Art der Bindung am a.N. immer denselben Wert hätten. Das Experiment hat gezeigt, daß diese Forderung in der Weise erfüllt ist, daß die spezifischen Wärmen sämtlicher Substanzen mit fallender Temperatur gegen Null gehen und die Quantentheorie der spezifischen Wärmen hat die Erklärung dafür gegeben. Wir werden damit die Forderung als bewiesen ansehen und unser Augenmerk nur darauf richten, wie die weitergehende Forderung $\frac{\partial A}{\partial T_{(o)}} = 0$ mit der Erfahrung übereinstimmt. Hier wollen wir nur erwähnen, daß nach DEBYES experimentell gut bestätigter Theorie (*19*) der von den Schwingungen der Atome und Moleküle herrührende Anteil der spezifischen Wärme bei allen kondensierten Substanzen bei fallender Temperatur schließlich proportional zu T^3 wird. Dies ist für die Möglichkeit der Extrapolation der spezifischen Wärmen zum a.N. von Wichtigkeit, da man ja die Messungen nicht bis dorthin ausdehnen kann[1]. (Wegen einiger Anomalien der spezifischen Wärmen, die aber nichts mit dem Anteil der Schwingungsenergie zu tun haben, siehe S. 253 ff).

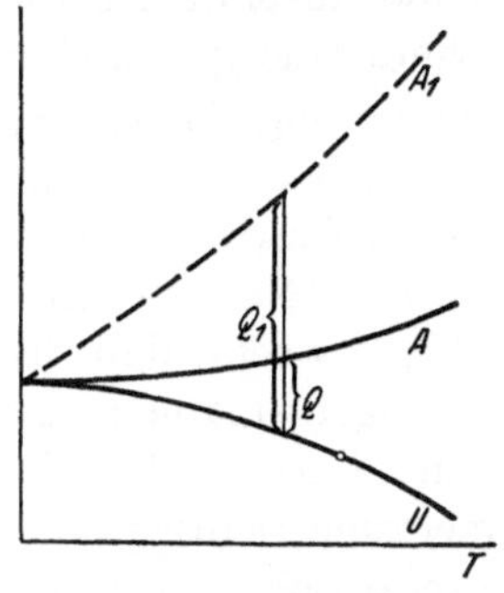

Abb. 1. A-U-Diagramm. —— nach dem NW, - - - - bei nicht verschwindender Entropieänderung am a. N.

2. PLANCKsche Formulierung. PLANCK (*84*) erweiterte die Aussage des NW im Jahre 1910 durch die Forderung, daß nicht nur die Entropiedifferenzen bei einer Änderung des Systems am a.N. Null

---

[1] Nach den Darlegungen von PLANCK (*85*) und SCHAEFER (*92*) wird das T^3-Gesetz bei sehr tiefen Temperaturen, deren Höhe von der Größe des Materialstücks abhängt, ungültig und die spezifische Wärme ist durch eine Summe von Exponentialfunktionen darzustellen. Selbst bei den feinsten Kristallitgebilden liegt diese Temperatur aber so tief, daß der durch Extrapolation der spezifischen Wärme nach dem T^3-Gesetz bedingte Fehler bei der Entropieberechnung praktisch nicht die geringste Rolle spielt.

werden sollen, sondern auch die Einzelentropien der Substanzen ($S(\mathrm{o}) = \mathrm{o}$).
Ein endlicher Wert von S ist wegen

$$S_{(T)} - S_{(\mathrm{o})} = \int\limits_{\mathrm{o}}^{T} \frac{C}{T}\, dT$$

natürlich nur dann möglich, wenn die spezifischen Wärmen am a.N.
verschwinden, weil sonst das Integral an der unteren Grenze unendlich
wird. Die PLANCKsche Formulierung sagt aber über diese von uns
hier schon vorausgesetzte Tatsache hinaus noch mehr, nämlich daß
die Einzelentropien am a.N. nicht nur einen endlichen — vom Zustand im weitesten Sinne unabhängigen — Wert besitzen, sondern daß
sie sogar gleich Null sind. Vom experimentellen Standpunkt gesehen ist
dieser Unterschied irrelevant, da man immer nur Entropieänderungen
und nie absolute Entropien messen kann. Nimmt man also das Verschwinden der spezifischen Wärme als gegeben, dann sagt die PLANCKsche
Formulierung für die experimentelle Prüfbarkeit nicht mehr aus als die
NERNSTsche. (Siehe dazu auch Abschnitt II.) Wenn wir später der
kürzeren Ausdrucksweise wegen auch von der Entropie Null einer Substanz am a.N. sprechen, dann soll dadurch im obigen Sinne nicht ausgeschlossen sein, daß die Entropie einen endlichen, aber von allen Veränderungen unabhängigen Wert besitzt.

An dieser Stelle soll noch eine in der Literatur oft auftretende
Bemerkung richtiggestellt werden, nach der der NW ein Verschwinden
der spezifischen Wärmen mindestens proportional der absoluten Temperatur verlangt. Wenn man nämlich überhaupt die spezifischen Wärmen
durch eine T-Potenz ausdrückt, also $C = a\,T^{b}$, dann ergibt sich

$$S_{(T)} - S_{(\mathrm{o})} = a \int\limits_{\mathrm{o}}^{T} T^{b-1}\, dT = \frac{a}{b}\,T^{b}.$$

Danach bleibt $S_{(T)} - S_{(\mathrm{o})}$ endlich, wenn b eine positive endliche Zahl
ist. Ein Abfall der spezifischen Wärme beispielsweise wie $\sqrt[m]{T}$ (m positiv, endlich) würde also dem NW noch Genüge leisten.

3. Prinzip von der Unerreichbarkeit des absoluten Nullpunktes.
NERNST hat aus dem Wärmesatz den Schluß gezogen, daß der a.N.
durch einen in endlichen Grenzen verlaufenden Prozeß nicht erreicht
werden kann. Um dies einzusehen, wollen wir einmal einen beliebigen
Prozeß reversibel in der Richtung durchführen, daß Wärme absorbiert wird und ihn unter verschiedenen Voraussetzungen betrachten.
Beim Umsatz von dn Grammatomen wird die Wärmemenge $Q \cdot dn$ gebunden ($Q = A - U = T \varDelta S$). Bei adiabatischer Führung kühlt sich
dann das System um den Betrag $dT = \frac{Q}{C}\, dn$ ab.

Im klassischen Fall wäre nun der Unerreichbarkeitssatz trivial, weil
die reversiblen Wärmetönungen mit fallender Temperatur gegen Null

gehen $(A_{(o)} = U_{(o)})$ und die Wärmekapazitäten endlich bleiben. Dasselbe gilt a fortiori für die NERNSTsche Formulierung, solange man noch mit der Möglichkeit endlicher spezifischen Wärme rechnet. Erst wenn man die Tatsache der verschwindenden spezifischen Wärmen hinzunimmt, führt er zu einer inhaltsvollen Aussage.

Führen wir nämlich für die Atomwärmen in der Nähe des a.N. wie oben ein: $C_{\mathrm{I}} = a_{\mathrm{I}} T^b$, dann erhalten wir allgemein für die Entropieänderung:

$$\varDelta S_{(T)} = \varDelta S_{(o)} + B T^b, \left(B = \frac{\varSigma n_{\mathrm{I}} a_{\mathrm{I}}}{b}\right)$$

und $Q = T(\varDelta S_{(o)} + B T^b)$.

Für die Kapazitäten der abzukühlenden Substanzmengen ergibt sich $D T^b$, wobei D durch eine bestimmte Summierung über die a der beteiligten Substanzen entsteht, und damit für die relative Temperaturänderung bei adiabatischer Führung:

$$\frac{dT}{T} = \frac{\varDelta S_\mathrm{o} + B T^b}{D T^b} \cdot dn.$$

Bei endlichem $\varDelta S_{(o)}$ würde also die relative Temperaturänderung mit fallender Temperatur immer größer werden, da der Nenner gegen Null geht, und man könnte den a.N. erreichen. Ist aber $\varDelta S_{(o)} = 0$, dann ergibt sich für die relative Temperaturänderung beim Umsatz von dn Grammatomen ein konstanter Wert $\frac{B}{D} dn$, weil Entropie und spezifische Wärme durch die gleiche T-Potenz gegeben sind, und dies bedeutet, daß man mit endlichem Umsatz den a.N. nicht erreichen kann. (In Abb. 1 ist der erste Fall durch Q_{I} dargestellt, der zweite Fall durch Q.) Bei Voraussetzung der Tatsache des Verschwindens der Wärmekapazitäten ist also der Satz von der Unerreichbarkeit des absoluten Nullpunktes gleichbedeutend mit der Aussage, daß die Entropieunterschiede verschwinden.

Auf die prinzipielle Bedeutung des Unerreichbarkeitssatzes hat besonders EINSTEIN hingewiesen (*26*). Siehe zu diesem Abschnitt auch BENNEWITZ (*8*).

4. Anwendung des NW auf Systeme mit gasförmigen Teilnehmern. Der Wärmesatz war zunächst nur für kondensierte Phasen aufgestellt, weil die idealen Gase offenbar den Forderungen des Theorems nicht genügen können. Da nicht anzunehmen war, daß ein derartiger Satz auf kondensierte Phasen beschränkt sein könnte, postulierte NERNST [N. (S. 157)], daß bei sehr tiefen Temperaturen Abweichungen vom idealen Gasgesetz in dem Sinne auftreten müßten, daß den Forderungen des Wärmesatzes Genüge geleistet wird. Diesen Zustand nennt er den der „Gasentartung". Die spätere Entwicklung der Quantentheorie hat gezeigt, daß die Gasentartung mit Notwendigkeit aus den allgemeinen

Gesetzen folgt und hat auch quantitative Aussagen über sie ermöglicht, worauf wir im Abschnitt III zurückkommen werden.

Die früheren Überschlagsrechnungen zeigten aber schon, daß die Gasentartung erst unter praktisch nicht realisierbaren Bedingungen merklich wird und so dieser Weg zur Ermittlung der Entropie von Systemen mit gasförmigen Teilnehmern verschlossen bleibt. Um aber doch eine Behandlung derartiger Systeme, die größtes praktisches Interesse besitzen, zu ermöglichen, hat Nernst folgenden Weg eingeschlagen: Man betrachtet ein Gas im Gleichgewicht mit seinem Kondensat und stellt nach Messung der Verdampfungswärme (λ) und der Molwärme des Kondensats (c_p) die folgende Dampfdruckgleichung auf:

$$\ln p = - \frac{\lambda_0}{RT} + \frac{C_{p(0)}}{R} \ln T - \frac{1}{R} \int\limits_0^T \frac{dT}{T^2} \int\limits_0^T c_p \, dT + i, \qquad (7)$$

wobei man voraussetzt, daß sich das Gas bis zum a. N. ideal verhält und eine konstante spezifische Wärme besitzt (Molwärme $= C_{p(0)}$). Bei einer bestimmten Temperatur T kennt man die Entropie des Kondensats, wenn man diese am a. N. nach dem NW gleich Null setzt. Mit Hilfe der reversiblen Wärmetönung beim Übergang zum Gas (Verdampfungswärme) bekommt man weiterhin die Entropie des Gases unter seinem Sättigungsdruck p bei der Temperatur T. Die Messung eines Sättigungsdruckes ist aber gleichbedeutend mit der Kenntnis der Integrationskonstanten der Gleichung (7), die nach Obigem mit der Entropiekonstante des Gases eindeutig verknüpft ist.

Diese Messung eines Sättigungsdruckes, die allerdings als neue unabhängige Bestimmung hinzukommt, ergibt also einen Absolutwert der Entropie des Gases durch Bezugnahme auf die nach dem NW festgelegte des Kondensats. Mit andern Worten: Die Kenntnis von i ermöglicht die Beherrschung des gesamten thermodynamischen Verhaltens des Gases. Da dies besonders für die Berechnung chemischer Gleichgewichte von Bedeutung ist, führte Nernst für i die Bezeichnung „Chemische Konstante" ein. Die gleiche Rechnung kann man natürlich auch für das Gleichgewicht eines Gases in einer beliebigen anderen heterogenen Reaktion ausführen, woraus man dann auch i erhält.

Die chemische Konstante gibt uns zutreffende Aussagen über die Gleichgewichtsverhältnisse in solchen Gebieten, in denen die Voraussetzung der Befolgung des idealen Gasgesetzes und der Konstanz der spezifischen Wärme wirklich erfüllt ist. Im Entartungsgebiet kämen wir natürlich zu falschen Resultaten. Bei mehratomigen Gasen wird man oberhalb des Temperaturgebiets des Abfalls der Rotationswärme als $C_{p(0)}$ den klassischen Wert mit vollerregten Rotationsfreiheitsgraden einsetzen, unterhalb dieses Temperaturgebiets den des einatomigen Gases. Benötigt man Aussagen über Gleichgewichtsverhältnisse in Zwischentemperaturgebieten, dann kann man nach Messung des Abfalls der Rotationswärme diese durch ein Zusatzglied leicht berücksichtigen. Das gleiche gilt, wenn man mit Temperaturen zu tun hat, in denen der Schwingungsanstieg schon merklich ist. [Näheres siehe E. (S. 154.)]

Über den Absolutwert der chemischen Konstante sagt der NW von vornherein nichts aus. Er fordert nur, daß die für ein bestimmtes Gas aus beliebigen Gleichgewichten ermittelten chemischen Konstanten immer den gleichen Wert besitzen. Wäre dies nicht der Fall, würde also beispielsweise die aus der Reaktion: $(AB)_\mathrm{kond} = A_\mathrm{gas} + B_\mathrm{kond}$ berechnete chemische Konstante des Gases A einen anderen Wert besitzen als die aus dem Verdampfungsgleichgewicht des Gases $A_\mathrm{kond} = A_\mathrm{gas}$ ermittelte, dann müßte die ganz in kondensierter Phase geleitete Reaktion: $(AB)_\mathrm{kond} = A_\mathrm{kond} + B_\mathrm{kond}$ entgegen der Forderung des NW am a.N. mit Entropieänderung verlaufen. [Näheres siehe N. (S. 102) und E. (S. 138.)][1]

II. Statistische Bedeutung des NERNSTschen Wärmesatzes.

In diesem Abschnitt folgen wir im wesentlichen den Ausführungen SCHOTTKYS [SCH. (S. 208—211 und 240—251)], auf die wir auch wegen näherer Einzelheiten und der weiteren Literatur verweisen.

Der Ausgangspunkt für die statistische Berechnung der Entropie ist der von BOLTZMANN gegebene Zusammenhang zwischen ihr und dem Ordnungszustand des Systems, nach dem die Entropie um so kleiner ist, je geordneter der Zustand. Als Maß für die Unordnung ergibt sich nach der statistischen Auffassung die Zahl der Realisierungsmöglichkeiten eines makroskopischen Zustandes des Systems. Diese Zahl der Realisierungsmöglichkeiten ($\mathfrak{P}$) ist bestimmt durch das Verhältnis des im GIBBSschen Phasenraume eingenommenen Volumens zu dem der Einheitszelle. Zu einer endlichen Zahl von Realisierungsmöglichkeiten gelangt man naturgemäß erst dann, wenn man der Einheitszelle eine bestimmte endliche Größe zuschreibt, wie dies durch die Quantentheorie geschehen ist.

Nach dem BOLTZMANNschen Prinzip ist die Entropie mit $\mathfrak{P}$ durch die Beziehung

$$S = k \cdot \ln \mathfrak{P} \qquad (8)$$

verknüpft. Der Zustand der Entropie Null, also der absoluter Ordnung, ist dadurch charakterisiert, daß er nur auf eine Weise[2] realisiert werden kann. Von diesem Standpunkt aus ist es jetzt möglich, von *absoluten*

---

[1] Für eine Reaktion, an der mehrere Gase teilnehmen, folgt, daß die Integrationskonstante (I_k) der analog zu (7) gebildeten Reaktionsgleichung durch die Summe der chemischen Konstanten der Einzelgase gegeben ist $(I_k = \Sigma i)$.

[2] Siehe dazu PLANCK (*88*).

Entropien zu sprechen. Dabei ist aber zu beachten, daß man für die Charakterisierung des Ordnungszustandes nicht nur das Verhalten der Atome und Moleküle gegeneinander zu berücksichtigen hat, sondern auch das ihrer Aufbaubestandteile (Elektronen, Kerne). Dadurch ist die Wahl eines absoluten Nullpunkts der Entropie wieder in gewisser Weise willkürlich geworden, weil man schließlich mit der Zerlegung in die aufbauenden Gebilde immer weiter gehen kann. Für einen bestimmten Übergang eines Systems in einen anderen Zustand interessiert aber auch nicht die Zerlegung bis in die letzten Bestandteile, sondern nur soweit, wie die Bestandteile nicht völlig unverändert von einem Zustand in den anderen übernommen werden. Ein weiterhin etwa noch vorhandener — durch den Aufbau der beim Übergang unverändert bleibender Teilchen gegebener — Unordnungszustand tritt dann auf beiden Seiten des Systems auf und fällt für die Entropieänderung beim Vorgang heraus. Auch von diesem Standpunkt erscheint daher die auf S. 226 gegebene Auffassung berechtigt. Es gibt außer diesen noch andere Fälle, in denen es zweckmäßig ist, für einen bestimmten Körper je nach Art des zu betrachtenden Vorgangs verschiedene Entropienullpunkte zu wählen. So wird man beispielsweise für eine aus einem Isotopengemisch bestehende Substanz einen anderen Entropienullpunkt ansetzen, wenn bei der betrachteten Reaktion die Isotopen ungetrennt bleiben, als wenn sie getrennt werden. Nur im zweiten Falle ändert sich die von der ungeordneten Verteilung der Isotopen herrührende Entropie und muß daher berücksichtigt werden.

Ist in einem System von N Bestandteilen eine Unordnung dadurch gegeben, daß es aus je N_a Bestandteilen der Sorte a, N_b der Sorte b usw. in regelloser Verteilung zusammengesetzt ist, wobei die Bestandteile jeder Gruppe unter sich zwar gleich, von denen der anderen aber unterscheidbar sind, dann ist die Anzahl der Realisierungsmöglichkeiten um den Faktor $\dfrac{N!}{N_a!\,N_b!\ldots}$ größer, als wenn die Bestandteile nicht unterscheidbar wären. Nach (8) ergibt sich also die Entropie im ersten Falle um

$$\Delta S = k \ln \frac{N!}{N_a!\,N_b!\ldots} = -\,R\,\Sigma\,c_a \ln c_a \qquad (9)$$

($c_a = \dfrac{N_a}{N} =$ Molenbruch des Bestandteils a) größer als im zweiten (PLANCK [89]).

Unterscheidbar sind zunächst einmal natürlich chemisch verschiedene Bestandteile. Ausdruck (9) ergibt dann für Lösungen und Mischkristalle die von der Vermischung herrührende Entropie. In ähnlicher Weise kann man auch für eine Flüssigkeit den von der Unordnung der Moleküllagen herrührenden Anteil berechnen (PAULING u. TOLMAN [82]). Unterscheidbar sind aber auch Atome oder Moleküle einer chemisch einheitlichen Substanz, wenn sie nicht auf gleiche Weise aus den Elementarbestandteilen aufgebaut sind, wobei uns nach Obigem nur diejenigen Verschiedenheiten interessieren, die bei dem betrachteten Übergang nicht erhalten bleiben. Wenn beispielsweise der eine Zustand eines Systems einen Aufbau einer Atomart auf zwei verschiedene, energetisch gleichwertige Weisen zuläßt (statistisches Gewicht 2), der andere Zustand dagegen nur auf eine Weise, dann würde der daher rührende Anteil der Entropiedifferenz nach (9) $R \ln 2$ betragen[1]. Das gleiche gilt natürlich auch, wenn eine kennzeichenbare Atomachse im ersten Zustand zwei verschiedene Lagen gegenüber dem Gesamtkristall einnehmen kann, im zweiten aber nur eine.

Die Aussage des NW besagt nun, daß der sich am a.N. einstellende Zustand kleinster Energie der der völligen Ordnung ist (sinngemäße Wahl des Nullpunkts für den Ordnungszustand vorausgesetzt). Als Zustand kleinster Energie ist aber dabei nicht etwa nur derjenige zu verstehen, der bei gegebener Zahl und Art der Aufbaubestandteile im weitesten Sinne bei Zulassung ihrer völligen Umgruppierung den Zustand *absolut* kleinster Energie repräsentiert. Dann könnte man ja überhaupt kein System in verschiedenen Zuständen behandeln. Vielmehr läßt sich als zulässige Systemanordnung jede solche betrachten, die bei gegebenen äußeren Bedingungen von anderen Zuständen mit anderer Gruppierung der Aufbaubestandteile durch eine Potentialschwelle geschieden ist. Es ist also z. B. sinnvoll, vom Zustand kleinster Energie des Diamanten am a.N. zu reden, obwohl der Zustand absolut kleinster Energie für ein System von Kohlenstoffatomen durch die Anordnung des Graphits gegeben ist.

Der NW verlangt also, daß die so definierten Zustände kleinster Energie solche völliger Ordnung sind. Zwei Beispiele dazu: 1. Ein Mischkristall, dessen Bestandteile bei höherer Temperatur statistisch ungeordnet verteilt sind, muß mit fallender Temperatur in eine regelmäßige Anordnung übergehen (geordnete Mischphase). 2. Hat ein Aufbaubestandteil eines Systems (z. B. ein Atom oder Kern oder Elektron) eine ausgezeichnete Achse, dann ist der Zustand kleinster Energie am a.N. der, bei dem die Achsenrichtungen alle gleich oder in regelmäßiger Weise gegeneinander gerichtet sind.

Der Beweis für den Satz, daß der unterste Zustand nur auf eine Weise realisiert werden kann, gäbe die theoretische Begründung des NW. Die Behauptung, daß ein geordneter Zustand eine kleinere Energie besitzt, als ein ungeordneter, erscheint zwar sehr plausibel, ein Beweis ist in voller Allgemeinheit dafür aber noch nicht geliefert worden. Nach den Ausführungen von SCHOTTKY [SCH. (S. 241—244)] scheint ihn jetzt die Quantenmechanik in Verbindung mit dem PAULI-Verbot allerdings zu ermöglichen. (Siehe auch LUDLOFF [*70*, *71*], ferner BETHE [*9*]).

---

[1] Bei g-facher Realisierungsmöglichkeit eines Atomzustandes (statistisches Gewicht g) ergibt sich eine Zusatzentropie von $R \ln g$.

Auf jeden Fall geben uns die obigen Ausführungen einen Anhaltspunkt dafür, wie groß die zu erwartenden Entropieänderungen am a.N. sein würden, wenn überhaupt solche auftreten. Nach (9) würden sie von der Größenordnung R mal Logarithmus einer kleinen ganzen Zahl sein, also ungefähr 1—3 cal/Grad pro Mol. Auf die freie Energie bei Zimmertemperatur umgerechnet wären dies ungefähr 500 cal. pro Mol Differenz gegen den nach dem NW berechneten Wert.

Einen Punkt haben wir bisher noch nicht erwähnt, nämlich den, bei welchen Temperaturen ein Übergang in den geordneten Zustand zu erwarten steht. Dies hängt natürlich ganz von dem betrachteten Vorgang ab und wir werden daher besser erst bei der Besprechung der einzelnen Versuche hierauf zurückkommen.

III. Diskussion des experimentellen Materials.

Wir werden die experimentell untersuchten Umsetzungen in zwei Gruppen teilen, die zwei Arten von Prüfungsmöglichkeiten entsprechen, und wir werden später sehen, daß die beiden Gruppen in gewisser Beziehung nicht gleichwertige Aussagen liefern.

Bei der ersten Art werden wir Umsetzungen betrachten, die bis zu beliebig tiefen Temperaturen sich mit genügender Geschwindigkeit reversibel durchführen lassen, bei denen sich also die auftretenden Entropieänderungen direkt messen lassen. Wir werden dabei zu verfolgen haben, ob diese direkt in ihrer Temperaturabhängigkeit gemessenen Entropieänderungen nach Forderung des NW mit fallender Temperatur gegen Null gehen.

Die Prüfungen zweiter Art beziehen sich auf Systeme, bei denen infolge Mangels an Reaktionsgeschwindigkeit eine direkte Überführung von einem Zustand in den anderen bei tiefen Temperaturen nicht mehr möglich ist. Dazu werden alle die Umsetzungen gehören, bei denen zur Überführung die Überwindung einer Potentialschwelle, also eine Aktivierungsenergie notwendig ist, oder genauer gesagt, bei denen diese notwendige Aktivierungsenergie groß ist gegenüber der Nullpunktsenergie der Schwingungen, die ja nur kleine Beträge besitzt (Größenordnung 500 cal/g-Atom). Zu dieser Gruppe gehören neben den kristallographischen Umwandlungen im wesentlichen die chemischen Umsetzungen. In diesem Fall bestimmt man einen Absolutwert von U und einen von A bei solchen Temperaturen, bei denen die Umsetzung genügende Reaktionsgeschwindigkeit besitzt. Dabei muß sich bei der A-Bestimmung die Überführung reversibel durchführen lassen; für die U-Bestimmung ist es nur nötig, daß man von den beiden verschiedenen Zuständen spontan in einen identischen Zustand übergehen kann. Dann mißt man die spezifischen Wärmen der Reaktionsteilnehmer, berechnet, wie auf S. 224 näher beschrieben, den Verlauf der U- und A-Kurve und sieht zu, ob der gemessene A-Wert innerhalb der Fehlergrenze auf der berechneten A-Kurve liegt.

Für die praktischen Anwendungsmöglichkeiten des NW liegt das Hauptgewicht zweifellos bei den Umsetzungen der zweiten Gruppe; denn auch abgesehen von der Tatsache, daß es sich hier im wesentlichen um die praktisch am meisten interessierenden chemischen Reaktionen handelt, ist eine Voraussage nur dann von Bedeutung, wenn die zu ihrer Ermöglichung notwendigen Messungen leichter durchführbar sind, als die direkte Messung der gesuchten Größe. Vom prinzipiellen Standpunkt dagegen ist die erste Gruppe mindestens so interessant wie die zweite. Wir werden daher versuchen, das Material zur ersten Gruppe, die bisher sehr vernachlässigt wurde, möglichst vollständig zu bringen, besonders da es schon eine Reihe von Versuchen gibt, die noch gar nicht von diesem Standpunkte aus betrachtet wurden.

1. Direkte Messung der Entropieänderungen bis zu tiefen Temperaturen. a) Thermische Ausdehnung. Nach einer allgemeinen thermodynamischen Beziehung folgt für die Temperaturabhängigkeit des Volumens bei konstantem Druck:

$$\left(\frac{\partial v}{\partial T}\right)_p = -\left(\frac{\partial S}{\partial p}\right)_T.$$

Da nach dem NW die Entropie am a. N. unabhängig vom Zustand sein soll, muß also die thermische Ausdehnung mit fallender Temperatur gegen Null gehen. In der Abb. 2 sind die thermischen Ausdehnungen

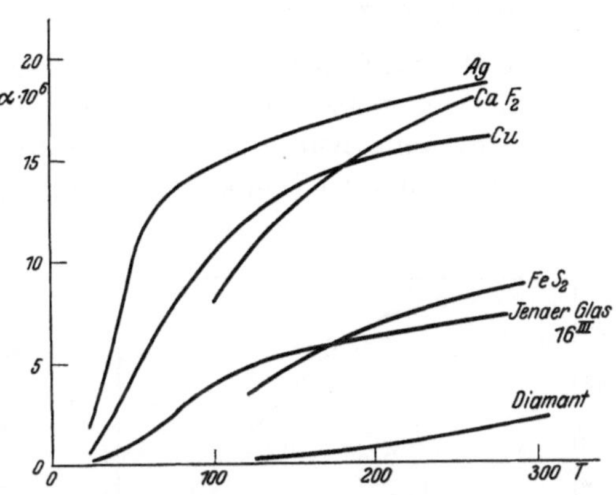

Abb. 2. Temperaturabhängigkeit der thermischen Ausdehnung einiger kristallisierter Substanzen und Gläser nach verschiedenen Beobachtern.

einer Reihe kristallisierter Substanzen, sowie die eines Glases in ihrer Temperaturabhängigkeit aufgezeichnet, und wir sehen, daß diese Forderung durch das Experiment gut bestätigt ist. Auf die molekularkinetischen Ableitungen von GRÜNEISEN (*46*) und DEBYE (*20*), die für reguläre, einatomige Substanzen zu einer Proportionalität der thermischen Ausdehnung und der spezifischen Wärme und zur Gültigkeit dieser Beziehung bei allen Substanzen bei sehr tiefen Temperaturen führen, brauchen wir in diesem Zusammenhang nicht weiter einzugehen.

Von besonderem Interesse ist die Tatsache, daß auch die thermische Ausdehnung des flüssigen Heliums gegen Null geht. In der Abb. 3 ist die Dichte des flüssigen Heliums in ihrer Temperaturabhängigkeit nach Messungen von KAMERLINGH-ONNES u. BOKS (*56*) aufgetragen, und man sieht, daß unterhalb 2° abs. der Temperaturkoeffizient der Dichte unmerklich klein geworden ist.

b) Oberflächenspannung. Vergrößert man die Oberfläche einer Substanz um dO, so ist die dabei geleistete Arbeit $\psi\,dO$ ($\psi =$ Oberflächenspannung). Nach (2) muß also der Temperaturkoeffizient der Oberflächenspannung am a.N. verschwinden. Für Messungen kommen nur Flüssigkeiten in Frage und für uns die einzige am a.N. stabile Flüssigkeit, das flüssige Helium. Versuchsmaterial dazu finden wir bei v. Urk, Keesom und Kamerlingh-Onnes (*115*), von

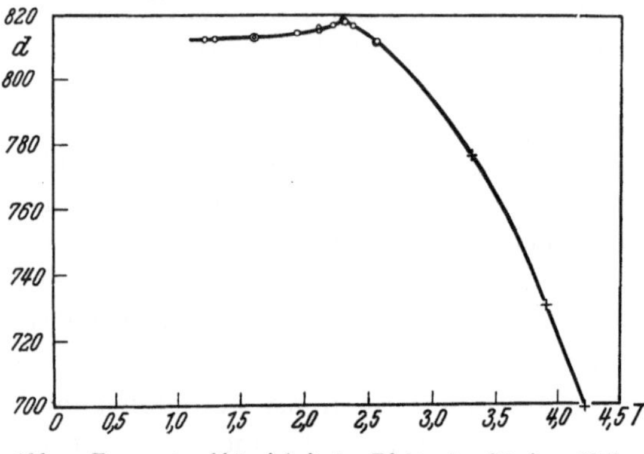
Abb. 3. Temperaturabhängigkeit der Dichte des flüssigen Heliums nach Kamerlingh Onnes und Boks.

denen die Oberflächenspannung des flüssigen Heliums nach der Steighöhemethode gemessen wurde. Nach Abb. 4 zeigt in der Tat die zunächst recht steile Kurve unterhalb 2° abs. die deutliche Tendenz zum Parallelwerden mit der Temperaturachse.

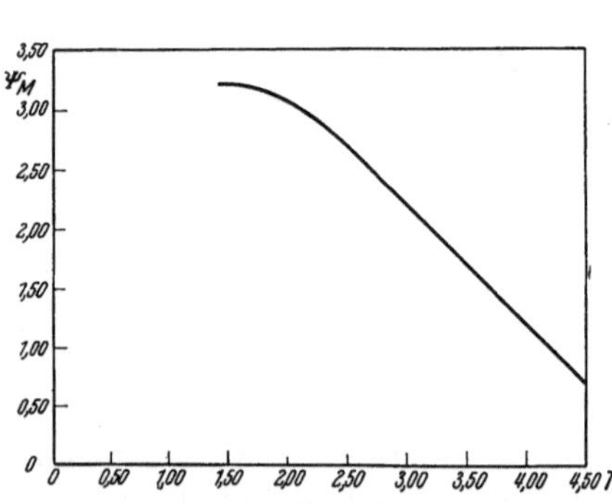
Abb. 4. Temperaturabhängigkeit der Oberflächenspannung des flüssigen Heliums nach Keesom und Wolfke.

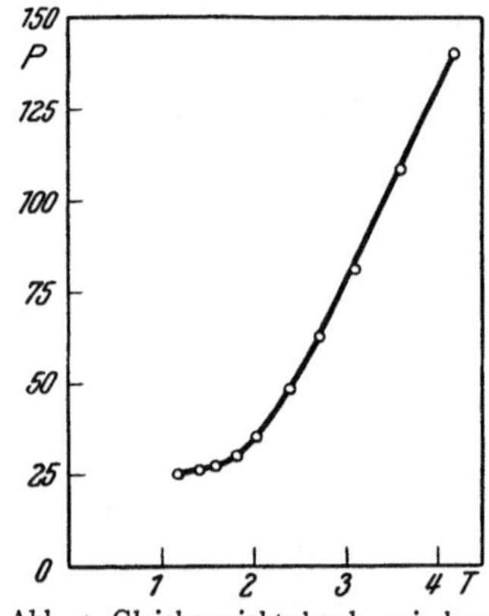
Abb. 5. Gleichgewichtsdruck zwischen festem und flüssigem Helium nach Keesom.

c) Schmelzkurve des Heliums. Die Tatsache, daß sich das flüssige Helium am a.N. unter gewöhnlichem Druck im stabilen Zustand befindet, gibt uns noch eine weitere Möglichkeit zur Prüfung des NW, nämlich durch Betrachtung des Übergangs von der flüssigen in die feste Phase. In der Abb. 5 sind Keesoms (*59*) Messungen der Temperaturabhängigkeit des Gleichgewichtsdruckes zwischen beiden Phasen verzeichnet. Wir sehen, daß der Temperaturkoeffizient des Gleichgewichtsdruckes mit fallender Temperatur immer kleiner wird und deutlich gegen Null strebt. Nach der Clausius-Clapeyronschen Gleichung ist nun:

$$\frac{dp}{dT} = \frac{\Delta S}{\Delta V} \quad (\Delta V = \text{Volumenänderung beim Schmelzen}).$$

Die obigen Experimente bedeuten daher, daß die Entropiedifferenz zwischen festem und flüssigem Helium mit fallender Temperatur ebenfalls gegen Null geht, wie es der NW verlangt.

Gleiche Entropie bedeutet nun gleichen Ordnungszustand, und da andere Untersuchungen (*103*) die Möglichkeit ausschließen, daß das feste Helium eine glasartige Substanz ist, muß sich also das flüssige Helium am a.N. im gleichen Ordnungszustand befinden wie das kristallisierte. Wie man sich bei der Leichtflüssigkeit des Heliums einen so weitgehenden Ordnungszustand im einzelnen vorstellen soll, ist noch eine offene Frage. Zur Aufklärung dieses Zustandes der „Flüssigkeitsentartung" (*98*) wären Röntgenuntersuchungen am flüssigen Helium bei sehr tiefen Temperaturen von großem Interesse. Nach Messungen von Keesom und seinen Mitarbeitern scheint übrigens der Übergang in den Zustand der „Flüssigkeitsentartung" nicht vollkommen kontinuierlich vor sich zu gehen. Keesom (*60*) glaubt nämlich eine allerdings sehr kleine, sprunghafte Veränderung der Dichte (*56*), der Dielektrizitätskonstante (*121*) und der Verdampfungswärme (*18*) bei 2,3° abs. feststellen zu können.

d) **Magnetische Polarisation.** Verändert man die magnetische Feldstärke H, welche in der Masseneinheit einer Substanz die magnetische Polarisation σ hervorruft, um dH, so ist die vom System geleistete Arbeit σdH. Aus (2) folgt dann, daß $\left(\frac{\partial \sigma}{\partial T}\right)_{H(o)} = o$ sein muß.

Diamagnetica. Hier ist diese Forderung naturgemäß erfüllt.

Paramagnetica. Die klassische Theorie von Langevin (*66*) leitet unter der Annahme, daß die einzelnen magnetischen Dipole vollkommen unabhängig voneinander sind und sich in jeder Richtung zum Feld einstellen können, für die Magnetisierung die folgende Formel ab:

$$\sigma = \sigma_o \left(\mathfrak{Cot}\, \frac{\sigma_o H}{RT} - \frac{RT}{\sigma_o H} \right) \quad (\sigma_o = \text{Sättigungswert der Magnetisierung}),$$

die für kleine Werte von $\frac{\sigma_o H}{RT}$ in das Curiesche Gesetz: $\sigma = C\,\frac{H}{T}$ übergeht. Diese Formel, die naturgemäß die Forderung des NW nicht erfüllt, gilt bei höheren Temperaturen auch für eine große Anzahl fester paramagnetischer Substanzen, bei tiefen Temperaturen jedoch treten Abweichungen auf. Weiss (*116*) hat durch die Einführung des inneren Feldes versucht, diesen Abweichungen Rechnung zu tragen und kam zu der Formel

$$\sigma = C\,\frac{H}{T - \Theta}$$

(Θ positiver oder negativer „Curie-Punkt", dessen Lage nach Größe und Vorzeichen durch das innere Feld bestimmt ist). Auch diese Formel würde noch nicht dem NW genügen. Die Versuche zeigen aber auch, daß man bei Annäherung an die Curie-Temperatur Abweichungen von diesem Gesetz findet (siehe z. B. Kamerlingh-Onnes [54]). In der letzteren Zeit sind von Woltjer u. Kamerlingh-Onnes (123) die Suszeptibilitäten einer Reihe derartiger Substanzen ($CrCl_3$, $NiCl_2$, $CoCl_2$) bis zur Temperatur des flüssigen Heliums verfolgt worden und es zeigte sich, daß sie in diesem Temperaturgebiet im Einklang mit der Forderung des NW temperaturunabhängig sind. Aus Abb. 6, die die magnetische Polarisation von $NiCl_2$ in willkürlichem Maß für verschiedene Feldstärken in ihrer Temperaturabhängigkeit verzeichnet, ist dies klar ersichtlich.

Es gibt jedoch einige wenige Substanzen, bei denen noch bei der tiefsten Meßtemperatur kein Anzeichen für das Konstantwerden der magnetischen Polarisation zu finden ist, und zwar sind dies solche, bei denen — um mit Kamerlingh-Onnes zu reden — die Träger des Paramagnetismus in großer Verdünnung in ein diamagnetisches Medium eingebettet liegen. Bekannt sind die Leidener Messungen (122) am Gadoliniumsulfat, nach denen diese Substanz noch bei $1{,}3°$ abs. noch dem Langevinschen Gesetz folgt. Das bedeutet, daß bei diesen „verdünnten" magnetischen Substanzen die Wechselwirkungskräfte zwischen den Elementarmagneten noch sehr klein gegenüber der thermischen Energie kT (also bei 10 abs. $= 2$ cal/g-Atom) sind. (Wegen der bisherigen quantentheoretischen Ansätze für die Theorie der paramagnetischen Erscheinungen sei auf den zusammenfassenden Artikel von Debye [21] verwiesen.)

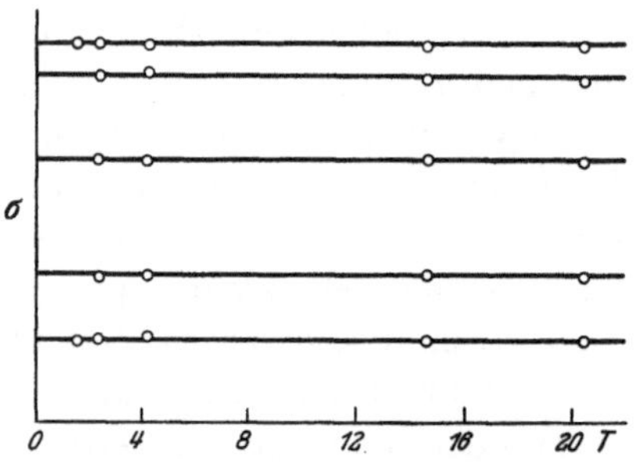

Abb. 6. Temperaturabhängigkeit der Magnetisierung von Nickelchlorid bei verschiedenen Feldstärken nach Woltjer und Kamerlingh-Onnes.

Besonderes Interesse verdient noch der temperaturunabhängige Paramagnetismus einiger Metalle, da hier die theoretische Aufklärung weitgehend gelungen ist. Bei diesen gilt die vom NW geforderte Beziehung schon bei Zimmertemperatur. Pauli (81) hat dieses Verhalten durch die Annahme erklären können, daß die Träger der Elementarmagnete die Kreiselelektronen sind, die er nach der Fermistatistik als entartetes Gas behandelte.

Ferromagnetica. Für die Ferromagnetica soll nach der Langevin-Weissschen Theorie (116) unterhalb des Curie-Punktes die in Abb. 7 durch die gestrichelte Kurve dargestellte Beziehung

$$\sigma = \sigma_0 \left(\mathfrak{Cot}\, 3\, \frac{\Theta}{T}\, \frac{\sigma}{\sigma_0} - \frac{1}{3}\, \frac{T}{\Theta}\, \frac{\sigma_0}{\sigma} \right)$$

gelten. Hier bedeutet σ die spontane Magnetisierung (also bei der äußeren Feldstärke Null) bei der jeweiligen Temperatur, σ_0 die spontane Magnetisierung am a. N. (absolute Sättigung) und Θ die Curie-Temperatur.

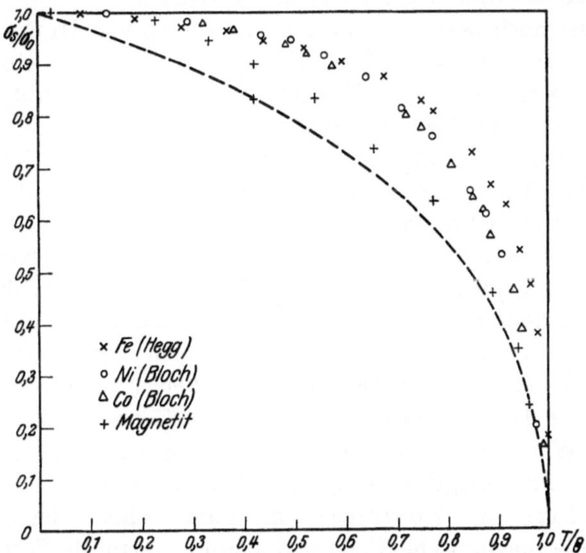

Abb. 7. Temperaturabhängigkeit der spontanen Magnetisierung von Eisen, Nickel, Kobalt und Magnetit, - - - - - Verlauf nach der Langevin-Weissschen Theorie. (Entnommen dem Artikel von Debye im Handbuch der Radiologie, Bd. 6.)

Diese Formel würde, wie in der Abb. 7 ersichtlich, der Forderung des NW nicht genügen. Die dort eingezeichneten Messungen an Nickel, Kobalt, Eisen und Magnetit zeigen aber auch, daß die Formel bei tiefen Temperaturen versagt, und zwar in Übereinstimmung mit der Forderung des NW in dem Sinne, daß $\frac{d\sigma}{dT}$ mit fallender Temperatur gegen Null strebt.

Neuere genaue Messungen über die Temperaturabhängigkeit der Magnetisierung liegen in einer kürzlich erschienenen Arbeit von Weiss u. Forrer (*117*)

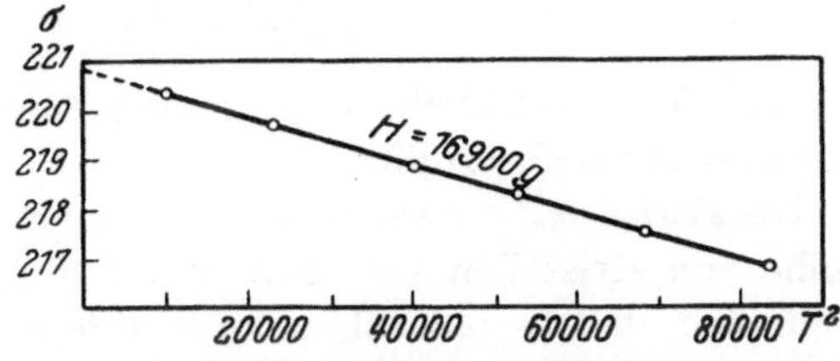

Abb. 8. Temperaturabhängigkeit der Magnetisierung von Eisen nach Weiss und Forrer.

vor, die ihr Versuchsmaterial auch hinsichtlich des NW diskutieren. Sie finden, daß ihre Experimente für eine Reihe von Substanzen gut durch die Formel

$$\sigma = \sigma_0 \left(1 - A\,T^2\right)$$

wiedergegeben werden. Danach würde $\frac{d\sigma}{dT}$ mit fallender Temperatur proportional zu T gegen Null gehen. In Abb. 8 ist die Magnetisierung des Eisens bei konstanter Feldstärke als Funktion von T^2 wiedergegeben. Sie läßt sich gemäß der obigen Formel durch eine gerade Linie darstellen. An anderen Substanzen (Nickel, Kobalt, Zementit, Magnetit) finden Weiss u. Forrer ein ähnliches Verhalten.

Es sei hier noch bemerkt, daß die neuerdings von Heisenberg (48) und Bloch (11) entwickelte Theorie der Ferromagnetica eine Annäherung des Sättigungswertes der Magnetisierung mit $T^{3/2}$ ergibt, was ebenfalls den Forderungen des NW genügt. Die obigen Messungen von Weiss u. Forrer sind nicht bis zu so tiefen Temperaturen durchgeführt, daß man einen Übergang in das theoretisch sehr gut fundierte Gesetz von Bloch ausschließen könnte. Erwähnt sei hier noch, daß für den magnetischen Anteil der spezifischen Wärme aus den Weissschen Messungen ein zu T proportionales Glied folgen würde. Da die normale spezifische Wärme proportional T^3 abfällt, muß der magnetische Anteil bei tiefen Temperaturen vollkommen überwiegen. Vorläufige Messungen der spezifischen Wärme von Eisen (99) zwischen 5^0 und 10^0 abs. zeigen, daß dies in der Tat der Fall zu sein scheint. Genauere Messungen der spezifischen Wärmen über ein weiteres Temperaturgebiet dürften eine sehr gute Prüfungsmöglichkeit für die Theorie bilden.

e) **Dielektrische Polarisation.** Entsprechend der obigen Ableitung für die magnetische Polarisation findet man als Forderung des NW für die elektrische Polarisation σ

$$\left(\frac{\partial \sigma}{\partial T}\right)_{E_{(0)}} = 0 \,.$$

Man mißt nun nicht direkt σ, sondern die Dielektrizitätskonstante ε, die mit σ durch die Gleichung $\sigma = \dfrac{\varepsilon - 1}{4\,\pi\,\varrho}\,E$ verknüpft ist ($E =$ elektrische Feldstärke, $\varrho =$ Dichte). Es muß also

$$\frac{\partial}{\partial T}\left(\frac{\varepsilon - 1}{\varrho}\right)_{(0)} = 0 \tag{10}$$

werden. Für Dielektrika ohne permanente Dipole ist diese Beziehung selbstverständlich erfüllt.

Dielektrica mit permanenten Dipolen. Hier liegen Messungen an einer Reihe von Kristallen vor (u. a. von Isnardi [52] bis zu 80^0 abs.). Es zeigt sich dabei, daß schon kurz unterhalb des Schmelzpunktes die Dielektrizitätskonstante nahezu unabhängig von der Temperatur wird. Die genauere Prüfung an der Formel (10) ist nicht möglich, da die allerdings geringe Temperaturabhängigkeit der Dichte der untersuchten Substanzen unbekannt ist. Die Tatsache, daß die elektrische Polarisation schon bei größenordnungsmäßig höheren Temperaturen temperaturunabhängig wird, als die magnetische Polarisation, rührt daher, daß die Moleküle oder Atomgruppen selbst die Träger der elektrischen Dipole sind, und diese daher schon beim Zusammentritt zum Kristall ihre freie Drehbarkeit einbüßen.

Auch bei Gläsern wird die elektrische Polarisation verständlicherweise temperaturunabhängig. Nach Messungen von DEWAR u. FLEMING (*24*) am unterkühlten Glyzerin, dessen Molekül ein permanentes Dipolmoment besitzt, tritt dies kurz unterhalb der Temperatur, bei der die unterkühlte Flüssigkeit zum Glase erstarrt, ein (siehe Abb. 9).

Eine weitere Möglichkeit, die Temperaturabhängigkeit der elektrischen Polarisation festzustellen, ist bei pyroelektrischen Kristallen dadurch gegeben, daß die an der Oberfläche eines pyroelektrischen Kristalls bei einer Temperaturänderung $\varDelta T$ auftretende elektrostatische Ladung $\varDelta q$ mit abnehmender Temperatur gegen Null gehen muß. Versuchsmaterial hierzu finden wir in einer Arbeit von KAMERLINGH-ONNES u. BECKMANN über den pyroelektrischen Quarz (*55*), die die Ladungsänderung bei kleiner Temperaturänderung bei 85^0 abs. und 17^0 abs. gemessen haben und feststellten, daß $\varDelta q / \varDelta T$ annähernd proportional zur absoluten Temperatur abfällt.

f) **Thermoelektrische Erscheinungen.** Befindet sich die eine Verbindungsstelle zweier Metalldrähte auf der Temperatur T, die andere auf der Temperatur $T + dT$, so besteht in dem Stromkreis eine Potentialdifferenz dE. Findet unter Einwirkung dieser Potentialdifferenz der Transport der Elektrizitätsmenge von a Coulomb statt, dann wird bei der Verbindungsstelle der höheren Temperatur die PELTIER-Wärme $(\varPi + d\varPi) \cdot a$ aufgenommen, bei der tieferen Temperatur die PELTIER-Wärme $\varPi \cdot a$ abgegeben, ferner treten in den beiden Drähten die THOMSON-Wärmen $\sigma_I \cdot dT \cdot a$ und $-\sigma_{II} \cdot dT \cdot a$ auf. Eine thermodynamische Rechnung (Lord KELVIN) ergibt dann für die Thermokraft: $e = \dfrac{dE}{dT}$ folgende Beziehungen:

$$e = \frac{\varPi}{T} \qquad \frac{de}{dT} = \frac{\sigma_I - \sigma_{II}}{T} .$$

Diese Formeln sind vom Experiment gut bestätigt worden; das bedeutet, daß diese Vorgänge tatsächlich reversibel sind, und wir können sie daher zur Prüfung des NW mit heranziehen. Forderung (2) sagt nun aus, daß der Temperaturkoeffizient der Arbeitsfähigkeit verschwinden muß, also $e_{(o)} = 0$.

Diese Forderung ist am Experiment geprüft worden. Messungen von WIETZEL (*118*) und von KAMERLINGH-ONNES, KEESOM und Mitarbeitern (*57, 58, 13, 13a*) usw. zeigen, daß die Thermokräfte der verschiedensten Thermoelemente alle die Tendenz haben, mit fallender Temperatur zu verschwinden, allerdings setzt der letzte Abfall auf Null manchmal erst bei äußerst tiefen Temperaturen ein. Supraleiter zeigen nach Messungen von MEISSNER (*74*) innerhalb der Meßgenauigkeit überhaupt keine Thermokraft.

g) **Schlußbemerkung zu I.** Wir haben also bei einer Reihe von Systemveränderungen die dabei auftretenden Entropieänderungen bis

zu sehr tiefen Temperaturen messend verfolgt und zwar: Volumenänderungen fester Körper und Gläser, Änderungen des magnetischen
Zustandes bei Paramagneticis und Ferromagneticis, Änderungen der
elektrischen Polarisation, die reversible Wärmeerzeugung im Peltier-
Effekt, ferner an der einzigen am a.N. existierenden Flüssigkeit, dem
Helium, Volumenänderungen, Vergrößerungen der Oberfläche, Übergang in den kristallisierten Zustand, und haben bei diesen, bis zu den
tiefsten Temperaturen durchführbaren Vorgängen gefunden, daß die
auftretenden Entropieänderungen mit fallender Temperatur gegen Null
gehen. Eine Verletzung dieser Forderungen hätte nach (3) unmittelbar bedeutet, daß wir den entsprechenden Vorgang zum Abkühlen des
Systems auf den a.N. hätten benutzen können.

Bei einigen Prozessen allerdings findet der letzte Abfall der Entropiedifferenzen auf Null erst bei sehr tiefen Temperaturen statt und wir
haben bei einem Fall — der Magnetisierung des Gadoliniumsulfats —
aus den Messungen sogar noch überhaupt kein Anzeichen dafür entnehmen können. Es besteht aber kein Grund, daraus etwa zu schließen,
daß der NW versagt. Wir hatten ja gesehen, daß er bei der Magnetisierung der übrigen Substanzen erfüllt ist, und wir haben einen be-
rechtigten Grund, anzunehmen, daß der Übergang in den Zustand
völliger Ordnung bei Gadoliniumsulfat erst bei äußerst tiefen Temperaturen vor sich gehen kann, da die Wechselwirkungskräfte infolge der
großen „Verdünnung" sehr klein sind.

Aus der Tatsache, daß in diesem Fall die Entropiedifferenzen erst
bei sehr tiefen Temperaturen verschwinden werden, hat Debye (22)
die Schlußfolgerung gezogen, daß es möglich sein muß, durch eine
adiabatisch geleitete Entmagnetisierung des Gadoliniumsulfats noch
wesentliche Temperaturerniedrigungen zu erzielen und hat dies auch
durch eine Überschlagsrechnung belegt. Da diese Systemveränderung
von allen bekannten, auch wirklich mit genügender Geschwindigkeit
durchführbaren diejenige ist, bei denen die Entropiedifferenz am spä-
testen gegen Null zu gehen scheint, so dürfte man auf dem von Debye
vorgeschlagenen Weg die tiefste überhaupt mögliche Temperatur erzeugen können (siehe dazu auch die Ausführungen von Giauque [38]).

h) Gasentartung. Obwohl bisher noch kein experimentelles Material über die Gasentartung vorliegt, wollen wir an dieser Stelle die Ergebnisse der Theorie kurz erwähnen, um diskutieren zu können, unter
welchen Bedingungen ein experimenteller Nachweis überhaupt möglich erscheint.

Eine merkliche Entartung wird erst dann auftreten, wenn die Anzahl der dem einzelnen Atom zur Verfügung stehenden Phasenzellen
auf die Größenordnung der Anzahl der Atome herabsinkt. Daraus
folgt, daß man eine merkliche Abweichung vom idealen Gasgesetz erhalten wird, wenn die Zahl

$$A = \frac{N h^3}{V (2\pi m k T)^{3/2}} \quad \text{(Entartungsparameter)}$$

die Größenordnung 1 erreicht[1]. Dabei bedeutet N die AVOGADROsche Zahl und m die Masse des Teilchens, die ja als einzige individuelle Größe eines idealen Gases eingehen kann, wenn man die innere Struktur der Teilchen außer acht läßt. Je nachdem auf das System die BOSE-EINSTEINsche (14, 27) oder die FERMIsche Statistik (36) anzuwenden ist, kommt man zu verschiedenen Formeln für die Entartung, die aber beide zu einer Entropie 0 am absoluten Nullpunkt führen.

Nach der BOSE-EINSTEIN-Statistik gibt es keine Nullpunktsenergie, das Gas hat am a.N. (und in unmittelbarer Nähe) den Druck Null. Die spezifische Wärme steigt von Null an aufwärts zunächst über den klassischen Wert an, um dann wieder auf ihn herabzusinken. Nach der FERMI-Statistik gibt es eine — natürlich von der Dichte abhängige — Nullpunktsenergie und infolgedessen auch einen endlichen Nullpunktsdruck, dessen Temperaturkoeffizient am a.N. ebenfalls verschwindet. Die spezifische Wärme des FERMI-Gases steigt vom Wert Null am a.N. zunächst linear an und nähert sich dann asymptotisch dem klassischen Wert.

Im folgenden ist die Zustandsgleichung nach beiden Statistiken für den Fall schwacher Entartung angegeben. Es ergibt sich nach

$$\text{EINSTEIN:} \quad \frac{pV}{RT} = 1 - 0{,}0318\,A$$

$$\text{FERMI:} \quad \frac{pV}{RT} = 1 + 0{,}176\,A\,.$$

Der Entartungsparameter des gesättigten Heliums[2] am normalen Siedepunkt beispielsweise ist 0,14. Als FERMI-Gas behandelt müßte es daher unter diesen Bedingungen einen um 3% höheren Druck zeigen, wie ein ideales Gas. Ein derartiger Betrag wäre an und für sich leicht nachweisbar, er wird aber durch die von den VAN DER WAALSschen Kräften herrührenden stärkeren Abweichungen überdeckt. Eine Trennung beider Effekte durch Verfolgung ihrer Volumenabhängigkeit ist deswegen nicht möglich, weil sie beide umgekehrt proportional zum Volumen sind. Bevor man nicht sicher begründete theoretische Aussagen über die VAN DER WAALSschen Kräfte und somit über den Absolutwert der durch sie bedingten Korrektionen machen kann, ist keine Aussicht vorhanden, die Entartung durch Messung der Zustandsgleichung (im weitesten

---

[1] Zur Veranschaulichung sei erwähnt, daß dies eintritt, wenn der mittlere Abstand der Atome von der Größenordnung der durch die mittlere Geschwindigkeit gegebenen DE BROGLIE-Wellenlänge ist.

[2] Außer Helium und vielleicht noch Wasserstoff kommen keine weiteren Gase wegen der zu geringen Sättigungsdrucke für den eventuellen Nachweis der Entartung in Betracht.

Sinne) nachzuweisen[1]. Es sei dazu noch betont, daß sich die gesättigten Gase mit fallender Temperatur immer mehr der Entartung entziehen, weil der Einfluß des steigenden Sättigungsvolumens den der fallenden Temperatur bei weitem überwiegt. So ist z. B. der Entartungsparameter für das gesättigte Helium bei $5^0 = 0{,}16$; $4^0 = 0{,}12$; $3^0 = 0{,}07$; $2^0 = 0{,}02$; $1{,}5^0 = 0{,}01$.

Vielleicht ist es möglich, auf andere Weise an die Gasentartung heranzukommen, z. B. über die innere Reibung [NERNST N. (S. 221); EINSTEIN (*28*)] oder durch Beobachtung der Schwankungserscheinungen, die beim idealen, beim EINSTEIN- und FERMI-Gas ganz verschieden ausfallen (FÜRTH [*37*])[2].

Als eine Bestätigung der Theorie der Gasentartung lassen sich in gewissem Sinne die Erfolge der von SOMMERFELD (*106*) entwickelten Theorie der Metallelektronen ansehen, bei der diese im Anschluß an PAULI (*81*) als FERMI-Gas behandelt werden. Der Entartungsparameter nimmt wegen der geringen Masse der Elektronen und ihrer hohen Konzentration im Metall schon bei sehr hohen Temperaturen Werte an, die eine fast vollständige Entartung bedingen. Das Elektronengas würde sich erst bei Temperaturen der Größenordnung 10000^0 ähnlich wie ein ideales Gas verhalten. Es ist SOMMERFELD gelungen, viele Erscheinungen qualitativ in Übereinstimmung mit der Erfahrung zu deuten, insbesondere auch die Tatsache, daß die spezifische Wärme der Elektronen infolge der weitgehenden Entartung bei gewöhnlichen Temperaturen praktisch nicht in Erscheinung tritt.

Allerdings kann eine Theorie, in der die Elektronen als freies Gas behandelt werden, nur die erste Annäherung geben, und die weitere Entwicklung (HOUSTON [*51*], BLOCH [*10*], PEIERLS [*83*]) hat auch gezeigt, daß man durch Berücksichtigung der Wechselwirkung der Elektronen mit den Ionen und mit sich selbst zu modifizierten Formeln gelangt. Hier sei erwähnt, daß die SOMMERFELDsche Formel für den Anteil der spezifischen Wärme der Elektronen sich nach Messungen der spezifischen Wärme von Metallen bei sehr tiefen Temperaturen, wo der proportional zu abfallende Anteil der Elektronen im Verhältnis zu der wie T^3 abfallenden des Kristalls erhebliche Werte annehmen müßte, nicht bestätigt hat (*75*).

2. Bestimmung von bei tiefen Temperaturen nicht direkt meßbaren Entropiedifferenzen. Wir wenden uns nunmehr zur Betrachtung der Um-

---

[1] Messungen der spezifischen Wärme und der Zustandsgleichung (EUCKEN [*30*], MEISSNER [*73*]) haben zwar Resultate ergeben, die zweifellos auf Quanteneffekte hindeuten. Solche Effekte treten aber auch bei der Wechselwirkung infolge der VAN DER WAALSschen Kräfte auf und ein Entartungseffekt ist daher daraus nicht ableitbar. [Siehe dazu S. (S. 381.)]

[2] Wegen näherer Einzelheiten des thermodynamischen Verhaltens entarteter Gase, insbesondere beim Gleichgewicht mit dem Kondensat, sei auf eine Arbeit von BENNEWITZ (*7*) verwiesen.

setzungen, die sich bei tiefen Temperaturen infolge mangelnder Umsetzungsgeschwindigkeit nicht mehr direkt durchführen lassen und bei denen man infolgedessen zu dem oben näher geschilderten Umweg zur Ermittlung der Entropiedifferenzen am a.N. greifen muß [1]. Dabei wollen wir zunächst die Systeme behandeln, bei denen zum mindesten bei höheren Temperaturen der eine Zustand durch räumlich ungeordnete Verteilung der Bestandteile gekennzeichnet ist, weil wir daraus einen wesentlichen Gesichtspunkt für das weitere entnehmen werden. Dafür kommen solche Systeme in Frage, deren einer Zustand durch eine unterkühlte Flüssigkeit, eine Lösung oder einen Mischkristall gegeben ist.

a) Flüssigkeiten. Bekanntlich gelingt es, einige Flüssigkeiten, nämlich solche mit großen Molekülen, weit unter die Temperatur des Schmelzpunktes zu unterkühlen. Beim Unterschreiten einer bestimmten Temperatur geht dann die unterkühlte Flüssigkeit kontinuierlich — aber in einem recht engen Temperaturbereich — in den Zustand des harten Glases über, in dem sie nun für außerordentlich lange Zeiten beständig bleibt. Aus vielen Erscheinungen, insbesondere aus Untersuchungen der Beugung von Röntgenstrahlen, folgt, daß die räumliche Anordnung der Moleküle in einem Glas eine ungeordnete ist (TAMMANN [*111*]), und ihr gesamtes Verhalten macht es nicht wahrscheinlich, daß sich an dieser Sachlage bei Abkühlung bis zum a.N. noch etwas ändern wird. Die Existenz eines ungeordneten Zustandes am a.N. widerspricht aber der Forderung des NW, und wir werden daher erwarten, beim Experiment auf Unstimmigkeiten zu stoßen.

Untersuchungen über die Stabilitätsverhältnisse von Gläsern wurden im Zusammenhang mit dem NW zuerst von WIETZEL (*119*) am Quarz und von GIBSON u. GIAUQUE (*44*) am Glyzerin durchgeführt und sie fanden in der Tat eine endliche Entropiedifferenz zwischen Glas und Kristall am a.N. Die spezifischen Wärmen der beiden Phasen waren dabei jedoch nicht bis zu sehr tiefen Temperaturen gemessen, und da sich voraussagen ließ, daß ein wesentlicher Unterschied zwischen den spezifischen Wärmen von Glas und Kristall bei tieferen Temperaturen zum Ausdruck kommen mußte, waren ihre Ergebnisse noch nicht beweiskräftig. SIMON u. LANGE (*101*) haben dann für die beiden obigen Systeme die Messungen bis zu so tiefen Temperaturen durchgeführt,

---

[1] Die Genauigkeit der experimentellen Prüfung dieser Gruppe von Reaktionen ist wesentlich geringer als die der ersten Gruppe und zwar aus zwei Gründen. Erstens sind *mehrere* von einander unabhängige Messungen auszuführen, deren Einzelfehler sich summieren. Zweitens muß man für die drei Meßgruppen (A, U, spez. Wärmen) identisches Material verwenden, also gleichen Reinheitsgrades, gleicher Kristallitgröße, gleicher Vorbehandlung usw. Dies wird in vielen Fällen im Experiment nicht genügend beachtet, und zum Teil ist es auch sehr schwer exakt durchzuführen. Die allein durch den letzteren Umstand bedingten Fehler sind oft beträchtlich und — auf die Entropie umgerechnet — mit der Größenordnung $R \ln 2$ durchaus vergleichbar.

daß eine sichere Extrapolation bis zum a.N. gewährleistet war, und sie haben auch die Sachlage im einzelnen durchdiskutiert. Da diese Verhältnisse typisch für eine ganze Gruppe von Erscheinungen sind, werden wir uns hier mit dem Fall des Glyzerins näher beschäftigen.

Das System Glyzerin(amorph) — Glyzerin(kristallisiert). In Abb. 9 sind die spezifischen Wärmen der beiden Phasen wiedergegeben. Das kristallisierte Glyzerin zeigt das normale Verhalten der organischen Substanzen. Der wesentliche Anteil ist durch die Schwingungen der recht fest gebundenen Atome innerhalb der Moleküle gegeben, der letzte Abfall rührt von der Schwingung der Gesamtmoleküle gegeneinander her. Die spezifische Wärme der amorphen Phase ist vom Schmelzpunkt (291° abs.) abwärts um einen fast konstanten Betrag größer als die des Kristalls und geht bei der Temperatur $T_E = 180°$ abs. im Verlauf weniger Grade, aber durchaus kontinuierlich ungefähr auf dessen Wert hinunter. Diese Temperatur T_E ist die des Übergangs der unterkühlten Flüssigkeit zum Glase und hier ändern sich nun auch alle anderen Eigenschaften wesentlich. 1. Beim Unterschreiten dieser Temperaturen tritt eine starke Volumenkontraktion auf. 2. Die innere Reibung ändert sich um viele Zehnerpotenzen; oberhalb T_E ist das Glyzerin zwar schon sehr zähflüssig, aber doch als flüssig oder plastisch anzusprechen, unterhalb T_E dagegen ist es völlig hart. Ein im Glyzerin

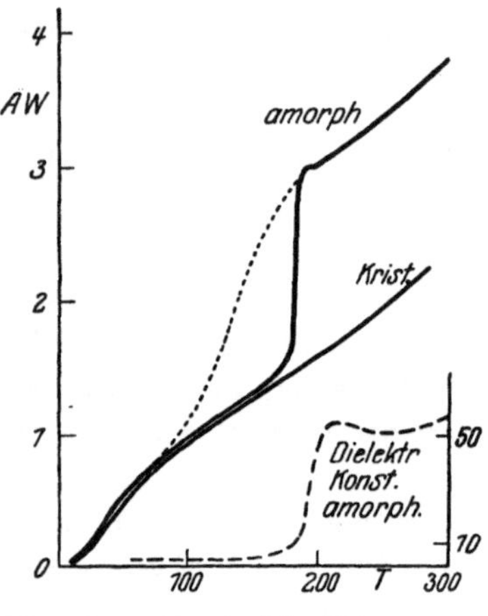

Abb. 9. Atomwärme des kristallisierten und amorphen Glyzerins.

gelöster Elektrolyt verursacht oberhalb T_E eine sehr merkliche Leitfähigkeit, unterhalb ist sie praktisch Null. 3. Die Dielektrizitätskonstante des Glyzerins, dessen Moleküle ein permanentes Dipolmoment besitzen, fällt von dem Wert 50 bei T_E auf ungefähr den zehnten Teil herab, um dann annähernd konstant zu bleiben. Alle diese Beobachtungen können wir so deuten, daß die Glyzerinmoleküle ihre freie Beweglichkeit, die sie oberhalb T_E besitzen, unterhalb dieser Temperatur verlieren. Irgendwelche Zustandsänderungen, die mit einer Veränderung der gegenseitigen Lage der Moleküle verbunden sind, lassen sich unterhalb T_E nicht mehr durchführen[1], die bei T_E vorhandene Molekülverteilung ist „eingefroren" (*98*).

---

[1] Auf die vielen weiteren interessanten Erscheinungen bei diesem Übergang von der unterkühlten Flüssigkeit zum harten Glas können wir an dieser Stelle nicht eingehen, es sei dafür besonders auf die Arbeiten von Tammann (*113*) hingewiesen.

Dies gibt uns nun die Erklärung für den Verlauf der spezifischen Wärme der amorphen Phase. Unterhalb T_E liegen die Verhältnisse ähnlich wie im Kristall, die Moleküle sind an feste Lagen gebunden. Die Schwingungen der Moleküle gegeneinander werden allerdings eine etwas andere Frequenz haben und dies macht sich auch bemerkbar, wegen der Weichheit dieser Schwingungen jedoch erst bei sehr tiefer Temperatur. In Abb. 9 ist dies infolge der Kleinheit der Werte nicht zu erkennen (siehe aber die Abb. 10). Oberhalb T_E er-

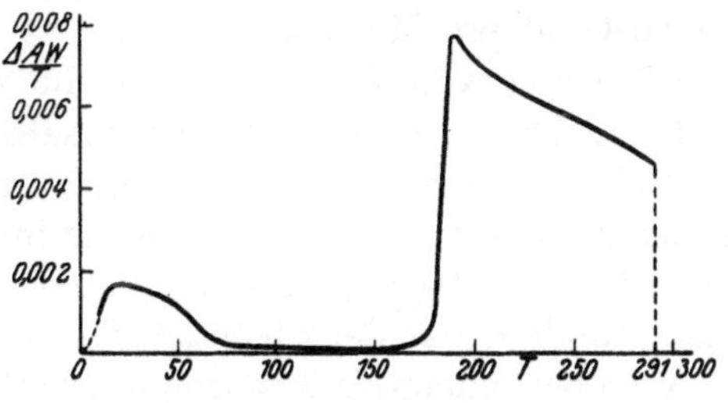

Abb. 10. Entropiedifferenz zwischen amorphem und kristallisiertem Glyzerin (gegeben durch den Flächeninhalt der Kurve).

langen die Moleküle ihre freie Beweglichkeit. Die nun bestehende große Differenz der spezifischen Wärme gegen den Wert des Kristalls ist nicht allein dadurch bedingt, daß sich jetzt noch weitere Freiheitsgrade der Moleküle betätigen können — dies würde bei weitem nicht zur Erklärung des großen Betrages ausreichen —, sondern hat eine andere Ursache, auf die wir bald zurückkommen werden.

Wir berechnen jetzt aus diesen Daten den Entropieunterschied nach dem NW als

$$\varDelta S_{(291)} = \int\limits_0^{291} \frac{\varDelta A W}{T}\, dT \quad (AW =$$

Atomwärme). Zu diesem Zweck ist in Abb. 10 $\varDelta AW/T$ als Funktion der Temperatur angegeben. Der Inhalt dieser Kurve ergibt also die Entropiedifferenz. (Man sieht, daß der durch den Unterschied der Molekülschwingungsfrequenzen bei sehr tiefen Temperaturen bedingte Anteil der Entropieänderung noch recht

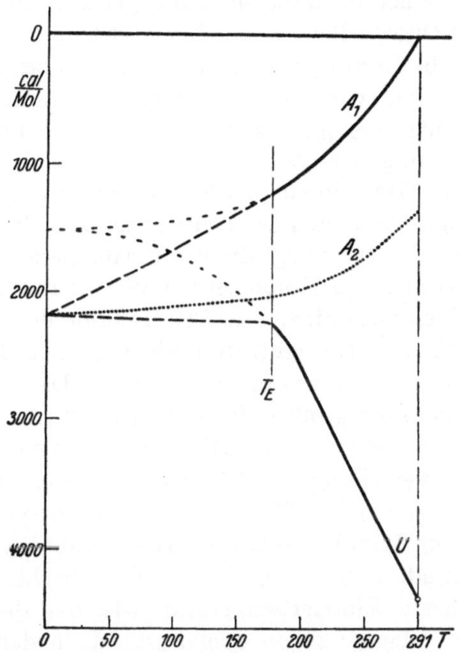

Abb. 11. Gleichgewichtsdiagramm für den Übergang von amorphem in kristallisiertes Glyzerin (Erklärung im Text).

wesentlich ist. Dies sei erwähnt, um zu illustrieren, daß man bei kompliziert aufgebauten Substanzen recht tief herab messen muß, um zu sicheren Aussagen zu gelangen.) Wir finden durch die obige

Berechnung für die Schmelztemperatur $\Delta S_{(291)} = 10{,}46$ cal/Grad pro Mol, während die direkte Messung durch den Quotienten Q/T 15,02 ergibt. Beide Größen sind nicht, wie es der NW verlangt, einander gleich, d. h. am a.N. muß die Entropie des Glases die des Kristalls um 4,6 cal/Grad pro Mol übersteigen.

Zur weiteren Erläuterung ist in Abb. 11 das $A, U - T$-Diagramm gezeichnet. Die nach dem NW berechnete A-Kurve (A_2) schneidet nicht die Nullachse bei der Schmelztemperatur, wie es sein müßte. Konstruieren wir die A-Kurve so, wie sie in der Nähe des Schmelzpunktes wirklich verläuft (A_1), dann mündet sie nicht parallel zur Temperaturachse, sondern mit der Steigung $\Delta S_{(0)} = 4{,}6$ cal/Grad am a.N. ein.

Auch bei anderen Substanzen wurde für den Übergang Glas—Kristall eine nicht verschwindende Nullpunktsentropie der gleichen Größenordnung festgestellt. So beim Quarz (*101*) und beim Äthylalkohol (KELLEY [*61*]), ferner noch bei einigen weiteren, allerdings nicht so genau untersuchten Substanzen (*79, 112*).

Wir haben also, wie es zunächst scheint, eine offenbare Verletzung des NW vor uns. Bevor wir zeigen, daß dies in Wahrheit nicht der Fall ist, sollen noch die ähnlich liegenden Verhältnisse bei den Lösungen und Mischkristallen besprochen werden.

b) Lösungen. Während man über die zu erwartende Nullpunktsentropie von Gläsern infolge Unkenntnis ihres Unordnungszustandes nichts aussagen kann, ist dies bei Lösungen möglich [Formel (9)]. Messungen hierzu liegen von SIMON [S. (S. 392)] vor, der die Auflösung von Glyzerin in Wasser untersuchte. Die Glyzerin-Wasserlösungen zeigen bezüglich des Einfrierens dasselbe Verhalten wie das reine Glyzerin, und zwar liegt die Einfriertemperatur der hier untersuchten Lösung von etwa 50 Molprozenten Wasser nur wenige Grade tiefer als die des reinen Glyzerins. Die freie Energie der Auflösung läßt sich durch Messung der Konzentrationsabhängigkeit des Wasserdampfpartialdruckes bei Zimmertemperatur ermitteln. Das Resultat war eine innerhalb der nicht sehr großen Fehlergrenzen dem obigen Ausdruck entsprechende Nullpunktsentropie. Dies bedeutet also, daß bei der Einfriertemperatur die Verteilung der Glyzerin- und der Wassermoleküle sehr nahe dem Zustand der völligen Unordnung entspricht.

c) Mischkristalle. Hier sind direkte Messungen aus folgendem Grunde nicht möglich: Bei den Mischkristallen gibt es keine relativ so scharfe Einfriertemperatur wie bei den unterkühlten Flüssigkeiten; der Übergang von dem Zustand, in dem die Kristallbestandteile eine große Beweglichkeit besitzen, zu dem, wo diese Beweglichkeit praktisch Null ist, geht vielmehr kontinuierlich vor sich. Infolgedessen hat man je nach der Meßgeschwindigkeit immer andere Zustände in Händen, und dadurch ist eine definierte Messung praktisch unmöglich gemacht. Da man aber aus Röntgenaufnahmen weiß, daß es sicher auch mit ungeordneter Verteilung der Komponenten eingefrorene Mischkristalle gibt, ist es nach dem Ergebnis des vorigen Abschnittes klar, daß ein derartiger Mischkristall dann auch eine endliche Nullpunktsentropie gegenüber seinem Komponenten besitzen muß. (Siehe zu diesem Abschnitt auch die Berechnungen von HERZFELD u. GRIMM [*49*].)

d) Allgemeine Betrachtungen über eingefrorene Phasen. (Siehe zu diesem Abschnitt STERN [*109*], SIMON [*98*], SCHOTTKY [SCH. (S. 248)]. Die in den vorigen Abschnitten erhaltenen Befunde, nämlich daß bei einer Reihe von Systemen zwar die Wärmekapazitäten am a.N. verschwinden, nicht aber die Entropiedifferenz beim Übergang in bestimmte Zustände, legt es sofort nahe, diese Übergänge zur Erreichung des a.N. zu benutzen. Wir haben ja hier genau den auf S. 227 beschriebenen Fall vor uns (Abb. 1, Kurve A_1). Um einen solchen Abkühlungsprozeß zu verwirklichen, muß man den Übergang zwischen den beiden Zuständen reversibel (in Richtung des Wärmeverbrauchs) bis zu den tiefsten Temperaturen durchführen können[1]. Nun sahen wir zwar vorher, daß unterhalb der Einfriertemperatur Veränderungen, die mit einer gegenseitigen Verlagerung der Moleküle verbunden sind, sich nicht mehr ausführen lassen. Es wäre ja aber denkbar, daß man innerhalb sehr großer Zeiträume oder durch Einführung beliebiger Katalysatoren doch noch zum Ziel kommt und die Frage kann nicht durch die Feststellung abgetan werden, daß der Übergang für die praktische Benutzung zu lange Zeiten erfordert. Maßgebend kann nur sein, ob der Übergang prinzipiell durchführbar ist oder nicht[2].

Um diese Frage beantworten zu können, müssen wir uns näher damit befassen, auf welche Weise der Ordnungszustand in derartigem System von der Temperatur abhängt. Hier haben wir nun ein schönes Beispiel am flüssigen Helium, das bei hohen Temperaturen — also z. B. in der Nähe der kritischen Temperatur — sicher keine völlige Ordnung aufweist. Wir sahen aber aus den direkten Entropiemessungen, daß es mit fallender Temperatur dem Ordnungszustand immer mehr zustrebt, um am a.N. in den völliger Ordnung überzugehen. Das flüssige Helium ist nun gegenüber seiner kristallisierten Phase stabil, und die der jeweiligen Temperatur entsprechenden Molekülanordnungen können sich ungehemmt einstellen. Die oben betrachteten eingefrorenen Phasen haben alle das gemeinsam, daß sie bei tiefen Temperaturen gegenüber den reinen kristallisierten Komponenten (oder bei Flüssigkeiten gegen-

---

[1] Ein irreversibler Übergang in die stabile — geordnete — Phase führt zu Erwärmung.

[2] So kann man sich beispielsweise einen reversiblen Übergang vom Graphit zum Diamant prinzipiell durchaus vorstellen — etwa auf dem Wege über die Verdampfung oder durch Erhöhung des Druckes bis zum Gleichgewichtsdruck —, während dies praktisch in meßbaren Zeiträumen bei normalen Temperaturen bekanntlich nicht durchzuführen ist.

über dem Kristall) instabil sind und sich daher unterhalb des Gleichgewichtspunktes nur infolge einer Hemmung halten können. Diese Hemmung wirkt sich naturgemäß auch gegenüber den Einstellungsmöglichkeiten der Moleküle gegeneinander aus, wie wir es vorher gesehen haben. Man. müßte aber jedenfalls in Temperaturgebieten, in denen diese Hemmung nur gering ist — also oberhalb der Einfriertemperatur —, etwas von der Veränderung des Ordnungszustandes mit der Temperatur bemerken, und dies ist in der Tat der Fall.

Die Änderung eines Ordnungszustandes ist nämlich wegen der dabei gegen die Ordnungskräfte zu leistenden Arbeit mit einer Wärmetönung verbunden, wie man es z. B. in den Anomalien der spezifischen Wärme der Ferromagnetica in der Nähe des CURIE-Punktes sieht. Einen solchen Effekt haben wir nun auch bei der spezifischen Wärme des amorphen Glyzerins gesehen. Diese war ja oberhalb der Einfriertemperatur beträchtlich höher als die des Kristalls, und dieser Anteil entspricht der mit der Veränderung des Ordnungszustandes verknüpften Wärmetönung. Aber auch aus direkten Messungen kann man das gleiche entnehmen. Während nämlich eine Flüssigkeit in der Nähe ihrer kritischen Temperatur zweifellos in hohem Maße ungeordnet ist, konnte DEBYE (23) durch quantitative Auswertung von Röntgen-

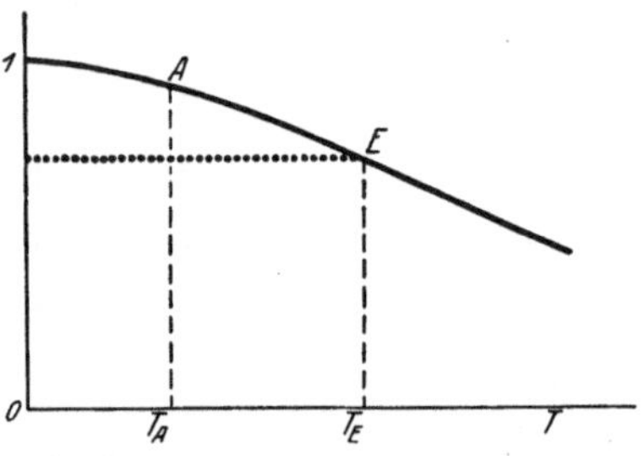

Abb. 12. Schematisches Bild für die Temperaturabhängigkeit des Ordnungszustandes in Flüssigkeiten und Mischphasen. (Zustand völliger Ordnung = 1, weitere Erklärung im Text.)

aufnahmen zeigen, daß eine Flüssigkeit schon in der Nähe der Siedetemperatur eine sehr weitgehende Ordnung aufweist. Besonders gut eignen sich Röntgenaufnahmen zur Feststellung des Ordnungszustandes von Mischkristallen, da das Eintreten der Ordnung sich in dem Auftreten neuer Linien (Überstrukturlinien, LAUE [68]) bemerkbar macht. Hier hat nun eine große Anzahl von Untersuchungen ergeben, daß die Mischphase mit fallender Temperatur immer mehr dem Zustand völliger Ordnung zustrebt, den sie schon bei endlichen Temperaturen sehr weitgehend erreicht. Allerdings nehmen die Einstellungszeiten für den Endzustand mit fallender Temperatur außerordentlich stark zu, so daß man ihn nur in sehr langen Zeiten erreicht (Tempern).

In der Abb. 12 ist auf Grund dieser Erfahrungen schematisch angegeben, wie der Ordnungszustand derartiger Phasen von der Temperatur abhängt, und zwar entspricht die ausgezogene Linie dem Zustand, der sich ohne Hemmung einstellen würde (also z. B. beim flüssigen Helium). Bei einfrierenden Phasen weicht der wirklich realisierte Zustand je nach der Meßgeschwindigkeit von dieser ausgezogenen Kurve nach unten ab. Bei denjenigen Phasen, die eine ziemlich defi-

nierte Einfriertemperatur aufweisen, bei denen sich also die Einstell-
geschwindigkeit größenordnungsmäßig im Verlauf weniger Grade ändert, kommt man zu einer zunächst sehr definiert aussehenden Kurve
(Punktkurve in Abb. 12). Immerhin sind auch dort kleine Variationen
beobachtet worden (PARKS u. HUFFMAN [*80*]). Bei äußerst langsamer
Abkühlung würden aber auch diese Phasen der ausgezogenen Kurve
folgen. Eine Messung der spezifischen Wärmen würde dann aber zu
ganz anderen Resultaten führen, als die oben bei schneller Abkühlung
gefundenen. Da sich dann der Ordnungszustand immer einstellt, würde
der der Veränderung dieses Zustandes entsprechende Anteil der spezifischen Wärmen jetzt auch auftreten, und wir würden einen Verlauf
erhalten, wie er in Abb. 9 durch die Punktkurve angedeutet ist. Bei
äußerst langsamer Abkühlung würden dann auch diese (nun nicht mehr
eingefrorenen) Phasen dem NW gehorchen, da sie am a.N. im Zustand
völliger Ordnung sind. In Abb. 11 ist der nun aus der gepunkteten
spezifischen Wärmekurve folgende Verlauf der A, U-Kurve eingetragen.

Wir können jetzt auf die eingangs gestellte Frage zurückkommen:
Ist es möglich, unterhalb der Einfriertemperatur isotherm-reversibel in
den eingefrorenen Zustand überzugehen? Dies würde bedeuten (Abb. 12),
daß man bei einer Temperatur, der der Ordnungszustand A entspricht,
in einen Ordnungszustand E übergehen muß, der einer anderen Temperatur — nämlich der Einfriertemperatur — zukommt. Der isotherme
Übergang in einen Ordnungszustand, der dem *inneren* thermischen
Gleichgewicht einer anderen Temperatur entspricht und der daher vom
Zustand kleinster freier Energie nicht durch eine Potentialschwelle getrennt ist, sondern mit ihm durch eine kontinuierliche Folge von
stabileren Zuständen zusammenhängt, ist aber offenbar prinzipiell unmöglich[1]. Das bedeutet für die Ausgangsfragestellung, daß der NW —
zunächst in seiner Formulierung als Prinzip von der Unerreichbarkeit
des absoluten Nullpunktes — nicht verletzt ist (*98*).

Es wäre aber sonderbar, wenn die Unerreichbarkeitsformulierung
gelten sollte und die anderen im Grunde dasselbe besagenden nicht.
Die Unerreichbarkeitsformulierung schließt nun infolge der Notwendigkeit, einen thermodynamischen Prozeß zum mindesten im Gedanken-
experiment zu realisieren, automatisch jede unzulässige Voraussetzung
bei der Rechnung aus, die man bei den anderen Formulierungen leichter
übersieht. So liegen die Verhältnisse hier wirklich.

Die eingefrorenen Phasen befinden sich nämlich wie wir eben
gesehen haben, gar nicht im thermodynamischen Gleichgewicht, denn
dann müßte ihr Zustand außer durch Zahl und Art der Teilchen durch

---

[1] Natürlich ist es möglich, bei der Temperatur T_A reversibel in ein
amorphes Glyzerin überzugehen, nämlich in dasjenige, welches dem Ordnungsgrad A dieser Temperatur entspricht. Für den Übergang in diese
Phase ist aber auch, wie wir gesehen haben, der NW erfüllt.

Druck und Temperatur eindeutig gegeben sein. Nach der obigen Diskussion wissen wir aber, daß dies bei den eingefrorenen Phasen nicht der Fall ist; bei gegebener Temperatur und gegebenem Druck gibt es eine kontinuierliche Folge von Zuständen verschiedener räumlicher Anordnung, und also auch verschiedener Energie, die durch keine Potentialschwelle voneinander getrennt sind. Das bedeutet also: *Auf eingefrorene Phasen ist die Thermodynamik überhaupt nicht anwendbar*, jedenfalls nicht, soweit man — wie hier — Veränderungen betrachtet, die mit einem Übergang aus der eingefrorenen Anordnung in eine andere verknüpft sind.

Berechnet man also die Entropieunterschiede für solche Systeme, indem man die Entropieänderung oberhalb der Einfriertemperatur mißt und dann mit Hilfe der spezifischen Wärme herunterrechnet, dann besagt der so gefundene Entropieunterschied für das Gleichgewicht der beiden Phasen unterhalb der Gleichgewichtstemperatur gar nichts, es ist ja auch gar kein Gleichgewicht zwischen ihnen vorstellbar[1]. Vom statistischen Standpunkt aus ist es natürlich auch sinnvoll, von der Entropie einer eingefrorenen Phase zu sprechen, ebenso wie man z. B. von der Entropie eines Gases reden kann, in dem beträchtliche Dichteunterschiede vorhanden sind. Für thermodynamische Betrachtungen ist aber nur die Entropie des wahrscheinlichsten Zustandes von Bedeutung, und dieser ist in den „eingefrorenen" Phasen nicht realisiert. Dazu wäre ja notwendig, daß sämtliche unmittelbare Nachbarzustände instabiler sind als der betrachtete, was, wie wir gesehen haben, nicht der Fall ist.

Die Tatsache, daß die eingefrorenen Phasen thermodynamisch unbestimmte Gebilde sind, äußert sich sehr sinnfällig darin, daß sie keinen definierten Dampfdruck besitzen. Das Gleichgewicht zwischen Gas und Kondensat ist ja dadurch gegeben, daß sich ebensoviele Moleküle aus der Gasphase kondensieren, wie wieder verdampfen. Die kondensierenden Moleküle können sich aber unterhalb der Einfriertemperatur nicht wieder in der gleichen (eingefrorenen) Anordnung gruppieren, sondern nur in der bei der entsprechenden Temperatur stabilen. Man erhält also dauernd wechselnde, noch von verschiedenen äußeren Bedingungen abhängige Drucke solange, bis die Oberfläche völlig in die bei dieser Temperatur stabilen Anordnung umgelagert ist, was bei der Kleinheit der Dampfdrucke derartiger Phasen natürlich sehr lange dauern kann. Einen völlig definierten Zustand hat man erst dann, wenn die ganze Substanz in den der Temperatur entsprechenden Ordnungszustand übergegangen ist, und auf diesen Zustand ist dann die Thermodynamik und auch der NW anwendbar.

---

[1] In Abb. 11 ist daher der Verlauf der A und U-Kurve unterhalb der Einfriertemperatur anders wiedergegeben, wie oberhalb.

Es fragt sich nun, ob die aus der spezifischen Wärme einer eingefrorenen Phase vermittelte Temperaturabhängigkeit ihrer Entropie für die Phase selbst irgendeine thermodynamische Bedeutung besitzt. Das ist nach Obigem für reversibel an ihr durchführbare Veränderungen der Fall, also für solche, bei denen die räumliche Anordnung der Moleküle gegeneinander unverändert bleibt, bzw. bei denen nur Verschiebungen der Moleküle auftreten, die nach Aufhebung der wirkenden Kräfte wieder zurückgehen. Für die thermische Ausdehnung z. B. fanden wir in der Tat den NW auch bei eingefrorenen Phasen bestätigt.

Das Kriterium[1] für die thermodynamische Unbestimmtheit einer Phase ist die Feststellung, daß es prinzipiell unmöglich ist, reversibel isotherm in sie überzugehen. Das eben genannte Kriterium ist aber im wirklichen Experiment kaum realisierbar und dies ist auch der Grund, daß man überhaupt den NW auf die oben besprochenen Umsetzungen anwandte: man glaubte thermodynamisch bestimmte Gebilde in Händen zu haben. Nun könnte man ja bei allen Lösungen, Mischkristallen und Flüssigkeiten von vornherein von der Anwendung des NW absehen, da man bisher als einzige nicht einfrierende derartige Phase nur das flüssige Helium kennt, und da außerdem ein praktisches Bedürfnis zweifellos nicht vorliegt. Wir werden aber später sehen, daß es noch andere Mischphasen gibt, die als solche von vornherein nicht zu erkennen sind, und dies ist — zwar nicht für die prinzipielle Gültigkeit des NW — wohl aber für seine praktische Anwendung zweifellos ein mißlicher Umstand, falls es auf große Genauigkeit ankommt.

Wir erkennen jetzt auch, weshalb die Einteilung des experimentellen Materials in zwei Gruppen vorgenommen wurde. Eine Verletzung des NW in einer Umsetzung, die sich bis zu beliebig tiefen Temperaturen durchführen läßt (1. Gruppe), würde mit Sicherheit die Ungültigkeit des NW beweisen. Bei den Umsetzungen der 2. Gruppe, deren Entropiedifferenzen am a.N. durch den Umweg über die spezifischen Wärmen berechnet werden mußten, besteht die Möglichkeit, daß man über Zustände hinüber gerechnet hat, die überhaupt nicht thermodynamisch behandelbar sind, daß also den so errechneten „Nullpunktsentropien" keine thermodynamische Bedeutung zukommt.

Wir mußten die Diskussion dieser für die prinzipielle Bedeutung des NW wesentlichen Verhältnisse hier ziemlich ausführlich gestalten, da vielfach in der Literatur unzutreffende Ansichten darüber verbreitet sind. Wir fahren nunmehr in der Besprechung des experimentellen

---

[1] Es läge zunächst nahe, als direkteres experimentelles Kriterium die Tatsache der Zeitabhängigkeit des Zustandes der thermodynamisch unbestimmten Gebilde einzuführen. Solange man aber nicht zwischen dem Unendlichwerden von Zeiten in verschiedenen Größenordnungen unterscheidet, kann dieses Kriterium leicht mißverständlich werden. Darauf soll an anderer Stelle eingegangen werden.

Materials fort und betrachten jetzt die Reaktionen, an denen reine kristallisierte Substanzen teilnehmen.

e) Kristallographische Umwandlungen. Diese bieten uns unter den Umsetzungen der 2. Gruppe die genaueste Prüfungsmöglichkeit. Da am Umwandlungspunkt nämlich $A = 0$ wird, gibt uns die Umwandlungswärme direkt die für den NW interessierende Größe $A - U$, die somit nur mit denselben experimentellen Fehlern behaftet ist, wie die Umwandlungswärme selbst. Wir verweisen für das vorliegende Material auf die Zusammenfassung von Simon [S. (S. 372 ff.)]. Alle Messungen genügender Genauigkeit bestätigen den Wärmesatz in der Weise, daß sie eine Nullpunktsentropie $R \ln 2$ mit Sicherheit ausschließen. Weiteres Material entsprechender Meßgenauigkeit ist seit dieser Zusammenfassung nicht hinzugekommen.

f) Chemische Umsetzungen zwischen kondensierten Substanzen. Bei diesen Umsetzungen läßt sich im allgemeinen die Prüfung des NW nur mit wesentlich geringerer Sicherheit durchführen. Hier wird nämlich A und U meist in unabhängigen Messungen voneinander zu bestimmen sein, so daß die Differenz $A - U$, die oft gegenüber den Absolutwerten nur kleine Werte besitzt, mit einem merklichen Fehler behaftet ist. Außerdem spielen hier die auf S. 243, Anm. 1 erwähnten Fehler, die durch die häufig unzureichende Reproduzierbarkeit des Materials hineinkommen, eine größere Rolle, weil man im allgemeinen für drei verschiedene Meßreihen (A, U, spezifische Wärmen) thermodynamisch identische Substanzen benötigt. Am genauesten lassen sich noch die Umsetzungen berechnen, die als galvanische Elemente verwirklicht werden können. Bei diesen kommt man nämlich mit zwei Meßreihen aus, einer der spezifischen Wärmen und einer der Potentialdifferenzen, deren Temperaturabhängigkeit direkt die Differenz $A - U$ gibt. Daher gehören die wenigen Reaktionen, die eine Meßgenauigkeit $R \ln 2$ (auf die Entropie umgerechnet) aufweisen, zu dieser Gruppe und diese zeigen gute Übereinstimmung mit dem Wärmesatz. Wir verweisen wiederum auf die obenerwähnte Zusammenstellung [S. (S. 377 ff.)]. Seit dieser Zeit sind zwar noch viele chemische Reaktionen in Zusammenhang mit dem NW untersucht worden, jedoch mit Ausnahme einer Arbeit von Latimer und Hoenshel (67) nicht mit einer für uns in Frage kommenden Meßgenauigkeit. Innerhalb ihrer Meßfehler bestätigen sie jedenfalls den Wärmesatz.

g) Chemische Reaktionen unter Teilnahme von Gasen. Wir betrachten jetzt homogene und heterogene Reaktionen mit gasförmigen Teilnehmern, und zwar in dem Sinne, daß wir die aus ihnen ermittelten chemischen Konstanten miteinander und mit den aus der Dampfdruckgleichung berechneten vergleichen. Wie auf S. 229 näher ausgeführt, verlangt der NW, daß die aus beliebigen Reaktionen berechneten chemischen Konstanten einander gleich sind bzw. daß die Integrationskonstante der Reaktionsgleichung (I_k) durch die Summe der chemischen Konstanten der Einzelgase (i) gegeben ist. So erhalten wir also letzten Endes eine Prüfung des NW an kondensierten Reaktionen.

Zu diesem Abschnitt gehört die überwiegende Mehrzahl der praktisch interessierenden chemischen Reaktionen, infolgedessen liegt ·hier auch das meiste Material an Gleichgewichtsmessungen vor. Ein erster Versuch, diese Messungen im obenerwähnten Sinne zur Prüfung des NW heranzuziehen, wurde in einer Arbeit von Langen (65) unternommen, wobei sich keine sehr gute Konstanz der aus verschiedenen Reaktionen errechneten chemischen Konstanten herausstellte. Aber erst die von Eucken und seinen Mitarbeitern (32, 33, 110) durchgeführten Bestimmungen der chemischen Konstanten einer größeren Anzahl von Gasen ermöglichte eine umfassendere und genauere Prüfung.

Eucken faßt seine Ergebnisse wie folgt zusammen: ,,Es ergibt sich, daß die vom NW geforderte Gleichung $I_K = \Sigma i$ nicht erfüllt ist, so daß bei einer Reihe von Substanzen, mindestens aber in einem Falle (Wasserstoff) das Vorhandensein einer endlichen Nullpunktsentropie im festen Aggregatzustand angenommen werden muß. Die erhaltenen I_K-Werte lassen sich gut wiedergeben, wenn man der Nullpunktsentropie dort, wo sie nicht verschwindet, einen Absolutwert von $R \ln 2$ zuschreibt.'' Durch diese sehr wichtigen Messungen wäre also nach Ansicht des Autors der NW als nicht allgemein gültig nachgewiesen, und zwar in dem Sinne, daß bei einigen kristallisierten Substanzen am a.N. kein eindeutig definierter Ordnungszustand herrscht, sondern eine Verteilung der Moleküle auf zwei energetisch gleichwertige Zustände (statistisches Gewicht 2) erfolgen kann. Es fragt sich nun, ob diese Schlußfolgerung unbedingt zwingend ist (siehe auch 96, 34). Wir hatten ja schon bei den Umsetzungen der 1. Gruppe Beispiele dafür gefunden, daß der Übergang in den Zustand eindeutiger Ordnung erst bei sehr tiefen Temperaturen (Temperatur des flüssigen Heliums) erfolgt und dies bedeutet, daß die Atome verschiedener Zustände fähig sind, deren Energieunterschied zwar nicht Null, aber doch so gering ist, daß der Übergang in den Zustand kleinster Energie erst bei sehr tiefen Temperaturen einsetzen kann. Da die Messungen Euckens nur bis 20° abs. herab durchgeführt waren, besteht durchaus die Möglichkeit, daß hier dasselbe der Fall ist. Wir müssen uns daher zunächst mit dieser Frage beschäftigen.

h) **Übergang in den Zustand völliger Ordnung bei sehr tiefen Temperaturen.** Schottky (93), der schon vor Euckens Messungen auf die erwähnte Möglichkeit hingewiesen hatte, hat auch gezeigt, auf welche Weise sich dies bemerkbar machen müßte. Wir wollen einmal annehmen, daß ein Molekül in einem Kondensat zweier verschiedener Zustände fähig ist, die sich um einen kleinen Energiebetrag (U cal/Mol) unterscheiden. Für das Verhältnis der Konzentrationen der beiden Zustände (c_1, c_2) ergibt sich dann unter Voraussetzung des gleichen statistischen Gewichtes: $\dfrac{c_2}{c_1} = e^{-\frac{U}{RT}}$, oder, wenn wir für $\dfrac{U}{R}$ die charakteristische Temperatur der Umlagerung Θ_u einführen, $\dfrac{c_2}{c_1} = e^{-\frac{\Theta_u}{T}}$. In Abb. 13 ist nach dieser Gleichung die Konzentration der auf dem höheren Energieniveau befindlichen Moleküle c_2 als Funktion der Temperatur eingetragen. Bei tiefen Temperaturen sind alle Moleküle auf dem unteren Energieniveau, mit steigender Temperatur wird ein Teil auf das höhere gehoben (thermisch angeregt), und zwar wird dieser Anteil merklich, wenn RT von der Größenordnung U, also $\Theta_u \cong T$ ist. Bei weiter steigender Temperatur nähert sich schließlich c_2 asymptotisch dem Wert $\frac{1}{2}$ (die Moleküle sind gleichmäßig auf beide Zustände verteilt).

Für den Übergang auf den höheren Energiezustand ist nun die Energie U aufzubringen, und da die Verteilung der Moleküle auf beide Zustände temperaturabhängig ist, überlagert sich über die normale spezifische Wärme der Substanz eine Anomalie vom Betrage $\Delta C = U \dfrac{dc_2}{dT}$. Diese Anomalie wird bei tiefen und hohen Temperaturen verschwinden, da dort $\dfrac{dc_2}{dT} = 0$ ist, und in der Nähe der Temperatur $T = \Theta_u$ merkliche Beträge annehmen. Im einzelnen erhält man für sie durch Einführung von

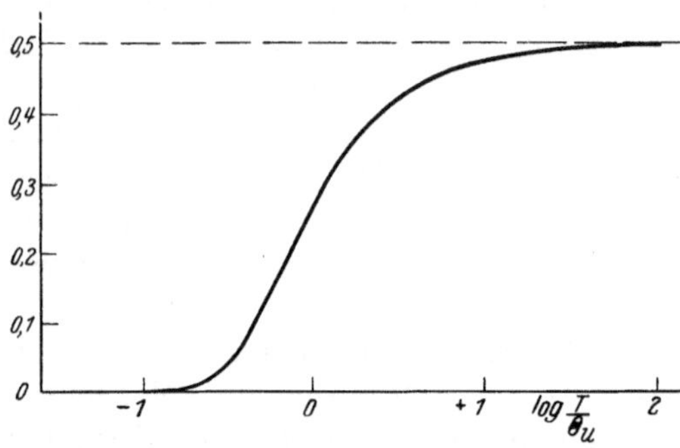

Abb. 13. Konzentration der thermisch in einen höheren Quantenzustand gehobenen Atome als Funktion der Temperatur.

$$\frac{c_2}{c_1} = \frac{c_2}{1 - c_2} = e^{-\frac{\Theta_u}{T}} = e^{-x}$$

$$\Delta C = R \frac{x^2 e^x}{(e^x + 1)^2} \qquad \text{(Umlagerungsfunktion)}.$$

Diese anomale spezifische Wärme hängt also nur von dem Verhältnis $\dfrac{\Theta_u}{T} = x$ ab. Bei Auftragung gegen $\log T$ erhalten wir daher für verschiedene Θ_u eine Kurve genau derselben Form, deren Lage auf der Temperaturachse mit dem Wert von Θ_u variiert (Abb. 14). Die Lage des Maximums dieser Kurve, das (unabhängig von Θ_u) die beträchtliche Höhe von $0{,}44\,R = 0{,}87$ cal/Grad besitzt, liegt bei der Temperatur $T = 0{,}42\,\Theta$. Der Gesamtinhalt der Kurve gibt den von der Verteilung der Atome auf die Zustände herrührenden Anteil der Entropie an und beträgt daher $R \ln 2$.

Die obigen Formeln lassen sich leicht verallgemeinern für den Fall, daß die statistischen Gewichte der beiden Anordnungen nicht im Verhältnis $1:1$, sondern im beliebigen Verhältnis m stehen. Man erhält dann für die Anomalie der spezifischen Wärme und den Entropieinhalt die folgenden Ausdrücke:

$$\Delta C = m R \frac{x^2 e^x}{(e^x + m)^2}$$

$$\Delta S_{(T = \infty)} = R \ln (m + 1).$$

(In Abb. 14 ist auch die Anomalie für $m = 2$ aufgezeichnet.)

Es sei noch bemerkt, daß die obigen Formeln nur für den Fall gelten, daß der Übergang der Moleküle von dem einen in den anderen Zustand unabhängig von den umgebenden Molekülen vor sich geht.

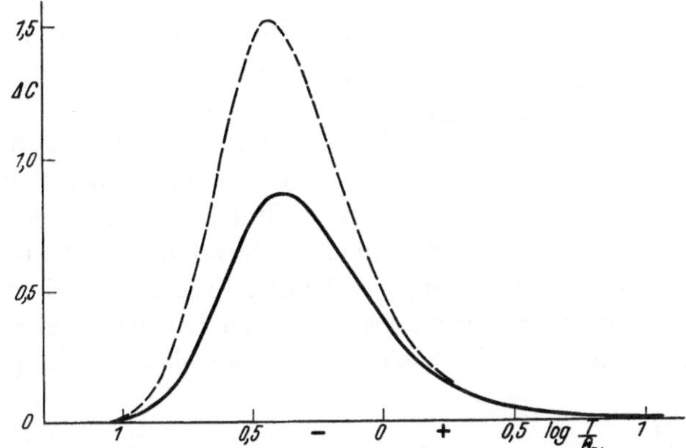

Abb. 14. Umlagerungsfunktion nach SCHOTTKY, —— bei einem Verhältnis der statistischen Gewichte beider Zustände = 1, - - - - = 2.

Wenn ein derartiger Fall in der Natur wirklich realisiert ist und die Energiedifferenz zwischen den beiden Zuständen so kleine Beträge besitzt, daß die genannte Anomalie ganz unterhalb der tiefsten Meßtemperatur verläuft, dann würde man natürlicherweise bei normaler Extrapolation der spezifischen Wärmen den Schluß ziehen, daß das Kondensat am a.N. eine Entropie $R \ln 2$ besitzt. Bevor man nun an eine derartige Möglichkeit glaubt, wird man nach Fällen suchen, in denen die Anomalie noch im Bereich der gemessenen spezifischen Wärme liegt, und solche Fälle sind in der Tat gefunden worden [SIMON *(97)*].

Eine derartige Anomalie ist leicht zu erkennen, wenn sie sich an einer solchen Stelle der normalen spezifischen Wärme der Substanz überlagert, an der diese schon praktisch verschwunden ist. Dies ist aber bis zum Temperaturgebiet des flüssigen Wasserstoffs herab — und unterhalb dieser Temperatur sind kaum Messungen ausgeführt worden — im allgemeinen nicht der Fall. Bei einer Überlagerung in höheren Temperaturgebieten ist sie nur zu erkennen, wenn die normale spezifische Wärme der Substanz einer theoretisch bekannten Funktion folgt. Dieser Fall liegt bei den einatomigen, regulär kristallisierenden Substanzen vor, deren spezifische Wärme bekanntlich durch eine DEBYE-Funktion (D. F.) gut wiedergegeben wird. Bei diesen wurden die Anomalien daher zunächst aufgefunden.

In Abb. 15 ist die spezifische Wärme des grauen Zinns, das Diamantstruktur besitzt und daher einer DEBYE-Funktion folgen sollte, aufgezeichnet. Wir sehen aber, daß sie mit einer DEBYE-Funktion (Kurve a) nicht zur Deckung zu bringen ist. Die Differenz gegen eine DEBYE-Funktion jedoch läßt sich mit großer Genauigkeit durch die Umlagerungsfunktion wiedergeben, wie die Abbildung zeigt. In der folgenden Abb. 16 ist dies an der dort aufgetragenen Differenz zur DEBYE-Funktion noch deutlicher zu erkennen. Obwohl man zur Darstellung der Kurven zwei Parameter zur Verfügung hat, ist sie doch recht zwangsläufig. So gelingt es

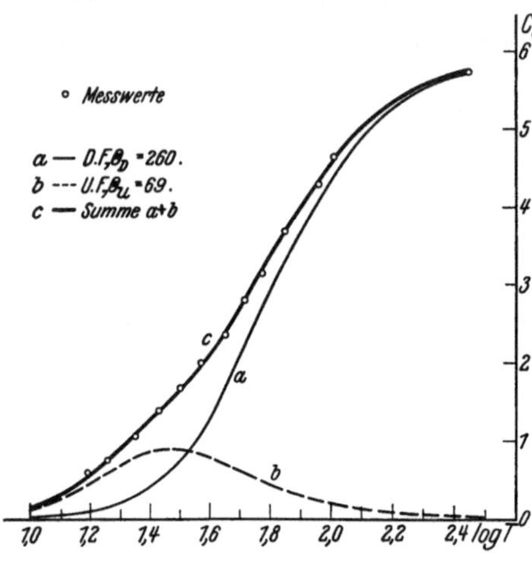

Abb. 15. Atomwärme des grauen Zinns.

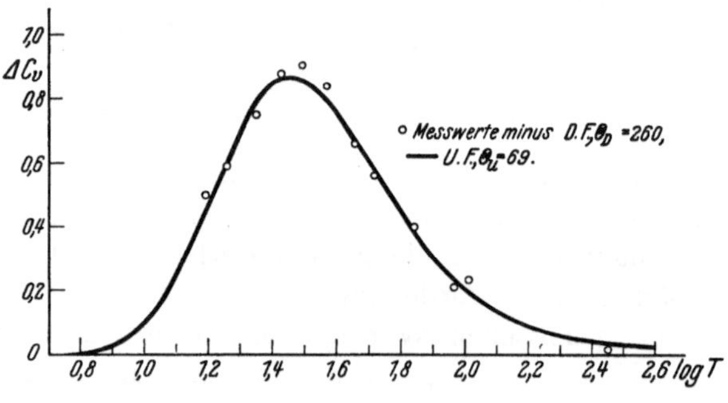

Abb. 16. Anomalie der Atomwärme des grauen Zinns.

z. B. nicht, mit der sehr ähnlich aussehenden Umlagerungsfunktion für die statistischen Gewichte 2:1 zum Ziele zu kommen.

Das gleiche Ergebnis wurde für Silizium und für den Diamanten gefunden, die der gleichen Gruppe des periodischen Systems angehören und die gleiche Kristallstruktur besitzen, ferner auch für die Alkalimetalle Lithium, Natrium, Kalium. In Abb. 17 ist die spezifische Wärme des Lithiums aufgetragen. Hier liegt die Anomalie an einer derartigen Stelle, daß die resultierende Kurve einer DEBYE-Funktion sehr ähnlich ist. Die Berechtigung für die Zerlegung wurde daran erkannt, daß die Messungen der thermischen Ausdehnung (*100*), die bei diesen Substanzen nach der GRÜNEISENschen Formel der spezifischen Wärme proportional ist, der in der Abbildung durch die D. F. ($\Theta = 510$) gegebenen „wirklichen" spezifischen Wärme folgt. Dies bedeutet gleichzeitig, daß die Anomalie ohne Einfluß auf die thermische Ausdehnung ist, wie es der Fall sein muß, wenn der Übergang in den höheren Quantenzustand unabhängig von den benachbarten Molekülen erfolgt.

In der folgenden Tabelle sind die bisher mit Sicherheit erkannten, der SCHOTTKY-Funktion folgenden Umlagerungen unter Angabe von Θ_u, der Temperatur des Maximums der Anomalie und der Energiedifferenz zwischen beiden Zuständen, aufgeführt.

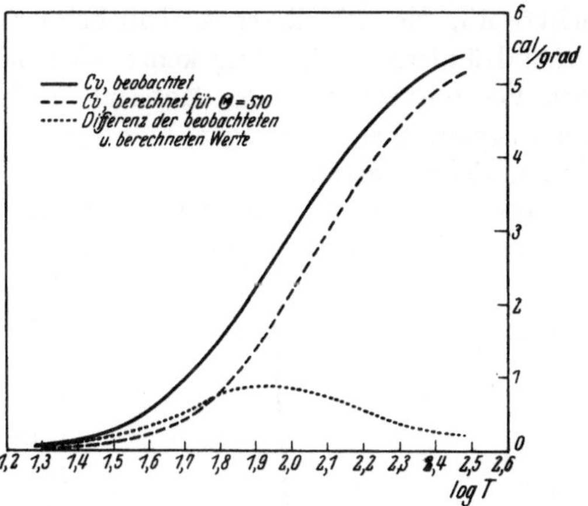

Abb. 17. Atomwärme des Lithiums.

Substanz	Θ_u	$T_{\max}$	U (cal/Mol)	U (Volt-Elektron)
C Diamant . . .	1070	450	2120	0,092
Si	246	103	490	0,021
Sn grau	69	29	137	0,0060
Li	205	86	407	0,0175
Na	95	40	189	0,0082
K	59	25	117	0,0051

Es sei noch erwähnt, daß auch bei einigen weiteren Substanzen Anzeichen für ein derartiges Verhalten vorliegen. Überhaupt ist es sehr wohl möglich, daß der Fall noch viel häufiger auftritt, da wir ihn zunächst nur an der nicht sehr zahlreich vertretenen Gruppe einatomiger regulär kristallisierender Substanzen feststellen können.

Über diese Umlagerungen läßt sich folgendes aussagen: 1. Der Übergang zwischen beiden Zuständen muß nahezu unabhängig von den umgebenden Molekülen sein (Gültigkeit der SCHOTTKY-Funktion und kein Einfluß auf die thermische Ausdehnung). 2. Die beiden Zustände haben das gleiche statistische Gewicht. 3. Die Einstellung erfolgt sehr rasch, es sind keine Verzögerungserscheinungen zu beobachten. 4. Im Fall des Diamanten scheint der Übergang sich auch optisch bemerkbar zu machen.

Wie das Auftreten zweier energetisch etwas verschiedener Zustände durch den Atomaufbau im einzelnen zu erklären ist, läßt sich noch nicht sagen. Nach 1 ist es anzunehmen, daß es sich um inneratomare Umlagerungen handelt. Ein Vergleich mit dem aus optischen Daten bekannten Aufbau der Gasatome ist nicht direkt durchführbar, da man nicht weiß, wie sich dieser Aufbau beim Zusammentritt zum Kristallverband ändern wird. Umgekehrt wird man sagen können, daß sich nach Vervollständigung des Materials auch in der Richtung optischer und magnetischer Messungen hierüber wesentliche Schlußfolgerungen werden ziehen lassen.

Außer den oben betrachteten Umlagerungen, bei denen der Übergang in den Zustand der höheren Energie weitgehend unabhängig von der Umgebung ist, gibt es noch eine zweite Art, bei denen dies nicht der Fall ist. Diese wurde zuerst am Ammoniumchlorid [Simon (95)] aufgefunden. Sie ist für diese Substanz in Abb. 18 wiedergegeben. Die spezifische Wärme steigt zunächst langsam, dann immer schneller über den normalen Wert bis zu sehr großen Beträgen an (noch wesentlich höher, als es in der Abbildung angegeben werden konnte) und fällt dann sehr schnell auf den normalen Wert zurück. Die ganze Umlagerung drängt sich auf das Gebiet weniger Grade zusammen. Die der anomalen spezifischen Wärme entsprechende Gesamt-

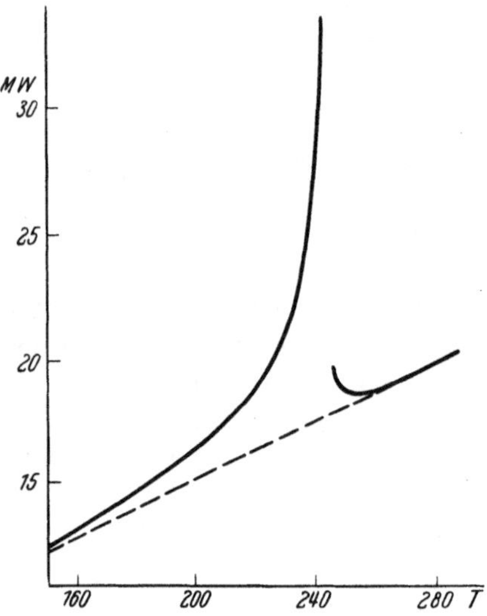

Abb. 18. Molwärme des Amoniumchlorids.

energie ist ebenfalls, wie bei den anderen Umlagerungen, von der Größenordnung $R\,T$. Die Kristallstruktur dieser Substanzen zeigt keine diskontinuierliche Änderung (104), es tritt ja hier auch keine diskontinuierliche Änderung der Energie auf.

Die Form dieser Kurve kann man sich unter der Annahme erklären, daß der Energieunterschied zwischen den beiden Zuständen infolge der Wechselwirkung mit den Nachbarn abhängig von der Konzentration der schon im höheren Zustand befindlichen Teilchen ist, in dem Sinne, daß er mit steigender Konzentration abnimmt. In diesem Fall müßte sich im Umlagerungsgebiet wegen der Wechselwirkungen mit den Nachbarn ein Einfluß auf das Volumen nachweisen lassen. Das ist in der Tat festgestellt worden (100).

Der gleiche Typus von Umlagerungen, den wir im Anschluß an amerikanische Autoren „Ammoniumchloridtypus" nennen wollen, wurde noch bei einer großen Anzahl von Substanzen gefunden, so z. B. bei fast allen Ammoniumsalzen (*105, 17*) bei nahezu der gleichen Temperatur, ferner bei FeO (185° abs.), Fe_3O_4 (115°), MnO (116°), MnO_2 (93°), n-Buttersäure (221°), HBr (88°), HJ (70° und 125°) nach Messungen von Millar (*76*), Parks u. Anderson (*78*), Eucken u. Karwat (*31a*) Giauque u. Wiebe (*40, 41*), außerdem noch bei nur 20° abs. beim Methan [Clusius (*15*)].

Die Erscheinung ist höchstwahrscheinlich darauf zurückzuführen, daß das Molekül oder Radikal in eine andere Konfiguration übergeht. Ultrarotmessungen an Ammoniumsalzen (*50*) haben jedenfalls gezeigt, daß die den Schwingungen innerhalb des NH_4-Radikals entsprechenden Ultrarotfrequenzen im Übergangsgebiet eine der Energiekurve parallelverlaufende Änderung zeigen.

Der Verlauf der spezifischen Wärme des Ammoniumchloridtypus erinnert sehr an die Anomalie der spezifischen Wärme der Ferromagnetica in der Nähe des Curie-Punktes, und diese beiden Erscheinungen haben ja auch sachlich sehr viel gemeinsam. Bei den Ferromagneticis handelt es sich um die Energie, die zur Zerstörung der durch das innere Feld hervorgerufenen Ordnung aufzubringen ist. Auch die elektrische Analogie zu diesem Fall ist kürzlich von Joffe (*53*) beim Seignettesalz aufgefunden worden. Jedenfalls handelt es sich hier um denselben Erscheinungstypus, wenn es auch nicht nötig ist, daß magnetische oder elektrische Effekte dabei auftreten. Bei einer Reihe der obenerwähnten Umwandlungen vom Ammoniumchloridtyp ist jedenfalls nichts Derartiges aufzufinden gewesen.

Nachdem nun die Existenz von Energiestufen derartig kleinen Betrages in kristallisierten Körpern festgestellt ist, muß man mit der Möglichkeit rechnen, daß es auch Stufen mit noch kleineren Energiedifferenzen gibt, die sich also erst unterhalb der bisher tiefsten Meßtemperatur bemerkbar machen. Wir sahen schon, daß beim Methan eine Umlagerung vom Ammoniumchloridtyp bei 20° abs. gefunden wurde, wodurch sich jetzt für seine chemische Konstante ein wesentlich anderer Wert ergab. Uns interessiert nun hauptsächlich im Zusammenhang mit Euckens Messungen das Verhalten des festen Wasserstoffs.

Hier war inzwischen die Sachlage sehr wesentlich dadurch geklärt worden, daß nach den Aussagen der Quantenmechanik das Wasserstoffmolekül in zwei verschiedenen Modifikationen auftreten kann — Ortho- und Parawasserstoff —, und daß diese Voraussage auch experimentell bestätigt wurde [Bonhoeffer u. Harteck (*12*), Eucken u. Hiller (*35*)]. Der normale Wasserstoff bei Zimmertemperatur besteht aus einem Gemisch beider Molekülarten im Verhältnis 3:1; mit fallender Temperatur verschiebt sich das Gleichgewicht derart, daß bei tiefen Temperaturen nur der Parawasserstoff stabil ist. Die Einstellung des

Gleichgewichtes erfolgt unter normalen Bedingungen jedoch so langsam, daß der Wasserstoff auch bei tiefen Temperaturen in allen Aggregatzuständen aus dem Gemisch 3:1 besteht, wenn man nicht besondere Maßnahmen für die Umwandlung trifft. Das statistische Gewicht des Grundzustandes des Paramoleküls ist 1, das des Orthomoleküls 9. Für den reinen Parawasserstoff ist also ohne weiteres eine Gültigkeit des NW vorauszusagen, für den reinen Orthowasserstoff nur dann, wenn in Wirklichkeit der neunfache Term nicht streng entartet, sondern zum mindesten im kondensierten Zustand aufgespalten ist. Für ein Ortho-Paragemisch müßten wir außerdem noch das Nichteinfrieren verlangen, also den Übergang in eine regelmäßige Anordnung (geordnete Misch-phase), wenn wir nur aus thermischen Daten seine Entropie berechnen wollen.

In Abb. 19 ist das Ergebnis der bis zu 2° abs. ausgedehnten Messungen (*102*) angegeben. Die spezifische Wärme des reinen Parawasserstoffs geht auf normale Weise gegen 0, die eines 50%igen Gemisches trennt sich von der Kurve des Parawasserstoffs bei etwa 10° abs. und steigt bei tieferer Temperatur sogar wieder an, das 75%ige Gemisch zeigt eine noch stärkere Anomalie. Als

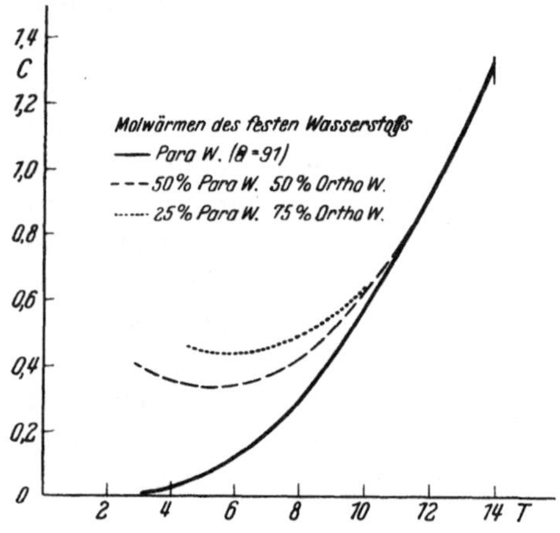

Abb. 19. Molwärmen des festen Wasserstoffs.

Erklärung für diese Anomalie käme in Betracht entweder 1. daß sie von dem Übergang der Para- und Orthomoleküle in die geordnete Misch-phase herrührt oder 2. daß der Orthoterm im festen Körper nicht streng entartet ist, so daß bei diesen Temperaturen ein Übergang in das tiefste Energieniveau einsetzt. Im ersten Falle müßte die Anomalie ein Maximum für das 50:50%ige Gemisch zeigen. Dies ist aber nicht der Fall und damit ist bewiesen, daß der Orthoterm im Kondensat aufgespalten ist. Die bisherigen Messungen reichen noch nicht bis zu genügend tiefen Temperaturen, um den Verlauf der Anomalie extrapolieren und den ihr entsprechenden Entropiebetrag angeben zu können (siehe dazu S. 269).

Dieser Befund hat nun zwar den Widerspruch im Falle des Wasserstoffs beseitigt, aber andererseits muß man sagen, daß er auch eine beträchtliche Unsicherheit für die praktische Anwendung des NW zur Folge hat, und zwar in zwei Beziehungen. Erstens muß man damit rechnen, daß eine chemisch reine Substanz ebenso wie der Wasserstoff aus zwei verschiedenen (gegeneinander resistenten) Molekülarten aufgebaut sein kann und daß wir daher eine Mischphase in Händen haben. Dabei ist es sehr unwahrscheinlich, daß eine derartige Mischphase mit fallender Temperatur noch in eine geordnete Gruppierung übergehen kann, also nicht einfriert. Da dies nicht ohne weiteres an der Substanz zu erkennen sein braucht, macht man dann Aussagen über thermodynamisch nicht behandelbare Zustände und kommt so zu falschen Resultaten. Ferner muß man noch die Möglichkeit in Betracht ziehen, daß auch im festen Körper Moleküle mehrerer Zustände derartig kleiner Energiedifferenz fähig sind, daß der Übergang in den Zustand kleinster Energie erst bei sehr tiefen Temperaturen erfolgt. Liegt der Fall so wie beim Wasserstoff, dann ist dies immerhin noch meßbar, wenn auch die Notwendigkeit, Messungen bei Heliumtemperaturen auszuführen, die praktische Anwendbarkeit des NW einschränken würde.

Aber es wäre ja auch denkbar, daß die betreffenden Energieunterschiede so klein sind, daß erst bei Temperaturen etwa der Größenordnung $1/_{1000}$° abs. ein Übergang in den völlig geordneten Zustand zu erwarten ist, und derartige Temperaturen wird man sicher in der nächsten Zukunft nicht erreichen können. Es läßt sich sogar voraussagen, daß es Zustände mit derartig kleinen Energiedifferenzen geben wird, nämlich solche, die durch die verschiedenen Einstellungsmöglichkeiten des Kerndralls gegenüber dem Atomäußeren bedingt sind [SCHOTTKY, SCH. (S. 246)]. Diese würden aber dann belanglos sein, wenn sie in allen Zuständen des Systems in der gleichen Weise auftreten, also wenn der Übergang in den Zustand kleinster Energie in allen Zuständen unterhalb der tiefsten Meßtemperatur einsetzen würde. Dann würde die dadurch bedingte scheinbare Nullpunktsentropie der Einzelphasen für die Berechnung der Entropie des Übergangs zwischen ihnen herausfallen, mit anderen Worten: man könnte diese Multiplizität bei der Wahl des Entropienullpunktes unberücksichtigt lassen. Theoretische Überlegungen lassen dieses letztere auch wahrscheinlich erscheinen und die vielen besprochenen Fälle der Gültigkeit des NW sprechen ebenfalls dafür. Aber mit Sicherheit läßt sich dieser Fall zunächst nicht ausschließen.

Nach den obigen Ergebnissen kann sich also der durch den NW geschaffene Bezugspunkt der Entropie der experimentellen Benutzung dadurch entziehen, daß zwischen dem a.N. und der tiefsten erreichbaren Meßtemperatur noch Entropieänderungen der Größenordnung $R \ln 2$ auftreten oder auch dadurch, daß die betreffende Phase unerkannt in einem thermodynamisch nicht behandelbaren Zustand vorliegt, wodurch eine Unsicherheit der gleichen Größenordnung bedingt sein kann. Für die Erfordernisse der Praxis — also z. B. für die Vorausberechnung eines technisch interessierenden Gleichgewichts — ist der dadurch mögliche Fehler zwar bedeutungslos, was man leicht daran erkennt, daß es einer Häufung sehr sorgfältiger Messungen bedurfte, um ihn überhaupt nur in einem Falle nachzuweisen. Aber die Frage des Ordnungszustandes[1] der festen Körper besitzt natürlich ein sehr großes theoretisches Interesse. Die Untersuchung dieser Verhältnisse ist nun dadurch sehr erschwert, daß eine Umsetzung immer nur eine Beziehung zwischen den Entropien einer Reihe von Substanzen gibt. Man muß also viele Umsetzungen untersuchen und zusehen, welche Einzelwerte der Entropie bzw. der chemischen Konstanten alle Gleichgewichte befriedigen, um erkennen zu können, welches Kondensat sich noch nicht im Ordnungszustand befindet. Dieser Weg wird dadurch besonders mühsam und unsicher, daß die experimentellen Fehler — wie erwähnt — meist von der Größenordnung des gesuchten Effektes sind. Hier kann man nun mit Hilfe anderer Überlegungen weiter kommen.

3. Theoretische Berechnung der Entropie der Gase und Vergleich mit dem Experiment. (Gemeinsam mit K. WOHL). Wir haben bisher die Entropie einer Substanz bei einer endlichen Temperatur T dadurch bestimmt, daß wir sie am a.N. nach dem NW gleich Null gesetzt und dann mit Hilfe der spezifischen Wärme bis zur Temperatur T heraufgerechnet haben. Es gibt aber noch einen anderen Weg für die Ermittlung des Absolutwertes der Entropie, nämlich den der Berechnung aus dem Zustand der Substanz bei der betreffenden Temperatur selbst mit Hilfe der Quantenstatistik. Dazu muß man natürlich alle für die Kennzeichnung des Makrozustandes des Systems notwendigen Bestimmungsstücke kennen und dies wird nur bei sehr einfachen Gebilden möglich sein. Die Theorie muß, um mit dem NW in Übereinstimmung zu sein, natürlich zur Entropie Null am a.N. führen und bei den bisher behandelbaren einfachen Systemen ist dies auch der Fall. Z. B. könnte man die Entropie eines regulären einatomigen Kristalls bei einer endlichen Temperatur ausrechnen (DEBYE [*19, 20*], siehe auch PLANCK [*87*]), wenn man die Schwingungsfrequenz durch optische Messungen ermittelt hat. Man könnte sich in so einem Falle also die Messung der spezifischen Wärme ersparen, die natürlich auch aus der Theorie richtig folgen würde. Selbst bei einem einfachen realen festen Körper ist dieser Weg aber deswegen schon nicht gangbar, weil die Atome ja nicht nur kräftebegabte Massenpunkte sind, sondern aus kleineren Einheiten bestehen, über deren Gruppierung im Kristall wir ohne weiteres keine Aussagen machen können.

---

[1] SCHOTTKY [SCH. (S. 232)] nennt Phasen im Zustand völliger Ordnung „NERNSTsche Körper", eine Phase, die nicht in diesem Zustand ist, „Nicht-NERNSTsche Phase". Wir wollen diese Bezeichnung nicht übernehmen, da unter den Begriff „Nicht-NERNSTsche Phase" zwei verschiedene Dinge zusammengefaßt sind. Einmal die eingefrorenen Phasen (diese sollte man nach einer Bemerkung von STERN besser „Nicht-Thermodynamische Phasen" nennen), und dann solche, deren Übergang in den Zustand völliger Ordnung erst unterhalb der tiefsten Meßtemperatur einsetzen würde. Durch diese Zusammenfassung zweier verschiedener Dinge unter derselben Bezeichnung ist leicht die Möglichkeit zu Irrtümern gegeben.

a) Die theoretischen Werte der chemischen Konstanten.
Sehr wohl läßt sich aber dieser Weg bei den einfachsten Gebilden, den
Gasen, beschreiten, und dieses ist — angeregt durch den NW — auch
bald nach dessen Aufstellung geschehen. Wir wollen zunächst die Ergebnisse der Theorie anführen und auf die historische Entwicklung später
kurz zurückkommen. Man erhält für die chemischen Konstanten folgende Ausdrücke:

Einatomige Gase:

$$i = \ln \left(\frac{2\pi}{N}\right)^{3/2} \frac{k^{5/2}}{h^3} + {}^3/_2 \ln M + \ln g$$

Zweiatomige Gase:

$$i = \ln \left(\frac{2\pi}{N}\right)^{3/2} \frac{k^{5/2}}{h^3} + {}^3/_2 \ln M + \ln \frac{8\pi^2 k I}{h^2} + \ln g$$

Mehratomige Gase:

$$i = \ln \left(\frac{2\pi}{N}\right)^{3/2} \frac{k^{5/2}}{h^3} + {}^3/_2 \ln M + {}^3/_2 \ln \frac{8\pi^{7/3} k \bar{I}}{h^2} + \ln g$$

Nach Umrechnung auf dekadische Logarithmen (log) und Einsetzen
der Zahlenwerte ergeben sich folgende Werte, falls man die Drucke in
Atmosphären mißt:

Einatomige Gase:

$$j = -1{,}587 + 1{,}5 \log M + \log g. \tag{11}$$

Zweiatomige Gase:

$$j = 36{,}815 + 1{,}5 \log M + \log I + \log g. \tag{12}$$

Mehratomige Gase:

$$j = 56{,}265 + 1{,}5 \log M + 1{,}5 \log \bar{I} + \log g \tag{13}$$

($M =$ Molekulargewicht, $I =$ Trägheitsmoment, $\bar{I}$ bei mehratomigen Gasen
das durch $\sqrt[3]{I_1 I_2 I_3}$ definierte Mittel über die verschiedenen Trägheitsmomente, $g =$ statistisches Gewicht.) Bei einatomigen Gasen ist außer
dem statistischen Gewicht[1] der einzig eingehende individuelle Parameter
das Atomgewicht. Bei mehratomigen Gasen treten als weitere Bestimmungsstücke die Trägheitsmomente hinzu, deren Werte durch Kenntnis
der Bandenspektra vermittelt werden (siehe z. B. MECKE [72]). Diese
geben uns auch Aufschluß über das statistische Gewicht g, das sich aus
drei Anteilen zusammensetzt: $g = \frac{g_E g_K}{s}$. g_E gibt die Multiplizität des
Grundzustandes der Elektronenanordnung an; die Symmetriezahl s, die
nur bei zwei- und mehratomigen Gasen in Erscheinung tritt, ist gegeben

---

[1] Ist der Zustand eines Atoms auf g-fache Weise realisierbar (statistisches
Gewicht g), dann wird die Gesamtkonzentration dieser Atome in einem beliebigen Gleichgewicht g mal so groß und nach Gleichung (7) ändert sich
die chemische Konstante um $\Delta i = \ln g$. Nach Gleichung (9) tritt beim statistischen Gewicht g zur Entropie das Zusatzglied $\Delta S = R \cdot \ln g$ hinzu, also
$\Delta S = R \Delta i = 2{,}30 \cdot R \cdot \Delta j$.

durch die Zahl der durch Drehoperationen ineinander überführbaren identischen Lagen des Moleküls. Sie ist ein Ausdruck für eine Verminderung der Zahl der Zustände, die bei der statistischen Abzählung als voneinander verschieden zu behandeln sind. Der nach dieser klassisch-statistischen Definition gebildete Wert von s bleibt auch nach der Quantenstatistik erhalten. Wenn die Kerne keinen Drall besitzen, also nur *eine* Konfiguration der Kerne im Molekül möglich ist, kommt bei den zweiatomigen Molekülen beispielsweise die der Symmetriezahl entsprechende Verminderung der Anzahl der Zustände auf die Hälfte jetzt dadurch zustande, daß nur die ungeraden Rotationszustände erlaubt sind.

Existiert ein Kerndrall, so ist das statistische Gewicht pro Atom mit der Zahl g_K zu multiplizieren. Für das einzelne Atom ist g_K durch die Anzahl z der Einstellmöglichkeiten des Kerns gegeben. Für ein zwei- oder mehratomiges Molekül ist g_K gleich dem Produkt der für die einzelnen Atome geltenden z-Werte. Ist z. B. wie beim Wasserstoff*atom* $z = 2$, so wird durch diesen Umstand die chemische Konstante des Wasserstoffatoms um log 2 vergrößert; beim Wasserstoff*molekül* ergibt die Anwendung der obigen Vorschrift, daß die chemische Konstante infolge des Kerndralls um 2 log 2 größer wird, und zwar entsteht dies auf Grund der PAULIschen Forderung, daß nur Zustände mit antisymmetrischen Gesamteigenfunktionen erlaubt sind, auf folgende Weise: Die Konfiguration des Wasserstoffmoleküls mit antisymmetrischen Kerneinstellungen (Parawasserstoff), die das statistische Gewicht 1 besitzt, kann nur in geradzahligen Rotationszuständen existieren. Die Konfiguration mit symmetrischen Kerneinstellungen (Orthowasserstoff) kann nur in ungeradzahligen Rotationszuständen auftreten; sie besitzt wegen der verschiedenen Einstellmöglichkeiten des resultierenden Gesamtkernmoments das statistische Gewicht 3. Bei hohen Temperaturen, wo an und für sich die geraden und ungeraden Rotationszustände gleich wahrscheinlich sind, tritt also die Ortho- und Paraform im Mischungsverhältnis 3 : 1 auf[1]). Die Zusatzentropie einer derartigen Mischung ergibt sich dann durch Anwendung der Mischungsformel (9) und durch Berücksichtigung der statistischen Gewichte zu

$$\varDelta S = R\left[-\frac{1}{4}\ln\frac{1}{4} - \frac{3}{4}\ln\frac{3}{4} + \frac{3}{4}\ln 3\right] = R\ln 4 = R\cdot 2\cdot\ln 2\,,$$

die chemische Konstante j vergrößert sich also um $\dfrac{\varDelta S}{2{,}30\,R} = 2\log 2$, wie es vorher behauptet wurde. Entsprechend liegen die Verhältnisse bei anderen Molekülen mit zwei gleichen Atomen, doch ist dort das Verhältnis der Ortho- und Paramodifikationen je nach der Größe des Kerndralls verschieden. Bei Berechnung der statistischen Gewichte ist

---

[1] Wie sich die Verhältnisse bei Temperaturen gestalten, bei denen die geraden und ungeraden Rotationszustände nicht mehr gleich wahrscheinlich sind, werden wir auf S. 269 näher besprechen.

zu beachten, daß Moleküle aus verschiedenen Isotopen desselben Atoms ebenso zu behandeln sind, wie Moleküle aus verschiedenen Atomen.

Die Formeln für die chemischen Konstanten wurden zunächst durch Anwendung der Boltzmann-Statistik und der älteren Quantentheorie auf Gase von Sackur (*91*), Tetrode (*114*) und Planck (*86*) entwickelt, ohne Berücksichtigung der vom inneren Aufbau herrührenden Multiplizität, also ohne *g*. Diesen Ableitungen haftete jedoch eine grundsätzliche, durch die statistische Abzählung der Mikrozustände bedingte Unsicherheit an, die erst durch die neuen Quantenstatistiken (Einstein [*27*], Fermi [*36*]) beseitigt wurde. Auf andere Weise, nämlich durch Betrachtung des Gleichgewichtes des Gases mit einem idealisierten festen Körper gelangte Stern (*107*) zu den gleichen Formeln. Auf die Notwendigkeit, die Multiplizität des inneren Zustandes der Moleküle durch das statistische Gewicht *g* zu berücksichtigen, wies zuerst Schottky (*93, 94*) hin. Die Symmetriezahl wurde auf Grund klassisch statistischer Überlegungen von Ehrenfest u. Trkal (*25*) eingeführt. Gibson u. Heitler (*45*) gaben schließlich die quantenmechanische Begründung der Symmetriezahl und zeigten, in welcher Weise g_K in die chemische Konstante der Moleküle eingeht; ihre zunächst nur für zweiatomige Moleküle erhaltenen Resultate wurden von Ludloff (*69*) auf mehratomige Gase erweitert.

b) **Vergleich der theoretischen Werte der chemischen Konstanten mit dem Experiment.** Die erste Prüfung der theoretischen Werte erfolgte bei einatomigen Gasen durch Vergleich mit den aus dem Verdampfungsgleichgewicht ermittelten Konstanten (j_p) durch Nernst und seine Schüler [N. (S. 143 ff.)]. Es konnten die damals bestehenden theoretischen Formeln, in denen log *g* noch nicht enthalten war, bestätigt werden, da diese Prüfungen sich zufällig auf Substanzen bezogen, bei denen $g = 1$ ist. Eine Abweichung von diesen Formeln, die daher rührte, daß dieses Glied log *g* noch fehlte, wurde von Ladenburg u. Minkowski (*62*) am Natrium wahrscheinlich gemacht. Stern (*108*) prüfte die chemische Konstante des einatomigen Jods am homogenen Dissoziationsgleichgewicht und vermutete gleichfalls eine Abweichung, die in der Richtung eines unberücksichtigten Quantengewichts des Jodatoms lag. Wohl (*120*) zeigte an den Dissoziationsgleichgewichten von Chlor, Brom und Jod, daß eine derartige Abweichung vom ungefähren Betrage 0,6 bei allen drei Halogenatomen mit Sicherheit vorhanden ist.

Bei zwei- und mehratomigen Gasen wurde eine strenge Prüfung der theoretischen Formeln erst möglich, als die Bandenspektroskopie soweit entwickelt war, daß sie für Trägheitsmomente und statistische Gewichte zuverlässige Werte liefern konnte. Die Prüfung mit genügend sicheren Daten nahmen zunächst einige amerikanische Autoren vor, und zwar: Giauque u. Wiebe am HCl (*39*), HBr (*40*), HJ (*41*), Giauque u. Johnston am O_2 (*42*) und NO (*43*). Eucken (*31*) hat dann das Material wesentlich vermehrt (CO, H_2O, CH_4, N_2, CO_2, N_2O, NH_3, J_2, Br_2,

Cl_2). Er hat auch die bisher bekannten Daten zusammengestellt und diskutiert. Wir werden später die Besprechung des Materials an Hand dieser Arbeit vornehmen.

Die erste Berechnung eines homogenen Gasgleichgewichts mit Hilfe der vollständigen theoretischen Formeln der chemischen Konstanten und der spektroskopischen Daten von I und g gelang GIBSON u. HEITLER (*45*) an der Joddissoziation. Eine systematische Berechnung homogener Gasgleichgewichte auf diese Weise hat EUCKEN (*31*) durchgeführt.

Wir wollen nicht dieser historischen Entwicklung folgen, sondern zunächst den theoretisch einfachst liegenden Fall, den der *homogenen Gasgleichgewichte*, behandeln. Alle diese Gasgleichgewichte sind bei Temperaturen gemessen worden, bei denen die Rotationsfreiheitsgrade der beteiligten Moleküle vollerregt sind, wie es für die Anwendung der Formeln (12), (13) Voraussetzung ist. Wir müßten nun streng genommen die vollständigen Formeln einschließlich g_K für die Prüfung anwenden. Das wäre gleichbedeutend damit, daß wir als Bezugspunkt der Entropie den Zustand wählen, der durch eine eindeutige Orientierung der Kernmomente gekennzeichnet ist. Praktisch würde die Wahl dieses Entropienullpunkts zur Zeit die Schwierigkeit besitzen, daß wir die Größe des Kerndralls in vielen Fällen noch nicht kennen. Bei den homogenen Gasgleichgewichten ist aber die Berücksichtigung der g_K überflüssig; nach GIBSON u. HEITLER und LUDLOFF heben sich nämlich die g_K in homogenen Gasgleichgewichten — wie oben am Fall $H_2 = 2H$ näher ausgeführt — immer heraus. Wir können daher als Entropienullpunkt hier denjenigen wählen, der sich unter vollständiger Vernachlässigung der von den Kerndrallorientierungen herrührenden Multiplizitäten ergibt, brauchen also bei der Berechnung der chemischen Konstanten nur g_E und s zu berücksichtigen. Die so definierte chemische Konstante werden wir $j_{E,s}$ nennen. Die Berechnung der Gleichgewichtsverhältnisse von 15 Gasreaktionen aus den $j_{E,s}$, die in den oben erwähnten Arbeiten von EUCKEN und GIBSON u. HEITLER vorgenommen wurde, ergab eine durchaus befriedigende Übereinstimmung.

Dieses Ergebnis besagt natürlich noch nichts für die uns hier hauptsächlich interessierende Frage der Entropie der Kondensate in der Nähe des a.N. Darüber erhalten wir erst Auskunft, wenn wir die theoretische Konstante mit den aus den Verdampfungsgleichgewichten oder aus anderen heterogenen Reaktionen erhaltenen vergleichen. Da wir im vorigen gesehen hatten, daß der durch den NW geschaffene Bezugspunkt der Entropie der Kondensate sich in einigen Fällen der praktischen Benutzung dadurch entzieht, daß der Übergang zum Zustand der eindeutigen Ordnung erst bei sehr tiefen Temperaturen einsetzt, bzw. daß manche Phasen in einem thermodynamisch überhaupt nicht behandelbaren Zustand vorliegen, wollen wir im folgenden den früheren Standpunkt umdrehen. Wir werden als Bezugspunkt der Entropie jetzt den theoretischen Wert der Gase wählen, nachdem unser Vertrauen zur Richtigkeit dieser Werte durch die gute Wiedergabe der homogenen Gasreaktionen noch weiter bestärkt wurde, und erhalten dann durch den Vergleich der theoretischen und experimentellen Konstanten Auskunft darüber, in welchem Ordnungszustand sich die untersuchte Substanz bei der tiefsten Meßtemperatur befindet.

Bei der Durchführung dieses Vergleiches müßten wir streng genommen als Entropienullpunkt für das Gas denjenigen wählen, bei dem auch bezüglich der Kerndrallorientierung schon der völlige Ordnungszustand herrscht, wir müßten also in die theoretische chemische Konstante auch g_K einführen. Abgesehen von der oben erwähnten empirischen Schwierigkeit ist es aber auch — wie im vorigen Abschnitt besprochen — im allgemeinen recht wahrscheinlich, daß ein von den Kerndrallorientierungen herrührende Unordnungszustand im Kondensat bis herab zu unmeßbar tiefen Temperaturen erhalten bleibt, so daß wir zunächst auch für den Vergleich von Gas und Kondensat diese Unordnung in den Entropienullpunkt mit einbeziehen wollen. Beim Vergleich mit den experimentellen Werten werden wir dann drei Fälle zu unterscheiden haben (siehe LUDLOFF [70, 71]).

Fall 1: Wir finden $j_p = j_{E,s}$. Dieser wahrscheinlichste Fall würde besagen, daß die Entropie des Kondensats gleich Null ist, wenn die von der Kerndrallorientierung herrührende Unordnung in den Entropienullpunkt einbezogen wird. Genauer gesagt ist in diesem Fall die ,,Kerndrallunordnung'' im Kondensat die gleiche, wie im idealen einatomigen und vollrotierenden zwei- und mehratomigen Gase.

Fall 2: $j_p > j_{E,s}$. Dies bedeutet, daß der Ordnungszustand bezüglich der Kerndrallorientierungen im Kondensat größer ist als in dem oben gekennzeichneten Zustand des Gases. Mit anderen Worten: man hätte $j_{E,K,s}$ und nicht $j_{E,s}$ benutzen müssen.

Fall 3: $j_p < j_{E,s}$. Dies heißt, daß im Kondensat unabhängig von der Frage des Kerndralls ein andersartiger Unordnungszustand existiert entweder so, daß — wie in den auf S. 257 beschriebenen Fällen — noch unterhalb der tiefsten Meßtemperatur der Übergang in den Ordnungszustand (abgesehen von den Kerndrallorientierungen) eintreten würde, oder daß ein eingefrorener Unordnungszustand vorliegt.

Bei den *einatomigen Gasen* ergibt der Vergleich durchgehend eine Übereinstimmung der j_{Es}, mit den j_p-Werten, ein Beweis, daß die Verschiedenheit der Kernorientierung, wie zu vermuten war, im Kondensat erhalten bleibt. Wegen des Materials verweisen wir auf SCHOTTKY (Sch. [S. 274]). Seit dieser Zeit neu hinzugekommen sind Messungen von CLUSIUS (16) an Neon, HARTECK (47) am Blei, Silber, Kupfer, Gold und Kohlenstoff, LADENBURG u. THIELE (63) am Natrium, RODEBUSH u. DIXON (90) am Zink und LANGE u. SIMON (64) am Cadmium.

Den Vergleich der chemischen Konstanten der *mehratomigen Gase* nehmen wir an Hand der erwähnten Zusammenstellung von EUCKEN vor, und zwar zunächst mit Ausschluß des Wasserstoffs, den wir später gesondert behandeln. Auch bei ihnen findet man in den meisten Fällen ebenso wie bei einatomigen Gasen eine Übereinstimmung der j_p mit den $j_{E,s}$, also eine Mitführung der von der Kerndrallorientierung herrührenden Unordnung. Bei N_2, O_2, CH_2, HCl, HBr, HJ besteht Übereinstimmung innerhalb der Fehler von j_p. Bei H_2O, CO_2, N_2O, NH_3, J_2, Br_2 ist die Abweichung zwar größer als der Fehler von j_p, doch ist der Absolutwert der Differenz relativ gering (maximal 0,15) und sicher in einigen Fällen auf die Unsicherheit der Kenntnis der Trägheitsmomente zurückzuführen; daher ist mit einer Realität der Abweichung kaum zu rechnen. Hier liegt also Fall 1 vor.

Dieses Resultat ist für Moleküle selbstverständlich, die aus Atomen ohne Kerndrall aufgebaut sind (z. B. O_2). Bei Molekülen aus verschiedenen Atomen liegt der Fall prinzipiell ebenso wie bei einatomigen Gasen. Im Fall von Molekülen aus gleichen Atomen *mit* Kernmomenten erscheint es dagegen wegen der Existenz der Para- und Orthoform zunächst überraschend, daß sich im Kondensat der gleiche Ordnungszustand bezüglich der Kerndrallorientierungen ausbildet, wie im vollrotierenden Gase. Auf diesen Punkt werden wir bei der Besprechung des Wasserstoffs noch zurückkommen.

Bei NO und CO findet man $j_p < j_{E,s}$ (Fall 3); beim NO zum mindesten liegt die Abweichung wohl außerhalb der Fehlergrenze. Nach GIAUQUE u. JOHNSTON (*43*) rührt die Differenz daher, daß NO infolge seines mehrfachen Elektronengrundzustandes zwei verschiedene Arten von Doppelmolekülen N_2O_2 zu bilden vermag, die als ungeordnete Mischung eingefroren sind. Die aus dieser Deutung resultierende Differenz der chemischen Konstanten von $^1/_2$ log 2 stimmt sehr nahe mit der gefundenen überein.

Auch beim CO scheint die Differenz außerhalb der Fehler zu liegen, obwohl der nicht sehr sichere Wert des Trägheitsmoments das Resultat etwas fraglich macht. Ein Deutungsversuch vor Kenntnis genauerer Daten wäre wohl verfrüht.

Beim Cl_2 findet EUCKEN, daß j_p außerhalb der Fehlergrenze größer als $j_{E,s}$ ist (Fall 2), und zwar beträgt die Differenz unter Benutzung des neuen Wertes von ELLIOTT (*29*) für das Trägheitsmoment 0,20 ± 0,08. Bedenklich ist, daß Br_2 und J_2 eine viel kleinere Abweichung zeigen, die nach den Fehlergrenzen auch Null sein kann. Vielleicht könnte daher auch beim Cl_2 die Differenz doch auf einer experimentellen Unsicherheit beruhen.

Zur Ergänzung dieser Resultate sollen nun die heterogenen Gasreaktionen herangezogen werden. EUCKEN (*31*) hat gezeigt, daß in einer Reihe von Fällen auch hier eine Übereinstimmung der Integrationskonstante der Reaktionsgleichung mit $j_{E,s}$ bzw. $\Sigma\, j_{E,s}$, allerdings bei der hier meist größeren Fehlergrenze, gefunden wird. Bei der Silberchlorid- und Bleichloridbildung aus den Elementen findet er dagegen, daß der aus diesen Gleichgewichten für Cl_2 berechnete Wert von j_p in gleicher Richtung (Fall 2) von $j_{E,s}$ abweicht, wie die Dampfdruckkonstante j_p, aber um den viel größeren Betrag $0,6 \pm 0,3$. Aus der Bildung einiger Jodide ergibt sich j_p für J_2 um einen ähnlichen Betrag, etwa 0,5, größer als $j_{E,s}$, dagegen ist beim Br_2 auffallenderweise die aus der Bildung des Bleibromids berechnete Differenz viel kleiner und innerhalb der Fehlergrenze gleich Null. EUCKEN glaubt, daß im Falle der Metallchloride und -jodide tatsächlich bei der tiefsten Meßtemperatur der spezifischen Wärme ein Übergang in den Ordnungszustand hinsichtlich der Kerneinstellung stattgefunden hat. Solange jedoch innerhalb der Gruppe der Halogene derartige Diskrepanzen bestehen, scheint es doch fraglich, ob man aus diesen Resultaten bereits sichere Schlüsse ziehen kann, besonders da sich bei heterogenen Reaktionen stets eine größere Anzahl von Einzelfehlern summieren, als bei Dampfdruckmessungen.

Wasserstoff. Die heterogene Reaktion $H_2 + HgO = Hg + H_2O_{\text{fest}}$, die bei Zimmertemperatur, d. h. im Gebiet vollerregter Rotationsfreiheitsgrade gemessen ist, ergibt für den Wasserstoff, ebensowie bei den meisten übrigen Substanzen eine Übereinstimmung von j_p mit $j_{E,s}$ (FRIED [*36a*]). Beim Wasserstoff liegt nun das Gebiet des Verlustes der Rotationsfreiheitsgrade bei relativ hohen Temperaturen und man kann ihn durch Abkühlung in den Zustand bringen, in dem er sich thermisch wie ein einatomiges Gas verhält. Dabei stellt sich wegen der geringen Übergangswahrscheinlichkeit zwischen Ortho- und Paramolekülen nicht der stabilste Zustand (Paraform) ein, sondern es bleibt das bei hohen Temperaturen vorhandene Verhältnis von 1 Para zu 3 Ortho erhalten, und zwar befindet sich Parawasserstoff im nullten Rotationszustand mit dem Rotationsquantengewicht 1, Orthowasserstoff im ersten Rotationszustand mit dem Rotationsquantengewicht 3. Das gesamte statistische Gewicht des Orthowasserstoffs ist also 9 und die *gesamte* Zusatzentropie des „thermisch einatomigen" Wasserstoffs — also einschließlich der g_K — in diesem Zustand berechnet sich zu

$$\Delta S = R\left(-\frac{1}{4}\ln\frac{1}{4} - \frac{3}{4}\ln\frac{3}{4} + \frac{3}{4}\ln 9\right) = R\left(\ln 4 + \frac{3}{4}\ln 3\right).$$

Experimentell findet man, daß das j_p des „thermisch einatomigen" Wasserstoffs gleich der nach Gleichung (11) für einatomige Gase mit $g = 1$ berechneten chemischen Konstanten ist, falls man, wie es vor der auf S. 260 erwähnten Messung geschah, die spezifische Wärme des festen Wasserstoffs unterhalb $10°$ abs. normal zum a.N. extrapoliert. Dies bedeutet, daß der Ordnungszustand im Gas und im Kondensat (bei $10°$ abs.) derselbe ist, daß also auch die Zusatzentropie des festen Wasserstoffs den obigen Wert besitzt. Rechnet man jetzt mittels des experimentell gefundenen Anstiegs der Rotationswärme des Wasserstoffs die bei tiefen Temperaturen gefundene chemische Konstante j_p auf den Wert für ein thermisch zweiatomiges Molekül mit voll angeregten Rotationsfreiheitsgraden um, so muß sich die Zusatzentropie des Kondensats auch in diesem Werte voll bemerkbar machen, es muß also j_p um so viel kleiner sein, als der vollständige Wert der theoretischen chemischen Konstante unter Berücksichtigung von g_K. Bei Benutzung des um log 4 kleineren Wert $j_{E,s}$ muß nun der auf hohe Temperaturen umgerechnete j_p-Wert noch um $^3/_4$ log $3 = 0{,}36$ kleiner sein, also in Übereinstimmung mit dem experimentellen Befund Euckens (*32, 33*).

Nun sind aber die spezifischen Wärmen des festen Wasserstoffs bis herab zu 2^0 abs. gemessen worden (siehe S. 260), und es hat sich gezeigt, daß der Orthoterm in seiner neunfachen Multiplizität nicht erhalten bleibt. Da aller theoretischen Voraussicht nach die Energiedifferenzen zwischen den verschiedenen Einstellungen des Molekülrotationsimpulses viel größer sind als die zwischen den verschiedenen Kernimpulsorientierungen, wird die beobachtete Anomalie auf einer Aufspaltung des dreifachen ersten Rotationsterms beruhen, während der Übergang der verschiedenen Kernorientierungen in den energieärmsten Zustand erst bei unerreichbar tiefen Temperaturen einsetzen wird. Diesem Übergang in einen einheitlichen Rotationszustand entspricht eine Verminderung der Zusatzentropie um $^3/_4$ log 3, so daß für den festen Zustand eine Zusatzentropie von log 4 übrig bleibt, also vom gleichen Betrage, den wir bei den übrigen Substanzen als Normalfall erkannt und durch Vernachlässigung von g_K in den Entropienullpunkt hineinbezogen haben. Unter Berücksichtigung der entsprechend extrapolierten spezifischen Wärme des festen Wasserstoffs ergibt sich jetzt j_p bei tiefen und hohen Temperaturen um $^3/_4$ log 3 größer als bisher. Für j_p mit vollangeregten Rotationsfreiheitsgraden erhält man also Übereinstimmung mit $j_{E,s}$, wie in der Mehrzahl der übrigen Fälle.

Jetzt können wir auch verstehen, wieso bei den übrigen analog gebauten Stoffen (z. B. N_2, H_2O) j_p mit $j_{E,s}$ übereinstimmt. Der Zustand, in dem sich der feste Wasserstoff bei Abkühlung nach Durchlaufen der Anomalie der spezifischen Wärme schließlich befindet, entspricht nämlich dem Zustand der analogen Substanzen bei den normalen tiefsten Meßtemperaturen der spezifischen Wärme (etwa 15^0 abs.). Wenn auch im allgemeinen bei diesen Stoffen die Orthomodifikation nicht rotieren wird, wie es beim Wasserstoff anscheinend der Fall ist, so muß doch irgendein anderer Freiheitsgrad existieren, der die symmetrische Kerneigenfunktion des Orthozustandes zu einer antisymmetrischen Gesamteigenfunktion ergänzt und dadurch die Existenz der Orthomodifikation entsprechend dem Pauli-Verbot möglich macht.

Die weitere Entwicklung der Vorausberechnung von Gasgleichgewichten wird zweifellos in dem Sinne verlaufen, daß man die Einzelentropien der Gase aus optischen Daten errechnet, da dieser Weg sicherer und auf jedem Fall bequemer ist. Deshalb wird man aber nicht etwa die Messung der spezifischen Wärmen fester Körper aufgeben, im Gegenteil sind aus solchen Messungen bei sehr tiefen Temperaturen wesentliche Aufschlüsse über den Aufbau der festen Körper zu erwarten.

Schlußbemerkung.

Die experimentelle Prüfung der Aussage des Wärmesatzes, daß am absoluten Nullpunkt alle Übergänge eines Systems ohne Entropieänderung verlaufen, hat also folgendes ergeben:

1. In der überwiegenden Anzahl der Fälle ist schon bei der Temperatur von 10—20° abs., die im allgemeinen als tiefste Meßtemperatur in Frage kommt, die Entropieänderung bei der Umsetzung praktisch gleich Null, also der Ordnungsgrad in beiden Zuständen des Systems der gleiche. Es gibt jedoch eine Reihe von Umsetzungen, bei denen der letzte Abfall der Entropiedifferenzen auf Null erst bei den um eine Zehnerpotenz tieferen Temperaturen des flüssigen Heliums einsetzt.

2. Durch Bezugnahme auf die theoretisch aus spektroskopischen Daten berechenbaren Einzelentropien der Gase ergibt sich, daß der bei den Temperaturen des flüssigen Heliums bestehende Ordnungszustand der Kondensate dadurch gekennzeichnet ist, daß hinsichtlich der Elektronenkonfiguration keine Multiplizität mehr besteht. Dagegen hat bei dieser Temperatur — zum mindestens in den eine sichere Aussage gestattenden Fällen — eine Ordnung bezüglich der Kerndrallorientierungen noch nicht eingesetzt. Es erscheint theoretisch wahrscheinlich, daß der Übergang in den Zustand eindeutiger Kerndrallorientierung im allgemeinen erst bei. größenordnungsmäßig tieferen und daher dem Experiment vorläufig nicht zugänglichen Temperaturen vor sich gehen wird. Sollte sich herausstellen, daß dies unabhängig vom Bindungszustand der Atome der Fall ist, dann könnte man die daherrührende Multiplizität in den Entropienullpunkt mit einbeziehen.

3. Es gibt Fälle, in denen thermodynamisch unbestimmte Phasen als solche schwer erkennbar sind, so daß die Gefahr besteht, auf thermodynamisch überhaupt nicht behandelbare Systeme den Wärmesatz anzuwenden und dadurch falsche Resultate zu erhalten.

Dies, wie auch die Notwendigkeit, zur Erlangung sicherer Aussagen die Messungen bis zu sehr tiefen Temperaturen auszudehnen, beeinträchtigt die experimentelle Anwendbarkeit des Wärmesatzes zur Vorausberechnung von Gleichgewichten aus thermischen Daten — zwar nicht innerhalb der üblichen Genauigkeitsanforderungen der Praxis, wohl aber, falls man sehr exakte Angaben benötigt. Unberührt davon ist aber seine prinzipielle Gültigkeit: *Der* NERNST*sche Wärmesatz ist ein allgemein gültiger Satz, der mit Recht der dritte Hauptsatz der Thermodynamik genannt wird.*

Literaturverzeichnis.

1. Nernst, W.: Die theoretischen und experimentellen Grundlagen des neuen Wärmesatzes. 2. Aufl. (Manuldruck) mit Ergänzungen. Halle a. S. 1924.

2. Eucken, A.: Der Nernstsche Wärmesatz. Erg. exakt. Naturwiss. 1, 120. Berlin 1922.

3. Lewis, G. N. u. M. Randall: Thermodynamik und die freie Energie chemischer Substanzen. Wien 1927.

4. Pollitzer, F.: Die Berechnung chemischer Affinitäten nach dem Nernstschen Wärmetheorem. Stuttgart 1912.

5. Schottky, W., H. Ulich u. C. Wagner: Thermodynamik. Berlin 1929.

6. Simon, F.: Die Bestimmung der freien Energie. Handbuch der Physik 10, 350. Berlin 1926.

7. Bennewitz, K.: Z. physik. Chem. 110, 725 (1924).

8. — Der Nernstsche Wärmesatz. Handbuch der Physik 9, 141. Berlin 1926.

9. Bethe, H.: Ann. Physik (5), 3, 133 (1929).

10. Bloch, F.: Z. Physik 52, 555 (1929).

11. — Ebenda 57, 545 (1929); 61, 206 (1930).

12. Bonhoeffer, K. F. u. P. Harteck: Z. physik. Chem. (B) 4, 113 (1929).

13. Borelius, G., W. H. Keesom, u. C. H. Johannson: Leid. Comm. Nr 196 a.

13a. — — — u. J. O. Linde,: Proc. Amst. 33, 17, 31 (1930).

14. Bose, D.: Z. Physik 26, 178 (1924).

15. Clusius, K.: Z. physik. Chem. (B) 3, 41 (1929).

16. — Ebenda 4, 1 (1929).

17. — u. P. Harteck: Ebenda 134, 243 (1928).

18. Dana, L. I. u. H. Kamerlingh-Onnes: Leid. Comm. Nr 179 c.

19. Debye, P.: Ann. Physik (4), 39, 789 (1912).

20. — Zustandsgleichung und Quantenhypothese. Wolfskehl-Vorträge in Göttingen 1913, 17. Leipzig 1914.

21. — Theorie der elektrischen und magnetischen Molekulareigenschaften. in: Marx' Handbuch der Radiologie 6, 707 ff. (Leipzig 1925.)

22. — Ann. Physik (4), 81, 1154 (1926).

23. — Vortrag auf der Röntgentagung 1930 zu Heidelberg.

24. Dewar, J. u. J. A. Fleming: Proc. royal. Soc. Lond. 61, 324 (1897); 62, 257 (1898).

25. Ehrenfest, P. u. V. Trkal: Ann. Physik (4), 65, 609 (1921).

26. Einstein, A.: 2. Congrès Solvay 1913, Rapports S. 295. (Paris 1921.)

27. — Berl. Ber. 1924, 261; 1925, 3; 1925, 18.

28. — Ebenda 1925, 11.

29. Elliot, A.: Proc. roy. Soc. Lond. (A) 127, 638 (1930).

30. Eucken, A.: Verh. dtsch. physik. Ges. 18, 8 (1916).

31. — Physik. Z. 30, 818 (1929); 31, 361 (1930).

31a — u. E. Karwat: Z. physik. Chem. 112, 467, 1927.

32. — E. Karwat, u. F. Fried: Z. Physik. 29, 1 (1924).

33. — u. F. Fried: Ebenda 29, 36 (1924).

34. — — Ebenda 32, 150 (1925).

35. — u. K. Hiller: Z. physik. Chem. (B) 4, 142 (1929).

36. Fermi, E.: Z. Physik 36, 902 (1926).

36a. Fried, F.: Z. physik. Chem. 123, 406 (1926).

37. Fürth, R.: Z. Physik 48, 323 (1928).

38. Giauque, W. F.: J. amer. chem. Soc. 49, 1864 (1927).

39. GIAUQUE, W. F. u. R. WIEBE: Ebenda **50**, 101 (1928).

40. — — Ebenda **50**, 2193, (1928).

41. — — Ebenda **51**, 1441 (1929).

42. — u. H. L. JOHNSTON: Ebenda **51**, 2300 (1929).

43. — — Ebenda **51**, 3194 (1929).

44. GIBSON, G. E. u. W. F. GIAUQUE: Ebenda **45**, 93 (1923).

45. — u. W. HEITLER: Z. Physik **49**, 465 (1928)

46. GRÜNEISEN, E.: Zustand des festen Körpers. Handbuch der Physik **10**, 1. Berlin 1926.

47. HARTECK, P.: Z. physik. Chem. **134**, 1 (1928).

48. HEISENBERG, W.: Z. Physik **49**, 619 (1928).

49. HERZFELD, K. F.: Ebenda **16**, 84 (1923); H. G. GRIMM u. K. F. HERZFELD: Ebenda **16**, 77 (1923).

50. HETTNER, G. u. F. SIMON: Z. physik. Chem. (B) **1**, 293 (1928).

51. HOUSTON, W. V.: Z. Physik **48**, 449 (1928).

52. ISNARDI, H.: Ebenda **9**, 153 (1922).

53. JOFFE, A.: Vortrag im Berliner Physikalischen Colloquium, Juni 1930.

54. KAMERLINGH-ONNES, H.: Congrès Solvay, 1921. Rapports S. 151. (Paris 1923.)

55. — u. A. BECKMANN: Leid. Comm. Nr 132 f.

56. — u. J. D. A. BOKS: Ebenda Nr 170 b.

57. — u. I. CLAY: Ebenda Nr 107 b.

58. — u. G. HOLST: Ebenda Nr 142 c.

59. KEESOM, W. H.: Ebenda Nr 184 b; Suppl. Nr 61 b.

60. — u. M. WOLFKE: Ebenda Nr 190 b.

61. KELLEY, K. K.: J. amer. chem. Soc. **51**, 779 (1929).

62. LADENBURG, R. u. R. MINKOWSKI: Z. Physik **8**, 137 (1922).

63. — u. E. THIELE: Z. physik. Chem. (B) **7**, 161 (1930).

64. LANGE, F. u. F. SIMON: Ebenda **134**, 374 (1928).

65. LANGEN, A.: Z. F. Elektrochem. **25**, 25 (1919).

66. LANGEVIN, P.: J. de Physique (4), **4**, 678 (1905).

67. LATIMER, W. M. u. H. D. HOENSHEL: J. amer. chem. Soc. **48**, 19 (1926).

68. VON LAUE, M.: Ann. Physik. (4) **56**, 497 (1918); **78**, 167 (1925).

69. LUDLOFF, H.: Z. Physik **57**, 227 (1929).

70. — Physik. Z. **31**, 362 (1930).

71. — Naturwiss. **18**, 182 (1930).

72. MECKE, R.: Bandenspektra. Handbuch der Physik **21**, 493. Berlin 1929.

73. MEISSNER, W.: Z. Physik **36**, 325 (1926). — Physik. Z. **29**, 897 (1928).

74. — Z. Kälteindustrie **34**, 197 (1927).

75. MENDELSSOHN, K.: Diss. Berlin 1930.

76. MILLAR, R. W.: J. amer. chem. Soc. **50**, 1875 (1928); **51**, 215 (1929).

77. PARKS, G. S.: Ebenda **47**, 338 (1925).

78. — u. C. T. ANDERSON: Ebenda **48**, 1506 (1926).

79. — u. H. M. HUFFMAN: Ebenda **48**, 2788 (1926).

80. — — J. Phys. Chem. **31**, 1842 (1927).

81. PAULI, W. jr.: Z. Physik **41**, 81 (1927).

82. PAULING, L. u. R. C. TOLMAN: J. amer. chem. Soc. **47**, 2148 (1925).

83. PEIERLS, R.: Ann. Physik (5) **4**, 121 (1930).

84. PLANCK, M.: Thermodynamik, 3. Aufl. 1911, S. 268.

85. — Wärmestrahlung, 4. Aufl. Leipzig 1921, S. 217.

86. — Wärmestrahlung, 5. Aufl. Leipzig 1923, S. 201 ff., 219.

87. — Wärmestrahlung, 5. Aufl. Leipzig 1923, S. 209 ff.

88. — Wärmestrahlung, 5. Aufl. Leipzig 1923, S. 217.

89. — Wärmestrahlung, 5. Aufl. Leipzig 1923, S. 217 ff.

90. Rodebush, W. H. u. A. L. Dixon: J. amer. chem. Soc. **47**, 1036 (1925).
91. Sackur, O.: Ann. Physik (4) **36**, 958 (1911); Nernst-Festschrift 1912, S. 405; Ann. Physik (4), **40**, 67 (1913).
92. Schäfer, C.: Z. Physik **7**, 287 (1921).
93. Schottky, W.: Physik. Z. **22**, 1 (1921); **23**. 9. (1922).
94. — Ebenda **23**, 448 (1922).
95. Simon, F.: Ann. Physik (4) **68**, 241 (1922).
96. — Z. Physik **31**, 224 (1925); **33**, 946 (1925).
97. — Berl. Ber. (1926), 477.
98. — Z. Physik **41**, 806 (1927).
99. — Z. Elektrochem. **34**, 530 (1928).
100. — u. R. Bergmann: Z. physik. Chem. (B) **8**, 255 (1930).
101. — u. F. Lange: Z. Physik **38**, 227 (1926).
102. — Mendelssohn, M. u. M. Ruhemann: Naturwiss. **18**, 34 (1930).
103. — Ruhemann, K. u. W. A. M. Edwards: Z. physik. Chem. (B) **2**, 340, (1929); Z. Elektrochem. **35**, 618, (1929).
104. — u. Cl. v. Simson: Naturw. **14**, 880 (1926).
105. — u. Cl. v. Simson u. M. Ruhemann: Z. physik. Chem. **129**, 339 (1927).
106. Sommerfeld, A.: Z. Physik **47**, 1 (1928).
107. Stern, O.: Physik. Z. **14**, 629 (1913).
108. — Ann. Physik. (4) **44**, 497 (1914).
109. — Ebenda (4) **49**, 823 (1916).
110. Suhrmann, R. u. K. v. Lüde: Z. Physik **29**, 71 (1924).
111. Tammann, G.: Kristallisieren und Schmelzen. Leipzig 1903. — Aggregatzustände. (Leipzig 1922.)
112. — Ann. Physik (5) **5**, 107 (1930).
113. — Vortrag auf der Bunsentagung 1930 zu Heidelberg.
114. Tetrode, H.: Ann. Physik **38**, 434 (1912); **39**, 255 (1912).
115. van Urk, A. Th., W. H. Keesom u. H. Kamerlingh-Onnes: Leid. Comm. Nr 179 a.
116. Weiss, P.: J. Physique (4) **6**, 661 (1907).
117. — u. R. Forrer: Ann. Physique (10) **12**, 279 (1929).
118. Wietzel, G.: Ann. Physik **43**, 605 (1914).
119. — R.: Z. anorg. Chem. **116**, 71 (1921).
120. Wohl, K.: Z. physik. Chem. **110**, 166 (1924).
121. Wolfke, M. u. W. H. Keesom: Leid. Comm. Nr 192 a.
122. Woltjer, H. R. u. H. Kamerlingh-Onnes: Ebenda Nr 167 c.
123. — — Ebenda Nr 173 c.

Über ungedämpfte elektrische Ultrakurzwellen.

Von **K. KOHL**, Erlangen.

Mit 68 Abbildungen.

Inhaltsverzeichnis.

Seite

Einleitung 275
I. Erzeugung sehr kurzer Wellen mit bekannten „Negativen" Wider-
   ständen 276
    1. Versuche mit dem Lichtbogen 276
    2. Versuche mit Elektronenröhren in Rückkopplungsschaltungen 278
    3. Versuche mit der Dynatron-Schaltung 279
II. Ultra-Kurzwellen-Erzeugung nach Barkhausen und Kurz 279
    1. „Elektronenschwingungen" 279
    2. Erregung von Schwingsystemen. 283
    3. Einfluß von Restgasen und Raumladungen 287
    4. „B.K."- und „G.M."-Schwingungen 290
    5. Schwingungen höherer Frequenz 295
    6. Spiralenkreis-Schwingungen. 297
    7. Schwingbereiche 300
    8. Versuche zur Steigerung der Schwingleistung 304
    9. Kürzeste Wellen 309
III. Theoretische Untersuchungen 311
    1. Elektronenschwingungen nach Barkhausen und Kurz 311
    2. Gill- und Morrell-Schwingungen. 312
    3. Raumladungs-Schwingungen 316
    4. Theoretische Zusammenfassung 324
IV. Schwingungserregung mit Magnetfeld 324
    1. Experimentelle Ergebnisse 324
    2. Theoretische Untersuchungen 330
 V. Praktische Anwendungen 331
Schlußbemerkungen 337
Literaturverzeichnis 338

Einleitung.

Die Erzeugung gedämpfter elektrischer Wellen, ausgehend von den klassischen Untersuchungen von HEINRICH HERTZ über RIGHI, LEBEDEW LAMPA (*1—4*) u. a. ist mit der Erzeugung von Wellen von Millimeter- bzw. $^1/_{10}$ Millimetergröße zu einem gewissen Abschluß gelangt. NICOLS und TEAR konnten derartig kurze Wellen einerseits noch mit einem winzigen Oscillatorsystem aus zwei Metallzylinderchen erzeugen; GLAGOLEWA-ARKADIEWA andererseits mit dem sogenannten „Massenstrahler", einer durch Funken erregten Menge von Metallspänen. Das ultrarote Spek-

18*

trum konnte somit von der elektrischen Seite her bis zu einer Wellenlänge von 0,129 mm überstrichen werden.

Der Mangel der gedämpften Wellen an genügender Interferenzfähigkeit hat darüber hinaus die Erzeugung von kurzen ungedämpften Wellen stets als wünschenswert erscheinen lassen. So hat insbesondere im letzten Jahrzehnt zur Erreichung dieses Zieles ein heißes Ringen begonnen. Erfolgreich konnte denn auch bis heute bereits das Wellengebiet bis herab zu einigen Zentimetern Wellenlänge erschlossen werden. Die experimentellen und theoretischen Wege, die hierzu beschritten wurden, in ihren wesentlichen Zügen zu kennzeichnen, sei der Inhalt der vorliegenden Arbeit. Alle zusätzlichen Ausführungen ohne besonderes Zitat fußen auf umfangreichen, zum Teil noch unveröffentlichten Untersuchungen, die an mehreren 100 neukonstruierten Röhrentypen unter der Leitung des Verfassers im Erlanger Physikalischen Institut ausgeführt wurden.

I. Erzeugung sehr kurzer Wellen mit bekannten „negativen Widerständen".

Die Erzeugung ungedämpfter Wellen durch Erregung eines Schwingsystems hat bekanntlich zur Voraussetzung, daß der stets vorhandene Dämpfungswiderstand kompensiert wird durch eine Entdämpfung, einen sogenannten „Negativen Widerstand". Die Wirkungsweise eines solchen „negativen Widerstandes" besitzen Lichtbogen, Elektronenröhren in den verschiedenen Rückkopplungserscheinungen und das Dynatron von Hull, (eine Elektronenröhre mit positivem Gitter und etwas weniger positiver Anode.)

1. **Versuche mit dem Lichtbogen.** Erste Versuche zur Erzeugung von Schwingungen sehr kurzer Wellenlänge mit dem Lichtbogen wurden von K. W. Wagner (5) ausgeführt. Es wurden Metallichtbogen von 0,1—0,2 mm Bogenlänge bei Betriebsspannungen bis zu 5000 Volt und Bogenstromstärken von 0,1—0,5 Amp. verwendet. Dabei konnten Schwingungen von Metergröße beobachtet werden. Weitere Versuche in dieser Richtung wurden von N. Stschodro, W. G. Cady und neuer dings von E. Zeppler und W. Schwarz ausgeführt. Wie K. W. Wagner bereits vermerkt, handelt es sich aber dabei vorzugsweise um Schwingungen dritter Art, d. h. gedämpfte Schwingungen. Letzte Untersuchungen von H. Hornung (97) bei sehr hohen Betriebsspannungen des Bogens, etwa 50000 Volt, konnten dieses Resultat nur bestätigen. Zusammenfassend ist somit zu diesen Versuchen zu sagen, daß ungedämpfte Wellen unter 1 m mit dem Lichtbogen infolge der starken Hysterese der Ionenstrecke nicht zu erzeugen möglich erscheint.

2. **Versuche mit Elektronenröhren in Rückkopplungsschaltungen.** Erste Versuche zur Erzeugung sehr kurzer Wellen nach der Methode der Rückkopplung für längere Wellen wurden von Gutton u. Touly

(7) mitgeteilt. Sie legten gemäß der bekannten Dreipunktschaltung einen kleinen Schwingkreis zwischen Gitter und Anode (Abb. 1) und konnten damit herab bis zu etwa 2 m-Wellen kommen.

VAN DER POL (*10*) legt nach Art der KÜHN-HUTHschen Schaltung in Gitter- und Anodenkreis je ein LECHER-System (Abb. 2) und erzielte damit kürzeste Wellen von etwa 3,5 m Wellenlänge.

J. S. TOWNSEND u. J. H. MORRELL (*17*) legten zwischen Gitter und Anode ein LECHER-System als Schwingsystem (Abb. 3).

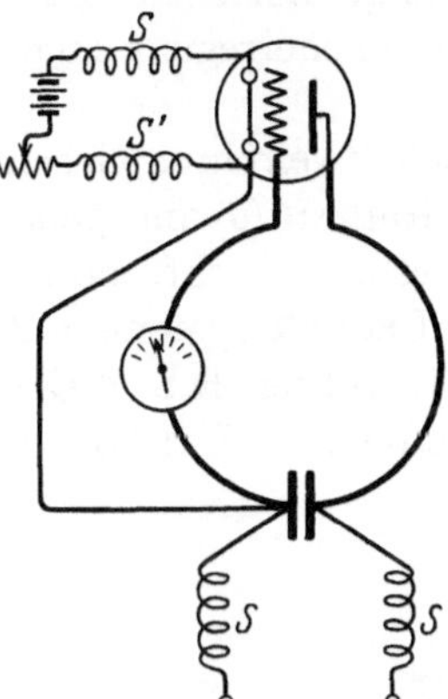

Abb. 1. Kurzwellenschaltung nach GUTTON und TOULY.

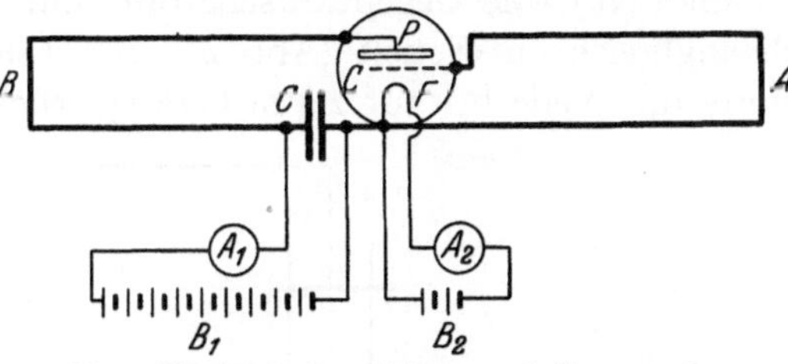

Abb. 2. Ultrakurzwellenschaltung nach VAN DER POL.

W. HUXFORD (*41*) konnte mit dieser Schaltung kürzeste Wellen von 1 m Wellenlänge erzeugen.

Mit einer Schaltung ähnlich derjenigen von GUTTON u. TOULY konnte sodann KIEBITZ (*55*) Wellen von Dezimeter Wellenlänge erzeugen, die Glühlampen von einigen Watt zum Leuchten brachten, die in Drahtschleifen von einigen Zentimetern Durchmesser eingeschaltet waren.

Ausgehend von der KÜHN-HUTHschen Schaltung konnte K. KOHL (*73*) durch Erregung eines kleinen

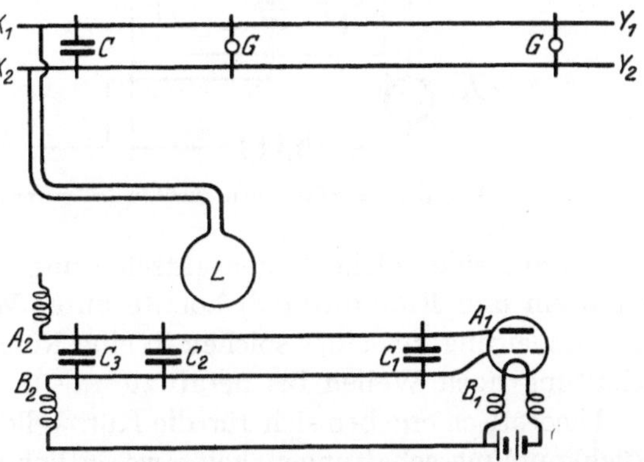

Abb. 3. Ultrakurzwellenschaltung nach TOWNSEND und MORELL mit angekoppelten LECHER-System zur Wellenlängen-Messung.

THOMSONschen Schwingkreises, der zwischen Gitter und Anode lag und wobei die Gitter-Anodenkapazität die frequenzbestimmende Kapazität bildete, kürzeste Wellen von 60 cm Wellenlänge erzielen.

Bezüglich der erzeugten Schwingleistung ist zu vermerken, daß mit abnehmender Wellenlänge die Energie stark abnimmt, und im allgemeinen bei 1 m Wellenlänge nicht wesentlich 1 Watt übersteigt. Nur für längere Wellen bis herab zu 3 m Wellenlänge ist die Erzeugung mit großer Leistung von der Größenordnung von etwa 1 kW noch möglich gewesen. Derartige Kurzwellensender wurden von Esau entwickelt. Erwähnt sei hierzu noch, daß es insbesondere Esau auch gelungen ist, gedämpfte Wellen bis herab zu 30 cm Wellenlänge noch mit einer Leistung von etwa 70 Watt durch hochfrequente Funkenerregung zu erzeugen.

Neben diesen Einrohrschaltungen wurden auch Zweiröhren-Gegentaktschaltungen, wie sie zuerst von Eccles und Jordan (6) angegeben wurden, auf ihre Eignung zur Kurzwellenerzeugung untersucht. So hat Holborn (16) eine Gegentaktschaltung mit zwei Lecher-Systemen als Schwingkreise entwickelt (Abb. 4). Mit Telefunkenröhren R.S. 5 C II konnte die Welle bis auf 2,4 m herabgedrückt werden. G. Lakhovsky

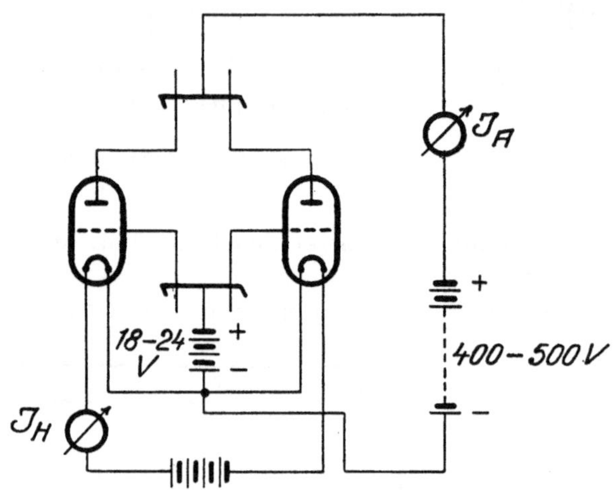

Abb. 4. Gegentaktschaltung zur Kurzwellenerzeugung nach Holborn.

(53) baute eine solche Gegentaktschaltung vollständig in ein Röhrengefäß ein und Englund (58) konnte unter Weglassung einer leitenden Gitterzuleitung mit einer solchen in eine Röhre eingebauten Gegentaktschaltung noch Wellen bis herab zu 1,05 m Wellenlänge erzielen.

Theoretisch ergeben sich für die Kurzwellenerzeugung mit Röhren in Rückkopplungsschaltungen keine wesentlich neuen Gesichtspunkte verglichen mit zu den Verhältnissen bei längeren Wellen. Praktisch bewirkt das starke Anwachsen der Dämpfung durch die unverhältnismäßig größeren Kapazitäten, daß nur kleine Steuerspannungen auftreten und dadurch die Schwingungserzeugung stark erschwert wird. Da außerdem schließlich die Laufzeiten der Elektronen mit der Schwingungsdauer vergleichbar werden, so müssen zur Erzielung phasenrichtiger Erregung die Betriebsspannungen entsprechend abgepaßt gewählt werden. Experimentell konnte auch von K. Kohl (73) (Abb. 5) festgestellt werden, daß zur optimalen Erregung von Wellen von etwa 90 cm Wellenlänge eine gewisse Anodenspannung erforderlich ist, unterhalb und oberhalb derselben die Schwingungsleistung kleiner ist.

Die beschränkte Belastbarkeit der kleinen Elektrodensysteme setzt schließlich der Erzeugung von Kurzwellen durch Rückkopplungsschaltungen praktisch eine Grenze, die nach den bisherigen experimentellen Befunden bei etwa 0,5 m liegt.

3. Versuche mit der Dynatronschaltung. Bei der Dynatronschaltung liegt eine positive Spannung am Gitter und eine etwas weniger positive Spannung an der Anode einer Dreielektrodenröhre. Die auf die Anode auftreffenden Elektronen können in Abhängigkeit von der Anodenspannung eine so starke Sekundäremission bewirken, daß die Strecke Kathode—Anode den Charakter eines „negativen Widerstandes" erhält. GILL u. MORRELL (*39*) verwendeten diese Schaltung, indem sie zwischen Gitter und Anode einer MARCONI-Röhre M.T. 5 ein LECHER-System schalteten. Auf diese Weise erhielten sie ungedämpfte Schwingungen mit einer kürzesten Welle von 74 cm Länge. Bei konstanten Betriebsspannungen erwies sich die Wellenlänge von der Länge des LECHER-Systems abhängig. Bei konstanter Länge des LECHER-Systems genügte andererseits die

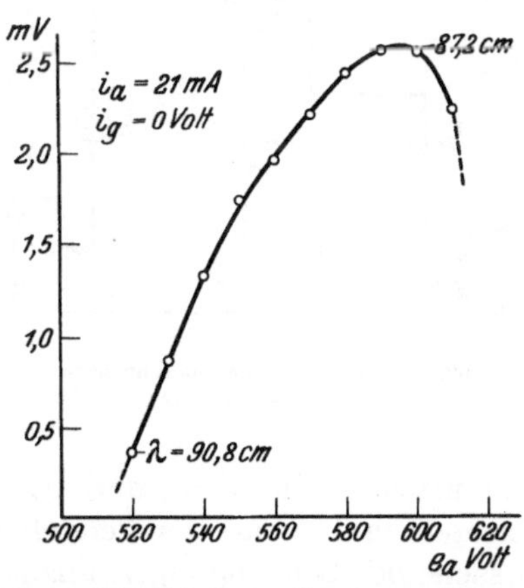

Abb. 5. Abhängigkeit der Schwingenergie einer Kurzwellenröhre von der Anodenspannung bei normaler Röhrenschaltung nach Messungen von K. KOHL.

Wellenlänge in Abhängigkeit von der Gitter- (V_g) und Anodenspannung (V_a) der Beziehung:

$$\lambda^2 (V_g - V_a) = \text{const.}$$

Wie sich später bei der Behandlung der Schwingungserzeugung durch BARKHAUSEN und KURZ noch ergeben wird, drückt diese Beziehung eine Bedingung für die Elektronenlaufzeit zur phasenrichtigen Schwingungserzeugung aus.

Merkwürdigerweise wurde diese Schaltung des Dynatrons nicht weiter zur Erzeugung noch kürzerer Wellen untersucht. Allerdings ist zu erwarten, daß mit abnehmender Wellenlänge die erforderlichen Spannungen praktisch zu hohe Werte annehmen müssen.

II. Ultrakurzwellenerzeugung nach BARKHAUSEN und KURZ.

1. „Elektronenschwingungen". Einer glücklichen Beobachtung und ihrer sofortigen umfassenden Auswertung von BARKHAUSEN u. KURZ (*11*) ist es zu danken, daß die Ultrakurzwellenerzeugung neue Wege einschlagen konnte. Gelegentlich einer Vakuumprüfung eines Dreielektrodenrohres, bei der das Gitter an eine hohe positive Spannung und an die Anode eine negative Spannung gelegt war (Abb. 6), trat eigentümlicherweise ein dem Ionenstrom entgegengesetzt gerichteter Elektronenstrom über der Anode auf. Da hierbei die Elektronen gegen eine negative Spannung von 100 Volt anliefen, so wurde sofort das Auftreten von „wilden Schwingungen" vermutet. Mit dem Wellenmesser ließen sich die Schwingungen nicht messen, erst bei Verwendung eines LECHERSchen Drahtsystems mit Detektor und Galvanometer gelang die Längenmessung der Wellen in der Größenordnung von 1 m. Die erzeugten Wellen erwiesen sich hinsichtlich ihrer Länge nicht von äußeren Leitungskreisen, wohl aber von Gitter- und Anodenspannung und der Heizstromstärke abhängig. BARKHAUSEN u. KURZ schlossen daraus, daß für die auftretenden Schwingungen nur die Elektronenbewegung im Innern der Röhre maßgebend ist. Sie stellten die Hypothese auf, daß die

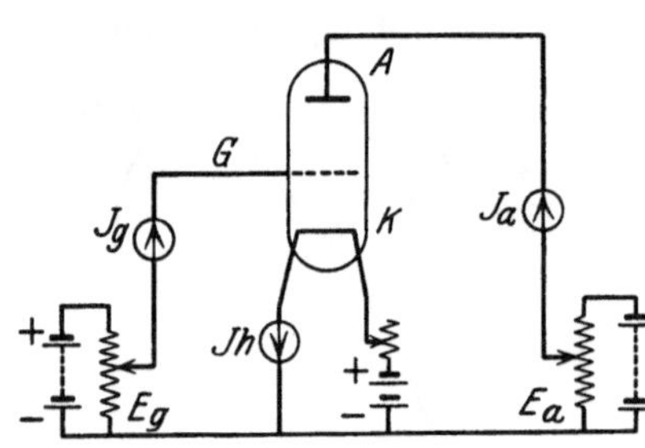
Abb. 6. Ultrakurzwellenschaltung nach BARKHAUSEN und KURZ.

rein mechanische Hin- und Herbewegung der Elektronen zwischen Kathode und Anode als Pendelbewegungen um das positive Gitter als Ursache der Schwingungen anzusehen ist, wenngleich auch die phasenrichtige gemeinsame Bewegung nicht erklärt werden konnte. Dieser Vorstellung zufolge wurde die Wellenlänge abgeleitet durch das Produkt aus Lichtgeschwindigkeit und Schwingungsdauer der Elektronenpendelung.

Unter der Annahme eines ebenen Elektrodensystems und Vernachlässigung des Einflusses der Raumladungen wurde als Formel für die Wellenlänge folgende Beziehung abgeleitet:

$$\lambda = \frac{2000}{\sqrt{V_g}} \cdot \frac{r_2 V_g - r_1 V_a}{V_g - V_a}.$$

Der Vergleich der berechneten Wellenlängen mit den gemessenen zeigte, daß im wesentlichen der Gang der Abhängigkeit von der Gitterspannung und von der Anodenspannung durch diese Formel beschrieben werden kann. Die auftretenden Abweichungen bis zu etwa 30% werden durch den Einfluß der vernachlässigten Raumladungen erklärt. Tatsächlich zeigt sich auch, daß die Raumladungsstromkurve unter dem Einfluß der Schwingungen merklich verflacht wird, was auf das Auftreten verstärkter Raumladung in der Nähe des Heizdrahtes schließen läßt.

Günstig für das Eintreten der Schwingungen wird zylindrisch-symmetrische Anordnung des Elektrodensystems erkannt. Dazu wird weiterhin ein möglichst enges, feindrähtiges Gitter für das Eintreten der Schwingungen als günstig befunden. Bei der im Kriege hergestellten Schott-K-Röhre erwiesen sich diese Bedingungen am besten erfüllt, so daß damit eine kürzeste Welle von 43 cm erzeugt werden konnte.

Zur Herstellung kürzester Wellen sprechen Barkhausen u. Kurz die Vermutung aus, daß bei entsprechender Steigerung der Betriebsspannungen und möglichster Verkleinerung der Durchmesser des Elektrodensystems noch Wellen von etwa 10 cm Länge erhalten werden können.

An die Untersuchungen von Barkhausen u. Kurz schließen sich Untersuchungen von A. Scheibe (33), der in umfassender Weise theoretisch und experimentell diese Schwingungserzeugung weiterhin betrachtet hat. Theoretisch leitet er unter Berücksichtigung des zylindrischen Feldes die Laufzeiten der Elektronen in der Röhre ab und erhält eine genauere Wellenlängenformel gemäß der Beziehung Wellenlänge (d) = Lichtgeschwindigkeit mal Elektronenlaufzeit ebenfalls unter Zugrundelegung der Vorstellung der reinen Elektronenschwingungen.

$$\lambda = \frac{2000}{\sqrt{V_g}} \left\{ f\left(\sqrt{ln\frac{r_1}{r_0}} \right) + g\left(\sqrt{\frac{V_g}{V_g - V_a}\, ln\frac{r_2}{r_1}} \right) \right\},$$

dabei ist:

$$f(x) = x \cdot e^{-x^2} \int_0^x e^{n^2}\, dn;$$

und

$$g(x) = x \cdot e^{x^2} \int_0^x e^{-n^2}\, dn.$$

Es zeigt sich, daß durch diese Wellenlängenformel die experimentellen Ergebnisse wesentlich besser, allerdings immer noch mit Abweichungen bis zu 10% wiedergegeben werden können (vgl. Abb. 7).

Experimentell fand sodann Scheibe, daß im Gegensatz zu der Vermutung von Barkhausen u. Kurz die Wellen nicht ohne weiteres durch entsprechende Erhöhungen der Betriebsspannungen sich verkürzen lassen, vielmehr nur innerhalb bestimmter Spannungsbereiche erregt werden können, außerhalb deren die Röhren aus unbekannten Gründen nicht zu Schwingungen erregt werden können. Für die Schwingungsbedingung wird als wesentlich vermutet, daß die Laufzeit im Gitteranodenraum beträchtlich größer sein muß als im Kathodengitterraum. In Übereinstimmung mit Barkhausen wird gefunden, daß sich die Wellen hinsichtlich der Wellenlänge von äußeren Kreisen unabhängig erregen. Durch Ausbildung der Gitter- und Anodenzuleitung zu einem Paralleldrahtsystem und durch Abstimmung auf Resonnanz vermittels einer Plattenbrücke konnte weiterhin die Schwingleistung beträchtlich verstärkt werden (vgl. Abb. 8).

SCHEIBE ist weiterhin das wichtige experimentelle Ergebnis zu verdanken, daß er außer den nach der BARKHAUSENschen Beziehung zu erwartenden Wellenlängen auch noch Wellen von höherer Frequenz gefunden hat, deren Wellenlänge im allgemeinen nur etwas mehr

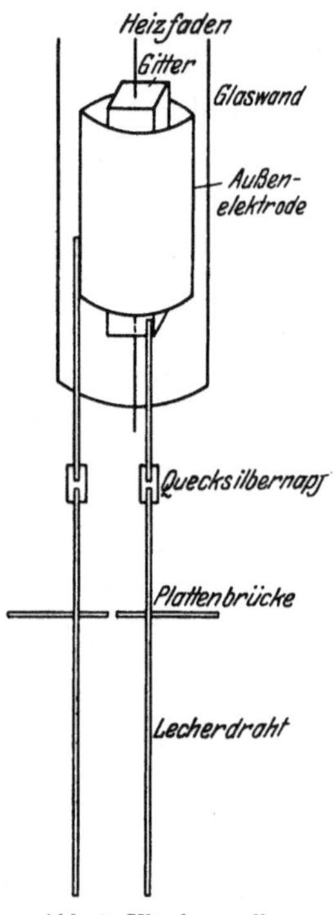

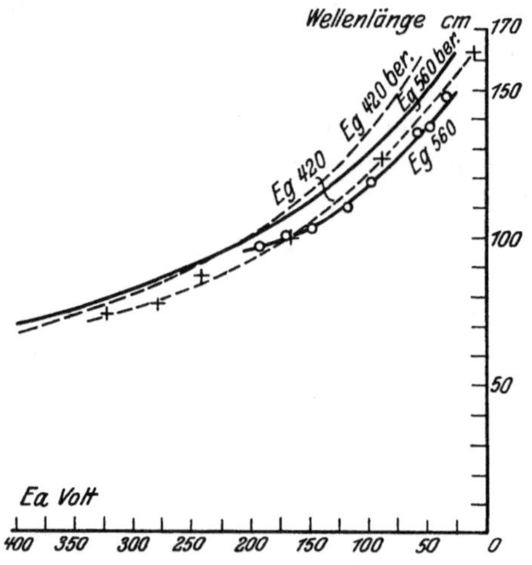

Abb. 7. Wellenlängenabhängigkeit von Gitter- und Anodenspannung bei einer Ultrakurzwellenröhre nach SCHEIBE.

Abb. 8. Ultrakurzwellen-Anordnung mit LECHER-System-Resonator nach SCHEIBE.

als die Hälfte der Wellenlänge der längeren Wellen beträgt (Abb. 9). Die Frage, ob es sich um reine Oberschwingungen handelt, wird nicht entschieden. Da die kurzen Wellen auch für sich allein auftreten können, insbesondere bei geringerer Emission und stärkerer negativer Anodenspannung als die längeren Wellen, wird nur die Vermutung ausgesprochen, daß es sich möglicherweise um einen ganz anderen Mechanismus handelt.

Als kürzeste Welle konnte SCHEIBE mit einer SCHOTT-K-Röhre eine Welle von 24 cm Länge erzielen, allerdings

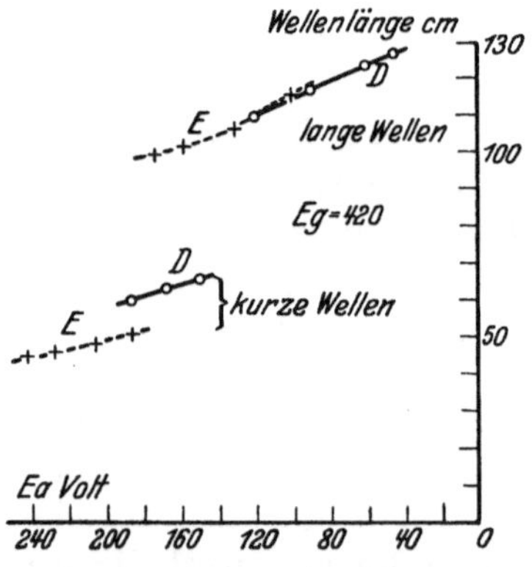

Abb. 9. Wellenlängenabhängigkeit von der Anodenspannung bei Ultrakurzwellenröhren nach SCHEIBE.

bei so hoher Belastung, daß dieselbe bald zerstört wurde. Die übrigen Versuche wurden mit besonders gebauten Senderöhren bei laufenden

Pumpen mit einem Vakuum von 10^5 mm Hg ausgeführt. Der beobachtete Wellenbereich umfaßte 30—330 cm. Die nachstehende Tabelle 1 gibt die einzelnen Röhrenabmessungen wieder.

Tabelle 1.

Röhre	Durchmesser der Außenelektrode cm	Gitterquerschnitt	Länge einer Seite des Gitterquerschnittes	Wirksame Länge des Gitters	Anzahl der Gitterwind. pro cm Gitterlg.	Lage der Gitterelektrode zur Außenelektrode
A_1				5	10	konzentr.
A_2	0,86	quadratisch	0,6	5	10	„
A_3				5	2	„
A_4				2	10	„
B	1,72	„	0,6	5	10	„
C_1	1,50	sechseckig	0,7	5	10	„
C_2	1,72	quadratisch	1,0	5	10	„
D	1,72	„	0,6	5	10	exzentr.
E	1,72	längl. Rechteck	0,6 u. 2,0	5	10	konzentr.
F	1,72	sechseckig	1,3	5	10	„
G	0,86	quadratisch	0,3	2	10	„

Der Zylinder der Außenelektrode überragte die Gitterelektrode in jedem Falle um 0,5 cm nach beiden Seiten. Der glühende Teil der Glühelektrode besaß bei jeder Röhre die Länge der betreffenden Gitterelektrode (wirksame Gitterlänge). Die kleinste Röhre mit engstem Gitter war die Röhre G, sie war mit seinen Hilfsmitteln gerade noch zu bauen.

Besonders möge noch erwähnt werden, daß die Gitterelektrode aus einem Gerüst von Molybdändraht bestand, welches von feinem Wolframdraht von 0,08 mm Stärke spiralig in einem Windungsabstand von 1 mm umwickelt war. Die BARKHAUSENsche Bedingung eines engen feindrähtigen Gitters war demnach auch hier erfüllt.

In diesem Zusammenhang seien auch Untersuchungen von ZILITINKEWITSCH (46) erwähnt, der, unabhängig von BARKHAUSEN u. KURZ, dieselbe Methode der Schwingungserzeugung fand und sie ebenfalls durch Elektronenpendelungen erklärte. In methodischer Hinsicht ist zu bemerken, daß er die Wellenlänge aus dem Resonanzeinfluß eines einpolig an die Anode angeschalteten Leiterstückes auf den Anodenstrom dadurch bestimmte, daß er dessen periodische Änderungen bei Längenänderungen um eine halbe Wellenlänge beobachtete.

2. Erregung von Schwingsystemen. Eine neue Gruppe von Untersuchungen der Schwingungserzeugung nach BARKHAUSEN u. KURZ wurde eingeleitet durch eine Arbeit von GILL u. MORRELL (18). Ähnlich wie bei der Rückkopplungsschaltung von TOWNSEND u. MORRELL (vgl.

Abb. 3) koppeln GILL u. MORRELL an eine Dreielektrodenröhre (Type M.T. 5 der MARCONI-Gesellschaft) in der Schaltung von BARKHAUSEN u. KURZ an Gitter und Anode ein LECHER-System an, das durch eine Brücke auf verschiedene wirksame Länge eingestellt werden kann. Die Brücke, bestehend aus zwei in Serie geschalteten Blockkondensatoren, enthält ein Thermoelement, das zur Messung der Schwingenergie dient (Abb. 10).

Von den experimentellen Resultaten sei angeführt: Wurden die Betriebsdaten konstant gehalten, so konnte durch das an die Röhre angeschlossene LECHER-System die Wellenlänge in weiten Grenzen verändert werden; z. B. konnte bei den konstanten Spannungen von 44 Volt am Gitter und 1,8 Volt an der Anode die Welle von 320 cm auf 451 cm verändert werden. Andererseits zeigte sich aber auch, daß bei konstant gehaltener Länge des LECHER-Systems nur durch Veränderung der Gitterspannung Schwingungen verschiedener Wellenlänge angeregt werden konnten. Diese traten aber erst dann mit maximaler Energie auf,

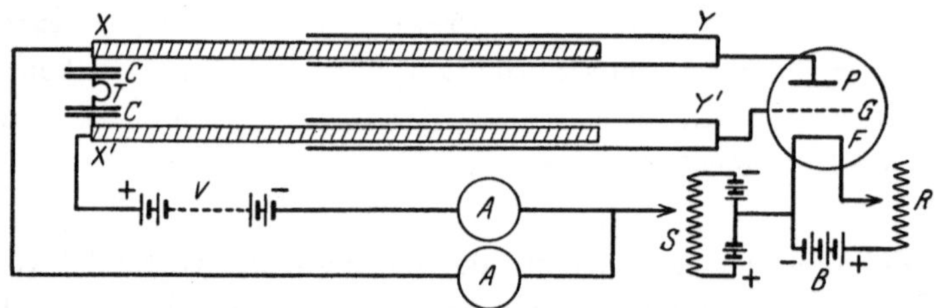

Abb. 10. Ultrakurzwellenschaltung nach GILL und MORRELL.

wenn das LECHER-System auf Resonanz abgestimmt wurde. Zusammengehörige Werte von Wellenlänge (λ) und Gitterspannung (V_g) bezogen auf maximale Schwingungsenergie genügen der Beziehung:

$$\lambda^2 \cdot V_g = \text{const.}$$

In einem theoretischen Teil der Arbeit werden die energetischen Verhältnisse der zwischen den Elektroden im Sinne von BARKHAUSEN u. KURZ laufenden Elektroden untersucht. Dabei wird in Erweiterung der Theorie von BARKHAUSEN u. KURZ bzw. SCHEIBE auch die von dem LECHER-System aufgedrückte Wechselspannung zwischen Gitter und Anode berücksichtigt. Die Schwingbereiche in Abhängigkeit von der Wellenlänge können dadurch gekennzeichnet werden, daß nur innerhalb bestimmter Wertebereiche des Verhältnisses von Laufzeit und Schwingungsdauer die laufenden Elektronen Energie an das Schwingsystem abgeben.

Zu demselben Resultate, daß äußere LECHER-Systeme die Wellenlänge beeinflussen können, kommt weiterhin sodann auch KAPZOV (54) durch Untersuchung einer Reihe von Schaltungen ähnlich derjenigen von GILL u. MORRELL.

Bei einer Schaltung mit zwei Röhren in BARKHAUSEN-Schaltung findet ferner auch GRECHOWA (*48*), daß sich durch Verlängerung des Anodenkreises auch die Wellenlänge verändern läßt. In einer weiteren Arbeit zeigt GRECHOWA (*49*), daß durch Abstimmung des äußeren Schwingsystems und der Betriebsdaten auf optimale Schwingenergie die zusammengehörigen Wertepaare von Wellenlänge (λ) und Gitter-

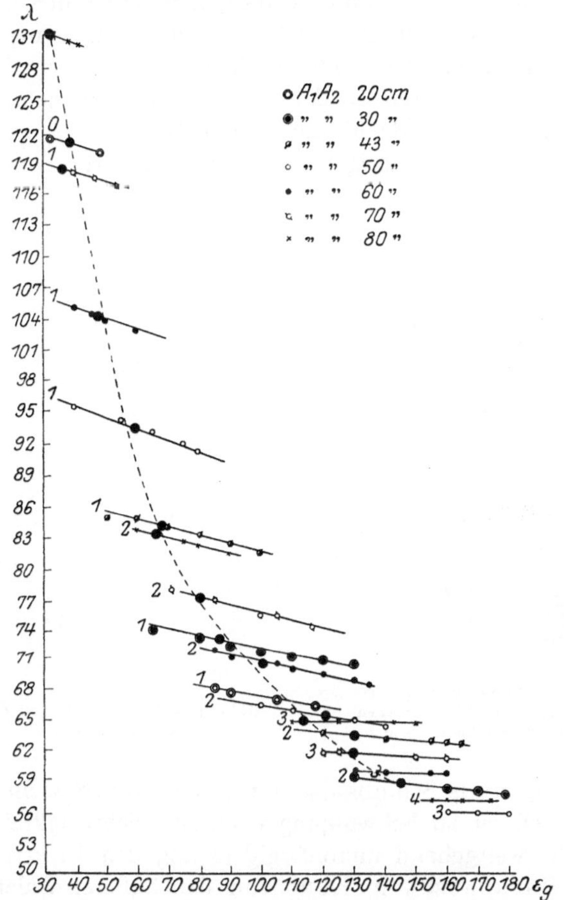

Abb. 11. Abhängigkeit der Wellenlänge bei verschiedener Länge der Verbindungsleitungen von der Gitterspannung nach GRECHOWA.

spannung (V_g) der Bedingung: $\lambda^2 V_g = $ const genügen (Abb. 11), wie dies schon GILL u. MORRELL für ihre Schaltung nachgewiesen haben.

Die Erregung von LECHER-Systemen in der Schaltung von BARK-HAUSEN u. KURZ wurde ferner in einer Arbeit von TANK u. SCHLIT-KNECHT (*72*) untersucht. Sie finden in bestimmten Längenbereichen der LECHER-Systeme lineare Abhängigkeit der Wellenlänge von der Länge des Systems. Es war dabei gleichgültig, welche von den vier Zuleitungen der Röhre am Gitter, Anode und Heizung jeweils paarweise zu einem Paralleldrahtsystem zusammengeschaltet waren. Auf Grund ihrer Untersuchungen kommen die Verfasser zu dem Ergebnis, daß zur Schwingungserzeugung die Mitwirkung äußerer Kreise für den Steuermechanismus der Elektronenbewegung wesentlich ist.

Es liegt nun der Gedanke nahe, daß möglicherweise auch bei den „Elektronenschwingungen" von BARKHAUSEN u. KURZ ein Schwingsystem wesentlich mitbestimmend ist. Nachdem sich die Schwingungen nach BARKHAUSEN u. KURZ von äußeren Zuleitungen als unabhängig erweisen, so ist dieses System in der Röhre selbst anzunehmen. Dieses Schwingsystem kann einfach dadurch gebildet sein, daß Gitter-Anodenkapazität die zugehörigen Zuleitungen und die Sockelkapazität

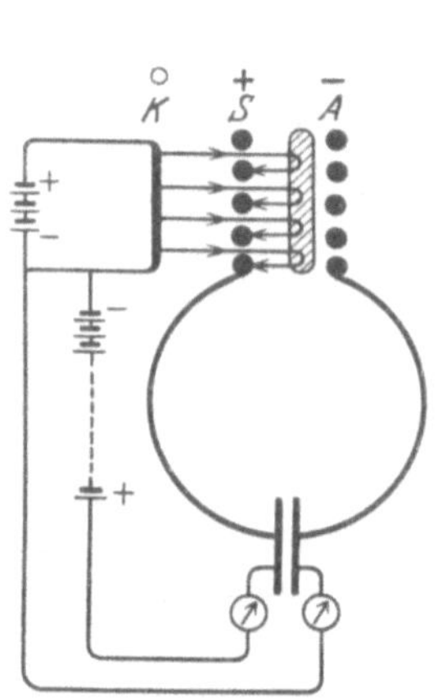

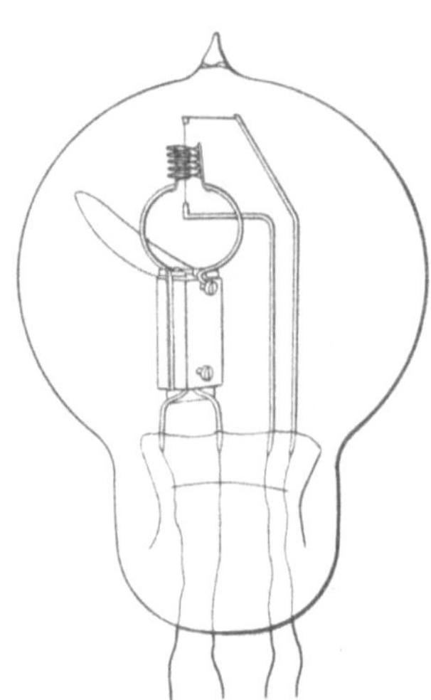

Abb. 12. Schema der Ultrakurzwellenröhre mit THOMSONschen Schwingkreis nach K. KOHL.

Abb. 13. Kurzwellenröhre nach K. KOHL für 30-cm-Wellen.

dieser Zuleitungen als Schlußkapazität einen THOMSONschen Schwingkreis bilden. Dieser zu Schwingungen erregte Schwingkreis muß sich dann ebenfalls weitgehend unabhängig analog den Elektronenschwingungen von BARKHAUSEN u. KURZ von den äußeren Zuleitungen erweisen.

In Verfolgung dieses Gedankenganges und geleitet von dem Bestreben unter Ausschaltung von Zufälligkeiten mit einer wohldefinierten Schwingsystem möglichst kurze und noch energiestarke Schwingungen zu erhalten, gelang es K. KOHL (*63, 73*) mit kleinen THOMSONschen Schwingkreisen zwischen Gitter und Anode nach der Schaltung von BARKHAUSEN u. KURZ Wellen bis herab zu 30 cm Wellenlänge zu erzeugen (Abb. 12 und 13). Im Vergleich zu den SCHOTT-Röhren, mit denen man sonst nur derartig kurze Wellen in einigen Fällen erzeugen konnte, war das

Gitter bei den von K. KOHL konstruierten Röhren durchaus nicht fein-
maschig und engdrähtig, sondern hatte bei etwa 2 mm Windungsabstand
einen Gitterdrahtdurchmesser von 0,4 mm. Der Einsatz der Schwingungen war wie bei BARKHAUSEN u. KURZ an dem Auftreten eines
Elektronenstroms über die Anode, die das mittlere Potential der Glühkathode besaß, erkennbar. In der Erkenntnis, daß dieser Anodenstrom
einen Dämpfungseinfluß ausübt, verwendete K. KOHL eine kurzgeschlossene Drahtspirale als Anode und konnte damit eine beträchtliche
Energiesteigerung erzielen.

Auf Grund dieser experimentellen Resultate erscheint es durchaus
möglich, daß auch in dem Falle der Elektronenschwingungen von BARK-
HAUSEN u KURZ es sich vielfach um die Erregung eines derartigen
kleinen THOMSONschen Kreises, der vom inneren Elektrodensystem gebildet wird, handelt. Es bleibt dann allerdings noch zu erklären, wodurch die beobachtete Wellenlängenabhängigkeit von den Betriebsspannungen und der Heizstromstärke bedingt ist. In einem späteren
Abschnitt mögen diese Verhältnisse noch näher betrachtet werden.

3. Einfluß von Restgasen und Raumladungen. Bei den Versuchen
zur Aufklärung des eigentlichen Mechanismus der Schwingungserzeugung
nach BARKHAUSEN u. KURZ mußte auch der Einfluß des restlichen
Gases beachtet werden. Möglicherweise konnte ja ein bestimmter Gasgehalt wesentlichen Einfluß auf den zur Schwingungserzeugung notwendigen negativen Widerstand besitzen. Bei Glimmentladungen sind diese
fallenden Charakteristiken bekannt. Ein anderer Einfluß des Gasge-
haltes wurde von WHIDDINGTON (8, 15) bei Dreielektrodenröhren beobachtet. Bei stark positiver Anode und geringem Gitterpotential werden nach seiner Vorstellung im Gitter-Anodenraum Ionen erzeugt, die
bei ihrem Aufprall auf die Kathode die Elektronenemission periodisch
gestalten können. In Abhängigkeit von der Art des Restgases ergeben
sich beobachtungsgemäß entsprechend der Laufzeit der positiven Ionen
Frequenzen zwischen 10^5 und 10^6 Hertz.

NETTLETON (20) findet seinen Untersuchungen zufolge für BARK-
HAUSEN-Schwingungen einen Gasgehalt größer als $5 \cdot 10^{-5}$ mm Hg als
notwendig. Die Beobachtungen von SCHEIBE stehen dem allerdings entgegen, der seine Untersuchungen bei laufenden Pumpen bei Drucken
von weniger als $1 \cdot 10^{-5}$ mm Hg durchführte.

Andererseits beobachtete auch PIERRET (35), daß Schwingungen unter
Umständen erst einige Zeit nach dem Einschalten auftreten, was er am
einfachsten durch allmähliches Freiwerden von Gasresten in der Röhre
bei wachsender Erwärmung der Elektroden erklärt.

Eingehendere Untersuchungen über den Gasgehalt wurden von
GRECHOWA (48) angestellt, veranlaßt durch Versuchsergebnisse denen
zufolge die erzeugten Wellen um mehr als 10% von den nach der SCHEIBE-
schen Formel berechneten abwichen. Der Druck des Restgases wurde

in einem Bereich von $5 \cdot 10^{-8}$ mm Hg bis $1 \cdot 10^{-4}$ geändert, trotzdem aber Wellenlänge und Intensität der Schwingungen vom Druck unabhängig gefunden. Erst bei höheren Drucken nahm die Intensität wesentlich ab, um schließlich bei $1 \cdot 10^{-3}$ mm Hg zu verlöschen. Die Wellenlänge der untersuchten Schwingungen betrug dabei 54,5 bzw. 60 cm.

In einer weiteren Untersuchung wurde ferner von KAPZOV (*54*) der Einfluß von Hg-Dampf von $3 \cdot 10^{-4}$ bis $3 \cdot 10^{-3}$ mm Hg auf die Wellenlänge der erzeugten Schwingung untersucht. Die Druckänderungen wur-

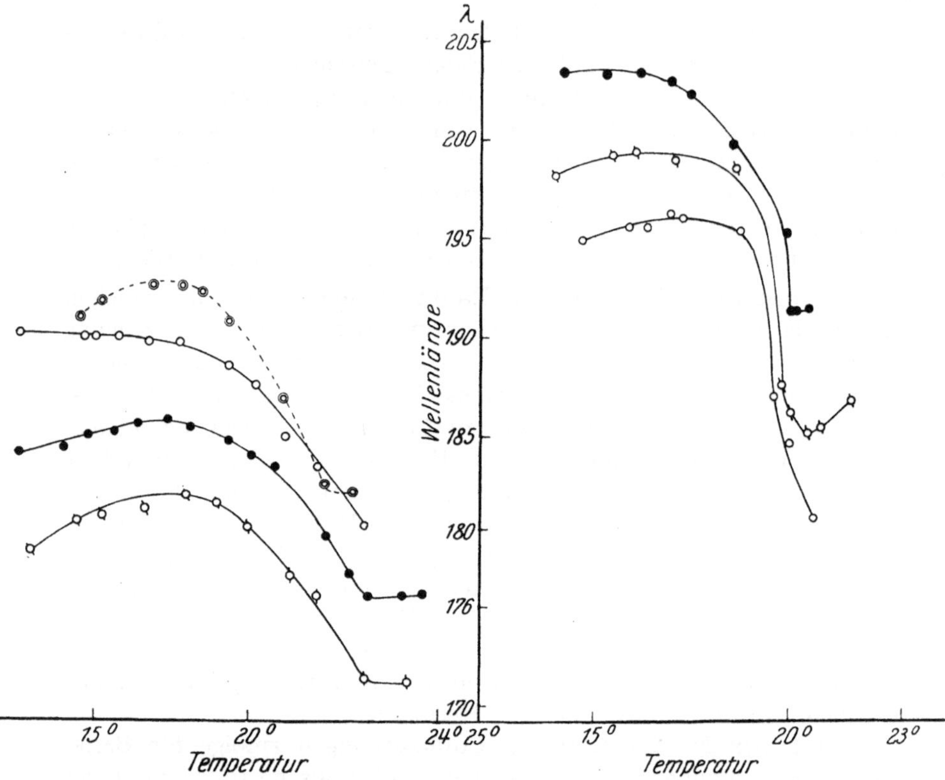

Abb. 14. Abhängigkeit der Wellenlänge von Gasdruck nach KAPZOV.

den einfach durch Erwärmung der Röhrenwandung vorgenommen. Bei 5° Temperaturänderung konnten bei Wellen von etwa 2 m Wellenlänge bei Gitterspannungen von 20—50 Volt bis zu 10% Wellenlängenänderung beobachtet werden (Abb. 14). Die Beobachtungsergebnisse erklärt KAPZOV durch die Annahme einer positiven Raumladung von *Hg*-Ionen in der Umgebung des Gitters und einer negativen Raumladung in der Nähe der Kathode und erhält dadurch Übereinstimmung mit der Theorie von BARKHAUSEN u. KURZ.

Die Versuche im ganzen lassen den Schluß zu, daß die Wellenlänge der erzeugten Schwingungen zwar vom Gasgehalt abhängig, der Gasgehalt aber selbst nicht prinzipiell wichtig für die Erzeugung der Schwingungen erscheint.

Was schließlich den Einfluß der Raumladungen anbelangt, so wurden darauf, wie schon mehrfach erwähnt, die Differenzen zwischen den beobachteten und berechneten Wellenlängen zurückgeführt. Die unmittelbare Existenz solcher Raumladungen läßt sich, wie das schon bereits BARKHAUSEN und KURZ angeben, aus der Verflachung der Emissionskurve ersehen.

Umfangreiche Untersuchungen von VAN DER POL (*37*) haben ergeben, daß gerade raumladungsgestörte Gebiete (Abb. 15) stets mit dem Auf-

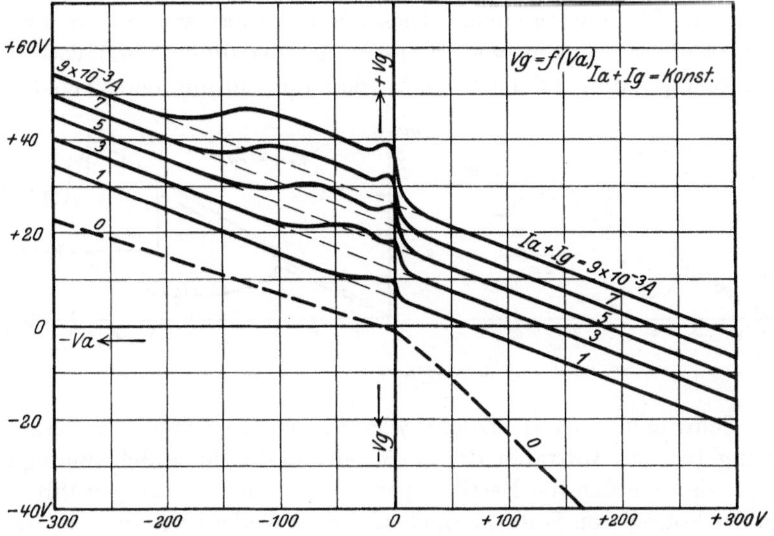

Abb. 15. Statische Charakteristiken nach VAN DER POL.

treten von BARKHAUSEN-KURZ-Schwingungen verknüpft sind. VAN DER POL vertritt demnach die Ansicht, daß unstabile Raumladungen zwischen Gitter und Anode allgemein als Ursache der Schwingungen nach BARKHAUSEN u. KURZ anzusehen sind.

Derartige Instabilitäten von Raumladungen sind auch von GILL (*38*) mehrfach untersucht worden. Sie sind nach GILL erkennbar an dem anormalen Verhalten des Anodenstroms bzw. an besonderen negativen Aufladungen der isolierten Anode (Abb. 16).

Im theoretischen Teil wird weiter auf diese Raumladungen noch zurückzukommen sein.

Im Anschluß an die obigen Untersuchungen von KAPZOV wurde in einer weiteren Arbeit von KAPZOV u. GWOSDOWER (*61*) theoretisch der Einfluß der Raumladung auf die Wellenlänge untersucht und die Formel von SCHEIBE mit besserer Angleichung an die Beobachtungen erweitert.

Im ganzen ist jedoch noch zu bemerken, daß eigentliche experimentelle Untersuchungen über die vorhandenen Raumladungen selbst wohl ihrer Schwierigkeit wegen zunächst noch nicht durchgeführt worden sind.

4. „B.K."- und „G.M."-Schwingungen. Einerseits der Befund, daß die Schwingungen nach BARKHAUSEN u. KURZ sich ziemlich von äußeren Schwingkreisen unabhängig erwiesen, andererseits die Beobachtungen von GILL u. MORRELL, nach denen ein äußeres LECHER-System wesentlich die Wellenlänge bestimmt, gab Anlaß zu der Vorstellung, daß es sich um zwei Schwingungsarten mit verschiedenem Schwingmechanismus handelt und kennzeichnete dieselben als „B.K."-Schwingungen und als „G.M."-Schwingungen. Dieser Standpunkt wurde insbesondere in den Untersuchungen von KAPZOV u. GWOSDOWER (*61*) vertreten. Ihnen gelang nämlich der Nachweis, daß mit ein und derselben Röhre

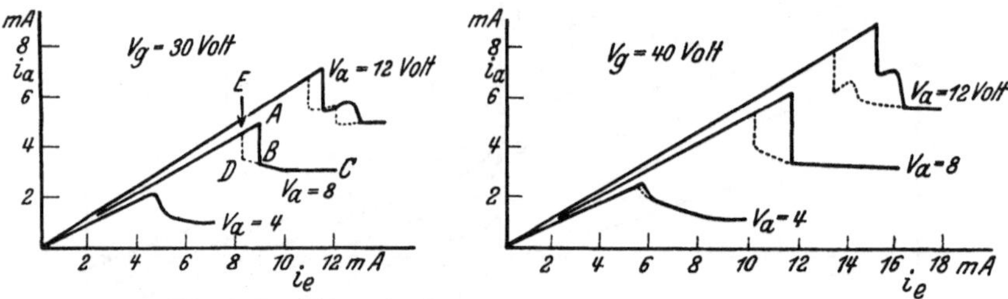

Abb. 16. Instabitäten des Anodenstroms nach Messungen von GILL.

beide Schwingungsarten erzeugt werden können (Abb. 17). Als Bedingung für das Auftreten der einen oder der anderen Schwingungsart fanden sie: Werden die Betriebsspannungen einerseits so gewählt, daß nach der Formel von SCHEIBE die berechnete Wellenlänge übereinstimmt mit einer Eigenschwingung des Systems, so entstehen „G.M."-Schwingungen nahezu unabhängig von den Spannungen, wohl aber im gleichen Maße veränderlich, als die Eigenfrequenz des schwingfähigen Systems geändert wird; andererseits entstehen „B.K."-Schwingungen, wenn die Spannungsbereiche so gewählt werden, daß sich nur Wellen erregen können, die zwischen den Eigenfrequenzen des angeschalteten äußeren LECHER-Systems liegen. In diesem Falle folgt die Wellenlängenabhängigkeit von den Spannungen der Formel von SCHEIBE und erweist sich vom äußeren Schwingkreis unabhängig. Experimentell zeigt sich im einzelnen insbesondere, daß die „G.M."-Schwingungen sich um so besser ausbilden, je weniger stark negativ die Anodenspannung ist und andererseits je stärker positiv die Gitterspannung ist.

Die drei von KAPZOW u. GWOSDOWER verwendeten Röhren hatten die Gitter- bzw. Anodendurchmesser 0,32 cm bzw. 0,8 cm; 0,62 cm bzw. 1,6 cm; 0,8 cm bzw. 1,9 cm.

Die Schwingungen wurden teils im Sättigungsgebiet, teils im Raumladungsgebiet des Emissionsstroms beobachtet. Im Raumladungsgebiet zeigte sich manchmal, daß mit abnehmender Gitterspannung die Welle nicht länger, sondern wieder etwas kürzer wurde. Die Erscheinung erklärt sich wohl ohne weiteres durch die Wirkung der Raumladung.

Ferner wurde auch gefunden, daß sich das äußere LECHER-System nicht nur in seiner Grundschwingung, sondern auch in seiner ersten und zweiten Oberschwingung erregen läßt.

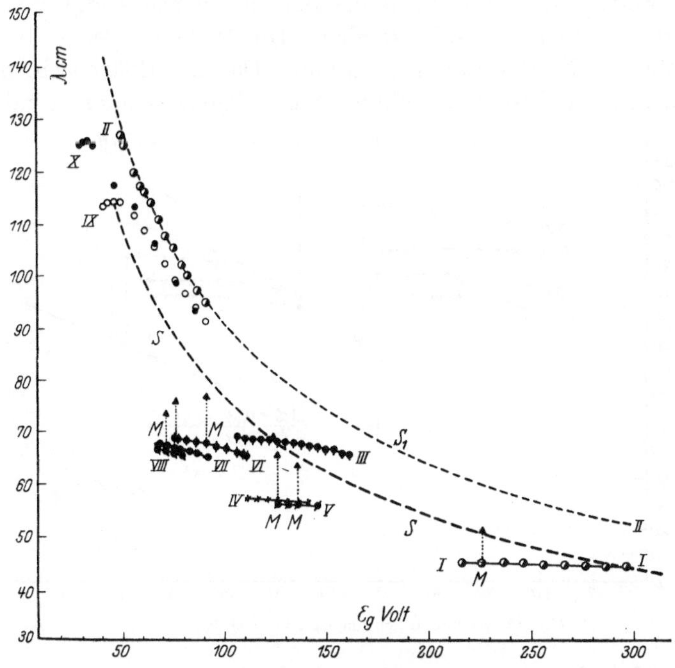

Abb. 17. Nachweis der verschiedenen Wellenlängenabhängigkeit der „BK"- und „GM"-Schwingungen nach KAPZOV-GWOSDOWER.

Auf Grund der in der Arbeit gewonnenen Resultate glauben die Verfasser als festgestellt betrachten zu können, daß in ein und derselben Elektronenröhre zwei Schwingungsarten auftreten: „G.M."-Schwingungen, veranlaßt durch das äußere LECHER-System; dann „B.K."-Schwingungen, wenn sich die Elektronen selbst zu gemeinsamen Schwingungen um das positive Gitter ordnen. Zur Klärung des Übergangsgebietes zwischen den beiden Schwingungsarten kann nach ihrer Meinung die Annahme eines gleichmäßigen Elektronenstroms durch das Gitter nach den Vorstellungen von GILL u. MORRELL nicht mehr aufrecht erhalten werden.

Ähnlich unterscheidet HOLLMANN (75) „B.K."- und „G.M."-Schwingungen auf Grund der verschiedenen Abhängigkeit der Wellenlänge von den Betriebsdaten und der Länge des äußeren LECHER-Systems. Bei stetiger

Verlängerung des Lecher-Systems beobachtet er insbesondere auch wieder Wellenlängensprünge (Abb. 18). Die einzelnen Längenbereiche des Lecher-Systems, innerhalb deren die Wellenlänge sich stetig ändert, entsprechen anscheinend bestimmten Oberwellenbereichen des Lecher-Systems. Jeden der stetig zusammenhängenden Wellenlängenbereiche unterteilt nun Hollmann wiederum in einen Bereich von „G.M."-Schwingungen mit geringer Abhängigkeit von den Betriebsspannungen und in einen Bereich von „B.K."-Schwingungen mit starker Abhängigkeit von den Betriebsspannungen. Beide Bereiche gehen stetig ineinander über und sind nicht scharf trennbar. Die Wellenlängen sind jeweils bei konstanten Betriebsdaten bestimmt. Daraus erklärt sich, daß die einzelnen Lecher-Systemeinstellungen im allgemeinen nicht mit opti-

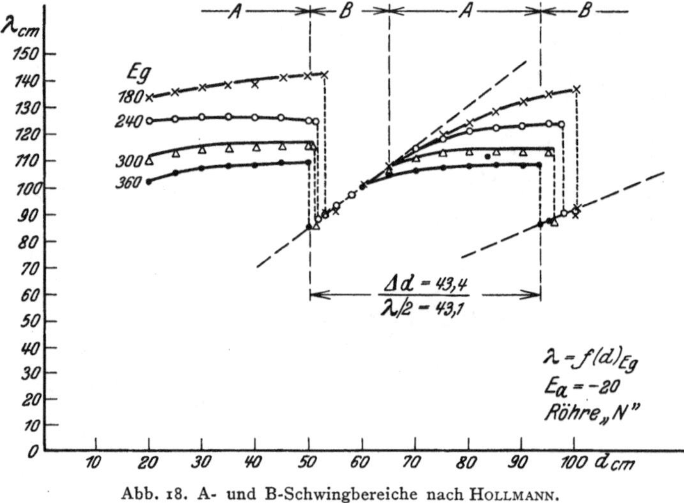

Abb. 18. A- und B-Schwingbereiche nach Hollmann.

malen Betriebsdaten erregt wurden. Darin liegt aber gerade begründet, daß, wie späterhin noch weiter auszuführen sein wird, das System sich nicht in seiner Eigenfrequenz erregt, sondern nach Art einer Zieherscheinung in etwas veränderter Frequenz. Hollmann andererseits vertritt in einer weiteren Arbeit (95) die Anschauung, daß sich normalerweise Schwingungen nach der Art von Barkhausen erregen, die sich nur durch die Rückwirkung der an den Elektroden auftretenden Wechselspannungen zu „G.M."-Schwingungen nach einer Art „Frequenzrückkopplung" mit höherer Frequenz aufschaukeln.

Nach Untersuchungen von K. Kohl (89) handelt es sich bei diesen Erscheinungen der „B.K."- und „G.M."-Schwingungen um Erregungsvorgänge gekoppelter Schwingsysteme mit ihren bekannten Zieherscheinungen. Andererseits lassen sich die Schwingungen, die sich von äußeren Kreisen in ihrer Wellenlänge nicht beeinflussen lassen, am einfachsten erklären durch Erregung eines kleinen von der Gitter-Anodenkapazität, deren inneren Zuleitung und der Sockelkapazität gebildeten kleinen THOMSONschen Schwingkreises. Denselben Gedanken sprechen auch TANK und SCHILTKNECHT aus. Es bleibt dann aber noch zu erklären, wieso die erzeugten Schwingungen eine Wellenlängenabhängigkeit von den Betriebsdaten zeigen, wenn doch eigentlich ein Schwingsystem in seiner Eigenfrequenz erregt wird. K. KOHL (*90*) erklärt dies einfach dadurch, daß die Betriebskapazität gewissermaßen von einem von den Betriebsdaten abhängigen Elektronengas als Dielektrikum erfüllt ist. Diesem Elektronengas kommt je nach seiner Dichte (n) eine mehr oder

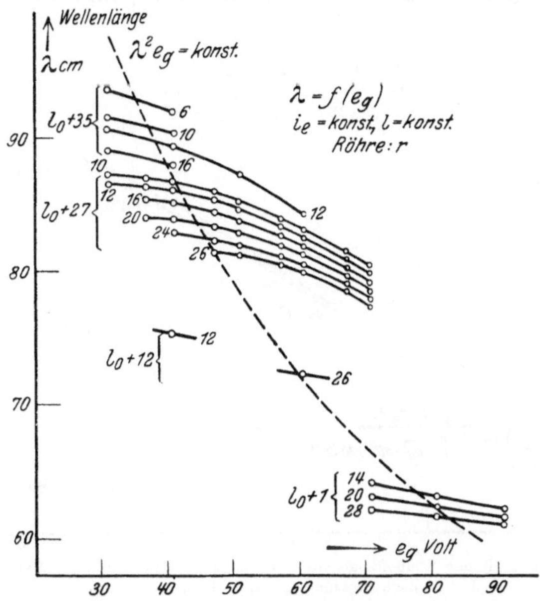

Abb. 19. Abhängigkeit der Wellenlänge einer Kurzwellen-Röhre mit Schwingkreis nach K. KOHL nach Messungen von HORNUNG.

minder stark gegen „Eins" erniedrigte Dielektrizitätskonstante (ε) zu, entsprechend der Formel:

$$\varepsilon = 1 - \text{const} \cdot n \cdot \lambda^2.$$

Diese Betriebskapazität wird somit erniedrigt und damit die Eigenfrequenz des gesamten Systems. Die angeführte Formel ist auch von anderer Seite, von L. BERGMANN, experimentell erwiesen worden.

In diesem Sinne lassen sich auch die ausführlichen Messungen von HORNUNG (*97*) über die Wellenlängenabhängigkeit (Abb. 19) eines kleinen, in der Schaltung von BARKHAUSEN u. KURZ erregten kleinen Schwingkreises durch den frequenzbestimmenden Einfluß der Kapazität zwischen Gitter und Anode in Abhängigkeit von der Elektronendichte erklären. Wächst nämlich die Gitterspannung, so nimmt die Elektronendichte zu und folglich die Wellenlänge ab; wächst die Anodenspannung, so nimmt die Elektronendichte ab für den Fall, daß ein Anodenstrom fließt und folglich die Wellenlänge zu; wächst der Elektronenstrom, so nimmt die Elektronendichte zu und folglich die Wellenlänge ab. Die quadratische Abhängigkeit der Dielektrizitätskonstante des Elektronengases von der Wellenlänge erklärt die wesentlich geringere Abhängigkeit der Wellenlänge von der Elektronendichte bei kürzeren Wellen.

Berücksichtigt man in diesem Sinne den starken Frequenzeinfluß der Gitter-Anodenkapazität, so kann durchaus das erste Gebiet der BARKHAUSEN-Schwingungen von HOLLMANN (Abb. 17) bei kurzer Länge des

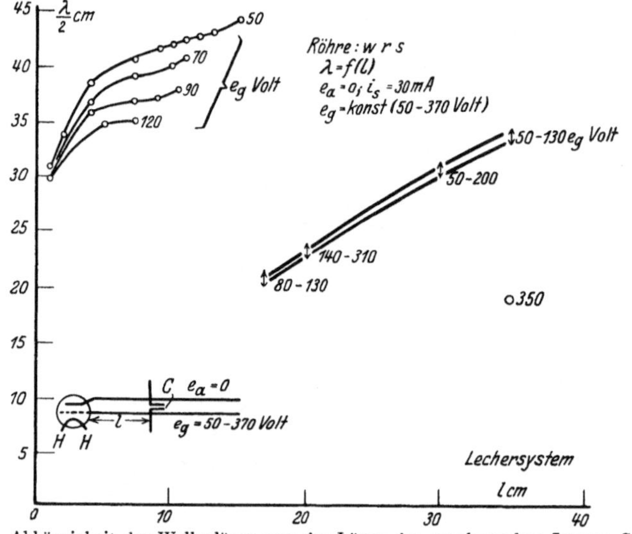

Abb. 20. Abhängigkeit der Wellenlänge von der Länge des angekoppelten LECHER-Systems nach Messungen von K. KOHL.

LECHER-Systems der Grundwelle des LECHER-Systems zugeordnet werden, wie dies auch aus Messungen von K. KOHL (*89*) hervorgeht (Abb. 20).

Die beobachteten Frequenzsprünge bei der Erregung des äußeren LECHER-Systems erklären sich weiterhin einfach als Umspringerscheinungen von dem einen Frequenzbereich in einen anderen, wenn sich die Selbsterregungsbedingungen für den letzteren Bereich für die Elektronenbewegung günstiger gestalten. Auch TANK u. SCHILTKNECHT (*72*) vertreten diese Anschauung und erklären ebenfalls die beobachteten Erscheinungen des Springens der Welle als „Zieh"-Erscheinungen von mehrwelligen gekoppelten Systemen.

Weiterhin konnte M. J. O. STRUTT (*120*) in einer neueren Arbeit derartige Zieheffekte bei der Erregung eines LECHER-Systems mit einer PHILIPS-Senderöhre TA 0810 einwandfrei nachweisen. Im Gegensatz zu HOLLMANN kommt STRUTT auf Grund seiner experimentellen Ergebnisse zu dem Schluß, daß kein Grund vorliegt, zwei Gebiete von „B.K."- und

„G.M."-Schwingungen mit verschiedenem Schwingmechanismus zu unterscheiden. Alle Erscheinungen lassen sich vielmehr zwanglos aus der Theorie der gekoppelten Schwingkreise verstehen.

Schließlich konnte von COLLENBUSCH (*127*) der Nachweis erbracht werden, daß ein LECHER-System auch ohne Auftreten von Frequenzsprüngen in seinen verschiedenen Eigenfrequenzen mit einer Röhre in BARKHAUSEN-Schaltung erregt werden kann, wenn nur die Betriebsdaten jeweils stetig auf optimale Erregung nachgestellt werden (Abb. 21). Verwendet wurde hierzu eine Röhre nach K. KOHL mit besonders kapazitätsarmem Sockel (Abb. 22).

Zusammenfassend kann demnach gesagt werden, daß die „B.K."- und „G.M."-Schwingungen auf Grund der bekannten Zieherscheinungen

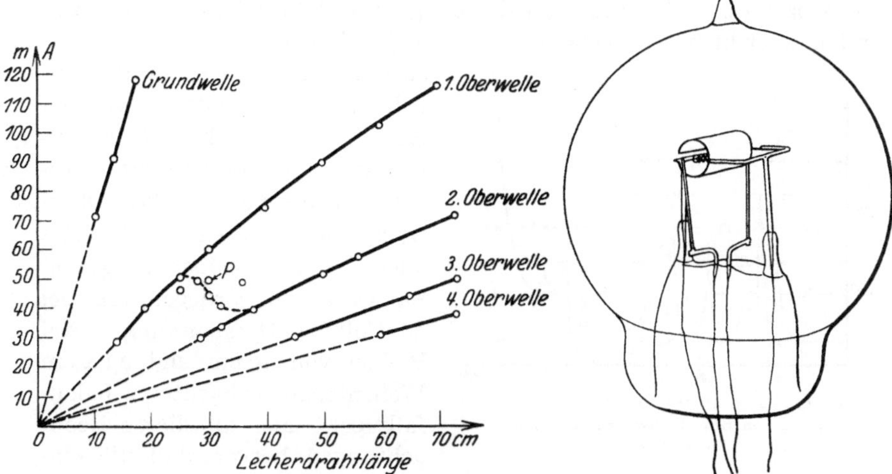

Abb. 21. Grund- und Oberwellen einer Kurzwellenröhre nach K. KOHL für LECHER-System-Schwingungen nach Messungen von COLLENBUSCH.

Abb. 22. Kurzwellenröhre nach K. KOHL für LECHER-System-Schwingungen.

bei wehrwelligen Schwingsystemen unter Berücksichtigung der Abhängigkeit der Betriebskapazität des Elektrodensystems vom Elektronengas-Dielektrikum zwanglos erklärt werden können. Es erscheint demnach nicht notwendig, zwei verschiedene Arten von Schwingmechanismen hierzu anzunehmen.

5. Schwingungen höherer Frequenz. Außer den Wellen, die der Laufzeitbedingung von BARKHAUSEN u. KURZ genügen, fand, wie schon oben erwähnt, zuerst SCHEIBE (*33*) noch kürzere Wellen, die etwa der halben Laufzeit entsprechen, also nicht mehr durch die ursprüngliche Vorstellung von BARKHAUSEN u. KURZ erklärt werden können. Daß es sich einfach um eine Oberwelle der erzeugten BARKHAUSEN-KURZ-Schwingungen handelt, widersprach der experimentelle Befund, daß die kürzere Welle auch für sich allein bei etwas geringerer Emission und bei etwas stärkerer negativer Anodenspannung auftrat (vgl. Abb. 9). SCHEIBE vermutet deshalb, daß diese kürzeren Wellen, die durchaus nicht das Produkt von Zufälligkeiten sind, auf einen anderen Bewegungsmechanismus der erregten Elektronen beruhen müssen. Er vermutet insbesondere ihre Ursache in den verschiedenen Verweilzeiten der Elektronen im Raum Kathode-Gitter bzw. im Raum Kathode-Anode. Besonders bei unsymmetrischer Anordnung der Elektroden ist das Verhältnis von längerer zu kürzerer Welle nicht gleich 2, sondern vorzugsweise kleiner als 2.

Derartige kürzere Wellen beobachtete auch KAPZOV (*54*) anläßlich der bereits oben angeführten Vakuumuntersuchungen. Er beobachtet bei konstanten Betriebsspannungen und konstanter Emission nur durch Änderung der Temperatur der Glaswand, d. h. des Gasdrucks des Restgases bzw. durch Veränderung der Länge des LECHER-Systems das Auftreten einer kürzeren Welle, etwa von halber Länge. Bei letzterem Versuch dürfte es sich wahrscheinlich um das bereits im vorigen Abschnitt besprochene Umspringen der LECHER-Systemschwingung auf die nächst höhere Oberwelle handeln. Dieser Fall dürfte auch bei der Beobachtung von SAHANEK (*40*) vorliegen, der bei 90 Volt Gitterspannung zwei Wellen von 49 cm und 23,4 cm Wellenlänge beobachtete. Jedenfalls geht aus all diesen Beobachtungen hervor, daß die einfache Laufzeitbedingung von BARKHAUSEN u. KURZ in verschiedenen Fällen nicht ohne weiteres zutrifft.

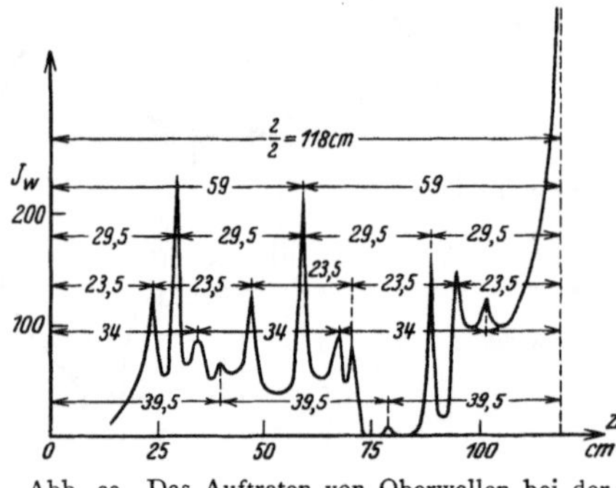

Abb. 23. Das Auftreten von Oberwellen bei der Erzeugung von Ultra-Kurzwellen nach TANK und SCHILDKNECHT.

Untersuchungen von TANK u. SCHILTKNECHT (*72*), sowie von HEIM (*60*) zufolge gelingt es andererseits auch durch Erregung von LECHER-Systemen mit Röhren in der BARKHAUSEN-KURZ-Schaltung Oberwellen bei gleichzeitig vorhandener Grundwelle bis zur neunten harmonischen nachzuweisen (vgl. Abb. 23). Auch PIERRET (*35*) gelang es mit Ein- bis Zweiröhrenschaltungen bei 330 cm Grundwelle die siebente harmonische mit einer Wellenlänge von 47 cm und bei einer Grundwelle von 176 cm die fünfte harmonische mit 35 cm nachzuweisen.

Ob diese Oberwellen alle gleichzeitig vorhanden sind, erscheint jedoch erst dann sichergestellt, wenn es gelungen ist, dieselben durch Interferenz der freien Raumwellen als stehende Wellen unmittelbar nachzuweisen.

Durch besondere Abstimmung des äußeren LECHER-Systems gelang es schließlich auch TANK u. SCHILTKNECHT, in einem Falle eine Oberwelle von 35 cm für sich allein zu erregen. Nach der Laufzeitbedingung von BARKHAUSEN u. KURZ, aus den angelegten Spannungen berechnet, hätte sich diese etwa dreimal größer ergeben müssen. Es folgt daraus wieder, daß die Vorstellung der Elektronenbewegung nach BARKHAUSEN und KURZ nicht ohne weiteres zutreffen kann.

Mit den verschiedensten Röhren wies schließlich auch WECHSUNG (71) diese „längeren" und „kürzeren" Wellen nach und fand dabei das Verhältnis der Wellen wesentlich kleiner als 2. Nach K. KOHL läßt sich diese Abweichung des Verhältnisses vom Werte 2 einfach aus dem verschiedenen Einfluß der elektronenerfüllten Betriebskapazität erklären. Bei der Grundfrequenz ist bei denselben Betriebsdaten die Wellenlängenverkürzung wesentlich stärker als bei der Oberfrequenz, woraus sich die Abweichung zwanglos erklärt.

Eingehender wurde schließlich die Betriebsbedingung für die kürzeren Wellen von HOLLMANN (75) untersucht. Durch Veränderung der Windungszahlen der Gitterspiralen stellte er fest, daß die kürzeren Wellen um so leichter erregbar sind, je engmaschiger das Gitter war. Die bereits mehrfach geäußerte Vermutung, daß bei den kürzeren Wellen ein anderer Bewegungsmechanismus der Elektronen als nach der Vorstellung von BARKHAUSEN u. KURZ vorhanden sein müsse, glaubt HOLLMANN durch die Annahme Rechnung tragen zu können, daß die Elektronen ausschließlich im Gitter-Anodenraum „pendeln", ohne dies näher zu erklären bzw. dadurch daß die Elektronen nach einmaligem Durchgang durch die Gitterstäbe rückwärts von der Anode her sogleich auf die Gitterstäbe aufprallen. Je nachdem, ob diese „kürzeren" Wellen von der Länge des LECHER-Systems abhängig sind oder nicht, unterscheidet HOLLMANN wieder „B.K."-Schwingungen höherer Frequenz und „G.M."-Schwingungen höherer Frequenz.

Längere und kürzere Wellen konnte schließlich HOLLMANN auch bei Gitterdioden, wie sie von GILL u. MORRELL zuerst angegeben wurden, erzeugen. Dabei war das LECHER-System mit der Glühkathode einerseits, mit dem Gitter andererseits verbunden. Die beobachteten Wellenlängenabhängigkeiten werden hierbei aus den Änderungen der Flugzeiten erklärt, lassen sich aber zwanglos auch aus den Veränderungen der Betriebskapazitäten, nach K. KOHL bedingt, durch die Änderungen der Elektronendichte erklären.

Zusammenfassend geht aus allen diesen Untersuchungen eindeutig hervor, daß sich auch Schwingungen erregen, bei denen die Laufzeitbedingung bei BARKHAUSEN u. KURZ nicht erfüllt ist, die erregenden Elektronenbewegungen vielmehr doppelte bzw. drei- und mehrfache Flugzeiten besitzen müssen. Maßgebend erscheint weiterhin insbesondere die Flugzeit im Gitter-Anodenraum.

6. Spiralenkreisschwingungen. Anläßlich von Untersuchungen der Schwingungen der französischen Röhren TMC in der Schaltung von

BARKHAUSEN u. KURZ beobachtete PIERRET (*79*) neben Wellen von der Größe von etwa $^1/_2$ m bei der Vergrößerung des negativen Anodenpotentials noch kürzere Wellen, nämlich von 14—18 cm Wellenlänge. Die Versuche wurden ausgeführt zunächst mit einer der oben beschriebenen Gegentaktschaltungen mit zwei Röhren, sowie auch mit einer Röhre. Insbesondere zeigte sich, daß die Schwingungsintensität von der Anodenzuleitung nicht abhing, auch kein Anodenstrom auftrat; andererseits von der Gitterleitung nur die Intensität der Schwingungen, aber nicht die Wellenlänge beeinflußt werden konnte.

HOLLMANN (*80*) stellte ähnliche Versuche mit der Röhre TMC an, wobei er die Gitterzuleitung insbesondere mit einem durch eine Platte abstimmbaren linearen Resonator versieht. HOLLMANN vermutet, daß es sich um Elektronenschwingungen, höherer Art handelt, was allerdings seinen früheren Untersuchungen nach denen diese Schwingungen nur bei engmaschigem Gitter auftreten sollen, widersprach, da das Gitter der französischen Röhre ziemlich grobmaschig aus wenigen Windungen bestand.

PIERRET gibt als Theorie für das Auftreten dieser Schwingungen an, daß es sich um quasielastische Schwingungen der Elektronen um das positive Gitter handelt.

Nach dieser Theorie müßte die Frequenz vom Windungsabstand und der Gitterladung der Röhren, also auch von den Spannungen abhängen. Da die erzeugten Schwingungen sich aber experimentell spannungsunabhängig erwiesen, so konnte dies sofort als stärkster Einwurf gegen die gemachte Annahme eingewendet werden.

Die Abhängigkeit vom Gitterwindungsabstand findet dagegen BEAUVAIS (*92*) in Übereinstimmung mit seinen Messungen.

Die folgende Entwicklung zeigt, daß im Gegensatz zu dieser Theorie von PIERRET die spannungsunabhängigen Schwingungen gemäß der von K. KOHL vertretenen Anschauung auf die Existenz eines in der Röhre fest vorgegebenen Schwingsystems zurückzuführen sind. In Übereinstimmung mit dieser Anschauung wurde auch von ROZANSKIJ (*69*) darauf hingewiesen, daß im Innern der Röhre geschlossene Drahtschleifen als Schwingkreise wirksam sein können, vermittels deren man bei passender Wahl der Spannungen mit gewöhnlichen Empfangsröhren sehr kurzwellige Schwingungen erhalten könne. Er weist ferner darauf hin, daß diese Wellen viel kürzer sind, als sie nach der Laufzeitbeziehung nach BARKHAUSEN u. KURZ berechnet werden können, und daß nicht anzunehmen ist, daß durch das Hin- und Herpendeln der Elektronen ein periodischer Schwingungsvorgang aufgezwungen wird. Die wesentliche Ursache für das Zustandekommen der Schwingungen erkennt vielmehr ROZANSKIJ in einer richtigen Phasenbeziehung zwischen Elektronenstrom und Elektrodenwechselspannung, d. h. anders ausgedrückt in einem negativen Widerstand zwischen Kathode und Spannungselektrode.

Auf diesen Vorstellungen fußend wurden von GRECHOWA (*88*) und unabhängig davon von K. KOHL (*108*) (Abb. 24) besondere Kurzwellenröhren gebaut, deren Gitter aus einer freitragenden Spirale bestand, deren Enden selbst wieder mit einem Bügel kurzgeschlossen wurden. Die beistehende Abb. 23 gibt eine 14 cm-Röhre nach K. KOHL wieder. Die weiteren Untersuchungen ergaben, daß der kleine Spiralenschwingkreis in seiner Eigenfrequenz erregt wird, dessen Wellenlänge nahezu mit der gesamten Drahtlänge des Spiralenkreises übereinstimmt.

Bei einer weiteren Untersuchung der Röhre TMC kam auch HOLLMANN (*99*) zu dem Resultat, daß die beobachtete spannungsunabhängige kurze Welle dieser Röhre durch ein innerhalb der Röhre befindliches Schwingsystem, nämlich die an ihren Enden überbrückte Gitterspirale, in seiner Eigenfrequenz erzeugt wird.

Weitere Untersuchungen zur Aufklärung des Schwingmechanismus selbst, speziell bei dieser Spiralenkreisschwingung, wurden in umfangreicher Weise von K. KOHL (*130*) durchgeführt. Praktisch konnte dabei bei einer Wellenlänge von rund 14 cm eine etwa 10—100 fache Energiesteigerung im Vergleich zu den französischen Röhren TMC erzielt werden. Weiterhin konnte nachgewiesen werden, daß die kleine kurzgeschlossene Spirale mit einem Schwingungsknoten in der Mitte und in der Mitte des Schließungsbügels schwingt, d. h., daß der ganze Spiralenkreis gewissermaßen im Gegentakt schwingt und erregt wird. Der Nachweis läßt

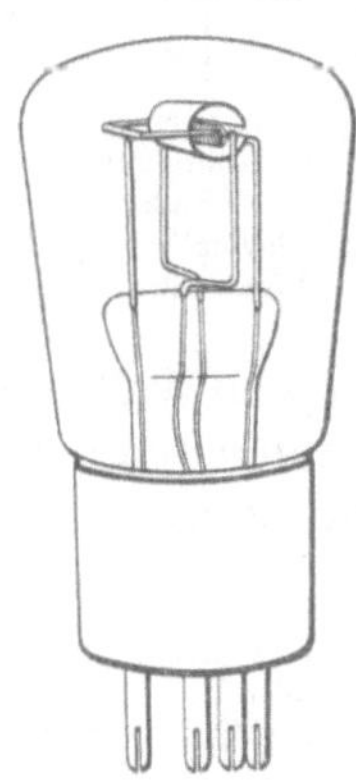

Abb. 24. Kurzwellenröhre nach K. KOHL für 14 cm-Wellen.

sich hierfür am einfachsten dadurch erbringen, daß man die von den beiden Enden der Spirale abgestrahlten freien Raumwellen in der Symmetrieebene zur Interferenz bringt und dabei mit einem Detektorresonator Empfangsminima bei symmetrischem Strahlengang nachweist. Wird die Gitterzuleitung außerdem in der Mitte des Überbrückungsbügels oder auch in der Mitte der Spirale zugeführt, so führt die Gitterzuleitung fast keine Schwingenergie, da diese Stellen, wie schon erwähnt, Schwingungsknoten sind. Der Nachweis dafür, daß der Spiralenkreis und nicht die Zuleitungen schwingen, wird am einfachsten dadurch erbracht, daß man mit dem schon erwähnten linearen Detektorresonator den Polarisationszustand der ausgestrahlten Welle untersucht, der sich stets parallel zur Achse der Spirale ergibt, wenn diese selbst schwingt.

Durch Veränderung des äußeren Schließungsbügels der Spirale läßt sich außerdem die Welle stetig verändern. Von POTAPENKO (*103*) wurde insbesondere eine solche Röhre mit abstimmbarer Plattenbrücke im Innern der Röhre konstruiert, wie beistehende Abb. 25 zeigt.

Nach Untersuchungen von K. KOHL (*130*) ist allerdings notwendig, daß Resonanzabstimmung zwischen Spirale und Bügellänge besteht. Es zeigt sich nämlich beobachtungsgemäß, daß jeweils nur Bügelverlängerungen um ein Vielfaches einer halben Wellenlänge maximale Schwingungsenergie ergeben. Auf die Nichtbeachtung dieses Zustandes ist es wohl zurückzuführen, daß eine diesbezügliche Röhre von HOLLMANN (*99*) nicht zum Erfolg führte.

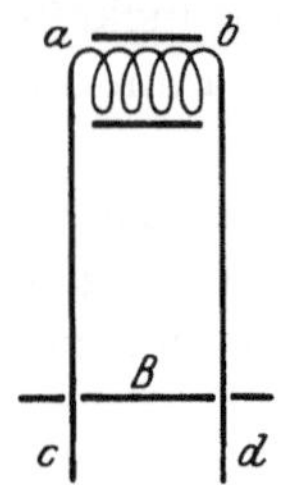

Abb. 25. Schema einer Kurzwellen-Röhre mit inneren, veränderlichen Schwingkreis nach POTAPENKO.

Durch Änderung der Anodenspannung kann die Wellenlänge praktisch kaum verändert werden, wohl aber die Schwingungsintensität. Optimale Schwingleistung wird bei derartigen Gitterkreisen bei einer negativen Anodenspannung von etwa 10—30 Volt erhalten. Die richtige Einstellung der Anodenspannung bewirkt den phasenrichtigen Lauf der erregten Elektronen, was neuerdings von KROEBEL (*121*) näher ausgeführt wurde.

7. Schwingbereiche. Das oben behandelte Auftreten von Wellen höherer Frequenz bei etwa ein und denselben Betriebsspannungen gab schon einen Hinweis dafür, daß die Laufzeitbedingung von BARKHAUSEN u. KURZ nicht stets erfüllt sein kann und daß man für die

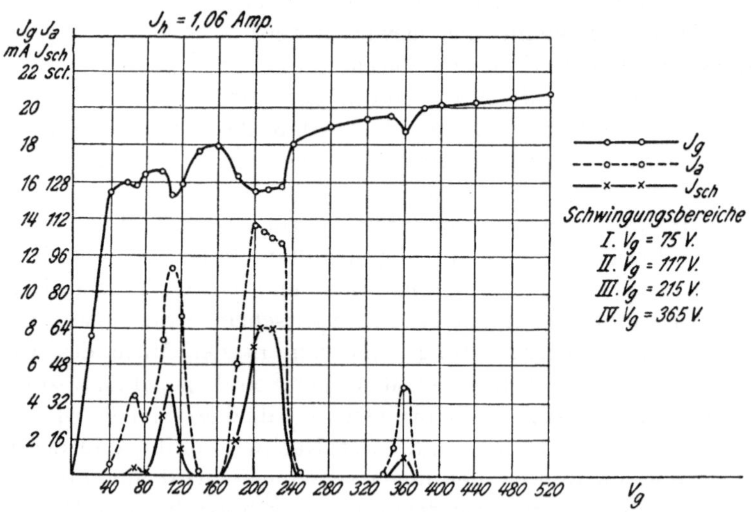

Abb. 26. Schwingbereiche nach KALININ in Abhängigkeit von der Gitterspannung.

„kürzeren" Wellen, worauf SCHEIBE bereits hingewiesen hat, einen anderen Bewegungsmechanismus der erregenden Elektronen vermuten kann.

Weiteren Beobachtungen von KALININ (*102*) zufolge kann eine Röhre nur in bestimmten Gitterspannungsbereichen Schwingungen erzeugen (Abb. 26). KALININ entnahm seinen Beobachtungen, daß die aufein-

anderfolgenden Schwingbereiche die Gitterspannungen optimaler Schwingenergie eine geometrische Reihenfolge gemäß der Beziehung:

$$\frac{V_{n-1}}{V_n} = \frac{V_n}{V_{n+1}}$$

bilden. Auch M. J. STRUTT (*120*) konnte bei einer PHILIPS-Röhre TA 0810
eine entsprechende Beobachtungsreihe erhalten (Abb. 27). Es ergab sich
für eine Wellenlänge von

120 cm ein Schwingungsmaximum bei   90 Volt
45 „ „   „   „ 180 „
17 „ „   „   „ 360 „
17 „ „   „   „ 720 „

Es würde sich aus diesen Beobachtungen das merkwürdige Resultat
ergeben, daß ein gesetzmäßiger Zusammenhang wohl zwischen den Span-

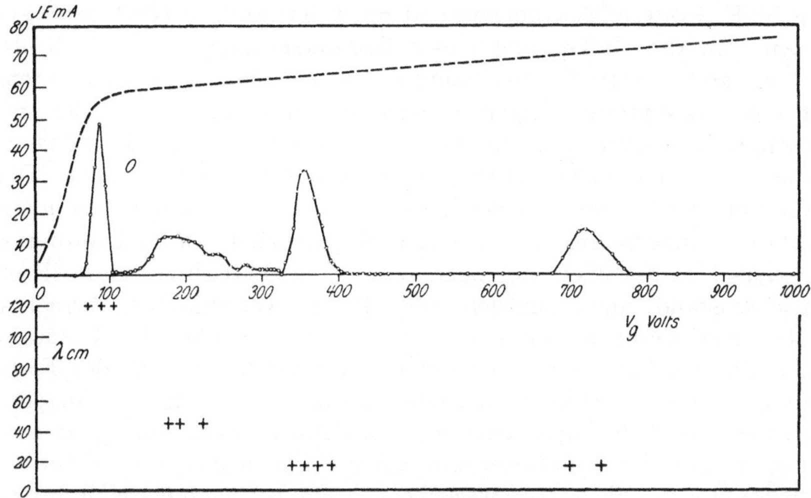

Abb. 27. Das Auftreten mehrerer Schwinggebiete bei fester Schaltung und veränderlicher Gitterspannung
nach STRUTT. Emissionsstrom JE, Wellenlänge $\lambda\,cm$ als Funktion der Gitterspannung. (Normale Röhre
TA 0810; Anode am Glühfaden.)

nungen, nicht aber zwischen den Wellenlängen besteht. Bemerkenswert
sind die beiden letzten Angaben, denen zufolge ein und dieselbe Welle
durch zwei Betriebsspannungen erzeugt werden kann. Derartige Beobachtungen werden nur verständlich durch die allgemeine Vorstellung,
daß die Laufzeit der Elektronen allgemein ein Vielfaches der Schwing
gungsdauer sein können. Von POTAPENKO (*103*) wurden derartige Wellen,
für die die Schwingungsdauer nur einen Bruchteil der aus den Betriebsspannungen sich ergebenden Laufzeiten beträgt, als „Zwergwellen" bezeichnet. Für den Fall, daß die Röhren bei der Anodenspannung Null
schwingen, heißt dies, daß allgemein für diese Zwergwellen die Beziehung gilt:

$$\lambda^2\,V_g = \frac{C}{n}.$$

Dies ist gleichbedeutend damit, daß die Laufzeit ein ganzzahliges Vielfaches der Schwingungsdauer ist. Als Laufzeit wird dabei entsprechend der Vorstellung nach BARKHAUSEN u. KURZ die Schwingungsdauer einer vollständigen „Elektronenschwingung" von der Kathode zur Anode und zurück in Rechnung gesetzt.

Bemerkt muß hierzu noch werden, daß diese Beziehungen nur für die Gitterspannungen der optimalen Schwingungsenergie gefunden wurden, die Röhren aber auch mit Betriebsspannungen in der Nähe, wenn auch mit geringerer Energie schwingen können.

Waren diese bisherigen Untersuchungen über das Auftreten der Schwingungen von dem Gedanken geleitet, daß zu einem bestimmten Betriebszustand der Röhre verschiedene Schwingzustände der Elektronenbewegung, die nahezu harmonische Oberwellen ergeben, gehören, so geht K. KOHL in Zusammenarbeit mit COLLENBUSCH (*127*) gewissermaßen von der Umkehrung dieses Gedankenganges aus. K. KOHL legt wie stets seinen Untersuchungen ein bestimmtes Schwingsystem mit einer bestimmten Eigenfrequenz zugrunde nnd sucht die bestimmten Betriebszustände der Röhre festzustellen, für die diese Eigenfrequenz mit maximaler Schwingungsenergie erregt werden kann. Die Zuordnung von bestimmten Betriebszuständen erweist sich insbesondere deshalb als zweckmäßig, weil bei dem umgekehrten Fall der Zuordnung von verschiedenen Schwingungen zu einem Betriebszustand dieser Betriebszustand nicht zugleich für alle die verschiedenen erregten Wellen gleichzeitig den optimalen Betriebszustand darstellt. Umfangreiche Untersuchungen von COLLENBUSCH (*127*) hinsichtlich der Feststellung dieser verschiedenen Betriebszustände für ein und dieselbe Eigenwelle des Schwingsystems ergaben dann experimentell ganz eindeutige Verhältnisse. Im Gegensatz zu den Untersuchungen von STRUTT, POTAPENKO u. a., die vorzugsweise bei der Anodenspannung Null untersuchten, wurden hierbei die Schwingbereiche vollständig in ihrer Abhängigkeit von Gitter- und Anodenspannung bestimmt. Für manche Röhren konnten so bis zu sieben verschiedene Spannungsbereiche von Gitterspannung und Anodenspannung für ein und dieselbe Welle nachgewiesen werden. Die beigegebene Abbildung zeigt vier derartige Schwingbereiche (Abb. 28). Die geschlossenen Kurven zeigen jeweils den Schwingbereich von Gitterspannung und Anodenspannung, in dessen Inneren die Röhre bei einer bestimmten Emissionsstromstärke sich zu Schwingungen dieser einen Eigenfrequenz erregen läßt. Mit wachsender Emission werden die Bereiche immer größer, mit abnehmender Emission kleiner, vor allen Dingen immer schmäler. um sich schließlich bei einer bestimmten Emission auf einen Betriebspunkt Gitterspannung-Anodenspannung mit stetig gegen Null gehender Energie zusammenzuziehen.

Die Tatsache, daß die Schwingbereiche mit wachsender Emission an Ausdehnung gewinnen, läßt erkennen, daß sich die Schwingbereiche schließlich auch bei genügend starker Emission bis zur Anodenspannung Null erstrecken können, so daß scheinbar nur in Abhängigkeit von der Gitterspannung verschiedene Schwingbereiche festgestellt werden können. Im allgemeinen zeigt sich aber, daß die Anodenspannung wesentlich mehr die verschiedenen Schwingbereiche bestimmt. Bei manchen Röhren lagen die einzelnen Schwingbereiche bei verschiedenen Anodenspannungen sogar nahezu in demselben Gitterspannungsbereich.

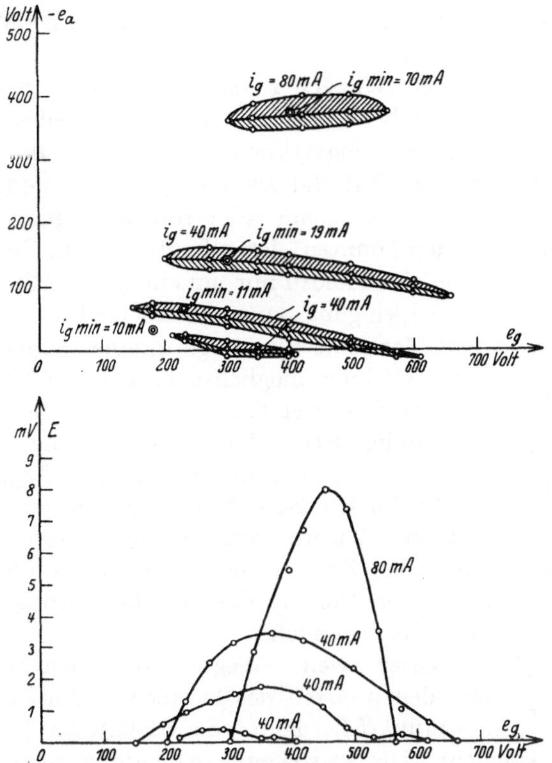

Abb. 28. Schwingbereiche von Gitter- und Anodenspannung und der zugehörigen Schwingenergien einer Kurzwellenröhre nach K. Kohl nach Messungen von Collenbusch.

Die nähere experimentelle Untersuchung der einzelnen Schwingbereiche ergab, daß die Stelle maximaler Schwingenergie in Abhängigkeit von der Gitterspannung derartig im Gitter-Anodenbereich auf einer Kurve wandert, daß etwa die Elektronenlaufzeit im Gitter-Anodenraum praktisch konstant bleibt. Es zeigte sich weiterhin experimentell, daß auch die Wellenlänge innerhalb der Meßgenauigkeit auf dieser Kurve konstant blieb. Für die übrigen Betriebspunkte von Gitterspannung und Anodenspannung in dem Bereich zu beiden Seiten dieser Kurve, für die also die Laufzeit im Gitter-Anodenraum größer bzw. kleiner war, zeigte sich, daß sich die Wellenlänge etwas änderte, und zwar am stärksten senkrecht zu dieser erwähnten Kurve konstanter Laufzeit bzw. Wellenlänge.

Diese Wellenlängenänderungen erklären sich am besten daraus, daß für diese anderen Gitter- und Anodenspannungen die Elektronenbewegung den Schwingkreis nicht mehr phasenrichtig erregt. Die Wellenlängenänderung durch die Veränderung der Betriebskapazität zu erklären, kommt hier weniger in Frage, da bei den vorkommenden Elektronendichten bei diesen sehr kurzen Wellen, entsprechend der Abnahme dieses Einflusses mit der zweiten bzw. dritten Potenz der Wellenlänge, derselbe nurmehr sehr gering ist.

Zusammenfassend ist demnach zu sagen, daß die Zuordnung von verschiedenen Spannungsbereichen zu ein und derselben Eigenwelle eines Schwingsystems sich dadurch als zweckmäßig erwiesen hat, daß zu einer Schwingsystemschwingung mehrere erregende Elektronenbewegungen gefunden werden konnten, deren Laufzeiten im Gitter-Anodenraum sich nahezu nur um ein ganzzahliges Vielfaches der Schwingungsdauer unterscheiden.

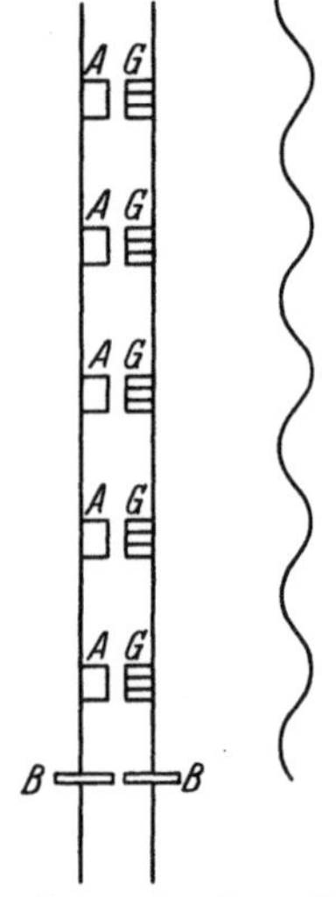

Abb. 29. Parallelschaltung von Kurzwellenröhren nach SCHEIBE.

8. Versuche zur Steigerung der Schwingleistung. Zur Erzielung möglichst großer Schwingleistungen ergeben sich zwei Wege: einerseits, daß man durch vollständige Erforschung des Erregungsmechanismus den Nutzeffekt bei einer Röhre unter Zugrundelegung der optimalen Betriebsbedingungen auf ein Höchstmaß zu steigern versucht, andererseits, daß man durch das Zusammenschalten zweier oder mehrerer derartiger Röhren die Schwingleistung beliebig zu vervielfachen sucht.

Dieser zweite Weg wurde vermittels der verschiedenen Arten des Parallelschaltens zunächst von SCHEIBE (*51*), dann von GRECHOWA (*49*), PIERRET und anderen versucht. Die beistehende Abbildung zeigt eine Schaltung von SCHEIBE (Abb. 29). Experimentell zeigte sich, daß die Schwingleistung mehr als proportional zur Röhrenzahl ansteigt. Dies erklärt sich daraus, daß bei der engen Kopplung die Röhren sich gegenseitig so steuern, daß sie sich gegenseitig mitnehmen und sich nur eine Frequenz erregt. Die enge Kopplung bewirkt außerdem noch, daß die einzelne Röhre besser ausgesteuert wird und so bei entsprechender Kopplung eine bestimmte maximale Schwingleistung abgeben kann. Auf diesem Wege der Parallelschaltung scheint es daher prinzipiell möglich zu sein, die Schwingenergie durch Vermehrung der Röhrenzahl beliebig zu steigern.

Da jedoch der Nutzeffekt bei einer Röhre bei der Erregung eines Schwingsystems in der BARKHAUSEN-Schaltung im allgemeinen sicherlich unter 1% bei sehr kurzen Wellen und insbesondere bei der BARK-HAUSEN-Schaltung ohne ein wohldefiniertes Schwingsystem sicherlich unter 0,1% liegt, so erschien es besonders wünschenswert, schon bei einer Röhre den Nutzeffekt zu verbessern zu suchen.

Da sich im allgemeinen gezeigt hat, daß man durch Erhöhung der Emission die Energie steigern kann, so erschien besonders der Weg, die einzelnen stark überlasteten Kathoden durch mehrere Kathoden zu ersetzen, von Vorteil.

Mehrere Kathoden im Gitter-Kathodenraum unterzubringen, brachte nach Versuchen von K. KOHL (*130*) keine wesentliche Steigerung der Energie. Versuche, weitere Kathoden im Gitter-Anodenraum anzubringen, wurden sodann von HOLLMANN (*118*) einerseits und K. KOHL (*130*) andererseits durchgeführt.

Von der Überlegung ausgehend, daß die schwingenden Elektronen den Emissionsstrom steuern können, dies aber bei höheren Elektroden-

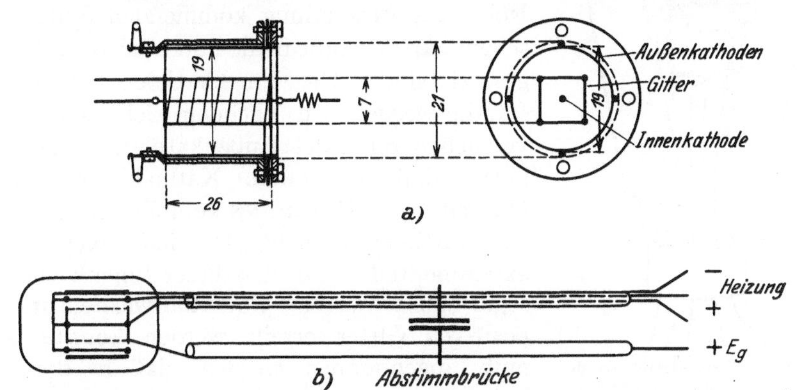

Abb. 30. Schema und Schaltung einer Ultra-Kurzwellen-Röhre mit Außenkathoden nach HOLLMANN.

potentialen wegen der zu geringen Raumladung nicht der Fall sein könne, sucht HOLLMANN die Schwingleistung dadurch zu steigern, daß er weitere Kathoden im Gitter-Anodenraum anbringt (Abb. 30). Er nimmt dabei an, daß bei gleichzeitiger Heizung der Kathoden im Kathoden- und Anodenraum dieselben sich nach dem Gegentaktprinzip von ECCLES und HOLBORN (16) gegenseitig steuern. Die Vorstellung von BARKHAUSEN u. KURZ weiterhin konsequent verfolgend, glaubt er, daß zu Elektronenschwingungen der Innenkathode nun noch die Elektronenschwingungen der Außenkathoden hinzukommen, die im allgemeinen eine geringere Frequenz besitzen sollen. Das Auftreten dieser beiden Elektrodenschwingungen entnimmt HOLLMANN seinen experimentellen Ergebnissen, nach denen die Röhre mit angekoppeltem LECHER-System, je nachdem ob die Außenkathode allein oder die Innenkathode allein oder beide Kathoden zusammen geheizt sind, Wellen liefern, die in der angegebenen Reihenfolge kürzer werden. Dieser letztere Befund erklärt sich nach

K. Kohl aus der mit zunehmender Elektronendichte verringerten Betriebskapazität und der dieserhalb verkürzten Eigenwelle des erregten Schwingsystems.

K. Kohl geht bei der Konstruktion seiner Röhren mit Außenkathoden von dem Gesichtspunkt aus, daß es für die Elektronennachlieferung gleichgültig sein muß, ob sie von der inneren Kathodenfläche mit dem Potential Null oder von der äußeren Umkehrfläche der Elektronen im Gitter-Anodenraum, der ebenfalls auf das Potential Null zukommt, ausgehen. Der größeren Ausdehnung dieser äußeren Potential-Nullfläche wegen kann diese mit einer ganzen Reihe von Kathoden besetzt werden, bzw. diese selbst zur Emissionsfläche gemacht werden. Die beistehende Abb. 31 zeigt eine derartige Elektronenröhre nach K. Kohl mit sechs Kathoden im Gitter-Anodenraum, die sämtlich entsprechend für den in dieser Röhre zur Anwendung kommenden Spiralenschwingkreis gerade in die Potential-Nullfläche gesetzt sind. Die Innenkathode ist vollständig weggelassen, nachdem sich nach Vorversuchen mit zwei Außenkathoden ergeben hatte, daß die innere Kathode, wie dies übrigens auch Hollmann gefunden hat, nicht zu emittieren braucht. Da sich außer- dem experimentell ergab, daß dieser Innenkathode sogar nahezu dasselbe Potential wie dem stark positiven Gitter erteilt werden konnte, so muß angenommen werden, daß in diesem Falle ganz entgegen den Vorstellungen von Barkhausen u. Kurz die Elektronen im Gitter-Kathodenraum nicht abgebremst werden, vielmehr mit nahezu unverminderter Geschwindigkeit den Kathoden-Gitterraum durchfliegen, in den Gitter-Anodenraum wieder eintreten und erst wieder an der Potential-Nullfläche unter Bildung einer Raumladung umkehren. Falls nun überhaupt durch diese Raumladung in der Nähe der Außenkathoden im Gitter-Anodenraum eine Steuerwirkung auf den Emissionsstrom eintritt, so kann nicht nach der Vorstellung von Hollmann von einer Gegentaktsteuerung des Emissionsstroms, sondern nur von einer Gleichtaktsteuerung der Emission der Außenkathoden untereinander gesprochen werden. Dasselbe gilt auch für den Fall einer Innenkathode, falls diese Potential-Nullfläche ist und in ihrer Nähe Elektronen umkehren. Auch in diesem Falle muß eine Gleichtaktsteuerung, wieder unter der Voraussetzung, daß dies überhaupt eintreten kann, angenommen werden.

Schließlich wurde auch von K. Kohl eine Röhre gebaut, bei der die

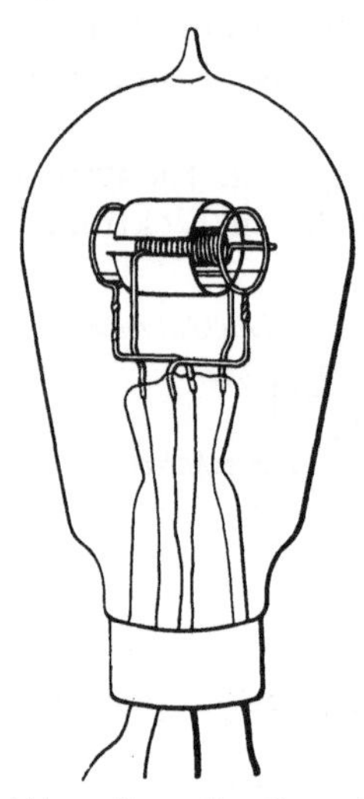

Abb. 31. Kurzwellenröhre nach K. Kohl mit sechs Außenkathoden.

Anode selbst eine oxydbedeckte Außenkathode bildete. Die Versuche hierüber sind aber noch nicht abgeschlossen.

Nachdem es auf diese Weise gelungen war, die Emission von etwa 30 mA auf etwa 300 mA zu steigern, mußte versucht werden, durch entsprechende Kühlung die in Wärme umgesetzte Verlustleistung abzuführen.

Von K. KOHL (130) wurden derartige Versuche durchgeführt, indem der Spiralenschwingkreis aus von Kühlwasser durchflossenen Röhrchen von etwa 1 mm Durchmesser gebildet wurde. Eine derartige wassergekühlte Kurzwellenröhre für eine Wellenlänge von 24 cm konnte ohne weiteres bis zu einer Verlustleistung von über 200 Watt belastet werden. Eine

ganz entsprechend gebaute, nicht gekühlte Röhre konnte nur bis etwa 20 Watt Verlustleistung belastet werden. Der Energievergleich zwischen den beiden Röhren ergab, daß die Schwingleistung proportional zur Steigerung der Verlustleistung rund das Zehnfache betrug.

Es ist wichtig hierzu noch zu bemerken, daß der Windungsabstand des Gitters für die wassergekühlte Röhre entsprechend weit, etwa 4 mm betragen mußte, um bei den hohen Emissionsströmen bis zu rund 350 mA noch eine

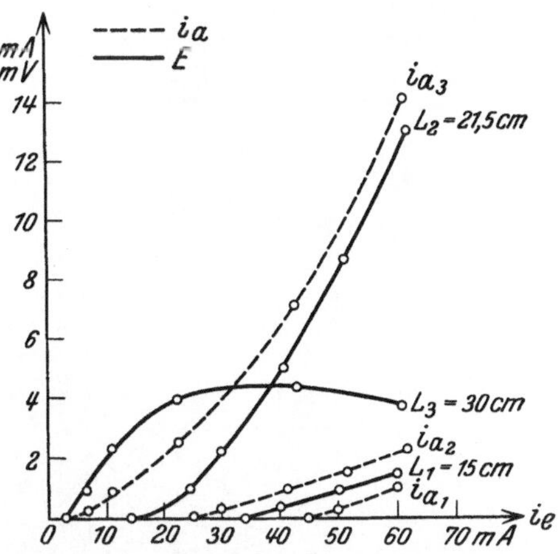

Abb. 32. Verschiedenartige Abhängigkeit der Schwingenergie bzw. des Anodenstroms von dem Emissionsstrom bei verschiedener Länge des angekoppelten LECHER-Systems. (Nach Messungen von COLLENBUSCH.)

zum Emissionsstrom proportionale Energiesteigerung erzielen zu können. Gitterspiralen mit engerem Windungsabstand zeigten ganz allgemein nach Überschreiten eines ganz bestimmten Emissionsstromes auch bei nachregulierten Betriebsspannungen keine Energiesteigerungen mehr, vielfach sogar eine Energieabnahme.

Zum Vergleich sei hierzu bei der Röhre (Abb. 22) nach K. KOHL die Energieabhängigkeit von der Emission für verschiedene LECHER-Systemeinstellungen, d. h. für verschiedene Frequenzen wiedergegeben (Abb. 32). Die Messungen lassen erkennen, daß zum Teil eine mehr als lineare Energiesteigerung in Abhängigkeit von der Emission eintritt, andererseits aber auch unter Umständen sehr bald „Energiesättigung" eintreten kann.

Im ganzen kann zu diesen Versuchen gesagt werden, daß die technische Entwicklung nach dieser Richtung noch manchen Fortschritt erhoffen und erzielen kann.

Neben diesen Versuchen zur Energiesteigerung mit einer Röhre mögen noch einige weitere Möglichkeiten zur Parallelschaltung von Röhren von K. Kohl (130) Erwähnung finden.

Nachdem sich herausgestellt hat, daß die in der Barkhausen-Schaltung erregten kleinen Spiralschwingkreise im Gegentakt schwingen, ergab sich eine einfache Möglichkeit, ein Lecher-System durch beliebig viele derartige Röhren zu erregen, dadurch daß die Röhren einfach in entsprechendem Abstand zwischen die Drähte des Lecher-Systems gesetzt wurden. Durch Änderung des Abstandes des Lecher-Systems selbst können die Röhren in günstigster Weise an das Lecher-System und gegenseitig gekoppelt werden und dadurch das Lecher-

Abb. 33. Gegentakt-Kurzwellensender nach K. Kohl.

System zu kräftigen Schwingungen erregt werden. Die Schaltungsweise hat den praktischen Vorteil, daß ohne weiteres die einzelnen Röhren ausgewechselt werden können.

Eine andere Schaltungsweise von Kurzwellenröhren zu einem gemeinsamen Schwingsystem ergibt sich nach K. Kohl (130) in der Weise, daß Röhren zusammengeschaltet werden, bei denen die Haltestreben des Gitters geradlinig in dessen Verlängerung beiderseitig aus der Röhre herausgeführt werden. Man kann in dieser Weise beliebig viele Röhren in Gegen- und Gleichtakt in das Lecher-System einsetzen. Da im Gegensatz zu den Schaltungen von Grechowa, Scheibe u. a. das Lecher-System nicht auf Gitter und Anode verteilt ist, sondern einen gemeinsamen Gitterkreis bildet, so ist es wegen der fehlenden kapazitiven Belastung wesentlich dämpfungsfreier. Außerdem besteht schaltungstechnisch der Vorteil, daß eine gemeinsame Spannung an das Lecher-System gelegt werden kann. Auch die Wasserkühlung kann in diesem Falle, da die einzelnen belasteten Gitter in Serie liegen, wesentlich einfacher erfolgen. Beistehende Abb. 33 zeigt weiter einen derartigen Lecher-Systemgenerator nach K. Kohl, der mit zwei Röhren Schwingungen bis herab zu einer Wellenlänge von 8,5 cm ohne weiteres zu erzeugen gestattet.

9. Kürzeste Wellen. Die Vermutung von Barkhausen u. Kurz einfach durch Erhöhung der Betriebsspannungen Elektronenschwingungen von möglichst kurzer Wellenlänge zu erzeugen, hat sich bis jetzt nicht ohne weiteres verwirklichen lassen. Der andere Weg, ein Schwingsystem in eine möglichst hohe Eigenfrequenz zu erregen, konnte dagegen bis jetzt schon sehr erfolgreich beschritten werden.

So ist es Potapenko (*103*) gelungen, mit russischen Röhren R 5 durch Erregung eines Lecher-Systems gemäß abgebildeter Schaltung (Abb. 34)

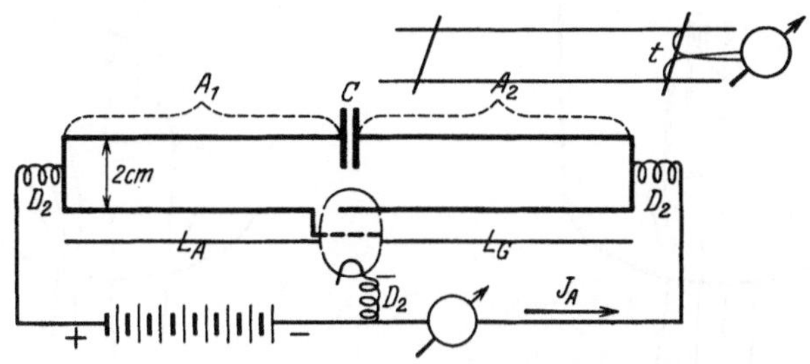

Abb. 34. Ultra-Kurzwellen-Schaltung nach Potapenko.

Wellen von ungefähr 10 cm Länge zu erhalten. Mit einer deutschen Röhre TeKaDe gelang es ihm sogar, in einem Falle eine Welle von 3,5 cm zu erzeugen. Allem Anschein nach ist dabei das Lecher-System in eine entsprechende Oberwelle erregt worden. Da ferner diese Wellen bei wesentlich niedrigerer Betriebsspannung, als der Formel von Barkhausen u. Kurz entspricht, erhalten werden konnten, so bezeichnet Potapenko diese kurzen Wellen, wie schon oben angeführt, als „Zwergwellen".

Über den Weg der Spiralenschwingungen versuchte K. Kohl weiterhin durch Verkleinerung der Spiralenkreise und Aufsuchen der entsprechenden Erregungsbedingungen zu kürzeren Wellen zu gelangen. Auf Grund der Erkenntnis, daß der Spiralenkreis, wie schon oben erwähnt, sich im Gegentakt erregt, wurden die beiden Spiralhälften getrennt und nur durch den äußeren Bügel verbunden. Zur Vermeidung schädlicher Kapazitäten wurde schließlich das Spiralgitter bis auf kleine, zur Kathode parallele Gitterstreben vermindert (Abb. 35). Auch der Kapazitätseinfluß des Anodenzylinders wurde weiter dadurch vermindert, daß als Anode nur noch Halbkreiszylinderflächen verwendet wurden. Bei einem letzten derartigen Versuch wurde schließlich nur für die eine Hälfte eine derartige halbzylindrige Anodenfläche angebracht und somit der im Gegentakt schwingende kleine Bügel nur einseitig erregt (Abb. 36). Auf diese Weise konnte eine kürzeste Welle von rund 7 cm erhalten werden. Mit dem linearen Detektorresonator konnte in unmittelbarer Nähe der Röhre eine maximale Spannung von 0,1 mV gemessen werden.

Andererseits gelang es K. Kohl durch weitere Verkleinerung des geschlossenen Spiralenkreises noch kürzere Wellen zu erzeugen. Zu diesem Zweck mußte besonders das Verhältnis von Anodenradius zu Gitterradius näher untersucht werden. Zur Erzielung möglichst großer

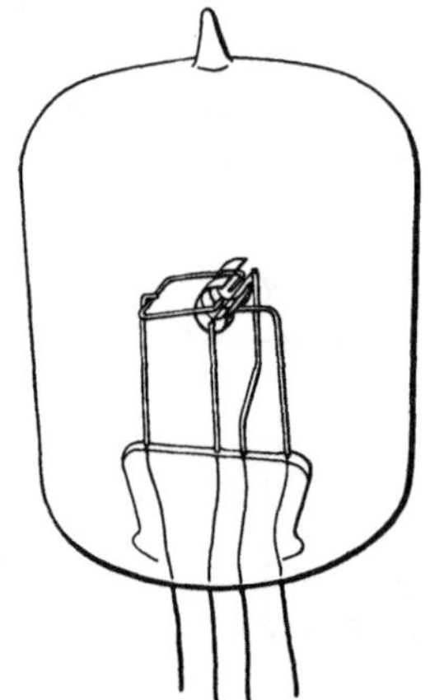

Abb. 35. Kurzwellenröhre nach K. Kohl für 10 cm-Wellen.

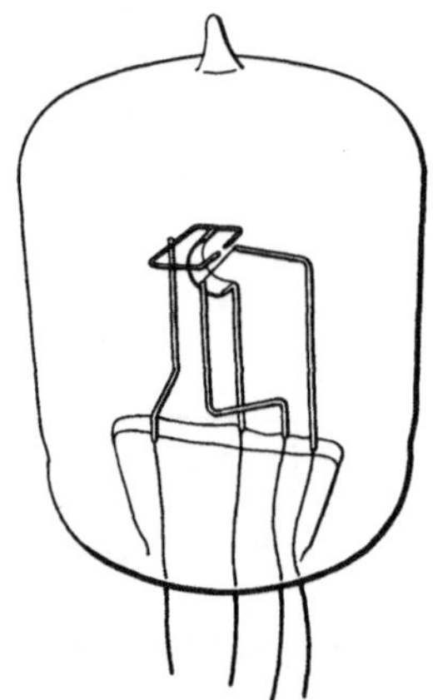

Abb. 36. Kurzwellenröhre nach K. Kohl für 7 cm-Wellen.

Leistung erwies es sich als zweckmäßig, dieses Verhältnis möglichst groß zu wählen. So konnten noch Kurzwellenröhren bis 6 cm Wellenlänge gebaut werden, die in unmittelbarer Nähe der Röhre Spannungen, gemessen mit dem Detekter-Resonator, bis zu 10 mV lieferten.

Auch bei diesen Kurzwellenröhren ergab sich die gesamte Länge des Spiralenkreises noch nahezu gleich der Wellenlänge. Ferner konnten auch bei diesen kurzen Wellen noch mehrere Spannungsbereiche, die dieselbe Schwingung lieferten, festgestellt werden. Bei der Röhre für 6 cm-Wellen ergaben sich drei Spannungsbereiche, denen nach Berechnungen von Lienemann (*129*) eine Laufzeit der Elektronen im Gitter-Anodenraum entspricht, die rund das Drei- bzw. Vier- bzw. Fünffache der Schwingungsdauer beträgt.

Wie weiterhin noch bemerkt sein möge, handelt es sich bei der Erzeugung dieser hochfrequenten Schwingungen stets um die Erregung der Grundwelle des Spiralenkreises. Nach dem derzeitigen Stand gelang es schließlich K. Kohl (*130*) nach Wellen bis herab zu 4,7 cm Wellenlänge mit einer Schwingleistung von rund einem Milliwatt zu erzeugen.

Damit dürfte für diese Spiralenkreise, die in ihrer Grundschwingung erregt werden, bald die untere technische Grenze der Herstellungsmöglichkeit erreicht sein.

III. Theoretische Untersuchungen.

Entsprechend den verschiedenen Gruppen der experimentellen Arbeiten lassen sich auch bei der theoretischen Behandlung einerseits Untersuchungen über reine Elektronenschwingungen, andererseits Untersuchungen über GILL- und MORRELL-Schwingungen unterscheiden. Neben diesen beiden Gruppen von Arbeiten ist schließlich noch eine dritte Gruppe vertreten, die nicht nur rein die Kinematik einzelner Elektronen betrachtet, sondern den Schwingmechanismus gewissermaßen durch die Dynamik von Raumladungen zu erklären versucht.

1. **Elektronenschwingungen nach BARKHAUSEN und KURZ.** Wie bereits in dem obigen Bericht der experimentellen Untersuchungen ausgeführt wurde, stammt die erste theoretische Vorstellung zur Erklärung der hochfrequenten Schwingungen in der Schaltung von BARKHAUSEN und KURZ (*11*) von diesen selbst, indem sie sich die einfache Vorstellung gebildet hatten, daß die von der Kathode ausgehenden Elektronen zum Teil durch die Lücken des positiven Gitters hindurchschießen, vor der negativen Anode zur Umkehr gezwungen werden und so rückläufig zum Teil wieder durch die Lücken des Gitters in die Nähe der Kathode zurückkommen; von dort aufs neue dieselbe Pendelung mehrmals ausführen, um schließlich endlich auf dem positiven Gitter zu landen. Die erzeugte Welle ergibt sich danach gemäß diesem periodischen Vorgang gleich dem Produkt Lichtgeschwindigkeit mal Periodendauer des Elektronenlaufs. Die Abweichungen für den experimentellen Befund werden hauptsächlich auf die Wirkung der unberücksichtigt gelassenen Raumladungen zurückgeführt. Die Unvollständigkeit dieser Theorie besteht darin, wie dies BARKHAUSEN u. KURZ auch selbst ausführen, daß dadurch nicht erklärt werden kann, auf welche Art und Weise die Ordnung der Elktronen zum gemeinsamen „Tanz" erfolgt.

Die nachfolgende Theorie von SCHEIBE (*33*) hat das Verdienst, die Elektronenbewegung genauer im zylindrischen Feld untersucht zu haben, wodurch eine bessere Angleichung an die experimentellen Ergebnisse erzielt werden konnte. Eine Erklärung für den Schwingmechanismus gibt allerdings auch diese Arbeit nicht. Es findet sich nur an einer Stelle die Bemerkung, daß es scheint, daß für das Zustandekommen der Schwingungen die Laufzeit im Anodenraum einen wesentlichen Teil der Gesamtlaufzeit bilden müsse. Eine theoretische Erklärung für diesen empirischen Befund der Berechnungen kann allerdings nicht weiter gegeben werden.

Erwähnt möge auch hier nochmals werden, daß ZILITINKEWITSCH (*46*) gleichzeitig mit BARKHAUSEN u. KURZ aber unabhängig von diesen dieselbe Schwingungserzeugung gefunden und, ebenfalls auf der Vorstellung der Elektronenpendelungen fußend, für einige spezielle Fälle unter Berücksichtigung des elektrischen Feldes die Wellenlänge nach der Laufzeitformel berechnet hat.

2. GILL- und MORRELL-Schwingungen. Im Anschluß an den experimentellen Befund, daß ein in der BARKHAUSEN-KURZ-Schaltung erregtes LECHER-System die erzeugte Wellenlänge wesentlich bestimmen kann, untersuchen GILL u. MORRELL (*18*) die energetischen Verhältnisse der Elektronenbewegung im Gitter- und Anodenraum unter dem Einfluß einer über die Gleichspannungen überlagerten Wechselspannung. Sie kommen zunächst zu dem Resultat, daß ein zeitlich konstanter Elektronenstrom unter dem Einfluß von Wechselspannungen weder von den wirkenden Feldern Energie aufnimmt, noch auch an das Schwingsystem abgeben kann. Damit die Elektronen Energie an das Schwingsystem während einer Schwingungsperiode abgeben, ist demnach notwendig, daß ein Teil der laufenden Elektronen von der positiven Anode ausgeschieden wird, so daß der übrigbleibende Elektronenstrom diese Energienachlieferung zur Aufrechterhaltung der Schwingungen übernehmen kann. Die unter Vernachlässigung der Raumladung und unter der Voraussetzung kleiner Wechselspannung abgeleitete Theorie vermag demnach nur die Schwingungserzeugung bei zeitweise positiver Anode zu erklären. Bemerkenswert ist weiterhin, daß GILL u. MORRELL bereits aus ihren Berechnungen entnehmen können, daß verschiedene Schwingbereiche mit Erregungsfähigkeit existieren, die dadurch charakterisiert sind, daß der Quotient von Laufzeit und Schwingungsdauer sich um bestimmte diskrete Werte gruppieren muß.

Erwähnt sei dazu noch, daß GILL u. MORRELL (*39*) auch in einer späteren Arbeit für den Fall, daß die Schwingungserregung auf einer fallenden Charakteristik zwischen Anode und Kathode durch das Auftreten von Sekundärelektronen beruht, zu demselben Ergebnis der Existenz mehrerer Erregungsbereiche gelangen.

In beiden Untersuchungen kommen GILL u. MORRELL zu der Ableitung des Gesetzes zwischen Wellenlänge und Gitterspannung in Übereinstimmung mit BARKHAUSEN u. KURZ gemäß der Formel:

$$\lambda^2 \cdot V_g = \text{const.}$$

In ähnlicher Weise wie GILL u. MORRELL wurde sodann von SAHANEK (*40*) die Energiebilanz des Elektronenlaufs untersucht. Er kommt theoretisch zu dem Resultat, daß auch im Gebiet der steigenden statischen Charakteristik eine Elektronenröhre dynamisch einen negativen Widerstand zwischen Gitter und Anode besitzen könne. Für den Fall ebener Elektroden findet er die Erregungsbedingungen nicht erfüllbar. Für den Fall zylindrischer Elektroden können nach seiner Theorie

Schwingungen nur dann auftreten, wenn für Gitter- (r_1) und Anoden-radius (r_2) die Ungleichung:

$$2 < \frac{r_2}{r_1} < 5$$

gilt.

Eine weitere eingehendere theoretische Untersuchung wurde sodann von Kapzov (76) durchgeführt. Vermittels numerischer Auswertung der Bewegungsgleichung der Elektronen im zylindrischen Feld unter dem Einfluß von Wechselspannungen, die den Gleichstrompotentialen der Elektroden überlagert sind, kann der Nachweis geführt werden, daß durch die Auslese von Elektronen sowohl an der Anode in Übereinstimmung mit Gill u. Morrell, als auch andererseits an der Kathode die von Barkhausen u. Kurz noch ungeklärte Ordnung der Elektronenbewegung durch diese Auslese erklärt werden kann. Die nicht von der Anode oder Kathode aufgenommenen Elektronen können gemäß dieser Theorie ungestört um das Gitter zwischen Anode und Kathode pendeln und als reine Elektronenschwingungen betrachtet werden. Seinen Berechnungen zufolge ergibt sich für diese freischwingenden Elektronen eine kleinere Frequenz als nach Barkhausen u. Kurz andererseits. Diese theoretischen Betrachtungen von Kapzov sind aber noch insofern unvollständig, als sie über die reine Kinematik der Elektronenschwingungen hinaus nicht auch noch die energetischen Verhältnisse, d. h. die Deckung der bei den Schwingungen auftretenden Energieverluste, erklären können.

In weiterer Durchbildung der Überlegung von Gill u. Morrell leitet Pfetscher (74) für den Fall des Anodenpotentials Null unter der Voraussetzung vollständiger Unterteilung des Elektronenstroms an der Anode einen negativen Widerstand zwischen Kathode und Gitter ab. Bemerkenswert ist, daß in Abhängigkeit des Verhältnisses von Elektronenlaufzeit und Schwingungsdauer ähnlich wie von Gill u. Morrell abwechselnd Bereiche mit und ohne Erregungsfähigkeit gefunden werden. Die nachfolgende Abb. 37 läßt zwei derartige Schwingbereiche erkennen (Ri negativ), die in erster Annäherung wohl bereits das Auftreten der von Scheibe zuerst gefundenen kürzeren Wellen erklären lassen.

Von ähnlichen Überlegungen ausgehend, gelangt auch Hollmann (75) allerdings unter weitgehenden Vereinfachungen, zu dem gleichen Resultat, daß die überlagerten Wechselfelder die Frequenz der Elektronenschwingungen nach Barkhausen und Kurz erniedrigen können.

In einer weiteren Arbeit bildet, wie gleich hier vermerkt sein möge, Hollmann (95) seine Vorstellungen weiter fort, indem er die von einem Lecher-System bestimmten Gill und Morrell-Schwingungen in Analogie zu den Kippschwingungen einer Glimmlampe (vgl. Abb. 38, 39) mit der Vorstellung einer Frequenzrückkopplung zu erklären versucht. Dadurch nämlich, daß sich die Schwingung des Lecher-Systems in ihrer Frequenz auf die Elektronenschwingungen von Barkhausen und Kurz rückkoppeln, soll deren Schwingmechanismus die ersteren in ihrer Eigenfrequenz ungedämpft erhalten.

In derselben Weise wie die obigen theoretischen Betrachtungen von Kapzov sind auch die bereits S. 16 erwähnten reinen Pendelschwingungen

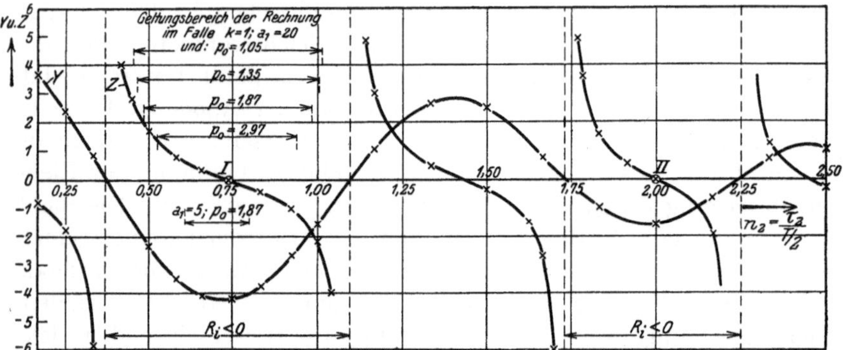

Abb. 37. Abhängigkeit der Funktionen Y und Z nach Pfetscher, vom Gitter-Anoden-Flugzeit (τ_2) und Schwingungsdauer (T), zur Charakterisierung des dynamischen negativen Widerstandes (Ri) der Röhre $(Ri < O$ für $Y < O)$ und der Eigenfrequenzen (bei $Z = O$).

von Pierret (79) zur Erklärung des eigentlichen Schwingmechanismus unvollständig, da aus dieser Vorstellung nicht folgt, in welcher Weise die Energieverluste gedeckt werden sollen. Die weiteren experimentellen

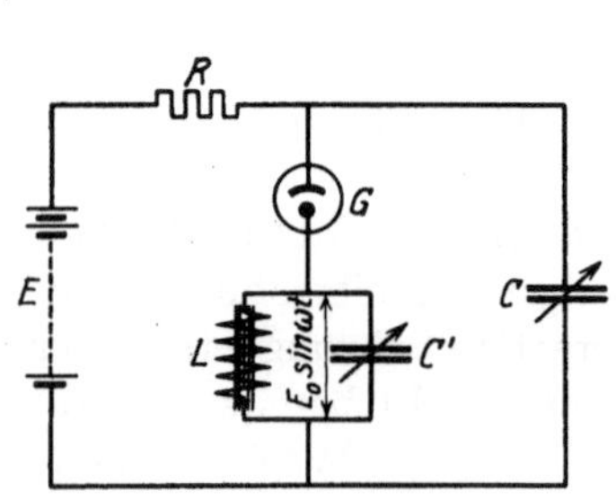

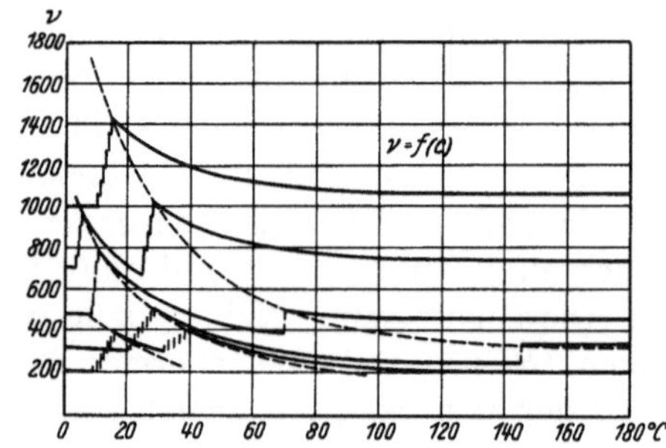

Abb. 38. Blinkschaltung mit Frequenz-Rückkopplung nach Hollmann.

Abb. 39. Frequenzsprünge bei Kippschwingungen mit Frequenz-Rückkopplung nach Hollmann.

Untersuchungen dieser Schwingkreisschwingungen haben andererseits ja auch gezeigt, daß die von Pierret abgeleitete Abhängigkeit der Wellenlänge von der Gitterspannung nicht zutrifft.

Die Elektronenbewegungen, ebenfalls wieder nur vom rein kinematischen Standpunkt aus betrachtet, wurden weiterhin von Potapenko in Fortführung der Berechnungen von Kapzov weiter untersucht. Auf Grund von Berechnungen von G. Kreitzer kommt Potapenko (103) zu einer Erklärung der Elektronenbewegung bei den Schwingungen höherer Frequenz, deren Wellenlänge nur einen kleinen Bruchteil, der nach der Laufzeitbeziehung von BARKHAUSEN und KURZ bzw. SCHEIBE berechneten Wellenlänge beträgt. Diese auch von SCHEIBE u. a. beobachteten kürzeren Wellen, die POTAPENKO, wie schon erwähnt, „Zwergwellen" nennt, erklären sich nach POTAPENKO dadurch, daß bei ihnen die Elektronenlaufzeit zwischen Kathode und Anode hin und zurück ein ganzzahliges Vielfache der Schwingungsdauer beträgt. Auf mehrere Perioden der Schwingung kommt, wie dies Abb. 40 ersehen läßt, also eine vollständige Pendelung einer Elektronengruppe, die nach KAPZOV durch Anoden- bzw. Kathodenauslese gebildet wird, und mehrere Male frei zwischen Kathode und Anode pendeln kann.

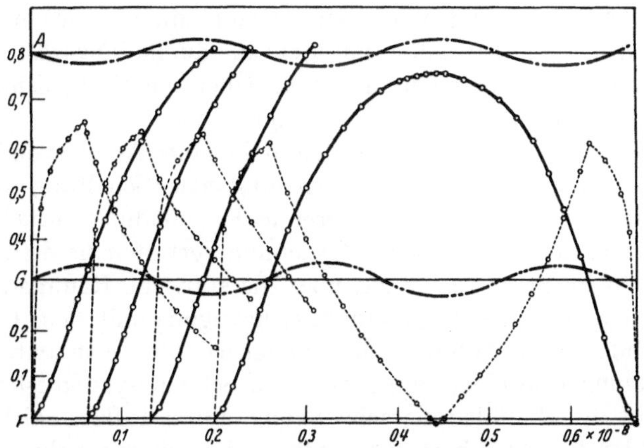

Abb. 40. Theoretische Elektronenbewegung nach POTAPENKO-KREITZER.

In neuerer Zeit wurde sodann die Theorie der Anodenauslese unter ähnlichen energetischen Betrachtungen wie bei GILL u. MORRELL von MÖLLER (*101*) weiter behandelt. Im Gegensatz zu BARKHAUSEN, KAPZOV u. a. wird die Elektronenbewegung nicht vom rein kinematischen Standpunkt behandelt, sondern versucht, das Auftreten von Schwingungen durch das Entstehen von negativen Widerständen zwischen Kathode und Gitter, bzw. Kathode und Anode zu erklären.

Im einzelnen ergibt die Theorie von MÖLLER, daß Schwingungen nur im Sättigungsgebiet des Emissionsstroms entstehen können und andererseits nur dann, wenn die Laufzeit im Gitter-Anodenraum größer ist als im Kathoden-Gitterraum.

Um auch den Fall der wesentlich negativen Anode erklären zu können, zieht MÖLLER noch als weitere Erklärung das „Prinzip der Laufzeitenschwankungen" heran. Der auftretende negative Widerstand erklärt sich nach dieser Theorie rein kinematisch dadurch, daß infolge der den Elektroden aufgedrückten Wechselspannungen die Elektronen verschieden schnell laufen, so daß es dadurch phasenrichtig zur Zusammenballung von Elektronengruppen kommt.

Schließlich erklärt Möller auch noch die Schwingungen nach Barkhausen und Kurz mit der Vorstellung einer Elektronenschwingdrossel. Ausgehend von der Vorstellung, daß ein Schwingsystem den Elektroden Wechselspannungen aufdrücken muß, wenn Schwingungen entstehen sollen, nimmt Möller eine durch Laufzeitenschwankungen gebildete Raumladung an, die zwischen Kathode und Anode harmonisch um das Gitter pendelt. Dieses System besitzt den Charakter einer Schwingdrossel und erklärt somit die Barkhausen-Schwingung ebenfalls durch eine Art Schwingsystem.

3. **Raumladungsschwingungen.** Wie bereits im experimentellen Teil darauf hingewiesen wurde, hat zuerst van der Pol (*37*) die Barkhausen-Kurz-Schwingungen als reine Raumladungsschwingungen erklärt, auf Grund der Tatsache, daß stets in raumladungsgestörten Gebieten derartige Schwingungen auftreten. Über den Mechanismus selbst wird allerdings von ihm nichts ausgesagt.

In eingehenderer Weise wurde sodann in einer Arbeit von Tank u. Schiltknecht (*72*) die Schwingungserregung in der Schaltung von Barkhausen und Kurz auf eine oszillierende Raumladung zurückgeführt. Ausgehend von der Poissonschen Gleichung vertreten sie die Anschauung, daß sich im Schwingzustand über die statische Raumladungsverteilung eine periodische Raumladungsschwingung mit dem Charakter einer stehenden Raumladungswelle überlagert. Zur Aufrechterhaltung der Schwingungen in einem angekoppelten Schwingsystem ist nun notwendig, daß die Raumladungsschwingung durch Influenzwirkung auf die Elektroden Energie überträgt, wodurch die Schwingverluste gedeckt werden. Unter der Voraussetzung, daß eine bestimmte Phasenlage für diese schwingende Raumladung in bezug zu den Wechselspannungen der Elektroden vorliegt, kommen sie zu dem Schlusse, daß Schwingungen nur im Sättigungsgebiete des Emissionsstroms möglich sind. Der Schluß erscheint deshalb nicht als zwingend, weil die vorausgesetzte Phasenlage nicht weiter begründet wird. Auch daß die periodische Raumladungsverteilung den Charakter einer stehenden Welle hat, kann nicht voll begründet werden, da es durchaus möglich ist, daß eine Elektronenwolke vom Charakter einer fortschreitenden Welle außerdem noch den Elektrodenraum durcheilt.

Es sei hier noch vermerkt, daß die im experimentellen Teil berichteten Zieherscheinungen nach Tank und Schiltknecht insbesondere durch die Kopplung des Raumladungsschwingsystems mit den äußeren Schwingsystemen zurückzuführen ist.

Die Vorstellung, daß durch Influenzwirkung der Elektronenbewegung Schwingungen in einem Schwingsystem unterhalten werden können, wurde weiterhin von K. Kohl (*63, 73*) vertreten. Ausgehend von der

Überlegung, daß nicht die Pendelbewegungen einzelner Elektronen die Ursache der in der Schaltung von BARKHAUSEN und KURZ auftretenden Schwingungen sein können, vertritt K. KOHL die Anschauung, daß die Umkehrfläche der Elektronen im Gitter-Anodenraum unter dem Einfluß der dem Gitter und Anode aufgedrückten Wechselspannungen periodisch schwankt. Das an Gitter und Anode angeschlossene Schwingsystem wird nun dadurch in ungedämpften Schwingungen erhalten, daß durch die Influenzwirkung dieser schwankenden Elektronenfontäne Energie an den Kreis übertragen wird, der seinerseits in Rückwirkung durch die Potentialschwankungen von Gitter und Anode die Umkehrfläche der Fontäne periodisch verlagert. Da letzten Endes die Gleichstromquelle die Schwingungsenergie liefern muß, so muß insbesondere bei einem derartigen Bewegungsmechanismus die Strombahn zwischen Kathode und Gitter den Charakter eines negativen Widerstandes annehmen, dessen eigentliche Ursache jedenfalls im Gitter-Anodenraum zu suchen ist.

Von ganz anderen Überlegungen ausgehend gelangt auch TONKS (67) zu einer Theorie, die Ursache dieser Schwingungserzeugung im Gitter-Anodenraum anzunehmen. TONKS geht von dem Gedanken aus, daß der von dem Kathodenraum durch die Gitterstäbe in den Anodenraum übertretende Elektronenstrom nach seiner Umkehr an der Potential-Nullfläche aufgefaßt werden kann als ein Emissionsstrom dieser Potential-Nullfläche, die gewissermaßen dann als „virtuelle Kathode" wirkt. Es kann nun der Fall eintreten, daß dieser Emissionsstrom dieser virtuellen Kathode größer werden soll als er gemäß der LANGMUIRschen Raumladungsströmung sein kann. Die Folge ist, daß eine derartige Strömung instabil wird. Auf Grund der Berechnungen der Raumladungsströme nach LANGMUIR leitet TONKS dafür die Bedingung ab, daß der Anodenradius mehr als das Doppelte des Gitterradius betragen muß. In diesem Zusammenhang leitet TONKS weiterhin theoretische Kennlinien ab, die in diesem unstabilen Gebiet den Charakter von negativen Widerständen zwischen Kathode und Gitter bzw. Kathode und Anode erkennen lassen (Abb. 41). Experimentell hat sich tatsächlich stets gezeigt, daß immer nur Röhren in der Schaltung von BARKHAUSEN und KURZ Schwingungen zeigten, bei denen das Verhältnis von Anodenradius zu Gitterradius den Wert von etwa 2 überstieg. Ein einziger experimenteller Befund von KAPZOV (54), der eine Röhre mit dem Verhältnis von Anodenradius zu Gitterradius = 1,75 zu Schwingungen erregen konnte, erklärt sich nach TONKS daraus, daß, wie KAPZOV auch angibt, restliche Quecksilberionen vorhanden waren, die dementsprechend die Potentialverteilung im Gitter-Anodenraum so verändern können, daß noch Schwingungen möglich werden.

Als experimentelle Stütze für die Theorie von TONKS sprechen außerdem noch die schon oben erwähnten experimentellen Beobachtungen über Instabilitäten des Anodenstroms bzw. Aufladungserscheinungen bei isolierter Anode, wie sie von Gill (*38*) mitgeteilt wurden.

Es erscheint weiterhin auch möglich, daß auch in den Fällen, bei denen bei stark negativer Anodenspannung ohne experimentell festgestellte Wechselspannung auf der Anode trotzdem noch ein Anodenstrom auftritt, dieser durch derartige Unstabilitäten der Raumladung vor der Anode erklärt werden kann.

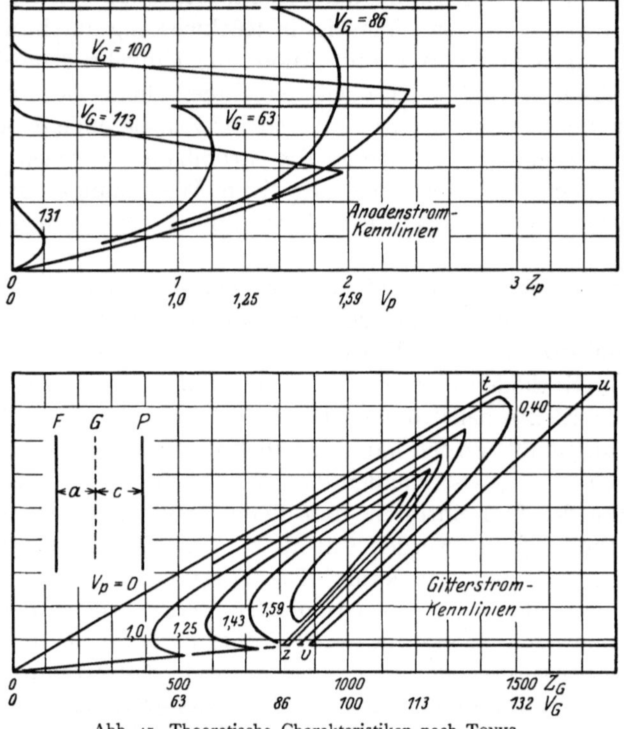

Abb. 41. Theoretische Charakteristiken nach Tonks.

In diesem Zusammenhang sei auch auf eine neue Arbeit von Knipping (*100*) verwiesen, der Gasreste, allerdings aus anderen Gründen wie Tonks, zur Schwingungserzeugung für notwendig hält. Knipping glaubt außer den periodischen Läufen der Elektronen auch noch periodische Läufe der Ionen annehmen zu müssen, um durch letztere die ersteren steuern zu können. Das beistehende Diagramm (Abb. 42) von Knipping läßt den „graphischen Fahrplan" der Elektronen- bzw. Ionenbewegung ersehen.

Vom theoretischen Gesichtspunkt aus die Schwingungen von Barkhausen und Kurz durch instabile Raumladungsschwingungen bzw. besser durch instabile Raumladungsströme zu erklären, erscheint es noch notwendig, die Abhängigkeit der erzeugten Wellen vom Betriebszustande zu erklären.

Eine erste Art von Wellenlängenabhängigkeiten wurde von K. Kohl (*90*) darin gesehen, daß, wie schon oben erwähnt, die wirksame Betriebskapazität des Gitter-Anodensystems von der Raumladung (n) als Elektronengasdielektrikum mit einer Dielektrizitätskonstante (ε) kleiner als „Eins" gemäß der Formel: $\varepsilon = 1 - \text{const} \cdot n \cdot \lambda^2$ abhängt. Es bedingt diese Art von Abhängigkeit der Wellenlänge von den Betriebsdaten also eine Veränderung der Eigenfrequenz des Schwingsystems durch den Betriebszustand selbst.

Eine zweite Art, die Wellenlängenabhängigkeit vom Betriebszustand tritt anscheinend dann auf, wenn das Schwingsystem mit einer bestimmten Eigenfrequenz, bedingt durch den Einfluß der Laufzeit nicht phasenrichtig erregt wird. [The-

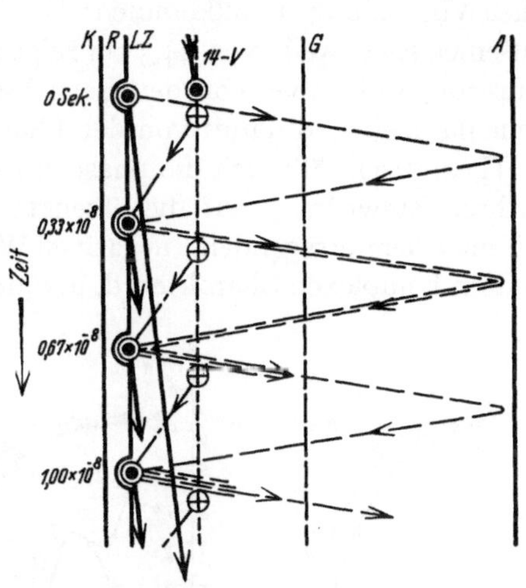

Abb. 42. Graphischer Federplan nach Knipping für Elektronen, Zonen und Moleküle. (Zeitachse verläuft von oben nach unten.) K = Kathode, RLZ = Raumladungszone, 14-V = 14-Voltzone, G = Gitter, A = Anode.

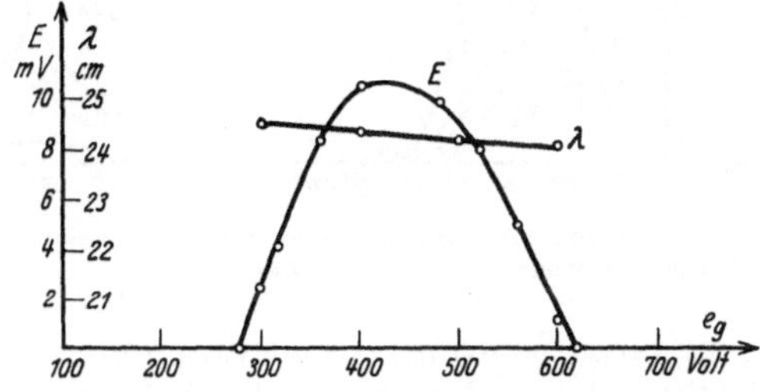

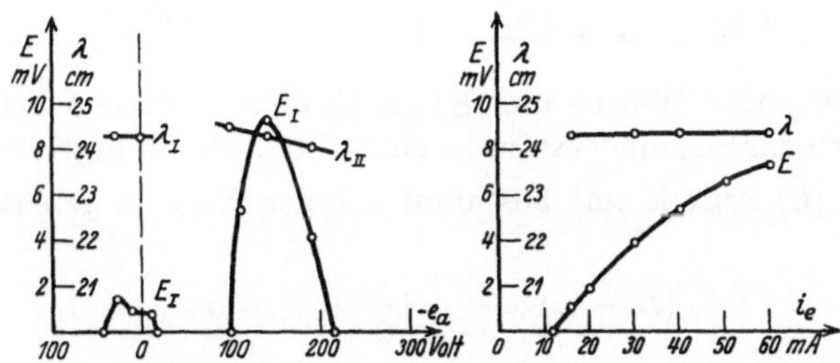

Abb. 43. Energie und Wellenlänge einer Ultra-Kurzwellen-Röhre ($\lambda \sim 24{,}5$ cm) nach K. Kohl bei der Erregung in Magnetronschaltung nach Messungen von Gollenbusch.

oretisch muß dieser Fall in Erscheinung treten bei der Erregung eines Schwingsystems mit sehr kleiner Eigenwelle. Wegen der kleinen Eigenwelle tritt in diesem Falle der Einfluß der Dielektrizitätskonstante des

Elektronengases zurück und die verbleibende beobachtete Wellenlängenabhängigkeit muß in der phasenunrichtigen Erregung begründet sein. Messungen von COLLENBUSCH (*127*) (Abb. 43) bestätigen diese theoretischen Vorstellungen vollkommen: Das zur Erregung kommende System mit einer Eigenwelle von 24,3 cm zeigt fast keine Abhängigkeit von der Emission, wohl aber von den Betriebsspannungen, d. h. von der Elektronenlaufzeit und damit von der Phaseder Erregung.

Theoretisch läßt sich die phasenunrichtige Erregung am einfachsten in ihrer Einwirkung auf die erzeugte Frequenz dadurch beschreiben, daß man dem erregenden „negativen Widerstand" nicht rein OHMschen, sondern komplexen Charakter, d. h. induktiven oder kapazitiven Einfluß

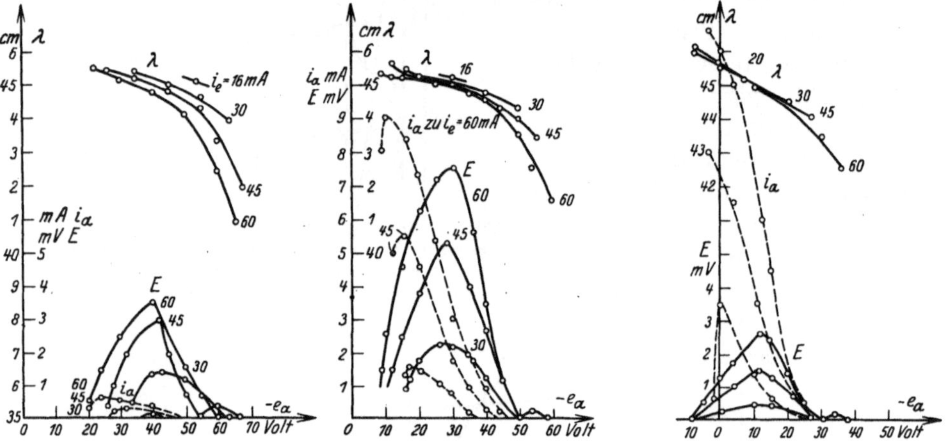

Abb. 44. Abhängigkeit von Wellenlänge und Schwingenergie einer Schwingkreisröhre von K. KOHL nach Messungen von COLLENBUSCH.

zuschreibt. Die Erregung eines Schwingsystems durch einen derartigen negativen Widerstand läßt sich am einfachsten durch folgende Differentialgleichung charakterisieren:

$$L \frac{di}{dt} + iw + \frac{\int i\,dt}{C} = \overline{L} \frac{di}{dt} + i\,\mathsf{K} + \frac{\int i\,di}{\overline{C}}\,.$$

Ist der negative Widerstand (K) gleich dem OHMschen Widerstand, so erregt sich das Schwingsystem in einer durch die induktiven ($\overline{L}$) und kapazitiven ($\overline{C}$) Anteile mit bestimmter Eigenfrequenz gemäß der Beziehung:

$$(L - \overline{L})\,\omega - \frac{1}{\omega}\left(\frac{1}{C} - \frac{1}{\overline{C}}\right) = 0\,.$$

Beide Einflüsse zusammen: Abänderung der Eigenfrequenz und phasenunrichtige Erregung eines Schwingsystems lassen alle vorkommenden Wellenlängenabhängigkeiten vom Betriebszustand verstehen.

Weiterhin zeigen Messungen von COLLENBUSCH (Abb. 44), daß bei phasenunrichtiger Erregung eines Schwingsystems außerhalb seiner

Eigenfrequenz wesentlich stärkere Wellenlängenänderungen auftreten in Abhängigkeit vom Betriebszustand als bei phasenrichtiger Erregung der Eigenfrequenz.

Auf Grund dieses Zusammenhanges müssen sich reine Raumladungsschwingungen, falls sie überhaupt existieren, dadurch charakterisieren, daß sie bei der Erregung in ihrer Eigenfrequenz besonders geringe Wellenlängenabhängigkeiten von dem Betriebszustand aufweisen. Aus den beistehenden Messungen von COLLENBUSCH (Abb. 45) könnte vermutet werden, daß die zwischen 30 und 50 Volt negativer Anodenspannung

auftretende Schwingung mit einer Wellenlänge von rund 49,5 cm eine derartige Raumladungsschwingung darstellt, was dadurch noch gestützt wird, daß diese Welle nicht einer Eigenfrequenz des LECHER-Systems oder einer zwischen zwei Eigenfrequenzen gezogenen Welle zugeschrieben werden kann.

Die bei phasenunrichtiger Erregung auftretenden kapazitiven und induktiven Bestandteile des zwischen Kathode und Gitter wirkenden negativen Widerstandes mit ihrer experimentell sichergestellten starken Abhängigkeit der Wellenlänge von den Betriebsdaten lassen weiterhin schließen, daß es sich bei den von KAPZOV u. GWOS-

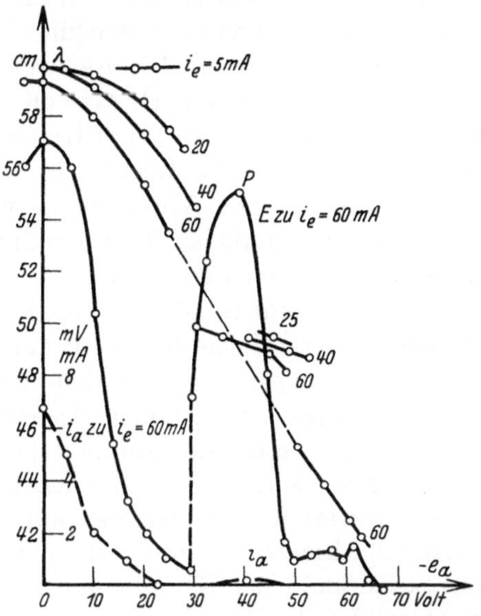

Abb. 45. Das Auftreten einer harmonischen und einer unharmonischen LECHERdraht-Schwingung in Abhängigkeit von der Anodenspannung nach Messungen von COLLENBUSCH.

DOWER u. HOLLMANN beobachteten Zwischengebieten zwischen „B.K."- und „G.M."-Schwingungen anscheinend nur um phasenunrichtige Erregung des LECHER-Systems handelt.

Von dem Gesichtspunkt aus, daß nicht der individuelle Lauf der Elektronen, sondern die Bewegungen von Elektronengesamtheiten die Schwingungserregung verursachen, erscheint als weitere theoretische Annahme die Steuerung des Emissionsstroms durch die bis auf unmittelbare Nähe der Kathode zurückschwingende Raumladung außerordentlich nahe zu liegen. Es könnte angenommen werden, daß diese Raumladung in unmittelbarer Nähe der Kathode wie ein sehr enges virtuelles Gitter wirkt, daß trotzdem der Betriebszustand weit im Sättigungsgebiet im allgemeinen liegt, noch normale Raumladungssteuerwirkung bewirken kann.

Nachdem aber eine ganze Reihe von experimentellen Befunden die eigentliche Ursache für den negativen Widerstand im Gitter-Anodenraum vermuten lassen, so erscheint diese Annahme zwar physikalisch möglich, in Wirklichkeit aber wenig wahrscheinlich.

Insbesondere lassen neuere Untersuchungen von K. Kohl (*130*) mit Röhren mit ganz kleinem Gitterdurchmesser (etwa 1 mm) erkennen, daß der Kathoden-Gitterraum anscheinend keinen wesentlichen Einfluß ausübt. Es erscheint vielmehr als wahrscheinlich, daß die in den Kathoden-Gitterraum zurücktretenden Elektronen nicht in der Nähe der Kathode abgebremst werden, sondern in diesen Raum nur wenig eindringen und unter Beibehaltung fast ihrer gesamten kinetischen Energie mit nur ganz kurzer Verweilzeit durchlaufen. Die Elektronenbewegung um die Gitterstäbe erfolgt demzufolge etwa nach Art von Kometenbahnen mit großer kinetischer Energie in der Nähe der Gitterstäbe, mit kleiner Geschwindigkeit und großer potentieller Energie in der Nähe der Umkehrfläche im Anodenraum. Nach der Vorstellung von Raumladungsschwingungen hat man es hier mit radialen Zylinderschwingungen zu tun. In Analogie zur Behandlung von Luftschwingungen in zylindrischen Räumen durch Rayleigh erscheint es möglich, das Problem unter Zugrundelegung der partiellen Differentialgleichung für die kinetischen Potentiale der Elektronentheorie allgemein behandeln zu können. Die Anregungsbedingungen derartiger „Elektronengasschwingungen" müssen sich dann am einfachsten als bestimmte Randwertbedingungen von Strom und Spannung an den Elektroden bestimmen lassen.

Es erscheint noch notwendig, auf die Bedeutung der individuellen Laufzeit der Elektronen für die Raumladungsschwingungen hinzuweisen. Vom Standpunkt der Raumladungsschwingungen aus, ist es ohne weiteres klar, daß die Periodendauer der Raumladungsschwankungen übereinstimmen muß mit der Frequenz der erzeugten Schwingungen. Es kann dabei durchaus möglich sein, daß die Laufzeit der einzelnen Elektronen, wie dies auch Kapzov bei seinen graphischen Berechnungen gefunden hat, nicht mit der Schwingungsdauer übereinzustimmen braucht. Für die Bewegung der gesamten Raumladung erscheint vielmehr eine besondere Zeit, eine Art Relaxationszeit maßgebend zu sein, die angibt, in welcher Zeit ein Aufbau bzw. Abbau einer Raumladung vor sich gehen kann. Es kann allerdings sein, daß ein und dieselbe Relaxationszeit durch verschiedene Elektronenlaufzeiten bestimmt sein kann. Der Fall optimaler Erregung wird stets dann eintreten, wenn die Relaxationszeit des Auf- und Abbaues der Raumladung mit der entsprechenden Laufzeit der einzelnen Elektronen übereinstimmt bzw. ein ganzzahliges Vielfaches derselben ist. Nähere quantitative Betrachtungen können jedoch erst durchgeführt werden, wenn experimentelle Untersuchungen über die Raumladungsverteilung in der schwingenden Röhre vorliegen.

Es sei noch angeführt, daß die verschiedentlich beobachteten selektiven Energiemaxima bei Erregung von LECHER-Systemen und Schwingkreisen, wie dies z. B. die Energiemessungen bei isolierter Anode von HORNUNG (97) zeigen (Abb. 46), darauf hindeuten, daß es sich in diesen Fällen um eine Resonanz der Relaxationszeit von Raumladungen mit der Schwingungsdauer eines Schwingsystems handelt.

Auch die Erscheinung der spontan auftretenden außergewöhnlichen Empfangsempfindlichkeit bei Kurzwellenröhren in der Schaltung von BARKHAUSEN und KURZ, wie sie im Laboratorium beobachtet werden konnten, ohne daß nachweisbare Veränderungen sämtlicher Betriebsdaten eintreten, läßt das Auftreten besonderer dynamischer Raumladungszustände vermuten.

Ganz zum Schluß sei noch berichtet, daß TONKS u. LANGMUIR

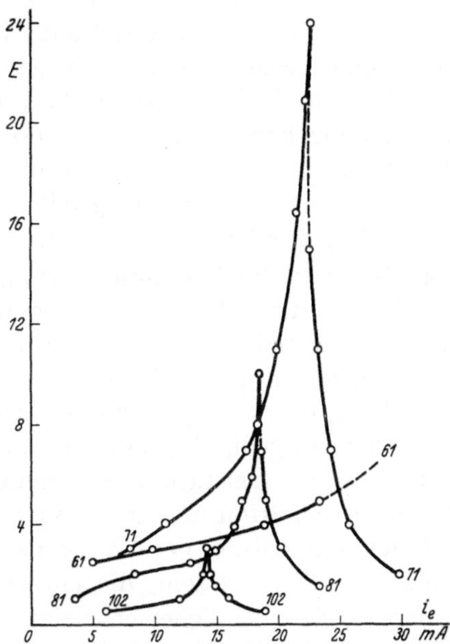

Abb. 46. Das Auftreten selektiver Schwingenergie bei isolierter Anode nach Messungen von HORNUNG.

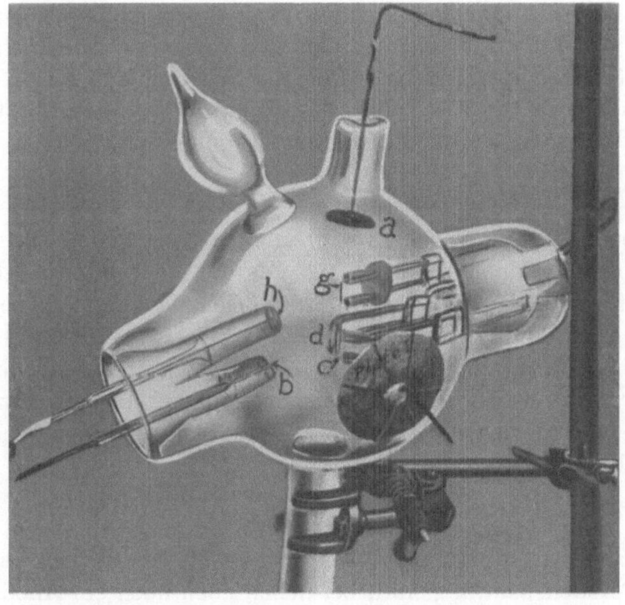

Abb. 47. Gasgefüllte Glühkathodenröhre nach TONKS und LANGMUIR zur Erzeugung von Elektronenschwingungen.

(*116*) reine Elektronenschwingungen in ionisierten Gasen theoretisch abgeleitet haben und auch mit Art Dreielektrodenröhren gemäß vorstehender Abb. 47 experimentell nachweisen konnten. Da allerdings die in dem Bereich von 70—30 cm beobachteten Wellen nicht ganz reine Resonanzerscheinungen zeigten, so ist nicht ganz sicher, ob es sich nicht teilweise um gedämpfte Wellen gehandelt hat. Der Mechanismus der ungedämpften Erregung konnte aus den theoretischen Überlegungen noch nicht gefolgert werden, jedoch scheinen diese Elektronenschwingungen ebenfalls wieder im Zusammenhang mit Instabilitäten der von der Kathode zur Anode gehenden Elektronenströmung zu stehen.

4. **Theoretische Zusammenfassung.** Überblickt man die Gesamtheit der Theorie zur Erklärung der Schwingungen in der Schaltung von Barkhausen und Kurz, so erscheint es sichergestellt, daß die Lösung des Problems auf das Vorhandensein eines negativen Widerstandes zwischen Kathode und Spannungselektrode zurückgeführt werden muß, d. h. anders ausgedrückt, daß zur Aufrechterhaltung der Schwingungen an der Spannungselektrode Spannungsschwankungen 180° phasenverschoben zu den Stromschwankungen auftreten müssen. Durch rein kinematische Betrachtung der Bewegung der einzelnen Elektronen scheint es nicht möglich zu sein, die energetischen Verhältnisse erklären zu können. Wahrscheinlicher erscheint es vielmehr, die Elektronenstromschwankungen auf die Bildung von Elektronenraumladungen zurückzuführen. Der Laufzeit der Elektronen kommt dabei insofern Bedeutung zu, als sie die Bildungszeit der Raumladung als eine Art Relaxationszeit bestimmt. Die Periodendauer der Raumladungsschwingungen können dabei andererseits geradezu als Relaxationszeiten aufgefaßt werden, so daß sich das Auftreten maximaler Schwingungsenergie dadurch erklärt, daß dafür die Laufzeiten der Elektronen in ganz bestimmten einfachen Verhältnissen zu diesen Relaxationszeiten stehen.

IV. Schwingungserregung mit Magnetfeld.

1. **Experimentelle Ergebnisse.** Die Erzeugung von hochfrequenten Schwingungen wurde erstmalig von Zacek (*25, 84*) mit Zweielektrodenröhren mit einem der Glühkathode parallelem Magnetfeld beobachtet. Das Magnetfeld mußte dabei so weit gesteigert werden, daß bei der jeweiligen Anodenspannung die von der Kathode ausgehenden Elektronen gerade noch die Anode erreichen können. Bei der Einstellung entsprechender Betriebsdaten konnte Zacek Schwingungen nachweisen, deren Wellenlänge folgenden Beziehungen genügte:

$$\lambda = \frac{C}{H_o} = \frac{A}{\sqrt{V_a - B}},$$

wobei A, B, C Konstante, H_o diejenige magnetische Feldstärke und V_a diejenige Anodenspannung sind, bei denen eben noch ein Anodenstrom auftritt.

Ähnlich wie bei den Schwingungen nach der Schaltung von BARK-HAUSEN und KURZ wurden die Wellenlängen unabhängig von äußeren Systemen gefunden, nur, wie erwähnt, von Anodenspannung und magnetischer Feldstärke. Es wurde deshalb auch hier angenommen, daß es sich um Elektronenschwingungen handelt.

Diese Methode der Schwingungserzeugung wurde sodann von YAGI u. OKABE (*85, 86*) ausführlicher untersucht. Durch Abstimmung der Zuleitungen auf ein Vielfaches einer Viertelwellenlänge konnten sie die Schwingenergie verstärken. Durch Schlitzen des Anodenmantels in zwei Zylinderhälften, deren Zuleitungen außerhalb der Röhre wieder verbunden werden, erhalten sie durch Anschalten eines LECHER-Ssytems zwischen Kathode und diesem Anodengebilde bei entsprechender Einstellung der Betriebsdaten kräftige Schwingungen. Offensichtlich wird durch diese Unterteilung des Anodenzylinders ein besonderer

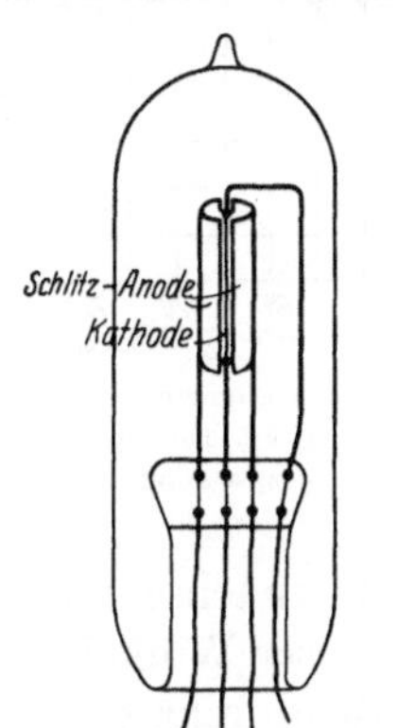

Abb. 48. Schlitzanoden-Magnetron.

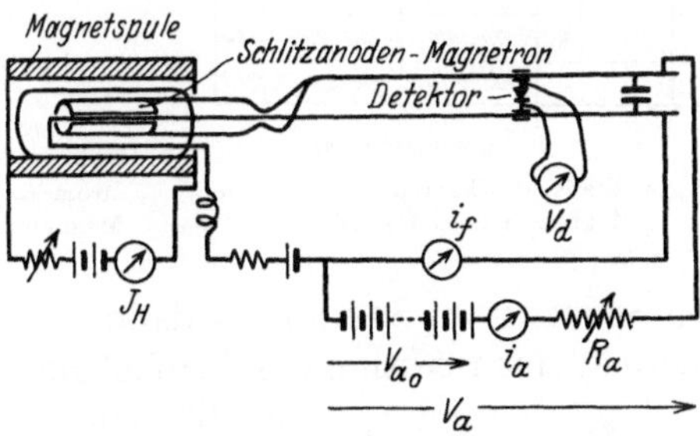

Abb. 49. Schaltung des Schlitzanoden-Magnetrons.

Schwingkreis definiert, der entweder im Gegentakt oder im Gleichtakt erregt werden kann. Abb. 48—51 gibt einen Überblick über die apparative Anordnung und Meßergebnisse.

In einer weiteren Arbeit erhält OKABE (*87*) mit einer derartigen Schlitzanode bei einer Anodenspannung von 750 Volt 3,16 mA Anodenstrom und 600 Gauß, bei einem Durchmesser der Anode von 6 mm eine kürzeste Welle von 14,5 cm.

Eine weitere Steigerung der Energie konnte OKABE (*86*) dadurch erzielen, daß er das LECHER-System zwischen eine weitere Hilfselektrode und die beiden Anodenhälften andererseits legte (Abb. 52). Mit dieser Anordnung konnte bei einer Anodenspannung von 1200 Volt, 8,3 mA Anodenstrom und einem Magnetfeld von 310 Gauß eine Welle von 42 cm mit einem Schwingstrom von 105 mA im Detektorkreis erzeugt werden.

In einer ausführlichen Untersuchung behandeln weiterhin SLUTZKIN u. STEINBERG (*68, 106*) die Erzeugung von Kurzwellen mit Dioden und zusätzlichem Magnetfeld. Ihre Versuchsanordnung zeigt nachfolgende Abb. 53. Die Wellenlängen selbst werden mit einem zweiten angekoppelten LECHER-System, Detektor und Galvanometer gemessen. Am Ende des LECHER-Systems des Generators wird mit einem Eisen-Konstantan-Thermoelement die Schwingenergie bestimmt. Optimale Schwingenergie

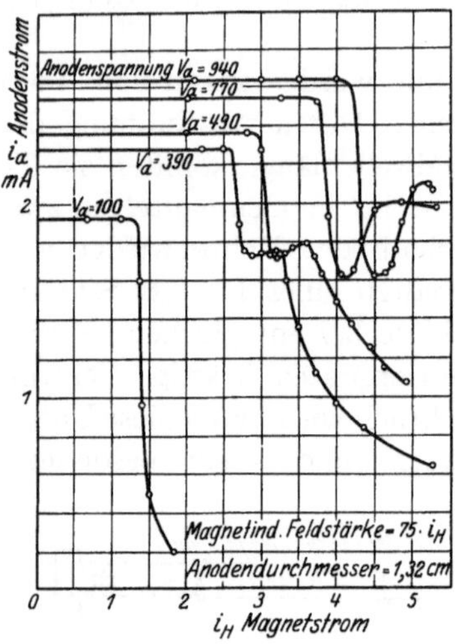

Abb. 50. Statische Charakteristiken beim Magnetron nach OKABE.

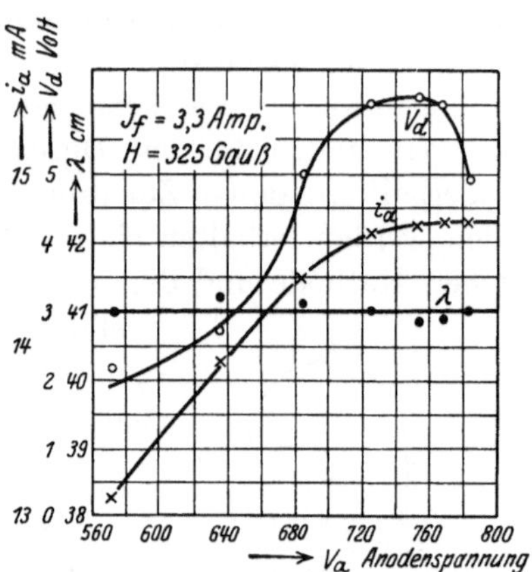

Abb. 51. Abhängigkeit von Wellenlänge (λ), Anodenstrom (ia) und Spannung am Detekter (Vd) bei Magnetron von der Anodenspannung nach OKABE.

finden SLUTZKIN u. STEINBERG dann, wenn die Röhrenachse mit dem Magnetfeld einen bestimmten Winkel einschließt. Dieser Winkel betrug unabhängig vom Anodendurchmesser der untersuchten Röhren von 12, 10 und 6 mm Durchmesser etwa 10°.

Ausgehend von der Vorstellung der Elektronenschwingung, berechnen sie die Wellenlänge aus der Elektronenlaufzeit nach der Formel:

$$\frac{T}{2} = \int_{r_a}^{r_{max}} \frac{dr}{\sqrt{2\,e/m\,V_a\dfrac{r^{2/3} - r_0^{2/3}}{r_a^{2/3}} - \dfrac{1}{4}\left(\dfrac{e}{m}\right)H^2\left(r - \dfrac{r_0^2}{r}\right)^2}}.$$

Für längere Wellen ergeben sich beträchtliche Abweichungen. So wird z. B. für eine beobachtete Welle von 123 cm eine Wellenlänge von 74 cm berechnet. Bei kürzeren Wellen ergibt sich bessere Übereinstimmung, so wurde bei 780 Volt Anodenspannung, 1617 Gauß, 407 mA Anodenstrom eine Wellenlänge von 7,3 cm beobachtet und 7,4 cm berechnet.

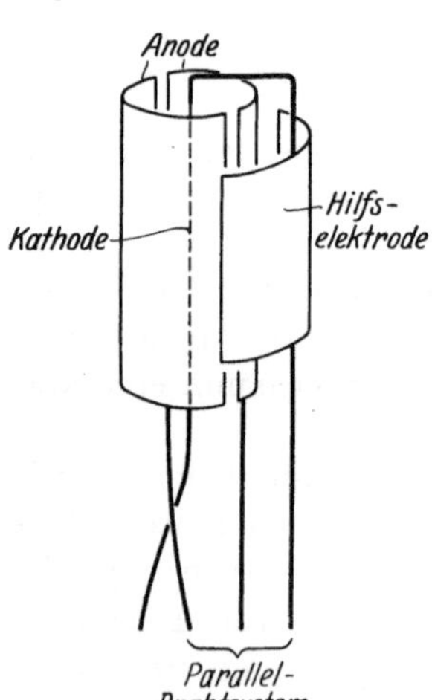

Abb. 52. Magnetron mit Schlitzanode und Hilfselektrode nach OKABE.

Bemerkenswerterweise ergab sich mit abnehmender Wellenlänge eine beträchtliche Steigerung der Schwingenergie, so z. B. von 55 Skalenteilen bei einer Welle von 19,7 cm, auf 340 Skalenteile bei einer Wellenlänge von 7,3 cm.

Mit einer russischen Röhre R 5, bei der das Gitter als Anode geschaltet wurde, während die eigentliche Anode isoliert war oder eine

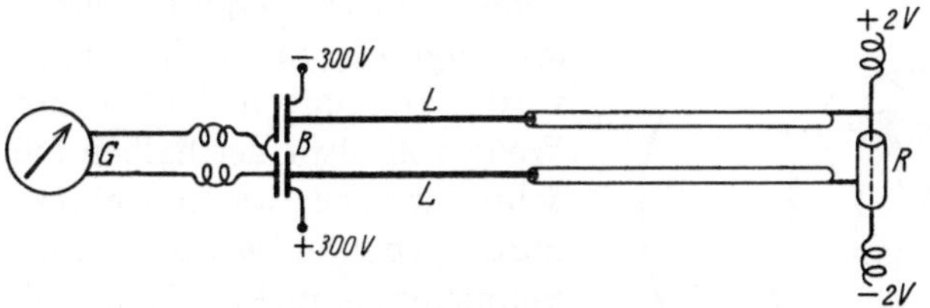

Abb. 53. Schema der Ultrakurzwellenerzeugung in Magnetron-Schaltung nach SLUTZKIN und STEINBERG.

negative Hilfsspannung erhielt, konnte mit einer Anodenspannung von 667 Volt eine Magnetfeldstärke von 1951 Gauß eine kürzeste Welle von 7,1 cm erhalten werden. Die Schwingungsintensität war im Vergleich mit der Zweielektrodenröhre mit Vollanode von 3 mm Anodendurchmesser wesentlich kleiner, betrug nur 10 Skalenteile gegenüber 340 Skalenteilen.

Messungen über die Abhängigkeit der Wellenlänge vom äußeren LECHER-System von SLUTZKIN u. STEINBERG ergeben bei konstant gehaltenen Betriebsbedingungen eine kleine Wellenlängenzunahme mit wachsender LECHER-Drahtlänge (Abb. 54). Die Messungen lassen aber erkennen, daß bei Einstellung optimaler Betriebsdaten für jede LECHER-Drahtlänge nahezu eine der Verlängerung des LECHER-Systems entsprechende Vergrößerung der Wellenlänge hätte gemessen werden können.

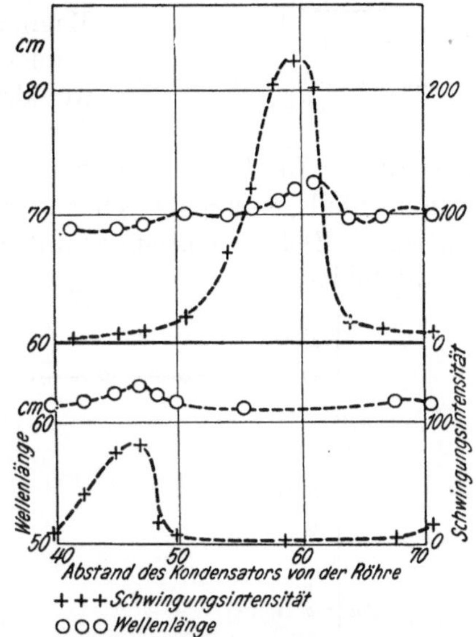

Abb. 54. Abhängigkeit, Wellenlänge und Schwingungsintensität von der Länge des LECHER-Systems bei der Magnetronschaltung nach SLUTZKIN und STEINBERG.

In einer neueren Arbeit findet schließlich OKABE (107) mit der bereits früher angegebenen Schaltung einerseits Schwingungen, die vom äußeren Schwingsystem wenig beeinflußt sind, entsprechend den „B.K."-Schwingungen bei Dreielektrodenröhren, und andererseits Schwingungen entsprechend „G.M."-Schwingungen, deren Wellenlänge vom LECHER-System abhängt. Bemerkenswerterweise konnte dabei OKABE Schwingungen von 5,6 cm Wellenlänge erzeugen.

Collenbusch (*127*) konnte nachweisen, daß Dreielektrodenröhren mit dem Gitter als Anode und zusätzlichem Magnetfeld nahezu in derselben Welle wie in der Schaltung von Barkhausen und Kurz erregt werden

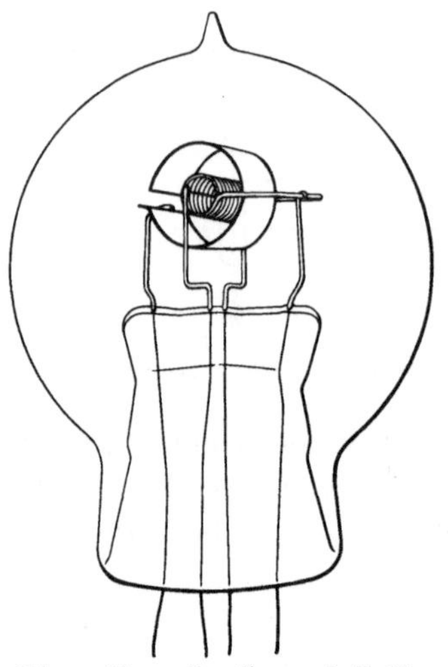

Abb. 55. Kurzwellenröhre nach K. Kohl für 25 cm-Wellen.

können und daß dabei, wie sich aus dem Polarisationszustand der erzeugten Schwingungen ergibt, der Spiralenschwingkreis in beiden Fällen erregt wird. In einigen Fällen konnte eine Welle von etwa der halben Länge beobachtet werden, was am einfachsten dadurch gedeutet werden kann, daß der Spiralenkreis nicht wie bei elektrischer Erregung im Gegentakt, sondern im Gleichtakt schwingt. Beistehende Messungen (Abb. 56 bzw. 58) lassen ferner für zwei Röhren (Abb. 55 bzw. 57) die Abhängigkeit der Wellenlänge vom Magnetfeld und Anodenspannung erkennen. Die Messungen zeigen, daß die wohldefinierten kleinen Schwingsysteme dabei nahezu in ihrer Eigenfrequenz erregt werden. In Übereinstimmung mit Slutzkin und Steinberg konnte ebenfalls maximale Schwingungsenergie erhalten werden, wenn die Achse des Elektrodensystems mit dem Magnetfeld einen Winkel von etwa 10° bildete.

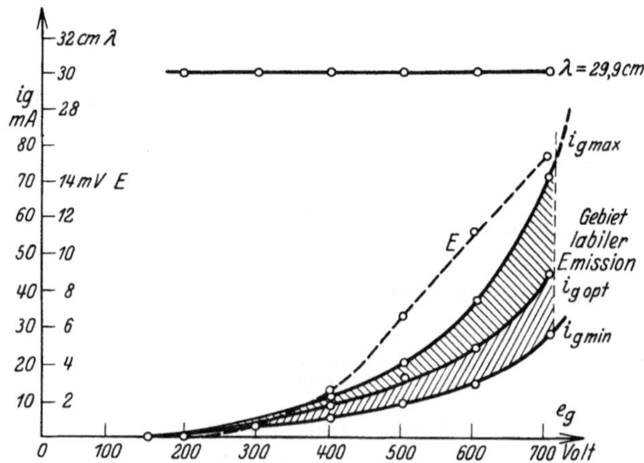

Abb. 56. Schwinggebiet (Wellenlänge λ und Schwingenergie E) einer Ultra-Kurzwellen-Röhre nach K. Kohl in Magnetronschaltung nach Messungen von Collenbusch.

In diesem Zusammenhang mögen auch noch einige Arbeiten über den Einfluß eines zusätzlichen Magnetfeldes bei der Schwingungserzeugung in der Schaltung von Barkhausen und Kurz Erwähnung finden.

Bereits Tank u. Schildknecht (*72*) finden, daß sich die Schwingbereiche nach positiver Anode hin erweitern lassen, dadurch, daß der dämpfungsverursachende Anodenstrom durch das Abbiegen der Elektronen im Magnetfeld verhindert wird. Ähnliche Erweiterungen der Schwingbereiche wurden auch von Esau beobachtet.

Von Forro (*104*) wurde der Einfluß des Magnetfeldes auf die statische Charakteristik von Dreielektrodenröhren in der Schaltung von Barkhausen und Kurz untersucht. Unter den beobachteten Bedingungen wurde auf das Auftreten von Sekundärelektronen geschlossen. Experimentell wurden Schwingungen bei 60, 50 und 30 cm Wellenlänge gefunden; die beiden ersjen werden als „B.K."-Schwingungen, die 30 cm-Welle als Oberwelle der 60 cm-Welle gedeutet.

In weiteren Untersuchungen findet Hollmann (*105*) eine Verkürzung der Wellenlänge der reinen

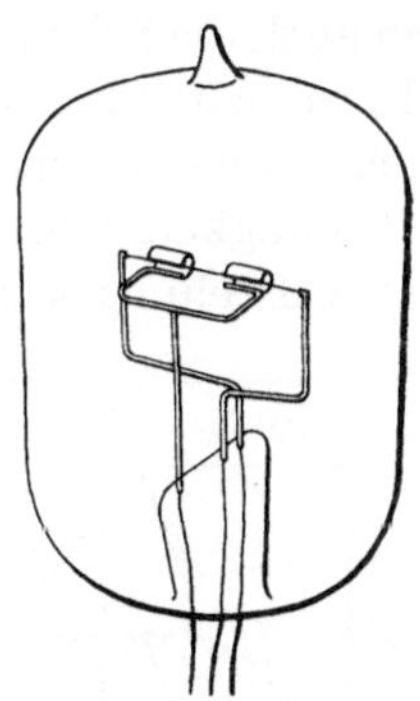

Abb. 57. Kurzwellenröhre nach K. Kohl für Erregung in Magnetronschaltung ($\lambda \sim 13{,}5$ cm).

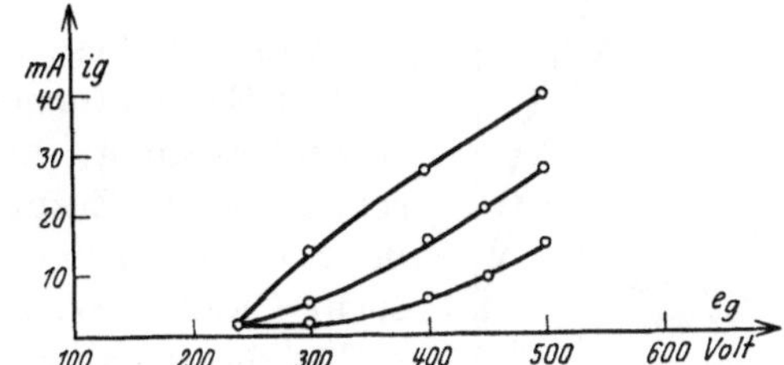

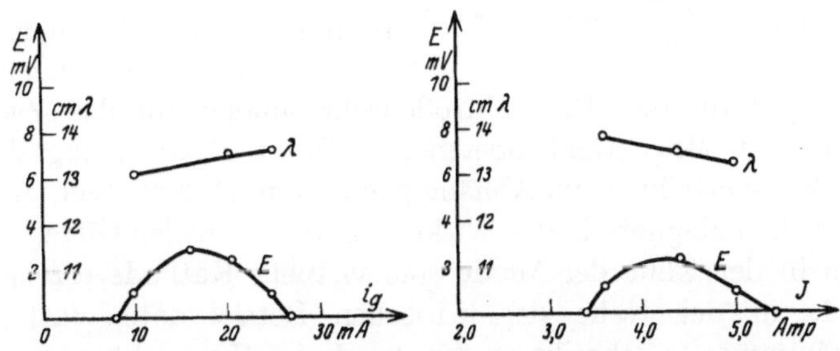

Abb. 58. Energie, Wellenlänge und Schwingbereich einer Ultrakurzwellenröhre ($\lambda \sim 13{,}5$ cm) nach K. Kohl bei der Erregung in Magnetronschaltung nach Messungen von Collenbusch.

„B.K."-Schwingung unter dem Einflußzunehmenden Magnetfeldes. Eine derartige Verkürzung findet er ebenfalls für die „G.M."-Schwingung, und weiterhin, daß das Magnetfeld einen Übergang von „B.K."-Schwingungen in Schwingungen höherer Frequenz bewirken kann. Dieser letztere Befund wird auf die verminderte Gitterdurchlässigkeit der schief auf das Gitter fliegenden Elektronen zurückgeführt.

2. Theoretische Untersuchungen. Ganz entsprechend wie bei den ersten Erklärungen der Schwingungen von BARKHAUSEN und KURZ wurden auch die Schwingungen vermittels Dioden und zusätzlichem Magnetfeld zunächst durch Schwingungen der Elektronen erklärt. Die erzeugte Wellenlänge wurde theoretisch wieder aus dem Produkt von Lichtgeschwindigkeit und Laufzeit berechnet, wie dies bereits ZACEK (*25*) bei der Aufstellung seiner Formel tut. Auch in der Arbeit von YAGI (*85*) ist diese theoretische Ansicht vertreten. Auch SLUTZKIN u. STEINBERG (*106*) gehen von derselben Vorstellung aus und leiten unter der Voraussetzung, daß die Elektronen sich auf Zykloiden bewegen, unter Berücksichtigung der Raumladung ihre genauere Wellenlängenformel ab (siehe S. 326).

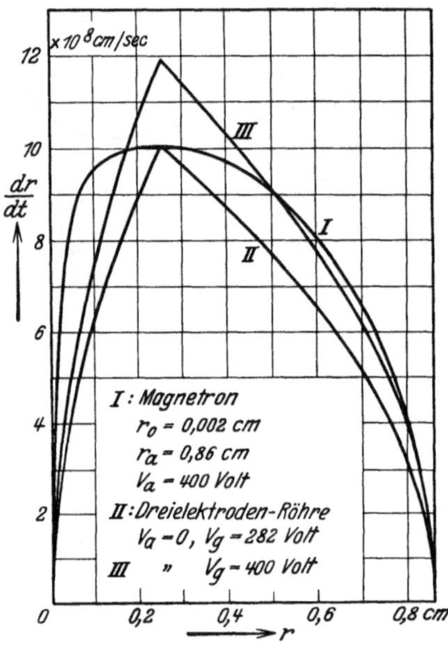

Abb. 59. Radiale Geschwindigkeiten des Elektronenlaufes beim Magnetron und Dreielektrodenröhre nach OKABE.

Während diese rein kinematischen Betrachtungen der Elektronenbewegung keinen Aufschluß über das Zustandekommen der Schwingungen geben können, sucht OKABE (*87, 107*) die Ursache dieser Schwingungen in einem zwischen Kathode und Anode dynamisch auftretenden negativen Widerstand. Theoretisch geht er dabei so vor, daß er die von TONKS durchgeführten Betrachtungen für das Dreielektrodenrohr analog auf das Zweielektrodenrohr mit Magnetfeld überträgt. Unter Betrachtung der Geschwindigkeitsverteilung in Abhängigkeit vom Radius (vgl. Abb. 59) schreibt er dem Magnetfeld die Wirkung eines virtuellen Gitters zu, das außerdem in der Nähe der Anode eine virtuelle Kathode erzeugt. Da die Anode in der Nähe der kritischen Betriebsdaten fast keinen Strom aufnimmt, so schreibt er der Anode im Zweielektrodenrohr zugleich auch die Wirkung der Anode des Dreielektrodenrohrs zu. Entsprechend den LANGMUIRschen Gleichungen der Raumladungsströme leitet OKABE ähnlich wie TONKS beim Dreielektrodenrohr theoretisch den negativen Widerstand ab.

Es ist wohl außerordentlich wahrscheinlich, daß diese Raumladungsbetrachtungen der physikalischen Natur des wirksamen negativen Widerstandes sehr nahe kommen. Statt der formalen Zuordnung des Dreielektrodenrohrs zum Zweielektrodenrohr mit Magnetfeld erscheint es jedoch richtiger, die vorliegende Raumladungsbewegung in Vergleich zu setzen mit derjenigen, wie sie bei Dreielektrodenröhren mit mehrfachen Kathoden im Gitter-Anodenraum vor sich geht. Demzufolge legen die LANGMUIR-TONKschen Betrachtungen die Annahme einer virtuellen Kathode in der Nähe der primären Kathode nahe, die dadurch zustande kommt, daß ein Teil des primären Emissionsstroms durch das Magnetfeld wieder zur Kathode zurückgebogen wird. Ganz entsprechend den Verhältnissen vom Dreielektrodenrohr kann nun angenommen werden, daß bei zu starker Raumladungsbildung und zu großer Emission die Emission dieser virtuellen Kathode instabil wird, die unter dem Einfluß der durch das Schwingsystem der Anode aufgedrückten Wechselspannung durch das Rückfluten der Elektronen nach Art einer Rückkopplung in ihrer Instabilität verstärkt wird.

Wie beim Dreielektrodenrohr wäre es natürlich möglich, daß die zurückflutenden Elektronen den primären Emissionsstrom unmittelbar bis herab ins Raumladegebiet auszusteuern vermögen. Es müßte dann insbesondere eine Abhängigkeit der Intensität vom Durchmesser der Glühkathode erwartet werden, was allerdings zunächst noch nie beobachtet werden konnte.

Die von OKABE (*85, 107*) und anderen beobachteten Abhängigkeiten der Wellenlänge analog der Beobachtung von KAPZOV u. GWOSDOWER, die zu der Unterscheidung zwischen „B.K.“- und „G.M.“-Schwingungen geführt haben, lassen sich wohl auch bei dieser Schwingungserzeugung mit Magnetfeld zwanglos aus den allgemeinen Erscheinungen bei gekoppelten Schwingsystemen erklären.

Auch bei dieser Erzeugungsweise kann die Wellenlängenabhängigkeit der erzeugten Schwingungen von den Betriebsdaten gemäß den theoretischen Vorstellungen von K. KOHL (*90*) aus dem Einfluß der Raumladungsdichte auf die Betriebskapazität, d. h. den Veränderungen der Dielektrizitätskonstante, durch das Elektronengas erklärt werden.

Die von COLLENBUSCH (*127*) beobachtete Wellenlängenzunahme (Abb. 58) mit der Vergrößerung des Emissionsstroms kann wohl nur so erklärt werden, daß auch hier der erregende negative Widerstand nicht rein ohmisch, phasenrichtig wirkt, sondern auch noch infolge kapazitiver bzw. induktiver Anteile phasenunrichtig und dadurch die Frequenz stark verändern kann.

V. Praktische Anwendungen.

Da die nach den beiden beschriebenen Methoden erzeugten Schwingungen sehr hoher Frequenz zunächst nur mit verhältnismäßig geringer Energie erzeugt werden konnten, so war ihre Verwendungsmöglichkeit dadurch bis jetzt noch stark beschränkt. Zunächst fanden sie Verwendung nur für rein physikalische Untersuchungen, so von CL. SCHÄFER und J. MERZKIRCH (22) bei der Untersuchung der Beugung elektrischer Wellen an dielektrischen Zylindern; von BERGMANN (19) zur Untersuchung der Strahlung verschiedener Antennenformen; bei der Untersuchung

Abb. 60. Kurzwellensender nach K. KOHL mit Sammellinse, Absorptionstrog und Detektorresonator.

der Dispersion und Absorption elektrischer Wellen von ROMANOOFF, POTAPENK, BOCK (34), ZAHN u. a. Im einzelnen muß auf diese Arbeiten selbst verwiesen werden.

Eine einfache Apparatur für Absorptionsmessungen nach K. KOHL zeigt Abb. 60. Die von der Röhre ausgestrahlten Wellen werden vom Reflektor parallel gerichtet, durch die Glaslinse auf den Detektor-

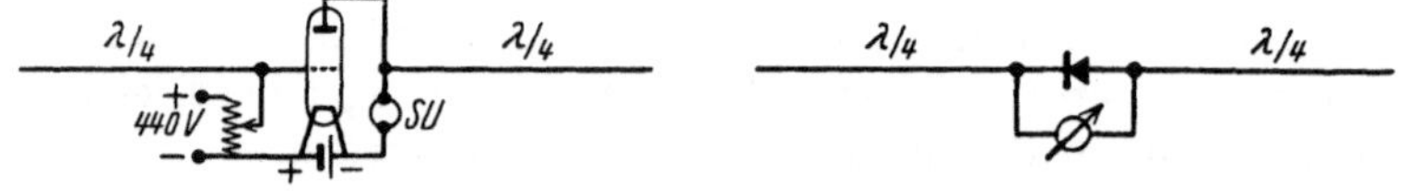

Abb. 61.

Kurzwellensender nach BARKHAUSEN u. KURZ.   Detektorresonator nach BARKHAUSEN u. KURZ.

Resonator wieder konzentriert. Die auf ihre Absorption hin zu untersuchende Substanz, z. B. Flüssigkeit in einer Küvette, wird einfach in den Strahlengang gebracht.

Im Folgenden sei noch etwas auf die Verwendung dieser kurzen Wellen bei Sende- und Empfangsversuchen als neues Hilfsmittel für das Nachrichtenwesen eingegangen.

Vorversuche wurden bereits von BARKHAUSEN u. KURZ (11) durchgeführt. Beistehende Abbildung läßt ihre Sende- und Empfangsanordnung erkennen (Abb. 61). Der Empfänger bestand einfach aus einem linearen Detektorresonator, eventuell in Verbindung mit einem Niederfrequenzverstärker bei modulierter Sendung bzw. bei Telephonieversuchen. An Reichweiten konnten erzielt werden bei Telegraphieversuchen 300 m, bei Telephonieversuchen 600 m ohne Verwendung von Verstärkern.

Ähnliche Sende- und Empfangsversuche wurden auch von HOLLMANN (*83*) für Wellen von 30—100 cm Wellenlänge durchgeführt.

Von YAGI u. OKABE (*85, 86*) wurden mit einem Zweielektrodenrohr und zusätzlichem Magnetfeld als Sender mit einer Welle von 41 cm eine Reichweite von 1 km überbrückt. Die Empfangsanordnung war ähnlich derjenigen von BARKHAUSEN und KURZ. Die mit 900 Hertz modulierte

Abb. 62. Ultra-Kurzwellensender mit 14 cm-Wellen nach K. KOHL.

Kurzwelle wurde mit Niederfrequenzverstärker verstärkt. Zur besseren Richtwirkung waren am Sender und Empfänger Reflektoren angebracht, dazu noch eine Richtantennenanordnung, bestehend aus linearen Oszillatoren, von denen jeder einzelne etwas kürzer als eine halbe Wellenlänge (ungefähr $^3/_8$) gewählt war und die in einer bzw. zwei geraden Reihen in gleichen Abständen angeordnet waren.

Mit Wellen von 16—20 cm wurden sodann Sendeversuche von BEAUVAIS (*92*) durchgeführt. Die Empfindlichkeit des Empfängers konnte insbesondere dadurch gesteigert werden, daß über die Gitterspannung eine hochfrequente Wechselspannung durch einen zusätzlichen Hilfssender über die Gittergleichspannung gelegt wurde. Mit parabolischen Reflektoren von 20 cm Brennweite und 120 cm Durchmesser gelang eine telegraphische Übertragung auf 10 km Entfernung. Sodann gelang es

K. KOHL ohne zusätzliche hochfrequente Wechselspannung am Gitter
(*110*), mit Wellen von 14 cm Länge eine telephonische Übertragung
über eine Strecke von 1400 m selbst bei dichtem Nebel durchzuführen. Mit zusätzlicher Wechselspannung zur Gittergleichspannung
der Empfangsröhre gelang noch eine telegraphische Übertragung mit

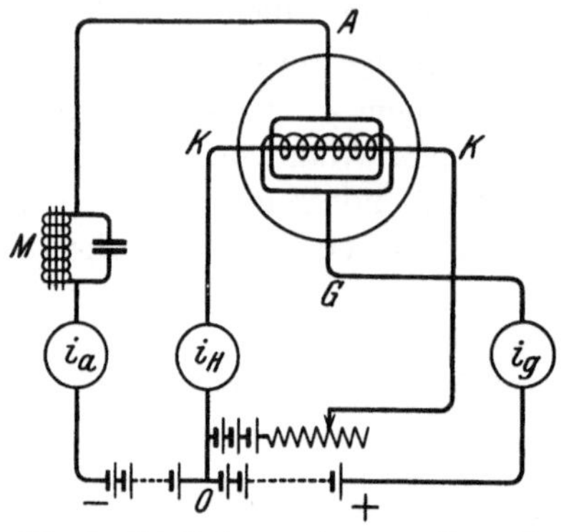

einer primären Sendeenergie von
1 mWatt auf eine Entfernung von
rund 10 km (Abb. 62 zeigt den
14 cm-Sender mit großem Reflektor). Die von KOHL (*130*) benutzte
Sende- und Empfangsapparatur
wurde von GERHARD (*128*) näher
untersucht. Beistehende Abb. 63
gibt ein Schaltschema des 14 cm-
Kurzwellensenders mit Tonmodulation. Die Tonmodulation wurde
durch Einschalten eines Nieder-

Abb. 63. Schaltschema, des 14 cm-Kurzwellen-
senders nach K. KOHL mit Tonmodulation.

frequenzkreises auf Grund der fallenden Charakteristik des Anoden-
stroms durch die Kurzwellenröhre im Schwingzustand selbst erregt.
Eine derartige Modulationsschaltung wurde auch von HOLLMANN (*113*)
angegeben und durch den negativen Widerstand der Kurzwellenröhre
in BARKHAUSEN-Schaltung im Schwingzustand erklärt.

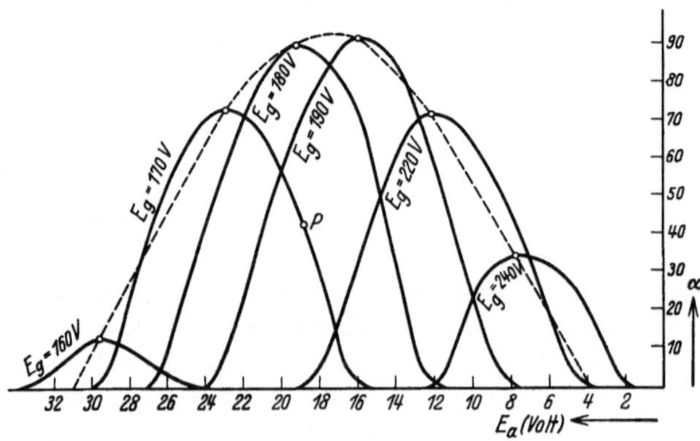

Abb. 64. Charakteristiken einer 14 cm-Röhre nach K. KOHL zur Energiemodulation durch
die Anodenspannung nach Messungen von GERHARD.

Bei den Telephonieversuchen wurde die Anodenspannung durch Besprechung mit Mikrophon und zusätzlichem Niederfrequenzverstärker
moduliert. Zur verzerrungsfreien Besprechung mußte für die betreffende
Gittergleichspannung die mittlere Anodenspannung so gewählt werden,
daß der Betriebspunkt in einem geradlinigen Teil der Energiekurve zu
liegen kam. Beistehende Abb. 64 zeigt derartige Energiekurven in Ab-

hängigkeit von Anodenspannung nach Messungen von GERHARD. Eine Empfangsschaltung nach GERHARD zeigt sodann Abb. 65. Die über das Gitter überlagerte Hochfrequenz wird dabei von der Ultra-Kurzwellenröhre selbst gleichzeitig erzeugt. Die Anodenspannung wird auf mittleres Glühfadenpotential gebracht. Die Empfangsröhre bekommt da-

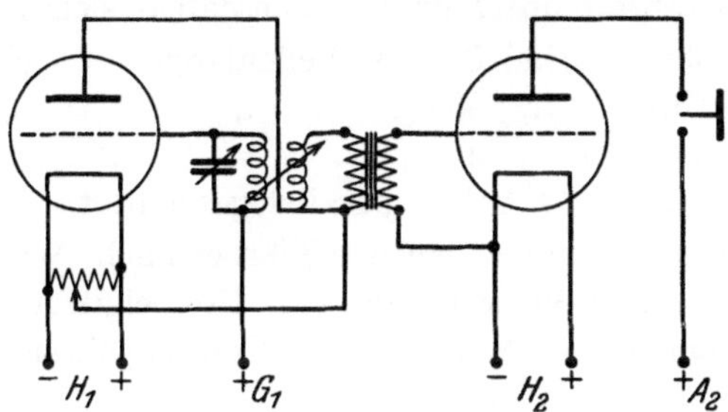

Abb. 65. Empfangsschaltung für Ultrakurzwellen mit überlagerter eigenerregter Hochfrequenz nach GERHARD.

durch Audionwirkung, so daß der sprachmodulierte Anodenstrom ohne weiteres zur Verstärkung durch die Eingangsseite eines Niederfrequenzverstärkers geleitet werden kann.

Von OKABE (*124*) wurden schließlich auch Empfangsschaltungen mit Zwei- und Dreielektrodenröhren mit zusätzlichem Magnetfeld unter-

Abb. 66. Ultrakurzwellensender mit zwei Röhren nach UDA.

sucht. Es zeigte sich, daß die Empfangsempfindlichkeit wesentlich von der Anodenspannung bzw. vom Heizstrom abhing, was übrigens auch bei den Empfangsschaltungen von GERHARD der Fall war.

Ähnliche Sende- und Empfangsschaltung unter Parallelschaltung mehrerer Röhren wurden sodann von UDA (*125*) untersucht. Einen derartigen Sender mit zwei Röhren zeigt Abb. 66. Bemerkenswert ist die Richtantennenanordnung, die zum Teil bis auf 40 Stück linearer Oszillatoren bestand, die in einer Geraden auf der Sende- und Empfangsseite angeordnet waren. Mit derartigen Richtantennen konnten telegraphische Zeichen mit 50 cm-Wellen auf 10 km noch gut, auf 30 km gerade noch übertragen werden.

Weiterhin wurden sodann von Pistor (*126*) Untersuchungen über Sende- und Empfangsschaltungen ausgeführt. Verschiedene Kurzwellenröhren wurden auf ihre Schwingleistung hin mit einem Thermokreuz aus Eisen und Konstantan untersucht. Es ergaben sich folgende Werte:

Schott-N-Röhre	bei 88 cm Wellenlänge	366 mWatt
Schott-K-Röhre	,, 66 ,, ,,	94 ,,
Lorenz-Spezialröhre	,, 46 ,, ,,	6 ,,
,, ,,	2 Stück parallel geschaltet	33 ,,

Die Empfangsschaltungen wurden hierbei nach Art von Zwischenkreisempfängern unter Verwendung von Doppelgitterröhren durchgebildet. Bei möglichst loser Kopplung der Empfangskreise mit der Röhre

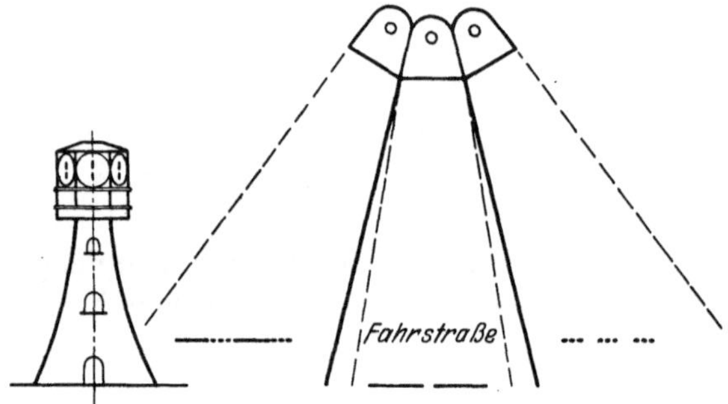

Abb. 67. Strahlwerferturm mit drei Ultrakurzwellenkegel für Zwecke der Navigation nach Hahnemann.

in Barkhausen-Kurz-Schaltung konnten nach Art eines Schwingaudionempfangs Reichweiten von 20 km erzielt werden.

Aus all den angeführten Versuchen geht hervor, daß diese kurzen Wellen von einigen Dezimetern Wellenlänge für das Nachrichtenwesen vor allem ihrer Richtwirkung wegen durchaus praktische Bedeutung zu gewinnen vermögen.

In der Erwägung derartiger Möglichkeiten weist Hahnemann (*117*) auf die Verwendbarkeit derartiger Kurzwellensender auf Strahlwerfertürmen für Zwecke der Navigation, z. B. zur Kennzeichnung von Hafeneinfahrten besonders bei starkem Nebel, hin (Abb. 67). Auch für die Zwecke des Fernsehens können derartige Ultra-Kurzwellensender ihrer hochfrequenten Modulationsfähigkeit wegen durch den Bau besonderer Strahlwerferlinien Bedeutung erlangen. Die zur Übertragung notwendige „optische Sichtbarkeit" zwischen Sender und Empfänger kann durch den Bau besonderer Relaistürme, wie solche ebenfalls von Hahnemann bereits angegeben wurden (Abb. 68), erzielt werden.

Für die weitere Entwicklung erscheint es besonders notwendig, die Erzeugung von Ultra-Kurzwellen von wenigen Zentimetern Wellenlänge mit möglichst großer Energie zu versuchen. Durch die Verwendung derartig kurzer Wellen können nämlich die erforderlichen Richtgeräte in mäßigen Abmessungen gehalten werden und dabei trotzdem noch eine

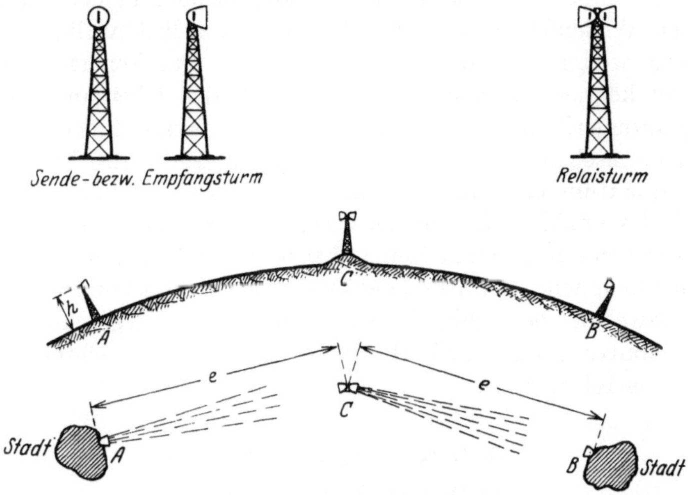

Abb. 68. Anordnung von Strahlwerferlinien für ultrakurze Wellen nach HAHNEMANN.

ausgesprochene Richtwirkung erzielt werden. Die bisherigen theoretischen Ergebnisse lassen wohl sicher in den nächsten Jahren noch weitere wesentliche Fortschritte nach dieser Richtung hin erhoffen.

Schlußbemerkungen.

Zum Schlusse kann darauf hingewiesen werden, daß das nunmehr 10jährige Problem der BARKHAUSEN-KURZ-Schwingung und im allgemeinen das Problem der Erzeugung elektrischer Schwingungen höchster Frequenz ein vorher wenig beachtetes Gebiet der Physik: die Dynamik der Elektroraumladungsströme in steigendem Maße in den Kreis des Interesses gerückt hat. Noch im Jahre 1914 konnte LANGMUIR auf die Notwendigkeit der Behandlung stationärer Raumladungsströme hinweisen, die er dann auch selbst in der umfassendsten Weise der Untersuchung unterzogen hat. Bei dem vorwiegenden Interesse für andere Gebiete der Physik wurde jedoch die MAXWELL-LORENZsche Elektronentheorie nicht weiter hinsichtlich der dynamischen Behandlung derartiger Raumladungsströme entwickelt und angewandt. Wie der im vorstehenden gegebene Überblick wohl aber erkennen lassen dürfte, weisen gerade die experimentellen Untersuchungen der hochfrequenten Elektronenströme in Glühkathodenröhren auf die Notwendigkeit derartiger Untersuchungen hin. In der Wechselwirkung von theoretischen und experimentellen Untersuchungen über die Stabilität und Labilität derartiger freier Elektronengasströmungen dürfte manches neue Resultat erzielt werden. Die verschiedenen Stabilitätszustände dieser hochfrequenten Schwingungen können als Resonanzvorgänge möglicherweise sogar in Zusammenhang gebracht werden mit der neueren statistischen Auffassung der stabilen Atomzustände. Andererseits scheinen die hochfrequenten Wellenfelder der Ultra-Kurzwellen selbst vielleicht sogar noch einen weiteren Beitrag zur Klärung der Quantenerscheinungen bringen zu können, insbesondere hinsichtlich des Überganges in den nicht quantenhaft in Erscheinung tretenden langwelligen Teil des elektromagnetischen Spektrums. Ist ja doch auch das PLANCKsche Wirkungsquantum eine absolute Invariante des elektromagnetischen Wechselfeldes unabhängig von der Frequenz. So macht es theoretisch auch weiter keine Schwierigkeiten, selbst bei Ultra-Kurzwellen Quanteneffekte anzunehmen. Auf Grund des DOPPLER-Effektes können auch mit Ultra-Kurzwellen bei „hinreichend" großer Relativgeschwindigkeit zwischen emittierendem und absorbierendem System lichtelektrische Effekte erwartet werden.

Literaturverzeichnis.

A) Originalabhandlungen.

1. HERTZ, H.: Wied. Ann. S. 421. Ges. Werke **2**, 184 (1887).
2. RIGHI, R. A.: Rend. Cont. Acc. d. Lincei **2**, 505 (1893).
3. LEBEDEW, P.: Wied. Ann. **56**, 1 (1896).
4. LAMPA, A.: Wien. Ber. **105**, 587, 1049 (1896).
5. WAGNER, K. W.: Diss. Göttingen 1910, S. 97—110.
6. ECCLES, W. H. u. JORDAN: Electrician **83**, 299 (1919).
7. GUTTON, G. u. TOULY: C. R. **168**, 271 (1919).
8. WHIDDINGTON, R.: Radio Rev. **1**, 53 (1919).
9. ABRAHAM, F. u. BLOCH: Ann. Physik **12**, 237 (1919).
10. POL, B. VAN DER: Philosophic. Mag. **38**, 90 (1919).
11. BARKHAUSEN, H. u. K. KURZ: Physik. Z. **21**, 1 (1920).
12. ETTENREICH, R.: Verh. d. dtsch. phys. Ges. **1**, 49 (1920).
13. SCHRIEVER, O.: Ann. Physik **63**, 645 (1920).
14. MÖBIUS, W.: Ebenda **63**, 293 (1920).
15. WHIDDINGTON, R.: Radio Rev. Juni 1920.
16. HOLBORN, F.: Z. f. Physik **6**, 328 (1921).
17. TOWNSEND, J. G. u. J. H. MORRELL: Phil. Mag. **42**, 265 (1921).
18. GILL, E. W. B. u. J. H. MORRELL: Ebenda **44**, 161 (1922).
19. BERGMANN, L.: Ann. Physik **67**, 13 (1922).
20. NETTLETON, L. L.: Proc. nat. Acad. Amer. **8**, 353 (1922).
21. NICOLS, E. F. u. J. D. TEAR: Phys. Rev. **21**, 587 (1923).
22. SCHAEFER, CL. u. J. Merzkirch: Z. f. Physik **13**, (1923).
23. NETTLETON, L. L.: Ref. Jb. d. drahtl. Telegr. **21**, 359 (1923).
24. GILL, E. W. u. J. H. MORRELL: Ebenda S. 33 (1923).
25. ZACEK, A.: Cas. pro. pest. mat. **53**, 378 (1923).
26. POL, B. VAN DER: Jr. Physica **3**, Nr. 9, 253 (1923).
27. GLAGOLEWA-ARKADIEWA, A.: Z. f. Physik **24**, 153 (1924).
28. MESNY, R.: L'onde electr. **3**, 126 (1924).
29. SCHÄFER, Cl. u. K. WILMSEN: Z. f. Physik **24**, 345 (1924).
30. TANK, F.: Arch. Genève **6**, 420 (1924).

31. BREIT, B.: J. Frankl. Inst. **197**, 355 (1924); J. Opt. **9**, 709 (1924); Phys. Rev. **23**, 300 (1924).

32. GUTTON, C. u. E. PIERRET: L'onde electr. **4**, 387 (1925).

33. SCHEIBE, A.: Ann. Physik **73**, 54 (1925); Die Erzeugung kurzer elektrischer Wellen. Leipzig 1925; Jb. d. drahtl. Telegr. S. 12, 25 (1925).

34. BOCK, R.: Z. Physik **31**, 534 (1925).

35. PIERRET, M. E.: C. R. 1925, S. 184.

36. KAPZOV, M.: Z. Physik **35**, 129 (1925).

37. POL, B. VAN DER: Physica **5**, 1 (1925); J. d. drahtl. Telegr. **25**, 121 (1925).

38. GILL, B.: Phil. Mag. **49**, 993 (1925).

39. GILL, E. W. G. u. J. H. MORRELL: Ebenda **49**, 369 (1925).

40. SAHANEK, J.: Physik. Z. **26**, 368 (1925).

41. HUHFORD, W.: Phys. Rev. **25**, 686 (1925).

42. KIEBITZ, F.: Jb. d. drahtl. Telegr. **25**, 4 (1925).

43. HOLLMANN, H. E.: Z. physik. u. chem. Unters. **39**, 265 (1925).

44. KIRCHNER, F.: Ann. Physik **77**, 287 (1925).

45. SCHILTKNECHT, E. u. F. TANK: Arch. Genève **5**, 250 (1925).

46. ZILITINKEWITSCH, S. J.: Arch. f. Elektr. **15**, 470 (1926).

47. GRECHOWA, M. T.: Z. f. Physik **35**, 50 (1926).

48. — Ebenda **35**, 59 (1926).

49. — Ebenda **38**, 628 (1926).

50. GILL, B. u. H. MORRELL: Ref. Jb. d. drahtl. Telegr. 1926, S. 7.

51. SCHEIBE, A.: Ebenda **27**, 1 (1926).

52. POL, B. VAN DER: Ebenda **28**, 178 (1926).

53. LAKHOVSKY, G.: Ebenda **27**, 186 (1926).

54. KAPZOV, N.: Z. f. Physik **35**, 129 (1926).

55. KIEBITZ, F.: Jb. d. drahtl. Telegr. **27**, 163 (1926).

56. DEUBNER, A.: Ann. Physik **84**, 429 (1927).

57. BERGMANN, L.: Ebenda **82**, 504 (1927).

58. ENGLUND, C. R.: Proc. Inst. Radio Eng. **15**, 914 (1927).

59. ROMANOFF, W. J.: Physik. Z. **27**, 777 (1927).

60. HEIM, W.: Jb. d. drahtl. Telegr. **30**, 160 (1927).

61. KAPZOV, N. u. S. GWOSDOWER: Z. f Physik **45**, 114 (1927).

62. McCARTY, L. F.: Phys. Rev. **30**, 878 (1927).

63. KOHL, K.: Physik. Z. **28**, 878 (1927).

64. PENNING, E.: Physica 1927, S. 80.

65. PIERRET, E.: C. R. **184**, 1428 (1927).

66. POL, B. VAN DER: Jb. d. drahtl. Telegr. **29**, 114 (1927).

67. TONKS, L.: Phys. Rev. **30**, 501 (1927).

68. SLUTZKIN, A. u. D. STEINBERG: Ukrain. Physik. Abh. **1**, 22 (1927).

69. ROZANSKIJ, D.: Bull. Russ. 1927, Nr. 23, S. 403.

70. BERGMANN, L.: Ann. Physik **85**, 961 (1928).

71. WECHSUNG, W.: Jb. d. drahtl. Telegr. **32**, 58 (1928).

72. TANK, F. u. E. SCHILTKNECHT: Helv. et Phys. Acta **1**, 100 (1928).

73. KOHL, K.: Ann. Physik **85**, 1 (1928).

74. PFETSCHER, O.: Physik. Z. **29**, 395 (1928).

75. HOLLMANN, H. E.: Ann. Physik **86**, 129 (1928).

76. KAPZOV, N.: Z. f. Physik **49**, 395 (1928).

77. KOHL, K.: Verh. dtsch. Phys. Ges. **9**, 36 (1928).

78. SAHANEK, J.: Physik. Z. **29**, 640 (1928).

79. PIERRET, E.: C. R. **186**, 1284 (1928).

80. HOLLMANN, H. E.: Ann. Physik **85**, 1062 (1928).

81. PIERRET, E.: J. d. Phys. **9**, 97 (1928).

82. Pierret, C. R. **186**, 1601 (1928).
83. Hollmann, H. E.: El. Nachr. Techn. **5**, 268 (1928).
84. Zacek, A.: Jb. d. drahtl. Telegr. **32**, 172 (1928).
85. Yagi, H.: Proc. Inst. Radio Eng. **16**, 715 (1928).
86. Okabe, K.: J. Inst. E. E. Japan 1928, S. 284.
87. — Techn. Rep. of the Tohoku Imp. Un. **7**, 241 (1928).
88. Grechowa, M. T.: Physik. Z. **29**, 726 (1928).
89. Kohl, K.: Z. f. techn. Phys. **9**, 472 (1928).
90. — Verh. dtsch. Phys. Ges. **3**, 36 (1928).
91. Pierret, E.: C. R. **187**, 1132 (1928).
92. Beauvais, G.: Ebenda **187**, 1288 (1928).
93. Mazungar, B.: Proc. Indian Ass. **3**, 77 (1928).
94. Hollmann, H. E.: Proc. Inst. Radio Eng. **17**, 229 (1929).
95. — El. Nachr. Techn. **6**, 253 (1929).
96. — Z. f. techn. Phys. **10**, 424 (1929).
97. Hornung, H.: Ann. Physik **1**, 417 (1929).
98. Beauvais, G.: Rev. Gén. de l'Electr. **25**, 393 (1929).
99. Hollmann, H. E.: Jb. d. drahtl. Telegr. **33**, 128 (1929).
100. Knipping, P.: Ebenda **34**, 1 (1929).
101. Möller, H.: Ebenda **34**, 201 (1929); Die Elektronenröhren. Braunschweig (1929).
102. Kalinin, W. J.: J. Russ. phys. Ges. 1929, S. 131; Ann. Physik **2**, 498 (1929).
103. Potapenko, G.: Z. f. techn. Phys. **10**, 548 (1929).
104. Forro, M.: Ann. Physik **1**, 513 (1929).
105. Hollmann, H. E.: El. Nachr. Techn. **6**, 377 (1929).
106. Slutzkin, A. u. D. Steinberg: Ann. Physik **1**, 658 (1929).
107. Okabe, K.: Proc. Inst. Radio Eng. **17**, 652 (1929).
108. Kohl, K.: El. Nachr. Techn. **6**, 354 (1929).
109. Hahnemann, W.: Ebenda **6**, 365 (1929).
110. Kohl, K.: Naturwiss. **17**, 544 (1929).
111. Beauvais, G.: Bull. Soc. France **9**, 503 (1929).
112. Pierret, E.: Bull. Soc. Franc. Phys. **31**, 272 (1929).
113. Hollmann, H. E.: Jb. d. drahtl. Telegr. **34**, 140 (1929).
114. Okabe, K.: J. Inst. El. Eng. Japan 1929, Jan.—Feb., S. 28.
115. Tank, F. u. K. Graf: Helvetica 1929, Heft 1, S. 33.
116. Tonks, L. u. J. Langmuir: Phys. Rev. **33**, 195 (1929).
117. Hahnemann, W.: El. Nachr. Techn. **7**, 18 (1930).
118. Hollmann, H. E.: Physik. Z. **31**, 56 (1930).
119. Hrishikesh Rakshit: Phil. Mag. **55**, 80 (1930).
120. Strutt, M. J. O.: Ann. Physik **4**, 17 (1930).
121. Kroebel, W.: Z. Physik **61**, 239 (1930).
122. Sears, F. W.: J. Frankl. Inst. **4**, 459 (1930).
123. Moore, W. H.: Ebenda **4**, 473 (1930).
124. Okabe, K.: Jb. d. drahtl. Telegr. **35**, 3 (1930).
125. Uda, Sh.: Ebenda **35**, 129 (1930).
126. Pistor, W.: Ebenda **35**, 135 (1930).
127. Collenbusch, H. (erscheint als Erlanger Dissertation).
128. Gerhard, E. (erscheint als Erlanger Dissertation).
129. Lienemann, W. (erscheint voraussichtlich in der Z. f. Physik).
130. Kohl, K. (noch nicht veröffentlicht).

B. Zusammenfassende Darstellungen.

1. Taschenbuch d. drahtl. Telegr. u. Teleph.   Herausg. v. Dr. F. Banneitz. Julius Springer 1927. 5. Teil, VIII. Abschnitt. Kurzwellensender. Bearb. v. A. Scheibe.

2. MESNY, RENÉ: Les ondes electriques courtes. Kap. III, § 1.

3. HOLLMANN, H. E.: Jb. d. drahtl. Telegr. **33**, 27, 66, 101; **35**, 21, 75.

Nachtrag bei der Korrektur.

1. WAINBERG, A.: Über die Wirkung und die Anordnung der Elektroden der Kathodenröhren auf die Erregung von Schwingungen nach der Methode von BARKHAUSEN und KURZ. Z. angew. Physik (russisch) **7**, 104 (1930).

2. HOLLMANN, H. E.: Schwingungen in Dreielektrodenröhren mit positivem Gitter (Bemerkungen zu einer Arbeit von M. J. STRUTT). Ann. Physik **5**, 247 (1930).

Inhalt der Bände 1—9.

I. Namenverzeichnis.

	Band	Seite
Auerbach, Friedrich (Berlin), Die neuen Wandlungen der Theorie der elektrolytischen Dissoziation	1	228—255
Bartels, J. (Berlin-Eberswalde), Die höchsten Atmosphärenschichten	7	114—157
— Geophysikalischer Nachweis von Veränderungen der Sonnenstrahlung	9	38—78
Becker, F. (Potsdam), Über interstellare Massen und die Absorption des Sternlichtes im Weltraum	9	1—37
— und **Grotrian, W.** (Potsdam), Über die galaktischen Nebel und den Ursprung der Nebellinien	7	8—91
Benedicks, C. (Stockholm), Jetziger Stand der grundlegenden Kenntnisse der Thermoelektrizität	8	25—68
Bjerrum, Niels (Kopenhagen), Die elektrischen Kräfte zwischen den Ionen und ihre Wirkungen	5	125—145
Bodenstein, Max (Hannover), Chemische Kinetik	1	197—209
— Photochemie	1	210—227
Boegehold, H. (Jena), Über die Entwicklung der Theorie der optischen Instrumente seit ABBE	8	69—146
Braunbek, W. (Stuttgart), Zustandsgleichung und Zustandsbegrenzung des festen Körpers	6	124—154
Brill, A. (Neubabelsberg), Die Strahlung der Sterne	3	1—37
Brodhun, E. (Berlin), Die Entwicklung der Photometrie in diesem Jahrhundert	6	231—278
Brüche, E. (Berlin), Freie Elektronen als Sonden des Baues der Molekeln	8	185—228
v. Brunn, A. (Danzig-Langfuhr), Der empirische Zeitbegriff	4	70—85
Cassel, H. (Berlin), Zur Kenntnis des adsorbierten Aggregatzustandes	6	104—123
Coehn, Alfred (Göttingen), Kontaktpotential	1	175—196
Estermann, I. (Hamburg), Elektrische Dipolmomente von Molekülen	8	258—306
Eucken, A. (Breslau), Der NERNSTsche Wärmesatz	1	120—162
Franck, J. (Göttingen), Neuere Erfahrungen über quantenhaften Energieaustausch bei Zusammenstößen von Atomen und Molekülen	2	106—123
Freundlich, Erwin (Potsdam), Die Energiequellen der Sterne	6	27—43
Frumkin, A. (Moskau), Die Elektrokapillarkurve	7	235—275
Gerlach, Walther (Tübingen), Magnetismus und Atombau	2	124—146
— Atomstrahlen	3	182—198
Grammel, R. (Stuttgart), Neuere Untersuchungen über kritische Zustände rasch umlaufender Wellen	1	92—119
Grotrian, W., s. unter Becker, F.		

	Band	Seite
Gudden, Bernhard (Göttingen), Elektrizitätsleitung in kristallisierten Stoffen unter Ausschluß der Metalle	3	116—159
Güntherschulze, A. (Charlottenburg), Elektrische Ventile und Gleichrichter	3	277—315
Halpern, O. (Leipzig), s. unter Thirring.		
Hanle, W. (Göttingen), Die magnetische Beeinflussung der Resonanzfluoreszenz	4	214—232
Heckmann, G. (Göttingen), Die Gittertheorie der festen Körper	4	100—153
Henning, F. (Berlin-Lichterfelde), Wärmestrahlung	1	163—174
— Erzeugung und Messung tiefer Temperaturen	2	88—105
Hertz, Paul (Göttingen), Statistische Mechanik	1	60—91
Heß, R. (München), Die Statistik der Leuchtkräfte der Sterne	3	38—54
Hettner, G. (Berlin), Neuere experimentelle und theoretische Untersuchungen über die Radiometerkräfte	7	209—234
Hopmann, J. (Bonn), Die Bewegungen der Fixsterne	2	1—18
Houtermans, F. G. (Berlin-Charlottenburg), Neuere Arbeiten über Quantentheorie des Atomkerns	9	123—221
Hückel, E. (Zürich), Zur Theorie der Elektrolyse	3	199—276
Hund, F. (Leipzig), Molekelbau	8	147—184
Jeffreys, Harold (Cambridge), The origin of the solar system	7	1—7
Johnsen, A. (Berlin), Fortschritte im Bereich der Kristallstruktur	1	270—297
Jordan, P. (Hamburg), Die Lichtquantenhypothese. Entwicklung und gegenwärtiger Stand	7	158—208
Kallmann, H. und **Mark, H.** (Berlin-Dahlem), Der COMPTONsche Streuprozeß	5	267—325
Katz, J. R. (Kopenhagen), Quellung I. Teil	3	316—404
— Die Quellung II. Teil	4	154—213
Kienle, Hans (Göttingen), Die astronomischen Prüfungen der allgemeinen Relativitätstheorie	3	55—66
Kirsch, G. (Wien), Atomzertrümmerung	5	165—191
Kneser, H. O. (Marburg), Der aktive Stickstoff	8	229—257
Kohl, K. (Erlangen), Über ungedämpfte elektrische Ultrakurzwellen	9	275—341
Kohlrausch, K. W. F. (Graz), Der experimentelle Beweis für den statistischen Charakter des radioaktiven Zerfallsgesetzes	5	192—212
Kopff, A. (Heidelberg), Das Milchstraßensystem	2	50—81
— (Berlin-Dahlem), Probleme der fundamentalen Positionsastronomie	8	1—24
Kratzer, A. (Münster), Stand der Theorie der Bandenspektren	1	315—334
Landé, Alfred (Tübingen), Fortschritte beim ZEEMAN-Effekt	2	147—162
Laski, G. (Berlin), Ultrarotforschung	3	86—115
Laue, M. v. (Berlin-Zehlendorf), Röntgenstrahlenspektroskopie	1	256—269
Mark, H., s. unter Kallmann, H.		
Masing, G. und **Polanyi, M.** (Berlin), Kaltreckung und Verfestigung	2	177—245
Meitner, Lise (Berlin-Dahlem), Der Zusammenhang zwischen β- und γ-Strahlen	3	160—181
Meyermann, B. (Göttingen), Die Schwankungen unseres Zeitmaßes	7	92—113
Minkowski, R. (Hamburg) und **Sponer, H.** (Göttingen), Über den Durchgang von Elektronen durch Atome	3	67—85
Noddack, I. und **W.** (Charlottenburg), Das Rhenium	6	333—373

		Band	Seite
Orthmann, W. (Berlin), Kritische Arbeiten zur elektrostatischen Theorie der starken Elektrolyte		6	155—200
Paneth, Fritz (Berlin), Das periodische System der chemischen Elemente		1	362—403
— Über das Element 72 (Hafnium)		2	163—176
Pietsch, Erich (Berlin), Gasabsorption unter dem Einfluß der elektrischen Entladung — clean up — und verwandte Erscheinungen		5	213—266
Polanyi, M., s. unter Masing, G.			
Prager, R. (Neubabelsberg), Die Fortschritte der Astronomie im Jahre 1921		1	1—25
Prey, A. (Prag), Die Theorie der Isostasie, ihre Entwicklung und ihre Ergebnisse		4	30—69
Pringsheim, Peter (Berlin), Lichtelektrische Wirkung und Photolumineszenz		1	335—361
— Lichtelektrische Ionisierung von Gasen		5	146—164
Rupp, E. (Berlin), Experimentelle Untersuchungen zur Elektronenbeugung		9	79—122
Sack, H. (Leipzig), Dipolmoment und Molekularstruktur		8	307—366
Schmidt, Hermann (Düsseldorf), Die Gesamtwärmestrahlung fester Körper		7	342—383
Schnauder, G. (Potsdam), Entwicklung und Stand der Parallaxenforschung		2	19—49
Schoenberg, Erich (Breslau), Über die Strahlung der Planeten		5	1—46
Schwab, Georg-Maria (München), Theoretische und experimentelle Fortschritte auf dem Gebiete der heterogenen Gasreaktionen		7	276—341
Seliger, Paul (Berlin-Lichterfelde), Das photographische Meßverfahren — Photogrammetrie		5	47—95
— Das photographische Meßverfahren — Photogrammetrie, II. Teil		6	279—332
Simon, F. (Berlin), Fünfundzwanzig Jahre Nernstscher Wärmesatz		9	222—274
Sponer, H. (Göttingen), Optische Bestimmung. Dissoziationswärme von Gasen		6	75—103
— s. unter Minkowski, R.			
Steinhaus, W. (Charlottenburg), Über unsere Kenntnis von der Natur der ferromagnetischen Erscheinungen und von den magnetischen Eigenschaften der Stoffe		6	44—74
Stracke, G. (Berlin-Dahlem), Die kleinen Planeten		4	1—29
Strömgren, Elis (Kopenhagen), Unsere Kenntnisse über die Bewegungsformen im Dreikörperproblem		4	233—242
Thirring, Hans (Wien), Die Relativitätstheorie		1	26—59
— Die Grundgedanken der neueren Quantentheorie. Erster Teil: Die Entwicklung bis 1926		7	384—431
— und **Halpern. O.** (Leipzig), Die Grundgedanken der neueren Quantentheorie. Zweiter Teil: Die Weiterentwicklung seit 1926		8	367—508
Vogt, H. (Heidelberg), Der innere Aufbau und die Entwicklung der Sterne		6	1—26
Wanach, B. (Potsdam), Die Polhöhenschwankungen		2	82—87
Wegener, Alfred (Graz), Ergebnisse der dynamischen Meteorologie		5	96—124

	Band	Seite
Wehnelt, A. (Berlin-Dahlem), Die Oxydkathoden und ihre praktischen Anwendungen	4	86—99
Wentzel, Gregor (München), Fortschritte der Atom- und Spektraltheorie	1	298—314

II. Sachverzeichnis.

	Band	Seite
Aggregatzustand, adsorbierter (H. Cassel, Berlin)	6	104—123
Astronomie, Fortschritte im Jahre 1921 (R. Prager, Neubabelsberg)	1	1—25
Atmosphärenschichten, höchste (J. Bartels, Berlin-Eberswalde)	7	114—157
Atom- und Spektraltheorie, Fortschritte (Gregor Wentzel, München)	1	298—314
Atombau und Magnetismus (W. Gerlach, Tübingen)	2	124—146
Atome, Durchgang von Elektronen (R. Minkowski, Hamburg und H. Sponer, Göttingen)	3	67—85
— und Moleküle, Quantenhafter Energieaustausch bei Zusammenstößen (J. Franck, Göttingen)	2	106—123
Atomkern, Neuere Arbeiten über Quantentheorie des (F. G. Houtermans, Berlin-Charlottenburg)	9	123—221
Atomstrahlen (W. Gerlach, Tübingen)	3	182—198
Atomzertrümmerung (G. Kirsch, Wien)	5	165—191
Bandenspektren. Stand der Theorie (R. Kratzer, Münster)	1	315—334
Comptonscher Streuprozeß (H. Kallmann und H. Mark, Berlin-Dahlem)	5	267—325
Dipolmoment und Molekularstruktur (H. Sack, Leipzig)	8	307—366
Dipolmomente, Elektrische von Molekülen (I. Estermann, Hamburg)	8	258—306
Dissoziation, elektrolytische, neue Wandlungen der Theorie (F. Auerbach, Berlin)	1	228—255
Dissoziationswärme von Gasen, optische Bestimmung (H. Sponer, Göttingen)	6	75—103
Dreikörperproblem, Bewegungsformen (Elis Strömgren, Kopenhagen)	4	233—242
Elektrische Ultrakurzwellen, ungedämpfte (K. Kohl, Erlangen)	9	275—341
Elektrizitätsleitung in kristallisierten Stoffen (Bernhard Gudden, Göttingen)	3	116—159
Elektrokapillarkurve (A. Frumkin, Moskau)	7	235—275
Elektrolyse, Theorie (E. Hückel, Zürich)	3	199—276
Elektrolyte, starke, kritische Arbeiten zu ihrer elektrolytischen Theorie (W. Orthmann, Berlin)	6	155—200
Elektrolytische Dissoziation, neue Wandlungen der Theorie (F. Auerbach, Berlin)	1	228—255
Elektronen, Freie als Sonden des Baues der Molekeln (E. Brüche, Berlin)	8	185—228
Elektronenbeugung, experimentelle Untersuchungen (E. Rupp, Berlin)	9	79—122
Elemente, Chemische, periodisches System (Fritz Paneth, Berlin)	1	362—403
Element 72 (Hafnium) (Fritz Paneth, Berlin)	2	163—176
Ferromagnetische Erscheinungen und magnetische Eigenschaften der Stoffe, unsere Kenntnis von ihrer Natur (W. Steinhaus, Charlottenburg)	6	44—74

	Band	Seite
Fixsterne, Bewegungen (J. Hopmann, Bonn)	2	1—18
Fünfundzwanzig Jahre Nernstscher Wärmesatz (F. Simon, Berlin)	9	222—274
Gasabsorption unter Einfluß elektrischer Entladung (Erich Pietsch, Berlin)	5	213—266
Gase, Dissoziationswärme, optische Bestimmung (H. Sponer, Göttingen)	6	75—103
— Lichtelektrische Ionisierung (Peter Pringsheim, Berlin)	5	146—164
Gasreaktionen, heterogene, theoretische und experimentelle Fortschritte (Georg-Maria Schwab, München)	7	276—341
Geophysikalischer Nachweis von Veränderungen der Sonnenstrahlung (J. Bartels, Berlin-Eberswalde)	9	38—78
Gittertheorie der festen Körper (G. Heckmann, Göttingen)	4	100—153
Gleichrichter und Ventile, Elektrische (Güntherschulze, Charlottenburg)	3	277—315
Hafnium (Element 72) (Fritz Paneth, Berlin)	2	163—176
Ionen, elektrische Kräfte und Wirkungen (Niels Bjerrum, Kopenhagen)	5	125—145
Ionisierung, Lichtelektrische von Gasen (Peter Pringsheim, Berlin)	5	146—164
Interstellare Massen und die Absorption des Sternlichtes im Weltraum (Fr. Becker, Potsdam)	9	1—37
Isostasie, Theorie und Entwicklung ihrer Ergebnisse (A. Prey, Prag)	4	30—69
Kaltreckung und Verfestigung (G. Masing und M. Polanyi, Berlin)	2	177—245
Kinetik, Chemische (Max Bodenstein, Hannover)	1	197—209
Kontaktpotential (Alfred Coehn, Göttingen)	1	175—196
Kristallisierte Stoffe, Elektrizitätsleitung (Bernhard Gudden, Göttingen)	3	116—159
Kristallstruktur, Fortschritte (A. Johnsen, Berlin)	1	270—297
Kurzwellen, Ultra-, ungedämpfte elektrische (K. Kohl, Erlangen)	9	275—341
Lichtelektrische Wirkung und Photolumineszenz (Peter Pringsheim, Berlin)	1	335—361
Lichtquantenhypothese, Entwicklung und gegenwärtiger Stand (P. Jordan, Hamburg)	7	158—208
Magnetische Eigenschaften und ferromagnetische Erscheinungen der Stoffe, unsere Kenntnis von ihrer Natur (W. Steinhaus, Charlottenburg)	6	44—74
Magnetismus und Atombau (W. Gerlach, Tübingen)	2	124—146
Mechanik, Statistische (Paul Hertz, Göttingen)	1	60—91
Meßverfahren, photographisches (Paul Seliger, Berlin-Lichterfelde)	5	47—95
— — II. Teil	6	279—332
Meteorologie, dynamische, Ergebnisse (Alfred Wegener, Graz)	5	96—124
Milchstraßensystem (A. Kopff, Heidelberg)	2	50—81
Molekelbau (F. Hund, Leipzig)	8	147—184
—, freie Elektronen als Sonden (E. Brüche, Berlin)	8	185—228
Molekularstruktur und Dipolmoment (H. Sack, Leipzig)	8	307—366
Moleküle und Atome, Quantenhafter Energieaustausch bei Zusammenstößen (J. Franck, Göttingen)	2	106—123
—, elektrische Dipolmomente (I. Estermann, Hamburg)	8	258—306
Nebel, galaktische und Ursprung der Nebellinien (Fr. Becker und W. Grotrian, Potsdam)	7	8—912

	Band	Seite
Nernstscher Wärmesatz (A. Eucken, Breslau)	1	120—162
— —, fünfundzwanzig Jahre (F. Simon, Berlin)	9	222—274
Optische Bestimmung. Dissoziationswärme von Gasen (H. Sponer, Göttingen)	6	75—103
Optische Instrumente seit Abbe, ihre Theorie (H. Boegehold, Jena)	8	69—146
Oxydkathoden, praktische Anwendungen (A. Wehnelt, Berlin-Dahlem)	4	86—99
Parallaxenforschung, Entwicklung und Stand (G. Schnauder, Potsdam)	2	19—49
Photochemie (M. Bodenstein, Hannover)	1	210—227
Photolumineszenz und Lichtelektrische Wirkung (Peter Pringsheim, Berlin)	1	335—361
Photometrie, ihre Entwicklung in diesem Jahrhundert (E. Brodhun, Berlin)	6	231—278
Planeten, kleine (G. Stracke, Berlin-Dahlem)	4	1—29
— Strahlung (Erich Schoenberg, Breslau)	5	1—46
Polhöhenschwankungen (B. Wanach, Potsdam)	2	82—87
Positionsastronomie, Fundamentale (A. Kopff, Berlin-Dahlem)	8	1—24
Quantenhafter Energieaustausch bei Zusammenstößen von Atomen und Molekülen (J. Franck, Göttingen)	2	106—123
Quantenhypothese, Licht-, Entwicklung und gegenwärtiger Stand (P. Jordan, Hamburg)	7	158—208
Quantentheorie des Atomkerns, Neuere Arbeiten (F. G. Houtermans, Berlin-Charlottenburg)	9	123—221
—, Grundgedanken I. Teil. (Hans Thirring, Wien)	7	384—431
— —· II. Teil (O. Halpern, Leipzig und Hans Thirring, Wien)	8	367—508
Quellung, I. Teil (J. R. Katz, Kopenhagen)	3	316—404
— II. Teil (J. R. Katz, Kopenhagen)	4	154—213
Radioaktives Zerfallsgesetz, experimenteller Beweis für statistischen Charakter (K. W. F. Kohlrausch, Graz)	5	192—212
Radiometerkräfte, neuere experimentelle und theoretische Untersuchungen (G. Hettner, Berlin)	7	209—234
Relativitätstheorie (Hans Thirring, Wien)	1	26—59
— allgemeine, astronomische Prüfungen (Hans Kienle, Göttingen)	3	55—66
Resonanzfluoreszenz, magnetische Beeinflussung (W. Hanle, Göttingen)	4	214—232
Rhenium (I. und W. Noddack)	6	333—373
Röntgenstrahlenspektroskopie (M. v. Laue, Berlin-Zehlendorf)	1	256—269
Solar system, the origin (H. Jeffreys, Cambridge)	7	1—7
Sonnenstrahlung, Veränderungen, geophysikalischer Nachweis (J. Bartels, Berlin-Eberswalde)	9	38—78
Spektral- und Atomtheorie (Gregor Wentzel, München)	1	298—314
Sterne, Statistik der Leuchtkräfte (R. Heß, München)	3	38—54
— Strahlung (A. Brill, Neubabelsberg)	3	1—37
— Innerer Aufbau und Entwicklung (H. Vogt, Heidelberg)	6	1—26
— Die Energiequellen (E. Freundlich, Potsdam)	6	27—43
Sternlicht, ihre Absorption im Weltraum und interstellare Massen (Fr. Becker, Potsdam)	9	1—37

	Band	Seite
Stickstoff, aktiver (H. O. Kneser, Marburg)	8	229—257
Strahlen der Planeten β und γ, Zusammenhang (Lise Meitner, Berlin-Dahlem)	3	160—181
Streuprozeß, Comptonscher (H. Kallmann und H. Mark, Berlin-Dahlem)	5	267—325
Temperaturen, tiefe, Erzeugung und Messung (F. Henning, Berlin-Lichterfelde)	2	88—105
Thermoelektrizität, Jetziger Stand der grundlegenden Kenntnisse (C. Benedicks, Stockholm)	8	25—68
Ultrakurzwellen, ungedämpfte elektrische (K. Kohl, Erlangen)	9	275—341
Ultrarotforschung (G. Laski, Berlin)	3	86—115
Ungedämpfte elektrische Ultrakurzwellen (K. Kohl, Erlangen)	9	275—341
Ventile und Gleichrichter, Elektrische (Güntherschulze, Charlottenburg)	3	277—315
Verfestigung und Kaltreckung (G. Masing und M. Polanyi, Berlin)	2	177—245
Wärmesatz, Nernstscher (A. Eucken, Breslau)	1	121—162
— —, fünfundzwanzig Jahre (F. Simon, Berlin)	9	222—274
Wärmestrahlung (F. Henning, Berlin-Lichterfelde)	1	163—174
— fester Körper (Hermann Schmidt, Düsseldorf)	7	342—383
Wasserstoffatome, freie, ihre Eigenschaften (K. F. Bonhoeffer, Berlin)	6	201—230
Wellen, Neuere Untersuchungen über kritische Zustände rasch umlaufender (R. Grammel)	1	92—116
Zustandsgleichung und -begrenzung des festen Körpers (W. Braunbek, Stuttgart)	6	124—154
Zeemaneffekt, Fortschritte (A. Landé, Tübingen)	2	147—162
Zeitbegriff, empirischer (A. v. Brunn, Danzig-Langfuhr)	4	70—85
Zeitmaß, Schwankungen (B. Meyermann, Göttingen)	7	92—113
Zerfallsgesetz, radioaktives, experimenteller Beweis für statistischen Charakter (K. W. F. Kohlrausch, Graz)	5	192—212